EMPFEHLUNGEN DES ARBEITSAUSSCHUSSES „UFEREINFASSUNGEN" – EAU 1980

EMPFEHLUNGEN DES ARBEITSAUSSCHUSSES „UFEREINFASSUNGEN"
EAU 1980

Herausgegeben vom
Arbeitsausschuß „Ufereinfassungen"

der Hafenbautechnischen Gesellschaft e.V. und der
Deutschen Gesellschaft für Erd- und Grundbau e.V.

6. Auflage

Mit 159 Bildern

1981

VERLAG VON WILHELM ERNST & SOHN
BERLIN · MÜNCHEN

CIP-Kurztitelaufnahme der Deutschen Bibliothek

Arbeitsausschuß Ufereinfassungen:
Empfehlungen des Arbeitsausschusses Ufereinfassungen: EAU 1980 / hrsg. vom Arbeitsausschuß Ufereinfassungen d. Hafenbautechn. Ges. e.V. u. d. Dt. Ges. für Erd- u. Grundbau e.V. – 6. Aufl. – Berlin, München: Ernst, 1981.

Engl. Ausg. u.d.T.: Arbeitsausschuß Ufereinfassungen: Recommendations of the Committee for Waterfront Structures
ISBN 3-433-00888-4

Alle Rechte, insbesondere das der Übersetzung, vorbehalten. Nachdruck und fotomechanische Wiedergabe, auch auszugsweise, nicht gestattet. Kein Teil des Werkes darf in irgendeiner Form (durch Fotokopie, Mikrofilm oder ein anderes Verfahren) ohne schriftliche Genehmigung des Verlages reproduziert oder unter Verwendung elektronischer Systeme verarbeitet, vervielfältigt oder verbreitet werden.
Ausgenommen sind die in §54 UrhG ausdrücklich genannten Sonderfälle, wenn sie mit dem Verlag vorher vereinbart worden sind. Für gewerbliche Zwecke ist eine Vergütung an den Verlag zu zahlen, deren Höhe vorher festzusetzen ist.
© 1981 by Verlag von Wilhelm Ernst & Sohn, Berlin/München
Printed in Germany
Gesamtherstellung: Passavia, Passau

ISBN 3-433-00888-4 (Bestell-Nr.)

Nachruf

Am 27. März 1980 verstarb in Bremen im 89. Lebensjahr
der Altmeister der deutschen Hafenbauer,

o. Professor em. Dr.-Ing. Dr.-Ing. E.h.

ARNOLD AGATZ

langjähriger Vorsitzender und Ehrenvorsitzender
der Hafenbautechnischen Gesellschaft e.V.,

Initiator und unermüdlicher Förderer des
Arbeitsausschusses „Ufereinfassungen".

In Verehrung und Dankbarkeit gedenken wir
dieses großen Ingenieurs und Lehrmeisters.

Arbeitsausschuß „Ufereinfassungen"
der Hafenbautechnischen Gesellschaft e.V.
und
der Deutschen Gesellschaft für Erd- und Grundbau e.V.

Prof. em. Dr.-Ing. E. Lackner
(Vorsitzender)

Mitglieder des Arbeitsausschusses „Ufereinfassungen",

die an der Abfassung der EAU 1980 mitgewirkt haben:

Professor em. Dr.-Ing. E. Lackner, Bremen/Hannover
(Ausschußvorsitzender, Ehrenmitglied und stellvertretender
Vorsitzender der HTG, Vorstandsmitglied der DGEG)

Prokurist i.R. Dr.-Ing. O. Baer, Peine

Dr.-Ing. Dr.-Ing. E.h. H. Bay, Hamburg

Direktor Ir. W. Bokhoven, Delft/Niederlande

Direktor Dipl.-Ing. F. Brackemann, Dortmund

Hafendirektor a.D., Regierungsbaurat a.D. Dr.-Ing. G. Finke,
Duisburg (stellvertretender Vorsitzender der HTG)

Baudirektor a.D. Dr.-Ing. K. Förster, Hamburg

Directeur Ingénieur R. Genevois, Rouen/Frankreich

Ministerialrat Dr.-Ing. M. Hager, Bonn
(stellvertretender Vorsitzender der HTG und
Vorstandsmitglied der DGEG)

Baudirektor Dipl.-Ing. K.F. Hofmann, Hamburg

Prokurist Dipl.-Ing. K. Kast, München

Direktor Dipl.-Ing. V. Meldner, Frankfurt

Hafendirektor Dr.-Ing. J. Müller, Duisburg
(Vorstandsmitglied der HTG)

Professor Dr.-Ing. Dr.-Ing. E.h. W. Schenck (†), Hamburg
(stellvertretender Vorsitzender der HTG und der DGEG)

o. Professor em. Dr.-Ing. Dr.-Ing. E.h. E. Schultze, Aachen

Direktor i.R. Dipl.-Ing. F. Sülz, Hamburg

Baudirektor a.D. Dr.-Ing. H. Zweck, Bad Herrenalb

Zusammenfassung der Vorworte der 2. bis 5. erweiterten Auflage und Vorwort zur 6. erweiterten Auflage (EAU 1980)

Sinn und Zweck des Ausschusses zur „Vereinfachung und Vereinheitlichung der Berechnung und Gestaltung von Ufereinfassungen" der Hafenbautechnischen Gesellschaft e.V., Hamburg und der Deutschen Gesellschaft für Erd- und Grundbau e.V., Essen, mit der Kurzbezeichnung: Arbeitsausschuß „Ufereinfassungen" der HTG und der DGEG und der von ihm herausgebrachten „Empfehlungen" sind im Vorwort zur ersten Auflage der Sammelveröffentlichung der „Empfehlungen" eingehend behandelt (S. XII).
Da die erste Auflage der Sammelveröffentlichung der „Empfehlungen" eine sehr erfreuliche Anerkennung im In- und Ausland gefunden hat, entschloß sich der Ausschuß, weitere Sammelveröffentlichungen der inzwischen erarbeiteten Empfehlungen in etwa fünfjährigem Abstand herauszubringen.
Die folgende Zusammenstellung der Auflagen gibt einen Überblick über Erscheinungsjahr und die in den Auflagen enthaltenen Empfehlungen:

    1955 die 1. Auflage mit den Empfehlungen E 1 bis E 30,
    1960 die 2. Auflage, erweitert bis E 65,
    1964 die 3. Auflage, erweitert bis E 83,
    1970 die 4. Auflage, erweitert bis E 100,
    1975 die 5. Auflage, erweitert bis E 130, und nun
    1980 die 6. Auflage, erweitert bis E 150.

Jede der Auflagen bis einschließlich 1975 hatte ein besonderes Vorwort, wobei sich unvermeidlich einzelne Mitteilungen wiederholten. Im Sinne einer Kürzung wurden diese Vorworte nun gemeinsam mit dem zur 6. Auflage zusammengefaßt.
Der Ausschuß hat in jedem Jahr regelmäßig 3 Arbeitstagungen abgehalten, davon einige auch im benachbarten Ausland. Die während dieser Tagungen erarbeiteten neuen Empfehlungen wurden jeweils am Jahresende in einem „Technischen Jahresbericht" im Heft 12 der Zeitschrift „Die Bautechnik" als vorläufige Empfehlungen zur allgemeinen Erörterung gestellt. Nach erneuter Durchsprache sowie unter Berücksichtigung etwaiger Einsprüche wurden die vorläufigen Empfehlungen soweit erforderlich überarbeitet und zumeist im nächsten Jahresbericht für verbindlich erklärt. Teils laufend, mindestens aber vor der Herausgabe jeder neuen Sammelveröffentlichung, wurden alle bisherigen Empfehlungen kritisch durchgesehen und, falls erforderlich, auf den neuesten Stand gebracht.
Inzwischen sind die in der 6. erweiterten Auflage (EAU 1980) zusammengefaßten 150 Empfehlungen zum technischen Allgemeingut der in Frage kommenden Fachkreise geworden. Von zahlreichen Behörden wurde die Anwendung der

„Empfehlungen" als verbindlich erklärt. Das Bundesministerium für Verkehr, Abteilung Binnenschiffahrt und Wasserstraßen, der Bundesrepublik Deutschland, Bonn, hat sie für seinen Geschäftsbereich eingeführt. Die „Empfehlungen" bieten heute bei fast allen Inlands- und auch bei zahlreichen Auslandsprojekten wertvolle Hilfe für Entwurf, Ausschreibung, Vergabe, technische Bearbeitung, wirtschaftliche Bauausführung, Bauüberwachung und Vertragsabwicklung, so daß die Ufereinfassungen als qualifizierte Bauwerke nach dem neuesten Stand der Technik und nach einheitlichen Bedingungen hergestellt werden können.

Von der 3. erweiterten Auflage ab werden die Sammelveröffentlichungen der „Empfehlungen" unter der Kurzbezeichnung „EAU" zitiert (**E**mpfehlungen des **A**rbeitsausschusses „**U**fereinfassungen"), wobei das Erscheinungsjahr hinzugesetzt wird.

Da das internationale Einheitensystem (SI) ab 1. 1. 1978 in der Bundesrepublik Deutschland im technischen Schrifttum verwendet werden muß, sind in der EAU 1975 diese Einheiten bereits angegeben worden. Zur Erleichterung wurden aber die bisherigen Einheiten in Klammern dahintergesetzt. In der EAU 1980 werden jedoch nur noch die SI-Einheiten verwendet.

Die Formelzeichen und die Bezeichnungen im Bauwesen wurden den maßgebenden Normen angepaßt.

Um die Anwendung der „Empfehlungen" auch im Ausland zu erleichtern, sind die 3., 4. und 5. erweiterte Auflage in englischer Übersetzung unter dem Titel „Recommendations of the Committee for Waterfront Structures" im Verlag Wilhelm Ernst & Sohn, Berlin/München, herausgebracht worden. Die englische Übersetzung der vorliegenden 6. erweiterten Auflage soll 1981 ebenfalls in diesem Verlag erscheinen.

Die 4. erweiterte Auflage (EAU 1970) erschien im Jahr 1975 (auf den Stand von 1973 gebracht) in spanischer Übersetzung unter dem Titel „Recomendaciones del Comité para Obras en Puertos y Riberas" im Verlag Editorial Index, Madrid.

Die Übersetzung der EAU 1980 in die französische Sprache ist beschlossen und bereits begonnen worden.

Über die in der EAU 1980 enthaltenen Empfehlungen hinaus hat der Ausschuß inzwischen noch folgende Empfehlungen verabschiedet:

E 151: Hohes Vorspannen von Ankern aus hochfesten Stählen bei Ufereinfassungen,

E 152: Berechnung einer im Boden eingespannten Ankerwand,

E 153: Windlasten auf vertäute Schiffe und ihre Einflüsse auf die Bemessung von Vertäu- und Fendereinrichtungen,

E 154: Beurteilung des Baugrunds für das Einbringen von Spundbohlen und Pfählen,

E 155: Beseitigung von Schäden an Stahlspundwänden im Betriebszustand.

Bezüglich des weiteren Arbeitsprogramms wird auf Abschnitt B, S. 392 verwiesen.

Folgende Ausschußmitglieder sind inzwischen wegen Arbeitsüberlastung oder aus Altersgründen ausgeschieden:

- 1960 Direktor Dr.-Ing. W. Bilfinger, Mannheim (Gründungsmitglied)
- 1960 Oberregierungsbaurat Dipl.-Ing. P. Siedek, Köln (Gründungsmitglied)
- 1971 Generaldirektor a.D. Ir.J.P. van Bruggen, Rotterdam/Niederl. (Mitglied seit 1950 und Ehrenmitglied der HTG)
- 1971 o. Professor em. Dr.-Ing. habil. A. Streck, Hannover (Gründungsmitglied)
- 1975 Oberingenieur H. Kamp Nielsen, Kopenhagen/Dänemark (Mitglied seit 1971)
- 1976 Direktor i.R. Dipl.-Ing. F. Sülz, Hamburg (Gründungsmitglied)
- 1978 Dr.-Ing. Dr.-Ing. E.h. H. Bay, Hamburg (Mitglied seit 1955)
- 1979 Hafendirektor a.D., Regierungsbaurat a.D. Dr.-Ing. G. Finke, Duisburg (Gründungsmitglied und stellvertretender Vorsitzender der HTG)
- 1979 Direktor Dipl.-Ing. V. Meldner, Frankfurt (Mitglied seit 1976)

Durch Tod verlor der Ausschuß folgende Mitglieder:

- 1960 Direktor Dipl.-Ing. A. Brilling, Hamburg (Gründungsmitglied)
- 1960 Civilingenjör Major VVK H. Jansson, Bromma/Schweden (Gründungsmitglied)
- 1969 Professor Dr. techn. Dr.-Ing. h.c. J. Brinch-Hansen, Kopenhagen/Dänemark (Mitglied seit 1956)
- 1971 Direktor i.R. Dr.-Ing. habil. H. Blum, Dortmund (Gründungsmitglied)
- 1973 Ltd. Regierungsdirektor Dr.-Ing. D. Wiegmann, Bremen (Gründungsmitglied)
- 1979 Professor Dr.-Ing. Dr.-Ing. E.h. W. Schenck, Hamburg (Gründungsmitglied, stellvertretender Vorsitzender der HTG und der DGEG).

Um die Arbeitsfähigkeit des Ausschusses konstant zu halten, wurden folgende Fachkollegen neu aufgenommen, die noch aktiv im Ausschuß tätig sind:

- 1967 Direktor Dipl.-Ing. F. Brackemann, Dortmund
- 1967 Direktor Ir. W. Bokhoven, Delft/Niederlande
- 1970 Baudirektor Dipl.-Ing. K.F. Hofmann, Hamburg
- 1976 Ministerialrat Dr.-Ing. M. Hager, Bonn (stellvertretender Vorsitzender der HTG und Vorstandsmitglied der DGEG)

1976 Prokurist Dipl.-Ing. K. Kast, München
1977 Hafendirektor Dr.-Ing. J. Müller, Mülheim (Vorstandsmitglied der HTG)
1978 Direktor Dipl.-Ing. R. Genevois, Rouen/Frankreich
1980 Baudirektor Dipl.-Ing. G. Gerdes, Bremen
1980 Direktor Dr.-Ing. W. Krabbe, Frankfurt (stellvertretender Vorsitzender der DGEG).

Die Arbeiten des Ausschusses wurden durch Berichte und kritische Stellungnahmen vieler Fachkollegen des In- und Auslands in positiver Weise unterstützt. Für diese wertvolle Hilfe sei allen Beteiligten herzlich gedankt. Ein Gleiches gilt auch für die Behörden und Unternehmen, die dem Ausschuß die Besichtigung interessanter Bauwerke ermöglicht und auch sonst die Ausschußarbeit nach besten Kräften gefördert haben. Der Ausschuß hofft, daß er auch in Zukunft mit diesen Unterstützungen rechnen kann.

Im Mai 1980 beging der Ausschuß in Bremen sein 30jähriges Bestehen im Zusammenhang mit seiner 92. Arbeitstagung.

Bremen-Lesum, im Mai 1980　　　　　　　　　　o. Prof. Dr.-Ing. E. Lackner

Vorwort zur ersten Auflage (1955)

Seit geraumer Zeit empfindet es die Fachwelt als Mangel, daß die maßgebenden Erkenntnisse auf dem Gebiete der Berechnung und Gestaltung von Ufereinfassungen nicht in knapper, leichtverständlicher und dem neuesten Stand der Erkenntnisse entsprechender Form veröffentlicht sind. Die zahlreichen Fachbücher und Fachaufsätze können, so wertvoll sie im einzelnen auch sind, diesen Mangel nicht beseitigen. Bei der Vielzahl der darin gebrachten, voneinander abweichenden und zu verschiedenen Ergebnissen führenden Berechnungsverfahren ist es für den Ingenieur der Praxis sehr schwierig, den richtigen Weg zu finden. Oft wurde nach verschiedenen und zum Teil veralteten Verfahren gerechnet. Häufig haben verfeinerte Berechnungsverfahren zu einer Verteuerung der Bauwerke geführt, weil sie neue Gefahrenquellen aufdeckten und berücksichtigten, ohne dabei gleichzeitig die vorhandenen Sicherheiten um ein entsprechendes Maß abzubauen. In einer Zeit, in der die Wiederherstellung und der weitere Ausbau der Häfen in Deutschland mit möglichst geringem Aufwand an Kosten und Baustoffen durchgeführt werden muß, ist der Wunsch nach einer Änderung dieses Zustandes besonders dringend. In dieser Sachlage wurde im Herbst 1949 in Hamburg auf der ersten Hauptversammlung der Hafenbautechnischen Gesellschaft e.V. nach dem Kriege von ihrem Vorsitzenden, Herrn Professor Dr.-Ing. Dr.-Ing. E.h. Agatz, vorgeschlagen, im Rahmen der Hafenbautechnischen Gesellschaft e.V. einen *„Ausschuß zur Vereinfachung und Vereinheitlichung der Berechnung und Gestaltung von Ufereinfassungen"* ins Leben zu rufen. Die Gründung dieses Ausschusses wurde von der Mitgliederversammlung beschlossen und der Unterzeichnete wurde zu seinem Vorsitzenden berufen.

Die Ausschußmitglieder wurden mit besonderer Sorgfalt mit dem Ziele ausgewählt, bei geringster Mitgliederzahl eine möglichst leistungsfähige Gemeinschaft zu bilden. Dieses Ziel war nur zu erreichen, wenn alle wichtigen Fachrichtungen, die Technischen Hochschulen, die Bauverwaltungen der großen See- und Binnenhäfen, die Bauindustrie, die Walzwerke, die Erdbauversuchsanstalten und die anerkannten Ingenieurbüros vertreten waren.

Der Ausschuß tagte erstmals im Frühjahr 1950 im Hafenbauamt Bremen. Die nächste Arbeitstagung fand im Sommer des gleichen Jahres auf Einladung der Strom- und Hafenbauverwaltung in Hamburg statt. Es folgten dann bis heute noch weitere 15 Ausschußtagungen in verschiedenen Städten, teilweise im Ausland, so in Rotterdam und in Antwerpen. Die ersten Arbeitsergebnisse sind im Jahre 1950 anläßlich der Tagung der Hafenbautechnischen Gesellschaft in Karlsruhe veröffentlicht worden.

Seit dem Jahre 1951 arbeitet der Ausschuß in gleicher Zusammensetzung und Aufgabenstellung auch als Arbeitskreis 7 der inzwischen unter der Leitung von Oberbaudirektor i. R. Dr.-Ing. L o h m e y e r gegründeten „Deutschen Gesellschaft für Erd- und Grundbau e.V.". Die Zugehörigkeit zu diesen beiden angesehenen Fachgesellschaften hat sich auf die Ausschußarbeit besonders günstig ausgewirkt. Im Jahre 1952 ist dem Ausschuß auch die Bearbeitung der Baugrubenumschließungen übertragen worden.

Der Ausschuß führt in jedem Jahr drei Arbeitstagungen durch. Er veröffentlicht seine Arbeitsergebnisse in Form von Empfehlungen in einem Technischen Jahresbericht, der jeweils am Ende des Jahres in der Zeitschrift „Die Bautechnik" erscheint.

Die neu erarbeiteten Empfehlungen werden als vorläufige Empfehlungen vorerst zur öffentlichen Erörterung gestellt; sie werden dann nach Berücksichtigung der Einsprüche im nächsten Technischen Jahresbericht als endgültige Empfehlungen veröffentlicht.

Inzwischen haben die Empfehlungen breiten Eingang in die Fachwelt gefunden, sie werden von den Hafenbauverwaltungen und der Bauindustrie weitgehend angewendet und sind auch von der Wasserstraßenverwaltung des Bundes anerkannt worden. Die bisher herausgegebenen dreißig „endgültigen" Empfehlungen stellen einen einigermaßen geschlossenen Teil der Arbeit des Ausschusses dar. Da sie überdies bisher nur getrennt in fünf verschiedenen Jahresberichten erschienen sind, werden sie hiermit, um ihre Anwendung in der Praxis zu erleichtern, in textlich etwas überarbeiteter Form, aber ohne sachliche Änderungen, als geschlossenes Werk der Fachwelt vorgelegt.

Im Anschluß an die Empfehlungen ist das weitere Arbeitsprogramm des Ausschusses wiedergegeben. Es ist so umfangreich, daß es in absehbarer Zeit nur annähernd bewältigt werden kann, wenn der Ausschuß von den interessierten

Kreisen auch weiterhin so entgegenkommend und tatkräftig unterstützt wird wie bisher.

Der Ausschuß dankt an dieser Stelle allen, die seine Arbeit bisher gefördert haben, und bittet, ihm diese Unterstützung auch weiterhin zu gewähren. Er hofft, daß in Zukunft noch weitere Kreise die Ausschußarbeit fördern werden durch Berichte, durch Stellungnahmen zu den vorläufigen Empfehlungen und durch die Erlaubnis zu Besichtigungen gelegentlich der Arbeitstagungen.

Unser Ziel ist es, auch in Zukunft durch Herausgabe weiterer Empfehlungen das Entwerfen und die Berechnung von Ufereinfassungen und Baugrubenumschließungen zu erleichtern, um so zu Bauwerken zu gelangen, die möglichst wirtschaftlich, zweckmäßig und ausreichend standsicher sind.

Bremen-Lesum, im August 1955   Dr.-Ing. E. Lackner

Als Ausschußmitglieder, die an der ersten Auflage der Sammelveröffentlichung der Empfehlungen des Arbeitsausschuses „Ufereinfassungen" mitgewirkt haben, sind dort genannt:

      Dr.-Ing. E. Lackner, Bremen-Lesum (Vorsitzender)
      Dr.-Ing. O. Baer, Peine
      Direktor Dr.-Ing. H. Bay, Frankfurt a. M.
      Direktor Dr.-Ing. W. Bilfinger, Mannheim
      Direktor Dipl.-Ing. A. Brilling (†), Hamburg
      Dr.-Ing. habil. H. Blum, Dortmund
      Generaldirektor a. D. Ir. J. P. van Bruggen, Rotterdam/Holland
      Regierungsbaurat Dr.-Ing. G. Finke, Duisburg
      Oberbaurat Dr.-Ing. K. Förster, Hamburg
      Civilingenjör Major VVK H. Jansson, Bromma/Schweden
      Direktor Dr.-Ing. W. Schenck, Hamburg
      Professor Dr.-Ing. habil. E. Schultze, Aachen
      Oberregierungsbaurat Dipl.-Ing. P. Siedek, Köln
      Professor Dr.-Ing. habil. A. Streck, Hannover
      Dipl.-Ing. F. Sülz, Hamburg
      Oberbaurat Dr.-Ing. D. Wiegmann, Bremen
      Oberregierungsbaurat Dr.-Ing. H. Zweck, Karlsruhe

Inhaltsverzeichnis

	Seite
Zusammenfassung der Vorworte der 2. bis 5. erweiterten Auflage und Vorwort zur 6. erweiterten Auflage (EAU 1980)	IX
Vorwort zur ersten Auflage (1955)	XII
Verzeichnis der Empfehlungen E 1 bis E 150	XXI

A   Veröffentlichte Empfehlungen 1

0   Statische Berechnungen 1

0.1 Durchführung statischer Berechnungen von Ufereinfassungen (E 142) ... 1
0.2 Anwendung elektronischer Berechnungen bei Ufereinfassungen (E 143) .. 2

1   Bodenaufschlüsse, Bodenuntersuchungen und rechnerische Bodenwerte ... 8

1.1 Abfassung von Berichten und Gutachten über Baugrunduntersuchungen für Ufereinfassungen bei schwierigen Verhältnissen (E 150) 8
1.2 Anordnung und Tiefe von Bohrungen und von Druck- oder Rammsondierungen (E 1) 12
1.3 Ermittlung der Scherfestigkeit c_u aus unentwässerten Versuchen an wassergesättigten bindigen Bodenproben (E 88) 14
1.4 Ermittlung der wirksamen Scherparameter φ' und c' (E 89) 17
1.5 Ermittlung des inneren Reibungswinkels φ' für nichtbindige Böden (E 92) . 22
1.6 Sicherheitsbeiwerte bei Anwendung der EAU (E 96) 24
1.7 Untersuchung der Lagerungsdichte von nichtbindigen Ufermauer-Hinterfüllungen (E 71) 27
1.8 Einfluß des Einrüttelns auf die Kennwerte nichtbindiger Böden (E 48) ... 28
1.9 Scherparameter des Bruch- bzw. des Gleitzustands bei Anwendung der EAU (E 131) 28
1.10 Mittlere Bodenwerte für Vorentwürfe (E 9) 30
1.11 Bodenwerte für Ausführungsentwürfe (E 54) 32

2   Erddruck und Erdwiderstand 33

2.1 Kohäsion in bindigen Böden (E 2) 33
2.2 Scheinbare Kohäsion im Sand (E 3) 33
2.3 Ansatz der Wandreibungswinkel bei Spundwandbauwerken (E 4) (siehe 8.2.3) 33
2.4 Erddruck auf Spundwände vor Pfahlrostmauern (E 45) (siehe 11.2) 33
2.5 Auswirkung artesischen Grundwassers unter Gewässersohlen auf Erddruck und Erdwiderstand (E 52) 34
2.6 Ermittlung des Erddrucks bei wassergesättigten, nicht- bzw. teilkonsolidierten, weichen bindigen Böden (E 130) 36
2.7 Ansatz von Erddruck und Wasserüberdruck und Ausbildungshinweise für Ufereinfassungen mit Bodenersatz und verunreinigter oder gestörter Baggergrubensohle (E 110) 39
2.8 Einfluß des strömenden Grundwassers auf Wasserüberdruck, Erddruck und Erdwiderstand (E 114) 43

XV

		Seite
2.9	Auswirkungen von Erdbeben auf die Ausbildung und Bemessung von Ufereinfassungen (E 124)	49
3	**Geländebruch, Grundbruch und Gleiten** (Siehe E 10, 8.4.9 und 8.4.10)	56
3.1	Einschlägige Normen	56
3.2	Sicherheit gegen hydraulischen Grundbruch (E 115)	56
3.3	Erosionsgrundbruch, sein Entstehen und seine Verhinderung (E 116)	58
4	**Wasserstände, Wasserüberdruck, Entwässerungen**	61
4.1	Mittlerer Grundwasserstand in Tidegebieten (E 58)	61
4.2	Wasserüberdruck in Richtung Wasserseite (E 19)	61
4.3	Wasserüberdruck auf Spundwände vor überbauten Böschungen im Tidegebiet (E 65)	61
4.4	Ausbildung von Durchlaufentwässerungen bei Spundwandbauwerken (E 51)	63
4.5	Ausbildung von Spundwandentwässerungen mit Rückstauverschlüssen im Tidegebiet (E 32)	64
4.6	Ausbildung von Rückstauentwässerungen bei Ufermauern im Tidegebiet (E 75)	67
4.7	Entlastung artesischen Drucks unter Hafensohlen (E 53)	68
4.8	Entwurf von Grundwasser-Strömungsnetzen (E 113)	70
5	**Schiffsabmessungen und Belastungen der Ufereinfassungen**	77
5.1	Übliche Schiffsabmessungen (E 39)	77
5.2	Ansatz des Anlegedrucks von Schiffen an Ufermauern (E 38)	80
5.3	Anlegegeschwindigkeiten von Schiffen quer zum Liegeplatz (E 40)	81
5.4	Lastfälle (E 18)	81
5.5	Lotrechte Nutzlasten (E 5)	83
5.6	Wellendruck auf senkrechte Uferwände (E 135)	86
5.7	Ermittlung der Bemessungswelle für See- und Hafenbauwerke (E 136)	93
5.8	Anordnung und Belastung von Pollern für Seeschiffe (E 12)	102
5.9	Anordnung, Ausbildung und Belastung von leichten Festmacheeinrichtungen für Schiffe an senkrechten Ufereinfassungen (E 13) (siehe 6.11)	103
5.10	Anordnung, Ausbildung und Belastung von Festmacheeinrichtungen für Schiffe an Böschungen in Binnenhäfen (E 102)	103
5.11	Maß- und Lastangaben für übliche Stückgutkrane und für Containerkrane in Seehäfen (E 84)	106
6	**Querschnittsgestaltung und Ausrüstung von Ufereinfassungen**	111
6.1	Querschnittsgrundmaße von Seeschiffsmauern (E 6)	111
6.2	Oberkante der Ufereinfassungen in Seehäfen (E 122)	112
6.3	Querschnittsgrundmaße von Ufereinfassungen in Binnenhäfen (E 74)	117
6.4	Ausbildung der Ufer von Umschlaghäfen an Binnenkanälen (E 82)	120
6.5	Spundwandufer an Kanälen für Binnenschiffe (E 106)	120
6.6	Teilgeböschter Uferausbau in Binnenhäfen mit großen Wasserstandsschwankungen (E 119)	122

		Seite
6.7	Solltiefe der Hafensohle vor Ufermauern (E 36)	125
6.8	Spielraum für Baggerungen vor Ufermauern (E 37)	126
6.9	Anordnung und Belastung von Pollern für Seeschiffe (E 12) (siehe 5.8)	128
6.10	Ausrüstung von Großschiffsliegeplätzen mit Sliphaken (E 70)	128
6.11	Anordnung, Ausbildung und Belastung von leichten Festmacheeinrichtungen für Schiffe an senkrechten Ufereinfassungen (E 13)	128
6.12	Anordnung, Ausbildung und Belastung von Steigeleitern (E 14)	130
6.13	Anordnung und Ausbildung von Treppen in Seehäfen (E 24)	132
6.14	Fenderungen für Großschiffsliegeplätze an Ufermauern (E 60)	133
6.15	Buschhängefender für Großschiffsliegeplätze an Ufermauern (E 61)	134
6.16	Fenderungen in Binnenhäfen (E 47)	135
6.17	Elastomer-Fenderungen und Elastomer-Fenderelemente für Seehäfen (E 141)	139
6.18	Abnahmebedingungen für Fender-Elastomere (Fendergummi) (E 62)	147
6.19	Elastomerlager für Hafenbrücken und -stege (E 63)	149
6.20	Gründung von Kranbahnen bei Ufereinfassungen (E 120)	151
6.21	Kranschienen und ihre Befestigung auf Beton (E 85)	153
6.22	Auf Beton geklebte Laufschienen für Fahrzeuge und Krane (E 108)	158
7	**Erdarbeiten in Häfen**	**163**
7.1	Baggerarbeiten vor lotrechten Ufereinfassungen in Seehäfen (E 80)	163
7.2	Spielraum für Baggerungen vor Ufermauern (E 37) (siehe 6.8)	164
7.3	Bagger- und Aufspültoleranzen (E 139)	164
7.4	Aufspülen von Hafengelände für geplante Ufereinfassungen (E 81)	168
7.5	Hinterfüllen von Ufereinfassungen (E 73)	171
7.6	Baggern von Unterwasserböschungen (E 138)	173
7.7	Kolkbildung und Kolksicherung vor Ufereinfassungen (E 83)	177
7.8	Senkrechte Dränagen zur Beschleunigung der Konsolidierung weicher bindiger Böden (E 93)	178
7.9	Ausführung von Bodenersatz für Ufereinfassungen (E 109)	182
7.10	Ansatz von Erddruck und Wasserüberdruck und Ausbildungshinweise für Ufereinfassungen mit Bodenersatz und verunreinigter oder gestörter Baggergrubensohle (E 110) (siehe 2.7)	188
7.11	Berechnung und Bemessung geschütteter Molen und Wellenbrecher (E 137)	188
8	**Spundwandbauwerke**	**193**
8.1	Baustoff und Ausführung	193
8.1.1	Ausbildung und Einbringen von Holzspundwänden (E 22)	193
8.1.2	Ausbildung und Einbringen von Stahlbetonspundwänden (E 21)	196
8.1.3	Gemischte (kombinierte) Stahlspundwände (E 7)	198
8.1.4	Schubfeste Schloßverschweißung bei Stahlverbundwänden (E 103)	199
8.1.5	Wahl des Profils und des Baustoffs der Spundwand (E 34)	202
8.1.6	Gütevorschriften für Stähle von Stahlspundbohlen (E 67)	203
8.1.7	Toleranzen für Schloßabmessungen bei Stahlspundbohlen (E 97)	204
8.1.8	Übernahmebedingungen für Stahlspundbohlen und Stahlpfähle auf der Baustelle (E 98)	207
8.1.9	Korrosion bei Stahlspundwänden und Gegenmaßnahmen (E 35)	207

XVII

		Seite
8.1.10	Sandschliffgefahr bei Spundwänden (E 23)	209
8.1.11	Kostenanteile eines Stahlspundwandbauwerks (E 8)	209
8.1.12	Zweckmäßige Neigung der Uferspundwände bei Hafenanlagen (E 25)	210
8.1.13	Rammneigung für Spundwände (E 15)	210
8.1.14	Einrammen wellenförmiger Stahlspundbohlen (E 118)	210
8.1.15	Einrammen von gemischten (kombinierten) Stahlspundwänden (E 104)	216
8.1.16	Einbringen von gemischten (kombinierten) Stahlspundwänden durch Tiefenrüttler (E 105)	220
8.1.17	Schallarmes Einrammen von Spundbohlen und Fertigpfählen (E 149)	222
8.1.18	Rammen von Stahlspundbohlen und Stahlpfählen bei tiefen Temperaturen (E 90)	224
8.1.19	Ausbildung und Bemessung von Rammgerüsten (E 140)	224
8.1.20	Ausbildung geschweißter Stöße an Stahlspundbohlen und Stahlrammpfählen (E 99)	230
8.1.21	Abbrennen der Kopfenden gerammter Stahlprofile für tragende Schweißanschlüsse (E 91)	235
8.1.22	Wasserdichtigkeit von Stahlspundwänden (E 117)	235
8.1.23	Ufereinfassungen in Bergsenkungsgebieten (E 121)	237
8.2	**Berechnung und Bemessung der Spundwand**	241
8.2.1	Berechnung einfach verankerter Spundwandbauwerke (E 77)	241
8.2.2	Berechnung doppelt verankerter Spundwandbauwerke (E 134)	242
8.2.3	Ansatz der Wandreibungswinkel bei Spundwandbauwerken (E 4)	244
8.2.4	Zulässige Spannungen bei Spundwandbauwerken (E 20)	245
8.2.5	Spannungsnachweis bei Spundwänden (E 44)	247
8.2.6	Wahl der Rammtiefe von Spundwänden (E 55)	248
8.2.7	Rammtiefenermittlung bei teilweiser oder voller Einspannung des Spundwandfußes (E 56)	249
8.2.8	Gestaffelte Einbindetiefe bei Stahlspundwänden (E 41)	251
8.2.9	Lotrechte Belastbarkeit von Spundwänden (E 33)	253
8.2.10	Waagerechte Belastbarkeit von Stahlspundwänden in Längsrichtung des Ufers (E 132)	254
8.2.11	Gestaffelte Ausbildung von Ankerwänden (E 42)	257
8.2.12	Gründung von Stahlspundwänden in Fels (E 57)	258
8.2.13	Uferspundwände in nicht konsolidierten, weichen bindigen Böden (E 43)	258
8.2.14	Auswirkungen von Erdbeben auf die Ausbildung und Bemessung von Ufereinfassungen (E 124) (siehe 2.9)	260
8.2.15	Ausbildung und Bemessung einfach verankerter Spundwandbauwerke in Erdbebengebieten (E 125)	260
8.3	**Berechnung und Bemessung von Fangedämmen**	262
8.3.1	Zellenfangedämme als Baugrubenumschließungen und als Ufereinfassungen (E 100)	262
8.3.2	Kastenfangedämme als Baugrubenumschließungen und als Ufereinfassungen (E 101)	267
8.4	**Gurte, Holme, Anker**	271
8.4.1	Ausbildung von Spundwandgurten aus Stahl (E 29)	271
8.4.2	Berechnung und Bemessung von Spundwandgurten aus Stahl (E 30)	272
8.4.3	Spundwandgurte aus Stahlbeton bei Verankerung durch Stahlrammpfähle (E 59)	274

		Seite
8.4.4	Stahlholme für Ufereinfassungen (E 95)	277
8.4.5	Stahlbetonholme für Ufereinfassungen (E 129)	280
8.4.6	Oberer Stahlkantenschutz für Stahlbetonwände und -holme bei Ufereinfassungen, insbesondere mit Güterumschlag (E 94)	285
8.4.7	Höhe des Ankeranschlusses an eine frei aufgelagerte Ankerplatte oder Ankerwand (E 11)	286
8.4.8	Hilfsverankerung am Kopf von Spundwandbauwerken (E 133)	286
8.4.9	Nachweis der Standsicherheit von Verankerungen für die tiefe Gleitfuge (E 10)	289
8.4.10	Sicherheit gegen Aufbruch des Verankerungsbodens (zu E 10)	295
8.4.11	Spundwandverankerungen in nicht konsolidierten, weichen bindigen Böden (E 50)	296
8.4.12	Ausbildung, Verankerung und Berechnung vorspringender Kaimauerecken in verankerter Spundwandkonstruktion in Seehäfen (E 31)	299
8.4.13	Ausbildung vorspringender Kaimauerecken mit Schrägpfahlverankerung (E 146)	302
8.4.14	Gelenkige Auflagerung von Ufermauerüberbauten auf Stahlspundwänden (E 64)	305
8.4.15	Gelenkiger Anschluß gerammter Stahlankerpfähle an Stahlspundwandbauwerke (E 145)	308
9	**Ankerpfähle**	**317**
9.1	Sicherheit der Verankerung (E 26)	317
9.2	Grenzzuglast der Ankerpfähle (E 27)	318
9.3	Ausbildung und Einbringen flach geneigter, gerammter Ankerpfähle aus Stahl (E 16)	319
9.4	Ausbildung und Belastung gerammter, verpreßter Ankerpfähle (E 66)	321
9.5	Ausbildung und Belastung waagerechter oder geneigter, gebohrter Ankerpfähle mit verdicktem Fuß (E 28)	323
10	**Uferwände, Ufermauern und Überbauten aus Beton und Stahlbeton**	**326**
10.1	Ausbildung von Ufermauern und Überbauten (E 17)	326
10.2	Ausführung von Stahlbetonbauten bei Ufereinfassungen (E 72)	328
10.3	Berechnung und Bemessung befahrener Stahlbetonplatten von Pieranlagen (E 76)	332
10.4	Schwimmkästen als Ufereinfassungen von Seehäfen (E 79)	332
10.5	Druckluft-Senkkästen als Ufereinfassungen von Seehäfen (E 87)	336
10.6	Ausbildung und Bemessung von Kaimauern in Blockbauweise (E 123)	339
10.7	Ausbildung und Bemessung von Kaimauern in Blockbauweise in Erdbebengebieten (E 126)	345
10.8	Ausbildung und Bemessung von Kaimauern in offener Senkkastenbauweise (E 147)	346
10.9	Ausbildung und Bemessung von Kaimauern in offener Senkkastenbauweise in Erdbebengebieten (E 148)	350
10.10	Anwendung und Ausbildung von Bohrpfahlwänden (E 86)	350
10.11	Anwendung und Ausbildung von Schlitzwänden (E 144)	353

		Seite
11	**Pfahlrostmauern**	360
11.1	Ausbildung von Pfahlrostmauern (E 17)	360
11.2	Erddruck auf Spundwände vor Pfahlrostmauern (E 45)	360
11.3	Berechnung ebener, hoher Pfahlroste mit starrer Rostplatte (E 78)	366
11.4	Ausbildung und Bemessung von Pfahlrostmauern in Erdbebengebieten (E 127)	366
12	**Ausbildung von Hafenböschungen**	368
12.1	Böschungen in Binnenhäfen an Flüssen mit starken Wasserspiegelschwankungen (E 49)	368
12.2	Böschungen in Seehäfen und in Binnenhäfen mit Tide (E 107)	370
12.3	Böschungen unter Ufermauerüberbauten hinter Spundwänden (E 68)	377
12.4	Teilgeböschter Uferausbau in Binnenhäfen mit großen Wasserstandsschwankungen (E 119) (siehe 6.6)	378
13	**Dalben**	379
13.1	Berechnung elastischer Bündeldalben in nichtbindigen Böden (E 69)	379
13.2	Federkonstante für die Berechnung und Bemessung von schweren Fenderungen und schweren Anlegedalben (E 111)	380
13.3	Auftretende Stoßkräfte und erforderliches Arbeitsvermögen von Fenderungen und Dalben in Seehäfen (E 128)	384
13.4	Verwendung hochfester, schweißbarer Baustähle bei elastischen Anlege- und Vertäudalben im Seebau (E 112)	387
14	**Erfahrungen mit überlasteten, ausgewichenen oder eingestürzten Ufereinfassungen, Lebensdauer**	391
14.1	Mittleres Verkehrsalter von Ufereinfassungen (E 46)	391
B	**Weiteres Arbeitsprogramm**	392
C	**Schrifttum**	396
	1 Jahresberichte	396
	2 Abhandlungen und Bücher	396
	3 Vorschriften	400
	(1) DIN-Normblätter	400
	(2) DS der DB (Dienstvorschriften der Deutschen Bundesbahn)	403
D	**Zeichenerklärung**	404
E	**Stichwortverzeichnis**	407

Verzeichnis der Empfehlungen E 1–E 150

In der ersten Auflage erschienen[1]):

		Abschnitt	Seite
E 1	Anordnung und Tiefe von Bohrungen und von Druck- oder Rammsondierungen	1.2	12
E 2	Kohäsion in bindigen Böden	2.1	33
E 3	Scheinbare Kohäsion im Sand	2.2	33
E 4	Ansatz der Wandreibungswinkel bei Spundwandbauwerken	8.2.3	244
E 5	Lotrechte Nutzlasten	5.5	83
E 6	Querschnittsgrundmaße von Seeschiffsmauern	6.1	111
E 7	Gemischte (kombinierte) Stahlspundwände	8.1.3	198
E 8	Kostenanteile eines Stahlspundwandbauwerks	8.1.11	209
E 9	Mittlere Bodenwerte für Vorentwürfe	1.10	30
E 10	Nachweis der Standsicherheit von Verankerungen für die tiefe Gleitfuge und	8.4.9	289
	Sicherheit gegen Aufbruch des Verankerungsbodens	8.4.10	295
E 11	Höhe des Ankeranschlusses an eine frei aufgelagerte Ankerplatte oder Ankerwand	8.4.7	286
E 12	Anordnung und Belastung von Pollern für Seeschiffe	5.8	102
E 13	Anordnung, Ausbildung und Belastung von leichten Festmacheeinrichtungen für Schiffe an senkrechten Ufereinfassungen	6.11	128
E 14	Anordnung, Ausbildung und Belastung von Steigeleitern	6.12	130
E 15	Rammneigung für Spundwände	8.1.13	210
E 16	Ausbildung und Einbringen flach geneigter, gerammter Ankerpfähle aus Stahl	9.3	319
E 17	Ausbildung von Ufermauern und Überbauten	10.1	326
	und Ausbildung von Pfahlrostmauern	11.1	360
E 18	Lastfälle	5.4	81
E 19	Wasserüberdruck in Richtung Wasserseite	4.2	61
E 20	Zulässige Spannungen bei Spundwandbauwerken	8.2.4	245
E 21	Ausbildung und Einbringen von Stahlbetonspundwänden	8.1.2	196
E 22	Ausbildung und Einbringen von Holzspundwänden	8.1.1	193
E 23	Sandschliffgefahr bei Spundwänden	8.1.10	209
E 24	Anordnung und Ausbildung von Treppen in Seehäfen	6.13	132
E 25	Zweckmäßige Neigung der Uferspundwände bei Hafenanlagen	8.1.12	210
E 26	Sicherheit der Verankerung	9.1	317
E 27	Grenzzuglast der Ankerpfähle	9.2	318
E 28	Ausbildung und Belastung waagerechter oder geneigter, gebohrter Ankerpfähle mit verdicktem Fuß	9.5	323
E 29	Ausbildung von Spundwandgurten aus Stahl	8.4.1	271
E 30	Berechnung und Bemessung von Spundwandgurten aus Stahl	8.4.2	272

[1]) Es ist jeweils das erste Erscheinen in einer Sammelveröffentlichung angegeben, spätere Überarbeitungen und Ergänzungen sind nicht vermerkt.

Die 2. Auflage wurde erweitert durch:

		Abschnitt	Seite
E 31	Ausbildung, Verankerung und Berechnung vorspringender Kaimauerecken in verankerter Spundwandkonstruktion in Seehäfen	8.4.12	299
E 32	Ausbildung von Spundwandentwässerungen mit Rückstauverschlüssen im Tidegebiet	4.5	64
E 33	Lotrechte Belastbarkeit von Spundwänden	8.2.9	253
E 34	Wahl des Profils und des Baustoffs der Spundwand	8.1.5	202
E 35	Korrosion bei Stahlspundwänden und Gegenmaßnahmen	8.1.9	207
E 36	Solltiefe der Hafensohle vor Ufermauern	6.7	125
E 37	Spielraum für Baggerungen vor Ufermauern	6.8	126
E 38	Ansatz des Anlegedrucks von Schiffen an Ufermauern	5.2	80
E 39	Übliche Schiffsabmessungen	5.1	77
E 40	Anlegegeschwindigkeiten von Schiffen quer zum Liegeplatz	5.3	81
E 41	Gestaffelte Einbindetiefe bei Stahlspundwänden	8.2.8	251
E 42	Gestaffelte Ausbildung von Ankerwänden	8.2.11	257
E 43	Uferspundwände in nicht konsolidierten, weichen bindigen Böden	8.2.13	258
E 44	Spannungsnachweis bei Spundwänden	8.2.5	247
E 45	Erddruck auf Spundwände vor Pfahlrostmauern	11.2	360
E 46	Mittleres Verkehrsalter von Ufereinfassungen	14.1	391
E 47	Fenderungen in Binnenhäfen	6.16	135
E 48	Einfluß des Einrüttelns auf die Kennwerte nichtbindiger Böden	1.8	28
E 49	Böschungen in Binnenhäfen an Flüssen mit starken Wasserspiegelschwankungen	12.1	368
E 50	Spundwandverankerungen in nicht konsolidierten, weichen bindigen Böden	8.4.11	296
E 51	Ausbildung von Durchlaufentwässerungen bei Spundwandbauwerken	4.4	63
E 52	Auswirkung artesischen Grundwassers unter Gewässersohlen auf Erddruck und Erdwiderstand	2.5	34
E 53	Entlastung artesischen Drucks unter Hafensohlen	4.7	68
E 54	Bodenwerte für Ausführungsentwürfe	1.11	32
E 55	Wahl der Rammtiefe von Spundwänden	8.2.6	248
E 56	Rammtiefenermittlung bei teilweiser oder voller Einspannung des Spundwandfußes	8.2.7	249
E 57	Gründung von Stahlspundwänden in Fels	8.2.12	258
E 58	Mittlerer Grundwasserstand in Tidegebieten	4.1	61
E 59	Spundwandgurte aus Stahlbeton bei Verankerung durch Stahlrammpfähle	8.4.3	274
E 60	Fenderungen für Großschiffsliegeplätze an Ufermauern	6.14	133
E 61	Buschhängefender für Großschiffsliegeplätze an Ufermauern	6.15	134
E 62	Abnahmebedingungen für Fender-Elastomere (Fendergummi)	6.18	147
E 63	Elastomerlager für Hafenbrücken und -stege	6.19	149
E 64	Gelenkige Auflagerung von Ufermauerüberbauten auf Stahlspundwänden	8.4.14	305

		Abschnitt	Seite
E 65	Wasserüberdruck auf Spundwände vor überbauten Böschungen im Tidegebiet	4.3	61

Die 3. Auflage wurde erweitert durch:

E 66	Ausbildung und Belastung gerammter, verpreßter Ankerpfähle	9.4	321
E 67	Gütevorschriften für Stähle von Stahlspundbohlen	8.1.6	203
E 68	Böschungen unter Ufermauerüberbauten hinter Spundwänden	12.3	377
E 69	Berechnung elastischer Bündeldalben in nichtbindigen Böden	13.1	379
E 70	Ausrüstung von Großschiffsliegeplätzen mit Sliphaken	6.10	128
E 71	Untersuchung der Lagerungsdichte von nichtbindigen Ufermauer-Hinterfüllungen	1.7	27
E 72	Ausführung von Stahlbetonbauten bei Ufereinfassungen . . .	10.2	328
E 73	Hinterfüllen von Ufereinfassungen	7.5	171
E 74	Querschnittsgrundmaße von Ufereinfassungen in Binnenhäfen	6.3	117
E 75	Ausbildung von Rückstauentwässerungen bei Ufermauern im Tidegebiet	4.6	67
E 76	Berechnung und Bemessung befahrener Stahlbetonplatten von Pieranlagen	10.3	332
E 77	Berechnung einfach verankerter Spundwandbauwerke	8.2.1	241
E 78	Berechnung ebener, hoher Pfahlroste mit starrer Rostplatte .	11.3	366
E 79	Schwimmkästen als Ufereinfassungen von Seehäfen	10.4	332
E 80	Baggerarbeiten vor lotrechten Ufereinfassungen in Seehäfen .	7.1	163
E 81	Aufspülen von Hafengelände für geplante Ufereinfassungen .	7.4	168
E 82	Ausbildung der Ufer von Umschlaghäfen an Binnenkanälen .	6.4	120
E 83	Kolkbildung und Kolksicherung vor Ufereinfassungen	7.7	177

Die 4. Auflage wurde erweitert durch:

E 84	Maß- und Lastangaben für übliche Stückgutkrane und für Containerkrane in Seehäfen	5.11	106
E 85	Kranschienen und ihre Befestigung auf Beton	6.21	153
E 86	Anwendung und Ausbildung von Bohrpfahlwänden	10.10	350
E 87	Druckluft-Senkkästen als Ufereinfassungen von Seehäfen . .	10.5	336
E 88	Ermittlung der Scherfestigkeit c_u aus unentwässerten Versuchen an wassergesättigten bindigen Bodenproben . . .	1.3	14
E 89	Ermittlung der wirksamen Scherparameter φ' und c'	1.4	17
E 90	Rammen von Stahlspundbohlen und Stahlpfählen bei tiefen Temperaturen	8.1.18	224
E 91	Abbrennen der Kopfenden gerammter Stahlprofile für tragende Schweißanschlüsse	8.1.21	235
E 92	Ermittlung des inneren Reibungswinkels φ' für nichtbindige Böden	1.5	22
E 93	Senkrechte Dränagen zur Beschleunigung der Konsolidierung weicher bindiger Böden	7.8	178

		Abschnitt	Seite
E 94	Oberer Stahlkantenschutz für Stahlbetonwände und -holme bei Ufereinfassungen, insbesondere mit Güterumschlag	8.4.6	285
E 95	Stahlholme für Ufereinfassungen	8.4.4	277
E 96	Sicherheitsbeiwerte bei Anwendung der EAU	1.6	24
E 97	Toleranzen für Schloßabmessungen bei Stahlspundbohlen	8.1.7	204
E 98	Übernahmebedingungen für Stahlspundbohlen und Stahlpfähle auf der Baustelle	8.1.8	207
E 99	Ausbildung geschweißter Stöße an Stahlspundbohlen und Stahlrammpfählen	8.1.20	230
E 100	Zellenfangedämme als Baugrubenumschließungen und als Ufereinfassungen	8.3.1	262

Die 5. Auflage wurde erweitert durch:

E 101	Kastenfangedämme als Baugrubenumschließungen und als Ufereinfassungen	8.3.2	267
E 102	Anordnung, Ausbildung und Belastung von Festmacheeinrichtungen für Schiffe an Böschungen in Binnenhäfen	5.10	103
E 103	Schubfeste Schloßverschweißung bei Stahlverbundwänden	8.1.4	199
E 104	Einrammen von gemischten (kombinierten) Stahlspundwänden	8.1.15	216
E 105	Einbringen von gemischten (kombinierten) Stahlspundwänden durch Tiefenrüttler	8.1.16	220
E 106	Spundwandufer an Kanälen für Binnenschiffe	6.5	120
E 107	Böschungen in Seehäfen und in Binnenhäfen mit Tide	12.2	370
E 108	Auf Beton geklebte Laufschienen für Fahrzeuge und Krane	6.22	158
E 109	Ausführung von Bodenersatz für Ufereinfassungen	7.9	182
E 110	Ansatz von Erddruck und Wasserüberdruck und Ausbildungshinweise für Ufereinfassungen mit Bodenersatz und verunreinigter oder gestörter Baggergrubensohle	2.7	39
E 111	Federkonstante für die Berechnung und Bemessung von schweren Fenderungen und schweren Anlegedalben	13.2	380
E 112	Verwendung hochfester, schweißbarer Baustähle bei elastischen Anlege- und Vertäudalben im Seebau	13.4	387
E 113	Entwurf von Grundwasser-Strömungsnetzen	4.8	70
E 114	Einfluß des strömenden Grundwassers auf Wasserüberdruck, Erddruck und Erdwiderstand	2.8	43
E 115	Sicherheit gegen hydraulischen Grundbruch	3.2	56
E 116	Erosionsgrundbruch, sein Entstehen und seine Verhinderung	3.3	58
E 117	Wasserdichtigkeit von Stahlspundwänden	8.1.22	235
E 118	Einrammen wellenförmiger Stahlspundbohlen	8.1.14	210
E 119	Teilgeböschter Uferausbau in Binnenhäfen mit großen Wasserstandsschwankungen	6.6	122
E 120	Gründung von Kranbahnen bei Ufereinfassungen	6.20	151
E 121	Ufereinfassungen in Bergsenkungsgebieten	8.1.23	237
E 122	Oberkante der Ufereinfassungen in Seehäfen	6.2	112
E 123	Ausbildung und Bemessung von Kaimauern in Blockbauweise	10.6	339

		Abschnitt	Seite
E 124	Auswirkungen von Erdbeben auf die Ausbildung und Bemessung von Ufereinfassungen	2.9	49
E 125	Ausbildung und Bemessung einfach verankerter Spundwandbauwerke in Erdbebengebieten	8.2.15	260
E 126	Ausbildung und Bemessung von Kaimauern in Blockbauweise in Erdbebengebieten	10.7	345
E 127	Ausbildung und Bemessung von Pfahlrostmauern in Erdbebengebieten	11.4	366
E 128	Auftretende Stoßkräfte und erforderliches Arbeitsvermögen von Fenderungen und Dalben in Seehäfen	13.3	384
E 129	Stahlbetonholme für Ufereinfassungen	8.4.5	280
E 130	Ermittlung des Erddrucks bei wassergesättigten, nicht- bzw. teilkonsolidierten, weichen bindigen Böden	2.6	36

Die 6. Auflage wurde erweitert durch:

		Abschnitt	Seite
E 131	Scherparameter des Bruch- bzw. des Gleitzustands bei Anwendung der EAU	1.9	28
E 132	Waagerechte Belastbarkeit von Stahlspundwänden in Längsrichtung des Ufers	8.2.10	254
E 133	Hilfsverankerung am Kopf von Spundwandbauwerken	8.4.8	286
E 134	Berechnung doppelt verankerter Spundwandbauwerke	8.2.2	242
E 135	Wellendruck auf senkrechte Uferwände	5.6	86
E 136	Ermittlung der Bemessungswelle für See- und Hafenbauwerke	5.7	93
E 137	Berechnung und Bemessung geschütteter Molen und Wellenbrecher	7.11	188
E 138	Baggern von Unterwasserböschungen	7.6	173
E 139	Bagger- und Aufspültoleranzen	7.3	164
E 140	Ausbildung und Bemessung von Rammgerüsten	8.1.19	224
E 141	Elastomer-Fenderungen und Elastomer-Fenderelemente für Seehäfen	6.17	139
E 142	Durchführung statischer Berechnungen von Ufereinfassungen	0.1	1
E 143	Anwendung elektronischer Berechnungen bei Ufereinfassungen	0.2	2
E 144	Anwendung und Ausbildung von Schlitzwänden	10.11	353
E 145	Gelenkiger Anschluß gerammter Stahlankerpfähle an Stahlspundwandbauwerke	8.4.15	308
E 146	Ausbildung vorspringender Kaimauerecken mit Schrägpfahlverankerung	8.4.13	302
E 147	Ausbildung und Bemessung von Kaimauern in offener Senkkastenbauweise	10.8	346
E 148	Ausbildung und Bemessung von Kaimauern in offener Senkkastenbauweise in Erdbebengebieten	10.9	350
E 149	Schallarmes Einrammen von Spundbohlen und Fertigpfählen	8.1.17	222
E 150	Abfassung von Berichten und Gutachten über Baugrunduntersuchungen für Ufereinfassungen bei schwierigen Verhältnissen	1.1	8

A   Veröffentlichte Empfehlungen

0   Statische Berechnungen

0.1   Durchführung statischer Berechnungen von Ufereinfassungen (E 142)

0.1.1   Allgemeines

Wie auch sonst im Bauwesen ist bei Ufereinfassungen die statische Berechnung ein wesentlicher Bestandteil des Entwurfs. Sie hat den Nachweis zu erbringen, daß die angreifenden Lasten und Kräfte vom Bauwerk und seinen Teilen im Rahmen der jeweils zulässigen Verformungen und der geforderten Sicherheiten aufgenommen und in den tragfähigen Baugrund ausreichend sicher abgeleitet werden können. Um diese rechnerischen Nachweise einfach und möglichst zutreffend führen zu können, sollen Ufereinfassungen – bei Wahrung der Forderungen nach entsprechender Wirtschaftlichkeit und einfacher Bauausführung – auch einfach und übersichtlich ausgebildet werden. Je ungleichmäßiger der Baugrund ist, um so mehr sind statisch bestimmte Ausführungen anzustreben, damit Zusatzbeanspruchungen aus ungleichen Stützensenkungen und dergleichen, die nicht einwandfrei überblickbar sind, weitgehend vermieden werden. Bei gutem Baugrund können aber auch hochgradig statisch unbestimmte Systeme angewendet werden und wirtschaftlichste Lösungen darstellen. Hierunter fallen beispielsweise auch Kaimauerecken auf räumlichen Pfahlrosten und dergleichen. Vor allem bei solchen Bauwerken führen elektronische Berechnungen mit erprobten Programmen zu einer entscheidenden Verminderung der Ingenieurarbeit bei gleichzeitig optimaler Bauwerkgestaltung und Materialausnutzung.

0.1.2   Berechnungsaufbau

Jeder Berechnung einer Ufereinfassung muß eine zeichnerische Darstellung des Bauwerks mit allen wichtigen geplanten Bauwerkabmessungen einschließlich der rechnungsmäßigen Sohlentiefe und den Belastungen, aber auch mit den Bodenschichten und den zugehörigen rechnungsmäßigen Bodenkennwerten und allen maßgebenden freien Wasserständen, bezogen auf SKN oder NN oder ein örtliches Pegelnull sowie die zugehörigen Grundwasserstände vorangestellt werden.
Es folgt dann eine kurze Beschreibung des Bauwerks insbesondere mit allen Angaben, die aus der Zeichnung nicht klar erkenntlich sind, und allen Daten hinsichtlich der Bauzeiten und der Art der Baudurchführung mit den maßgebenden Bauzuständen. Weiter werden alle Lastangaben, Bodenkennwerte, Wasserstände und Baustoffe genau aufgeführt, die maßgebenden Lastfälle 1, 2 und – wenn in Frage kommend – auch 3 mit den zugehörigen Belastungen angeschrieben und die dabei jeweils

zulässigen Spannungen und geforderten Sicherheiten genannt. Anschließend wird der vorgesehene Gang der Berechnung nach sorgfältiger Überlegung schriftlich festgelegt und begründet. Sollten einzelne vorgesehene Wege nicht zum Ziele führen, muß der Berechnungsgang später im nötigen Umfang angepaßt werden. Schließlich sind das verwendete Schrifttum mit genauen Quellenangaben und sonstige verwendete Berechnungshilfsmittel zu benennen.

Erst dann wird mit der eigentlichen statischen Berechnung mit anschließender Bemessung begonnen. Dabei ist zu beachten, daß es im Grund- und Wasserbau viel mehr auf zutreffende Bodenaufschlüsse, Scherparameter, Lastansätze, die Erfassung auch hydrodynamischer Einflüsse und nichtkonsolidierter Zustände und ein günstiges Tragsystem ankommt als auf eine übertrieben genaue zahlenmäßige Berechnung. Man muß sich im klaren darüber sein, daß Grundbauberechnungen stets einen Näherungscharakter aufweisen. In der Praxis liegen die häufigsten Fehler der Berechnungen bereits in den Grundlagen und Lastansätzen.

0.1.3 Weitere Hinweise für den Aufsteller

Der Aufsteller der statischen Berechnung eines Bauwerks gehört zur Gruppe der Entwurfsbearbeiter. Er ist daher für die ausreichende Richtigkeit seiner Berechnung selbst zuständig und haftbar, auch wenn die Berechnung später von einem „Prüfingenieur für Baustatik" ordnungsgemäß geprüft wird. Dies gilt in jedem Fall für prüfpflichtige Bauvorhaben. Eine interne Prüfung der Berechnung von der Aufstellerseite wird daher mindestens in allen schwierigen Fällen dringend empfohlen.

Namen und Berufsbezeichnungen des Aufstellers und eines internen Prüfers sind anzugeben. Ein eventuell eingeschaltetes Recheninstitut ist zu benennen.

0.1.4 Hinweise für den Prüfingenieur für Baustatik

In schwierigen Fällen sollte frühzeitig eine Abstimmung über die Grundlagen des Entwurfs und der Berechnung zwischen dem Prüfingenieur und dem Aufsteller stattfinden.

Ist eine Berechnung sorgfältig und gut aufgestellt, sollten zusätzliche Wünsche vom Prüfingenieur an den Aufsteller auf das absolut erforderliche Mindestmaß begrenzt werden. Umgekehrt sollte der Prüfingenieur nicht zögern, eine neue Berechnung zu fordern, wenn die vorgelegte nicht einwandfrei und daher nicht prüfbar ist.

0.2 Anwendung elektronischer Berechnungen bei Ufereinfassungen (E 143)

0.2.1 Vorbemerkungen

Elektronische Berechnungen erleichtern bei richtiger Anwendung die statischen Untersuchungen auch von Ufereinfassungen. Dies gilt sowohl für die Durchführung einfacher, jedoch wiederholt auftretender gleichartiger Berechnungen als auch für die statische Untersuchung schwieriger oder umfangreicher Systeme.

Bei richtiger Anwendung liegen die Vorteile neben der Entlastung von manueller Arbeit vor allem im Zeitgewinn. Dieser ermöglicht die Untersuchung mehrerer Varianten, wodurch eine günstige konstruktive und wirtschaftliche Lösung gefunden werden kann. Dabei sollten die verwendeten Programme und Rechnertypen auf die jeweiligen Anforderungen der zu untersuchenden Konstruktionen abgestimmt sein.

0.2.2   Probleme bei Ufereinfassungen

0.2.2.1   Statische und dynamische Probleme

Die besonderen Verhältnisse bei Ufereinfassungen, wie beispielsweise geometrisch und statisch bzw. dynamisch unübersichtliche Systeme oder eine Vielzahl der Lastfälle bergen – wie Beispiele der Praxis zeigen – die Gefahr in sich, daß vorhandene Programme nicht richtig angewendet werden. Im Hinblick darauf, daß die Erfassung der Randbedingungen im Grund- und Wasserbau ohnehin schwierig ist, können die Wahl besonders komplizierter Ausbildungen, das Berücksichtigen auch untergeordneter Lastfälle in großer Zahl, das Anfertigen von Zusatzberechnungen infolge nachträglicher Systemänderungen und dergleichen zu einem unbefriedigenden Ergebnis führen. Dies gilt besonders dann, wenn dabei die erforderliche Übersichtlichkeit verlorengeht.

0.2.2.2   Rechnereinsatz, Datenverarbeitungsprobleme

(1) Kleinrechner

Kleinrechner werden vor allem zu einfachen Berechnungen verwendet, wie zur Berechnung von Spundwänden, Gurten, Holmen, Gleitkreisen, Koordinaten und dergleichen. Erwähnenswerte Probleme treten dabei nicht auf.

(2) Großrechner

Größere, vor allem räumliche Systeme, wie Pfahl- und Trägerroste, Konstruktionen mit stark wechselnden Abmessungen, Probleme der Scheiben- und Plattentheorie und dergleichen, lassen sich nur auf ausreichend leistungsfähigen EDV-Anlagen der mittleren Datentechnik bzw. auf Großrechnern ausreichend genau und schnell berechnen.

Die volle Ausnutzung ergibt sich bei Verwendung „integrierter Programme". Bei diesen wird durch systematisches Aneinanderreihen von Einzelprogrammen die Gesamtarbeit mit Lastaufstellung, Eingabe der Geometrie, Schnittkraftermittlung, Überlagerung von Lastfällen, Bemessung, Kontrollen und graphischer Darstellung der Ergebnisse (in Sonderfällen sogar mit dem Zeichnen von Bewehrungsplänen) möglichst in einem Programmablauf durchgeführt. Bei den komplexen Problemen schwieriger Ufereinfassungen ist ein solcher Einsatz aber nur selten realisierbar und zweckmäßig.

Auch bei schwierigen bodenmechanischen Problemen, Versagen von tragenden Bauteilen und in ähnlichen Fällen, die mit den üblichen vereinfachenden Annahmen der Statik nicht mehr zu berechnen sind, können Großrechenanlagen gute Dienste leisten. Dabei kann auch mit nicht linearen Stoffgesetzen und Fließbedingungen gearbeitet werden.

0.2.3 Anleitung für das Aufstellen und Prüfen elektronischer Berechnungen

Vorweg wird auf die „Vorläufigen Richtlinien für das Aufstellen und Prüfen elektronischer Standsicherheitsberechnungen", eingeführt durch Erlaß des Bayerischen Staats-Min. des Inneren vom 4.1. 1966, abgedruckt im Betonkalender 1969/I, S. 657, hingewiesen.

Für Ufereinfassungen im besonderen gelten vor allem die folgenden Hinweise.

0.2.3.1 Hinweise für den Aufsteller

(1) Berechnungsführung

Eine zweckmäßige und übersichtliche Berechnungsführung setzt vor allem folgendes voraus:

a) Die Ufereinfassungen sollten so einfach wie möglich gehalten werden. Komplexe Systeme können unter Umständen in mehrere kleinere aufgelöst werden, sofern dabei die Schnittgrößen noch ausreichend zutreffend ermittelt werden können. An den Bereichsrändern müssen dann aber wegen der idealisierten Randbedingungen Unschärfen hingenommen und durch konstruktive Maßnahmen unschädlich gemacht werden.

b) Die Möglichkeiten der elektronischen Berechnung sollten nicht zu unnötig oft wechselnden Bauwerksabmessungen führen, da Kosteneinsparungen am Material häufig durch erhöhte Entwurfs- und Herstellkosten verlorengehen.

c) Die Zahl der Lastfälle sollte soweit wie möglich eingeschränkt werden, beispielsweise auch durch vorheriges Zusammenfassen von Belastungen in der jeweils ungünstigsten Kombination für maßgebende Querschnitte oder Bereiche.

d) Die Beeinflussung der Ergebnisse durch nicht eindeutig definierbare Randbedingungen oder Eingabedaten mit Wahrscheinlichkeitswerten – beispielsweise nachgiebiger Stützung durch den Untergrund – sollten durch Variation der Randbedingungen berücksichtigt werden.

e) Die Anwendung elektronischer Berechnungsmethoden setzt Erfahrung voraus, welche eine kritische Beurteilung der Ergebnisse ermöglicht. Deshalb sollten – mindestens in schwierigeren Fällen der Entwurfsbearbeitung – bereits beim Aufstellen der Berechnungen die Berechnungswege, die Berechnungsdurchführung und die Ergebnisse sowie die Kontrollen laufend mit besonders erfahrenen Ingenieuren abgestimmt und von letzteren laufend geprüft werden. Zusätzlich sollte die Größenordnung der Ergebnisse durch unabhängige überschlägliche Berechnungen abgeschätzt werden.

(2) Fehlerquellen und rechtzeitige Kontrollen

a) Die elektronische Bearbeitungsfolge ist im wesentlichen vom verwendeten Rechenprogramm abhängig. Zur Bearbeitung wird der zu untersuchende Bauteil durch ein mechanisch gleichwertiges berechenbares Modell ersetzt. Dabei treten sogenannte Idealisierungsfehler auf. Bei der Berechnung mit der Finite-Elemente-Methode (FEM) können sich durch die Einteilung des Berechnungsmodells in Elemente und durch die gewählten Randbedingungen auch Diskretisierungsfehler einstellen.

b) Weitere Fehlerquellen liegen erfahrungsgemäß in der Wahl der Stoffgesetze und bei sonstigen Eingabedaten. Letztere sollten vorzugsweise graphisch kontrolliert werden. Maschinenfehler während des Rechenablaufs bzw. beim Ausdruck der Ergebnisse sind selten.

c) Eine im Programm eingebaute automatische Fehlersuche beschränkt sich im allgemeinen auf die sogenannte Plausibilitätskontrolle, welche beispielsweise die Widerspruchsfreiheit der Systemgeometrie mit der geometrischen Zuordnung der Belastungsgrößen vergleicht (es können nur vorhandene Stäbe belastet werden) oder auf unwahrscheinliche Zahlenwerte von Eingabe- oder Ergebnisgrößen hinweist.

d) Es ist daher zweckmäßig, elektronische Berechnungen laufend zu kontrollieren. Zur Absicherung der Berechnung kommen „Gesamt-Kontrollen" und „Teil-Kontrollen" in Frage. Bei „Gesamt-Kontrollen" werden alle Bearbeitungsschritte – unabhängig von der Aufstellberechnung – zahlenmäßig überprüft. „Teil-Kontrollen" sind weniger umfassend, und die Ergebnisse von Aufstellung und Kontrolle sind nicht völlig unabhängig voneinander.

e) Gesamt-Kontrollen sind vor allem beim Aufstellen und späteren Anwenden schwieriger Programme erforderlich.
In Sonderfällen können bei Problemen mit bekannter Lösung Vergleichsrechnungen Aufschluß über die Genauigkeit der numerisch gefundenen Werte geben. Dieses ist vor allem zweckmäßig, wenn bei der FEM der Einfluß von Diskretisierungsfehlern abgeschätzt werden muß. Außerdem kann durch Messungen an Modellen die Berechnung überprüft werden.
Auch an ausgeführten Bauwerken sollten Messungen zur nachträglichen Kontrolle der Berechnungen durchgeführt werden.

f) Teil-Kontrollen können durch einen zweiten Bearbeiter durchgeführt werden und sollten umfassen:
– Vergleich der Eingabewerte mit den entsprechenden gespeicherten Daten über Bildschirm oder Datenausdruck.

- Kontrolle der Geometrie, besonders bei räumlichen Systemen über Darstellung am Bildschirm oder automatische Strukturaufzeichnung (Strukturplot).
- Prüfung der Randbedingungen durch Kontrolle der errechneten Verformungsgrößen bzw. vorgegebenen Vorzeichen von Kräften (beispielsweise Ausschluß von Zugkräften bei Drucklagern oder elastischer Bettung auf dem Untergrund).
- Stichprobenartige Überprüfung der Gleichgewichts- und Verträglichkeitsbedingung durch Nachrechnen von Hand an einzelnen charakteristischen Punkten.
- Automatischer Ausdruck der Resultierenden der errechneten Stützreaktionen in vorgegebener Richtung und Vergleich mit den entsprechenden, aus den Belastungen abgeleiteten Größen.
- Grafisches Auftragen der Ergebnisse, wobei Fehler im allgemeinen leichter erkannt werden können als durch Überprüfen der numerischen Ergebnisse.

(3) Folgerungen für den Aufsteller

Um auch bei schwierigen elektronischen Berechnungen zu richtigen Ergebnissen zu gelangen, wird empfohlen:

a) Aufbau der Berechnung nach E 142, Abschn. 0.1.

b) Beachtung der allgemeinen Hinweise für eine zweckmäßige Berechnungsführung nach Abschn. 0.2.3.1 (1) und Durchführung von Kontrollen nach Abschn. 0.2.3.1 (2).

c) Rechtzeitiges Einschalten und kritisches Abstimmen der Berechnung mit dem zuständigen Prüfingenieur für Baustatik.

d) Kritische Beurteilung der Berechnungsergebnisse bereits durch den Aufsteller mit ergänzenden konstruktiven Hinweisen.

e) Die Berechnung sollte nicht nur die Benennung des Programms, sondern auch die Namen und Berufsbezeichnungen des Aufstellers und des internen Prüfers sowie die Benennung eines eventuell eingeschalteten Recheninstituts, wieder mit Angabe des Bearbeiters und des internen Prüfers, enthalten.

f) In die einzureichende statische Berechnung sollte nur aufgenommen werden, was für die Gesamtbeurteilung der Ergebnisse und für die Prüfung unmittelbar erforderlich ist. Dazu gehören vor allem:
   - die vom Programmverfasser herausgegebene Programmbeschreibung, aus der sowohl die Generalannahmen als auch die Rechenmethode selbst und ihre Anwendungsgrenzen hervorgehen,
   - das idealisierte System mit Kontrollen,
   - die Eingabedaten mit Kontrollen, wenn möglich mit Computergraphik und Foto- bzw. Strukturplot,
   - die Berechnungsergebnisse, übersichtlich graphisch aufgetragen,

- die automatischen oder sonstigen Gleichgewichts- und Verträglichkeits- sowie etwa durchgeführte Gesamt-Kontrollen,
- die Formänderungs- und sonstigen Teil-Kontrollen sowie Kontinuitätstests,
- die Zusammenstellung der Bemessungsdaten,
- die Zusammenstellung der erforderlichen Bewehrungsquerschnitte, Stahlbedarfsflächen und wichtiger Schubspannungsflächen zum Festlegen der Aufbiegung und
- die Kritik der Ergebnisse.

0.2.3.2 **Hinweise für den Prüfingenieur für Baustatik**

Durch die Lieferung der statischen Berechnung entsprechend Abschn. 0.2.3.1 (3) erhält und behält der Prüfingenieur für Baustatik den nötigen Überblick über die Berechnung des Bauwerks einschließlich seiner Beanspruchungen. Durch Prüfung der Grundlagen sowie der Lastansätze, Eingabedaten usw. sowie durch den Vergleich der Ergebnisse der Berechnungen und ihrer Kontrollen und vor allem anhand der graphischen Auftragungen kann er die Richtigkeit der Berechnungen mit einem vertretbaren Aufwand an Zeit und Kosten auch dann überprüfen, wenn fallweise auf eine elektronische Gegenrechnung verzichtet wird.

Darüber hinaus soll der Prüfingenieur durch Vergleichsrechnungen an vereinfachten Systemen weitere Kontrollen vornehmen, insbesondere wenn die Ergebnisse der Berechnung in Teilen oder insgesamt nicht plausibel erscheinen oder sonst zu Bedenken Anlaß geben.

Im übrigen gelten die Hinweise in E 142, Abschn. 0.1.4.

1 Bodenaufschlüsse, Bodenuntersuchungen und rechnerische Bodenwerte

1.1 Abfassung von Berichten und Gutachten über Baugrunduntersuchungen für Ufereinfassungen bei schwierigen Verhältnissen (E 150)

1.1.1 Allgemeines

Die nachstehenden Hinweise gelten nur für Ufereinfassungen bei schwierigen Verhältnissen, wie z.B. Großbaumaßnahmen, technisch komplizierten oder besonders empfindlichen Konstruktionen, neuartigen Bauweisen und schlechten Baugrundverhältnissen. Sie gelten sinngemäß aber auch für die Untersuchung von Hinterfüllungsböden.

Die mit den Baugrunduntersuchungen Beauftragten sollen bereits bei Festlegen der erforderlichen Schürfe, Bohrungen und Sondierungen und bei der generellen Festlegung des Untersuchungsprogramms eingeschaltet werden. Dabei soll stets eine Ortsbesichtigung vorausgehen. Die Aufschlußarbeiten sollen – wenn möglich – von den mit den Baugrunduntersuchungen Beauftragten überwacht werden.

Für die Überwachung der Bodenaufschlußarbeiten und die Durchführung von Feld- und Laborversuchen sind beispielsweise in der Bundesrepublik Deutschland die im „Verzeichnis der Institute für Erd- und Grundbau" genannten Institutionen besonders geeignet. Dieses Verzeichnis wird vom Institut für Bautechnik, Berlin, herausgegeben.

Mit der Erstellung des Baugrund- und Gründungsgutachtens soll stets ein besonders erfahrener Baugrundsachverständiger beauftragt werden.

1.1.2 Umfang der Ausarbeitungen

Zu unterscheiden ist zwischen dem Baugrunduntersuchungsbericht sowie dem Baugrund- und Gründungsgutachten, die entweder getrennt oder vereint abgefaßt werden können. Sie sollen folgende Angaben enthalten:

1.1.2.1 Baugrunduntersuchungsbericht

Der Baugrunduntersuchungsbericht soll vor allem umfassen:

(1) Angaben zu den allgemeinen geologischen Verhältnissen,

(2) die Ergebnisse der Bodenaufschlüsse, wie Schürfe und Probebohrungen sowie die der Felduntersuchungen, wie Sondierungen, besonders auch in den Bohrlöchern, Probebelastungen und dergleichen,

(3) die Ergebnisse der Laboruntersuchungen und

(4) die Zusammenstellung der Untersuchungsergebnisse.

1.1.2.2 Baugrund- und Gründungsgutachten

Das Baugrund- und Gründungsgutachten soll vor allem umfassen:

(1) Die Beurteilung des Baugrunds und die Festlegung der Rechenwerte

durch einen besonders erfahrenen Baugrund- und Gründungssachverständigen unter Berücksichtigung der Bauwerks- und Gründungsverhältnisse und fallweise auch der zu wählenden Berechnungsverfahren.

(2) Generelle Gründungsvorschläge mit den zugehörigen Ergebnissen einer erdstatischen Überschlagsberechnung, soweit entsprechend der Aufgabenstellung erforderlich.

1.1.3 **Aufgabenstellung sowie Unterlagen und Angaben zum geplanten Bauwerk**

Im Bericht sollen entsprechend der Aufgabenstellung alle vorgelegten Unterlagen, wie Lageplan, Bauwerkszeichnungen, Schichtenverzeichnisse von Bohrungen und sonstigen Bodenaufschlüssen und dergleichen, mit Angabe des Aufstellers, des Aufstelldatums usw. vollständig aufgeführt werden.

Aufgrund der zur Verfügung gestellten Unterlagen wird das geplante Bauwerk im Bericht allgemein beschrieben, wobei alle für die Baugrunderkundung und die Bodenuntersuchungen wichtigen Angaben, wie z.B. die generelle Lage und die Hauptabmessungen des Bauwerks, das vorgesehene statische System und die maßgebenden Belastungen im bereits bekannten Umfang anzugeben sind. Sofern es sich nicht um eine allgemeine Gründungsbeurteilung als Grundlage für eine Vorplanung zur Bebauung eines Gebiets handelt, sollten dem Bericht außerdem anhand der gelieferten Unterlagen ein Grundriß mit Lageskizze und kennzeichnende Schnitte sowie ein überschläglicher Lastenplan beigegeben werden.

1.1.4 **Wiedergabe der Ergebnisse der Bodenaufschlüsse und der Felduntersuchungen im Baugrunduntersuchungsbericht**

Im Baugrunduntersuchungsbericht ist die genaue Lage der ausgeführten Bodenaufschlüsse und der Felduntersuchungen in einem maßstäblichen Plan, der auch geplante Bauwerksumrisse enthält, einzutragen. Dabei sollen auch Bezugsmaße auf unveränderliche Festpunkte oder Bezugslinien angegeben werden. Der Zeitpunkt der Ausführung der einschlägigen Arbeiten und besondere Feststellungen bei der Bohrüberwachung sind zu vermerken.

Die angewandten Aufschluß- und Sondierverfahren sind im Baugrunduntersuchungsbericht zu erläutern.

Die Bodenaufschlüsse sind nach folgenden DIN (mit Kurzbezeichnungen) durchzuführen und aufzutragen:

Aufschlüsse im Boden: DIN 4021, Teil 1,
Aufschlüsse im Fels: DIN 4021, Teil 2,
Aufschluß der Wasserverhältnisse: DIN 4021, Teil 3,

Schichtenverzeichnis (Lockergestein): DIN 4022, Teil 1,
Schichtenverzeichnis (Fels): DIN 4022, Teil 2,
Zeichnerische Darstellung der Ergebnisse: DIN 4023.

Soweit im Auftrag gefordert und möglich, sollen auch Angaben für bautechnische Zwecke und Methoden zum Erkennen von Bodengruppen nach DIN 18196 in den Baugrunduntersuchungsbericht aufgenommen werden.

Sofern dem Baugrunduntersuchungsbericht nicht die vollständig ausgefüllten Schichtenverzeichnisse der Bohrungen beigefügt werden, ist mindestens anzugeben, wo diese eingesehen werden können. Letzteres gilt auch für die entnommenen Bodenproben.

Bei weitgehend kontinuierlicher Entnahme von gekernten Bodenproben sollten auch Farbfotos dieser Proben beigefügt werden. Die Farbfotos können jedoch die genaue Ansprache und Beurteilung der Bodenproben nicht ersetzen.

Bei den Feldversuchen sind folgende Normblätter zu berücksichtigen:

    Ramm- und Drucksondiergeräte (Geräte): DIN 4094, Teil 1,
    Ramm- und Drucksondiergeräte (Anwendung): DIN 4094, Teil 2,
    Flügelsondierung: DIN 4096,
    Plattendruckversuch: DIN 18134.

Bei Sondierungen in der Nähe von oder in Bohrungen empfiehlt es sich, die Ergebnisse der Sondierungen neben den Bohrprofilen darzustellen. Gleiche Größen sollen im gesamten Bericht im gleichen Maßstab aufgetragen werden. Die Höhenangaben, bezogen auf NN oder allgemein auf Seehöhe, z.B. auch auf SKN = Seekartennull, sind Höhenangaben, bezogen auf „Bauwerksnull", stets vorzuziehen.

1.1.5 Wiedergabe der Ergebnisse der Laboruntersuchungen im Baugrunduntersuchungsbericht

Im Baugrunduntersuchungsbericht sollen die Ergebnisse der Laboruntersuchungen, geordnet nach den gesuchten Bodenkennwerten, angegeben werden. Dabei sind die angewandten Versuchsarten ausreichend genau zu beschreiben. Neben jedem Einzelergebnis sind Proben-Nummer, Aufschluß-Nummer, Bodenangaben mit Kurzzeichen sowie Entnahmetiefe der Bodenprobe zu benennen. Sofern die Verfahren zur Bestimmung der Bodenkennwerte genormt sind, genügt jedoch neben der normgerechten Angabe der Ergebnisse der Hinweis auf die Vorschriften, nach denen die Untersuchungen vorgenommen worden sind. Zu beachten sind bei folgenden DIN (mit Kurzbezeichnungen):

    Kornwichten: DIN 18124, Teil 1,
    Korngrößenverteilung: DIN 18123,
    Wichten des feuchten Bodens: DIN 18125, Teil 1,

lockersten und dichtesten Lagerungen: DIN 18 126,
Wassergehalt: DIN 18 121, Teil 1,
Zustandsgrenzen: DIN 18 122, Teil 1,
Proctordichten: DIN 18 127,
Scherparameter: DIN 18 136, DIN 18 137, Teil 1 sowie E 88, E 89 und E 92 der EAU, Abschn. 1.3, 1.4 und 1.5,
Bodengruppen: DIN 18 196.

Bei den Kompressions- und den Scherversuchen ist eine genaue Beschreibung der verwendeten Versuchsgeräte, des Einbauverfahrens und der Versuchsdurchführung erforderlich, da diese Angaben für die Beurteilung der Ergebnisse von ausschlaggebender Bedeutung sind.

Die Ergebnisse von Kompressionsversuchen sind als Druck- und Zeitsetzungslinien auf Formblättern darzustellen. Die einzelnen Meßwerte sind so zu kennzeichnen, daß die gewählten Last- und Zeitstufen aus den Diagrammen abgelesen werden können. Zusätzlich sind die geostatische Vorbelastung, die mittleren Steifemoduln für die verschiedenen Laststufen und die bezogenen Setzungen sowie die Konsolidierungszeiten anzugeben.

Auch die Ergebnisse der Scherversuche sollen stets in Diagrammform angegeben werden. Dabei ist nach Bruch- und Gleitwerten gemäß E 131, Abschn. 1.9 zu unterscheiden.

Auf den Formblättern mit Ergebnissen von Kompressions- oder von Scherversuchen sollen auch alle wichtigen Angaben über die untersuchten Bodenproben, wie z.B. die Probengüte, wichtige Bodenkennwerte vor dem Einbau und Vorkonsolidierungszeiten, in Kurzform eingetragen werden, um eine schnelle Übersicht und eine kritische Beurteilung der Versuchsergebnisse zu ermöglichen.

1.1.6 Zusammenstellung der Untersuchungsergebnisse im Baugrunduntersuchungsbericht

Es empfiehlt sich, die Ergebnisse der Laboruntersuchungen, in Tabellen geordnet nach den untersuchten Bodenarten mit Numerierung der Bodenproben und unter Angabe der Entnahmestellen und -tiefen, zusammenzustellen. Zusätzlich sollen für die Auswertung von den Korngrößenverteilungen Kornverteilungsbänder und die wichtigsten Bodenkennwerte in Tabellen oder in Diagrammen – geordnet nach Bodenarten und -schichten – dem Baugrunduntersuchungsbericht beigegeben werden.

Soweit möglich sollten aus den Versuchswerten mit statistischen Methoden Mittelwerte und Streuungen (vgl. DIN 55 302, Teil 1) sowie Grundwerte gemäß E 96, Abschn. 1.6.1.1 bestimmt und angegeben werden. Für die Mittelwerte der Scherparameter können bei umfangreichen Untersuchungen auch die Korrelationskoeffizienten berechnet und angegeben werden.

1.1.7 Baugrund- und Gründungsgutachten mit Beurteilung des Baugrunds, Festlegen der Rechenwerte und Hinweisen zu den Gründungsmöglichkeiten

Die im Baugrunduntersuchungsbericht zusammengestellten Ergebnisse bilden die Grundlagen für das vom Baugrundsachverständigen aufzustellende Baugrund- und Gründungsgutachten. Es umfaßt stets die Beurteilung des Baugrunds sowohl in statisch-konstruktiver als auch in erdbautechnischer Hinsicht mit einer zusammenfassenden Beschreibung des geologischen Aufbaus, der Eigenschaften der festgestellten Bodenschichten und deren bodenphysikalischen Kennzahlen. Dazu gehören vor allem auch Angaben über die Kornverteilungen, die Lagerungsdichte der nichtbindigen Böden, die Zustandsform der bindigen Böden und die Beurteilung der im Baugrunduntersuchungsbericht nach E 96, Abschn. 1.6.1.1 ermittelten Grundwerte der Scherparameter und die Beurteilung der in den Versuchen ermittelten Steifezahlen. Im Baugrund- und Gründungsgutachten werden auch die für die erdstatischen Berechnungen maßgebenden Rechenwerte der Bodenkennziffern, wie beispielsweise die Wichten und Steifemoduln und insbesondere auch die aus den Grundwerten mit den Sicherheitsbeiwerten nach E 96, Abschn. 1.6.1.2 ermittelten Rechenwerte der Scherparameter festgelegt. Dabei sind die für die Erddruck- und Erdwiderstandsermittlung maßgebenden Hinweise nach E 131, Abschn. 1.9 unter Beachtung des Zusammenwirkens von Bauwerk und Boden und fallweise auch die zu wählenden Berechnungsverfahren zu berücksichtigen. Soweit erforderlich, stimmt der Baugrundsachverständige diese Werte vorher mit dem Bauherrn, dem Entwurfsbearbeiter, der bauausführenden Firma und der zuständigen Bauaufsichtsbehörde bzw. dem Prüfingenieur für Baustatik ab.

Wenn im Auftrag gefordert und möglich, sollte in das Baugrund- und Gründungsgutachten auch eine Stellungnahme zu den Angaben über die Bodengruppen nach DIN 18 196 aufgenommen werden.

In Erdbebengebieten gehört es zur Aufgabe des Baugrundsachverständigen, auch die anzusetzenden Erschütterungszahlen vorzuschlagen, gegebenenfalls unter Hinzuziehung eines für das betreffende Gebiet Sachkundigen.

1.2 Anordnung und Tiefe von Bohrungen und von Druck- oder Rammsondierungen (E 1)

1.2.1 Allgemeines

Bei der Baugrunderkundung kann davon ausgegangen werden, daß in den meisten Fällen in der Tiefe ein einheitlicherer Baugrund angetroffen wird als in den oberen Schichten. Die tieferen Schichten bringen im allgemeinen die stützenden Kräfte für das Bauwerk auf, die oberen erzeugen die angreifenden Kräfte. Die Abschätzung der widerstehenden

Kräfte wird daher im allgemeinen weniger Baugrundaufschlüsse erfordern als für den Ansatz der angreifenden Kräfte notwendig ist.

Die Baugrunderkundung wird häufig mit einer orientierenden Erkundung mittels Druck- oder Rammsondierungen begonnen. Diese sind schneller und billiger auszuführen als Bohrungen. Sie ermöglichen eine erste grobe Beurteilung der Bodenarten. Anhand der Ergebnisse solcher vorgezogener Sondierungen kann das Bohrprogramm noch optimiert werden.

1.2.2 Hauptbohrungen

Die Hauptbohrungen, die etwa in der Uferkante liegen, werden bis zur doppelten Höhe des Geländesprungs oder bis zum Antreffen einer bekannten geologischen Schicht geführt. Normaler Bohrlochabstand ist 50 m. Bei stark geschichteten, vor allem bei gebänderten Böden werden zweckmäßig Schlauchkernbohrungen ausgeführt, auch zur Gewinnung weitgehend ungestörter Bodenproben. In einzelnen Hauptbohrungen werden anschließend zweckmäßig Piezometerrohre und Porenwasserdruckmeßgeräte installiert.

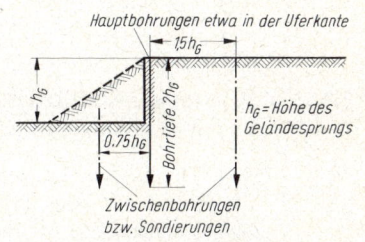

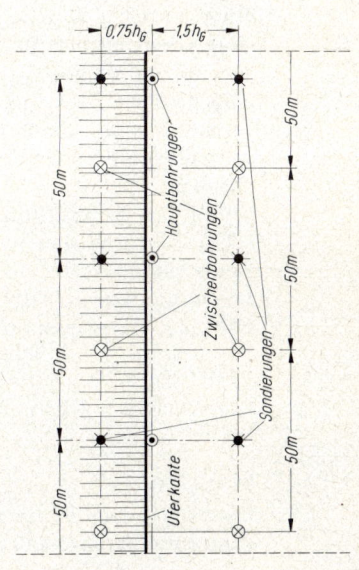

Bild 1. Schema für die Anordnung der Bohrungen und der Sondierungen für Ufereinfassungen

1.2.3   Zwischenbohrungen

Die Zwischenbohrungen werden je nach Befund der Hauptbohrungen oder der vorgezogenen Sondierungen bis zur doppelten Höhe des Geländesprungs oder bis zu einer Tiefe geführt, in der aufgrund der Hauptbohrungen oder Sondierungen eine bekannte, einheitliche Bodenschicht angetroffen wird. Bohrlochabstand = 50 m.

1.2.4   Sondierungen

Sondierungen werden im allgemeinen nach dem Schema von Bild 1 angesetzt.

Die weiteren Sondierungen werden im allgemeinen bis zur doppelten Höhe des Geländesprungs, mindestens aber ausreichend tief in eine bekannte tragfähige geologische Schicht geführt. Bezüglich der Geräte und der Durchführung der Sondierungen sowie ihrer Anwendung wird auf DIN 4094, Teil 1 und Teil 2 (Vornorm) besonders hingewiesen.

1.2.5   Weiterer Hinweis

Auf DIN 1054 wird ebenfalls verwiesen.

1.3   Ermittlung der Scherfestigkeit c_u aus unentwässerten Versuchen an wassergesättigten bindigen Bodenproben (E 88)

Die Scherfestigkeit c_u wird im allgemeinen mit Hilfe von Scherversuchen an Proben mit konstantem Wassergehalt ermittelt (nicht entwässerter Scherversuch).

Diese Versuche können im Feld oder in einem Laboratorium an ungestört entnommenen Bodenproben vorgenommen werden. Voraussetzung für zutreffende Ergebnisse ist, daß beim Versuch kein Porenwasser aufgenommen oder abgegeben wird. Der Bruch des Bodens muß also verhältnismäßig schnell erfolgen, wobei die Schergeschwindigkeit vorwiegend von der Durchlässigkeit und den Entwässerungsmöglichkeiten abhängt.

Wegen der großen Streuungen und der erforderlichen Sorgfalt sollten solche Versuche stets in hinreichender Anzahl und in Verbindung mit Baugrundsachverständigen ausgeführt werden.

Im übrigen wird auf DIN 4094, DIN 4096, DIN 18 134, DIN 18 136 und DIN 18 137 verwiesen.

1.3.1   Feldversuche

Feldversuche ergeben nur bei wassergesättigten Böden zutreffende c_u-Werte.

1.3.1.1   Flügelsonden

Die Flügelsonde ist für steinfreie weiche bindige Böden geeignet. Sie kann entweder direkt in den Boden gepreßt oder von der Bohrlochsohle aus eingebracht werden. Erfahrungsgemäß gibt die Flügelsonde zuverlässige Werte für normal konsolidierte und auch noch für leicht überkonsolidierte Böden.

1.3.1.2 Plattendruckversuche

Die c_u-Werte können im Feld auch mit Hilfe schnell durchgeführter Druckversuche mit Platten von mindestens 30 cm Durchmesser ermittelt werden.
Zur Kontrolle sind verschieden große Platten zu verwenden.
Der jeweilige c_u-Wert ergibt sich für wassergesättigten Boden nach der Gleichung für die Tragfähigkeit von auf der Erdoberfläche aufgesetzten Platten zu:

$$c_u = {}^1/_6 \, p_{Bruch}$$
p_{Bruch} = mittlerer Sohldruck beim Bruch des Bodens.

Ergibt sich aus der Drucksetzungslinie des Versuches kein ausgeprägter Bruchpunkt, wird p_{Bruch} einer Setzung = $^1/_{10}$ des Plattendurchmessers zugeordnet.
Die Plattendruckversuche liefern aber nur zutreffende Werte, wenn sie auf der Geländeoberfläche bzw. auf einer Schürf- oder Baugrubensohle ausgeführt werden, wobei eine Fläche von mindestens dreifachem Plattendurchmesser zur Verfügung stehen muß.

1.3.1.3 Pressiometerversuche und Drucksondierungen

Die c_u-Werte können im Feld auch durch Pressiometerversuche oder Drucksondierungen festgestellt werden.

1.3.2 Laborversuche

1.3.2.1 Zylinderdruck- und Dreiaxialversuche

Im Labor kann der c_u-Wert bei wassergesättigtem Boden durch den einfachen Zylinderdruckversuch ermittelt werden (Bild 2). Die Probenhöhe muß dabei mindestens gleich dem doppelten Probendurchmesser

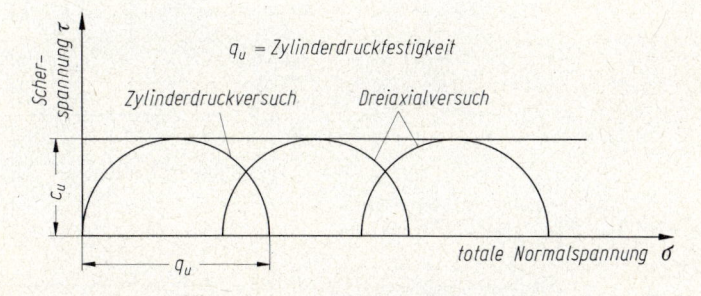

Bild 2. Ermittlung von c_u aus Zylinderdruck- bzw. Dreiaxialversuchen

sein. Der Versuch soll mit möglichst konstanter Verformungsgeschwindigkeit durchgeführt werden, wobei die Zusammendrückung der Probe je Minute etwa 1% der Probenhöhe betragen soll. Die Zeitdauer des Versuches liegt dann etwa bei 10 bis 15 Minuten. Bei der Ermittlung der Zylinderdruckfestigkeit ist die beim Bruch vorhandene Querschnittsfläche maßgebend.

Zuverlässiger als Zylinderdruckversuche sind jedoch Dreiaxialversuche an unkonsolidierten, nicht entwässerten Bodenproben (Bild 2) (UU-Versuch = unkonsolidierter, unentwässerter Scherversuch).

Obige Versuche ergeben jedoch oft zu niedrige Scherfestigkeiten, also untere Grenzwerte, weil die Proben unvermeidlich mehr oder weniger gestört sind und auch nicht unter den im Boden vorhandenen Spannungen untersucht werden.

Direkte Scherversuche sind zur Bestimmung von c_u nur bei schwer wasserdurchlässigen Böden geeignet.

1.3.2.2   Flügelsondenversuche

Falls die ungestörten Bodenproben für Zylinderdruck- oder Dreiaxialversuche zu weich sind, können die c_u-Werte mittels einer kleinen Flügelsonde an den im Stutzen verbleibenden ungestörten Proben mit natürlichem Wassergehalt ermittelt werden.

1.3.3   Auswertung

Da auch bei äußerlich gleichförmigen Böden die c_u-Werte gleicher Tiefe streuen und sich mit der Tiefe ändern, müssen jeweils mehrere Proben aus verschiedenen Tiefen untersucht werden. Trägt man diese für wech-

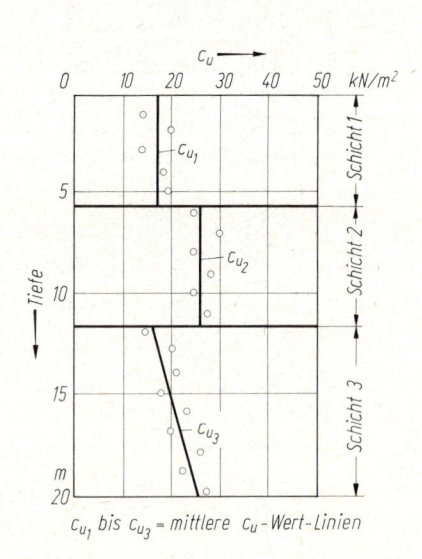

Bild 3. Ermittlung der maßgebenden c_u-Werte

c_{u_1} bis c_{u_3} = mittlere c_u-Wert-Linien

selnde Tiefen ermittelten c_u-Werte abhängig von der Tiefe auf, ergibt sich ein Punktstreifen. Der für die jeweilige Tiefe maßgebende c_u-Wert kann dann einer vorsichtig eingetragenen, mittleren c_u-Wert-Linie entnommen werden (Bild 3). Bei Auswertung der Versuche ist zu beachten, daß unter Umständen vorhandene faserige pflanzliche Einlagerungen die Ergebnisse stark beeinflussen können.

Beim Auswerten wird zweckmäßig auch die Abhängigkeit der Scherfestigkeit c_u vom Wassergehalt w der Probe aufgetragen. Diese Abhängigkeit ergibt bei normal konsolidierten Böden annähernd eine Gerade, wenn w in linearem und c_u in logarithmischem Maßstab aufgetragen werden.

Die nach dieser Empfehlung ermittelten c_u-Werte werden in den Berechnungen nach den „Empfehlungen" mit einem Sicherheitsbeiwert versehen, dessen Größe in E 96, Abschn. 1.6.1.2 festgelegt ist.

1.4 Ermittlung der wirksamen Scherparameter φ' und c' (E 89)

Die wirksamen Scherparameter φ' und c' eines bindigen Bodens, die für die Berechnung der Endstandsicherheit benötigt werden, werden an ungestörten Bodenproben im dreiaxialen Gerät, gegebenenfalls auch im Kastenschergerät (direkter Scherversuch), ermittelt. Die bei der Auswertung gewonnene Schergerade gibt die Scherfestigkeiten abhängig von den wirksamen, d.h. von Korn zu Korn wirkenden Normalspannungen σ' an. Dies bedeutet für die Versuche, daß entweder die Proben so langsam abgeschert werden, daß hierbei keine Porenwasserdrücke auftreten (CD-Versuch = konsolidierter, entwässerter Scherversuch) oder die beim Abscheren auftretenden Porenwasserdrücke u gemessen werden (CU-Versuch = konsolidierter, unentwässerter Scherversuch). Beide Versuchsformen liefern für die Baupraxis etwa gleiche Ergebnisse. Im Kastenschergerät kann im allgemeinen nur der CD-Versuch ausgeführt werden. Auch bei einwandfreier Durchführung der dreiaxialen und der direkten Scherversuche können die hierbei ermittelten φ'- und c'-Werte voneinander abweichen. Die Ergebnisse des Dreiaxialversuches sind in der Regel als zuverlässiger zu betrachten.

Beim Abscheren ist eine konstante Verschiebegeschwindigkeit einzuhalten, damit die Scherparameter sowohl für den Bruch als auch für das anschließende Gleiten ermittelt werden können (Bilder 4 und 5).

Die Genauigkeit der Versuchsergebnisse hängt von der Konstruktion des Gerätes und von der Versuchsdurchführung ab.

1.4.1 Dreiaxiale Versuche

Zur detaillierten Versuchsdurchführung und zum Geräteeinsatz wird auf DIN 18 137, Teil 2 verwiesen. Zusammengefaßt ist im übrigen folgendes von besonderer Bedeutung.

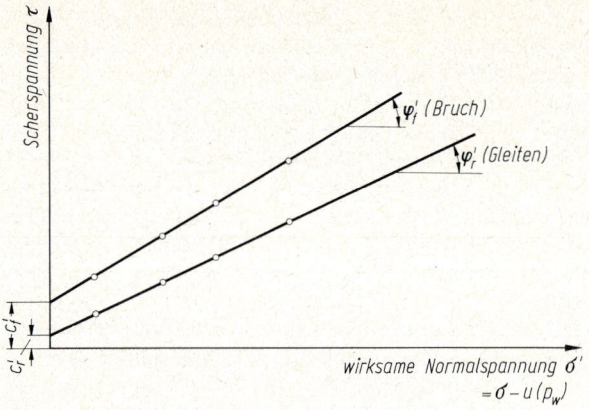

Bild 4. Schergerade für Bruch und für Gleiten

1.4.1.1 Konsolidierter, entwässerter Scherversuch (CD-Versuch)

Dieser Versuch hat gegenüber dem konsolidierten, nicht entwässerten Versuch nach Abschn. 1.4.1.2 den Vorteil, daß die verhältnismäßig schwierigen Porenwasserdruckmessungen entfallen. Dafür wird aber eine längere Abscherzeit benötigt. Der Versuch ist auch für Tonböden geeignet, doch ist er nur für schluffige Sande und Schluffe zu empfehlen, da hier die Abscherzeiten noch verhältnismäßig kurz sind.

Die Scherversuche sind an mindestens drei Bodenproben auszuführen, die unter verschiedenen, allseitigen Drücken konsolidiert sind. Nach der Konsolidierung werden die Proben gewöhnlich durch Steigern der senk-

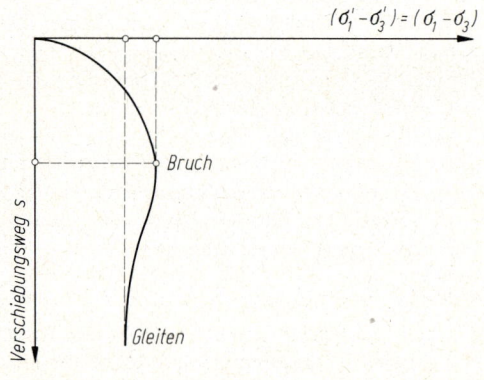

Bild 5. Druck-Verformungs-Diagramm für den konsolidierten entwässerten Versuch

rechten Last bei konstantem Seitendruck mit konstanter Verschiebegeschwindigkeit abgeschert.

Die Schergeschwindigkeit, die je nach Bodenart verschieden sein kann und zudem von den Abmessungen der Probe und den Entwässerungsbedingungen im Gerät abhängt, ist so zu wählen, daß beim Abscheren kein Porenwasserdruck auftritt. Für den Fall, daß oben und unten Filtersteine und seitlich Filterstreifen angewendet werden, genügen beispielsweise für Proben von 3,8 cm Durchmesser und 7,6 cm Höhe etwa folgende Abschergeschwindigkeiten v:

Bodenart	Plastizitätszahl Ip in %		Abschergeschwindigkeit v	
	von	bis	mm/min	mm/h
sandiger Schluff, Schluff	0	10	0,010	0,6
toniger Schluff, schluffiger Ton	10	25	0,005	0,3
Ton	25	50 >50	0,002 0,001	0,12 0,06

Da wegen der langsamen Schergeschwindigkeit keine Porenwasserdrücke in der Bodenprobe auftreten, sind die gemessenen gleich den wirksamen Spannungen.

Für jeden Versuch wird der Mohrsche Spannungskreis für das Kriterium $\max(\sigma'_1 - \sigma'_3) = \max(\sigma_1 - \sigma_3)$ aufgetragen. Die Tangente an mehrere Mohrsche Spannungskreise für die wirksamen Spannungen ergibt den inneren Reibungswinkel φ' und die Kohäsion c' (Bild 6).

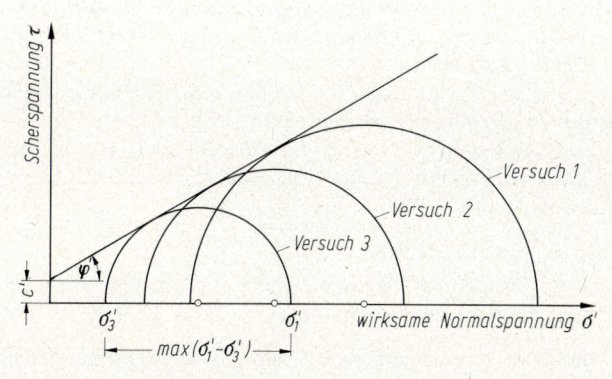

Bild 6. Scherdiagramm mit Mohrschen Kreisen bei wirksamen Spannungen

Auf das Zeichnen der Kreise kann verzichtet werden, wenn die Versuchsergebnisse nach Bild 7 aufgetragen werden. Die wirksamen Scherparameter ergeben sich dann aus den Beziehungen:

$$\sin\varphi' = \tan\alpha'; \quad c' = \frac{b'}{\cos\varphi'}.$$

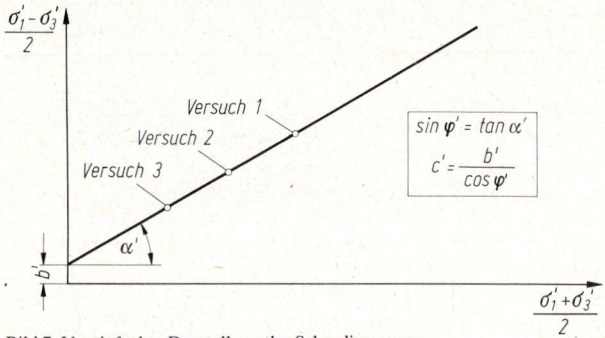

Bild 7. Vereinfachte Darstellung des Scherdiagramms

1.4.1.2 Konsolidierter, unentwässerter Versuch mit Porenwasserdruckmessung (CU-Scherversuch)

Die Abscherzeiten können viel kürzer als beim entwässerten Versuch gewählt werden. Deshalb ist dieser Versuch besonders für wassergesättigten Ton- und Schluffboden geeignet.

Die Scherversuche sind wie beim CD-Versuch an mindestens drei Bodenproben durchzuführen, die unter verschiedener Auflast konsolidiert sind. Nach dem Konsolidieren der Proben werden diese durch Steigern der senkrechten Last abgeschert. Bei Versuchen mit konstanter Verschiebegeschwindigkeit genügt bei wassergesättigten Proben ein Verschieben um 0,1% der Probenhöhe je Minute, um den Porenwasserdruck richtig messen zu können. Die Dauer des Abscherens hängt vom Eintreten des Bruches ab.

Bei nicht wassergesättigten Proben ist vor dem Abscheren eine Sättigung durch Gegendruck herbeizuführen.

Während des Versuches werden die Verformung (Längenänderung der Probe), der senkrechte und der waagerechte Druck und der Porenwasserdruck gemessen.

1.4.2 Direkter Scherversuch

Zuverlässige Ergebnisse können mit dem bisher üblichen Kastenschergerät nur erzielt werden, wenn:

1.4.2.1 die Scherkraft so eingeleitet wird, daß die Scherspannungen möglichst gleichförmig über die Gleitfläche verteilt sind,

1.4.2.2 die Schergeschwindigkeit so gewählt wird, daß kein Porenwasserdruck auftritt, da nicht entwässerte Versuche mit Porenwasserdruckmessungen im üblichen Kastenschergerät nicht möglich sind.

Direkte Scherversuche in der üblichen Form sollten daher nur angewendet werden, wenn die obengenannten Voraussetzungen erfüllt sind. Die Scherparameter φ' und c' können in diesen Geräten daher nur durch konsolidierte, entwässerte Versuche bestimmt werden, die hier beschrieben werden.

Auch die direkten Scherversuche werden an mindestens drei Bodenproben durchgeführt, die unter verschiedenen senkrechten Drücken konsolidiert sind. Nach dem Konsolidieren wird die Probe bei gleichbleibender senkrechter Last entweder mit konstanter Scherbelastungsgeschwindigkeit oder mit konstanter Verschiebegeschwindigkeit in einer erzwungenen Gleitfläche abgeschert. Die Probe wird mittels Filtersteinen entwässert, die in der Regel an ihrer oberen und unteren Seite angeordnet sind.

Die Schergeschwindigkeit, bei der kein Porenwasserdruck auftritt, ist für jeden Boden verschieden und zudem von den Abmessungen der Probe und den Entwässerungsbedingungen im Gerät abhängig. Beim Abscheren mit konstanter Verschiebegeschwindigkeit sind beispielsweise bei einer Probenhöhe von 2,5 cm und oberer und unterer Entwässerung etwa folgende Geschwindigkeiten zu wählen:

schwach bindige Böden $v = 0{,}10$ mm/min $= 6$ mm/h,
stark bindige Böden $v = 0{,}03$ mm/min $= 1{,}8$ mm/h.

1.4.3 Anwendung der Ergebnisse

Die Scherversuche nach dieser Empfehlung führen vor allem bei weichen bindigen Böden zu Scherparametern, insbesondere φ'-Werten, die zum Teil weit über denen liegen, die sich aus den häufig durchgeführten Versuchen an konsolidierten Proben mit schnellerer Abschergeschwindigkeit ergeben. Da bei diesen Böden aber auch die Verträglichkeiten der Verformungsgrößen der Bodenschichten untereinander und mit dem Bauwerk eine besondere Rolle spielen und am Bauwerk häufig auch teilkonsolidierte Zustände des umgebenden Bodens berücksichtigt werden müssen, sind die in den Versuchen nach dieser Empfehlung gewonnenen φ'- und c'-Werte in den Berechnungen nach den „Empfehlungen" mit Sicherheitsbeiwerten zu versehen, deren Größen sich nach E 96, Abschn. 1.6.1.2 richten.

Wann die Bruchscherfestigkeit τ'_f zugrunde gelegt werden darf bzw. wann mit der Gleitscherfestigkeit τ'_r oder mit einem Zwischenwert von τ'_f und τ'_r bzw. einer noch geringeren Scherfestigkeit als τ'_r gerechnet werden muß, ist in E 131, Abschn. 1.9 festgelegt.

1.5 Ermittlung des inneren Reibungswinkels φ' für nichtbindige Böden (E 92)

1.5.1 Allgemeines

Der innere Reibungswinkel φ' darf gewöhnlich nicht gleich dem Böschungswinkel gesetzt werden. Letzterer entspricht dem inneren Reibungswinkel φ' nur bei völlig trockenen oder ganz unter Wasser liegenden Schüttungen in lockerster Lagerung. Bei Abgrabungen kann der Böschungswinkel wegen vorhandener Verkittungen der Körner größer als der innere Reibungswinkel φ' sein. Außerdem können sich kapillare Spannungen (scheinbare Kohäsion) und Gefügewiderstände auswirken.

Der innere Reibungswinkel φ' von Sand und Kies wird außer durch Kornrauhigkeit, Kornform, Korngröße und Kornverteilung insbesondere durch die Lagerungsdichte sowie durch Spannungsgröße, Spannungszustand und Formänderungszustand beeinflußt.

Wenn alles andere gleich ist, besteht kein nennenswerter Unterschied im inneren Reibungswinkel φ' über und unter Wasser.

Bei nichtbindigen Böden, wie Sand und Kies, kommt ein nicht oder nur teilweise konsolidierter Zustand in der Praxis kaum vor, so daß man in den meisten Fällen mit dem Endzustand rechnen darf.

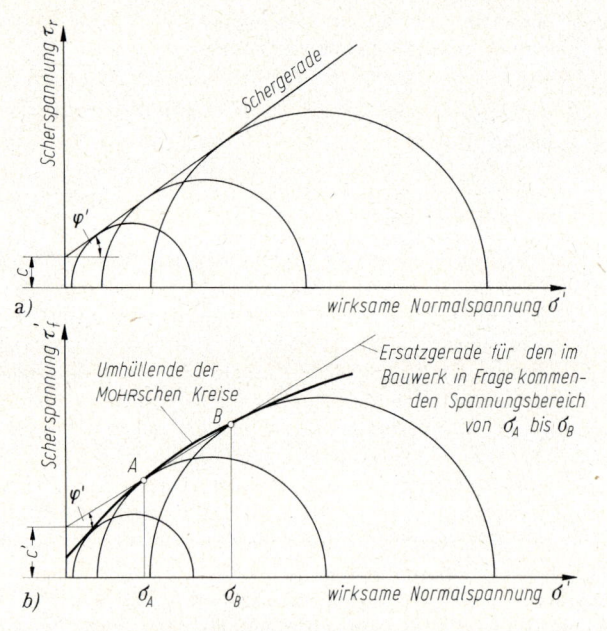

Bild 8. Scherdiagramme mit MOHRschen Spannungskreisen für nichtbindige Böden
a) bei kleinerer Lagerungsdichte; b) bei größerer Lagerungsdichte
(übertrieben dargestellt)

Eine echte Kohäsion c' ist bei nicht verkittetem Sand und Kies nicht vorhanden. Wenn bei Versuchen eine Kohäsion c' gefunden wird, handelt es sich um eine scheinbare Kohäsion c_k infolge Kapillarspannungen und/oder um einen Gefügewiderstand (E 3, Abschn. 2.2).
Die Tangente an die Mohrschen Spannungskreise geht in diesem Fall nicht durch den Nullpunkt (Bild 8a).
Bei größeren Lagerungsdichten ist die Umhüllende der Mohrschen Kreise keine Gerade mehr, sondern eine leicht nach oben gekrümmte Linie (Bild 8b). In einem solchen Fall wird in dem auf der Gleitfuge in Frage kommenden Spannungsbereich zwischen A und B die gekrümmte Scherlinie durch eine Gerade ersetzt.

1.5.2 Untersuchungsverfahren

Da sich die Berechnungen von langgestreckten Ufereinfassungen auf einen ebenen Verformungszustand beziehen, müßte auch der innere Reibungswinkel φ' für die gleichen Verformungsbedingungen (ebener Scherversuch) ermittelt werden. Da dies allgemein noch nicht möglich ist, muß man sich bis auf weiteres mit den Standardversuchen (Dreiaxialversuch oder Kastenscherversuch) begnügen.
Der bessere dieser Standardversuche ist der Dreiaxialversuch. Bei diesem sind die auf die Probe wirkenden räumlichen Spannungen bekannt, und es werden störende Randeinflüsse – wie sie beim Kastenscherversuch auftreten – weitgehend vermieden. Der Unterschied in den Ergebnissen ist aber nicht groß.
Bei beiden Versuchen müssen die Probenabmessungen möglichst groß gewählt werden.
Die Ergebnisse des Dreiaxialversuches werden zweckmäßig entsprechend Bild 7 von E 89, Abschn. 1.4 dargestellt.
Feldversuche für eine zuverlässige Bestimmung von φ' gibt es bisher nicht.
Der innere Reibungswinkel φ' hängt stark von der Anfangsporenzahl e_A ab. Laborversuche mit den gewöhnlich nur verfügbaren gestörten Proben sollten deshalb möglichst mit zwei oder drei verschiedenen Porenzahlen e_A durchgeführt werden. Werden ausnahmsweise Versuche mit nur einer Porenzahl e_A ausgeführt, kann φ' bei Sand für verschiedene Lagerungsdichten am Bauwerk mit folgender Gleichung angenähert berechnet werden:

$$e_A \cdot \tan \varphi' = \text{const},$$

wenn – wie üblich – mit einer geraden Scherlinie gearbeitet und c' = 0 gesetzt wird.
Zur möglichst genauen Bestimmung der Konstanten muß e_A etwa der mittleren Lagerungsdichte am Bauwerk entsprechen. Obige Gleichung läßt sich aber auf ein Bauwerk nur anwenden, wenn die im Baugrund vorhandenen Werte von e_A bestimmt werden können.

1.5.3 Auswertung

Bisher ausgeführte Versuche haben gezeigt, daß der innere Reibungswinkel φ' für den ebenen Verformungszustand bei dichter Lagerung größer ist als der Reibungswinkel des dreiaxialen Versuches (zentralsymmetrischer Verformungszustand). Außerdem rechnet man in der Praxis in Bereichen mit kleineren Spannungen, wie sie bei Ufereinfassungen in der Regel vorkommen, zur Vereinfachung für Sand und Kies im allgemeinen mit $c' = 0$. Will man diese beiden Umstände berücksichtigen, kann der gemessene dreiaxiale Reibungswinkel φ' bei dicht gelagerten Böden für die Berechnung von langgestreckten Ufereinfassungen im Einvernehmen mit der Versuchsanstalt bis zu 10 % erhöht werden.

Alle Angaben beziehen sich auf den Bruchwinkel, der im allgemeinen in den Berechnungen verwendet werden darf (E 89, Abschn. 1.4.3, 2. Absatz).

Die ermittelten Scherparameter werden in den Berechnungen nach den „Empfehlungen" mit einem Sicherheitsbeiwert versehen, dessen Größe in E 96, Abschn. 1.6.1.2 festgelegt ist.

1.6 Sicherheitsbeiwerte bei Anwendung der EAU (E 96)

1.6.1 Sicherheitsbeiwerte für die Scherparameter nach E 88, E 89 und E 92

1.6.1.1 Festlegung des Grundwertes eines Scherparameters

Der Grundwert ist ein herabgesetzter arithmetischer Mittelwert der gesuchten Größe aus n Versuchen. Er ist ein wahrscheinlicher Wert, der aus einer Stichprobe von mindestens drei Versuchen bestimmt wird. Der Grundwert einer durch eine solche Stichprobe gewonnenen Größe kann bei einer Verteilung nach GAUSS (Normalverteilung) nach den Verfahren der Wahrscheinlichkeitsrechnung[1]) [1] und [2] ermittelt werden. Er ist dann derjenige Mittelwert der betrachteten Größe – im vorliegenden Falle der Scherparameter – der vom unbekannten Mittelwert der Grundgesamtheit aus unendlich vielen Versuchen mit einer gewählten Wahrscheinlichkeit W in % über- bzw. bei einer Fraktile (100−W) in % nicht unterschritten wird. Er ergibt sich als das arithmetische Mittel der Versuchswerte, geteilt durch einen der Fraktile und der Versuchsanzahl entsprechenden statistischen Beiwert (Verfahren 1).

Hierbei kann eine Wahrscheinlichkeit W = 90 % und damit eine Fraktile von 10 % zugrunde gelegt werden.

Dieser statistische Beiwert hat nichts zu tun mit den Sicherheitsbeiwerten für die Scherparameter nach Abschn. 1.6.1.2.

Wenn Scherparameter in größerer Anzahl ermittelt worden sind, kann

---
[1]) Begriffe s. DIN 55302.

der Grundwert auch – auf der ungünstigen Seite unter dem Mittelwert liegend – geschätzt werden (Verfahren 2).

Bei nur drei ermittelten Werten, die aus drei entfernt voneinander entnommenen Proben der untersuchten Bodenschicht gewonnen worden sind, kann, wenn sie nicht stark voneinander abweichen, auch so verfahren werden, daß der niedrigste Wert als Grundwert gewählt wird (Verfahren 3).

Bei einer dicken, vermutlich gleichartigen Schicht ist obige Ermittlung des Grundwertes auf Proben aus verschiedenen Tiefen anzuwenden. Weichen diese Scherparameter stärker voneinander ab, ist das Versuchsprogramm entsprechend zu erweitern.

Die Grundwerte für c_u, c' und φ' werden in der Regel von der **Versuchsanstalt** festgelegt und als solche benannt.

1.6.1.2 **Sicherheitsbeiwerte für die Scherparameter**

Werden die Grundwerte für c_u (bei $\varphi_u = 0$), c' und φ' nach Abschn. 1.6.1.1 aus Scherparametern festgelegt, die nach E 88, E 89 und E 92, Abschn. 1.3, 1.4 und 1.5 ermittelt worden sind, soll – wegen der Ungenauigkeiten in den Laborversuchen, wegen der Versagenswahrscheinlichkeit bei der Grundwertermittlung und wegen möglicher Unstetigkeiten im Aufbau des Baugrundes – bei ihrer Anwendung in Berechnungen nach den „Empfehlungen" in der Regel mit folgenden reduzierten Scherparametern $\mathrm{cal}\,c_u$, $\mathrm{cal}\,c'$ und $\mathrm{cal}\,\varphi'$ gerechnet werden:

$$\mathrm{cal}\,c_u = \frac{c_u}{1{,}3}, \quad \mathrm{cal}\,c' = \frac{c'}{1{,}3}, \quad \mathrm{cal}\tan\varphi' = \frac{\tan\varphi'}{1{,}1}.$$

Abweichungen von diesen Sicherheiten können nur im Einvernehmen zwischen Entwurfsbearbeiter, Versuchsanstalt und Bauaufsichtsbehörde gestattet werden.

1.6.2 **Sicherheitsbeiwerte in den Berechnungsverfahren**

Die Sicherheitsbeiwerte nach Abschn. 1.6.1.2 haben ausschließlich den Charakter von **Materialsicherheiten**. Sie decken also nicht die Ungenauigkeiten in den Berechnungsverfahren und in den Lastansätzen. Deswegen werden in den einzelnen Berechnungsverfahren der EAU beispielsweise folgende Sicherheitsbeiwerte berücksichtigt:

1.6.2.1 Beim Erddruck und Erdwiderstand bei Beachtung des tatsächlichen Konsolidierungszustandes und der Bedingung $\Sigma V = 0$, mit Ausnahme von Abschn. 1.6.2.5 $\eta = 1{,}0$.

Bei weichen bindigen Böden muß gegebenenfalls für den Erdwiderstand eine größere Sicherheit angesetzt werden, damit die auftretenden Bewegungen in tragbaren Grenzen bleiben.

1.6.2.2 Beim Wasserüberdruck unter Berücksichtigung von E 19, E 52, E 58, E 65 und E 114, Abschn. 4.2, 2.5, 4.1, 4.3 und 2.8 $\eta = 1{,}0$.

1.6.2.3 Sicherheit gegen hydraulischen Grundbruch nach E 115, Abschn. 3.2 $\eta = 1{,}5.$

1.6.2.4 Bei Stahlspundwänden, die nach E 77, Abschn. 8.2.1 berechnet werden, sind bei den zul Spannungen nach E 20, Abschn. 8.2.4 folgende Sicherheiten gegen Erreichen der Streckgrenze vorhanden:
bei Lastfall 1 $\eta = 1{,}7,$
bei Lastfall 2 $\eta = 1{,}5,$
bei Lastfall 3 $\eta = 1{,}3.$

1.6.2.5 Standsicherheit in der tiefen Gleitfuge und gegen Aufbruch des Verankerungsbodens nach E 10, Abschn. 8.4.9 u. 8.4.10 $\eta = 1{,}5.$

1.6.2.6 Gleitsicherheit in der Gründungsfuge bei Schwimmkästen nach E 79, Abschn. 10.4 und bei Druckluftsenkkästen nach E 87, Abschn. 10.5:
bei Ansatz des aktiven Erddrucks unter $\delta_a = +\,^2/_3\,\varphi'$ $\eta = 1{,}5,$
bei Ansatz von Erdruhedruck
nach DIN 1054, Abschn. 4.1.3.3 $\eta = 1{,}0.$

1.6.2.7 Standsicherheit von Zellenfangedämmen nach E 100, Abschn. 8.3.1.3 $\eta = 1{,}5.$

1.6.2.8 Sicherheit von Ankerpfählen gegen Erreichen der Grenzzuglast gemäß E 26, Abschn. 9.1.3 für Lastfall 1 bei folgenden Pfahlneigungen und mindestens 2 Probebelastungen:
2:1 $\eta = 2{,}0,$
1:1 $\eta = 1{,}75,$
1:2 $\eta = 1{,}5.$

Bei den Lastfällen 2 und 3 sind in Übereinstimmung mit DIN 1054 bei mindestens zwei Probebelastungen zum Teil geringere Sicherheiten zulässig, jedoch darf $\eta = 1{,}5$ nicht unterschritten werden.
Eine Ausnahme hiervon kann nur bei einer von den sonstigen Bauwerken völlig unabhängigen Gründung von Abreißpollern in Kauf genommen werden, wenn die Pollerzüge nach E 12, Abschn. 5.8 angesetzt und die Pfähle beim Rammen einwandfrei fest geworden sind. Dann genügt sowohl für die Druck- als auch für die Zugpfähle: $\eta = 1{,}25.$

1.6.2.9 Sicherheit von Druckpfählen allgemein nach DIN 1054, in Verbindung mit Ankerpfählen aber auch nach Abschn. 1.6.2.8, letzter Absatz.

1.6.2.10 Sicherheit im Arbeitsvermögen bei Elastomer-Fenderungen nach E 128, Abschn. 13.3 $\eta = 2{,}0.$

1.6.2.11 Die zulässigen Spannungen und Sicherheiten bei Erdbebeneinwirkungen richten sich nach E 124, Abschn. 2.9.6.

1.6.2.12 Die Sicherheiten bei Verpreßankern nach DIN 4125 richten sich nach den dort genannten Festlegungen.

1.6.2.13 Sicherheit gegen Grundbruch nach DIN 4017.

1.7 Untersuchung der Lagerungsdichte von nichtbindigen Ufermauer-Hinterfüllungen (E 71)

1.7.1 Untersuchungsmethoden

Eine festgelegte Proctordichte kann – je nach der Kornverteilung des Bodens – ganz verschiedene Lagerungsdichten bedeuten.

Aus diesem Grunde ist es erforderlich, die erreichte Verdichtung einer Hinterfüllung aus nichtbindigem Boden stets durch Ermittlung seiner Lagerungsdichte D – und nicht des Verdichtungsgrads nach Proctor – an Bodenproben zu überprüfen.

$$D = \frac{\max n - n}{\max n - \min n},$$

max n = Porenanteil bei lockerster Lagerung im trockenen Zustand,
min n = Porenanteil bei dichtester Lagerung,
n = Porenanteil des verdichteten Bodens.

Mit Hilfe von Druck-, Ramm-, elektrischen und Isotopensonden kann die Lagerungsdichte auch unter Wasser überschläglich festgestellt werden, wenn die Sonden für die betrachteten Verhältnisse geeicht sind.

1.7.2 Nachprüfung

Ein Nachprüfen der Verdichtung von Hinterfüllungen ist stets notwendig, wenn an diese besondere Anforderungen gestellt werden, die sich beispielsweise aus der Bemessung der Ufermauer, der Anordnung flach gegründeter Kranbahnen, der Gründung sonstiger Bauwerke, dem Einbau von Pollern, Verkehrsanlagen usw. ergeben können. Gleiches gilt, wenn Anker beziehungsweise sonstige Bauteile oder Anlagen durch zu starke Setzungen oder Sackungen gefährdet werden können. Die Verdichtung der Schüttlagen ist dann laufend durch Entnahme von Proben oder durch Sondierungen zu prüfen, insbesondere auch unmittelbar im Bereich von Kunstbauten, wo die Verdichtung im allgemeinen schwierig ist. Der Umfang der Untersuchungen ist im einzelnen so festzulegen, daß eine durchgehend gleichmäßige, ausreichende Verdichtung nachgewiesen werden kann.

Sackungen nichtbindiger Böden treten vor allem auf, wenn durch ansteigendes Grundwasser oder bei Bauwerksüberflutungen die scheinbare Kohäsion in erdfeucht eingebrachtem Boden verschwindet. Dabei kann auch hochgradig verdichteter Sand noch um rd. 1% der Schichtdicke sacken. Das Sackmaß von lockerem Sand kann rd. 5% der Schichtdicke betragen. Bei dynamischen Beanspruchungen und bei Erdbeben sind die Sackmaße noch größer.

1.8 Einfluß des Einrüttelns auf die Kennwerte nichtbindiger Böden (E 48)

Werden nichtbindige Böden durch Einrütteln hochgradig verdichtet, kann eine Lagerungsdichte D nach DIN 1054, Abschn. 4.2.1 von im Mittel 0,85 auch großräumig erreicht werden.

Die dann anzusetzenden Bodenkennwerte werden vorzugsweise durch Versuche ermittelt.

Stehen Versuchswerte nicht zur Verfügung, können die Kennwerte nach E 9, Abschn. 1.10 für mitteldichte Lagerung mit den Zuschlägen

+5° für den rechnungsmäßigen inneren Reibungswinkel cal φ' und
+7% für die Wichte

zugrunde gelegt werden.

Von dieser Bodenverbesserung kann beispielsweise bei Vertiefungen und Verstärkungen von Ufermauern durch Verdichten mit Tiefenrüttlern Gebrauch gemacht werden.

Ist der vorhandene nichtbindige Untergrund durch Kalk oder dergleichen verkittet, darf die Rüttelverdichtung nicht angewendet werden.

Bindige Böden lassen sich durch Einrütteln nicht verdichten.

1.9 Scherparameter des Bruch- bzw. des Gleitzustands bei Anwendung der EAU (E 131)

1.9.1 Allgemeines

Sowohl bei bindigen als auch bei nichtbindigen Böden ergeben sich unter einer Scherbeanspruchung mit konstanter Normalspannung

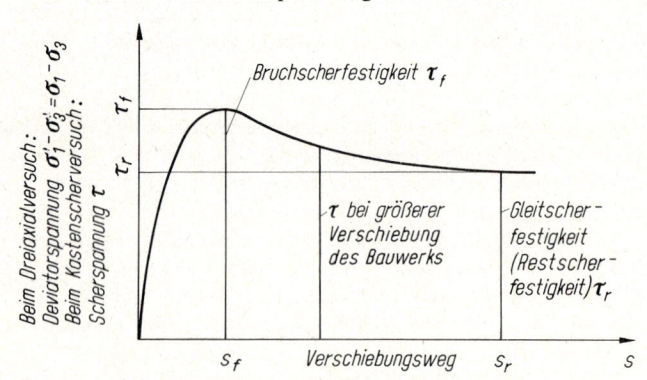

Bild 9. Spannungs-Verschiebungs-Diagramm für dicht gelagerte, nichtbindige und für mindestens steife bzw. allgemein für überkonsolidierte bindige Böden (unmaßstäblich dargestellt)

Scherspannungen, die vom Verschiebungsweg abhängig sind. Sowohl bei dicht gelagerten, nichtbindigen als auch bei mindestens steifen bzw. allgemein bei überkonsolidierten, bindigen Böden tritt vor dem Erreichen einer konstanten Scherspannung im Gleitzustand zunächst eine größere Scherspannung im Bruchzustand auf (Bild 9). Dieser Maximalwert der Scherspannung wird nach DIN 4015 Bruchfestigkeit τ_f, die Scherspannung im Gleitzustand Gleit- oder Restscherfestigkeit τ_r genannt (Bild 9).
Im Dreiaxialversuch gilt sinngemäß das gleiche für die Deviatorspannung $\sigma_1' - \sigma_3' = \sigma_1 - \sigma_3$ (Bild 9).

Für lockere, nichtbindige oder weiche, bindige Böden ergeben sich Spannungs-Verschiebungsdiagramme entsprechend Bild 10.

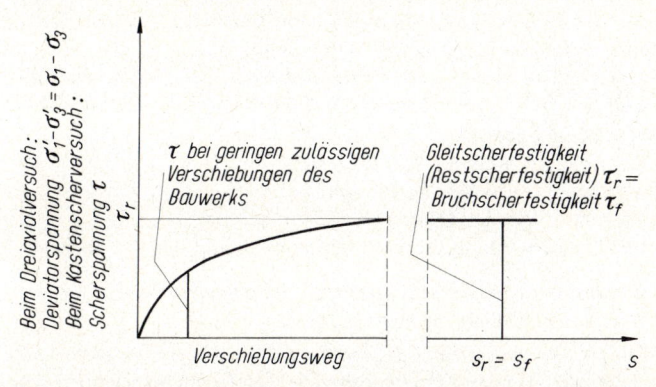

Bild 10. Spannungs-Verschiebungs-Diagramm für locker gelagerte, nichtbindige bzw. weiche bindige Böden (unmaßstäblich dargestellt)

1.9.2 Scherparameter im Bruch- und im Gleitzustand

Werden für die Ermittlung der Schergeraden die Scherspannungen im Bruchzustand verwendet, ergibt sich der Bruchwinkel, bei den Werten für den Gleitzustand der Gleitwinkel (E 89, Abschn. 1.4, Bild 4).
Der Bruchwinkel wird bei allen Böden mit φ_f', der Gleitwinkel mit φ_r' bezeichnet.
Die wirksame Kohäsion im Bruchzustand wird mit c_f' und die im Gleitzustand mit c_r' bezeichnet. Letztere ist häufig vernachlässigbar klein.

1.9.3 Hinweise auf die Anwendung der Scherparameter
für den Bruchzustand φ_f' und c_f' bzw.
für den Gleitzustand φ_r' und c_r'
in den Berechnungen nach den EAU

Die hier genannten Scherparameter φ_f', c_f' sowie φ_r' und c_r' sind Grundwerte entsprechend E 96, Abschn. 1.6.1.1.

1.9.3.1 Anwendung der Scherparameter bei der Ermittlung des Erddruckes

Hier darf stets mit φ'_f und c'_f gearbeitet werden, jedoch sind die nach E 96, Abschn. 1.6.1.2 geforderten Materialsicherheiten zu berücksichtigen.

1.9.3.2 Anwendung der Scherparameter bei der Ermittlung des Erdwiderstandes

Das unter Abschn. 1.9.3.1 Gesagte gilt auch für den Erdwiderstand nichtbindiger Böden.

Bei bindigen Böden ist besonders zu berücksichtigen, daß infolge des progressiven Bruches in den Gleitflächen die Verformungswerte nicht überall gleich groß und auch nicht genau genug erfaßbar sind. Wenn bei mindestens steifen bzw. allgemein bei überkonsolidierten bindigen Böden große Bewegungen zu erwarten sind, die aber dem Bauwerk noch zugemutet werden können, darf nur mit einem τ zwischen τ_f und τ_r und im Grenzfall nur mit τ_r gearbeitet werden (Bild 9). Auch in diesem Fall sind die nach E 96, Abschn. 1.6.1.2 geforderten Materialsicherheiten zu berücksichtigen.

Bei weichen bindigen Böden sollte, wenn das Bauwerk nur geringe Bewegungen vertragen kann, selbst die Gleitscherfestigkeit τ_r nicht voll ausgenutzt werden (Bild 10).

Im übrigen wird auf DIN 4016 hingewiesen.

1.9.3.3 Ergänzende Hinweise zu den Rechenwerten für den Erdwiderstand

Die in Abschn. 1.9.3.2 gebrachten Hinweise für die Scherfestigkeitsansätze bei bindigen Böden sollten in den Rechenwerten für die Scherparameter berücksichtigt werden. In Zweifelsfällen sollten letztere im Einvernehmen zwischen Bauherrn, Entwurfsbearbeiter, Versuchsanstalt und Bauaufsichtsbehörde festgelegt werden.

1.10 Mittlere Bodenwerte für Vorentwürfe (E 9)

1.10.1 Allgemeines

Die im folgenden mit dem Nebenzeichen cal versehenen Werte sind Rechenwerte. Sie können ohne weitere Abminderungen in den statischen Berechnungen für Vorentwürfe verwendet werden. Es handelt sich dabei um mittlere Werte eines größeren Bereichs, wobei die später nach der Auswertung der jeweiligen Bodenuntersuchungen für das betreffende Bauwerk, beispielsweise nach E 96, Abschn. 1.6 gefundenen sowohl darüber- als auch darunterliegen können. Im Gegensatz dazu liegen die Werte nach DIN 1055, Teil 2, Tabellen 1 und 2, auf der sicheren Seite, da diese für den gesamten Geltungsbereich der DIN 1055, Teil 2 festgelegt sind.

1.10.2 Rechenwerte

Bodenart	Wichte des feuchten Bodens $\text{cal}\,\gamma$	Wichte des Bodens unter Auftrieb $\text{cal}\,\gamma'$	Endfestigkeit Innerer Reibungswinkel $\text{cal}\,\varphi'$	Endfestigkeit Kohäsion $\text{cal}\,c'$	Anfangsfestigkeit[1]) Kohäsion des undränierten Bodens $\text{cal}\,c_u$	Steifemodul $\text{cal}\,E_s$
	kN/m^3	kN/m^3	in °	kN/m^2	kN/m^2	MN/m^2
Nichtbindige Böden						
Sand, locker, rund	18	10	30	–	–	20– 50
Sand, locker, eckig	18	10	32,5	–	–	40– 80
Sand, mitteldicht, rund	19	11	32,5	–	–	50–100
Sand, mitteldicht, eckig	19	11	35	–	–	80–150
Kies ohne Sand	16	10	37,5	–	–	100–200
Naturschotter, scharfkantig	18	11	40	–	–	150–300
Sand, dicht, eckig	19	11	37,5	–	–	150–250
Bindige Böden	(Erfahrungswerte aus dem norddeutschen Raum für ungestörte Proben)					
Ton, halbfest	19	9	25	25	50–100	5 – 10
Ton, schwer knetbar, steif	18	8	20	20	25– 50	2,5– 5
Ton, leicht knetbar, weich	17	7	17,5	10	10– 25	1 – 2,5
Geschiebemergel, fest	22	12	30	25	200–700	30 –100
Lehm, halbfest	21	11	27,5	10	50–100	5 – 20
Lehm, weich	19	9	27,5	–	10– 25	4 – 8
Schluff	18	8	27,5	–	10– 50	3 – 10
Klei, org., tonarm, weich	17	7	20	10	10– 25	2 – 5
Klei, stark org., tonreich, weich, Darg	14	4	15	15	10– 20	0,5– 3
Torf	11	1	15	5	–	0,4– 1
Torf unter mäßiger Vorbelastung	13	3	15	10	–	0,8– 2

$\text{cal}\,\varphi'$ = Rechenwert des inneren Reibungswinkels bei bindigen und bei nichtbindigen Böden,
$\text{cal}\,c'$ = Rechenwert der Kohäsion entsprechend $\text{cal}\,\varphi'$,
$\text{cal}\,c_u$ = Rechenwert der Scherfestigkeit aus unentwässerten Versuchen bei wassergesättigten bindigen Böden.

---

[1]) Der zugehörige innere Reibungswinkel ist mit $\text{cal}\,\varphi'_u = 0$ anzunehmen.

1.10.3 Ohne Nachweis ist für gewachsenen Sand lockere Lagerung anzunehmen. Mitteldichte Lagerung ist außer bei geologisch älteren Ablagerungen nur nach Verdichten durch Rütteln oder Stampfen zu erwarten. Für Kiessande gelten die gleichen Werte wie für Sand. Die Wichte für Schotter ist ein grober Mittelwert und hängt von der Gesteinsart ab.

1.10.4 Die Reibungswinkel $\operatorname{cal}\varphi'$ und die Kohäsionswerte $\operatorname{cal} c'$ für bindige Böden sind grobe Mittelwerte für die Berechnung der Endstandsicherheit (konsolidierter Zustand = Endfestigkeit). Bei weichen bis steifen Ton- und Kleischichten größerer Mächtigkeit, die beim Bau der Ufereinfassung zusätzlich durch Hinterfüllung, Bauwerke usw. belastet werden, ist bei der Erddruckermittlung der Einfluß des Porenwasserüberdruckes zu berücksichtigen (Anfangsfestigkeit). Auch beim Erdwiderstand kann fallweise die Anfangsfestigkeit maßgebend sein.

1.10.5 Da Drucksondierungen in lockeren Böden in vielen Fällen wirtschaftlich und schnell ausgeführt werden können, ist es häufig zu vertreten, solche schon für Vorentwürfe vorzunehmen. Dadurch wird über die dabei festgestellte ungefähre Lagerungsdichte von Sand die richtige Zuordnung in der Tabelle Abschn. 1.10.2 ermöglicht. Bezüglich der Auswertung für $\operatorname{cal} c_u$ und die zu erwartenden Steifemoduln wird auf DIN 4094 und auf [3] sowie [4] verwiesen.

1.11 Bodenwerte für Ausführungsentwürfe (E 54)

Den Ausführungsentwürfen sind grundsätzlich die von einer Versuchsanstalt ermittelten Bodenwerte zugrunde zu legen (vgl. auch E 88, E 89, E 92 und E 96, Abschn. 1.3 bis 1.6). Bei nichtbindigen Böden empfiehlt es sich, die Lagerungsdichte durch Feldversuche festzustellen.
Bei bindigen Böden sollte nur bei untergeordneten Bauwerken auf die Einschaltung einer Versuchsanstalt verzichtet werden. Das Benutzen mittlerer Bodenwerte nach E 9, Abschn. 1.10 kann hier im allgemeinen nicht vertreten werden.
Hinweise zur Abfassung von Berichten und Gutachten über Baugrunduntersuchungen für Ufereinfassungen bei schwierigen Verhältnissen bringt E 150, Abschn. 1.1.

2 Erddruck und Erdwiderstand

2.1 Kohäsion in bindigen Böden (E 2)

Die Kohäsion in bindigen Böden darf in der statischen Berechnung bei Erddruck und Erdwiderstand berücksichtigt werden, wenn folgende Voraussetzungen erfüllt sind:

2.1.1 Der Boden muß in seiner Lage ungestört (gewachsen) sein. Bei Hinterfüllungen mit bindigem Material muß der Boden hohlraumfrei verdichtet sein.

2.1.2 Der Boden muß dauernd gegen Austrocknen und Frost geschützt sein.

2.1.3 Der Boden darf beim Durchkneten nicht breiig (nach DIN 1054, Abschn. 4.2.2) werden.
Treffen die unter Abschn. 2.1.1 und 2.1.2 genannten Forderungen nicht oder nur teilweise zu, darf die Kohäsion nur aufgrund besonderer Untersuchungen berücksichtigt werden.

2.1.4 Untersuchungen der Anfangsstandsicherheit eines Bauwerks können mit der rechnungsmäßigen Kohäsion des undränierten Bodens $cal\, c_u$ vorgenommen werden. Ist der jeweilige Porenwasserdruck und damit die wirksame Normalspannung σ' ($\sigma' = \sigma - u$) bekannt, kann die jeweilige Scherfestigkeit $cal\, \tau$ auch mit dem Ansatz

$$cal\, \tau = cal\, c' + \sigma' \cdot \tan cal\, \varphi'$$

berechnet werden.

2.2 Scheinbare Kohäsion im Sand (E 3)

Die scheinbare Kohäsion c_K im Sand, die ihre Ursachen in der Oberflächenspannung des Porenzwickelwassers hat, ist in ihrem entlastenden Einfluß so gering, daß ihre Berücksichtigung keinen nennenswerten wirtschaftlichen Nutzen bringen würde. Sie ist in die Berechnung nicht einzusetzen, sondern nur als innere Reserve für die Standsicherheit anzusprechen (vgl. E 92, Abschn. 1.5.1).

2.3 Ansatz der Wandreibungswinkel bei Spundwandbauwerken (E 4)

Im Abschn. 8.2.3 behandelt.

2.4 Erddruck auf Spundwände vor Pfahlrostmauern (E 45)

Im Abschn. 11.2 behandelt.

2.5 Auswirkung artesischen Grundwassers unter Gewässersohlen auf Erddruck und Erdwiderstand (E 52)

Wird die Gewässersohle von einer wenig durchlässigen, bindigen Deckschicht gebildet, die auf einer grundwasserführenden nichtbindigen Schicht liegt, und treten freie Niedrigwasserspiegel auf, die unter dem gleichzeitigen Standrohrspiegel des Grundwassers liegen, müssen die Auswirkungen dieses artesischen Wassers im Entwurf berücksichtigt werden.

Der artesisch wirkende Spiegelunterschied belastet die Deckschicht von unten und vermindert dadurch ihr wirksames Gewicht. Dabei verringert sich der Erdwiderstand nicht nur in der Deckschicht, sondern infolge Verminderung der Auflast auch im nichtbindigen Boden. Gleichzeitig wird die Sicherheit gegen Geländebruch und gegen Grundbruch herabgesetzt.

Bei einem Höhenunterschied $h_{wü}$ zwischen dem Standrohrspiegel im Grundwasser und dem freien Wasserspiegel ergibt sich bei der Wichte γ_w des Wassers ein artesischer Überdruck $= h_{wü} \cdot \gamma_w$.

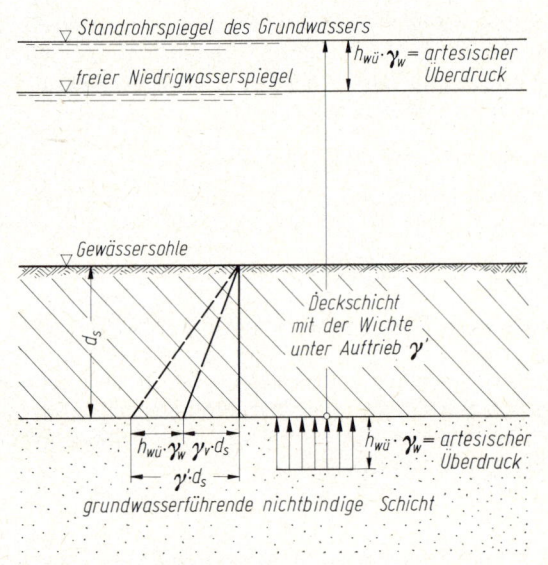

Bild 11. Artesischer Druck im Grundwasser bei überwiegendem Gewicht der Deckschicht

2.5.1 Einfluß auf den Erdwiderstand

Ist unter einer Deckschicht mit der Dicke d_s und der Wichte unter Auftrieb γ' ein artesischer Überdruck wirksam (Bild 11), errechnet sich der Erdwiderstand wie folgt:

2.5.1.1 **Fall mit überwiegendem Gewicht der Deckschicht**
$(\gamma' \cdot d_s > h_{wü} \cdot \gamma_w)$ (Bild 11)

(1) Unter der Voraussetzung eines geradlinigen Abfalles des artesischen Überdruckes in der Deckschicht wird der aus der Bodenreibung hergeleitete Erdwiderstand in der Deckschicht mit der verminderten Wichte $\gamma_v = \gamma' - h_{wü} \cdot \gamma_w / d_s$ beispielsweise nach KREY [5] errechnet.

(2) Der Erdwiderstand in der Deckschicht infolge Kohäsion wird durch den artesischen Druck nicht vermindert.

(3) Für den Erdwiderstand unter der Deckschicht wirkt als Auflast $\gamma_v \cdot d_s$.

2.5.1.2 **Fall mit überwiegendem artesischem Druck**
$(\gamma' \cdot d_s < h_{wü} \cdot \gamma_w)$

Dieser Fall kann z.B. in Tidegebieten eintreten. Bei Niedrigwasser löst sich dann die Deckschicht vom nichtbindigen Untergrund und beginnt entsprechend dem Grundwasserzustrom langsam aufzuschwimmen. Beim anschließenden Hochwasser wird sie wieder auf ihre Unterlage gedrückt. Dieser Vorgang ist bei dicken Deckschichten im allgemeinen ungefährlich. Wird die Deckschicht aber durch Baggerungen oder dergleichen geschwächt, können beulenartige Durchbrüche des Grundwassers eintreten, die zu örtlichen Störungen in der Umgebung des Durchbruches, aber auch zu einer Entlastung des artesischen Druckes führen. Ähnliche Verhältnisse können auch bei umspundeten Baugruben eintreten. Es gelten dann folgende Berechnungsgrundsätze:

(1) Erdwiderstand aus Bodenreibung darf in der Deckschicht nicht angesetzt werden.

(2) Erdwiderstand in der Deckschicht infolge der Kohäsion c' des dränierten (entwässerten) Bodens darf nur noch voll angesetzt werden, wenn Sohlenaufbrüche nicht zu erwarten sind. Im anderen Falle ist er zu vermindern. Mit der Kohäsion des undränierten (nicht entwässerten) Bodens c_u darf nur ausnahmsweise gerechnet werden.

(3) Erdwiderstand unter der Deckschicht ist für eine in Unterkante Deckschicht liegende unbelastete freie Oberfläche zu berechnen. Eine Verminderung infolge von Strömungsdruck muß nur bei größeren Druckunterschieden vorgenommen werden, also in Fällen, in denen auch sonst Strömungsdruck berücksichtigt werden müßte. Auf E 114, Abschn. 2.8 wird in diesem Zusammenhang hingewiesen.

2.5.2 **Geltungsbereich**

Die unter Abschn. 2.5.1 behandelten Ansätze des Erdwiderstandes gelten sowohl für die Spundwandberechnung als auch für Geländebruch- und Grundbruchuntersuchungen.

2.5.3　Einfluß auf den Erddruck

Der Einfluß des artesischen Druckes auf den Erddruck ist im allgemeinen so gering, daß er vernachlässigt werden kann.

2.5.4　Einfluß auf den Wasserüberdruck

Im durchlässigen Untergrund kann der Wasserüberdruck gleich Null gesetzt werden. Darüber wird er in üblicher Weise angesetzt, wenn der freie Grundwasserspiegel nicht wesentlich vom artesischen Druckspiegel abweicht. Sonst sind besondere Untersuchungen erforderlich (E 19, Abschn. 4.2).

2.6　Ermittlung des Erddrucks bei wassergesättigten, nicht- bzw. teilkonsolidierten, weichen bindigen Böden (E 130)

2.6.1　Allgemeines

Wesentlich für die Größe des Erddruckes ist die Größe der Scherfestigkeit, die beim Bruch in der maßgebenden Gleitfuge auftritt. Sie wird ausgedrückt durch die Schergleichung:

$$\tau'_r = c'_r + \sigma' \cdot \tan\varphi'_r.$$

Darin bedeuten:

τ'_r = Gleitscherfestigkeit (Restscherfestigkeit),
c'_r = wirksame Kohäsion im Gleitzustand,
φ'_r = Gleitwinkel = wirksamer innerer Reibungswinkel im Gleitzustand,
σ = totale Normalspannung,
σ' = wirksame Normalspannung,
Δu = neutrale Überspannung aus σ
　　 = Porenwasserüberdruckspannung, abhängig vom Grad der Konsolidierung für den nichtkonsolidierten Zustand nach Abschn. 2.6.2.

Bild 12. Darstellung des Scherdiagramms mit Eintragung der wirksamen Scherfestigkeit τ'_r für einen nicht- bzw. teilkonsolidierten Zustand mit der Porenwasserüberdruckspannung Δu

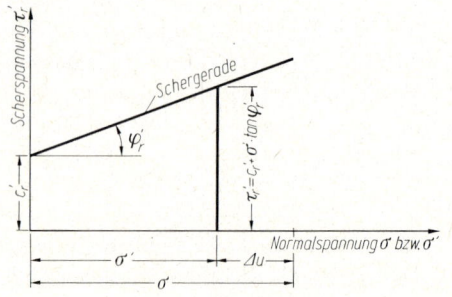

Die Werte für c'_r und φ'_r werden an ungestört entnommenen Bodenproben nach E 89, Abschn. 1.4 ermittelt und in der reduzierten Größe $\mathrm{cal}\, c'_r$ und $\mathrm{cal}\, \varphi'_r$ nach E 96, Abschn. 1.6.1.2 in die Berechnungen eingesetzt. Die wirksame Spannung σ' errechnet sich aus der Gleichung:

$$\sigma' = \sigma - \Delta u.$$

2.6.2 Erddruckermittlung für den Fall einer plötzlich aufgebrachten zusätzlichen Belastung

2.6.2.1 Berechnung mit totalen Spannungen

Da $\Delta \sigma = \Delta u$ ist, wird $\tau_u = c_u$.

c_u = Scherfestigkeit aus unentwässerten Versuchen an wassergesättigten, bindigen Bodenproben (DIN 18137, Teil 1, Abschn. 2.2.2).

Die Scherfestigkeit c_u wird an ungestört entnommenen Bodenproben oder aber durch Feldversuche nach E 88, Abschn. 1.3 ermittelt. In die statischen Berechnungen wird der reduzierte Rechnungswert $\mathrm{cal}\, c_u$ nach E 96, Abschn. 1.6.1.2 eingesetzt. Bei einer lotrechten Wand ist dann in einem betrachteten Horizont mit der totalen Erdlastspannung σ die waagerechte Komponente der gesamten Erddruckspannung:

$$e_{ah} = \sigma \cdot K_a - 2 c_u \cdot \sqrt{K_a}.$$

Da $\varphi_u = 0$ ist, wird $K_a = 1$ und damit

$$e_{ah} = \sigma - 2 c_u.$$

Dieser einfache Ansatz ist aber nicht anwendbar, wenn der Boden nicht wassergesättigt ist und wenn für das betreffende Bauvorhaben keine c_u-Werte durch Versuche ermittelt worden sind. In solchen Fällen kann der Erddruck nach Abschn. 2.6.2.2 ermittelt werden.

2.6.2.2 Erddruckermittlung mit den wirksamen Spannungen

Ist c_u nicht bekannt, muß mit den wirksamen Scherspannungen gerechnet werden, die sich aus der allgemeinen Schergleichung

$$\tau'_r = c'_r + \sigma' \cdot \tan \varphi'_r$$

errechnen (Bild 12).

Die neutrale Überspannung $\Delta u = \sigma - \sigma'$ erzeugt keine Scherfestigkeitszunahme. Sie wirkt jeweils normal zur Gleitfuge und pflanzt sich in der dort vorhandenen Größe durch den Gleitkörper zur Stützwand fort. Die dabei auftretende waagerechte Komponente der gesamten Erddruckverteilung ist am Beispiel nach Bild 13 für den Fall dargestellt, daß die gleichmäßig verteilte Auflast p landseitig unbegrenzt ausgedehnt ist, also ein ebener Spannungs- und Verformungszustand vorliegt. In der weichen bindigen Schicht ergibt sich jede Erddruckordinate aus dem Erddruck infolge der jeweiligen wirksamen Spannung σ' und der Kohä-

sion c'_r, vermehrt um die dort herrschende neutrale Überspannung $\Delta u = \Delta p$, wobei Δp die Zusatzbelastung auf der bisherigen Geländeoberfläche bedeutet.
Danach ist in der für Δp nichtkonsolidierten bindigen Schicht für den Anfangszustand:

$$e_{ah} = \sigma'_r \cdot K_a \cdot \cos\delta_a - 2 \cdot c'_r \cdot \sqrt{K_a} \cdot \cos\delta_a + \Delta p.$$

Liegt das Bauwerk teilweise im Grundwasser, ist der Verlauf der totalen lotrechten Erdlastspannungen σ unter Berücksichtigung des Bodenauftriebs zu ermitteln. Unterschiedliche Spiegelhöhen zwischen Außenwasser und Grundwasser erzeugen einen Wasserüberdruck, der zusätzlich zu berücksichtigen ist.

In schwierigen Fällen, zum Beispiel mit schrägen Schichten, ungleichmäßiger Geländeoberfläche, ungleichmäßigen Auflasten und dergleichen, kann mit einem erweiterten CULMANN-Verfahren gearbeitet werden. Hierbei ist zu beachten, daß die Auflasten, für die der Boden im betrachteten Gleitfugenabschnitt nicht konsolidiert ist, in der Gleitfuge keine zusätzliche Scherkraft auslösen, sondern nur eine zur Gleitfuge normale Stützkraft im Porenwasser erzeugen.

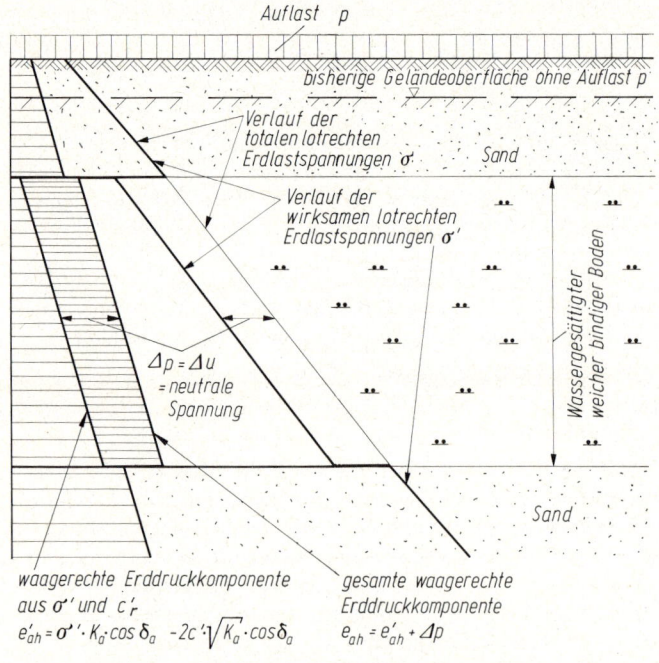

Bild 13. Beispiel für die Ermittlung der waagerechten Komponente der Erddruckverteilung für den Anfangszustand

Ist der Boden nicht wassergesättigt oder liegt kein ebener Spannungs- und Verformungszustand vor oder ist seit dem Aufbringen der Last ein gewisser Zeitraum verstrichen, ist der Zusatzerddruck aus Δp kleiner als Δp. Er kann dann nur durch genauere Untersuchungen und Berechnungen zutreffend ermittelt werden. Sein unterer Grenzwert liegt beim Zusatzerddruck für den voll konsolidierten Zustand.

2.7 Ansatz von Erddruck und Wasserüberdruck und Ausbildungshinweise für Ufereinfassungen mit Bodenersatz und verunreinigter oder gestörter Baggergrubensohle (E 110)

2.7.1 Allgemeines

Wenn Ufereinfassungen mit Bodenersatz nach E 109, Abschn. 7.9 ausgeführt werden, müssen – insbesondere bei schlickhaltigem Wasser – die Auswirkungen von Verunreinigungen der Baggergrubensohle und nicht konsolidierte Zustände in dieser und in der hinteren Baggergrubenböschung im vorhandenen weichen Boden bei Entwurf, Berechnung und Bemessung der Ufereinfassung sorgfältig berücksichtigt werden, wobei im Hinblick auf die Konsolidierung der Störschicht auch der Zeitfaktor in die Überlegungen eingeht.

2.7.2 Berechnungsansätze zur Ermittlung des Erddruckes

Neben der üblichen Berechnung des Bauwerkes für die verbesserten Bodenverhältnisse und den Geländebruchuntersuchungen nach DIN 4084 müssen die Rand- und Störeinflüsse aus der durch das Baggern vorgegebenen Gleitfuge nach Bild 14 zusätzlich berücksichtigt werden.
Für den auf das Bauwerk bis hinunter zur Baggergrubensohle wirkenden Erddruck E_a sind dabei vor allem maßgebend:

(1) Länge und – sofern vorhanden – Neigung des rückhaltend wirkenden Abschnittes l_2 der durch die Baggergrubensohle vorgegebenen Gleitfuge,

(2) Dicke, Material, Konsolidierungsgrad und wirksame Bodenauflast der Störschicht auf l_2,

(3) eine eventuelle Vernähung des Abschnittes l_2 durch Pfähle und dergleichen,

(4) Dicke des hinten anschließenden, weichen bindigen Bodens, seine Bodeneigenschaften sowie Ausführung und Neigung der Baggergrubenböschung,

(5) Sandauflast und Nutzlast, vor allem auf der Baggergrubenböschung,

(6) Eigenschaften des Einfüllbodens.

Der Ansatz der auf die Bezugsebenen ①–① und ②–② und auf die Ufereinfassung wirkenden Kräfte E geht in Erweiterung von E 10,

39

Abschn. 8.4.9 aus Bild 14 hervor, auf welchem auch das Krafteck zur Ermittlung von E_a dargestellt ist. Verteilung und Angriff des Erddruckes E_a hinunter bis zur Baggergrubensohle richten sich nach dem statischen System und der Bauart der Ufereinfassung.

Der Erddruck und seine Verteilung unterhalb der Baggergrubensohle können z. B. mit Hilfe von CULMANN-E-Linien ermittelt werden. Hierbei sind die Scherkräfte im Abschnitt l_2 einschließlich etwaiger Vernähungen mit zu berücksichtigen.

Die jeweils wirksame Scherspannung τ_2' in der Störschicht des Abschnittes l_2 kann für alle Bauzustände, den Zeitpunkt der Ausbaggerung der Hafensohle und auch für etwaige spätere Hafen-Sohlenvertiefungen für das in Frage kommende Störschichtmaterial in einer Bodenversuchsanstalt – abhängig von der Auflast auf und dem Porenwasserdruck in der Störschicht – ermittelt und eingesetzt werden. Bei Schlickablagerungen kann τ_2' mit der Formel

$$\tau_2' = (\sigma - u) \cdot \tan\varphi' \approx \sigma' \cdot \tan 20°$$

errechnet werden. σ' bedeutet darin die an der Untersuchungsstelle zum Untersuchungszeitpunkt wirksame, also von Korn zu Korn – und nicht durch Porenwasserdruck – übertragene lotrechte Auflastspannung. Die Endscherfestigkeit nach voller Konsolidierung beträgt dann

$$\tau_2 = \sigma_A' \cdot \tan 20°,$$

wobei σ_A' die wirksame Auflastspannung des untersuchten Bereiches des Abschnittes l_2 bei voller Konsolidierung ($u = 0$) darstellt.

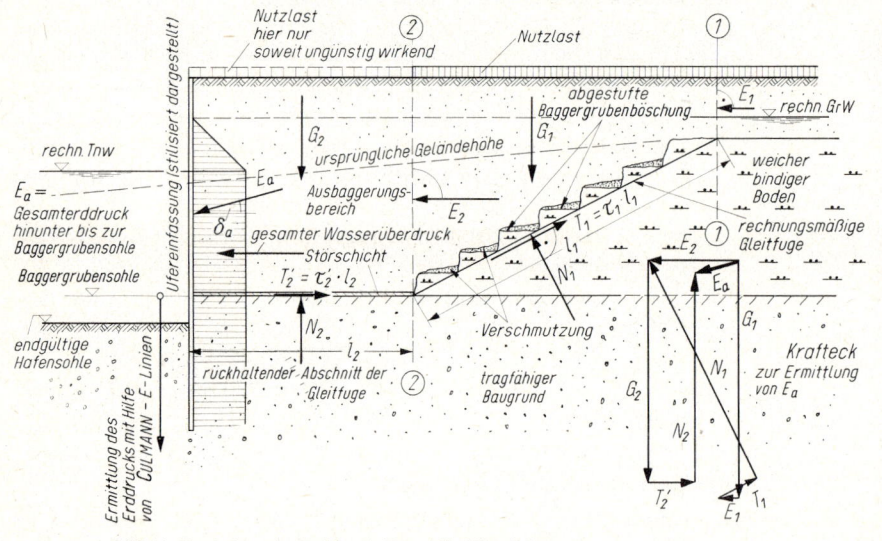

Bild 14. Ermittlung des Erddrucks E_a auf die Ufereinfassung

Für die Erfassung einer Vernähung des Abschnittes l_2 durch Pfähle sind besondere Berechnungen erforderlich [6].

Bei einer ordnungsgemäß ausgeführten Baggerung der Böschung im weichen Boden in größeren Stufen geht die vorgegebene Gleitfuge durch die hinteren Stufenkanten und läuft somit im ungestörten Boden (Bild 14). In diesem Fall muß wegen der Mächtigkeit des gewachsenen, weichen bindigen Bodens und der dabei auftretenden langen Konsolidierungsdauer $\tau_1 = c_u$ gesetzt werden. Weist der weiche bindige Boden Schichten verschiedener Anfangsscherfestigkeiten auf, müssen diese verschiedenen c_u-Werte berücksichtigt werden. Die c_u-Werte werden im Rahmen der Bodenuntersuchungen für das Bauwerk nach E 88, Abschn. 1.3 ermittelt.

Sollte die Baggergrubenböschung im weichen Boden sehr stark gestört, in kleinen Stufen ausgeführt oder ungewöhnlich verschmutzt sein, muß an Stelle der c_u-Werte des gewachsenen Bodens mit den schlechteren c_u-Werten der gestörten Gleitschicht gerechnet werden, die dann in zusätzlichen Laborversuchen ermittelt werden müssen.

Wegen der nur langsamen Konsolidierung des weichen bindigen Bodens unterhalb der Baggergrubenböschung lohnt sich hier die Berücksichtigung der mit der Zeit besser werdenden c-Werte im allgemeinen nur, wenn der weiche Boden mit engstehenden Sanddräns entwässert wird. Hierbei kann dann auch die durch die Setzungen hervorgerufene günstig wirkende Abflachung der Baggergrubenböschung mit erfaßt werden.

2.7.3 Berechnungsansätze zur Ermittlung des Wasserüberdruckes

Der gesamte Niveauunterschied zwischen dem rechnungsmäßigen Grundwasserspiegel im Bereich der Bezugslinie ①–① (Bild 14) bis zum gleichzeitig auftretenden tiefsten rechnungsmäßigen Außenwasserspiegel ist zu berücksichtigen. Dauernd wirksame Rückstauentwässerungen hinter der Ufereinfassung können zu einer Absenkung des rechnungsmäßigen Grundwasserspiegels im Einzugsbereich und damit zu einer Verminderung der gesamten Niveaudifferenz führen.

Der gesamte Wasserüberdruck kann in der üblichen angenäherten Form als Trapez angesetzt werden (Bild 14). Er kann, unter Verwendung eines Potential-Strömungsnetzes, aber auch genauer berechnet werden, wobei in den Untersuchungsfugen mit dem jeweils vorhandenen, aus dem Strömungsnetz hergeleiteten Porenwasserdruck gearbeitet wird (E 113, Abschn. 4.8 und E 114, Abschn. 2.8).

2.7.4 Hinweise für den Entwurf der Ufereinfassung

2.7.4.1 Untersuchungen an Ausführungsbeispielen haben ergeben, daß im rückhaltenden Abschnitt l_2 der Gleitfuge bis zu rd. 20 cm dicke Störschichten während der üblichen Bauzeit bis zum Ausbaggern der Hafensohle – auch bei nur einseitiger Entwässerung – für ihre Auflastspannung bereits voll konsolidiert sind. Bei größeren Störschichtdicken muß τ_2' in der Schicht für die verschiedenen Bauzustände in der jeweils ungünstigst vorhandenen Größe angesetzt werden. Dies kann zu ganz bestimmten zeitlichen Abständen gewisser Baumaßnahmen, z. B. der Aus- oder Tiefbaggerung der Hafensohle und dergleichen, führen.

2.7.4.2 Verankerungskräfte werden am besten über Pfähle oder sonstige Tragglieder durch die Baggergrubensohle hindurch voll in den tragfähigen Baugrund abgeleitet. Oberhalb der Baggergrubensohle eingeleitete Stützkräfte belasten den Gleitkörper zusätzlich.

2.7.4.3 Abgesehen von den statischen Aufgaben soll der Abschnitt l_2, wenn möglich, so lang gewählt werden, daß alle Bauwerkspfähle darin untergebracht werden können und so ihre Biegebeanspruchungen bei einwandfrei eingebrachtem Sand so klein wie möglich bleiben.

2.7.4.4 Sind bei starkem Schlickfall trotz aller Sorgfalt der Ausführung des Bodenersatzes nach E 109, Abschn. 7.9 dickere, weiche bindige Störschichten und/oder sehr locker gelagerte Sandzonen, die zu starken Pfahldurchbiegungen und damit zu Beanspruchungen bis in den Streckbereich führen können, nicht zu vermeiden, oder werden solche bei der Kontrolle der Sandeinfüllung nach E 109, Abschn. 7.9.6 nachträglich festgestellt, dürfen – zur Verhinderung von Sprödbrüchen – nur Pfähle aus doppelt beruhigtem Stahl, vorzugsweise aus St 37-3 bzw. aus St 52-3, verwendet werden (E 67, Abschn. 8.1.6.1 und E 99, Abschn. 8.1.20.2).

2.7.4.5 Werden im Standsicherheitsnachweis Gründungspfähle zum Vernähen der Gleitfuge im Abschnitt l_2 mit herangezogen [6], darf beim Spannungsnachweis für diese Pfähle die maximale Hauptspannung aus Axialkraft-, Querkraft- und Biegebeanspruchung 85% der Streckgrenze nirgends überschreiten.
In der Vernähungsberechnung dürfen nur Pfahldurchbiegungen berücksichtigt werden, die mit den sonstigen Bewegungen des Bauwerks und seiner Teile in Einklang stehen, also nur solche von wenigen Zentimetern. Daher kann im nachgiebigen, weichen bindigen Boden der Baggergrubenböschung (Bild 14) eine wirkungsvolle Vernähung nicht erreicht werden.
Pfähle, bei denen aus Setzungen des Untergrundes oder des Einfüllbodens von vornherein mit möglichen Beanspruchungen bis zur Streckgrenze gerechnet werden muß, dürfen zum Vernähen nicht herangezogen werden.

2.7.4.6 Will man vermeiden, daß die Störschicht im rückhaltenden Abschnitt l_2 der Gleitfuge und die Baggergrubenböschung im weichen bindigen Boden zu vergrößerten Bauwerksabmessungen führen, müssen neben einer möglichst sauberen Baggergrubensohle vor allem ein ausreichend langer Abschnitt l_2 und/oder eine entsprechend flache Neigung der Baggergru-

benböschung angestrebt werden (vgl. hierzu die Auswirkungen im Krafteck in Bild 14).
Bei zu erwartender geringer Störschichtdicke kann eine auf den gesäuberten Abschnitt l_2 aufgebrachte Schotterschüttung zu einer wesentlichen Verbesserung des Scherwiderstandes in diesem Bereich der Gleitfuge führen.
Wenn ausreichend Zeit zur Verfügung steht, können auch enggestellte Sanddräns, die im weichen bindigen Boden bis hinter das Ende der Baggergrubenböschung ausgeführt werden, zu einer Entlastung des Bauwerkes führen.
Auch eine vorübergehende Verminderung der Nutzlast über der Baggergrubenböschung und/oder ein vorübergehendes Absenken des Grundwasserspiegels bis hinter die Bezugsebene ①—① können zur Überwindung ungünstiger Anfangszustände mit benutzt werden.

2.7.4.7 Will man bei Bodenersatz in Kleigeländen auf den rückhaltenden Abschnitt l_2 verzichten, darf — wenn Zusatzbeanspruchungen auf das Bauwerk vermieden werden sollen — bei sonst guter und sorgfältiger Ausführung des Bodenersatzes die Baggergrubenböschung nur etwa die Neigung 1:4 aufweisen. Da es aber auch auf die c_u-Werte in der Baggergrubenböschung und den wirksamen Wasserüberdruck ankommt, ist stets ein rechnerischer Nachweis zu führen.

2.7.4.8 Bei schlickhaltigem Wasser kommen für die Bauwerksentwässerung nur einwandfreie, doppelt gesicherte Rückstauentwässerungen in Frage. Leistungsfähige Dränagen im hinteren Teil des Ersatzbodens, die zu den Rückstauverschlüssen geführt werden, können den Erfolg der Entwässerung wesentlich verbessern.

2.7.4.9 Fragen im Zusammenhang mit Bodenersatz auf der Erdwiderstandsseite werden in einer besonderen Empfehlung behandelt.

2.8 Einfluß des strömenden Grundwassers auf Wasserüberdruck, Erddruck und Erdwiderstand (E 114)

2.8.1 Allgemeines

Wird ein Bauwerk umströmt, übt das strömende Grundwasser einen von Stelle zu Stelle verschieden großen und verschieden gerichteten Strömungsdruck auf die Bodenmassen der Erdkeile des Erddrucks und Erdwiderstands aus und verändert damit die Größe dieser Kräfte.
Mit Hilfe eines Strömungsnetzes nach E 113, Abschn. 4.8.7 (Bild 33) können die Gesamtauswirkungen der Grundwasserströmung auf E_a und E_p ermittelt werden. Hierzu werden alle auf die Gleitkörperbegrenzun-

gen wirkenden Wasserdrücke bestimmt und im COULOMB-Krafteck für den Erddruck (Bild 15a) und den Erdwiderstand (Bild 15b) berücksichtigt. Diese Bilder geben einen allgemeinen Überblick über die dabei anzusetzenden Kräfte. G_a und G_p sind darin die Gleitkeilgewichte für den Boden ohne Auftrieb, vermehrt um das Gewicht der Porenwasserfüllung. W_1 ist die jeweilige freie Wasserauflast auf den Gleitkörpern, W_2 der Inhalt der im Gleitkörperbereich unmittelbar auf das Bauwerk wirkenden Wasserdruckfläche, W_3 der Inhalt der in der Gleitfuge wir-

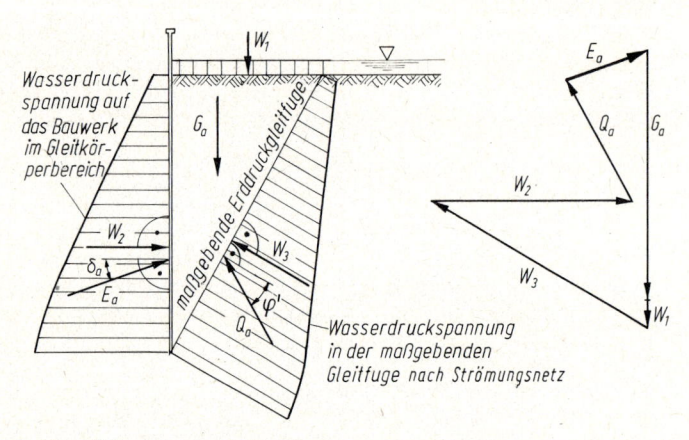

a) Ermittlung des Erddrucks E_a

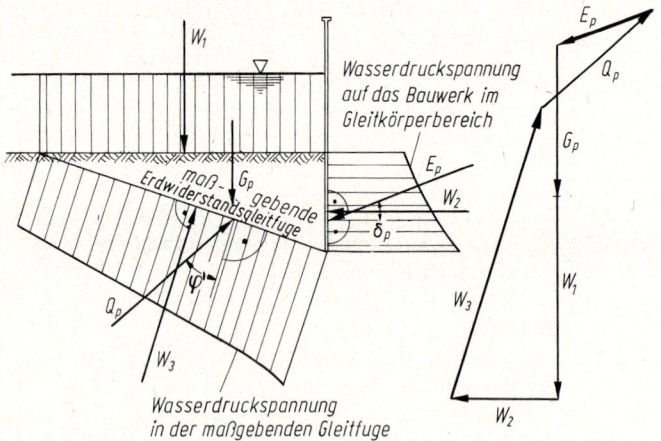

b) Ermittlung des Erdwiderstands E_p

Bild 15. Ermittlung des Erddrucks E_a und des Erdwiderstands E_p unter Berücksichtigung des Einflusses strömenden Grundwassers

kenden Wasserdruckfläche, ermittelt nach dem Strömungsnetz (E 113, Abschn. 4.8.7, Bild 33). Q_a und Q_p sind die unter φ' zur Gleitflächennormalen wirkenden Bodenreaktionen und E_a bzw. E_p der unter dem Wandreibungswinkel δ_a bzw. δ_p zur Wandnormalen wirkende gesamte Erddruck bzw. Erdwiderstand unter Berücksichtigung der gesamten Strömungseinflüsse. Bei diesem Ansatz ist der Wasserüberdruck als Inhalt der Differenzfläche zwischen den von innen und von außen unmittelbar auf das Bauwerk wirkenden Wasserdruckflächen zu berücksichtigen. Das Ergebnis ist um so zutreffender, je besser das Strömungsnetz mit den Verhältnissen in der Natur übereinstimmt.

Da die Lösung nach Bild 15 wohl die Gesamtwerte von E_a und E_p, nicht aber deren Verteilung liefert, empfiehlt sich in der praktischen Anwendung eine getrennte Berücksichtigung der waagerechten und der lotrechten Strömungsdruckeinflüsse. Hierbei werden die waagerechten Einflüsse dem Wasserüberdruck zugeschlagen. Hierzu wird der Wasserüberdruck auf die jeweilige Gleitfuge für den Erddruck bzw. den Erdwiderstand bezogen (Bild 16). Die lotrechten Strömungsdruckeinflüsse werden den lotrechten Bodenspannungen aus dem Bodeneigengewicht vermindert um den Auftrieb zugeschlagen oder angenähert in einer veränderten, wirksamen Wichte berücksichtigt. Diese Berechnungsansätze werden im folgenden näher behandelt.

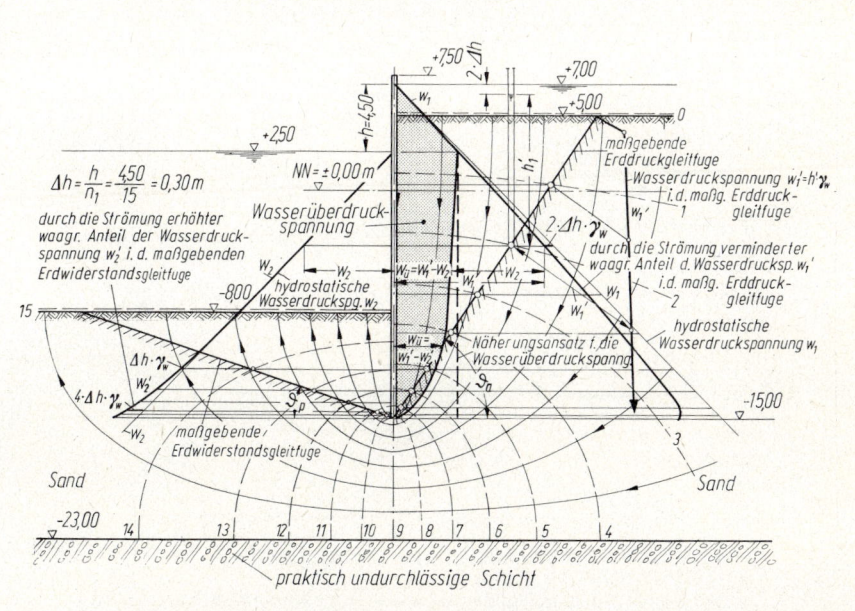

Bild 16. Ermittlung der auf ein Spundwandbauwerk wirkenden Wasserüberdruckspannungen mit Hilfe des Strömungsnetzes nach E 113, Abschn. 4.8.7

2.8.2 Ermittlung des rechnungsmäßigen Wasserüberdrucks

Zur Erläuterung der Berechnung wird das Strömungsnetz nach E 113, Abschn. 4.8.7, Bild 33 herangezogen und der Berechnungsgang in Bild 16 gezeigt. Danach wird zunächst die Wasserdruckverteilung in den Gleitfugen für den Erddruck und den Erdwiderstand benötigt. Sie ist in Bild 16 nur für die maßgebende Erddruckgleitfuge dargestellt. Sie wird jeweils für die Schnittpunkte der Äquipotentiallinien mit der untersuchten Gleitfuge ermittelt. Die Wasserdruckspannung entspricht jeweils dem Produkt aus der Wichte des Wassers und der Höhe der Wassersäule, die sich in dem am Untersuchungspunkt angesetzten Standrohr einstellt (Bild 16, rechte Seite). Werden die so gewonnenen Wasserdruckspannungen in den betrachteten Schnittpunkten von einer lotrechten Bezugslinie aus waagerecht aufgetragen, ergibt sich die waagerechte Projektion der in der untersuchten Gleitfuge wirkenden Wasserdruckspannungen. Durch Überlagerung der von außen und innen wirkenden waagerechten Wasserdruckspannungsflächen ergibt sich dann die waagerecht wirkende Wasserüberdruckspannungsfläche auf das Bauwerk, worin die Strömungsdruckeinflüsse bereits enthalten sind.

In den meisten Fällen kann aber auf eine solche verfeinerte Berechnung des Wasserüberdrucks verzichtet werden, wenn der Wasserüberdruck

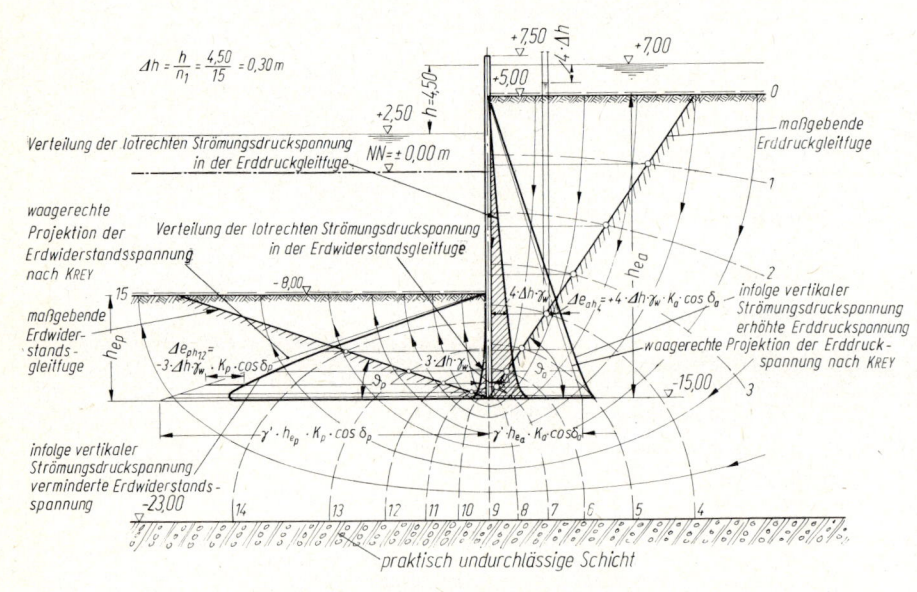

Bild 17. Einfluß der lotrechten Strömungsdruckspannungen auf die Erddruck- und die Erdwiderstandsspannungen bei vorwiegend lotrechter Strömung, ermittelt mit Hilfe des Strömungsnetzes für das Spundwandbauwerk nach E 113, Abschn. 4.8.7

nach E 19, Abschn. 4.2 bzw. bei vorwiegend waagerechter Anströmung nach E 65, Abschn. 4.3 angesetzt wird. Bei größeren Wasserüberdrücken kann der Einfluß jedoch erheblich sein.

2.8.3 Ermittlung der Einflüsse auf Erddruck und Erdwiderstand bei vorwiegend lotrechter Durchströmung

2.8.3.1 Berechnung unter Benutzung des Strömungsnetzes

Zur Erläuterung der Berechnung wird wieder das Strömungsnetz nach E 113, Abschn. 4.8.7, Bild 33 herangezogen.
Der Berechnungsgang ist in Bild 17 im einzelnen dargestellt. Hierin ist beachtet, daß der Abfall der jeweiligen Standrohrspiegelhöhe je Netzfeld dadurch zustande kommt, daß ein diesem Spiegelabfall entsprechender lotrechter Strömungsdruck in den Erdkörper übertragen worden ist. Diese Einflüsse addieren sich in Bild 17 auf der Erddruckseite nach unten und vermindern sich auf der Erdwiderstandsseite nach oben. Auch bei dieser Untersuchung werden die Ordinaten der Einfachheit halber wieder auf die Schnittpunkte der Äquipotentiallinien mit den maßgebenden Gleitfugen bezogen. Ist Δh die Standrohrspiegeldifferenz der Äquipotentiallinien im Strömungsnetz und n die Anzahl der Felder ab der zugehörigen Rand-Äquipotentiallinie, ergibt sich nach KREY auf der Erddruckseite – für die lotrechte Zusatzspannung $n \cdot \Delta h \cdot \gamma_w$, bei $\gamma_w = 10$ kN/m^3 – die Vergrößerung der waagerechten Komponente der Erddruckspannung um:

$$\Delta e_{ahn} = + n \cdot \Delta h \cdot \gamma_w \cdot K_a \cdot \cos\delta_a$$

und auf der Erdwiderstandsseite eine entsprechende Verminderung der waagerechten Komponente der Erdwiderstandsspannung um:

$$\Delta e_{phn} = - n \cdot \Delta h \cdot \gamma_w \cdot K_p \cdot \cos\delta_p .$$

Dem verminderten Wasserdruck steht dabei auf der Erddruckseite eine Erddruckvergrößerung – bei Sandboden etwa um ein Drittel der Wasserdruckverminderung – gegenüber. Auf der Erdwiderstandsseite wirkt sich wegen des wesentlich größeren K_p-Wertes der von unten angreifende Strömungsdruck stark vermindernd auf den Erdwiderstand aus. Da der größte Teil der Verminderung aber in der Nähe des unteren Spundwandendes liegt, ist in der Regel auch hier der Einfluß auf das Gesamtbauwerk nicht entscheidend. Bei größeren Wasserspiegelunterschieden muß dieses aber rechnerisch überprüft werden.
Der Einfluß der waagerechten Komponente des Strömungsdrucks auf den Erddruck bzw. Erdwiderstand wird berücksichtigt, indem der Wasserüberdruck nach Abschn. 2.8.2, Bild 16 unter Ansatz des Wasserdrucks auf die maßgebende Erddruck- bzw. Erdwiderstandsgleitfuge ermittelt wird.

2.8.3.2 Näherungsrechnung unter Ansatz geänderter wirksamer Wichte des Bodens auf der Erddruck- und auf der Erdwiderstandsseite

Angenähert läßt sich bei Umströmung einer Spundwand die Vergrößerung des Erddruckes bzw. die Verringerung des Erdwiderstandes infolge der senkrechten Komponenten der Strömungsdrücke durch entsprechende Änderungen der Wichte des Bodens erfassen.

Die Vergrößerung $\Delta\gamma'$ der Wichte auf der Erddruckseite und seine Verringerung auf der Erdwiderstandsseite können nach BENT HANSEN, veröffentlicht in [7], angenähert aus folgenden Gleichungen bestimmt werden:

$$\text{auf der Erddruckseite: } \Delta\gamma' = \frac{0{,}7 \cdot h}{h_1 + \sqrt{h_1 \cdot t}} \cdot \gamma_w,$$

$$\text{auf der Erdwiderstandsseite: } \Delta\gamma' = -\frac{0{,}7 \cdot h}{t + \sqrt{h_1 \cdot t}} \cdot \gamma_w.$$

In den obigen Gleichungen und in Bild 18 bedeuten:

- h = Wasserspiegel-Höhenunterschied,
- h_1 = durchströmte Bodenhöhe auf der Landseite der Spundwand bis zum Spundwandfußpunkt,
- t = Rammtiefe,
- γ' = Wichte des Bodens unter Auftrieb,
- γ_w = Wichte des Wassers.

Im übrigen gilt das unter Abschn. 2.8.3.1 generell Gesagte sinngemäß.

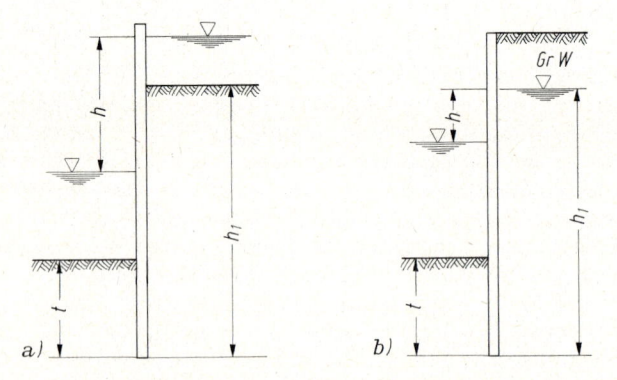

Bild 18. Maßangaben für die angenäherte Ermittlung der durch den Strömungsdruck veränderten wirksamen Wichte des Bodens vor und hinter einem Spundwandbauwerk

2.9 Auswirkungen von Erdbeben auf die Ausbildung und Bemessung von Ufereinfassungen (E 124)

2.9.1 Allgemeines

2.9.1.1 In Erdbebenzonen müssen auch bei der Errichtung von Ufereinfassungen die Auswirkungen der im betreffenden Gebiet in Frage kommenden Beben sorgfältig berücksichtigt werden.

In fast allen Ländern, in denen mit Erdbeben gerechnet werden muß, bestehen vor allem für Hochbauten Vorschriften, Richtlinien bzw. Empfehlungen, in denen die bei der Ausbildung und Berechnung einzuhaltenden Forderungen mehr oder weniger detailliert festgelegt sind. Bezüglich der Bundesrepublik Deutschland wird hierzu auf DIN 4149 und [8] verwiesen.

2.9.1.2 Die Intensität der in den verschiedenen Gebieten zu erwartenden Erdbeben wird in den Vorschriften usw. im allgemeinen durch die Größe der auftretenden waagerechten Erdbebenbeschleunigung a_h ausgedrückt.

Eine eventuell gleichzeitig wirksame lotrecht gerichtete Beschleunigung a_v ist im allgemeinen – im Vergleich zur Fallbeschleunigung g – vernachlässigbar klein.

2.9.1.3 Die Beschleunigung a_h wirkt sich nicht nur auf die Bauwerke als solche, sondern unmittelbar auch auf den angreifenden Erddruck, den möglichen Erdwiderstand, die Sicherheit gegen Grund-, Gelände- oder Böschungsbruch sowie fallweise auch auf die Scherfestigkeit der die Gründung umgebenden Bodenmassen aus, die in ungünstigen Fällen vorübergehend ganz verschwinden kann.

2.9.1.4 Die Anforderungen, die an die Genauigkeit der Berechnungen gestellt werden müssen, sind entsprechend höher, wenn ein Schaden zur Gefährdung von Menschenleben führen kann bzw. wenn durch Erdbebenschäden für die Allgemeinheit wichtige Versorgungseinrichtungen oder dergleichen zerstört werden können.

2.9.1.5 Die bei Erdbeben auftretenden statisch-kinetischen Probleme werden beim eigentlichen Bauwerk in der Regel in der Weise erfaßt, daß gleichzeitig mit den sonstigen Belastungen zusätzlich waagerechte Kräfte:

$$\Delta H = \pm k_h \cdot V,$$

die jeweils im Schwerpunkt der beschleunigten Massen angreifen, angesetzt werden.
Hierin sind:

$k_h = a_h/g$ = Erschütterungszahl = Verhältnis der waagerechten Erdbebenbeschleunigung zur Fallbeschleunigung;
V = Gewichtskraft des betrachteten Bauteiles oder Gleitkörpers.

Die Größe von k_h ist abhängig von der Stärke des Bebens, der Entfernung vom Epizentrum und vom anstehenden Baugrund. Die beiden erstgenannten Faktoren sind in den meisten Ländern durch Einteilung der gefährdeten Gebiete in Erdbebenzonen mit entsprechenden Werten für k_h berücksichtigt (DIN 4149 und [8]). In Zweifelsfällen sind anerkannte Seismologen hinzuzuziehen.

2.9.1.6 Bei hohen schlanken Bauwerken mit Resonanzgefahr, wenn also die Eigenschwingungs- und die Erdbebenperioden nahe beieinanderliegen, müssen in der Berechnung auch die dynamischen Auswirkungen des Bebens berücksichtigt werden. Dies ist bei Ufereinfassungen im allgemeinen aber nicht erforderlich.

2.9.1.7 Die Ausbildung und Bemessung von erdbebensicheren Ufereinfassungen muß daher vor allem so vorgenommen werden, daß auch die während eines Bebens auftretenden zusätzlichen waagerechten Kräfte bei verminderten Erdwiderständen sicher aufgenommen werden können.

2.9.2 **Erdbebenauswirkungen auf die Scherfestigkeit des Baugrundes**

2.9.2.1 Bei Ufereinfassungen in Erdbebengebieten müssen auch die Bodenverhältnisse im tieferen Untergrund besonders beachtet werden. So sind z.B. die Erschütterungen eines Bebens dort am heftigsten, wo lockere, relativ dünne Ablagerungen auf festem Gestein ruhen (siehe in [9]).

2.9.2.2 Die nachhaltigsten Auswirkungen eines Erdbebens treten ein, wenn der Untergrund – insbesondere der Gründungsboden – durch das Beben verflüssigt wird, das heißt, seine Scherfestigkeit größtenteils oder auch völlig verliert. Dieses tritt ein, wenn locker gelagerter, feinkörniger, nicht- oder schwachbindiger, wassergesättigter und wenig durchlässiger Boden (z.B. lockerer Feinsand oder Grobschluff) in eine dichtere Lagerung übergeht (Setzungsfließen, Verflüssigung, Liquefaction). Dieser Zustand hält so lange an, bis das dabei auftretende überschüssige Porenwasser abgeflossen ist. Die Verflüssigung tritt um so eher ein, je geringer der Überlagerungsdruck in der betrachteten Tiefe ist und je größer die Intensität und die Dauer der Erschütterungen sind.

2.9.2.3 Zum sicheren Erkennen der Gefahr von Verflüssigung fehlen in der Literatur zur Zeit noch einheitlich zutreffende Aussagen. In Zweifelsfällen sollte daher das Verhalten des verflüssigungsgefährdet erscheinenden Bodens in Versuchen unter Beanspruchungen, die denen der zu erwartenden Erdbeben entsprechen, getestet werden.

2.9.2.4 Zur Verflüssigung neigende Bodenschichten im Bereich geplanter Ufereinfassungen in Erdbebengebieten sollten vor dem Errichten der Ufereinfassung ausreichend gut verdichtet werden.

2.9.2.5 Stärker bindige Böden neigen nicht zur Verflüssigung.

2.9.3 Statische Erfassung der Erdbebenauswirkungen auf Erddruck und Erdwiderstand

2.9.3.1 Auch der Einfluß von Erdbeben auf Erddruck und Erdwiderstand wird im allgemeinen nach COULOMB ermittelt, wobei aber die durch das Beben erzeugten Zusatzkräfte ΔH nach Abschn. 2.9.1.5 zusätzlich berücksichtigt werden müssen. Hierzu dürfen die Erdkeilgewichte nicht mehr lotrecht, sondern müssen unter einem bestimmten, von der Lotrechten abweichenden Winkel angesetzt werden. In den Berechnungen nach KREY wird dies am besten dadurch berücksichtigt, daß die Neigung der Erddruck- bzw. Erdwiderstandsbezugsfläche und die Neigung der Geländeoberfläche auf die neue Kraftrichtung bezogen werden [9]. Dabei ergeben sich fiktive Neigungswinkeländerungen für die Bezugsfläche ($\mp \Delta \alpha$) und für die Geländeoberfläche ($\pm \Delta \beta$).

$$k_h = |\tan \Delta \alpha| \text{ bzw. } = |\tan \Delta \beta| \text{ (Bild 19).}$$

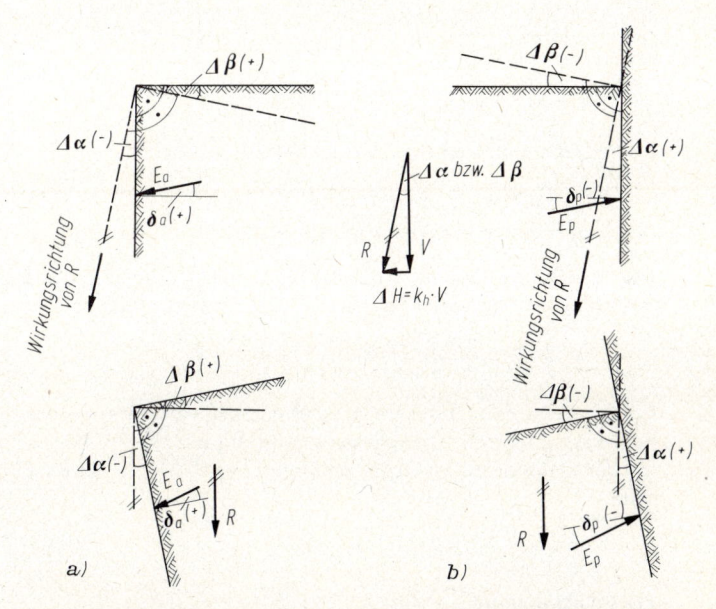

Bild 19. Ermittlung der fiktiven Winkel $\Delta \alpha$ und $\Delta \beta$ und Darstellung der um die Winkel $\Delta \alpha$ bzw. $\Delta \beta$ gedrehten Systeme (mit Vorzeichen nach KREY)
a) zur Berechnung des Erddrucks; b) zur Berechnung des Erdwiderstands

Der Erddruck bzw. der Erdwiderstand werden dann an dem um den Winkel $\Delta\alpha$ bzw. $\Delta\beta$ gedreht gedachten System (Bezugsfläche und Geländeoberfläche) errechnet.
Sinngemäß nach Bild 19 kann dies allgemein dadurch geschehen, daß bei der Berechnung des Erddruckes bzw. des Erdwiderstandes mit einer Wandneigung $\alpha \mp \Delta\alpha$ und der Geländeneigung $\beta \pm \Delta\beta$ gearbeitet wird.

2.9.3.2 Bei der Ermittlung des Erddruckes unterhalb des Wasserspiegels muß beachtet werden, daß die Masse und nicht das Gewicht des unter Auftrieb stehenden Bodens und auch die Masse des in den Poren des Bodens eingeschlossenen Wassers mit beschleunigt werden, die Verminderung der Wichte des Bodens unter Wasser aber erhalten bleibt und das Porenwasser sich selbst nach unten abträgt. Um dieses zu berücksichtigen, wird zweckmäßig im Bereich unterhalb des Grundwasserspiegels mit einer größeren Erschütterungsziffer – der sogenannten scheinbaren Erschütterungsziffer k'_h – gerechnet.

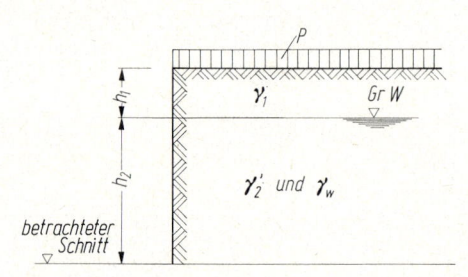

Bild 20. Skizze für den Berechnungsansatz zur Ermittlung von k'_h

Im betrachteten Schnitt nach Bild 20 sind:

$\Sigma p_v = p + h_1 \cdot \gamma_1 + h_2 \cdot \gamma'_2$ und
$\Sigma p_h = k_h \cdot [p + h_1 \cdot \gamma_1 + h_2 \cdot (\gamma'_2 + \gamma_w)]$.

Die scheinbare Erschütterungsziffer für die Ermittlung des Erddrucks unterhalb des Wasserspiegels ergibt sich somit zu:

$$k'_h = \frac{\Sigma p_h}{\Sigma p_v} = \frac{p + h_1 \cdot \gamma_1 + h_2 \cdot (\gamma'_2 + \gamma_w)}{p + h_1 \cdot \gamma_1 + h_2 \cdot \gamma'_2} \cdot k_h.$$

Für die Erdwiderstandsseite kann sinngemäß verfahren werden.
Für den Sonderfall: Grundwasserstand in Geländeoberfläche und Fehlen der Geländeauflast ergibt sich mit $\gamma_w = 10$ kN/m^3 für die Erddruckseite:

$$k'_h = \frac{\gamma' + 10}{\gamma'} \cdot k_h = \frac{\gamma_r}{\gamma_r - 10} \cdot k_h.$$

Hierbei bedeuten:
γ' = Wichte des Bodens unter Auftrieb,
γ_r = Wichte des wassergesättigten Bodens.

Der so für die Erddruckseite ermittelte und ungünstig angesetzte Wert für k_h' wird üblicherweise zur Vereinfachung auch in Fällen mit tieferem Grundwasserstand und auch bei vorhandenen Verkehrslasten der weiteren Berechnung zugrunde gelegt.

2.9.3.3 Mit den unter Anwendung von k_h und k_h' ermittelten Erddruckbeiwerten K_{ah} ergibt sich nach Bild 21 in Höhe des Grundwasserspiegels rechnerisch ein Sprung in der Erddruckbelastung. Falls auf eine genauere Ermittlung des – abhängig vom jeweiligen Verhältnis der aus der Erdbebenbeschleunigung ermittelten waagerechten Kraft zur wirksamen lotrechten Kraft – mit der Tiefe sich ändernden Wertes von k_h' – und der Änderung auch des Wertes von K_{ah} – verzichtet wird, kann der Erddruck vereinfacht gemäß Bild 21 angesetzt werden.

2.9.3.4 In schwierigeren Fällen, in denen Erddruck und Erdwiderstand nicht mit Tafelwerten berechnet werden können, ist es möglich, die Erdbebeneinflüsse auf Erddruck und Erdwiderstand in einem erweiterten CULMANN-Verfahren zu erfassen. In den Kraftecken müssen dann die Massenkräfte aus der Beschleunigung der jeweiligen Untersuchungskeile mit berücksichtigt werden.

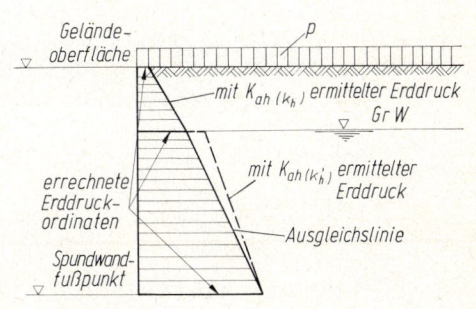

Bild 21. Vereinfachter Erddruckansatz

2.9.4 Ansatz des Wasserüberdruckes

Der Wasserüberdruck darf im Erdbebenfall bei Ufereinfassungen näherungsweise wie im Normalfall, d. h. entsprechend E 19, Abschn. 4.2 und E 65, Abschn. 4.3 angesetzt werden, denn die statisch-kinetischen Auswirkungen des Erdbebens auf das Porenwasser sind bereits in der Erddruckermittlung nach Abschn. 2.9.3.2 mit berücksichtigt. Es muß aber beachtet werden, daß die maßgebende Erddruckgleitfuge im Erdbebenfall unter einem flacheren Winkel gegen die Horizontale als im Normalfall verläuft. Bezogen auf die Gleitfuge kann dabei ein erhöhter Wasserüberdruck wirksam werden.

2.9.5 Verkehrslasten

2.9.5.1 Da ein gleichzeitiges Auftreten von Erdbeben, voller Verkehrslast und voller Windlast unwahrscheinlich ist, genügt es, die aus dem Beben kommenden vergrößerten Lasten nur mit den Einflüssen aus der halben Verkehrslast und der halben Windlast zu kombinieren (vgl. auch DIN 4149, Erläuterungen, und [8]). Auch die aus Wind herrührenden Kranradlasten und der Anteil des Pollerzuges aus Wind dürfen daher entsprechend reduziert werden. Die aus der Fahr- und Drehbewegung von Kranen herrührenden Lasten brauchen mit den Erdbebeneinflüssen nicht überlagert zu werden.

2.9.5.2 Nicht abgemindert werden dürfen jedoch Lasten, die mit großer Wahrscheinlichkeit über einen längeren Zeitraum in gleicher Größe einwirken, wie z. B. Tank- oder Silofüllungen und Schüttungen von Massengütern.

2.9.6 **Zulässige Spannungen und geforderte Sicherheiten**

Wenn bei der Bauwerksbemessung die Zusatzkräfte infolge von Erdbeben berücksichtigt werden, dürfen die sonst zulässigen Spannungen erhöht bzw. die geforderten Sicherheiten abgemindert werden, wobei mit den Werten aus der nebenstehenden Tafel gerechnet werden darf.

2.9.7 **Hinweise auf die Berücksichtigung der Erdbebeneinflüsse bei verschiedenen Ufereinfassungen**

Unter Berücksichtigung obiger Ausführungen und der sonstigen Empfehlungen der EAU ist es auch in Erdbebengebieten möglich, Ufereinfassungen systematisch und ausreichend standsicher zu berechnen und zu gestalten. Ergänzende Hinweise für bestimmte Bauarten, wie für Spundwandbauwerke (E 125, Abschn. 8.2.15), Ufermauern in Blockbauweise (E 126, Abschn. 10.7) und Pfahlrostmauern (E 127, Abschn. 11.4), sind in den angegebenen Empfehlungen gebracht.

Zulässige Spannungen und geforderte Sicherheiten

Bauteil bzw. Nachweis	Spannungserhöhung gegenüber dem Lastfall 1 in %	Sicherheitsbeiwert
Stahlspundwand nach EAU	50	–
Beton bzw. Stahlbeton nach DIN 1045	50	$\gamma/1{,}5^1$)
Verankerungsglieder nach EAU	15	–
Bodenpressungen nach DIN 1054	50	–
Grundbruchsicherheit nach DIN 4017, bezogen auf die Lasten	–	1,2
Geländebruch- und Böschungsbruchsicherheit nach DIN 4084, bezogen auf die Lasten	–	1,1
Gleitsicherheit nach DIN 1054, bezogen auf die Lasten	–	1,1
Standsicherheit in der tiefen Gleitfuge nach EAU	–	1,1
Sicherheit gegen Erreichen der Grenzlast von 1 : 1 geneigten Ankerpfählen nach DIN 1054^2)	–	1,3
Sicherheit gegen Erreichen der Grenzlast von Druckpfählen nach DIN 1054^2)	–	1,3

[1]) γ nach DIN 1045, Abschn. 17.2.2.
[2]) bei mindestens zwei Probebelastungen.

3 Geländebruch, Grundbruch und Gleiten

Siehe E 10, Abschnitte 8.4.9 und 8.4.10.

3.1 Einschlägige Normen

Auf die deutschen Normen, Vornormen oder Normenentwürfe nach der jeweils neuesten Fassung wird hiermit verwiesen.
Insbesondere sind zu beachten: DIN 1054 mit Beiblatt, DIN 4017, Teil 1 und Teil 2, DIN 4084, Teil 1 und Teil 2 sowie DIN 19702.
(Titel der Normen s. C, Abschn. 3 – Seite 400)

3.2 Sicherheit gegen hydraulischen Grundbruch (E 115)

Beim hydraulischen Grundbruch wird ein Bodenkörper vor einem Bauwerksfuß durch die auf ihn von unten nach oben wirkende Strömungskraft des Grundwassers nach oben gehoben. Dieser Bruchzustand tritt ein, wenn der senkrechte Anteil W_{St} dieser Strömungskraft größer ist als das unter Auftrieb stehende Gewicht G_{Br} des Bodenkörpers, der zwischen dem Bauwerk und der dem Nachweis zugrunde gelegten rechnerischen Bruchfuge liegt.
Alle in Frage kommenden hydraulischen Grundbruchfugen gehen vom Bauwerksfuß aus. Die durch Proberechnungen zu bestimmende Fuge mit der kleinsten Sicherheit ist für die Beurteilung maßgebend.
Für die geforderte Sicherheit gilt:

$$\operatorname{erf} \eta = \frac{G_{Br}}{W_{St}} \geq 1{,}5.$$

Sie ist vor allem nachzuweisen, wenn durch die Art der Abstützung des Bauwerkes ein nennenswerter Erdwiderstand vor dem Bauwerksfuß nicht mobilisiert wird.
W_{St} kann mit Hilfe eines Strömungsnetzes nach E 113, Abschn. 4.8.7, Bild 33 oder, wenn ein geeignetes Computerprogramm zur Verfügung steht, nach E 113, Abschn. 4.8.6 ermittelt werden. W_{St} ergibt sich als Produkt aus dem Volumen des hydraulischen Grundbruchkörpers mal der Wichte des Wassers γ_w und dem mittleren Strömungsgefälle in diesem Körper in der Lotrechten gemessen.
Der gleiche Wert für W_{St} ergibt sich, wenn entsprechend Bild 22 vorgegangen wird. Dabei wird in der Bruchfuge die an der jeweils betrachteten Stelle gegenüber dem Unterwasserspiegel noch nicht abgebaute Standrohrspiegeldifferenz $n \cdot \Delta h$ multipliziert mit γ_w als ideelle Druckfläche aufgetragen. W_{St} ist dann die lotrechte Teilkraft des Inhaltes dieser Druckfläche.
Die weitere Auswertung ist auf Bild 22 für ein Baugrubenbeispiel angedeutet. Dort ist die Sicherheit sowohl für eine beliebig gewählte gekrümmte Bruchfuge als auch für den Ansatz nach TERZAGHI-PECK [10,

S. 241] angegeben. Bei letzterem wird ein rechteckiger Bruchkörper zugrunde gelegt, dessen Breite gleich der halben Einbindetiefe t des Bauwerksfußes gesetzt wird.

Bei dem Verfahren von DAVIDENKOFF [11] wird zum Unterschied vom Verfahren von TERZAGHI-PECK [10] nur ein unendlich schmales Bodenprisma wasserseitig neben der Spundwand betrachtet und daran ein Vergleich der wirkenden Gewichtskraft mit der Strömungskraft vorgenommen. Die Berechnung ist dadurch sehr ungünstig geführt.

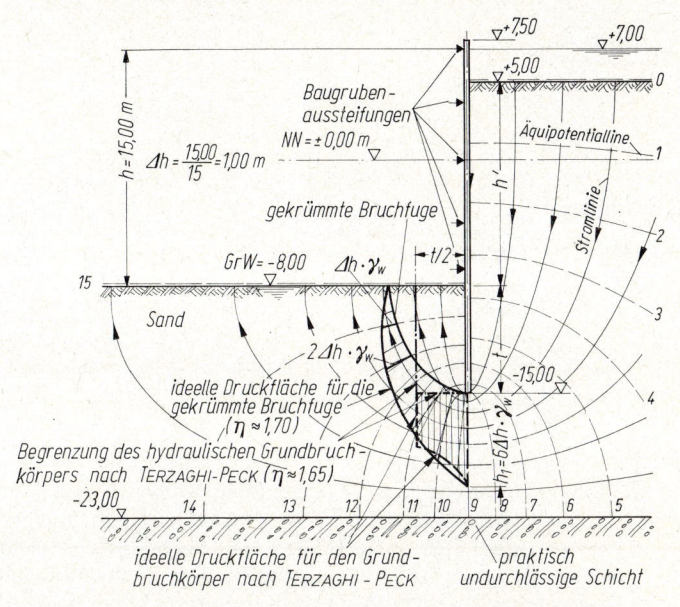

Bild 22. Sicherheit gegen hydraulischen Grundbruch einer Baugrubensohle, ermittelt mit Hilfe des Strömungsnetzes nach E 113, Abschn. 4.8.7

Das wirksame Potential am Spundwandfußpunkt kann dabei mit einem Strömungsnetz nach E 113, Abschn. 4.8.7, nach Abschn. 4.8.6 oder sonst mittels brauchbarer Formeln oder Diagrammen festgestellt werden. Für das vorwiegend lotrecht umströmte Spundwandbauwerk liefert folgende, von SCHULTZE erweiterte Formel von KASTNER [12] gut zutreffende Ergebnisse:

$$h_r = \frac{h}{1 + \sqrt[3]{\frac{h'}{t}} + 1} \quad [m].$$

Hierin bedeuten:

h_r = Differenz der Standrohrspiegelhöhe am Spundwandfußpunkt gegenüber der Unterwasserspiegelhöhe [m],

57

h' = durchströmte Bodenhöhe auf der Landseite der Spundwand bis zur Gewässersohle [m],
t = Rammtiefe der Spundwand [m].

Im Gegensatz zu der vorstehenden Formel liefert eine Berechnung von h_r aus der Abwicklung des Strömungsweges entlang der Spundwand ein zu ungenaues Ergebnis, z. B. in Bild 23 mit einem Fehler $\approx 2\,\Delta h$.

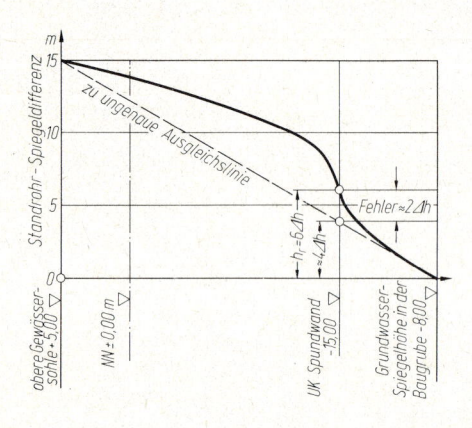

Bild 23. Abfall der Standrohrspiegelhöhe entlang der Spundwand entsprechend dem Strömungsnetz nach Bild 22

Die Ursache für diesen Fehler liegt nach Bild 23 im ungleichmäßigen Abbau der Standrohrspiegelhöhen entlang der Spundwand.

Die Gefahr eines bevorstehenden hydraulischen Grundbruches in einer Baugrube deutet sich durch stärkere Quellbildungen vor dem Spundwandfuß an. In solchen Fällen sollte die Baugrube sofort mindestens teilweise geflutet werden. Anschließend können Sanierungsmaßnahmen etwa entsprechend E 116, Abschn. 3.3, fünfter Absatz vorgenommen werden, wenn man es nicht vorzieht, mit örtlicher Bodenauflast in der Baugrube oder mit Entlastung des Strömungsdruckes von unten durch eine geeignete Grundwasserabsenkung zu arbeiten.

3.3 Erosionsgrundbruch, sein Entstehen und seine Verhinderung (E 116)

Die Gefahr eines Erosionsgrundbruchs ist dann gegeben, wenn durch eine Grundwasserströmung – eventuell unterstützt durch Suffosion – Boden an einer Gewässer- oder Baugrubensohle oder dergleichen auszuspülen beginnt. Durch Erosion bildet sich dabei im Boden in Verbindung mit dem dort ständig anwachsenden hydraulischen Gefälle ein Kanal etwa in Form einer Röhre (piping). Erreicht dieser Kanal freies Oberwasser, schießt dieses durch den vorerst noch kleinen Kanal und erodiert dessen Wandungen. Nach kurzer Zeit sind große Bodenmengen

ausgespült, und es tritt der Erosionsgrundbruch ein, der zum Einsturz des umströmten Bauwerks führen kann.
In sinngemäß gleicher Weise geht auch ein Böschungserosionsbruch vor sich.
Das Entstehen eines Erosionsgrundbruchs in homogenem nichtbindigem Boden ist unter Benutzung des Strömungsbildes nach E 113, Abschn. 4.8.7, Bild 33 in Bild 24 dargestellt.
Durch eine vorhandene Störung im Untergrund kann örtlich Boden ausgespült werden. Hierdurch entsteht eine Stelle mit größerer Durchlässigkeit, die das örtliche Strömungsbild ändert und einen vermehrten Grundwasserzustrom anzieht. Dadurch wird die Erosion zusätzlich verstärkt, und es beginnt ein schlauchartiger Hohlraum sich primär in Richtung der örtlich endenden Stromlinie zu verlängern und auszuweiten. Weil der Hohlraum das Strömungsbild beeinflußt, ist die Richtung aber nicht genau vorhersagbar. Außerdem ist diese Erosion dreidimensional, wodurch eine unregelmäßige Form des Hohlraums entstehen kann. Bild 24 zeigt daher nur eine stark vereinfachte Darstellung des Erosionsvorgangs. Darin bringt Bild 24 b) das Anfangsstadium.
Bei nicht homogenem Boden bildet sich der Erosionskanal entlang eines Weges mit geringstem Widerstand aus, wie beispielsweise in vorhandenen Lockerzonen. Einen weiteren Fortschritt zeigt Bild 24 c), während Bild 24 d) das Stadium unmittelbar vor dem Durchbruch darstellt. Bild 24 e) zeigt das bereits akut ablaufende Katastrophen-Stadium.
Ein möglicher Erosionsgrundbruch kündigt sich zuerst durch Quellbildung auf der Unterwasserseite bzw. der Baugrubensohle an, bei der Bodenkörner mit hochgerissen werden. In diesem Stadium kann er noch durch einen ausreichend dick aufgebrachten Lagen- oder Mischkiesfilter, der die weitere Bodenausspülung verhindert, unter Kontrolle gebracht werden.
Wenn bereits ein fortgeschrittenes Stadium eingetreten und die Gefahr des Durchbruchs zur Oberwassersohle wahrscheinlich ist, muß aber für einen sofortigen Ausgleich zwischen Ober- und Unterwasserspiegel durch Ziehen von Wehröffnungen, Fluten der Baugrube oder dergleichen gesorgt werden. Erst anschließend können Sanierungsmaßnahmen, wie der Einbau eines kräftigen Filters auf der Unterwasserseite, das Verpressen der erodierten Röhren von dort aus, die Tiefeneinrüttlung des Bodens im Gefahrenbereich, eine Grundwasserabsenkung oder ein dichtes Abdecken der Oberwassersohle weit über den Gefahrenbereich hinaus vorgenommen werden.
Die Gefahr eines Erosionsgrundbruchs ist im allgemeinen rechnerisch nicht zu erfassen, und es lassen sich wegen der Verschiedenheit der Konstruktionen und der Randbedingungen auch statistisch keine detaillierten Aussagen machen. Sie ist um so größer, je größer unter sonst gleichen Verhältnissen der Spiegelunterschied zwischen Oberwasser und Unterwasser ist und je lockerer und feinkörniger nichtbindiger oder

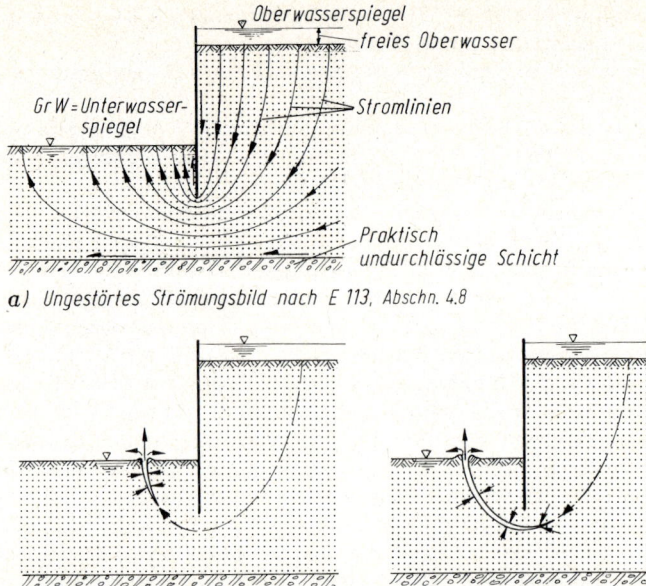

a) Ungestörtes Strömungsbild nach E 113, Abschn. 4.8

b) Beginnender Erosionsgrundbruch

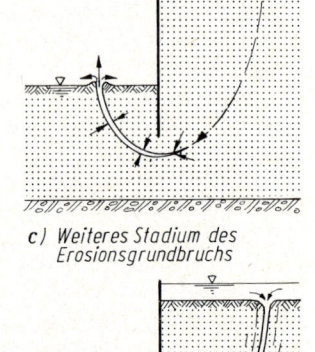

c) Weiteres Stadium des Erosionsgrundbruchs

d) Stadium unmittelbar vor dem Durchbruch

e) Katastrophenstadium des Erosionsgrundbruchs

Bild 24. Entwicklung eines Erosionsgrundbruchs

schwach bindiger Boden ansteht. In stärker bindigem Boden liegt im allgemeinen keine Gefahr eines Erosionsgrundbruchs vor.

Ist kein freies Oberwasser vorhanden, kann eine Röhrenbildung von der Unterwasserseite her ebenfalls beginnen. Es kommt dann aber im allgemeinen zu keiner Katastrophe, weil sich der erodierte Schlauch im Untergrund totläuft, bzw. weil keine ausreichenden freien Wassermengen für eine katastrophale Erosionswirkung zur Verfügung stehen, wenn nicht zufällig eine außerordentlich stark wasserführende Schicht erreicht wird.

4 Wasserstände, Wasserüberdruck, Entwässerungen

4.1 Mittlerer Grundwasserstand in Tidegebieten (E 58)

In Tidegebieten stellt sich im allgemeinen bereits in geringer Entfernung hinter der Uferlinie ein mittlerer Grundwasserspiegel ein, der bei Entwürfen etwa 0,3 m über Tidehalbwasser angesetzt werden kann. Bei stärkerem Grundwasserzustrom vom Lande her liegt der mittlere Spiegel höher. Wird gleichzeitig das Abströmen durch ein langgestrecktes Uferbauwerk stark behindert, kann er beachtlich ansteigen. Schwachdurchlässige Bodenschichten können zu hochliegenden Schichtwasserspiegeln führen.

4.2 Wasserüberdruck in Richtung Wasserseite (E 19)

Die Größe des Wasserüberdrucks richtet sich nach den Außenwasserschwankungen, der Lage des Bauwerks, dem Grundwasserzustrom, der Durchlässigkeit des Gründungsbodens, der Durchlässigkeit des Bauwerkes und der Leistungsfähigkeit von etwa vorhandenen Entwässerungen der Hinterfüllung.

Der Wasserüberdruck ergibt sich bei einer Höhendifferenz $h_{wü}$ zwischen dem maßgebenden Außenwasser- und dem zugehörigen Grundwasserspiegel bei einer Wichte γ_w des Wassers als Produkt

$$h_{wü} \cdot \gamma_w .$$

Der Wasserüberdruck kann bei durchlässigem Boden und unbehinderter Fußumströmung – wenn ein langgestrecktes Uferbauwerk, also ein ebener Strömungsfall und kein nennenswerter Welleneinfluß vorliegen – nach Bild 25 angesetzt und den Lastfällen 1 und 2 zugeordnet werden. In Bild 25 bedeutet „rechnungsmäßig" den „in die Rechnung einzusetzenden" Wasserstand (E 113, Abschn. 4.8 und E 114, Abschn. 2.8).

Bei starkem waagerechtem Wasserzustrom ist der Wasserüberdruck entsprechend zu erhöhen, desgleichen wenn eine Ufereinfassung hinterspült wird oder stärkere Wellen vor dem Bauwerk auftreten. Bei Überflutung des Ufers, bei geschichteten Böden, bei stark durchlässigen Spundwandschlössern und bei artesisch gespanntem Grundwasser sind besondere Untersuchungen erforderlich (E 52, Abschn. 2.5.4).

4.3 Wasserüberdruck auf Spundwände vor überbauten Böschungen im Tidegebiet (E 65)

4.3.1 Allgemeines

Bei überbauten Böschungen ist ein teilweiser Wasserausgleich mit vorwiegend waagerechter Fließbewegung möglich. An der Böschungsoberfläche tritt kein Wasserüberdruck auf. Im dahinterliegenden Erdreich ist ein Wasserüberdruck gegenüber dem freien Außenwasserspiegel vor-

Fall 1) Geringe Wasserstandsschwankungen ohne Tide mit Durchlaufentwässerung.

Fall 2) Große Hochwasserwellen an Flüssen ohne Tide mit Durchlaufentwässerung oder gut durchlässigem Boden.

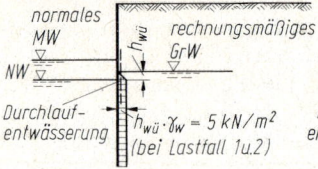

normales MW
NW
Durchlaufentwässerung
rechnungsmäßiges GrW
$h_{wü} \cdot \gamma_w = 5 \, kN/m^2$
(bei Lastfall 1 u. 2)

NW
Durchlaufentwässerung
rechnungsmäßiges GrW
$h_{wü}$
größter Außenwasserspiegelabfall im Laufe von 24 Stunden. (Bei Lastfall 1 in häufiger Höhenlage bei Lastfall 2 in ungünstigst ermittelter Höhenlage).

Fall 3) Große Wasserstandsschwankungen im Tidegebiet ohne Entwässerung.

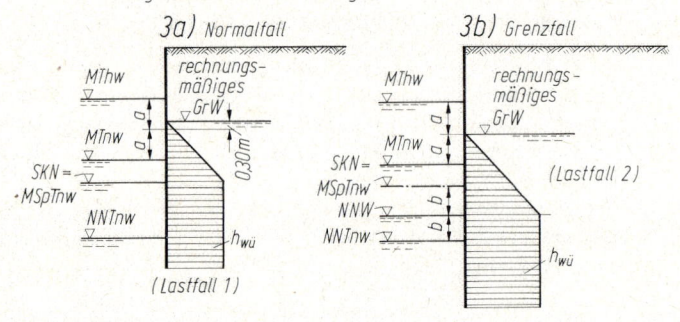

3a) Normalfall

MThw
MTnw
SKN = MSpTnw
NNTnw
rechnungsmäßiges GrW
0,30 m
$h_{wü}$

(Lastfall 1)

3b) Grenzfall

MThw
MTnw
SKN = MSpTnw
NNW
NNTnw
rechnungsmäßiges GrW
(Lastfall 2)
$h_{wü}$

Fall 4) Große Wasserstandsschwankungen im Tidegebiet, Entwässerung mit Rückstauverschlüssen.

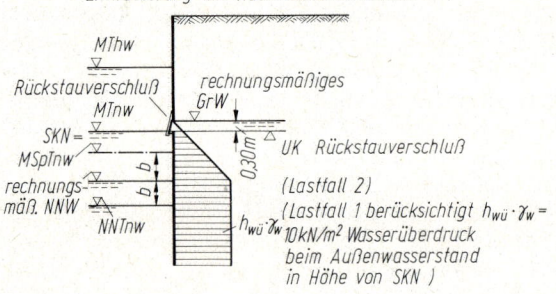

MThw
Rückstauverschluß
MTnw
SKN = MSpTnw
rechnungsmäß. NNW
NNTnw
rechnungsmäßiges GrW
0,30 m
UK Rückstauverschluß
(Lastfall 2)
(Lastfall 1 berücksichtigt $h_{wü} \cdot \gamma_w = 10 \, kN/m^2$ Wasserüberdruck beim Außenwasserstand in Höhe von SKN)

Bild 25. Wasserüberdruck auf Ufereinfassungen bei durchlässigem Boden = $h_{wü} \cdot \gamma_w$

handen, der von der Lage des betrachteten Punktes, den Bodenverhältnissen, der Größe und Häufigkeit der Wasserstandsschwankungen und dem Zustrom vom Lande her abhängt. Er ist eine Teilkraft des Strömungsdruckes, der beim Durchfließen des davorliegenden Erdkörpers auftritt.

Der Wasserüberdruck ist jeweils auf die maßgebliche Erddruckgleitfuge zu beziehen. Hierzu ist die Kenntnis des Grundwasserspiegelverlaufes erforderlich.

4.3.2 Näherungsansatz

Unter der Heranziehung von E 19, Abschn. 4.2 und E 58, Abschn. 4.1 kann nach Erfahrungen im norddeutschen Tidegebiet bei etwa gleichmäßigem Sanduntergrund ohne nennenswerten Grundwasserzustrom vom Lande her der in Bild 26 dargestellte Näherungsansatz gewählt werden. Er ist für Lastfall 2 angegeben, kann aber bei den anderen Lastfällen sinngemäß angewendet werden.

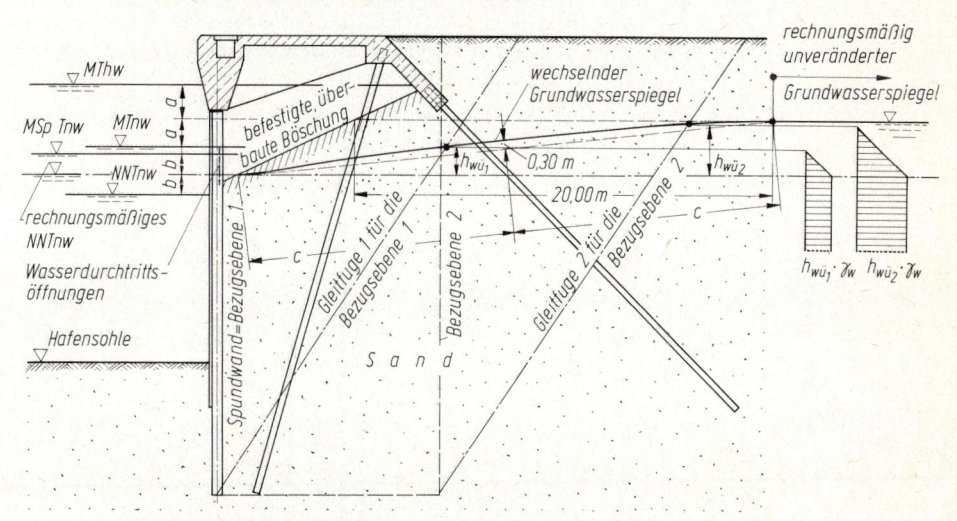

Bild 26. Ansatz des Wasserüberdrucks bei einer überbauten Böschung für Lastfall 2

4.4 Ausbildung von Durchlaufentwässerungen bei Spundwandbauwerken (E 51)

Durchlaufentwässerungen dürfen nur in schlickfreiem Wasser und bei ungefährlich niedrigem Eisengehalt des Grundwassers angewendet werden. Im anderen Falle würden sie rasch verschlicken oder verockern. Bei der Gefahr eines starken Muschelbewuchses sollten Durchlaufentwässerungen möglichst nicht angewendet werden.

Die Durchlaufentwässerungen müssen unter Mittelwasser liegen, damit sie nicht zuwachsen. Sie werden zweckmäßig mit Mischkiesfiltern nach E 32, Abschn. 4.5 ausgeführt.

Für den Wasserdurchtritt werden in die Spundwandstege 1,5 cm breite und etwa 15 cm hohe Schlitze eingebrannt (Bild 27). Im Gegensatz zu Rundlöchern können sich diese Schlitze durch Kies nicht zusetzen.

Durchlaufentwässerungen sind wesentlich billiger als solche mit Rückstauverschlüssen (E 32, Abschn. 4.5). Sie bewirken in Tidegebieten erfahrungsgemäß aber nur eine geringe Verminderung des Wasserüberdruckes, da während der Hochwasserstunden durch die Entwässerungsschlitze zuviel Wasser hinter die Spundwand fließt.

Durchlaufentwässerungen werden vor allem in Fällen ohne Tide bei raschem Abfall des freien Wasserspiegels, bei starkem Grundwasser- oder bei Hangwasserzustrom sowie bei Bauwerksüberflutungen wirksam.

Wenn eine Durchlaufentwässerung nicht häufig genug durch Grundwassermeßbrunnen überprüft und nicht jederzeit ausgebessert werden kann, muß die Spundwand auch für völliges Versagen der Entwässerung berechnet werden. Hierbei kann die Spundwand nach E 18, Abschn. 5.2.4.3 für Lastfall 3 bemessen werden.

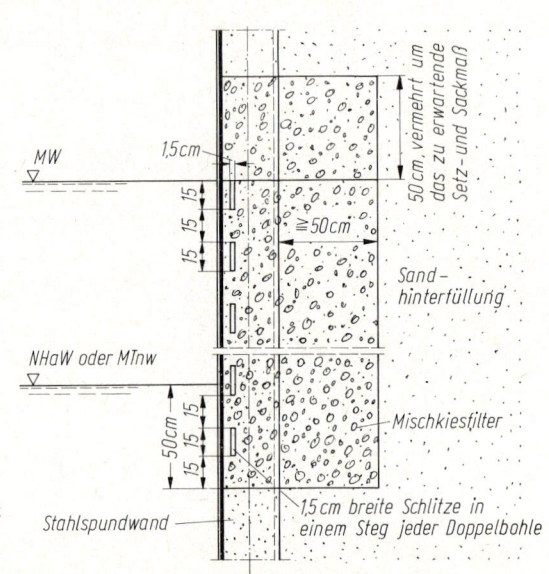

Bild 27.
Durchlaufentwässerung
bei Wellenprofil-
Spundwänden

4.5 Ausbildung von Spundwandentwässerungen mit Rückstauverschlüssen im Tidegebiet (E 32)

4.5.1 Allgemeines

Wirksame Entwässerungen sind nur in nichtbindigen Böden möglich. Soll eine Entwässerung in schlickhaltigem Hafenwasser auf die Dauer wirksam bleiben und bei größerem Tidehub den Wasserüberdruck herabsetzen, muß sie mit Sammelsträngen und mit betriebssicheren Rückstauverschlüssen ausgerüstet werden, die den Wasseraustritt aus dem

Sammler in das Hafenwasser gestatten, den Rückstrom schlickhaltigen Wassers aber verhindern.

Dabei kommen einfache Rückstauentwässerungen, besser aber Sonderausführungen mit Entwässerungskammern in Frage.

4.5.2   Rückstauverschlüsse

Rückstauverschlüsse müssen so angeordnet werden, daß sie bei mittlerem Tideniedrigwasser (MTnw) noch zugänglich sind und ohne Schwierigkeiten bei den regelmäßigen Bauwerksbesichtigungen überprüft und stets leicht ausgebessert werden können. Die Überprüfung soll mindestens zweimal im Jahr vorgenommen werden und darüber hinaus vor jeder Baggerung und bei besonderer Veranlassung, wenn zum Beispiel das Ufer durch den Umschlag von schweren Lasten überlastet sein könnte, vor allem aber auch nach schwerem Wellengang.

Die Rückstauverschlüsse müssen so betriebssicher wie irgend möglich ausgebildet werden. Abgesehen von Sonderausführungen, wie Kugelverschlüsse und dergleichen, haben sich bei ruhigem Außenwasser auch einfache Klappen mit Kettenaufhängung bewährt.

Der übliche Achsabstand einfacher Rückstauverschlüsse beträgt 7 bis 8 m. Weitere Einzelheiten siehe Bilder 28 und 29.

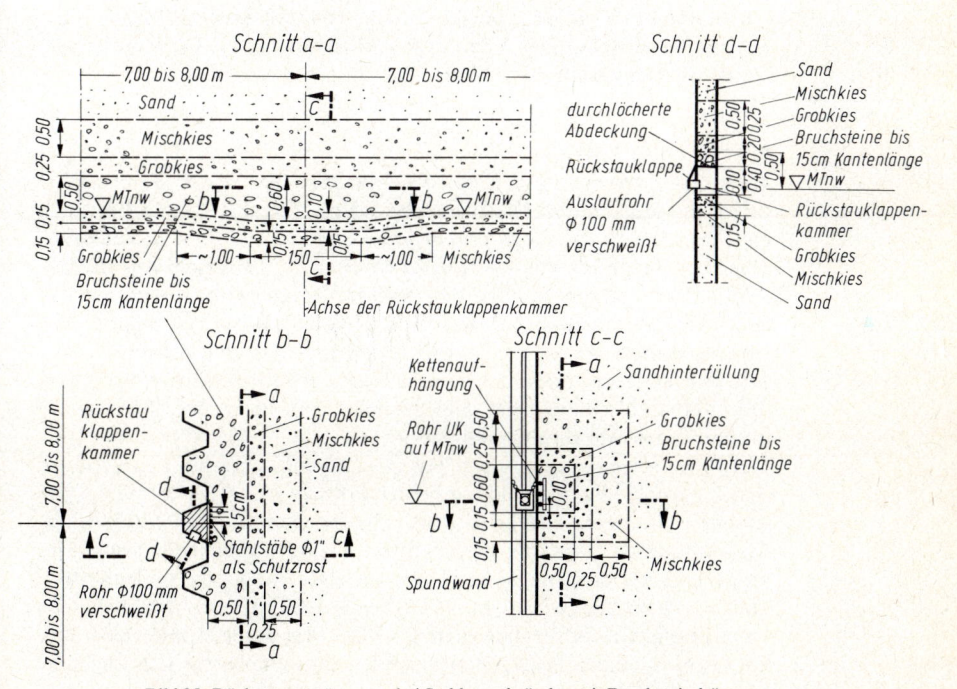

Bild 28. Rückstauentwässerung bei Stahlspundwänden mit Bruchsteindränung

a — Mischkiesfilter; 150 mm lange Überdeckungsschale an den Stößen; rd. 350; Filterdicke ≧ 500; Abschlußblech; Filterhöhe ≧ 500; 220 mm; L 100·150·10; Verschraubung mit Federringen oder mit angehefteten Schraubenmuttern; Halteblech

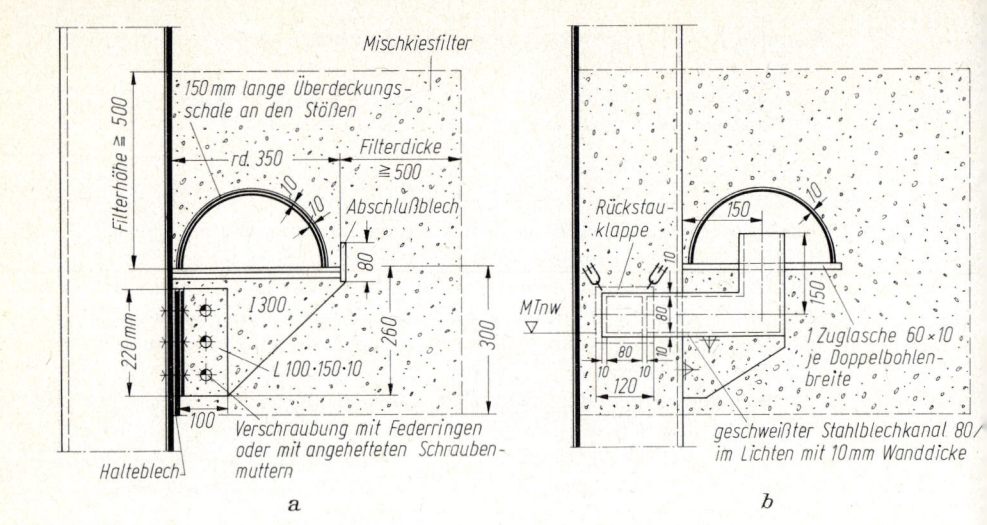

b — Rückstauklappe; MTnw; 1 Zuglasche 60×10 je Doppelbohlenbreite; geschweißter Stahlblechkanal 80/ im Lichten mit 10 mm Wanddicke

4.5.3 Sammler

Als Sammler kommen einfache Bruchsteindränungen (Bild 28) oder Tonnenbleche (Bild 29) oder bei Entwässerungen mit Entwässerungskammern auch Dränrohre in Frage.

4.5.4 Kiesfilter

Jeder Sammler muß gegen den zu entwässernden Boden durch einen sorgfältig aufgebauten Kiesfilter abgeschirmt werden. Der Filter muß einerseits das Wasser gut durchlassen, andererseits aber das Auswaschen des dahinterliegenden Bodens verhindern. Zu diesem Zweck muß der Filterkies so abgestuft werden, daß der Durchmesser des nächstgrößeren Kornes nur drei- bis viermal so groß ist wie der des Kornes, das zurückgehalten werden soll. Die Anzahl der Kornstufen richtet sich daher nach der Korngröße des den Filter umgebenden nichtbindigen Bodens und andererseits nach dem Sammler oder einer Zwischenschicht, die häufig aus Grobkies besteht.

Der Filter kann in Lagen aufgebaut oder als Mischkiesfilter ausgebildet werden. Auch die Verbindung beider Formen ist oft zweckmäßig. Im Mischkiesfilter baut sich bei richtigem Korngemenge durch Auswaschen des Feinkornes selbsttätig ein Filter auf. Da bei Uferwänden große Filterkiesmengen benötigt werden, werden zweckmäßig die im Betonbau üblichen Kornstufen benutzt. Um bei Mischkiesfiltern ausreichende Durchlässigkeit aufrechtzuerhalten, muß das feinste Filterkorn als Sperrkorn reichlich beigegeben werden. Dabei empfehlen sich folgende Mengenverhältnisse:

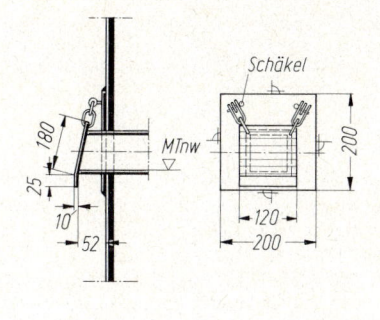

Bild 29. Rückstauentwässerung bei Stahlspundwänden mit Sammler aus Tonnenblechen

a) Stützkonsolen im Abstand von 4 Doppelbohlenbreiten

b) Abläufe mit Rückstauklappen im Abstand von je 10 Doppelbohlenbreiten

c) Rückstauklappe

Korngruppe 31,5–63 mm = 1,00 m³,
Korngruppe 8 –16 mm = 0,35 m³,
Korngruppe 1 – 4 mm = 0,28 m³.

Solch ein Filter sichert gegen Mittelsand mit einer mittleren Korngröße von 0,5 mm. Wird mit Seesand, der häufig eine mittlere Korngröße von etwa 0,15 mm aufweist, hinterfüllt, muß noch eine Lage Mittelsand zwischen Hinterfüllung und Filter eingeschaltet werden. Seitliche und obere Filterschichten müssen mindestens 25 cm dick, entsprechende Mischkiesschichten mindestens 50 cm dick ausgeführt werden. Im übrigen muß bei der Wahl der Filterabmessungen das zu erwartende Sack- oder Setzmaß des Filters selbst und vor allem das des umgebenden Bodens berücksichtigt werden. In allen Zweifelsfällen sind dicke Mischkiesfilter Lagenfiltern vorzuziehen.

4.6 Ausbildung von Rückstauentwässerungen bei Ufermauern im Tidegebiet (E 75)

Bei Rückstauentwässerungen von Ufermauern oder Ufermauerüberbauten aus Beton oder Stahlbeton haben sich Kugelventilverschlüsse bewährt (Bild 30). Um die Korrosionsschäden zu verringern, werden die Kugelventilkästen am besten aus Stahlbeton hergestellt und vorgefertigt in die Schalung eingesetzt und einbetoniert. Zum Schutz gegen Zerstörungen durch den Schiffsbetrieb müssen sie mindestens 15 cm hinter Ufermauervorderflucht liegen. Um die Anlage überprüfen, reinigen und die Kugel auswechseln zu können, erhält der Kasten wasserseitig eine abnehmbare Stahlplatte mit Gummiunterlage zur Dichtung. Die Platte

Bild 30. Rückstauentwässerung für eine Ufermauer im Tidegebiet

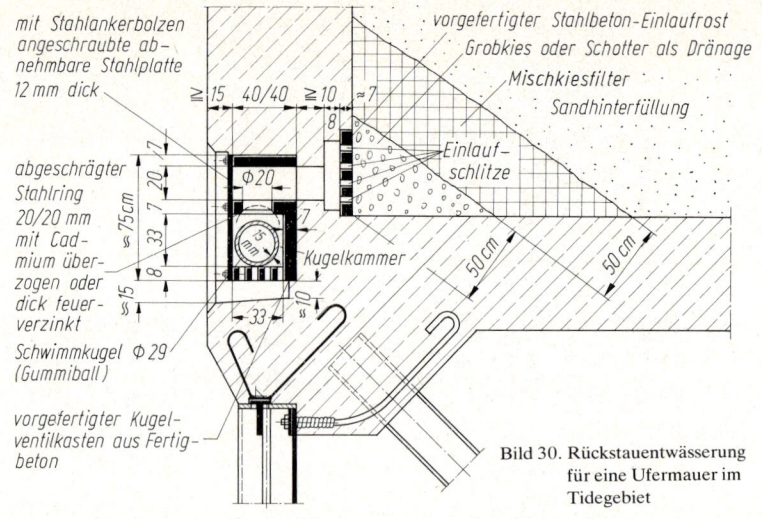

wird mit einbetonierten Stahlankerbolzen angeschraubt, deren wasserseitiges Ende – ebenso wie die zugehörige Schraubenmutter – mit Cadmium überzogen oder dick feuerverzinkt ist. Damit die Kontrollen praktisch jederzeit ausgeführt werden können, muß die Kugelkammer mit ihrer Sohle in Höhe von MTnw oder darüber angeordnet werden.

Der Abstand der Ausläufe richtet sich nach der anfallenden Wassermenge (vgl. E 32, Abschn. 4.5). Für die Dränage mit Filter vor dem landseitigen Stahlbeton-Einlaufrost ist auch die Durchlässigkeit der Hinterfüllung wichtig. Bei geringem Wasseranfall und gut durchlässiger Hinterfüllung wird sie örtlich und sonst durchlaufend ausgebildet. Der Aufbau des Mischkiesfilters richtet sich nach E 32, Abschn. 4.5.4.

4.7 Entlastung artesischen Drucks unter Hafensohlen (E 53)

4.7.1 Allgemeines

Die Entlastung wird am besten mittels ausreichend leistungsfähiger Überlaufbrunnen vorgenommen. Ihre Wirksamkeit ist unabhängig vom Einsatz maschineller Anlagen und ihrer Energieversorgung. Der Auslauf der Brunnen wird bei Neubauten stets unter NNTnw gelegt. Da die Überlaufbrunnen zur Förderung des Wassers einen Druckunterschied benötigen, verbleibt unter der Deckschicht auch bei leistungsfähigen, engstehenden Brunnen in günstiger Lage noch ein artesischer Restdruck. Dieser ist in Berechnungen nach E 52, Abschn. 2.5 mit 10 kN/m^2 zu berücksichtigen.

4.7.2 Berechnung

Die Auslegung der Entlastungsbrunnen ist stets durch eine Absenkungsberechnung zu überprüfen. Diese muß von der Voraussetzung ausgehen, daß ein Rest-Überdruck von 10 kN/m² erst am Rande des Erdwiderstandsgleitkeiles wirksam werden darf. Innerhalb des Gleitkeiles ist der Restdruck dann entsprechend kleiner, was zu einer erwünschten Reserve führt.

Liegt, zum Beispiel bei Umbauten, der Auslauf ausnahmsweise über NNTnw, muß mit einer 1,00 m über dem Auslauf liegenden Restdruckspiegelhöhe gerechnet werden.

4.7.3 Ausbildung

Die Überlaufbrunnen werden am besten in Stahlkastenpfählen, die in die vordere Begrenzungsspundwand oder dergleichen eingeschaltet werden, untergebracht. Sie können so ohne Schwierigkeiten und in sicherer Lage eingebracht werden und befinden sich für die Entlastung an günstigster Stelle.

In Tidegebieten liegt der Hafenwasserspiegel bei Hochwasser im allgemeinen über dem artesischen Druckspiegel des Grundwassers. Bei einfachen Überlaufbrunnen strömt dann Hafenwasser in die Brunnen und in den Untergrund ein. Dieses führt bei schlickhaltigem Wasser zu einer raschen Verschlickung der Überlaufbrunnen, weil die Spülkraft in der jeweiligen Sohle des Brunnens bei Ebbe nicht ausreicht, um eine Schlickablagerung wieder abzubauen. Überlaufbrunnen müssen daher in solchen Fällen mit einwandfreien Rückstauverschlüssen ausgerüstet werden. Hierfür haben sich Kugelverschlüsse gut bewährt. Sie müssen zwecks Überprüfung des Brunnens leicht abgenommen und wieder dichtschließend aufgesetzt werden können.

Darüber hinaus erhalten die Brunnen im Filterbereich zweckmäßig einen Einsatz, der das in den Brunnen fließende Grundwasser durch einen schmalen Schlitz zwischen Einsatzrohr und Brunnensohle zwingt. So können etwaige Ablagerungen mit größtmöglicher Räumkraft wieder abgetragen werden (Bild 31). Baggerschlitze in der Sohlendeckschicht reichen bei schlickhaltigem Wasser zu einer dauernden Entlastung des artesischen Druckes nicht aus. Sie setzen sich, ähnlich wie nicht mit Rückstauverschlüssen versehene Brunnen, wieder zu.

4.7.4 Filter

Um eine optimale Leistung zu erreichen, werden die Filter der Entlastungsbrunnen in eine möglichst durchlässige Schicht geführt. Es müssen beste, weitgehend gegen Korrosion und Verockerung gesicherte Filter verwendet werden. Die Brunnen müssen von einem erfahrenen Fachunternehmen einwandfrei eingebracht werden.

4.7.5 Überprüfung

Die Wirksamkeit der Anlage muß durch Beobachtungsbrunnen, die hinter der Ufermauer liegen und bis unter die Deckschicht reichen, genügend oft überprüft werden.

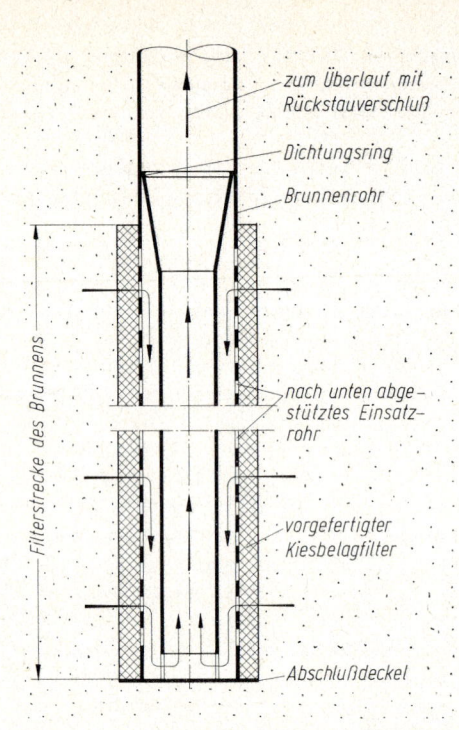

Bild 31. Einlauf in einen Überlaufbrunnen

(Beschriftungen: zum Überlauf mit Rückstauverschluß; Dichtungsring; Brunnenrohr; nach unten abgestütztes Einsatzrohr; vorgefertigter Kiesbelagfilter; Abschlußdeckel; Filterstrecke des Brunnens)

Wird die geforderte Entlastung nicht mehr erreicht, sind die Brunnen zu säubern und notfalls zusätzliche Brunnen einzubauen. Es müssen daher ausreichend viele Stahlkastenpfähle angeordnet werden, die von der Kaifläche aus zugänglich sind.

4.7.6 Reichweite

Die Reichweite einer Entlastungsanlage ist im allgemeinen so gering, daß schädliche Einflüsse in größerer Entfernung mindestens in Tidegebieten nicht eintreten. In besonderen Fällen ist jedoch auch die Fernwirkung zu untersuchen. Bei schädlichen Auswirkungen muß die Entlastung unterbleiben.

4.8 Entwurf von Grundwasser-Strömungsnetzen (E 113)

4.8.1 Allgemeines

Um Kaimauern und andere Wasserbauten und deren Teile, die im strömenden Grundwasser liegen, richtig planen und verfeinert berechnen und bemessen zu können, muß der Entwurfsbearbeiter mit den wesentlichen Eigenschaften des strömenden Grundwassers und mit dem jeweils auftretenden Strömungsbild ausreichend vertraut sein. Nur dann kann er Gefahren erkennen und vermeiden und umgekehrt durch genauere Lastansätze zu technisch und wirtschaftlich optimalen Lösungen kommen. Hierbei sind in der praktischen Anwendung nur einige wenige grundlegende Erkenntnisse zu beachten.

In einem ausreichend gleichmäßigen, nicht zu grobkörnigen Baugrund folgt die Grundwasserströmung dem bekannten DARCYschen Gesetz

$$v = k \cdot i.$$

Das heißt, die auf den Gesamtquerschnitt eines Stromfadens bezogene sogenannte Filtergeschwindigkeit v [m/s] ist gleich dem Durchlässigkeitsbeiwert k [m/s] multipliziert mit dem hydraulischen Gefälle i. Das letztere ist jeweils der Standrohrspiegelunterschied, geteilt durch die zugehörige (fiktive) Weglänge des betrachteten Wasserteilchens.

Bei sehr grobem Material gilt das DARCYsche Gesetz nicht mehr, da i hier eine quadratische Funktion von v ist.

Bei sehr wenig durchlässigen Tonböden wird ein Teil von i – der sogenannte kritische hydraulische Gradient i_0 – benötigt, um das in den freien Poren haftende Wasser überhaupt in Bewegung zu setzen. Für die Strömung als solche ist dann nur noch die Differenz $i - i_0$ wirksam. Dies beeinflußt aber nur die durchströmende Wassermenge, nicht aber das Strömungsbild mit seinen sonstigen Auswirkungen. Größere Fehler können sich aber einstellen, wenn bei einem an sich einheitlich erscheinenden Boden die waagerechte Durchlässigkeit wesentlich größer als die lotrechte ist.

Wichtig für die Beherrschbarkeit der Probleme ist auch das Zutreffen der Kontinuitätsbedingung. Sie ist erfüllt, wenn in ein betrachtetes Bodenelement pro Zeiteinheit gleich viel Wasser ein- wie ausströmt. Sie setzt ein stabiles Korngerüst und die Unzusammendrückbarkeit des Porenwassers voraus. Sie würde z.B. durch Kornumlagerungen mit Veränderung des Porenvolumens, durch eine örtliche Erwärmung des Grundwassers oder durch Gasbläschen im Porenwasser, die sich je nach den Druckverhältnissen ausdehnen oder verkleinern würden, gestört.

4.8.2 **Voraussetzungen für die Ermittlung von Strömungsnetzen**

Sind das DARCYsche Gesetz und die Kontinuitätsbedingung erfüllt, folgt die Grundwasserströmung der bekannten LAPLACEschen Differentialgleichung. Ihre Lösung sind zwei Kurvenscharen, die sich unter rechten Winkeln schneiden und deren Netzweiten ein konstantes Verhältnis aufweisen (Bild 33). In diesem „Strömungsnetz" stellt die eine Kurvenschar die „Stromlinien" und die andere die „Äquipotentiallinien" dar. Die Stromlinien sind die Bahnen der Wasserteilchen, während die Äquipotentiallinien solche gleicher Standrohrspiegelhöhen sind (Bild 33). Sie werden auch als Niveaulinien bezeichnet. Das Strömungsbild muß sich im übrigen nach den jeweiligen Randbedingungen richten.

4.8.3 Festlegen der Randbedingungen für ein Strömungsnetz

Der Rand eines Strömungsnetzes kann eine Rand-Strom- oder eine Rand-Äquipotential-Linie und, wenn das Grundwasser frei in die Luft austritt, eine freie Sickerlinie sein. Die für das Strömungsnetz maßgebenden Randbedingungen sind die Rand-Strom- und die Rand-Äquipotential-Linien. Sie sind durch das Bauwerk und die örtlichen Verhältnisse (Wasserstände und Bodenverhältnisse) festgelegt.

Bei jeder Untersuchung müssen die Randbedingungen richtig erkannt und berücksichtigt werden, was fallweise mit erheblichen Schwierigkeiten verbunden sein kann. In solchen Fällen müssen die Randbedingungen versuchsweise vorgeschätzt und unter Umständen mehrmals korrigiert werden, bis alle Widersprüche, die bei der anschließenden Konstruktion des Strömungsnetzes offenbar werden können, mit genügender Genauigkeit ausgeräumt sind.

Rand-Stromlinien können sein: Die Grenze einer undurchlässigen Bodenschicht, die Grenzflächen eines undurchlässigen Bauwerks, ein freier Grundwasserspiegel, wenn er einen gekrümmt abfallenden Verlauf zeigt (Sickerlinie) usw. (Bild 32).

Rand-Äquipotential-Linien können sein: Ein waagerechter Grundwasserspiegel, eine Gewässersohle, eine Eintrittsböschung usw.

Zur Verdeutlichung zeigt Bild 32 die Randbedingungen für einige kennzeichnende Ausführungsbeispiele. Für gekrümmt abfallende Grundwasserspiegel sind in der Literatur verhältnismäßig einfache und gut überschaubare Verfahren angegeben, mit deren Hilfe eine näherungsweise Berechnung bzw. Konstruktion von Sickerlinien möglich ist.

4.8.4 Zeichnen eines Strömungsnetzes

Liegen die Randbedingungen fest, kann das Strömungsnetz zeichnerisch ermittelt werden. Hierbei muß so lange probiert werden, bis im gesamten Netz neben den Randbedingungen die Forderungen nach nur rechten Schnittwinkeln der Stromlinien und der Äquipotential-Linien und nach einem konstanten Netzweitenverhältnis ausreichend genau erfüllt sind, wobei es im allgemeinen vorteilhaft ist, von vornherein ein Quadratnetz anzustreben. Diese Aufgabe kann von einem erfahrenen Ingenieur, der ein im Prinzip zutreffendes Strömungsbild von vornherein klar vor Augen hat, in verhältnismäßig kurzer Zeit genau genug gelöst werden. Für Anfänger ist die graphische Lösung allerdings sehr zeitraubend. Einige Einzelheiten für die Ermittlung eines Strömungsnetzes sind in Abschn. 4.8.7 an Hand eines einfachen Beispiels (Bild 33) angegeben, das unter anderem bei Stauanlagen oder Baugrubenumschließungen in freien Gewässern in Frage kommt.

4.8.5 Modellversuche zur Ermittlung von Strömungsnetzen

Um die Arbeit zu vereinfachen, wird seit langem auch mit Modellversuchen gearbeitet. In den letzten Jahren hat sich hierbei die elektrische

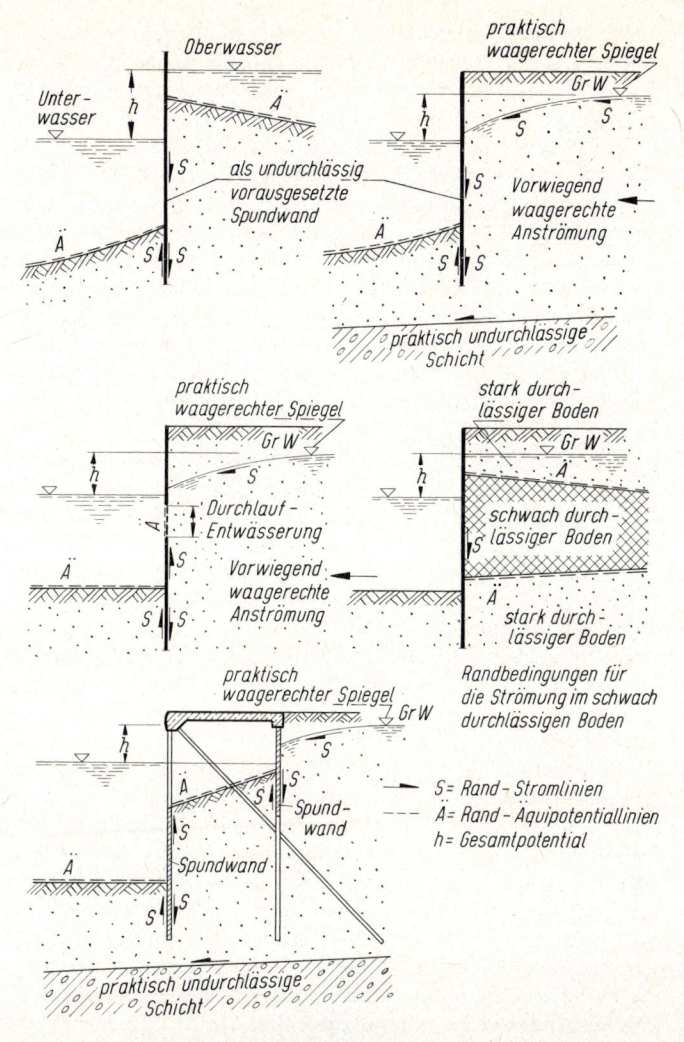

Bild 32. Randbedingungen für Strömungsnetze kennzeichnender Beispiele mit Umströmung des Spundwandfußes

Methode wegen ihrer Einfachheit, Billigkeit und raschen Durchführbarkeit durchgesetzt. Diese Lösung ist möglich, weil auch ein ebenes elektrisches Stromfeld durch die LAPLACEsche Differentialgleichung charakterisiert wird. Das Modell wird aus elektrisch leitendem Papier so geschnitten, daß die Modellränder entweder genau definierte Rand-Strom- oder Rand-Äquipotential-Linien sind. Soweit dies nicht möglich ist, sollen die Ränder möglichst genau geschätzten Strom- oder Äquipotential-Linien folgend gewählt werden. Rand-Stromlinien im Inneren des Modells werden durch Trennschnitte im Papier, durch die der Strom nicht fließen kann, berücksichtigt. Nach dieser Vorbereitung wird das Modell an der oberstromseitigen Rand-Äquipotential-Linie mit elektrischem Strom schwacher Spannung gespeist, der auf der Unterstromseite über die Rand-Äquipotential-Linie(n) mit einer niedriger gewählten Spannung wieder abfließt. Je nach der gewünschten Anzahl der Netzfelder wird die Spannungsdifferenz zwischen der Oberstrom- und der Unterstromlinie dann geteilt und die Spannung für die einzelnen Äquipotential-Linien festgelegt. Anschließend können mit einem Voltmeter und einem Abtaststift für die festgelegten Spannungshöhen die Linien gleicher Spannung – die den Äquipotential-Linien im Strömungsnetz entsprechen – schnell gefunden werden. Die Stromlinien können dann leicht von Hand aus eingezeichnet werden.

In Fällen mit gekrümmt abfallendem Grundwasserspiegel (Bild 32), dessen Lage erst gefunden werden muß, vgl. Abschn. 4.8.3, sind allerdings auch beim elektrischen Verfahren mehrere Probierlösungen mit zunächst jeweils geschätztem Grundwasserspiegel erforderlich. Die Lösung ist richtig, wenn die betrachteten Punkte des Grundwasserspiegels den aus dem Strömungsnetz errechneten zugehörigen Standrohrspiegelhöhen entsprechen.

Mit elektrischen Modellen können auch Fälle mit unterschiedlicher Durchlässigkeit von Bodenschichten erfaßt werden.

4.8.6   Elektronische Verfahren

Heute ist es möglich, Probleme der Grundwasserströmung elektronisch zu lösen, beispielsweise mit automatisch schaltenden Analogiemodellen oder mit einem Digitalcomputer. Bei einem Analogiemodell wird das Strömungsbild mit Hilfe eines elektrischen Widerstandsnetzes gewonnen. Die Widerstände müssen dabei mit den Wasserdurchlässigkeiten des Bodens korrespondieren. Auf diese Weise können inhomogene Situationen simuliert werden. Der Grundwasserspiegel wird für zeitabhängige Fälle durch eine Reihe von Widerständen und Kondensatoren, die automatisch ein- oder ausgeschaltet werden, simuliert. Ein derartiges Analogiemodell kann nur von einem Sachverständigen benutzt werden, der das Modell aufbauen und bedienen kann.

Einfacher ist es, ein digitales Computerprogramm zu benutzen. Ein solches Programm wird mit Hilfe eines Algorithmus, der die Grundwasserströmung erfaßt, aufgestellt. Dem Benutzer sollen dabei Anleitungen zur Verfügung stehen, aus denen er entnehmen kann, wie sein Fall schematisiert werden muß.

Es gibt verschiedene Algorithmen: Das finite Differenzverfahren, das finite Elementenverfahren und das analytische Funktionsverfahren. Bei diesen Verfahren wird das Strömungsgebiet in Teilgebiete (Elemente) zerlegt. In diesen Elementen wird jeweils ein Vorgang definiert, der mit der Grundwasserströmung übereinstimmt.

Der digitale Computer ist besonders geeignet, sehr viele Elemente zu einem Strömungsbild zusammenzutragen. Für einen Benutzer des Programms sind alle dabei auftretenden numerischen Probleme bereits gelöst. Kenntnisse des Wesens des Lösungsvorgangs sind aber erforderlich, um beurteilen zu können, wie genau das ermittelte Ergebnis ist und ob oder wie es noch verbessert werden kann.

4.8.7   Darstellung und Auswertung an Hand
        eines einfachen Beispiels

Bild 33 zeigt das Beispiel eines Strömungsnetzes und bringt Hinweise zu seiner Auswertung.

Hierbei sei auf folgende Zusammenhänge hingewiesen:

h = gesamter Wasserspiegelhöhenunterschied = Gesamtpotential
= 4,50 m,

n_1 = Anzahl der gleichen Standrohrspiegelhöhenunterschiede
= Anzahl der Netzfelder = 15,

$\Delta h = \dfrac{h}{n_1} = \dfrac{4,50}{15} = 0,30$ m = Standrohrspiegelunterschied
je Netzfeld,

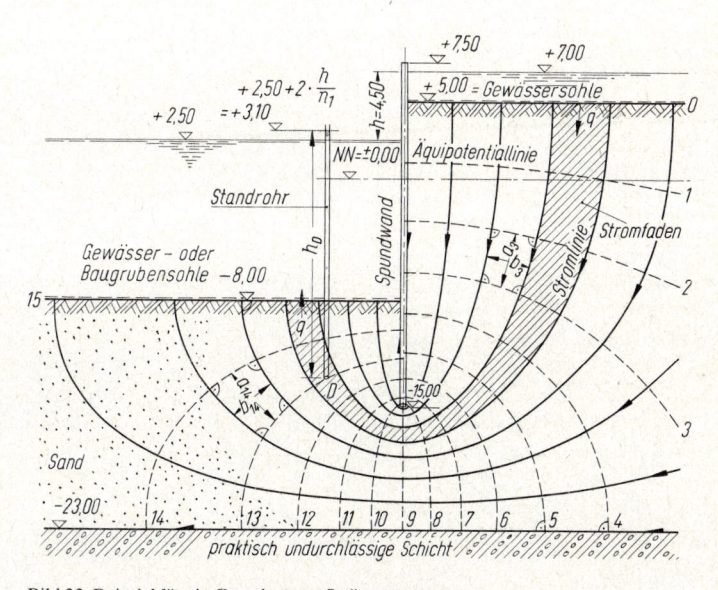

Bild 33. Beispiel für ein Grundwasser-Strömungsnetz

i = hydraulisches Gefälle; es wechselt und beträgt z. B.

$$i_3 = \frac{\Delta h}{a_3} \quad \text{oder} \quad i_{14} = \frac{\Delta h}{a_{14}},$$

q = Wassermenge je s je Stromfaden = $k \cdot \Delta h \cdot \frac{b}{a}$.
Sie ist in allen Stromfäden gleich groß.

Bei einem Quadratnetz ist: $q = k \cdot \Delta h$,
n_2 = Anzahl der Stromfäden = 8,
Q = Gesamtwassermenge je s = $n_2 \cdot q = n_2 \cdot k \cdot \Delta h \cdot \frac{b}{a}$.

Bei einem Quadratnetz ist: $Q = n_2 \cdot k \cdot \Delta h$,
h_D = Höhe der Wassersäule im Standrohr über Punkt D = Wasserdruckspannung im Punkt D bei $\gamma_w = 10 \text{ kN/m}^3$.

Einzelheiten zur Ermittlung der Wasserüberdruckspannungen können aus E 114, Abschn. 2.8, Bild 16 entnommen werden.

Diese einfache Ermittlung der Wasserdruckspannung für jeden beliebigen Punkt des Strömungsnetzes ist möglich, weil bei der sehr niedrigen Filtergeschwindigkeit des Grundwassers das Geschwindigkeitsglied $v^2/2g$ der Energiegleichung nach BERNOULLI vernachlässigt werden kann.

5 Schiffsabmessungen und Belastungen der Ufereinfassungen

5.1 Übliche Schiffsabmessungen (E 39)

Bei Vorentwürfen und bei der Berechnung und Bemessung von Fenderungen und Dalben kann mit folgenden mittleren Schiffsabmessungen gerechnet werden:

5.1.1 Seeschiffe

Inhalt	Trag-fähigkeit	Wasser-verdrän-gung G	Länge über alles	Länge zwischen den Loten	Breite	Tiefgang
BRT	dwt	kN	m	m	m	m

5.1.1.1 Fahrgastschiffe

80 000	–	750 000	315	295	35,5	11,5
70 000	–	650 000	315	295	34,0	11,0
60 000	–	550 000	310	290	32,5	10,5
50 000	–	450 000	300	280	31,0	10,5
40 000	–	350 000	265	245	29,5	10,0
30 000	–	300 000	230	210	28,0	10,0

5.1.1.2 Massengutfrachter
(Öl, Erz, Kohle, Getreide und dergleichen)

–	1 000 000	11 450 000	511	491	88,0	32,5
–	900 000	10 350 000	500	480	85,0	31,0
–	800 000	9 200 000	485	465	82,0	30,0
–	700 000	8 050 000	471	451	79,0	29,0
–	600 000	6 940 000	454	434	75,0	27,5
–	540 000	6 250 000	442	422	72,5	26,5
–	500 000	5 800 000	435	415	71,0	26,0
–	450 000	5 240 000	424	404	68,5	25,0
–	420 000	4 900 000	418	398	67,0	24,5
–	380 000	4 450 000	407	386	64,5	24,0
–	340 000	4 000 000	398	378	62,5	23,0
–	300 000	3 560 000	385	364	59,5	22,0
–	275 000	3 260 000	376	355	57,5	21,5
–	250 000	3 000 000	367	346	55,5	21,0
–	225 000	2 700 000	356	336	53,5	20,5
–	200 000	2 400 000	345	326	51,0	19,5
–	175 000	2 120 000	330	315	48,5	18,5
–	150 000	1 800 000	315	300	46,0	16,5
–	125 000	1 550 000	295	280	43,5	16,0

Inhalt	Trag-fähigkeit	Wasser-verdrängung G	Länge über alles	Länge zwischen den Loten	Breite	Tiefgang
BRT	dwt	kN	m	m	m	m

Massengutfrachter (Fortsetzung)

–	100 000	1 250 000	280	265	41,0	15,0
–	85 000	1 050 000	265	255	38,0	14,0
–	65 000	850 000	255	245	33,5	13,0
–	45 000	600 000	230	220	29,0	11,5
–	35 000	450 000	210	200	27,0	11,0
–	25 000	300 000	190	180	24,5	10,5
–	15 000	200 000	165	155	21,5	9,5

Die in der Tafel gebrachten Daten streuen – je nach den Gegebenheiten der Bauwerft und dem Fahrtgebiet.

5.1.1.3 Stückgutfrachter (Bauart als Volldecker)

10 000	15 000	200 000	165	155	21,5	9,5
7 500	11 000	150 000	150	140	20,0	9,0
5 000	7 500	100 000	135	125	17,5	8,0
4 000	6 000	80 000	120	110	16,0	7,5
3 000	4 500	60 000	105	100	14,5	7,0
2 000	3 000	40 000	95	90	13,0	6,0
1 500	2 200	30 000	90	85	12,0	5,5
1 000	1 500	20 000	75	70	10,5	4,5
500	700	10 000	60	55	8,5	3,5

Bei den Stückgutfrachtern zeichnet sich ein Trend zu größeren Einheiten nicht ab. Im Bedarfsfalle können die Maßangaben nach Abschn. 5.1.1.2 sinngemäß verwendet werden.

5.1.1.4 Fischereifahrzeuge

2500	–	28 000	90	80	14,0	5,9
2000	–	25 000	85	75	13,0	5,6
1500	–	21 000	80	70	12,0	5,3
1000	–	17 500	75	65	11,0	5,0
800	–	15 500	70	60	10,5	4,8
600	–	12 000	65	55	10,0	4,5
400	–	8 000	55	45	8,5	4,0
200	–	4 000	40	35	7,0	3,5

5.1.1.5 Containerschiffe

Trag-fähigkeit	Wasser-verdrän-gung G	Länge über alles	Länge zwischen den Loten	Breite	Tief-gang	Con-tainer-Anzahl	Gene-ration
dwt	kN	m	m	m	m	etwa	
50 000	735 000	290	275	32,4	13,0	2800	3.
42 000	610 000	285	270	32,3	12,0	2380	3.
36 000	510 000	270	255	31,8	11,7	2000	3.
30 000	415 000	228	214	31,0	11,3	1670	2.
25 000	340 000	212	198	30,0	10,7	1380	2.
20 000	270 000	198	184	28,7	10,0	1100	2.
15 000	200 000	180	166	26,5	9,0	810	1.
10 000	135 000	159	144	23,5	8,0	530	1.
7 000	96 000	143	128	19,0	6,5	316	1.

Die Entwicklung der Containerschiffe der 4. Generation hängt entscheidend von der Vergrößerung der Schleusen des Panamakanals bzw. dem Bau eines zweiten Kanals in Mittelamerika ab. Daher wurden hierfür noch keine Daten in die obige Tafel aufgenommen.

Länge, Breite und Tiefgang der Frachtschiffe aller Art hängen von der Bauart der Schiffe und dem Ursprungsland ab. Die Abmessungen streuen im allgemeinen bis zu 5%, äußerstenfalls bis zu 10%.
In BRT (englisch GRT) – Bruttoregistertonnen – wird der innere Schiffsraum bis zum Vermessungsdeck einschließlich der Deckaufbauten gemessen, und zwar in Einheiten von 100 cubic feet oder 2,83 m³. Das Vermessungsdeck ist bei Schiffen mit weniger als drei Decks das obere Deck, bei Schiffen mit drei und mehr Decks das zweite Deck von unten.
In dwt (deadweigth tons) wird die Tragfähigkeit angegeben, nämlich das Gewicht von Proviant, Vorräten, Frischwasser, Besatzung, Reserve an Kesselwasser, Treibstoff, Ladung und Fahrgästen, gemessen in englischen Tonnen (long tons) zu 2240 lbs = 1016 kg.

5.1.2 Binnenschiffe

Schiffs-Benennung	Wasser-straßen-klasse	Trag-fähigkeit	Länge	Breite	Tief-gang
		t	m	m	m
Motorgüterschiffe:					
Großes Rheinschiff	VI	4 500	110,00	11,40	4,50
Rheinschiff	V	2 000	95,00	11,40	2,70
Europaschiff	IV	1 350	80,00	9,50	2,50
Dortmund-Ems-Kanal-Schiff	III	1 000	67,00	8,20	2,50
Kempenaar	II	600	50,00	6,60	2,50
Peniche	I	300	38,50	5,00	2,20

Schiffs-Benennung	Wasser-straßen-klasse	Trag-fähigkeit	Länge	Breite	Tief-gang
		t	m	m	m
Schubleichter:					
Europa II a		2940	76,50	11,40	4,00
		1520[1])			2,50
Europa II		2520	76,50	11,40	3,50
		1660[1])			2,50
Europa I		1880	70,00	9,50	3,50
		1240[1])			2,50
Trägerschiffsleichter:					
Seabee		860	29,72	10,67	3,22
Lash		376	18,75	9,50	2,73
Schubverbände:					
mit 1 Leichter	IV a	2940	110,00	11,40	4,00
mit 2 Leichtern	IV b	5880	185,00	11,40	4,00
			110,00	22,80	4,00
mit 4 Leichtern	V	11760	185,00	22,80	4,00
Bei Ableichterung auf 2,50 m Tiefgang ergeben sich nach den vorstehenden Angaben verminderte Tragfähigkeiten					

[1]) bei Ableichterung auf 2,50 m Tiefgang.

5.1.3 Wasserverdrängung

Die Wasserverdrängung wird als das Produkt aus Länge zwischen den Loten, Breite, Tiefgang, Völligkeitsgrad und Dichte ϱ_w des Wassers gefunden. Der Völligkeitsgrad wechselt bei Seeschiffen etwa zwischen 0,60 und 0,80, bei Binnenschiffen etwa zwischen 0,70 und 0,90 und bei Schubleichtern zwischen 0,90 und 0,93.

5.2 Ansatz des Anlegedrucks von Schiffen an Ufermauern (E 38)

In der Entwurfsbearbeitung brauchen keine Havariestöße, sondern nur die üblichen Anlegedrücke berücksichtigt zu werden. Die Größe dieser Anlegedrücke richtet sich nach den Schiffsabmessungen, der Anlegegeschwindigkeit, der Fenderung und der Federung von Schiffswand und Bauwerk.

Um den Ufermauern eine ausreichende Festigkeit gegen normale Anlegedrücke zu geben, andererseits aber unnötig dicke Abmessungen zu vermeiden, wird empfohlen, die Vorderwand so zu bemessen, daß an jeder Stelle eines Baublockes jeweils eine Einzelkraft in der Größe des maßgebenden Trossenzuges (E 12, Abschn. 5.8.2) angreifen kann, ohne daß die Gesamtbeanspruchungen die zulässigen Grenzen übersteigen. Diese Einzelkraft kann auf eine quadratische Fläche mit 0,50 m Seitenlänge verteilt werden. Bei Uferspundwänden ohne massive Aufbauten brauchen nur die Gurte und die Gurtbolzen für diese Druckkraft bemessen zu werden.

Die Anlegedrücke bei Dalben sind in E 128, Abschn. 13.3 behandelt.

5.3 Anlegegeschwindigkeiten von Schiffen quer zum Liegeplatz (E 40)

Beim Anfahren von Schiffen mit Schlepperhilfe quer zu einem Liegeplatz wird empfohlen, folgende Anlegegeschwindigkeiten zu berücksichtigen:

Lage	Anfahrt	Anlegegeschwindigkeit quer zum Liegeplatz (m/s)			
		bis 1000 dwt	bis 5000 dwt	bis 10000 dwt	größere Schiffe
starker Wind und Seegang	schwierig	0,75	0,55	0,40	0,30
starker Wind und Seegang	günstig	0,60	0,45	0,30	0,20
mäßiger Wind und Seegang	mäßig	0,45	0,35	0,20	0,15
geschützt	schwierig	0,25	0,20	0,15	0,10
geschützt	günstig	0,20	0,15	0,10	0,10

5.4 Lastfälle (E 18)

Für die statische Berechnung und die Zuordnung der zulässigen Spannungen werden im Grundsätzlichen folgende Lastfälle unterschieden:

5.4.1 Lastfall 1

Belastungen aus Erddruck (bei nichtkonsolidierten, bindigen Böden getrennt für den Anfangs- und Endzustand) und aus Wasserüberdruck bei häufig auftretenden ungünstigen Außen- und Innenwasserständen (vgl. E 19, Abschn. 4.2). Erddruckeinflüsse aus den normalen Nutzlasten, aus Kranbahnen und Pfahllasten. Unmittelbar einwirkende Auflasten aus Eigengewicht und normaler Nutzlast.

Die für Lastfall 1 zugelassenen Spannungen dürfen nur angewendet werden, wenn der Baugrund sorgfältig abgebohrt ist und einwandfreie Schichtenverzeichnisse nach DIN 4022 vorliegen.

5.4.2 Lastfall 2

Wie Lastfall 1, jedoch, soweit gleichzeitig möglich, mit außergewöhnlichem Wasserüberdruck (vgl. E 19, Abschn. 4.2), mit Wasserüberdruck nach Überflutung der Ufereinfassung, mit dem Sogeinfluß vorbeifahrender Schiffe, mit Belastung und Erddruck aus außergewöhnlichen örtlichen Auflasten, mit Lasten aus Trossenzug an Pollern, Nischenpollern oder Haltekreuzen und aus Schiffsstoß, bei Vernachlässigung der abschirmenden Wirkung vorhandener Pfähle und bei vorübergehenden ungünstigen Belastungen während der Bauzustände. Für die Anwendung der für den Lastfall 2 zugelassenen Spannungen sind neben einwandfreien Bodenaufschlüssen auch Bodenuntersuchungen in einer Versuchsanstalt erforderlich.

5.4.3 Lastfall 3

Wie Lastfall 2, jedoch unter Berücksichtigung außerplanmäßiger Auflasten auf größerer Fläche oder des Umstandes, daß Einrichtungen, die im allgemeinen das Bauwerk entlasten oder stützen, unter ungünstigen Umständen ausfallen können. Erwähnt seien hier z. B. der restlose Ausfall einer Entwässerung, eine ungewöhnlich große Abflachung einer Unterwasserböschung vor einem Spundwandfuß, eine ungewöhnliche Kolkbildung durch Strömung oder Schiffsschrauben, eine üblicherweise nicht zu erwartende Überflutung des Ufers oder ein besonderer Grundwasseranstieg infolge einer Eisversetzung mit anschließendem raschem Abfall des Außenwassers nach dem Eisabgang, Platzen eines starken Wasserrohres hinter einer Ufereinfassung, ein Umschlag ungewöhnlich schwerer Lasten (z. B. Lokomotiven, Schrott und dergleichen). Auch das Zusammenwirken mehrerer solcher ungünstigen Einflüsse ist – sofern möglich und wahrscheinlich – zu berücksichtigen.

5.4.4 Auswahl der Lastfälle

Von den Lastfällen 1 bis 3 muß derjenige der Bemessung zugrunde gelegt werden, der die größten Bauwerksabmessungen erfordert. Liegen einwandfreie bodenphysikalische Untersuchungen nicht vor, dürfen bei der Berechnung nach Lastfall 2 nur die Spannungen für Lastfall 1 und bei der Berechnung nach Lastfall 3 nur die Spannungen für Lastfall 2 zugelassen werden.

Der Lastfall 3 ist nur fallweise nach sorgfältiger Prüfung der örtlichen Verhältnisse anzuwenden.

5.5 Lotrechte Nutzlasten (E 5)

5.5.1 Allgemeines

Lotrechte Nutzlasten im Sinne dieser Empfehlung sind die Auflasten aus Lagergut und die Belastungen durch die Landverkehrsmittel. Die Lasteinflüsse schienen- oder straßengebundener ortsveränderlicher Krane müssen gesondert berücksichtigt werden, sofern sie sich auf das Uferbauwerk auswirken. Letzteres ist bei Ufereinfassungen in Binnenhäfen im allgemeinen nur an solchen Uferstrecken der Fall, die ausdrücklich für Schwerlastverladung mit ortsveränderlichen Kranen vorgesehen sind. In Seehäfen werden neben den schienengebundenen Kaikranen zunehmend Mobilkrane für den allgemeinen Umschlag – also nicht nur für Schwerlasten – eingesetzt.

Im übrigen sollen hier vor allem die Lasten auf dem Verkehrsband des Ufers erfaßt werden. Die Lasten hinter dem Verkehrsband hängen wesentlich vom Umschlaggut, von den Umschlaggeräten, der Bebauungsart, den örtlichen Gepflogenheiten usw. ab, so daß sich hier eine Vereinheitlichung nur bedingt erreichen ließe. Die Belastungen auf dem Verkehrsband können aber ohne Schwierigkeit auf einen einheitlichen Nenner gebracht werden. Dabei sind drei verschiedene Grundfälle (Bild 34 a), b) und c)) zu unterscheiden:

Im Grundfall 1 werden die Tragglieder der Bauwerke unmittelbar durch die Verkehrsmittel befahren und/oder durch die Stapellasten belastet, wie dieses häufig bei Pierbrücken und ähnlichen Bauwerken der Fall ist (Bild 34 a).

Im Grundfall 2 belasten die Verkehrsmittel und die Stapellasten eine mehr oder weniger hohe Bettungsschicht, die die Lasten entsprechend verteilt an die Tragglieder des Uferbauwerks weitergibt. Diese Ausbildungsform wird beispielsweise bei überbauten Böschungen mit lastverteilender Bettungsschicht auf der Pierplatte angewendet (Bild 34 b).

Im Grundfall 3 belasten die Verkehrsmittel und die Stapellasten nur den Erdkörper hinter der Ufereinfassung, die aus den Nutzlasten demnach nur mittelbar über einen erhöhten Erddruck zusätzlich belastet wird. Kennzeichnend hierfür sind reine Uferspundwände oder teilgeböschte Ufer (Bild 34 c).

Zwischen den drei Grundfällen gibt es auch Übergangsfälle, die entsprechend eingeschaltet werden können, wie z. B. Pfahlrostmauern mit kurzer Rostplatte.

Wegen einer möglichen Nutzungsänderung der Flächen auf und hinter dem Bauwerk sollten die Nutzlastansätze realistisch gewählt werden, wie sie im Normalfall zu erwarten sind. Dabei ist davon auszugehen, daß die Sicherheit der Bauwerke durch sorgfältige Bodenaufschlüsse, ge-

naue Erfassung der Bodeneigenschaften, gute Kenntnis der Beanspruchungen durch Erddruck und Wasserüberdruck sowie Stützung durch Erdwiderstand und einwandfreie statische Berechnung und Gestaltung klar erfaßt werden kann. Es besteht demnach keine Veranlassung, die Nutzlasten höher als für den Normalfall anzusetzen, sofern gewisse Minimalgrößen nicht unterschritten werden. Da die Nutzlasten im Grundfall 2 und vor allem im Grundfall 3 nur den kleineren Teil der Gesamtbelastung ausmachen, können dabei örtliche Nutzlaststeigerungen im allgemeinen im Rahmen erhöhter, zulässiger Spannungen aufgenommen werden, ohne daß das gesamte Uferbauwerk für solche besonderen Lasten nach den üblicherweise zulässigen Spannungen bemessen werden müßte. Je höher die Eigenlasten und je besser die Möglichkeiten zur Lastausbreitung sind, um so geringer sind die örtlichen Zusatzbeanspruchungen eines Bauwerks aus Nutzlaststeigerungen.
Bezüglich der Zuordnung der jeweiligen Lasten zu den Lastfällen 1, 2 und 3 wird auf E 18, Abschn. 5.4 verwiesen.

5.5.2 Grundfall 1

Die Tragglieder des Uferbauwerks werden bei Verkehrslasten der Eisenbahn entsprechend dem Lastbild UIC[1]) 71 der Vorschrift für Eisenbahnbrücken und sonstige Ingenieurbauwerke (VEI), Vorausgabe vom 1.1.1980 (DS 804) bemessen. Für den Straßenverkehr sind die Lastannahmen nach DIN 1072 anzusetzen. Dabei ist im allgemeinen von der Brückenklasse 60 auszugehen. In den angegebenen Schwingfaktoren (DS 804) bzw. Schwingbeiwerten (DIN 1072), mit denen die Verkehrslasten der Hauptspur zu vervielfachen sind, können im allgemeinen wegen der langsamen Befahrung die 1,0 überschreitenden Anteile auf die Hälfte verringert werden. Bei Pierbrücken in Seehäfen sind Lasten aus Gabelstaplern gemäß DIN 1055 und Pratzendrücke für Mobilkrane von 400 kN anzusetzen, sofern in Sonderfällen nicht höhere Ansätze erforderlich sind.

Außerhalb des Verkehrsbands sind die tatsächlich zu erwartenden Auflasten aus Lagergut anzusetzen, wegen späterer möglicher Nutzungsänderungen aber mindestens 20 kN/m². Bei reinem Fußgängerverkehr genügt eine Nutzlast von 5 kN/m².

5.5.3 Grundfall 2

Im wesentlichen wie Grundfall 1. Die Schwingfaktoren bzw. -beiwerte können jedoch je nach Bettungshöhe linear abgemindert und schließlich ganz außer acht gelassen werden, wenn die Bettungshöhe mindestens 1,00 m – bei eingepflasterten Gleisen ab Schienenoberkante, bei Stra-

---

[1]) UIC = Union Internationale des Chemins de Fer

Grundfall	Verkehrslasten				Lagerflächen außerhalb des Verkehrsbandes
	Eisenbahn	Straßen			
		Fahrzeug	straßengebundene Krane	Fußgängerverkehr	
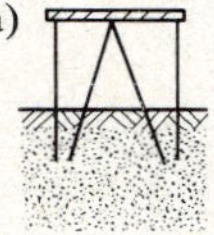 GRF1 a)	Vorausgabe (DS 804) Vorschrift für Eisenbahnbrücken und sonstige Ingenieurbauwerke (VEI) Schwingfaktor: Die 1,0 überschreitenden Anteile können auf die Hälfte verringert werden.	Lastannahmen nach DIN 1072 (Straßen- und Wegbrücken – Lastannahmen)	Gabelstaplerlasten nach DIN 1055 Pratzenlasten von 400 kN für Mobilkrane	5 kN/m²	Tatsächlich zu erwartende Nutzlasten; jedoch mindestens 20 kN/m²
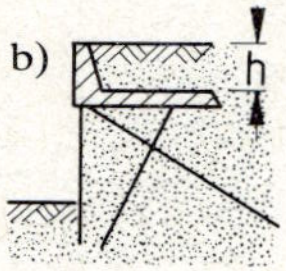 GRF2 b)	Wie 1, jedoch weitere Abminderung des Schwingfaktors bis 1,0 bei Bettungshöhe h = 1,00 m. Bei Bettungshöhe h = 1,5 m gleichmäßig verteilte Flächenlast				
GRF3 c)	52 kN/m²	33,3 kN/m²			
	52 kN/m² Flächenlast je Gleis auf 3,0 m Breite ohne Schwingfaktor	20 kN/m² ohne Schwingbeiwert			

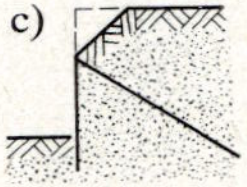

Bild 34. Lotrechte Nutzlasten

ßenverkehr ab Straßenoberkante gerechnet – beträgt. Es ist aber eine feldweise Belastung zu berücksichtigen.

Ist die Bettungshöhe mindestens 1,50 m, kann die gesamte Verkehrslast durch eine gleichmäßig verteilte Nutzlast berücksichtigt werden, die bei dem Lastbild UIC 71 auf einer Breite von 3,00 m je Gleis mit 52 kN/m^2 und bei Brückenklasse 60 (DIN 1072) mit 33,3 kN/m^2 in der rechnerischen Hauptspur anzusetzen ist. Für die Restfläche ist mit 20 kN/m^2 zu rechnen. Bei reinem Fußgängerverkehr genügt eine Nutzlast von 5 kN/m^2.

5.5.4 Grundfall 3

Auf dem Verkehrsband sind bei Eisenbahnverkehr 52,0 kN/m^2 je Gleis auf 3,00 m Breite und bei Straßenverkehr 20 kN/m^2 im Hinblick auf die allgemein zu fordernden Stapellasten anzusetzen. Schwingfaktoren oder -beiwerte können dabei unberücksichtigt bleiben. Bei Lagerflächen sind die Lasten wie in den Grundfällen 1 und 2 entsprechend der vorgesehenen Nutzung anzusetzen, jedoch im Normalfall nicht unter 20 kN/m^2.

5.5.5 Lastansätze unmittelbar hinter dem Kopf der Ufereinfassung

Bei Betrieb mit schweren straßengebundenen Kranen oder ähnlich schweren Fahrzeugen und schweren Baugeräten, wie Raupenbagger und dergleichen, die knapp hinter der Vorderkante des Uferbauwerks entlangfahren, ist für die Bemessung der obersten Teile des Uferbauwerks einschließlich einer etwaigen oberen Verankerung anzusetzen:

a) Nutzlast = 60 kN/m^2 von Hinterkante Wandkopf landeinwärts auf 1,50 m Breite oder

b) Nutzlast = 40 kN/m^2 von Hinterkante Wandkopf landeinwärts auf 3,50 m Breite.

5.6 Wellendruck auf senkrechte Uferwände (E 135)

5.6.1 Allgemeines

Der Wellendruck bzw. der Wellengang auf der Vorderseite einer Ufereinfassung ist in Rechnung zu stellen:

– bei Blockmauern im Sohlen- und im Fugenwasserdruck,
– bei überbauten Böschungen mit nicht hinterfüllter Vorderwand beim Ansatz des wirksamen Wasserüberdruckes von beiden Seiten der Wand,
– bei nicht hinterfüllten Spundwänden,
– bei den Beanspruchungen im Bauzustand,

- bei hinterfüllten Bauwerken allgemein auch wegen des abgesenkten Außenwasserspiegels im Wellental,
- bei der Beurteilung und Beseitigung der Kolkgefahr vor einer Uferwand.

Außerdem beeinflussen die Wellen die Uferwände mittelbar über die Trossenzüge, die Schiffstöße und die Fenderdrücke.
Neben dem Wellendruck ist die Wellenhöhe wichtig für das Festlegen der Kaimaueroberkante und der Hafensohle und die Wellenrichtung auch für die Hafenplanung und die Bauausführung.
Beim Ansatz des Wellendruckes auf senkrechte Uferwände sind drei Belastungsfälle zu unterscheiden, und zwar:

(1) Die Wand wird durch Wellen belastet, die am Bauwerk ganz oder teilweise reflektiert werden.

(2) Die Wand wird durch am Bauwerk brechende Wellen belastet.

(3) Die Wand wird durch Wellen belastet, die bereits vor dem Bauwerk gebrochen sind.

Welcher dieser drei Belastungsfälle maßgebend ist, hängt vom Seegang und von den morphologischen und topographischen Verhältnissen im Bereich des geplanten Bauwerks ab.
Hierfür sind die gemessenen oder in Verbindung mit einer Windanalyse aus einer Wellenvorhersage ermittelten Seegangdaten nach statistischen Verfahren und unter Berücksichtigung der Flachwassereinflüsse im Hinblick auf die Wahrscheinlichkeit ihres Auftretens auszuwerten.

5.6.2 Ermittlung der Wellenangriffkräfte für am Bauwerk reflektierte Wellen

Ein Bauwerk mit senkrechter oder annähernd senkrechter Vorderwand in einer Wassertiefe, die so groß ist, daß die höchsten ankommenden Wellen nicht brechen, wird durch den infolge Reflexion auf der Wasserseite erhöhten Wasserüberdruck beim Wellenberg, bzw. von der Landseite her durch erhöhten Wasserüberdruck beim Wellental beansprucht. Durch Überlagerung der ankommenden Wellen mit den zurücklaufenden bilden sich stehende Wellen. Die Belastung kann daher als quasi statisch aufgefaßt werden, obwohl sie periodisch ist, was bei der Bemessung berücksichtigt werden muß. Ihre Periode ist gleich derjenigen der Welle, die dem Entwurf zugrunde gelegt wird. Die Wellenhöhe wird dabei verdoppelt, wenn die Wellen senkrecht auf das Bauwerk zulaufen und keine Verluste auftreten (Reflexionskoeffizient $\varkappa = 1{,}0$). Sie ist auch in dieser Größe in die Berechnungen zu übernehmen.
Eine Abminderung bei schrägem Wellenangriff oder infolge von Teilreflexion ($\varkappa < 1{,}0$) bei entsprechender Ausführung der Kontaktfläche – zum Beispiel mit Perforation – kann nur aufgrund von Modellversuchen in ausreichend großem Maßstab empfohlen werden.

Für die Berechnung bei senkrechtem Wellenangriff wird das Verfahren von SAINFLOU [13] nach Bild 35 empfohlen. Dieses Verfahren liefert nach neueren Untersuchungen bei steilen Wellen allerdings zu große Belastungen. Nähere Angaben und genauere Bemessungsverfahren sind in CERC [14] angegeben.

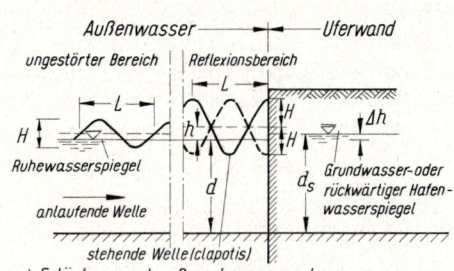

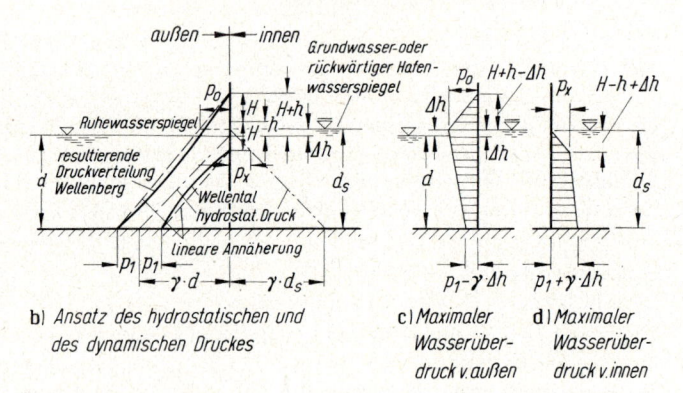

Bild 35. Dynamische Druckverteilung an einer lotrechten Wand bei totaler Reflexion der Wellen in Anlehnung an SAINFLOU [13] sowie Wasserüberdrücke bei Wellenberg und Wellental

In Bild 35 bedeuten:

H = Höhe der anlaufenden Welle [m],

L = Länge der anlaufenden Welle [m],

h = Wasserspiegelanhebung bei Wellenbewegung = Höhendifferenz zwischen dem Ruhewasserspiegel und der mittleren Spiegelhöhe im Reflexionsbereich vor der Wand =
$= \dfrac{\pi \cdot H^2}{L} \cdot \coth \dfrac{2 \cdot \pi \cdot d}{L}$ [m],

Δh = Differenzhöhe zwischen dem Ruhewasserspiegel vor der Wand und dem Grundwasser- bzw. rückwärtigen Hafenwasserspiegel [m],

d_s = Wassertiefe beim Grundwasser- bzw. rückwärtigen Hafenwasserspiegel [m],

γ = Wichte des Wassers [10 kN/m³],

p_1 = Druckerhöhung (Wellenberg) bzw. -verringerung (Wellental) am Fußpunkt des Bauwerks infolge Wellenwirkung =

$$= \gamma \cdot H/\cosh \frac{2 \cdot \pi \cdot d}{L} \,[10\,\text{kN/m}^2],$$

p_0 = maximale Wasserüberdruckordinate in Höhe des landseitigen Wasserspiegels entsprechend Bild 35c) =

$$= (p_1 + \gamma \cdot d) \cdot \frac{H + h - \Delta h}{H + h + d} \,[10\,\text{kN/m}^2],$$

p_x = Wasserüberdruckordinate in Höhe des Wellentales entsprechend Bild 35d) =

$$= \gamma \cdot (H - h + \Delta h) \,[10\,\text{kN/m}^2].$$

In Wirklichkeit tritt ein Fall mit rein stehenden Wellen nie auf. Auch wenn die Wellen nicht brechen, verursacht die Unregelmäßigkeit der Wellen doch dynamische Belastungen = Wellenstöße. In vielen Fällen ist der Impuls dieser Wellenstöße aber nicht so groß, daß er maßgebend für die Stabilität wird.

5.6.3 Wellenbelastung bei brechenden Wellen

An einem Bauwerk brechende Wellen können Aufschlagdrücke von 10000 kN/m² und mehr ausüben. Diese Druckspitzen sind allerdings örtlich begrenzt und wirken nur mit sehr kurzer Dauer (1/100 s bis 1/1000 s).

Es gibt allerdings bisher weder eine vertrauenswürdige Berechnungsart noch eine empirische Formel, um diese Belastungen zu bestimmen. Durch die Anordnung des Bauwerks sollte deshalb – wenn irgend möglich – vermieden werden, daß hohe Wellen unmittelbar an diesem brechen. Sollte es nicht möglich sein, das Bauwerk so anzuordnen, daß brechende Wellen nicht den Bemessungsfall darstellen, sind für die endgültige Bemessung des Bauwerks und seiner Teile Modelluntersuchungen in möglichst großem Maßstab dringend zu empfehlen, um die Ergebnisse nach den im folgenden beschriebenen Rechnungsansätzen zu überprüfen.

Für Vorentwürfe am gebräuchlichsten ist bisher das Berechnungsverfahren nach Bild 36, sinngemäß nach MINIKIN [15].

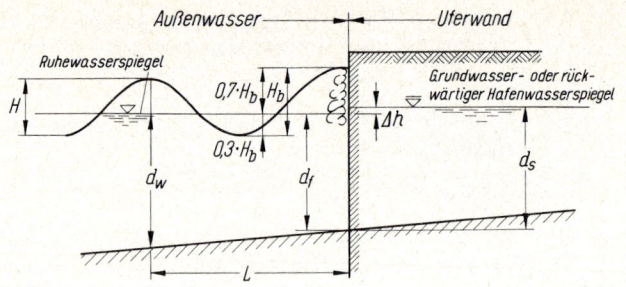

a) Erläuterung des Berechnungsansatzes

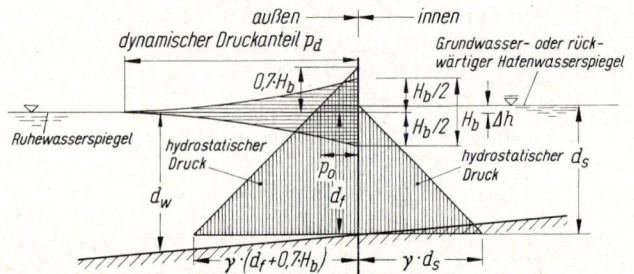

b) Ansatz des hydrostatischen und des dynamischen Wasserdrucks

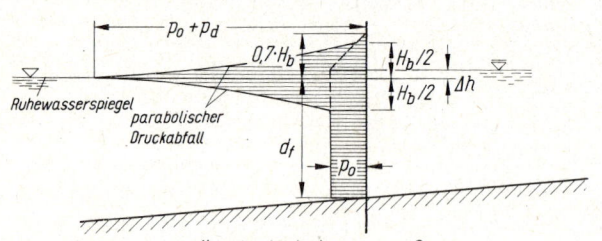

c) resultierende Wasserüberdruckbelastung von außen

Bild 36. Wellenangriff und dynamische und hydrostatische Wasserdruckverteilung und resultierender Wasserüberdruck an einer lotrechten Wand im Augenblick des Brechens der Welle, sinngemäß nach MINIKIN [15]

Der Gesamtwasserdruck wird nach Bild 36b) aus der Überlagerung einer hydrostatischen und einer aus dem Wellenstoß herrührenden dynamischen Wasserdruckverteilung zusammengesetzt. Die näherungsweise Annahme des maximalen dynamischen Wasserdruckes in Höhe des Ruhewasserspiegels mit parabolischem Druckabfall gegen Null im Bereich der Wellenhöhe kommt den Meßergebnissen in der Natur und an großen Modellen noch am nächsten.

In Bild 36 a) bedeuten:

H_b = Wellenhöhe im Augenblick des Brechens [m],
d_w = Wassertiefe, eine volle Wellenlänge vom Bauwerk entfernt [m],
d_f = Wassertiefe am Bauwerksfuß [m],
d_s = Wassertiefe beim Grundwasser- bzw. rückwärtigen Hafenwasserspiegel [m],
L = Wellenlänge entsprechend d_w [m],
Δh = Differenzhöhe zwischen dem Ruhewasserspiegel vor der Wand und dem Grundwasser- bzw. rückwärtigen Hafenwasserspiegel [m],
p_0 = hydrostatische Druckordinate in Höhe des landseitigen Grundwasser- bzw. Hafenwasserspiegels =
= $\gamma \cdot (0{,}7 \cdot H_b - \Delta h)$ [10 kN/m²],
p_d = größter dynamischer Wasserdruck in Höhe des Ruhewasserspiegels =
= rd. $100 \cdot \gamma \cdot \dfrac{H_b}{L} \cdot \dfrac{d_f}{d_w} \cdot (d_w + d_f)$ [10 kN/m²].

Für die Bestimmung der in den Bildern 36b) und 36c) angegebenen Wasserdruckordinaten sowie der resultierenden Kräfte und Momente als Funktionen der Wellenparameter werden die Diagramme in CERC [14] empfohlen.

Für den nach außen gerichteten Wasserüberdruck beim Wellental gilt Abschn. 5.6.2 sinngemäß.

5.6.4 Wellenbelastung bei bereits gebrochenen Wellen

Eine näherungsweise Ermittlung der Angriffskräfte der bereits gebrochenen Welle ist nach CERC [14] möglich. Es wird angenommen, daß die gebrochene Welle mit der gleichen Höhe und Geschwindigkeit, die sie beim Brechen hatte, weiterläuft. Das bedeutet, daß sich im Moment des Brechens die Bewegung der Wasserteilchen von einer schwingenden in eine translatorische ändert (Bild 37).

In Bild 37 a) bedeuten:

H_b = Wellenhöhe im Augenblick des Brechens [m],
d_b = Wassertiefe am Brechpunkt [m],
h_c = $0{,}7 \cdot H_b$ [m],
Δh = Differenzhöhe zwischen dem Ruhewasserspiegel und dem Grundwasserspiegel [m].

Die Drücke errechnen sich nach folgenden Formeln:

dyn p $\approx 1/2 \cdot \gamma \cdot d_b$ [10 kN/m²],
$p_s = \gamma \cdot (d_s + h_c - \Delta h)$ [10 kN/m²],
$p_0 = \gamma \cdot (h_c - \Delta h)$ [10 kN/m²].

Die zu Bild 37 b) gehörenden Formeln lauten:

$$\bar{d}_s = h_c \cdot \left(1 - \frac{x_1}{x_2}\right) \text{ [m]},$$

$$\text{dyn } p = 1/2 \cdot \gamma \cdot d_b \cdot \left(1 - \frac{x_1}{x_2}\right)^2 \text{ [10 kN/m}^2\text{]},$$

$$p_s = \gamma \cdot \bar{d}_s = \gamma \cdot h_c \cdot \left(1 - \frac{x_1}{x_2}\right) \text{ [10 kN/m}^2\text{]}.$$

Berechnungsbeispiele sind in CERC [14] angegeben.

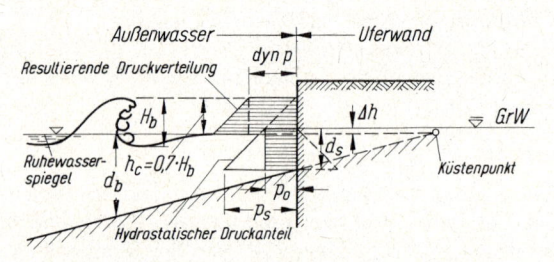

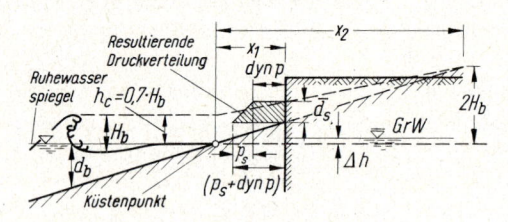

Bild 37. Resultierende dynamische und hydrostatische Druckverteilung an einer lotrechten Wand bei bereits gebrochenen Wellen, sinngemäß nach CERC [14]

5.6.5 Zusätzliche Beanspruchungen im Zusammenhang mit Wellendruck

Hat das Bauwerk auf der Wasserseite keinen dichten Abschluß, z. B. in Form einer Spundwand, sondern steht es auf einer durchlässigen Bettung, muß gleichzeitig mit dem Wasserdruck auf die Wandflächen auch ein zusätzlicher Sohlenwasserdruck aus den Welleneinflüssen berücksichtigt werden. Entsprechend ist auch bei größeren Blockfugen zu verfahren.

5.7 Ermittlung der Bemessungswelle für See- und Hafenbauwerke (E 136)

5.7.1 Allgemeines

Zur Bemessung von See- und Hafenbauwerken muß der Seegang im Planungsgebiet statistisch analysiert werden. Dabei müssen die Wellenhöhen, -perioden, -längen und -richtungen unter Berücksichtigung der Windverhältnisse sowie der Tide und der Strömungen nach ihren jahreszeitlichen Häufigkeiten untersucht werden. Für das Festlegen der Bemessungswelle ist zusätzlich das Schadenrisiko für das Bauwerk sorgfältig zu überlegen.

Eine umfassende Darstellung des Erkenntnisstandes hierzu ist im Rahmen dieser Empfehlungen nicht möglich. Das Einschalten eines im Küsteningenieurwesen tätigen, erfahrenen Instituts oder Ingenieurbüros zur Untersuchung der Wellenverhältnisse im Planungsgebiet und gegebenenfalls zur Durchführung oder Betreuung hydrographischer Untersuchungen in der Natur und zur Durchführung von hydraulischen Modellversuchen wird dringend empfohlen.

5.7.2 Darstellung des Seegangs und statistische Verhältnisse

5.7.2.1 Definitionen

Es werden unter anderem folgende Arten des Seegangs unterschieden:
- Windsee = kurzkämmige, vom Wind ständig beeinflußte Wellen großer Steilheit,
- Dünung = langkämmige, aus dem Windfeld herausgewanderte Wellen mit geringerer Steilheit,
- Tiefwasserwellen = Wellen, bei denen das Verhältnis Wassertiefe d/Wellenlänge $L \geqq 0,5$ ist,
- Wellen im Übergangsbereich = Wellen, bei denen $d/L < 0,5$ und $> 0,04$ ist,
- Flachwasserwellen = Wellen, bei denen $d/L \leqq 0,04$ ist,
- Brechende Wellen = Wellen, die sich überschlagen. Sie werden unterschieden in Reflexionsbrecher, Sturzbrecher und Schwallbrecher.

Im übrigen wird auf Abschn. 5.7.2.4 und 5.7.2.7 verwiesen.

5.7.2.2 Beschreibung des Seegangs

Der Seegang läßt sich in zwei Formen erfassen:
(1) Durch Darstellung mit kennzeichnenden Wellenparametern (Wellenhöhen und -perioden), die entsprechend Abschn. 5.7.2.5 als arithmetische Mittelwerte definiert werden.
(2) Durch Darstellung als Wellenspektrum, unter dem der Energiegehalt des Seegangs als Funktion der Wellenfrequenz zu verstehen ist. Ein solches Spektrum kann aufgestellt werden ohne Beachtung der

Wellenangriffsrichtung (eindimensionales Spektrum) oder für jede Himmelsrichtung getrennt (Richtungsspektrum).
Im Ingenieurbau wird vorwiegend die Darstellung nach (1) verwendet. Darüber hinaus werden, insbesondere bei der Untersuchung der Standsicherheit von See- und Hafenbauwerken im hydraulischen Modellversuch, auch spektrale, energetische Darstellungen nach (2) angewendet, da sie umfassender sind.

5.7.2.3 Ermittlung des vom Bauwerk unbeeinflußten Seegangs

Er wird ermittelt durch:

(1) Direkte Messungen über einen möglichst langen Zeitraum. Die Messungen werden im allgemeinen intermittierend, zum Beispiel in 3- oder 6stündigen Abständen, durchgeführt.

(2) Ermittlung der kennzeichnenden Größen nach einem Wellenvorhersageverfahren.

Gebräuchliche Verfahren für die praktische Wellenvorhersage werden von CERC [14] angegeben.
Diese Verfahren erbringen Aussagen über die kennzeichnenden Wellenhöhen. Weitere Verfahren siehe [16] und [17].

5.7.2.4 Wichtige Bezeichnungen in der Wellentheorie

Die wichtigsten Bezeichnungen sind in Bild 38 erklärt.

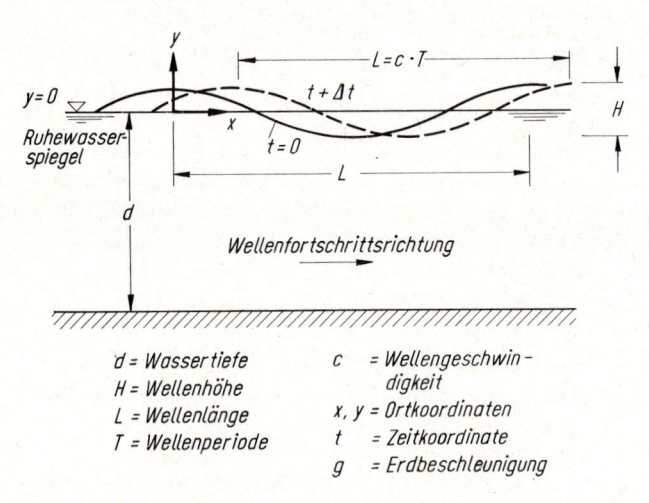

d = Wassertiefe
H = Wellenhöhe
L = Wellenlänge
T = Wellenperiode
c = Wellengeschwindigkeit
x, y = Ortkoordinaten
t = Zeitkoordinate
g = Erdbeschleunigung

Bild 38. Fortschreitende Schwerewelle, Bezeichnungen

5.7.2.5 Darstellung des Seegangs als Wellenhöhen-Häufigkeitsverteilung

In der Ingenieurpraxis wird der Seegang zweckmäßig in Form einer Häufigkeitsverteilung der Wellenhöhen dargestellt (Bild 39), die auch die für die Bemessung üblichen definierten Wellenhöhen H zeigt.

    n   = prozentuale Häufigkeit der Wellenhöhen H im Beobachtungszeitraum.

Die in Bild 39 eingetragenen Wellenhöhen H sind wie folgt definiert:

H_m = arithmetischer Mittelwert aller Wellenhöhen einer Seegangaufzeichnung,
H_d = häufigste Wellenhöhe,
$H_{1/3}$ = kennzeichnende Wellenhöhe =
= arithmetischer Mittelwert der 33% höchsten Wellen,
$H_{1/10}$ = arithmetischer Mittelwert der 10% höchsten Wellen,
$H_{1/100}$ = arithmetischer Mittelwert der 1% höchsten Wellen,
max H = maximale Wellenhöhe.

Zur praktischen Auswertung von Seegangsmessungen können auch Verfahren der Kurzzeit- und der Langzeitstatistik herangezogen werden. Die Häufigkeitsverteilung der Wellenhöhen (Bild 39 oben) sollte hierfür zweckmäßig auf geeignetem Funktionspapier so dargestellt werden, daß die Meßwerte auf einer Geraden liegen. Durch Extrapolation kann dann – je nach dem Untersuchungsfall – beispielsweise die höchste von 1000 Wellen bzw. die höchste Welle in 50 oder 100 Jahren gefunden werden.

Von den Verfahren zur Auswertung von Wellenaufzeichnungen wird das Nulldurchgangsverfahren nach [17] empfohlen (Bild 40).

Die Messungen eines unregelmäßigen Seegangs werden zunehmend über eine FOURIER-Analyse elektronisch ausgewertet, mit deren Hilfe sich dann ein Spektrum der Energiedichte zeichnen läßt (vgl. Abschn. 5.7.2.2 (2)).

5.7.2.6 Statistische Verhältnisse im Seegang

Aus der in Bild 39 dargestellten Häufigkeitsverteilung ergeben sich nach [17] annähernd:

H_m = 0,63 · $H_{1/3}$,
$H_{1/10}$ = 1,27 · $H_{1/3}$,
$H_{1/100}$ = 1,67 · $H_{1/3}$.

Zur Erfassung der größten Wellenhöhe kann bei hohen Risikoanforderungen, auch bei langandauernden Stürmen, mit

    max H = 2 · $H_{1/3}$

gerechnet werden.

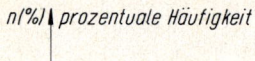

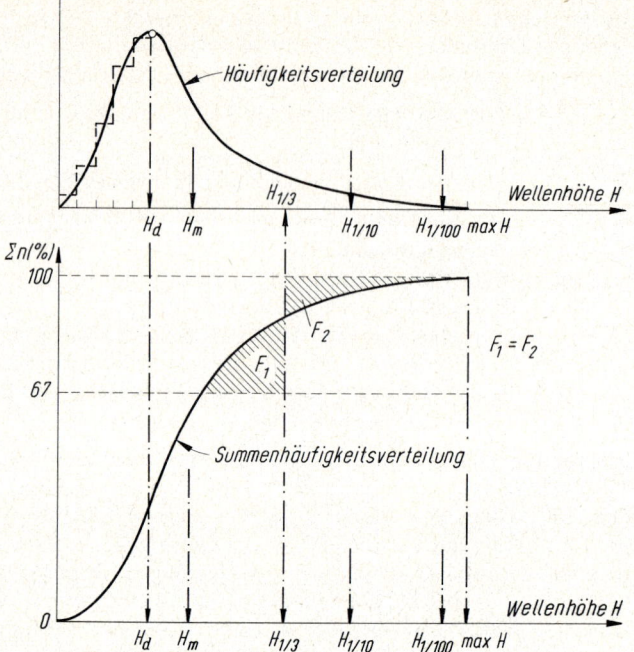

Bild 39. Häufigkeits- und Summenhäufigkeitsverteilung
der Wellenhöhen in %, in Anlehnung an [18]

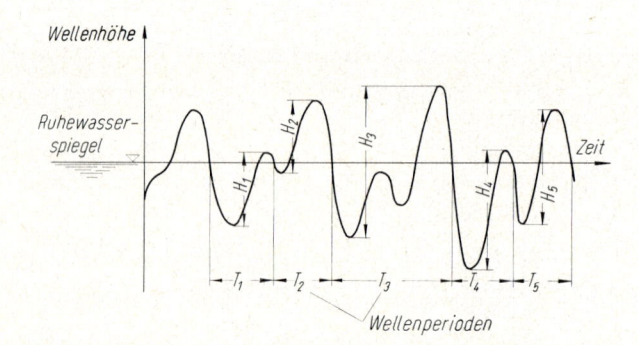

Bild 40. Seegangauswertung nach dem Nulldurchgangverfahren [17]

5.7.2.7 Wellentheorien

Beim Einlaufen der Wellen aus dem tiefen in flaches Wasser sind morphologisch/topographische und bauwerksbedingte Einflüsse wirksam, die bei der Ermittlung der Wellenkennwerte im Planungsgebiet berücksichtigt werden müssen.

Die Theorien zur Darstellung regelmäßiger Wellen lassen sich nach [20] generell in folgende zwei Klassen einteilen:
- Theorien für Wellen mit kleiner Amplitude,
- Theorien für lange Wellen.

Weiteres über Wellentheorien und physikalische Beziehungen siehe [17], [20] und [21].

Quantitativ sind die Anwendungsbereiche verschiedener Theorien in Bild 41 angegeben.

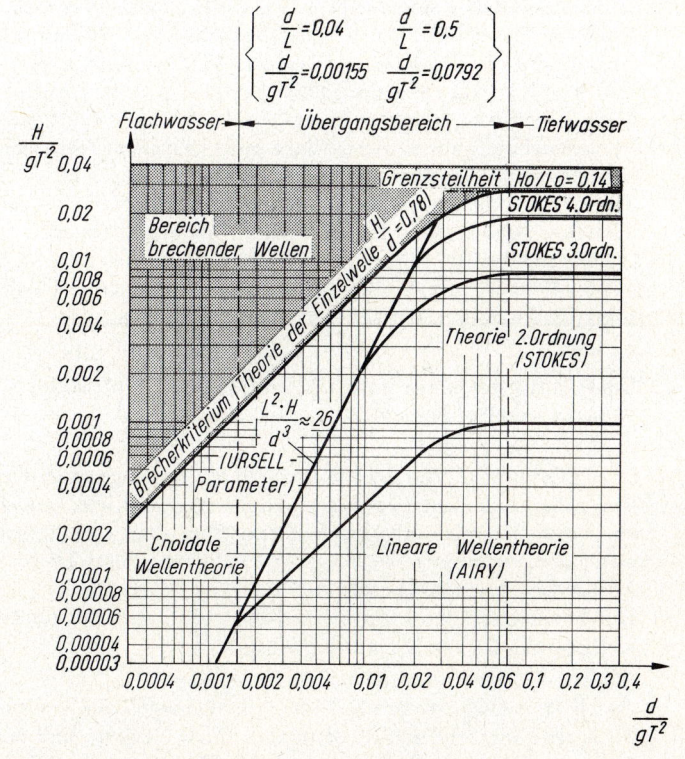

Bild 41. Anwendungsbereiche verschiedener Wellentheorien nach [20] und [14], in doppelt logarithmischem Maßstab dargestellt

5.7.3 Ermittlung der Bemessungswelle

Zur Erfassung der statistischen Verhältnisse für die Bemessungswelle von Bauwerken kann eine Idealisierung des Seegangs durch regelmäßige Wellen vorgenommen werden. Fallweise ist es bei Dauerfestigkeitsuntersuchungen mit Modellen aber möglich und besser, die tatsächliche Häufigkeitsverteilung im betrachteten Zeitraum anzusetzen.
Für die Idealisierung sind die in Abschn. 5.7.2.5 definierten Wellenkennwerte geeignet.

5.7.3.1 Wellenvorhersage

Die für die Wellenvorhersage wichtigsten Einflüsse sind:
- Windstärke, -richtung und -dauer,
- Windfeldausdehnung,
- wirksame Streichlänge,
- Wassertiefe.

In der Auswertung sind der Tief- und der Flachwasserbereich zu unterscheiden. Für beide Fälle liegen Diagramme vor [14]. Eine kritische Analyse der verschiedenen Vorhersageverfahren findet sich in [17] und [22]. Die Auswahl eines geeigneten Verfahrens ist von Fall zu Fall anhand der örtlichen Gegebenheiten vorzunehmen und durch eine Wellennachrechnung abzusichern. Wenn möglich, sollten aber auch Wellenmessungen durchgeführt werden.
Die Wellenvorhersage ist für einen bestimmten Zeitraum vorzunehmen; z.B. Bestimmung des Maximums für 1 Jahr oder für mehrere Jahre (häufig 50 oder 100 Jahre). Der gewählte Zeitraum braucht dabei nicht mit der Lebensdauer des Bauwerks nach E 46, Abschn. 14.1 übereinzustimmen, darf diesen Wert aber nicht unterschreiten.

5.7.3.2 Umformung des Seegangs beim Einlaufen in flaches Wasser und beim Auftreffen auf Bauwerke

(1) Shoalingeffekt
Durch Grundberührung der Welle wird die Wellengeschwindigkeit und damit die Wellenlänge verringert. Die Wellenhöhe wird jedoch – nach einer örtlichen, geringfügigen Verkleinerung – aus Gründen des Energiegleichgewichts nach der Küste zu ständig vergrößert. Dieser Vorgang wird als Shoalingeffekt bezeichnet.
Der Shoaling-Faktor kann hinreichend genau nach der linearen Wellentheorie (z.B. nach [21]) errechnet werden.

(2) Bodenreibung und -durchströmung
Durch Reibungsverluste und Sickererscheinungen des Wassers an der Sohle wird die Wellenhöhe verringert. Diese Verluste sind in die Verfahren zur Wellenvorhersage teilweise aufgenommen worden. Einzelheiten siehe [16].

(3) Refraktion und Diffraktion

Refraktion tritt bei ansteigender Sohle auf, wenn die Wellen nicht rechtwinklig zu den Tiefenlinien anlaufen. Dabei haben die Wellenfronten die Tendenz, sich parallel zur Küstenlinie einzustellen. Die Wellenenergie wird dabei verändert. Näheres hierzu siehe beispielsweise [21].

Diffraktion tritt auf, wenn Wellen auf Hindernisse (Inseln, Landzungen oder Bauwerke) treffen. Die Wellen laufen dabei in den Wellenschatten hinein, wobei die Wellenhöhe im allgemeinen verringert wird. An bestimmten Stellen außerhalb des Wellenschattens können aber auch Erhöhungen stattfinden.

Die bisherigen Berechnungsverfahren gelten nur für stark vereinfachte Randbedingungen und bauen im allgemeinen auf der linearen Wellentheorie auf. Diagramme zur Erfassung des Diffraktionseinflusses siehe [14].

(4) Bauwerkbedingte Reflexionen

Nichtbrechende Wellen der Höhe H werden am Ufer und an Bauwerken reflektiert. Die Reflexion wird durch den Reflexionskoeffizienten $\varkappa_R = H_R/H$ beschrieben. Dabei ist H_R = Höhe der reflektierten Welle. Der Reflexionskoeffizient $\varkappa_R$ ist in starkem Maße von der Wellensteilheit abhängig und dabei mit den im Wellenspektrum enthaltenen Wellen veränderlich.

Eine senkrechte Wand wirft eine normal dazu anlaufende Welle nahezu in voller Höhe zurück, so daß sich eine stehende Welle mit theoretisch doppelter Höhe der einfallenden Welle bildet.

Bei einer Wandneigung 1:1 liegt $\varkappa_R$ zwischen 0,7 und 1,0, bei der Neigung 1:4 bei 0,2, kann aber je nach Wellensteilheit bis auf 0,7 ansteigen. Weitere Angaben sind in [22] enthalten.

Der Reflexionsbeiwert wird auch durch die Art der Kontaktfläche zwischen Welle und Bauwerk mitbeeinflußt, z. B. durch Perforation. Er ist außerdem abhängig von der Richtung des Wellenangriffs.

Bezüglich der als Mach-Reflexion bezeichneten Aufsteilung der Wellen bei schrägem Wellenangriff wird auf [23] und [24] verwiesen.

(5) Brechende Wellen

Die Höhe der in flachem Wasser einlaufenden Tiefwasserwellen wird durch die Brecherbedingungen (Index b) begrenzt. Nach der Theorie der Einzelwelle ist:

$H_b/d_b = 0{,}78$ (Brechkriterium).

Dieser Wert kann aber nicht für ansteigende Deichvorländer und Sandstrände angewendet werden [25].

Für die Ingenieurpraxis sollte jedoch angenommen werden:

$H_b/d_b = 1{,}0$.

Auf ansteigenden Watten können aber auch Werte $H_b/d_b > 1$ auftreten [26].

Das Verhältnis der Brecherhöhe H_b zur Wassertiefe d_b ist nicht konstant. Es ist eine Funktion der Strandneigung α und der Steilheit der Tiefwasserwelle H_0/L_0. Beide Einflüsse bestimmen auch die Form des Brechens als Reflexionsbrecher (surging/collapsing breaker), Sturzbrecher (plunging breaker) oder Schwallbrecher (spilling breaker). Nähere Einzelheiten können [27] entnommen werden. Mit den folgenden Bezeichnungen gelten die nachstehenden Beziehungen:

α = Neigungswinkel der Sohle,
$\dfrac{H}{L_0}$ = Wellensteilheit,
H = jeweilige Wellenhöhe,
L_0 = Länge der einfallenden Tiefwasserwelle,
$\xi = \dfrac{\tan\alpha}{\sqrt{H/L_0}}$ = Brecherbeiwert.

Die kritische Neigung der Sohle ist bei gegebenen H und L_0 näherungsweise dann vorhanden, wenn sich ein Brecherbeiwert $\xi = 2{,}3 =$ krit ξ errechnet.

Mit Hilfe von ξ läßt sich auch der Brechertyp in Anlehnung an die Nomenklatur von GALVIN [28] angeben. ξ kann definiert werden für die Tiefwasserwellenhöhe H_0 (ξ_0) oder für die Wellenhöhe am Brechpunkt H_b (ξ_b):

Bezeichnung der Brecher	ξ_0	ξ_b
Reflexionsbrecher	> 3,3	> 2,0
Sturzbrecher	0,5 bis 3,3	0,4 bis 2,0
Schwallbrecher	< 0,5	< 0,4

Diese Werte beruhen auf Untersuchungen von BATTJES [27] mit Sohlenneigungen von 1:5 bis 1:20, wobei aber berücksichtigt werden muß, daß Unterwasserstrände häufig noch wesentlich flacher sind.

Schaumkronenbrecher (white capping) treten nur im tiefen Wasser der freien See auf und sind daher für Ufereinfassungen ohne Bedeutung.

Die Art des Brechens kann nach [29] auch durch die Brecherkennzahl $\beta = L_H/L_B$ beschrieben werden. Darin bedeuten:

L_H = Abstand des Brechpunkts vom Punkt, an dem die brandende Welle die Hälfte ihrer Höhe verloren hat,
L_B = Wellenlänge beim Erreichen des Brechpunkts.

Große Brecherkennzahlen ($\beta >$ 1 bis 100 und mehr) treten bei Flächenbrandungen mit Schwallbrechern auf, kleine Brecherkennzahlen ($\beta < 1$) bei Linienbrandungen mit Sturzbrechern. Letztere führen zu hohen Energiebelastungen der Ufereinfassungen.

Bei Deich- und Deckwerkböschungen treten durchweg sehr kleine Brecherkennzahlen auf ($\beta < 0,1$). Die wesentlichen Brecherformen sind dann Sturzbrecher an flachen und Reflexionsbrecher an steilen Böschungen.
Sturzbrecher erzeugen auf den Böschungen große Druckbeanspruchungen. Reflexionsbrecher führen zu einem besonders hohen Wellenauflauf, mit der Böschungsneigung zunehmend. Weiteres siehe [29] und [30].
Die Brecherhöhe läßt sich – abhängig von ξ – annähernd nach der folgenden Tabelle bestimmen:

ξ_0	H_b/d_b
< 0,3	0,8 ± 0,1
0,3 bis 0,5	0,9 ± 0,1
0,5 bis 0,7	1,0 ± 0,1
0,7 bis 2,2	1,1 ± 0,2

5.7.4 Schadenrisiko

Bauwerke, die gegen Überlastung weitgehend unempfindlich sind, können entsprechend dem zugelassenen Risiko gegen Überfluten oder Zerstören für eine geringere Wellenhöhe als max H bemessen werden.
Abhängig vom zulässigen Risiko für das zu erstellende Bauwerk wird als Bemessungsgrundlage die Höhe der Bemessungswelle H_{Bem} festgelegt.
Die nachstehende Tabelle bringt einige Beispiele:

Bauwerk	$H_{Bem}/H_{1/3}$
Wellenbrecher	1,0 bis 1,5
Geböschte Molen	1,6
Senkrechte Molen	1,8
Kaimauern mit Speichern	1,9
Baugrubenumschließungen	1,5 bis 2,0

Bei hohen Sicherheitsanforderungen sollte in jedem Falle das Verhältnis der Bemessungswellenhöhe H_{Bem} zur kennzeichnenden Wellenhöhe $H_{1/3}$ mit 2,0 angesetzt werden.
Bezüglich des Bemessungszeitraums wird auf Abschn. 5.7.3.1 verwiesen. Für Bohrplattformen wird hinsichtlich der Überschreitungswahrscheinlichkeit im allgemeinen ein Bemessungszeitraum von 50 Jahren angesetzt.

5.8 Anordnung und Belastung von Pollern für Seeschiffe (E 12)

5.8.1 Anordnung

Mit Rücksicht auf möglichst einfache und klare statische Verhältnisse wird bei Ufermauern und Pfahlrostmauern aus Beton oder Stahlbeton der Pollerabstand gleich der normalen Blocklänge von rd. 30 m gewählt (vgl. E 17, Abschn. 10.1.5). Der Poller wird im allgemeinen in Blockmitte gesetzt. Sollen je Baublock 2 Poller stehen, werden sie symmetrisch zur Blockachse in den äußeren Viertelspunkten angeordnet. Bei kürzeren Blocklängen ist sinngemäß zu verfahren. Der Abstand der Poller von der Uferlinie ist in E 6, Abschn. 6.1.2 angegeben.

Die Poller können als einfache Poller oder als Doppelpoller ausgebildet werden. Sie können gleichzeitig mehrere Trossen aufnehmen. Es wird empfohlen, die Poller mit Sollbruchstellen anzuschließen. Der geschwächte Querschnitt wird für die Streckgrenze bemessen.

5.8.2 Belastung

Da die aufgelegten Trossen im allgemeinen nicht gleichzeitig voll gespannt sind und sich die Trossenkräfte in ihrer Wirkung zum Teil gegenseitig aufheben, können – unabhängig von der Anzahl der aufgelegten Trossen – folgende Pollerzugkräfte angesetzt werden:

Schiffsgröße BRT	Wasserverdrängung[1] kN	Pollerzugkraft kN
bis 1 000	bis 20 000	100
bis 5 000	bis 100 000	300
bis 10 000	bis 200 000	600
bis 25 000	bis 500 000	800
–	bis 1 000 000	1000
–	bis 2 000 000	1500
–	> 2 000 000	2000

Bei Ufermauern oder Liegeplätzen mit starker Strömung sind, beginnend mit den Schiffen von 500 000 kN Wasserverdrängung, die obigen Tafelwerte der Pollerzüge um 25% zu erhöhen.

Hauptpoller an den Enden der einzelnen Großschiffsliegeplätze an Strombauwerken werden für Schiffe bis zu 1 000 000 kN Wasserverdrängung mit 2500 kN und bei größeren Schiffen mit dem doppelten Wert der obigen Tafel bemessen.

---

[1] Die angegebenen Werte gelten mit ausreichender Genauigkeit für Frachtschiffe (Typ Volldecker), für Tanker und für Erzschiffe (E 39, Abschn. 5.1.1.2 und 5.1.1.3).

5.8.3   Richtung der Pollerzugkraft

Die Pollerzugkraft kann nach der Wasserseite hin in jedem beliebigen Winkel wirken. Eine Pollerzugkraft zur Landseite hin wird nicht angesetzt, es sei denn, daß der Poller auch für eine dahinterliegende Ufereinfassung benötigt wird oder daß er als Eckpoller besondere Aufgaben zu erfüllen hat. Bei der Berechnung des Uferbauwerkes wird die Pollerzugkraft üblicherweise waagerecht wirkend angesetzt.

Bei der Berechnung des Pollers selbst und seiner Anschlüsse an das Uferbauwerk sind auch nach oben gerichtete Schrägneigungen der Pollerzugkraft bis zu 30° gegen die Waagerechte zu berücksichtigen.

5.9   Anordnung, Ausbildung und Belastung von leichten Festmacheeinrichtungen für Schiffe an senkrechten Ufereinfassungen (E 13)

Im Abschn. 6.11 behandelt.

5.10   Anordnung, Ausbildung und Belastung von Festmacheeinrichtungen für Schiffe an Böschungen in Binnenhäfen (E 102)

5.10.1   Anordnung und Ausbildung

In Binnenhäfen sollen Schiffe mit 3 Trossen, sogenannten Drähten, am Ufer festgemacht werden, und zwar mit dem Vorausdraht, dem Laufdraht und dem Achterdraht. Hierfür sind am Ufer je Schiff mindestens 2, besser aber 3 Festmacheeinrichtungen vorzusehen. Dazu werden Poller oder Festmacheringe zweckmäßig neben den Steigeleitern (E 13, Abschn. 6.11.1) und bei geböschten Ufern neben den Treppen (E 49, Abschn. 12.1.3) angeordnet, und zwar beidseitig, damit die Treppen von den Trossen nicht überspannt werden. Das Fundament hierfür wird unter der Treppe hindurch gemeinsam für beide Festmacheeinrichtungen ausgeführt.

Poller können in Höhe des Hafengeländes angeordnet werden, wobei sie mit der Oberkante über HHW hinausreichen sollen.

In anderen Bereichen sind Nischenpoller mit zusätzlichen Vorrichtungen gegen Abgleiten der Festmachedrähte anzuwenden.

Nischenpoller bieten den Vorteil, daß an ihnen mehrere Trossen ohne gegenseitige Behinderung festgemacht werden können, was beim Schiffsbetrieb in Binnenhäfen oft erforderlich ist.

Neben den Festmacheeinrichtungen in Oberkante des Ufers müssen in Flußhäfen – entsprechend den örtlichen Wasserstandsschwankungen – weitere Festmacheeinrichtungen in verschiedenen Höhenlagen (vgl. E 13, Abschn. 6.11.1) angeordnet werden. Nur dann können bei jedem Wasserstand und jeder Freibordhöhe die Schiffe vom Schiffspersonal ohne Schwierigkeiten festgemacht werden.

5.10.2 Belastung

Die auftretenden Trossenzugkräfte sind in erster Linie von der Schiffsgröße, der Geschwindigkeit und dem Abstand vorbeifahrender Schiffe, der Fließgeschwindigkeit des Wassers am Liegeplatz und vom Quotienten des Wasserquerschnittes zu dem eingetauchten Schiffsquerschnitt abhängig.

Für die Belastung sind üblicherweise das Europa-Motorgüterschiff und der Europa-Schubleichter II oder IIa zugrunde zu legen. Mit Rücksicht auf die unbemannten, in Lage und Befestigung nicht laufend gewarteten Schubleichter muß mit einer Belastung von 100 kN je Poller oder Festmachering gerechnet werden (E 13, Abschn. 6.11.1). Bei Festmacheeinrichtungen auf beiden Treppenseiten ist diese Kraft im allgemeinen nur einseitig anzusetzen.

Bei Schiffsverbänden sind die Festmacheeinrichtungen nach der in E 13, Abschn. 6.11 angegebenen Trossenzugkraft zu bemessen. Dabei ist auch die Gesamtwasserverdrängung zu berücksichtigen. Die gesamte Trossenzugkraft eines oder mehrerer Schiffe – die Bemessungstrossenzugkraft – muß dabei von einer Festmacheeinrichtung allein aufgenommen werden können. Dazu wird auch auf E 12, Abschn. 5.8 hingewiesen.

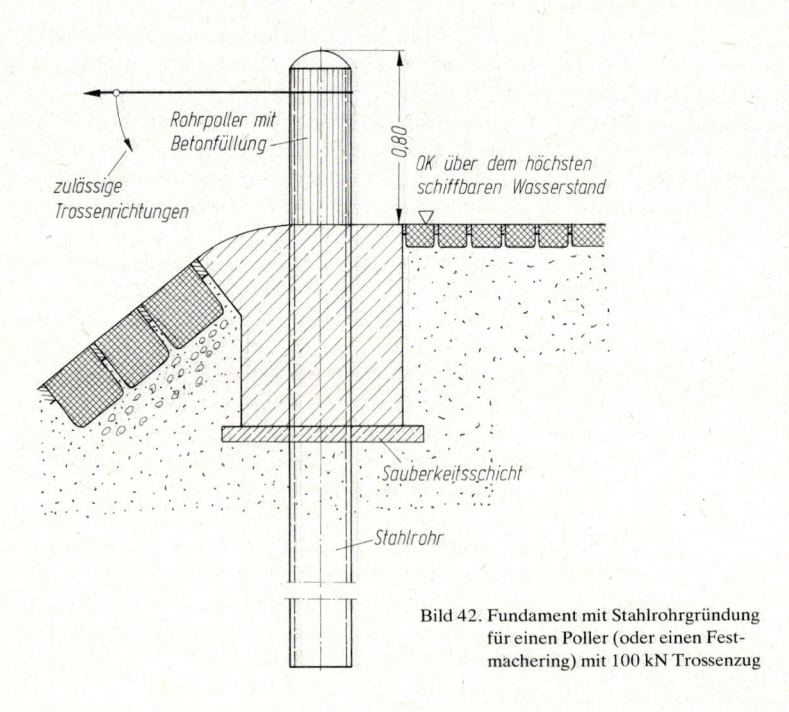

Bild 42. Fundament mit Stahlrohrgründung für einen Poller (oder einen Festmachering) mit 100 kN Trossenzug

5.10.3 Richtung der Trossenzugkräfte

Trossenzugkräfte können nur von der Wasserseite her auftreten. Sie laufen meist in einem spitzen Winkel und nur selten senkrecht zum Ufer. Rechnerisch muß aber jeder mögliche Winkel zur Längs- und Höhenrichtung des Ufers berücksichtigt werden.

5.10.4 Berechnung

Die Standsicherheitsnachweise sind für die einseitig angreifende Bemessungstrossenzugkraft in ungünstiger Beanspruchungsrichtung zu führen, wobei – je nach den örtlichen Verhältnissen – Bodenreibung, Seitenreibung und Erdwiderstand vor dem Fundament (für $\delta_p = 0$) und vor einer etwa vorhandenen Pfahlgründung angesetzt werden dürfen. Die Standsicherheitsnachweise können auch durch Probebelastungen erbracht werden.

Werden die Festmacheeinrichtungen unmittelbar hinter oder in einer festen Uferkonstruktion gegründet (Bild 43), muß die Bemessungstrossenzugkraft von der Uferkonstruktion zusätzlich zu den sonstigen Beanspruchungen mit Spannungen nach Lastfall 2 (E 20, Abschn. 8.2.4) aufgenommen werden können.

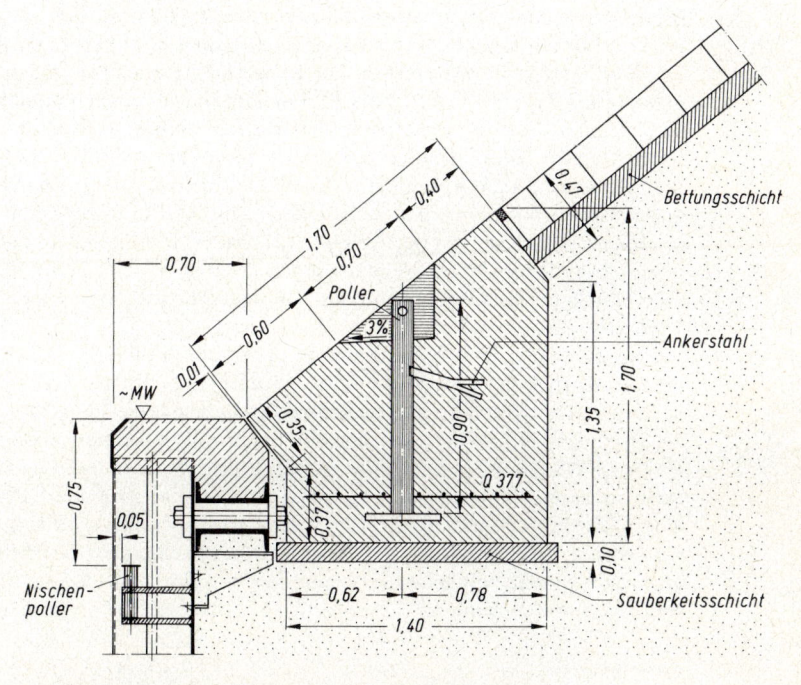

Bild 43. Festmacheeinrichtungen für 100 kN Trossenzugkraft.
Flach gegründeter Poller und eingeschweißter Nischenpoller

5.11 Maß- und Lastangaben für übliche Stückgutkrane und für Containerkrane in Seehäfen (E 84)

5.11.1 Übliche Stückguthafenkrane

5.11.1.1 Allgemeines

Die üblichen Stückguthafenkrane werden in Deutschland sowohl als Vollportal-Wippdrehkrane über 1, 2 oder 3 Eisenbahngleisen als auch als Halbportalkrane gebaut. Die Tragfähigkeit bewegt sich im allgemeinen zwischen 5 und 12 t bei einer Ausladung von 20 m bis 35 m. Aber auch schwere Vollportal-Wippkrane, beispielsweise mit 25 t Tragfähigkeit bei 20 m Ausladung oder 15 t · 36 m, werden verwendet, die ein oder mehrere Eisenbahngleise überspannen und an geeigneter Stelle zwischen den sonstigen Kranen laufen.

Die Drehachse des Kranaufbaus soll wegen der besseren Sichtverhältnisse und im Interesse einer raumsparenden Bauweise möglichst nahe der wasserseitigen Kranlaufschiene liegen.

Der Abstand der wasserseitigen Laufschiene von Ufermauervorderkante richtet sich nach E 6, Abschn. 6.1. Der Radstand beträgt bei den kleineren Kranen etwa 6 m, bei den größeren Kranen bis zu 8 m. Im Minimum sollten 5,5 m nicht unterschritten werden, da sich sonst zu hohe Ecklasten ergeben und die Krane mit einem zu hohen Zentralballast ausgestattet werden müssen. Die Länge über Puffer beträgt, abhängig von der Krangröße, rd. 7 bis 11,5 m. Ergibt sich eine zu hohe Radlast, können durch Vergrößerung der Radzahl geringere Radlasten erreicht werden. Dabei werden bei 25-t-Kranen zwei oder drei Räder je Stütze und eine Länge über Puffer bis zu 11,5 m erforderlich. Die Stückgut-Schwerlastkrane werden in Stützenabstand und Laufwerk demnach so ausgelegt, daß sie von den für Normalkrane bemessenen Kranbahnen ohne Überlastung aufgenommen werden können. Es gibt heute jedoch auch Stückgutumschlaganlagen, deren Kranbahnen für besonders hohe Radlasten gebaut werden.

Stückguthafenkrane werden in der Regel in die Hubklasse H 2 und in die Beanspruchungsgruppe B 4 oder B 5 nach DIN 15018, Teil 1[1]) eingestuft. Bei der Berechnung der Kranbahn sind die lotrechten Radlasten aus Eigenlast, Nutzlast, Massenkräften und aus Windkräften anzusetzen (DIN 15018, Teil 1). Lotrechte Massenkräfte aus der Fahrbewegung oder aus dem Anheben oder Absetzen der Nutzlast sind durch Ansatz eines Schwingbeiwerts zu berücksichtigen, der bei Hubklasse H 2 etwa 1,2 beträgt. Die Gründung der Kranbahn kann ohne Berücksichtigung eines solchen Schwingbeiwerts bemessen werden. Alle Kranausleger sind um 360° schwenkbar. Entsprechend ändert sich die jeweilige Eck-

---

[1]) Bis zur Einführung der in Arbeit befindlichen DIN 4132 bleibt für die Kranbahnen formal DIN 120, Teil 1 gültig.

last. Bei erhöhten Windlasten und Kran außer Betrieb kann für die Bemessung der Ufermauern und der Kranbahnen notfalls mit Lastfall 3 gerechnet werden.
Bei der Bearbeitung der Vorentwürfe von Ufermauern und von Kranbahnen können für den Betriebsfall die in der Zusammenstellung (Bild 44) angegebenen Ecklasten verwendet werden. Als Horizontalkräfte je Rad sind dabei mit Schwingbeiwert zu berücksichtigen:
In Schienenrichtung je $1/7$ der Radlasten der abgebremsten Räder, quer zur Schienenrichtung aus Massenwirkungen und Schräglauf sowie aus Wind je $1/10$ der Radlast. Bei sehr schweren Wippkranen ist die horizontale Querkraft aus Massenwirkungen und Schräglauf in Vorentwurfsberechnungen jedoch nicht mit $1/10$, sondern mit $1/8$ der Radlast anzusetzen. Bei Kranen in Betrieb, bei denen der Betriebswind wesentlich über dem Wert nach DIN 15018 liegt, sind gegebenenfalls noch größere Werte anzunehmen. Es darf aber berücksichtigt werden, wenn gleichzeitig in entgegengesetzter Richtung wirkende Horizontalkräfte aus Seitenstoß auf den gleichen Bauteil wirken. Die endgültigen Bauwerksberechnungen sind stets mit den von der Kranlieferfirma angegebenen lotrechten und waagerechten Eck- bzw. Radlasten durchzuführen.

5.11.1.2 Vollportalkrane

Das Portal leichter Hafenkrane mit kleinen Tragfähigkeiten hat entweder vier oder drei Stützen (Bild 44), von denen jede in der Regel nur ein Laufrad besitzt. Die Anzahl der Laufräder ist jeweils von der zulässigen Radlast abhängig. Stückgut-Schwerlastkrane weisen zwei bis vier Räder je Stütze auf. Bei geraden Uferstrecken beträgt der Mittenabstand der Laufschienen im allgemeinen 6 m, 10 m bzw. 14,5 m, je nachdem ob das Portal 1, 2 oder 3 Gleise überspannt. Die Maße 10 m bzw. 14,5 m ergeben sich aus dem theoretischen Mindestmaß von 5,5 m für ein Gleis, zu dem dann ein- bzw. zweimal der Gleisabstand von 4,5 m hinzuzufügen ist.

5.11.1.3 Halbportalkrane

Das Portal dieser Krane hat nur zwei Stützen, die auf der wasserseitigen Kranschiene laufen. Landseitig stützt es sich über einen Sporn auf eine hochliegende Kranbahn ab, wodurch die freie Zufahrt zu jeder Stelle der Kaifläche möglich wird. Für die Anzahl der Laufräder unter den beiden Stützen und dem Sporn gelten die Ausführungen nach Abschn. 5.11.1.2.

5.11.1.4 Lastangaben für übliche Stückgut-Hafenkrane
(Bild 44)

Kran – Ecklasten in kN (ohne Wind - und Massenkräfte)

Tragfähigkeit-Auslastung Portal-Ecklasten	Ausleger-Stellung	5t·20m E_I	5t·20m E_II	5t·20m E_III	5t·20m E_IV	5t·25m E_I	5t·25m E_II	5t·25m E_III	5t·25m E_IV	5t·30m E_I	5t·30m E_II	5t·30m E_III	5t·30m E_IV	5t·35m E_I	5t·35m E_II	5t·35m E_III	5t·35m E_IV	8t·25m E_I	8t·25m E_II	8t·25m E_III	8t·25m E_IV	8t·30m E_I	8t·30m E_II	8t·30m E_III	8t·30m E_IV	8t·35m E_I	8t·35m E_II	8t·35m E_III	8t·35m E_IV	12t·30m E_I	12t·30m E_II	12t·30m E_III	12t·30m E_IV	12t·35m E_I	12t·35m E_II	12t·35m E_III	12t·35m E_IV
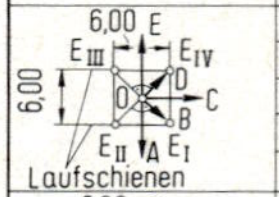 6.00 / 6.00	A	280	280	92	92	326	326	110	110	405	405	135	135	448	448	149	149	487	487	162	162	577	577	192	192	648	648	216	216	758	758	252	252	878	878	293	293
6.00 / 6.00	B	318	186	54	186	370	218	66	218	459	270	81	270	507	298	89	298	552	325	97	325	654	385	115	385	734	432	129	432	859	505	152	505	995	585	176	585

Kran-Ecklasten in Stellung C und E entsprechend Stellung A, in Stellung D entsprechend Stellung B

Portal	Ausleger-Stellung	5t·20m E_I	E_II	E_III	E_IV	5t·25m E_I	E_II	E_III	E_IV	5t·30m E_I	E_II	E_III	E_IV	5t·35m E_I	E_II	E_III	E_IV	8t·25m E_I	E_II	E_III	E_IV	8t·30m E_I	E_II	E_III	E_IV	8t·35m E_I	E_II	E_III	E_IV	12t·30m E_I	E_II	E_III	E_IV	12t·35m E_I	E_II	E_III	E_IV
10.00 / 6.00	B	188	164	164	–	206	241	251	–	270	282	299	–	299	313	313	–	325	341	341	–	385	403	403	–	432	453	453	–	506	529	529	–	586	613	613	–
10.00 / 6.00	C	251	61	101	291	291	76	178	371	354	105	198	448	392	116	220	503	425	126	234	547	502	157	280	648	567	168	318	727	663	196	371	850	768	228	430	985
10.00 / 6.00	D	235	11	220	341	251	25	196	422	331	31	221	521	366	34	246	577	398	37	267	628	472	44	316	743	529	49	355	835	619	58	415	975	717	67	481	1130
10.00 / 6.00	D	175	0	162	367	200	7	247	441	259	8	288	549	287	9	318	608	312	11	346	661	369	12	412	783	415	12	464	879	484	14	538	1027	562	17	624	1190
10.00 / 6.00	E	55	55	297	297	71	71	377	377	91	91	462	462	101	101	511	511	109	109	556	556	129	129	659	659	145	145	739	739	169	169	865	865	197	197	1002	1002

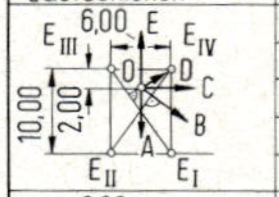

Portal	Ausleger-Stellung	5t·20m E_I	E_II	E_III	E_IV	5t·25m E_I	E_II	E_III	E_IV	5t·30m E_I	E_II	E_III	E_IV	5t·35m E_I	E_II	E_III	E_IV	8t·25m E_I	E_II	E_III	E_IV	8t·30m E_I	E_II	E_III	E_IV	8t·35m E_I	E_II	E_III	E_IV	12t·30m E_I	E_II	E_III	E_IV	12t·35m E_I	E_II	E_III	E_IV
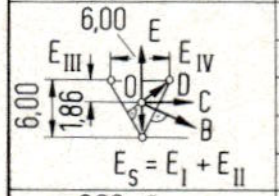 6.00 / 2.00 ($E_S = E_I + E_{II}$)	A	474	298	298	–	616	334	334	–	746	442	442	–	825	489	489	–	898	532	532	–	1063	631	631	–	1193	707	707	–								
6.00 / 2.00	B	394	208	468	–	520	227	536	–	615	299	715	–	677	331	787	–	740	365	856	–	878	432	1014	–	979	479	1137	–								
6.00 / 2.00	C	330	226	515	–	444	248	593	–	786	328	786	–	572	363	870	–	622	394	946	–	737	467	1121	–	827	524	1258	–								
6.00 / 2.00	D	265	273	632	–	366	304	613	–	416	402	813	–	458	445	899	–	498	486	978	–	591	574	1159	–	663	644	1301	–								
6.00 / 2.00	E	185	443	443	–	271	507	507	–	287	671	671	–	318	741	741	–	345	809	809	–	409	963	963	–	459	1074	1074	–								

Portal	Ausleger-Stellung	5t·20m E_I	E_II	E_III	E_IV	5t·25m E_I	E_II	E_III	E_IV	5t·30m E_I	E_II	E_III	E_IV	5t·35m E_I	E_II	E_III	E_IV	8t·25m E_I	E_II	E_III	E_IV	8t·30m E_I	E_II	E_III	E_IV	8t·35m E_I	E_II	E_III	E_IV	12t·30m E_I	E_II	E_III	E_IV	12t·35m E_I	E_II	E_III	E_IV
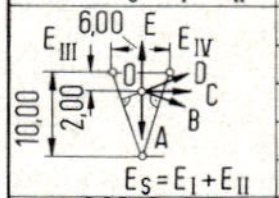 10.00 / 2.00 ($E_S = E_I + E_{II}$)	A	327	284	284	334	369	369	465	465	465	517	517	484	484	517	517	524	524	560	560	621	664	664	748	748	817	874	874	946	1012	1012
10.00 / 2.00	B	262	172	466	259	237	577	335	274	757	373	305	839	404	329	910	479	391	1079	540	441	1213	631	515	1418	731	597	1633
10.00 / 2.00	C	236	180	485	199	247	599	300	284	782	333	317	868	360	342	942	427	406	1116	482	458	1255	562	536	1467	652	620	1699
10.00 / 2.00	D	210	198	493	262	310	794	292	34.6	880	315	374	954	374	443	1131	422	499	1273	493	584	1487	571	676	1722
10.00 / 2.00	E	144	378	378	124	475	475	162	602	602	182	668	668	195	724	724	232	859	859	263	966	966	307	1129	1129	356	1308	1308

Portal	Ausleger-Stellung	5t·20m E_I	E_II	E_III	E_IV	5t·25m E_I	E_II	E_III	E_IV	5t·30m E_I	E_II	E_III	E_IV	5t·35m E_I	E_II	E_III	E_IV	8t·25m E_I	E_II	E_III	E_IV	8t·30m E_I	E_II	E_III	E_IV	8t·35m E_I	E_II	E_III	E_IV	12t·30m E_I	E_II	E_III	E_IV	12t·35m E_I	E_II	E_III	E_IV
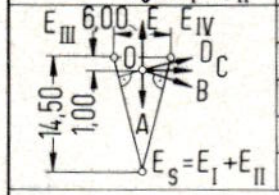 4.50 / 1.00 ($E_S = E_I + E_{II}$)	A	226	343	343	–	273	405	405	–	331	498	498	–	366	551	551	–	398	600	600	–	472	711	711	–	529	797	797	–	619	932	932	–	718	1080	1080	–
4.50 / 1.00	B	169	205	538	–	201	229	652	–	245	288	794	–	271	318	878	–	295	347	956	–	351	411	1132	–	391	461	1271	–	458	539	1486	–	531	625	1721	–
4.50 / 1.00	C	155	208	549	–	183	233	666	–	224	291	812	–	247	321	897	–	271	352	976	–	320	416	1158	–	357	465	1297	–	418	544	1517	–	484	630	1757	–
4.50 / 1.00	D	141	219	653	–	165	247	670	–	202	309	816	–	223	342	903	–	243	372	983	–	287	441	1166	–	323	495	1306	–	378	579	1527	–	437	671	1769	–
4.50 / 1.00	E	84	414	414	–	94	494	494	–	128	605	605	–	140	669	669	–	140	729	729	–	186	865	865	–	186	969	969	–	218	1133	1133	–	252	1312	1312	–

Diese Werte erhöhen sich durch Wind- und Massenkräfte um je etwa 10%

Bild 44. Kran-Ecklast-Tabelle
Die Vollportal-Wippkrane 25 t · 20 m mit 6 m Stützweite haben im allgemeinen maximale Ecklasten von 1350 kN, die sich durch Wind- und Massenkräfte um etwa 10% erhöhen

5.11.2 Containerkrane

Die eigentlichen Containerkrane werden als Vollportalkrane mit Kragarmen und Laufkatze (Verladebrücken) ausgebildet, deren Stützen in der Regel sechs oder acht Laufräder aufweisen. Die Laufschienen haben im allgemeinen einen Mittenabstand von 15,24 m (50′) oder von 18 m, wobei 2 oder 3 Gleise überspannt werden. Der Stützenabstand = Eckabstand in Längsrichtung der Kranbahn beträgt 17 m mit Rücksicht auf den Umschlag von 40-Fuß-Containern bei einem Maß über den Puffern von etwa 30 m (Bild 45). Wird es durch eine besondere Art des Umschlags erforderlich, ein kleineres Maß über den Puffern anzuwenden, ist ein kleinster Eckabstand bis zu 12 m möglich, was zu einer maximalen Ecklast von 3300 kN bei einer maximalen Radlast von 412,5 kN führt. Das Maß über den Puffern beträgt dann 22,5 m. Der Eckabstand ist hierbei nicht gleich dem Portalstützenabstand.

Bei 38 t Tragfähigkeit des Krans (einschließlich Spreader), wie sie für 40-Fuß-Container erforderlich ist, beträgt die maximale Ecklast 2400 kN. Sie erhöht sich durch Wind und Massenkräfte um etwa 10%. Bei diesen Kranen werden in der Regel sechs Räder je Stütze angeordnet.

Bei 53 t Tragfähigkeit (einschließlich Spreader), die sowohl für 40-Fuß-Container wie auch für $2 \cdot 20$-Fuß-Container im sogenannten twin-twenty-Verfahren üblich geworden sind, beträgt die maximale Ecklast 3000 kN bis 3300 kN mit entsprechender Erhöhung durch Wind- und Massenkräfte um rund 10% bis 13%. Hier werden je nach Auslegung der Kranbahn 6 bis 8 Räder je Stütze erforderlich. Die maximale Windbelastung bei Betrieb = 200 kN bis 300 kN sowohl in Richtung der Kranbahn als auch quer dazu, und im Fall außer Betrieb 620 kN bis 750 kN. Der Wert „in Betrieb" = 200 kN entspricht etwa dem Staudruck nach DIN 15018. Höhere Werte ergeben sich bei besonderen Verhältnissen vor allem in freien Küstengebieten.

Neuerdings werden auch Containerkrane mit 30 m Stützweite angewendet, wobei dann vier Fahrstreifen für Chassis zur Verfügung stehen. Dabei beträgt die maximale Ecklast rund 3000 kN und rund 3600 kN, wenn zwei Laufkatzen hintereinander arbeiten.

Die horizontale Querkraft aus Massenwirkungen und Schräglauf ist in Vorentwurfsberechnungen vorsorglich nicht mit $^1/_{10}$, sondern mit $^1/_7$ der jeweiligen Radlast anzusetzen. Bei Kranen in Betrieb, bei denen der Betriebswind wesentlich über dem Wert nach DIN 15018 liegt, sind gegebenenfalls auch hierfür größere Werte anzunehmen.

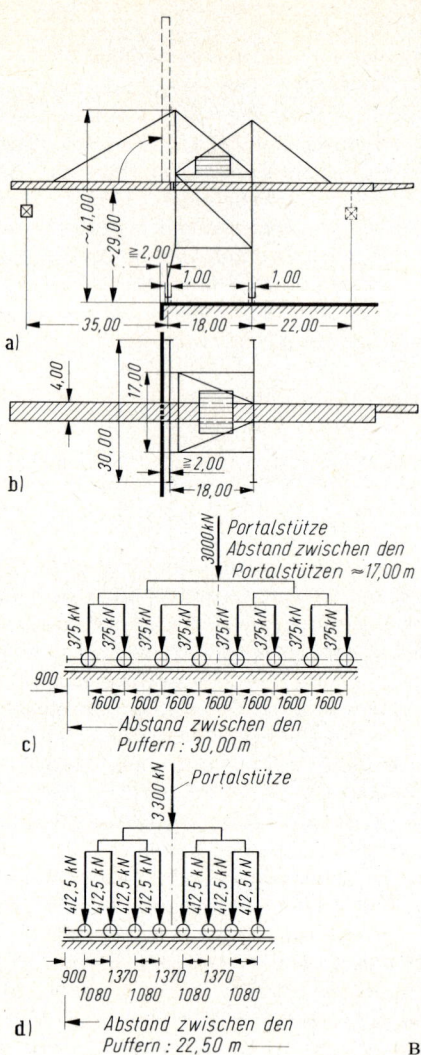

Bild 45. Beispiel eines Containerkrans mit 53 t Tragfähigkeit, mit Radlastschema ohne Wind- und Massenkräfte
a) Schnitt
b) Grundriß
c) Radlastschema für eine Stütze bei 30 m Pufferabstand
d) Vergleichsweise Radlastschema für eine Stütze bei 22,5 m Pufferabstand

6 Querschnittsgestaltung und Ausrüstung von Ufereinfassungen

6.1 Querschnittsgrundmaße von Seeschiffsmauern (E 6)

6.1.1 Gehstreifen, Leinpfad

Der Gehstreifen vor der wasserseitigen Kranschiene, der Leinpfad, wird benötigt für das Aufstellen der Poller, das Auflagern des Landganges (Gangway), als Weg und Arbeitsraum für die Leinenverholer, als Zuweg zu den Schiffsliegeplätzen und zur Aufnahme des wasserseitigen Teiles des Kranfußes. Es kommt ihm demnach im Hafenbetrieb eine besondere Bedeutung zu. Bei der Wahl seiner Breite müssen die entsprechenden Unfallverhütungsvorschriften berücksichtigt werden.

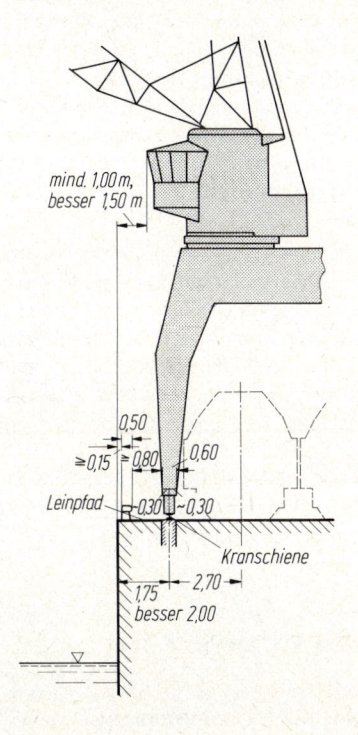

Bild 46. Querschnittsgrundmaße der Ausrüstung bei Seeschiffsmauern (die Versorgungskanäle sind nicht dargestellt)

Mit der aus diesen Gründen zu fordernden größeren Breite rückt der Kran von der Uferkante ab, was zwar eine größere Ausladung erfordert und den Umschlagbetrieb verteuert, aber auch dem Umstand Rechnung trägt, daß heute in steigendem Maße Schiffe anlegen, deren Aufbauten über den Schiffsrumpf hinausragen und damit die Hafenkrane gefährden, vor allem, wenn noch eine Krängung des Schiffes hinzukommt. Aus diesem Grund muß die äußere Begrenzung des drehbaren Krangehäuses in jeder Stellung mindestens 1,00 m, besser jedoch 1,50 m hinter der Lotrechten durch Vorderkante Uferwand liegen. Allenfalls kann dieses Maß von Vorderkante Reibeholz, Reibepfahl oder Fenderung ab gerechnet werden (Bild 46).

Kaikanten mit Anlege- und Umschlagbetrieb sollten nicht mit einem Geländer ausgerüstet werden, weil durch solche Geländer nur eine zusätzliche Verunsicherung eintreten würde. Jedoch sind solche Kaikanten mit einem geeigneten Gleitschutz entsprechend E 94, Abschn. 8.4.6 zu versehen. Die nicht dem Anlege- und Umschlagbetrieb dienenden Kaikanten sollten aber mit einem Geländer ausgerüstet werden.

6.1.2   Kantenpoller

Bei Kantenpollern, die unmittelbar an der Uferkante angeordnet waren, sind Schwierigkeiten beim Auflegen und Abheben der dicken Hanftrossen aufgetreten, wenn die Schiffe dicht an der Uferwand lagen. Poller müssen daher mit ihrer Vorderkante mindestens 0,15 m hinter der Kaimauervorderkante liegen. Die Pollerkopfbreite wird zweckmäßig mit 0,50 m berücksichtigt. Das Kranlaufwerk neuzeitlicher Hafenkrane kann etwa 0,60 m breit angesetzt werden (Bild 46).

6.1.3   Übrige Ausrüstung

Für die Anlage neuer Häfen und den Umbau bestehender Anlagen werden unter Berücksichtigung aller in Betracht kommenden Einflüsse die in Bild 46 eingetragenen Maße empfohlen. Das Abstandmaß 1,75 m zwischen Kranschiene und Uferkante ist dabei als Mindestmaß aufzufassen. Es wird besser mit 2,00 m festgesetzt, vor allem, wenn die beiden wasserseitigen Kranlaufwerke miteinander verbunden sind und so der freie Durchgang zwischen den Laufwerken unmöglich ist.

Da die Deutsche Bundesbahn die Einhaltung des Sicherheitsmaßes gegenüber dem Kran auch bei unabhängigen vorderen Kranlaufwerken fordert, muß die Achse des ersten Gleises mindestens 2,70 m hinter der vorderen Kranlaufschiene liegen.

6.2   Oberkante der Ufereinfassungen in Seehäfen (E 122)

6.2.1   Allgemeines

Bestimmend für die Oberkante der Ufereinfassungen ist die Höhenlage der Betriebsebene des Hafens. Beim Festlegen der Höhenlage sind folgende Haupteinflußgrößen zu beachten:

(1) Wasserstände und deren Schwankungen, insbesondere auch Höhen und Häufigkeiten von möglichen Sturmfluten, Windstau, Gezeitenwellen, Auswirkung einer evtl. Oberwasserführung und weitere Einflüsse nach Abschn. 6.2.2.2 (1),

(2) mittlere Höhe des Grundwasserspiegels mit Häufigkeit und Größe der Spiegelschwankungen,
(3) Schiffahrtsbetrieb, Hafeneinrichtungen und Umschlagvorgänge,
(4) Geländebeschaffenheit, Untergrund, Aufhöhungsmaterial und Nutzlasten,
(5) konstruktive Möglichkeiten für die Ufereinfassungen und
(6) ein eventueller Massenausgleich.

Je nach den Anforderungen an den Hafen in betrieblicher, wirtschaftlicher und ausführungsmäßiger Hinsicht müssen die Gewichte dieser Haupteinflußgrößen als Entscheidungshilfen variiert werden, um das erreichbare Optimum zu erhalten.

6.2.2 Höhen und Häufigkeit der Hafenwasserstände

Hierbei ist grundsätzlich zu unterscheiden zwischen Dockhäfen und offenen Häfen mit oder ohne Tide.

6.2.2.1 Dockhäfen

Bei hochwassersicheren Dockhäfen wird die Betriebsebene des Hafens so hoch über dem amtlich festgesetzten Mittleren Betriebswasserstand angeordnet, wie es erforderlich ist:

(1) gegen Überfluten des Hafengeländes beim höchsten vorgesehenen Betriebswasserstand,
(2) für eine genügend hohe Lage des Hafengeländes über dem höchsten zum Mittleren Betriebswasserstand gehörenden Grundwasserstand im Hafengelände und
(3) für einen zweckmäßigen Umschlag von Stückgut und Massengut.

Eine Höhe des Planums von im allgemeinen 2,00 bis 2,50 m, mindestens aber von 1,50 m, über dem Mittleren Betriebswasserstand ist dabei zu beachten.

6.2.2.2 Offene Häfen

(1) Voruntersuchungen

Der statistisch ermittelte sogenannte Gewöhnliche Wasserstand – in Tidegebieten auch Mittelwasser genannte Wert – kann nicht von vornherein als maßgebend für die Wahl einer geeigneten Hafenbetriebsebene angenommen werden. Wesentlicher sind vielmehr Höhe und Häufigkeit des Hochwassers.

Bei der Planung sind daher so weit wie möglich Häufigkeitslinien für Überschreitungen des Mittleren Hochwasserstandes heranzuziehen. Hierbei sind neben den Gezeiten im einzelnen noch folgende Einflüsse zu beachten:

– Windstau im Hafenbecken,
– Schwingungsbewegungen des Hafenwassers durch atmosphärische Einflüsse (Seiches),

- Wellenauflauf entlang des Ufers (Macheffekt),
- Resonanz des Wasserspiegels im Hafenbecken,
- säkuläre Hebungen des Wasserspiegels und
- langfristige Küstenhebungen bzw. -senkungen.

Soweit die obigen Einflüsse nicht in den Häufigkeitslinien mit erfaßt sind, müssen diese Kurven korrigiert werden. Liegen keine oder nur wenige Wasserstandsmessungen vor, müssen noch während der Entwurfsarbeiten möglichst viele Messungen an Ort und Stelle durchgeführt und in Verbindung gebracht werden zu bekannten Häufigkeitslinien von Hochwasserständen in nächstgelegenen Gebieten.

(2) Wahl der optimalen Geländehöhe
Anhand der Häufigkeitslinien der Wasserstände ist das Risiko einer Überflutung des Hafengeländes bei extrem hohen Wasserständen festzustellen und in seinen Auswirkungen zahlenmäßig zu erfassen. Die Kosten für ein Höherlegen des Hafenplanums mit aufwendigeren Ufereinfassungen und erhöhten Massenbewegungen müssen hierbei den zu erwartenden Schadenkosten bei Überflutungen gegenübergestellt werden. Dabei muß eine gewisse Rangfolge der Überflutungsempfindlichkeit bei den ortsüblichen Hafeninstallationen wie Hochbauten, mechanischen und elektrischen Betriebsanlagen und bei den Lager- bzw. den reinen Umschlaggütern verschiedenster Art beachtet werden. Die optimale Höhenlage des Hafenplanums kann auf mathematischem Wege gefunden werden, wenn beispielsweise nach [31] und [32] vorgegangen wird. Bei diesen Verfahren werden die Kosten einer größeren Sicherheit gegen Überfluten – also einer höheren Geländelage – gegen die finanziellen Schäden im Falle eines Überflutens abgewogen.

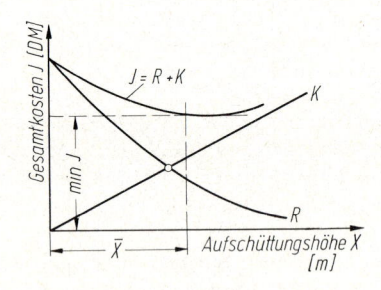

Bild 47. Abhängigkeit der Gesamtkosten J von der Aufschüttungshöhe X

In Bild 47 bedeuten:
$\overline{X}$ = die zum Gesamtkostenminimum führende Aufschüttungshöhe über einer Vergleichsfläche in m,
R = kapitalisierte Kosten der Prämie für eine Katastrophenschädenversicherung,

K = Investitionskosten für die Aufschüttung. (Angenommen wird dabei, daß die Aufschüttungskosten proportional mit der Aufschüttungshöhe X zunehmen).

Wenn für die Gesamtschäden durch Überfluten – einschließlich der Produktionsverluste und der Wiederherstellungskosten – das Symbol W eingesetzt wird, ergibt sich für die jährliche Katastrophenschädenerwartung das Produkt von W mit der Wahrscheinlichkeit einer Überflutung pro Jahr. Diese Katastrophenschädenerwartung ist die jährlich fällige Versicherungsprämie für die Deckung aller Schäden. Die kapitalisierte Jahresprämie R ist ebenfalls in Bild 47 dargestellt.

Die Gesamtkosten J bestehen also aus den Investitionskosten K für die Aufschüttung und den kapitalisierten Kosten R der Prämie für eine Katastrophenschädenversicherung.

Aus Bild 47 ergibt sich, daß für eine optimale Höhe $\overline{X}$ der kleinste Wert von R + K maßgebend ist. Wenn man davon ausgeht, daß die Überschreitungschancen von Sturmflutwasserständen im betrachteten Bereich eine exponentielle Verteilung haben und die Katastrophenschädenerwartung W und der Zinssatz konstant bleiben, kann die optimale Höhe $\overline{X}$ des aufzuschüttenden Geländes mit folgender Formel berechnet werden:

$$\overline{X} = a_{10} \cdot \log \left(\frac{230 \cdot p_0}{\delta \cdot a_{10}} \cdot \frac{W}{k} \right).$$

Hierin bedeuten:

a_{10} = Chancendezimierungshöhe in m = Differenz zwischen zwei Sturmflutwasserständen, bei denen die Häufigkeit sich wie 1:10 verhält,

p_0 = Überschreitungschance der Vergleichsfläche pro Jahr für $\overline{X}$ (z. B. 0,01 = 1 × pro Jahrhundert),

δ = Jahreszinssatz (in %, nicht dezimal geschrieben),

W = Katastrophenschädenerwartung im Fall einer Überflutung (in DM),

k = die Kosten je Meter Aufschüttungshöhe über der Vergleichsfläche (in DM/m).

6.2.2.3 Auswirkungen von Höhe und Veränderungen des Grundwasserspiegels im Gelände

Die mittlere Höhe des Grundwasserspiegels und seine örtlichen Änderungen nach Jahreszeit, Häufigkeit und Größe müssen berücksichtigt werden, insbesondere im Hinblick auf zu erstellende Rohrleitungen, Kabel, Straßen, Eisenbahnen, Geländenutzlasten usw., in Verbindung mit den Untergrundverhältnissen. Hierbei muß wegen der nötigen Vorflut auch der Verlauf des Grundwasserspiegels zum Hafenwasser hin beachtet werden.

6.2.2.4 Umschlagvorgänge
Hierbei ist zu unterscheiden zwischen:
(1) Stückgut- und Containerumschlag
Generell muß ein hochwasserfreies Gelände angestrebt werden. Ausnahmen sollten nur in besonderen Fällen zugelassen werden.

(2) Massengutumschlag
Wegen der Verschiedenheit der Umschlagverfahren und Lagerungsarten sowie der Empfindlichkeit der Güter und Anfälligkeit der Geräte kann eine allgemeine Richtlinie hier nicht gegeben werden. Als wesentliche Einflußfaktoren sind hier übergeordnete Hafenbelange, wie die Verkehrslage und -stetigkeit im Massengutumschlag und vor allem auch die Untergrundverhältnisse zu beachten.

(3) Spezialumschlagausrüstungen
Bei Schiffen mit Seitenpforten für den truck-to-truck-Umschlag, Heck- bzw. Bugklappen für den roll-on/roll-off-Umschlag oder anderen Spezialausrüstungen muß die Oberkante der Ufereinfassung je nach Schiffstyp und fester oder beweglicher Übergangsrampe gewählt werden. Die Höhe der Ufereinfassung muß hier aber nicht gleichbedeutend mit der allgemeinen Geländehöhe sein.

(4) Umschlag mit Bordgeschirr
Um auch bei tiefliegendem Schiff noch ausreichende Arbeitshöhe unter dem Kranhaken zu haben, sind die Kaihöhen im allgemeinen niedriger als beim Umschlag mit Kaikranen zu wählen.

6.2.2.5 Geländebeschaffenheit, Untergrund und Art des Aufhöhungsmaterials

Neben der geologischen und geomorphologischen Beschaffenheit des Geländes sind folgende Faktoren für die Wahl der Höhenlage des Hafenplanums mitbestimmend:

– Grundbautechnische Gegebenheiten und ihre Einflüsse auf Planung, Entwurf und Bauausführung der Ufereinfassungen und auf die Gründungsmöglichkeiten von Hoch- und Tiefbauten,
– bodenmechanische Eigenschaften des Untergrundes, insbesondere im Hinblick auf eine Geländeaufhöhung und spätere Nutzlasten,
– mittlerer Grundwasserstand und dessen Schwankungen im Hinblick auf Leitungsverlegungen, Verkehrswege, Bauwerke usw. und
– Beanspruchungen aus Verkehrslasten und Stapellasten für Stückgut oder Massengut.

6.2.2.6 Konstruktive Möglichkeiten für Ufereinfassungen

Die Höhe des Hafenplanums über dem maßgebenden Wasserstand und die erforderliche Wassertiefe für das größte, voll abgeladen in Frage kommende Schiff beim niedrigsten Arbeitswasserstand ergeben den zu überwindenden Geländesprung. Seine Höhe beeinflußt die Wahl der

konstruktiven Lösung für die Ufereinfassung in technischer und wirtschaftlicher Hinsicht weitgehend.
Während Kaimauern für Stückgut – einschließlich Containerumschlag – nach Abschn. 6.2.2.4 (1) trotz höherer Baukosten im allgemeinen hochwasserfrei ausgeführt werden, kann nach Abschn. 6.2.2.4 (2) die Oberkante bei Massengutumschlag, fallweise aber auch bei Industrieanlagen, tiefer gelegt werden. Üblicherweise werden hier geböschte Ufer oder aufgeständerte Spundwandvorsetze angewendet, deren Oberkante nur wenig über MThw gelegt wird.

6.2.2.7 Eventueller Massenausgleich

Bei der Planung sollte generell ein Massenausgleich angestrebt werden, d.h. die zu baggernden Bodenmengen sollten – wenn die Qualität dieses zuläßt und die sonstigen Bedingungen dadurch nicht zu ungünstig beeinflußt werden – möglichst den Massen der Geländeaufhöhung entsprechen.

6.3 Querschnittsgrundmaße von Ufereinfassungen in Binnenhäfen (E 74)

6.3.1 Gehstreifen

Bei Ufereinfassungen in Binnenhäfen ist möglichst nahe der Uferkante ein profilfreier Gehstreifen erforderlich, damit die Schiffsbesatzungen und das Hafenbetriebspersonal von und an Bord gehen können. Am besten liegt der Gehstreifen wasserseitig der Kranschiene (Bild 48). Dies ist aber aus konstruktiven Gründen nicht immer möglich. Bei Spundwandufern wird aus statischen Gründen die Kranschiene häufig senkrecht über der Spundwandachse angebracht. Bei dieser Lösung läßt sich ein Gehstreifen wasserseitig der Kranschiene jedoch nicht anlegen, da aus hafenbetrieblichen Gründen die wasserseitige Auskragung des Betonholmes so gering wie möglich gehalten werden muß. Umgekehrt dürfen die Kranportale keinesfalls über die Uferkante hinausragen. Der Gehstreifen ist in diesem Fall hinter der Kranschiene anzuordnen (Bild 50). Dies ist nicht erforderlich, wenn der Wandkopf nach Bild 48b) ausgeführt wird. Es empfiehlt sich aber, in jedem Falle sorgfältig zu prüfen, ob die Kranbahn unmittelbar am Ufer liegen muß, oder ob sie nicht besser weiter rückwärts – hinter dem wasserseitigen Gleis der Hafenbahn – angeordnet wird (Bild 49). Der Uferausbau und der Uferbetrieb sind dann einfacher und übersichtlicher. Insbesondere bei Verladebrücken und Krananlagen mit großer Reichweite ist es im allgemeinen nicht nötig, die wasserseitige Kranschiene an die Uferkante zu legen.
Die in den Bildern 48, 49 und 50 dargestellte übliche Gehwegbreite von 0,80 m muß fallweise den Forderungen der zuständigen Aufsichtsbehörde angepaßt werden.
Bezüglich der Ausrüstung von Kaikanten mit Hafen- und Umschlagbe-

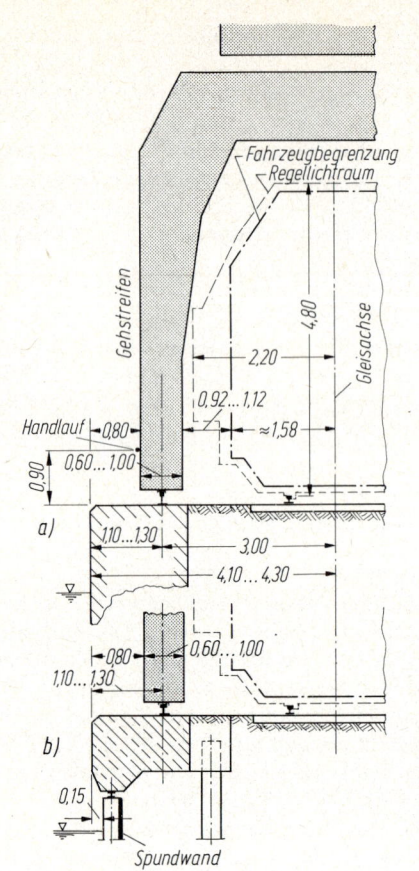

Bild 48. Querschnittsgrundmaße bei Ufereinfassungen in Binnenhäfen mit wasserseitigem Gehstreifen
a) bei Betonmauern
b) bei Spundwandbauwerken

trieb mit einem Schutzgeländer gilt das in E 6, Abschn. 6.1.1 Gesagte sinngemäß.

6.3.2 Festmacheeinrichtungen

An der Wasserseite der Ufereinfassungen sind ausreichende Festmacheeinrichtungen für die Schiffe anzuordnen (E 13, Abschn. 6.11).

6.3.3 Übrige Ausrüstung

Wenn die wasserseitige Kranschiene nahe der Uferkante liegen muß, ist bei Ufereinfassungen nach Bild 48 bei 0,60 m Portalbeinbreite die Schienenachse mindestens 1,10 m hinter der Uferkante anzuordnen, bei größerer Portalbeinbreite entsprechend weiter. Diese Ausbildung läßt einen noch ausreichenden 0,80 m breiten Gehstreifen wasserseitig vom Kranportal zu, der lediglich durch Steigeleitern eingeengt und durch

Bild 49. Querschnittsgrundmaße einer Ufereinfassung in Binnenhäfen mit rückverlegter Kranbahn

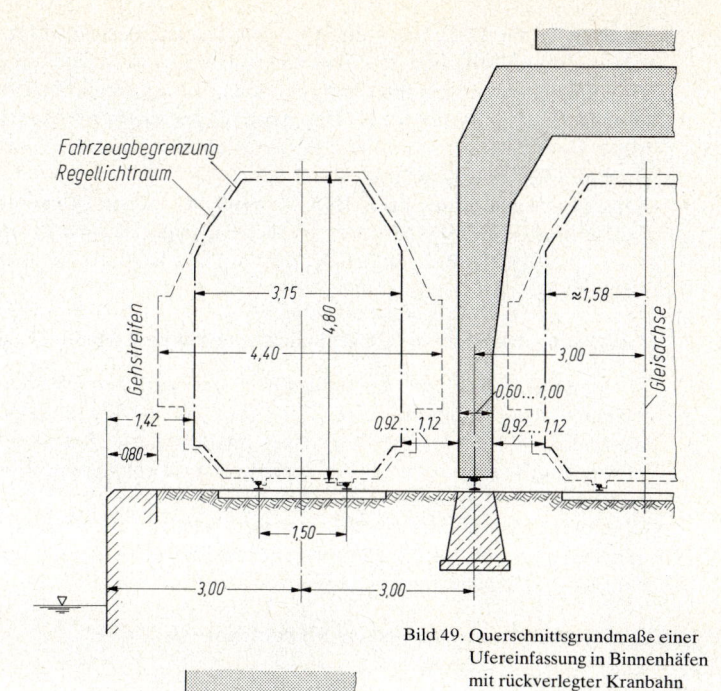

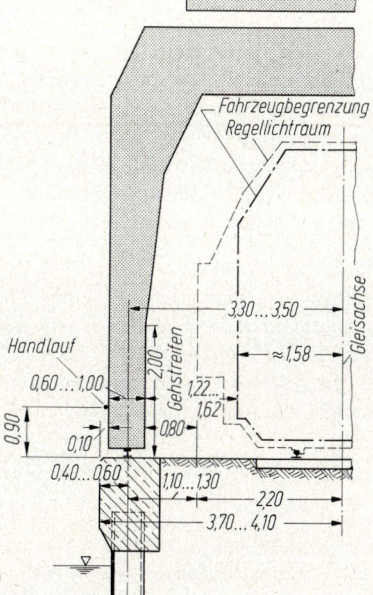

Bild 50. Querschnittsgrundmaße bei Spundwandbauwerken in Binnenhäfen mit Anordnung der Kranschiene über der Spundwandachse

119

Treppen in der Ufermauer unterbrochen werden darf. Im Bereich der 0,80 m breiten Nischen der Bedienungstreppen ist noch ausreichend Wanddicke vorhanden, um die Kranschiene auflagern und befestigen zu können (E 85, Abschn. 6.21). Der Abstand der Kranschienenachse von Mitte Hafenbahngleis muß bei Neuanlagen ohne inneren Gehstreifen (Bild 49) 3,00 m betragen.

Bei einer Ausführung nach Bild 50 muß im wasserseitigen 0,40 bis 0,60 m breiten Teil des Stahlbetonholmes auch die Steigeleiter untergebracht werden, was bei flachen Profilen nur im Schutz von Fenderleisten möglich ist.

6.4 Ausbildung der Ufer von Umschlaghäfen an Binnenkanälen (E 82)[1]

In Umschlaghäfen an Binnenkanälen mit geringen Wasserstandsschwankungen empfiehlt es sich, die Ufer lotrecht auszubauen. Diese Ausbildung führt bei verhältnismäßig niedrigen Anlagekosten zu den günstigsten Bedingungen für den Hafen- und Umschlagbetrieb sowie zu den niedrigsten Unterhaltungskosten.

Oberkante Hafenplanum sollte mit Rücksicht auf die Einbauten und den Hafenbetrieb im allgemeinen nicht weniger als 2,00 m über dem normalen Kanalwasserstand angeordnet werden.

6.5 Spundwandufer an Kanälen für Binnenschiffe (E 106)

6.5.1 Allgemeines

In Fällen, in denen Kanäle in räumlich beengtem Gelände neu angelegt oder erweitert werden müssen, sind Ufereinfassungen aus verankerten Stahlspundwänden häufig die technisch beste und, einschließlich der verminderten Grunderwerbs- und Unterhaltungskosten, auch die wirtschaftlich zweckmäßigste Lösung. Dies gilt vor allem für Dichtungsstrecken. Zur Ergänzung der abdichtenden Wirkung können die Spundwandschlösser nach E 117, Abschn. 8.1.22 gedichtet werden.
Bild 51 zeigt ein kennzeichnendes Ausführungsbeispiel.

6.5.2 Berechnung

Die Berechnung und Bemessung des Bauwerks und seiner Teile wird nach den einschlägigen Empfehlungen durchgeführt. Besonders wird auf E 19, Abschn. 4.2 und E 18, Abschn. 5.4 hingewiesen. Bei den lotrechten Nutzlasten (vgl. E 5, Abschn. 5.5) wird im Uferbereich, abweichend vom Grundfall 3, nicht mit 20 kN/m^2, sondern nur mit 10 kN/m^2 Geländenutzlast gerechnet (Bild 51).

Hingewiesen wird auch auf E 41, Abschn. 8.2.8 und auf E 55, Abschn. 8.2.6.

---

[1] siehe auch „Empfehlungen und Berichte des Technischen Ausschusses Binnenhäfen". Bezugsquelle: Geschäftsstelle des Bundesverbands öffentlicher Binnenhäfen e. V., Postfach 99, 4040 Neuß.

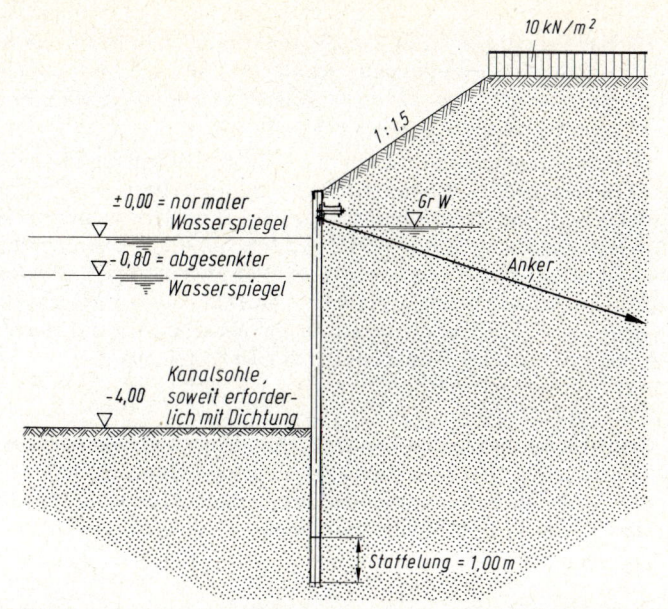

Bild 51. Querschnitt für das Spundwandufer eines Binnenschiffahrtskanals

6.5.3 Lastansätze

Im Lastfall 1 ist mit dem Wasserüberdruck zu rechnen, der sich bei häufig auftretenden ungünstigen Kanal- und Grundwasserständen ergibt.

Im Lastfall 2 wird eine Absenkung des Kanalwasserspiegels vor der Spundwand um 0,80 m durch vorbeifahrende Schiffe berücksichtigt.

Im Lastfall 3 sind folgende Belastungen anzusetzen:

(1) In Kanalbereichen, in denen der Kanal planmäßig entleert wird (z. B. zwischen zwei Sperrtoren), ist der Kanalwasserspiegel in Höhe Kanalsohle und der Grundwasserspiegel entsprechend den örtlichen Gegebenheiten anzusetzen.

(2) In den übrigen Bereichen braucht ein völliges Leerlaufen des Kanales bei gleichzeitig unabgesenktem Grundwasserspiegel nicht berücksichtigt zu werden.

Sind die örtlichen Verhältnisse ausnahmsweise so, daß bei einer ernstlichen Beschädigung des Kanals ein rascher und starker Abfall des Kanalwasserspiegels zu erwarten ist, müssen die beiden folgenden Belastungsfälle untersucht werden:

– Der Kanalwasserspiegel liegt 2,00 m tiefer als der Grundwasserspiegel.

– Der Kanalwasserspiegel wird in Höhe Kanalsohle und der Grundwasserspiegel 3,00 m höher angesetzt.

(3) Bei Ufereinfassungen, die einen Bruch oder Einsturz von Brücken, Verladeanlagen usw. nach sich ziehen können, ist die Spundwand für den Lastfall „leergelaufener Kanal" zu bemessen oder durch konstruktive Maßnahmen besonders zu sichern.

In den statischen Untersuchungen kann die planmäßige Kanalsohle als Rechnungssohle angesetzt werden. Eine Tieferbaggerung bis zu 0,30 m unter Sollsohle ist bei Beachtung der EAU im allgemeinen ohne besondere Berechnung vertretbar (E 37, Abschn. 6.8). Ausnahmen sind unverankerte Wände und verankerte Wände mit freier Fußauflagerung. Sind in Ausnahmefällen größere Abweichungen zu erwarten und besteht starke Kolkgefahr durch Schiffsschrauben, ist die Berechnungssohle mindestens 0,50 m unter der Sollsohle anzusetzen.

6.5.4 Einbindetiefe

Steht bei zu dichtenden Dammstrecken in erreichbarer Tiefe wasserundurchlässiger Boden an, wird die Uferspundwand so weit nach unten verlängert, daß sie dicht in die undurchlässige Schicht einbindet. Hierdurch kann die Sohlendichtung eingespart werden.

6.6 Teilgeböschter Uferausbau in Binnenhäfen mit großen Wasserstandsschwankungen (E 119)

6.6.1 Gründe für den teilgeböschten Ausbau

Durch den Strukturwandel in der Binnenschiffahrt mit dem Übergang von der Schleppschiffahrt auf Motorgüterschiffe und Schubverbände haben sich die Anforderungen an die Gestaltung der Ufer in Binnenhäfen mit großen Wasserstandsschwankungen geändert. Gleiches gilt für den Umschlagbetrieb.

Das Anlegen, Festmachen und Ablegen unbemannter Fahrzeuge muß bei jedem Wasserstand ohne Benutzung von Ankern möglich sein, ebenso das gefahrlose Betreten durch das Hafen- und Betriebspersonal, was wegen der Wasserstandsschwankungen nur in senkrechten Uferbereichen möglich ist.

Durch den Verkehr mit Schiffen vergrößerter Abladetiefe, bei Schubleichtern bis zu 3,80 m, und sinkenden Wasserständen (z.B. infolge von Flußsohlenerosion) kann die Fahrwasserbreite bei geböschten Ufern so weit eingeengt worden sein, daß der Schiffsverkehr und insbesondere die Wendemanöver behindert werden.

Aus diesen Gründen sind vollgeböschte Ufer sowohl als Liegeplätze als auch als Umschlagplätze fallweise nur sehr bedingt brauchbar.

An den Umschlagplätzen für feste Güter und an den Liegeplätzen für Schubleichter sind jetzt – mindestens für die vorherrschenden Wasserstandsbereiche – senkrechte Ufer und außerdem eine waagerechte Hafensohle zu fordern. Da aber im oberen Bereich des Ufers eine senkrechte Ausbildung nicht notwendig und häufig auch nicht erwünscht ist, bietet sich in Binnenhäfen mit großen Wasserstandsschwankungen das teilgeböschte Ufer an. Es besteht aus einer senkrechten Uferwand für den unteren Teil und einer sich anschließenden oberen Böschung (Bilder 52 und 53 als Beispiele).

6.6.2 Entwurfsgrundsätze

Bei der Planung eines teilgeböschten Ufers ist das richtige Festlegen der Höhe des Knickpunkts, dem Übergang von der senkrechten Ufereinfassung zur geböschten, besonders wichtig. Er muß in jedem Fall über dem langjährigen MW liegen. Wieviel er darüber liegt, hängt von der Nutzungsart des Ufers, aber auch von seiner Bauausführung ab.

Bei einem Ufer mit Massengutumschlag, dessen Hafenplanum etwa in Höhe des höchsten schiffbaren Wasserstands (HSW) liegt oder einem Ufer, das ausschließlich als Liegeplatz dient, kann eine Überstauungsdauer des Knickpunktes von etwa 60 Tagen im langjährigen Mittel in

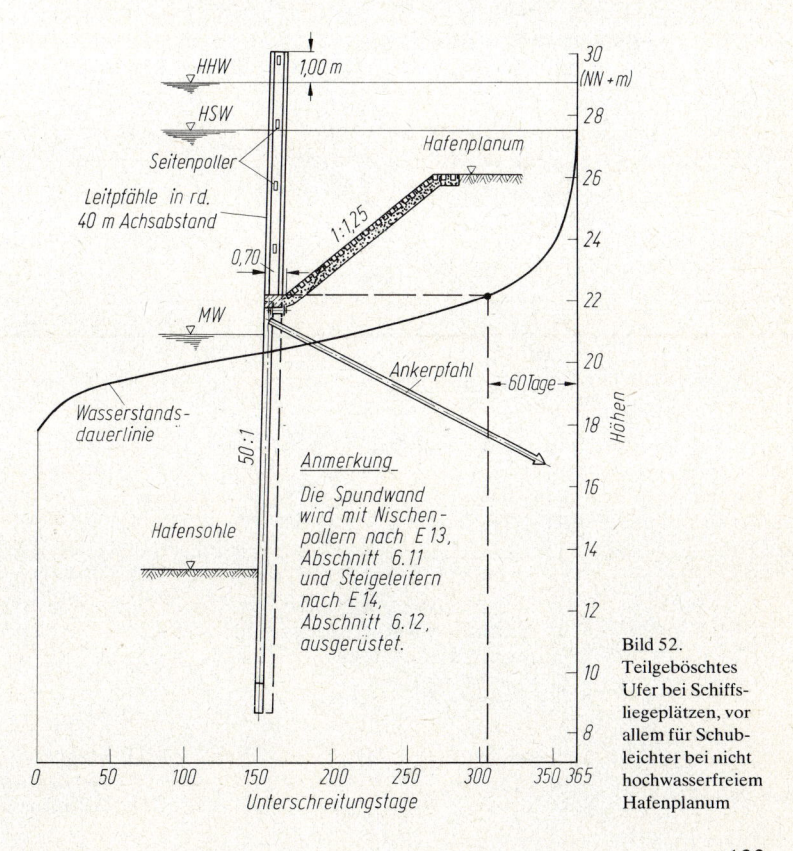

Bild 52. Teilgeböschtes Ufer bei Schiffsliegeplätzen, vor allem für Schubleichter bei nicht hochwasserfreiem Hafenplanum

Kauf genommen werden. Dies entspricht beispielsweise am Niederrhein einer Höhenlage des Knickpunktes von etwa 1 m über MW (Bild 52).
Bei Ufern mit höher gelegenem Hafenplanum ist die Spundwandoberkante so zu wählen, daß die Böschungshöhe auf maximal 6 m begrenzt wird (Bild 53).
Aus Betriebs- und aus Sicherheitsgründen soll innerhalb eines Hafenbeckens stets eine einheitliche Höhenlage des Knickpunktes gewählt werden.
An Liege- und an Koppelplätzen ohne Umschlagbetrieb für unbemannte Fahrzeuge in Flußhäfen mit stark wechselnden Wasserständen sind zur Markierung, zum sicheren Festmachen und zum Schutz der Böschung im senkrechten Uferabschnitt Leitpfähle im Abstand von etwa 40 m zweckmäßig. Sie werden ohne wasserseitigen Überstand 1,00 m über HHW hinausragend ausgebildet (Bild 52).
Der senkrechte Uferabschnitt wird im allgemeinen als einfach verankerte, im Boden eingespannte Spundwand ausgeführt. Damit ist eine genügend große, auch für spätere Sohlenvertiefungen ausreichende Gründungstiefe zu erreichen.
Den oberen Abschluß soll ein 0,70 m breiter Stahlbetonholm bilden

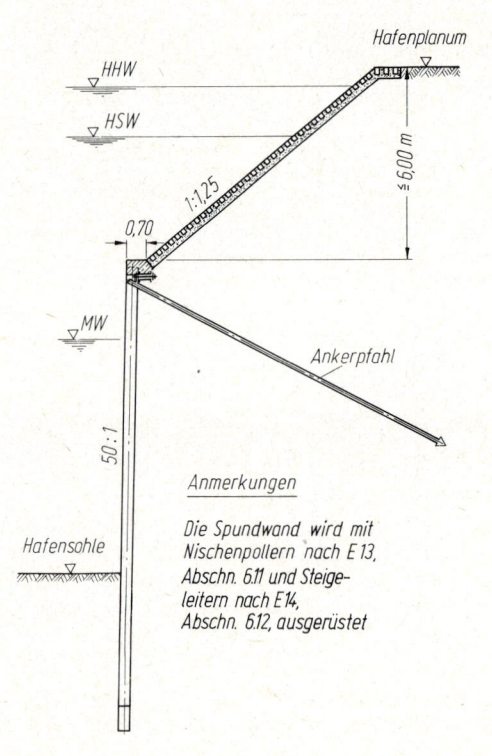

Bild 53. Teilgeböschtes Ufer bei hochwasserfreiem Hafenplanum

(Bilder 52 und 53), der ausreicht, um auch im Bereich der Leiternischen als sicher begehbare Berme genutzt werden zu können. Bei dieser Breite besteht – bei ordnungsgemäßer Wartung der Fahrzeuge – andererseits noch keine Gefahr, daß sich Schiffe oder Leichter bei fallenden Wasserständen aufsetzen.

Im Bereich von Leitpfählen ist die Berme hinter diesen durchlaufend auszubilden.

Die wasserseitige Kante des Stahlbetonholms ist nach E 94, Abschn. 8.4.6 durch ein Stahlblech gegen Beschädigungen zu schützen.

Die Böschung soll wegen der erforderlichen guten Begehbarkeit der Treppen nicht steiler als 1:1,25 sein. Angewendet werden hauptsächlich Neigungen von 1:1,25 bis 1:1,5.

Bezüglich der Ausführung der Böschungsbefestigung wird auf E 49, Abschn. 12.1 verwiesen.

Treppen, Steigeleitern, Poller, Haltekreuze sowie Halteringe werden beim teilgeböschten Ufer nach E 24, Abschn. 6.13, E 14, Abschn. 6.12 und E 13, Abschn. 6.11 sowie nach E 102, Abschn. 5.10 ausgeführt.

6.7 Solltiefe der Hafensohle vor Ufermauern (E 36)

6.7.1 Seehäfen

Beim Festlegen der Solltiefe der Hafensohle vor Ufermauern müssen folgende Faktoren berücksichtigt werden:

(1) Der Tiefgang des größten anlegenden, voll abgeladenen Schiffs, wobei auch der Salzgehalt des Hafenwassers berücksichtigt werden muß.

(2) Der Schutzraum zwischen Schiffsboden und Solltiefe, der im allgemeinen eine Mindesthöhe von 0,50 m aufweisen soll.

(3) Der Spielraum für Baggerungen vor der Ufermauer, der nach E 37, Abschn. 6.8 angesetzt werden soll.

Die Wassertiefe rechnet dabei vom Niedrigwasser (NW) und in Tidegebieten vom mittleren Springtideniedrigwasser = MSpTnw = Seekartennull = SKN. Für NW und MSpTnw sind die in den nächsten Jahrzehnten zu erwartenden Änderungen in der Höhenlage zu berücksichtigen. Wird MSpTnw häufiger merkbar unterschritten, muß ein noch niedrigerer rechnungsmäßiger Niedrigwasserspiegel zugrunde gelegt werden.

Auch bei felsigem Untergrund und ähnlichen Gefahren oder bei einer Anlage für besonders empfindliche Schiffe sowie Schiffe mit gefährlicher Ladung sind, wenn Ausweichmöglichkeiten mit größerer Hafentiefe fehlen, an Stelle von NW und MSpTnw noch niedrigere Wasserstände bis NNW bzw. NNTnw anzusetzen.

Die oben genannte Solltiefe zuzüglich etwaiger Baggertoleranzen nach E 37 muß auch auf einer Mindestbreite vorhanden sein, um die Standsicherheit der Ufermauer zu gewährleisten. Sowohl die Solltiefe beziehungsweise das Einhalten des Grenzwerts der Entwurfstiefe nach Bild 54 als auch die Mindestbreite müssen nach dem Herstellen der Kaimauer und auch später im Betrieb regelmäßig durch Loten kontrolliert werden.

6.7.2 Binnenhäfen

In Binnenhäfen an Flüssen soll die Hafensohle mindestens 0,30 m unter der Sollsohle der anschließenden Wasserstraße liegen. Wenn die Uferstrecke für Schutzhafenzwecke in Anspruch genommen wird oder wenn die Gefahr starker Sohlenveränderungen durch Schiffsschrauben besteht, muß der Schutzraum unter Umständen bis zu 1 m betragen.

6.8 Spielraum für Baggerungen vor Ufermauern (E 37)

Soll vor Ufermauern wegen Schlick-, Sand-, Kies- oder Geröllablagerungen gebaggert werden, muß die Baggerung bis unter die planmäßige Solltiefe der Hafensohle ausgeführt werden (Bild 54). Auch kann bei

① *Solltiefe der Hafensohle*
② *Unterkante der planmäßigen Baggerzone*
③ *Planmäßige Baggertiefe abzüglich Baggertoleranz*
④ *Planmäßige Baggertiefe einschließlich Baggertoleranz = Entwurfstiefe*

Unterhaltungs-Baggerzone

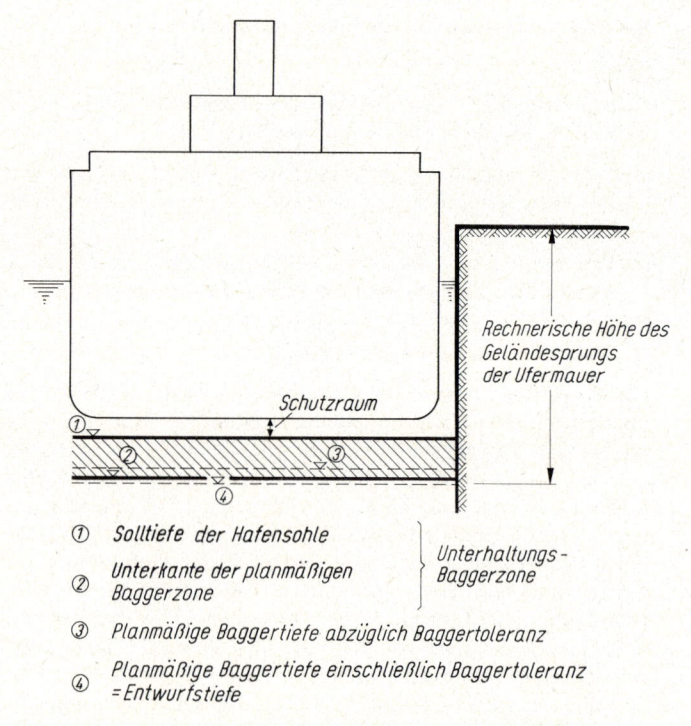

Bild 54. Ermittlung des Spielraums für die Baggerungen vor einer Ufermauer

Massengutumschlag (Erz, Kohle usw.) während des Be- oder Entladens der Schiffe viel Material zwischen Ufermauer und Schiff fallen, wodurch beträchtliche Untiefen entstehen können, die eine regelmäßige Beseitigung erfordern.

Die Baggertiefe unter der Solltiefe der Hafensohle = Höhe der Unterhaltungsbaggerzone, wird durch die folgenden Faktoren bestimmt, wobei auch auf E 139, Abschn. 7.3 verwiesen wird:

(1) Umfang des Schlickfalls, des Sandtriebs, der Kies- und/oder Geröllablagerungen sowie der Verluste an Massengut je Baggerperiode.

(2) Tiefe unter der Solltiefe der Hafensohle bestehender Ufermauern, bis zu welcher der Baugrund entfernt oder gestört werden darf.

(3) Folgerungen aus E 36, Abschn. 6.7: Solltiefe der Hafensohle vor Ufermauern.

(4) Kosten jeder Störung im Umschlagbetrieb, verursacht durch Baggerarbeiten.

(5) Kosten der Baggerarbeiten in bezug auf die Höhe der Unterhaltungsbaggerzone. (Die Baggerarbeiten werden im allgemeinen mit Eimerkettenbaggern ausgeführt. Die ersten 3 bis 5 m vor der Mauer müssen aber mit Greifbaggern geräumt werden).

(6) Mehrkosten einer Ufermauer mit tieferer Hafensohle.

Wegen der Wichtigkeit aller Faktoren (1) bis (6) muß der Spielraum für Baggerungen vor Ufermauern sorgfältig festgelegt werden. Einerseits kann ein zu kleiner Spielraum hohe Kosten für die Unterhaltungsbaggerungen und mehr Betriebsstörungen zur Folge haben, andererseits verursacht ein größerer Spielraum höhere Baukosten. Auf jeden Fall soll für Eimerkettenbaggerung der Spielraum mit der Wassertiefe zunehmen.

Nur zur allgemeinen Orientierung werden im folgenden für verschiedene Wassertiefen die Unterhaltungsbaggertiefen unter der Hafensohle mit den zugehörigen Mindesttoleranzen angegeben:

Wassertiefe	Höhe der Unterhaltungsbaggerzone	Mindesttoleranz	Rechnerische Gesamttiefe unter der Solltiefe der Hafensohle
m	m	m	m
6	0,3	0,2	0,5
10	0,5	0,3	0,8
15	0,8	0,3	1,1

Um die Anlandungen aus Schlickfall oder Sandtrieb unmittelbar vor der Ufermauer zu beschränken, kann es in bestimmten Fällen, beispielsweise in Tidegebieten, günstig sein, im mittleren Teil des Hafenbeckens eine größere Tiefe zu unterhalten. (Bild 55).

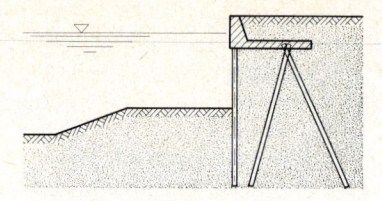

Bild 55. Vertiefte Baggerung im mittleren
Teil des Hafenbeckens

Vor jeder Baggerung, bei der die rechnerische Gesamttiefe unter der Solltiefe der Hafensohle voll ausgenutzt werden soll, muß der Zustand der Ufermauer – vor allem bei einer vorhandenen Entwässerung – überprüft und soweit erforderlich in Ordnung gebracht werden. Außerdem ist das Verhalten der Mauer vor, während und nach dem Baggern zu beobachten.

6.9   Anordnung und Belastung von Pollern für Seeschiffe (E 12)

Im Abschn. 5.8 behandelt.

6.10   Ausrüstung von Großschiffsliegeplätzen mit Sliphaken (E 70)

Um auch bei schweren Stahltrossen ein einfaches Festmachen und rasches Lösen der Trossen zu gewährleisten, werden seit etwa 20 Jahren an Stelle von Pollern schwere Sliphaken, das sind Zughaken mit Auslösevorrichtungen, angewendet. Bild 56 zeigt das Beispiel eines Sliphakens von 1250 kN Grenztragkraft. Er kann mit mehreren Trossen belegt werden und gibt sie sowohl bei Vollast als auch bei geringer Belastung durch das Betätigen eines Handgriffes mit kleiner Zugkraft frei.
Die Sliphaken werden mittels eines Kardangelenks an einem Sliphakenstuhl befestigt. Die Anzahl der Sliphaken richtet sich nach dem jeweils zu berücksichtigenden Trossenzug gemäß E 12, Abschn. 5.8 und nach den gleichzeitig zu bedienenden Haupt-Trossenrichtungen. Die Schwenkbereiche sind so zu wählen, daß bei allen in Frage kommenden Betriebsfällen jegliches Klemmen der Haken vermieden wird. Sliphaken eignen sich daher vor allem zum Festmachen von Großschiffen an besonderen Liegeplätzen, bei denen die Schwenkbereiche – gemäß dem Vertäuplan – eindeutig festgelegt werden können.

6.11   Anordnung, Ausbildung und Belastung von leichten Festmacheeinrichtungen für Schiffe an senkrechten Ufereinfassungen (E 13)

Diese Empfehlung ist soweit den „Richtlinien für die Ausrüstung der Schleusen der Binnenschiffahrtsstraßen" [33] angepaßt, als deren Grundsätze auf Ufereinfassungen übertragen werden können.
Unter diese Empfehlung fallen Poller, Nischenpoller, Haltekreuze, Haltebügel, Festmacheringe und dergleichen. Dafür wird im allgemeinen zusammenfassend das Wort „Poller" gebraucht.

Bild 56. Sliphakenstuhl

mit drei 1250-kN-Sliphaken
(DBP Nr. 1 119 174,
1 130 373 und 1 146 455)

Zugkraft zum Ausklinken
(etwa 200 N bei 1250 kN
Belastung durch Trossenzug)

Sliphakenstuhl

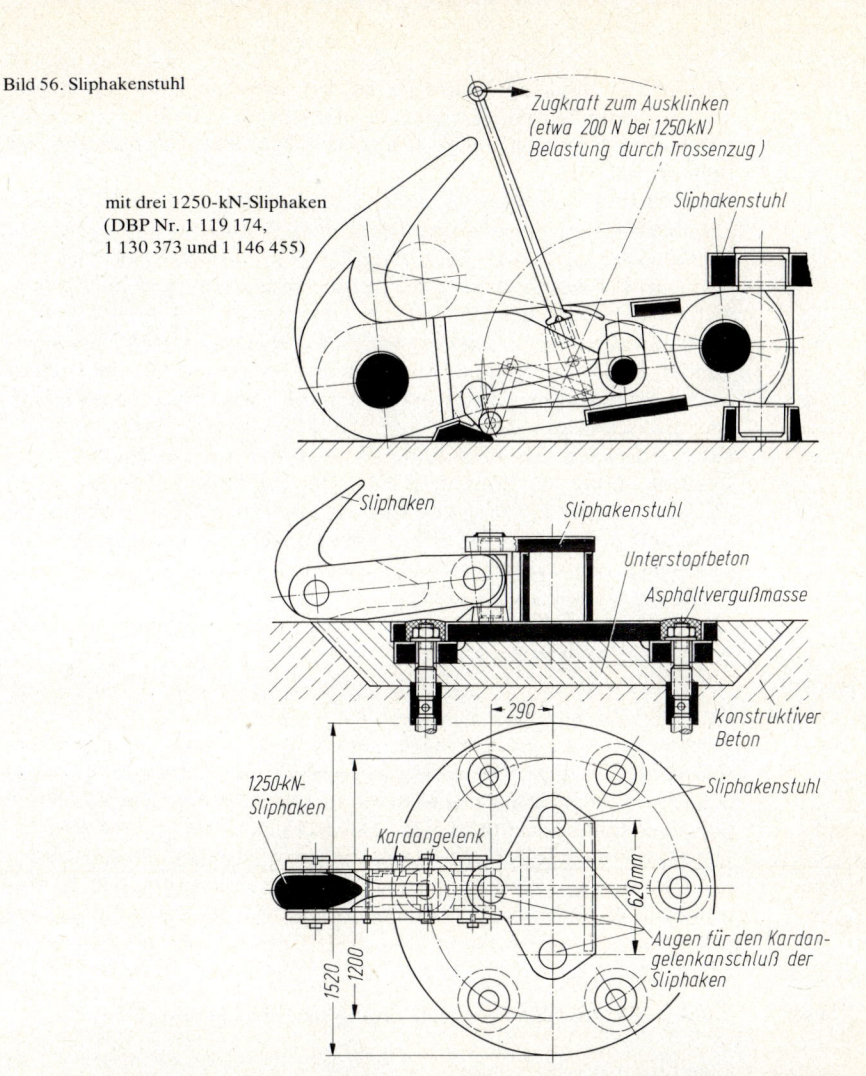

Sliphaken
Sliphakenstuhl
Unterstopfbeton
Asphaltvergußmasse
290
konstruktiver Beton

1250-kN-Sliphaken
Kardangelenk
Sliphakenstuhl
620 mm
Augen für den Kardangelenkanschluß der Sliphaken
1520
1200

6.11.1 Anordnung

Haltekreuze und Nischenpoller dienen zum Festmachen und zum Verholen von Binnenschiffen, Schleppern, Hafenfahrzeugen und kleinen Seeschiffen. Sie liegen lotrecht übereinander. Die Lage der so gebildeten lotrechten Reihen richtet sich nach der Lage der Steigeleitern. Neben jeder Steigeleiter wird links und rechts im Achsabstand von etwa 0,85 bis 1,00 m zur Leiter je eine Haltekreuz- oder Nischenpollerreihe angeordnet, in der Mitte zwischen den Leitern eine weitere. Bei einem Leiterabstand von rd. 30 m ist der Achsabstand zwischen der Haltekreuz- bzw. Nischenpollergruppe an der Leiter und der Haltekreuz- bzw. Nischenpollerreihe zwischen den Leitern rd. 15 m. Bei Stahlspundwänden wird das genaue Abstandsmaß durch den Schloßabstand der Bohlen bestimmt.

Die unterste Festmacheeinrichtung wird 1,00 m über NW, im Tidegebiet über Seekartennull angeordnet. Die oberste Festmacheeinrichtung wird 1,00 m unter Oberkante Ufer eingebaut. Der lotrechte Abstand zwischen beiden wird durch weitere Festmacheeinrichtungen im Abstand 1,30 bis 1,50 m (im Grenzfall bis 2,00 m) unterteilt.

Bei Überbauten aus Beton oder Stahlbeton werden Nischenpoller angewendet, deren Gehäuse, mit Anschlußankern versehen, mit einbetoniert werden. Bei Stahlspundwänden können die Haltekreuze angeschraubt oder angeschweißt werden.

Die Vorderkante des Zapfens der Haltekreuze bzw. der Nischenpoller soll 5 cm hinter der Vorderkante der Uferwand liegen. Seitlich, hinter und über den Zapfen ist so viel Spiel erforderlich, daß die Schiffstrossen leicht aufgelegt und wieder abgenommen werden können. Um eine Beschädigung der Trossen zu vermeiden, sind die Übergangskanten zur Flucht der Uferwand abzurunden.

Über die Anordnung von Haltekreuzen bzw. Nischenpollern bei Treppen siehe E 24, Abschn. 6.13.5.

6.11.2 Bemessung

Leichte Festmacheeinrichtungen werden üblicherweise für eine Trossenzugkraft von 50 kN bemessen, bei Verkehr mit Europa-Motorgüterschiffen, Europa-Schubleichtern oder noch größeren Binnenschiffen oder Seeschiffen bis 20 000 kN Wasserverdrängung aber für 100 kN.

Die Haltekreuze bzw. Nischenpoller sollen so gestaltet werden, daß bei einer Beanspruchung bis zum Bruch nur der leicht auswechselbar anzuordnende Zapfen ersetzt zu werden braucht.

6.12 **Anordnung, Ausbildung und Belastung von Steigeleitern (E 14)**

6.12.1 Anordnung

Steigeleitern dienen vor allem als Zugang zu den Festmacheeinrichtungen und für Notfälle, um ins Wasser gestürzten Personen das Anlandkommen zu ermöglichen. Sie sind nicht für den allgemeinen Verkehr bestimmt.

Die Steigeleitern werden in etwa 30 m Abstand angeordnet, so daß auf jeden Normalblock der Ufermauer eine Leiter entfällt. Die Lage der Leiter im Normalblock richtet sich nach der Pollerlage, da die Benutzung der Leitern nicht durch Trossen behindert werden darf. Im allgemeinen empfiehlt es sich, die Leitern im Bereich der Blockfugen anzuordnen. Bei geringeren Blocklängen gemäß E 17, Abschn. 10.1.5 ist sinngemäß zu verfahren.

Beidseitig neben jeder Leiter sollen Festmacheeinrichtungen angeordnet werden (E 102, Abschn. 5.10.1).

6.12.2 Ausbildung

Um das Ersteigen der Leiter vom Wasser aus auch bei NNW noch zu ermöglichen, muß die Leiter bis 1,00 m unter NNW geführt werden. Der Übergang der Leiter zum Ufergelände muß so ausgebildet werden, daß ohne Gefahr ein- und ausgestiegen werden kann. Gleichzeitig darf jedoch der Verkehr auf dem Uferbauwerk nicht gefährdet werden. Diese Doppelaufgabe wird am besten in der Weise gelöst, daß der Kantenschutz über die Leiter muldenförmig um 15 cm nach hinten gezogen wird. Außerdem wird mindestens bei hochwasserfreien Ufereinfassungen ein Haltebügel von 40 mm Durchmesser, der 30 cm über Oberkante Uferfläche reicht, in 45 cm Achsabstand hinter der Uferflucht angeordnet. Die oberste Sprosse liegt 15 cm unter der Oberkante der Ufermauer.

Die Leitersprossen liegen mit ihrer Achse etwa 10 cm hinter Vorderkante Uferbauwerk und bestehen aus Quadratstahl 30/30 mm, der übereck eingebaut wird. Dadurch wird die Rutschgefahr bei Vereisung oder Verschmutzung vermindert. Die Sprossen werden mit 300 mm Achsabstand in Leiterwangen befestigt, deren lichtes Maß 450 mm beträgt. Bei Stahlspundwänden wird das lichte Maß durch die Form der Spundbohlen bestimmt.

Leitern dürfen nur lotrecht bzw. leicht geneigt, jedoch nicht überhängend geführt werden. Aus diesem Grund richtet sich bei Beton- oder Stahlbetonüberbauten über Uferspundwänden die Lage der Leitern im Überbau nach der Sprossenlage im Spundwandbereich, was zu tieferen Leiternischen führen kann.

6.12.3 Bemessung

Die Leiterwangen werden an einbetonierte oder an der Spundwand befestigte, kräftig bemessene Konsolen so angeschlossen, daß die Leiter bei Beschädigung leicht ausgewechselt werden kann. Um den Leitern ausreichende Festigkeit zu geben, wird jede Wange für eine Belastung von 1 kN/m in waagerechter und lotrechter Richtung bemessen. Die Wangenabmessungen müssen daher dem Konsolabstand angepaßt werden bzw. umgekehrt. Die Leiterkonsolen sind verhältnismäßig stärker auszubilden als die Wangen, damit sich Beschädigungen im allgemeinen allein auf die Leiter beschränken. Bei Gefährdung durch Eisgang sind die Leitern möglichst stark zu bemessen, sofern nicht der laufende Ersatz abgängiger Leitern in Kauf genommen wird.

6.12.4 Leiternische

Die Leiternische wird bei Ufermauern aus Beton- oder Stahlbeton 75 cm breit und 30 cm tief ausgeführt. Bei 10 cm Abstand der Sprossenachsen von Vorderkante Ufermauer verbleibt so eine ausreichende Auftrittstiefe von 20 cm.

6.13 Anordnung und Ausbildung von Treppen in Seehäfen (E 24)

6.13.1 Anordnung

Treppen werden am Anfang oder am Ende einer Ufereinfassung angeordnet. Besonders lange Mauern erhalten Zwischentreppen in höchstens 1000 m Abstand. Die Treppen sollen auch von Personen, die mit den Verhältnissen in Häfen nicht vertraut sind, ohne Gefahr benutzt werden können. Die obere Ausmündung der Treppe ist so zu legen, daß der Personen- und der Hafenumschlagverkehr sich möglichst wenig stören. Der Treppenzugang muß übersichtlich sein und die reibungslose Abwicklung des Personenverkehrs gestatten. Das untere Treppenende muß so angeordnet werden, daß die Schiffe leicht und sicher anlegen können und daß der Verkehr zwischen Schiff und Treppe gefahrlos ist.

6.13.2 Ausbildung

Treppen sollen 1,50 m breit sein, so daß sie bei Seeschiffsmauern noch vor der wasserseitigen Kranbahn enden und die Befestigung der im Abstand von 1,75 m von der Uferkante liegenden Kranschiene nicht behindern. Die Treppensteigung ist nach der bekannten Gleichung $2h + b = 63$ bis 64 cm zu wählen. Betonstufen erhalten einen rauhen Hartbetonüberzug, die Trittkanten einen Kantenschutz aus Stahl. Auch Granitstufen haben sich bewährt.

6.13.3 Podeste

Bei großem Tidehub liegen die Podeste jeweils 0,75 m über MTnw, MW und MThw. Je nach der Höhe des Bauwerkes können weitere Podeste erforderlich sein. Der Höhenunterschied der Podeste darf 3,00 m nicht überschreiten. Die Podestlänge soll 1,50 m betragen.

6.13.4 Geländer

Die Treppenwandung wird mit einem Handlauf ausgerüstet, der mit der Oberkante 1,10 m über der vorderen Stufenkante liegt. Sofern der sonstige Hafenbetrieb es gestattet, werden die Treppen mit einem 1,10 m hohen Geländer umgeben, das auch abnehmbar ausgeführt werden kann. Die Hauptgefahrenquelle liegt an der Treppen-Querwand neben dem untersten Treppenpodest. Häufig werden die Treppen auch durch 0,30 m hoch reichende Holzstreichbalken oder gleichwertige Abweiser eingefaßt. Die Streichbalken liegen nicht unmittelbar, sondern mit einem Zwischenraum von 5 cm zur Oberkante Uferbauwerk auf. Ihre

Abmessungen betragen im allgemeinen 20/25 cm. Sie werden an den Enden so abgerundet, daß die Trossen nicht hinterhaken können. Außerdem werden die Kanten zur Schonung der Trossen gebrochen.

6.13.5 Haltekreuze

Die Uferwand neben dem untersten Treppenpodest wird mit Haltekreuzen ausgerüstet (E 13, Abschn. 6.11). Außerdem wird knapp unter jedem Podest ein Nischenpoller bzw. Haltekreuz angeordnet. Nischenpoller werden bei massiven Kaimauern bzw. Kaimauerteilen, Haltekreuze im allgemeinen bei Spundwandbauwerken angewendet.

6.13.6 Treppen in Spundwandbauwerken

Sie werden häufig aus Stahl hergestellt. Die Spundwand wird so gerammt, daß eine ausreichend große Nische entsteht, in die die Treppe eingesetzt wird.

Die Treppe ist in geeigneter Weise (Reibepfähle) gegen Unterfahren zu schützen.

6.14 Fenderungen für Großschiffsliegeplätze an Ufermauern (E 60)

6.14.1 Aufgaben

Um Großschiffen ein gefahrloses Anlegen auch an Ufermauern zu ermöglichen, die durch Windverhältnisse, starke Strömung, schlechte Anfahrbedingungen usw. ungünstig liegen, müssen diese Mauern mit Fendern ausgerüstet werden. Sie dämpfen den Schiffsstoß beim Anlegen und vermeiden Beschädigungen an Schiff und Bauwerk während der Liegezeit.

6.14.2 Ausführung

Die Fenderung kann aus Stahl, Holz, Buschwerk, Tauwerk, Elastomer und dergleichen hergestellt werden, wobei die Ausbildungsgrundsätze für das betreffende Material sehr genau beachtet werden müssen. Bekannt sind unter anderem: Streichbalken, Reibehölzer, Reibepfähle, Fenderwände mit Abfederung durch Pfähle, Elastomer-Puffer bzw. Pufferfedern, Busch-, Tauwerks-, Holz- oder Elastomer-Hängefender, Gewichtsfender, Torsionsfender, Schwimmfender und dergleichen.

Große Fender werden im allgemeinen bei normaler Blocklänge (30 m) in Blockmitte angeordnet, kleinere in den Viertelspunkten. Bei kürzeren Blocklängen gemäß E 17, Abschn. 10.1.5 ist sinngemäß zu verfahren.

6.14.3 Wirtschaftlichkeit

Die Fenderungen erfordern zum Teil erhebliche Unterhaltungskosten. Es empfiehlt sich daher, bei jeder Ufermauer sorgfältig zu prüfen, ob und in welchem Maße Schiff oder Bauwerk tatsächlich gefährdet sind.

Da jedes Schiff Fender für den Bedarfsfall griffbereit vorhalten muß, wird man, wenn ebene Kontaktflächen für diese Fender ausreichend vorhanden sind, häufig auf eine dem Verschleiß ausgesetzte Bauwerkfenderung verzichten können. Dies setzt jedoch im allgemeinen eine nahezu lotrechte Ufermauerflucht voraus, damit keine schädliche Schiffsberührung unter Wasser eintreten kann.

6.15 Buschhängefender für Großschiffsliegeplätze an Ufermauern (E 61)

6.15.1 Abmessungen

Als Fenderung für Großschiffsliegeplätze, auch an Stromufermauern, bei denen größere Wellen vorwiegend quer zum Ufer anlaufen, haben sich Buschhängefender seit Jahrzehnten technisch und wirtschaftlich bewährt. Die Fenderabmessungen werden den anlegenden größten Schiffen angepaßt. Sofern nicht besondere Umstände größere Abmessungen erfordern, werden folgende Fendermaße gewählt:

Schiffsgröße dwt	Fenderlänge m	Fenderdurchmesser m
bis 10 000	3,0	1,5
bis 20 000	3,0	2,0
bis 50 000	4,0	2,5

6.15.2 Ausführung

Buschhängefender werden aus bereits etwas ausgetrocknetem, aber noch schmiegsamem Busch hergestellt und mittels Drahtseilen – meistens in waagerechter Lage mit Achse etwa in Tidehalbwasserhöhe – aufgehängt. Im Bedarfsfall können sie aber auch in gestaffelten Höhenlagen angebracht werden.

Buschhängefender sind im allgemeinen bald nach ihrem Einbau schwerer als Wasser und schwimmen dann nicht mehr. Dies gilt vor allem bei schlickhaltigem Wasser.

Bild 57 zeigt ein kennzeichnendes Ausführungsbeispiel (Seiten 136 u. 137).

Wesentlich für einen möglichst langen Bestand ist ein aus zwei Teilen zusammengesetzter besonders kräftiger Holzkern. Er besteht aus dem inneren Kettenkern und dem äußeren Sicherungskern. Zunächst wird der Kettenkern hergestellt und durch Drahtseile – $\varnothing$ 18 mm mit 12 Windungen – in der Mitte und an den Enden fest geschnürt, so daß die Seile in die Rundhölzer einschneiden. Um den Kettenkern herum wird der äußere Sicherungskern gebaut, der ebenfalls besonders fest geschnürt werden muß (Zugkraft $\geqq$ 250 kN bei jeder Windung aufgebracht). Dieser doppelte Kern verhindert ein Verschieben der Kette bis an die Buschwalzen.

Besondere Bedeutung kommt auch einer richtigen Konstruktion der unteren Aufhängeschäkel zu. Normale Schraubschäkel sind hierfür ungeeignet; vielmehr muß eine Spezialanfertigung mit besonderer Sicherung verwendet werden (Bild 57).

Das Sicherungsseil, das ebenfalls durch den Kettenkern geführt wird, wofür die Abschlußteller eine zentrale Bohrung erhalten, soll eine Überlänge von etwa 1 m aufweisen.

Der Buschring, bestehend aus 6 sorgfältig mit Drahtseilen verschnürten Eichenbuschwalzen, stellt das eigentliche Fenderelement dar. Ist Eichenbusch nicht in den erforderlichen Mengen greifbar, kann auch eine Mischung aus Eiche mit anderen geeigneten Hölzern verwendet werden. So hat sich beispielsweise folgende Zusammensetzung bewährt: 40% Eiche + 30% Hasel + 20% Esche + 10% Weiß- und Rotbuche. Eine Beimischung von Erle ist nicht statthaft.

Kann der Fender durch längslaufende starke Wellen beansprucht werden, ist das Buschwerk auch in Längsrichtung zu sichern, so daß es sich nicht verschieben kann. Ist der Erfolg einer solchen Sicherung zweifelhaft, sind Buschhängefender wegen des Risikos eines zu großen Unterhaltungsaufwandes unzweckmäßig.

6.15.3 Wirtschaftlichkeit

Infolge von Schiffsbetrieb, Eis- und Wellengang usw. sind Buschhängefender einem natürlichen Verschleiß unterworfen. Nach etwa drei Jahren müssen das Buschwerk und auch einzelne, bereits zu stark abgerostete Stahlteile erneuert werden.

Die Kosten einer Buschhängefenderung je m Ufermauer betragen etwa 1,0 bis 1,5% der Neubaukosten der Ufermauer. Die jährlichen Unterhaltungskosten der Buschfender je m Ufermauer liegen daher unter $1/3$ bis $1/2$% der Ufermauer-Neubaukosten.

6.16 Fenderungen in Binnenhäfen (E 47)

Um ein unmittelbares Scheuern zwischen Schiff und Uferbauwerk zu vermeiden, wurden Ufermauern und Kranbühnen in Binnenhäfen früher fast immer mit Reibehölzern und Reibepfählen ausgerüstet. Hierdurch sollten Uferbauwerk und Schiff gegen Beschädigungen geschützt werden. Noch heute sind diese Ausrüstungen an verschiedenen Ufermauern vorhanden, obwohl sie sich nicht bewährt haben und den jetzigen Betriebsbedingungen nicht mehr entsprechen.

6.16.1 Heutige Binnenschiffe und ihre Fenderung

In den letzten Jahrzehnten hat sich die Bauart der Binnenschiffe geändert. Mit Ausnahme von wenigen Spezialfahrzeugen haben die Schiffe kein Bergholz mehr, sondern eine glatte Außenhaut. Neu hinzugekommen sind als unbemannte Fahrzeuge Schubleichter und Trägerschiffs-

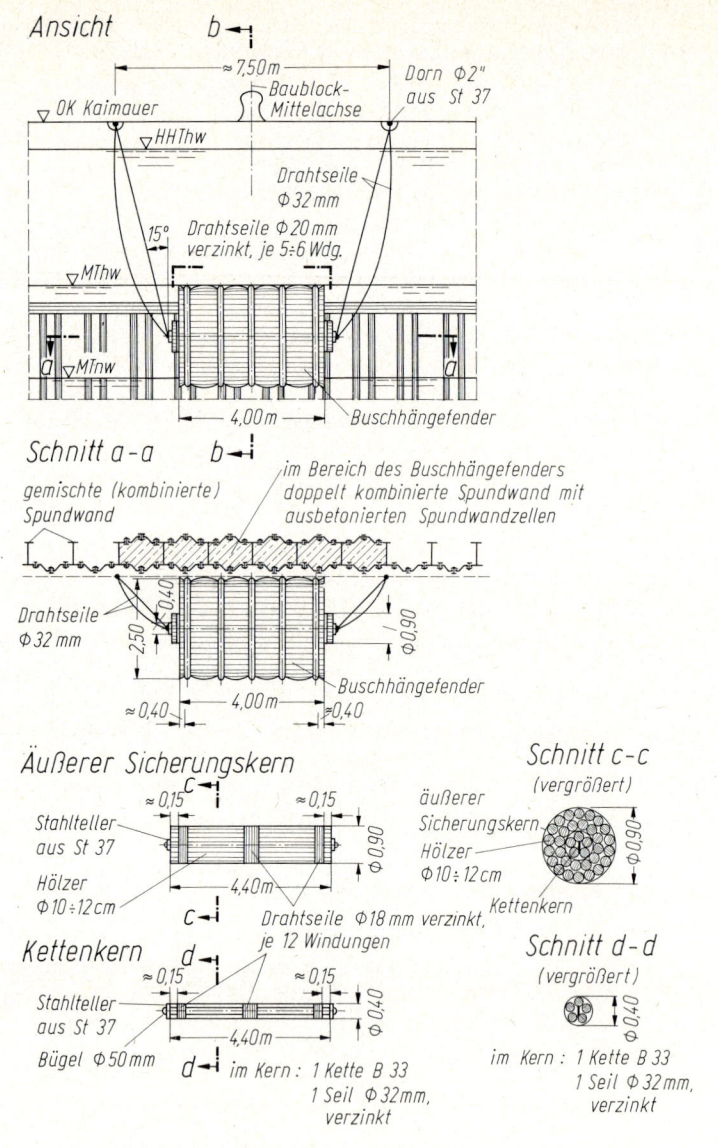

Bild 57. Beispiel eines Buschhängefenders an einer Großschiffs-Ufermauer

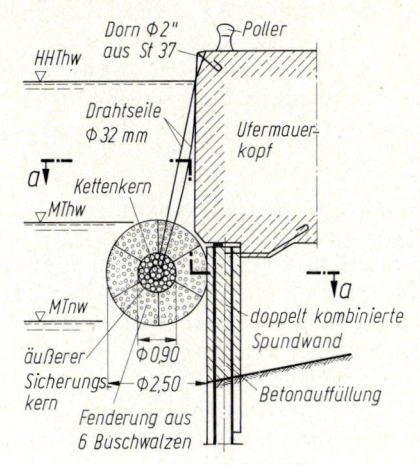

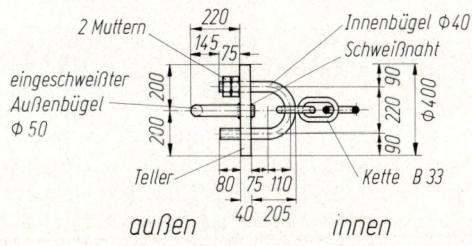

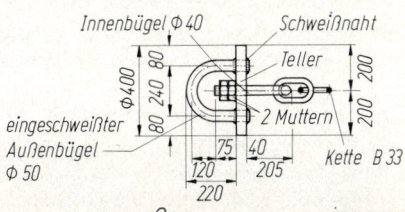

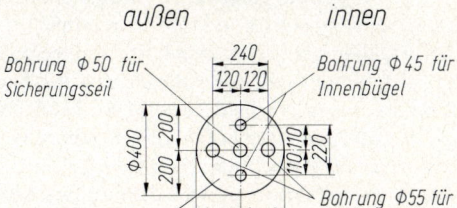

Bild 57. Fortsetzung

leichter, alle mit nahezu rechteckiger Pontonform. Beim Anlegen der Fahrzeuge werden vom Schiffspersonal etwa 1 m lange Reibehölzer an einer kurzen Drahtschlaufe waagerecht vorgehalten. Beim Liegen werden sie an den Schiffspollern waagerecht zwischen Schiff und Mauer aufgehängt. Laut Vorschrift muß jedes Schiff je nach Art und Größe 4 oder 6 Stück solcher Reibehölzer an Bord mitführen.

6.16.2 Praktische Erfahrung mit festen Reibehölzern und Reibepfählen

Fast in allen Binnenhäfen kann beobachtet werden, daß die Reibeholzausrüstungen trotz laufender Unterhaltung einen nicht befriedigenden Zustand aufweisen. Besonders in Flußhäfen ist die einwandfreie Wartung infolge des häufigen und schnellen Wasserstandwechsels schwierig. Schadhafte Stellen liegen lange Zeit unter Wasser und können dabei weder festgestellt noch instand gesetzt werden.
Es hat sich gezeigt, daß diese Ausrüstungen umfangreiche Wartungs- und laufend teure Instandhaltungsarbeiten erfordern. Bei den unvermeidlichen Schiffsstößen reißen die Hölzer an den Halterungen aus und zersplittern. Hierdurch werden die stählernen Befestigungsteile freigelegt und gefährden dann die Schiffshaut.

6.16.3 Verzicht auf feste Reibehölzer und vorgerammte Reibepfähle

Der Schiffer kann erfahrungsgemäß seine mitgeführten beweglichen Reibehölzer so passend hinhalten, daß Schiffsstöße dadurch besser und an geeigneterer Stelle abgefangen werden können als durch feste Fenderungen am Uferbauwerk. Auch bei fester Fenderung kann auf die Verwendung der mitgeführten Holzfender nicht verzichtet werden. Bei einem etwaigen Abgleiten sind dann die festen Reibehölzer oder Reibepfähle hinderlich und bei ungeschickter Handhabung sogar gefährlich. Deshalb ist für den Schiffer eine Uferwand ohne feste Fender vorteilhafter.
Weiter ist zu berücksichtigen, daß die Manövrierfähigkeit von Schiffen und Schiffsverbänden stark verbessert wurde. Daher sind sanfte, die Uferanlage schonende Anlegemanöver möglich. Auch für das Liegen der Schiffe vor der Uferwand genügen die mitgeführten Reibehölzer.
Das Uferbauwerk und sein Baustoff sind erfahrungsgemäß im allgemeinen so fest, daß sich ein ständiger Schutz durch Reibehölzer oder Reibepfähle erübrigt. Bei Neubauten wird der Anlegedruck der Schiffe nach E 38, Abschn. 5.2 im statischen Nachweis und in der baulichen Gestaltung berücksichtigt. Auch in den stark befahrenen Schleusen an Binnenwasserstraßen wird bereits auf Reibehölzer verzichtet [33].
Auf Grund der bisherigen Erfahrungen wird daher empfohlen, in Binnenhäfen mit lotrechten Ufereinfassungen von der Ausrüstung mit Reibepfählen, Reibehölzern und dergleichen abzusehen. Lediglich bei Pier-

konstruktionen und bei Sondereinrichtungen am Ufer, beispielsweise an Treppen, vorstehenden Steigeleitern usw., ist eine Sicherung durch vorgesetzte Reibehölzer, Reibepfähle und dergleichen erforderlich.

6.17 Elastomer-Fenderungen und Elastomer-Fenderelemente für Seehäfen (E 141)

6.17.1 Allgemeines

6.17.1.1 Elastomer-Elemente werden in vielen Häfen zur Abfenderung der Schiffsstöße bzw. zur Aufnahme der Anlegedrücke an Liegeplätzen verwendet. Da ihr Material seewasser-, öl- und alterungsbeständig hergestellt werden kann (E 62, Abschn. 6.18) und auch bei gelegentlicher Überlastung nicht zerstört wird, haben sie eine lange Lebensdauer. Ihre Verwendung ist daher trotz verhältnismäßig hoher Anschaffungskosten im allgemeinen wirtschaftlich.

6.17.1.2 Für Fenderzwecke werden von der Industrie Elastomer-Elemente in verschiedenen Formen, Größen und spezifischer Wirkungscharakteristik hergestellt, so daß es möglich ist, jede einschlägige Aufgabe – von der einfachen Fenderung für die Kleinschiffahrt bis zu Fender-Konstruktionen für Großtanker und Massengutfrachter – zu lösen. Auf die Sonderbeanspruchung der Fenderungen in Fährbetten, Schleusen, Trockendocks und dergleichen wird besonders hingewiesen.

6.17.1.3 Elastomere werden entweder allein als Material für Fender benutzt, an denen die Schiffe unmittelbar anlegen, oder sie dienen als passend gestaltete Puffer hinter Fenderpfählen, Fenderwänden oder Fenderschürzen. Gelegentlich werden auch beide Anwendungsarten kombiniert. Hierbei können mit den im Handel erhältlichen Elastomeren und den aus ihnen hergestellten Elementen jeweils diejenigen Federkonstanten erreicht werden, die für den betreffenden Fall am günstigsten sind (vgl. E 111, Abschn. 13.2).

6.17.2 Elastomer-Fender

6.17.2.1 In verschiedenen Seehäfen werden gebrauchte Autoreifen – meist mit Gummiabfällen gefüllt – als Fender flach vor Ufermauern gehängt. Sie wirken polsterartig. Ein nennenswertes Arbeitsvermögen besitzen sie nicht.

6.17.2.2 Häufiger werden mehrere ausgestopfte Lkw-Reifen – meist 5 bis 12 Stück – über einen Stahldorn gezogen, der an den Enden je eine aufgeschweißte Rohrhülse zum Anlegen der Fang- und Halteseile erhält. Mit diesen wird der Fender drehbar vor die Kaimauer gehängt. Die Reifen werden mit kreuzweise angeordneten Elastomerplatten ausgelegt und dadurch gegen den Stahldorn abgestützt. Die dann noch verbleibenden

Resträume werden mit Elastomer-Füllmaterial versehen (Bild 58). Solche Fender – gelegentlich auch in einfacherer Ausführung mit Holzdorn – sind preisgünstig. Sie haben sich, wenn die Anforderungen an die aufzunehmende Anfahrenergie gering blieben, im allgemeinen bewährt, obwohl das Arbeitsvermögen und damit der auftretende Anlegedruck nicht zuverlässig angegeben werden können. Deshalb wurde hier von der Wiedergabe kennzeichnender Kraft-Weg- bzw. Arbeitsvermögen-Weg-Kurven abgesehen.

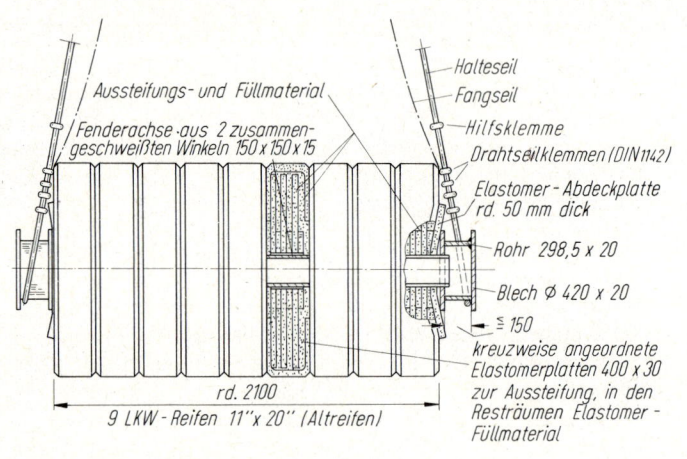

Bild 58. Beispiel eines Lkw-Autoreifenfenders

6.17.2.3 Nicht zu verwechseln mit diesen Behelfslösungen sind die genau bemessenen, einwandfrei auf einer Achse drehbar gelagerten Fender aus meist sehr großen Spezialreifen, die entweder mit Gummiabfällen ausgestopft oder mit Luftfüllung kompressibel wirken. Fender dieser Ausführung werden an exponierten Stellen – etwa den Einfahrten in Schleusen oder Trockendocks sowie bei engen Hafeneinfahrten auch im Tidebereich – waagerecht und/oder lotrecht zur Führung der Schiffe – die hier stets vorsichtig navigieren müssen – mit Erfolg angewendet.

6.17.2.4 Häufig werden dickwandige Rohre aus Elastomeren verwendet (Bild 59). Diese können verschiedenste Durchmesser von 0,125 m bis über 2 m erhalten. Sie besitzen je nach Verwendungsart variable Federcharakteristiken. Rohre mit kleineren Durchmessern werden mit Seilen, Ketten oder Stangen waagerecht oder lotrecht, gegebenenfalls auch schräg angeordnet. Im letztgenannten Fall werden sie vorwiegend als „Girlande" – vor eine Kaimauer, einen Molenkopf oder dergleichen – gehängt.

Großrohrfender werden in der Regel waagerecht liegend eingebaut (Bild 60). Wegen der sonst auftretenden Durchbiegung und der Einreiß-

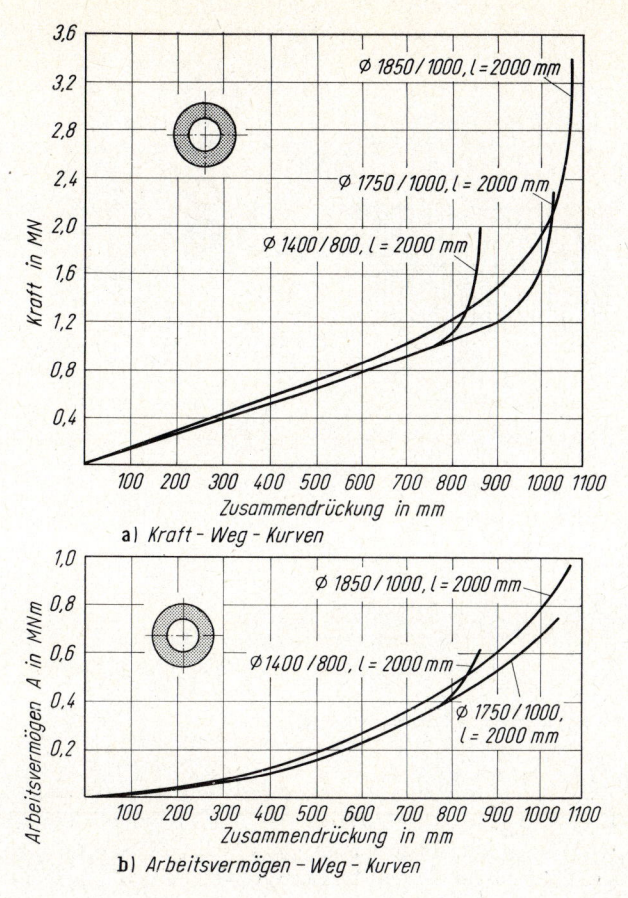

Bild 59. Beispiele für die Kraft-Weg- und die Arbeitsvermögen-Weg-Kurven von großen Rundfendern

gefahr bei Beanspruchungen dürfen sie nicht mit Seilen oder Ketten direkt an die Kaimauer gehängt werden. Sie werden auf starre Stahlrohre oder Stahlrohr-Fachwerkträger und dergleichen gezogen. Letztere werden dann mit Ketten oder Stahlseilen an die Kaimauer gehängt oder auf Stahlkonsolen, die neben den Fendern angeordnet werden, gelagert (Bild 60).

6.17.2.5 Außer Rundrohren werden – allerdings nur bei kleineren Abmessungen – viereckige Rohre verwendet, die sowohl runde als auch polygonale Innenöffnungen aufweisen können. Sie werden in der Regel aber nur als Puffer nach Abschn. 6.17.3.1 verwendet.

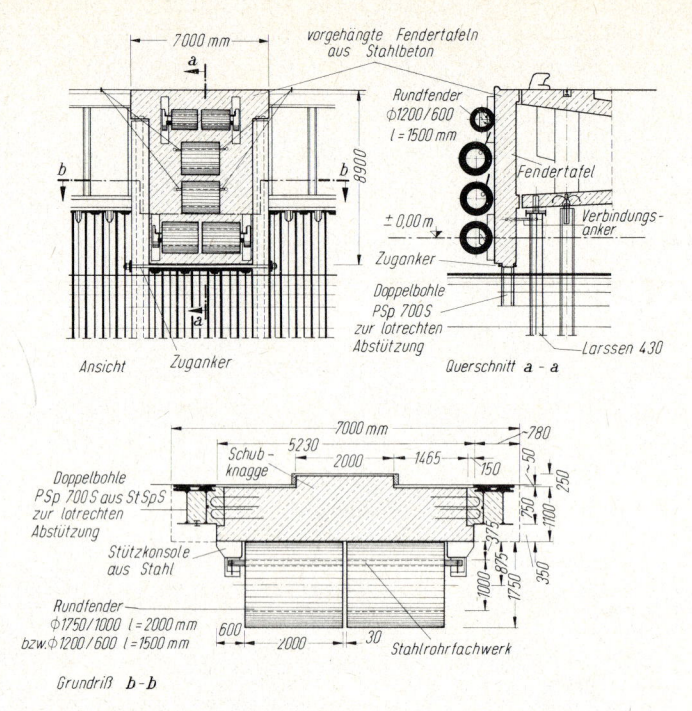

Bild 60. Beispiel einer Großrohrfenderanlage

6.17.2.6 Um die Arbeitskennlinie günstiger zu gestalten, wurden weitere Spezialformen entwickelt unter Verwendung von besonderen Einlagen, beispielsweise von einvulkanisierten Geweben, Federstählen oder Stahlplatten. Solche Bauteile müssen beim Einvulkanisieren metallisch blank gestrahlt und völlig trocken sein. Diese häufig in Trapezform hergestellten Fender haben Bauhöhen von 0,2 bis etwa 1,3 m. Sie werden mit Schrauben an der Kaimauer befestigt (Bild 61).

6.17.2.7 Bezüglich der Abmessungen und Eigenschaften sowie der Kraft- und Arbeitskurven der verschiedenen Elastomer-Fenderelemente wird auf die Druckschriften der Lieferfirmen verwiesen. Es muß jedoch besonders darauf geachtet werden, daß die dort genannten Kurven nur zutreffen, wenn die Fender nicht seitlich ausknicken können und wenn bei Dauerbelastung nicht zu große Kriechbewegungen auftreten (vgl. E 62, Abschn. 6.18).

6.17.2.8 Bei der Bemessung einer Kaimauer oder einer Pieranlage usw. sowie der Fender-Halterungen sind nicht nur die Anlegedrücke allein zu berücksichtigen. Durch waagerechte und lotrechte Bewegungen der Schiffe beim An- oder Ablegen, den Lösch- und Ladevorgängen, bei Dünung oder Wasserstandschwankungen usw. können – falls diese Bewegungen nicht durch Abrollen geeigneter Rundfender aufgenommen werden – Reibungskräfte in lotrechter und/oder waagerechter Richtung auftreten. Falls niedrigere Werte nicht nachgewiesen werden, ist bei trockenen Elastomer-Fendern zur Sicherheit mit einem Reibungsbeiwert $\mu = 0{,}9$ zu rechnen.

6.17.3 Elastomer-Puffer für Fenderkonstruktionen

6.17.3.1 Elastomere werden auch als Material von Puffern für Fenderpfähle, Fenderwände oder -schürzen und dergleichen verwendet.

Hierfür sind verschiedene der bisher beschriebenen Fenderformen geeignet. Sie werden zwischen der Kaimauer und dem abzufendernden, den Schiffstoß oder -druck übertragenden Bauteil angeordnet und an einem dieser Teile oder gegebenenfalls an beiden in einer für die Fenderform geeigneten Weise befestigt.

6.17.3.2 Rundfender können entweder in Quer- oder in Längsrichtung tragend eingebaut werden. Im letzteren Fall kommen wegen der Knickgefahr jedoch nur kürzere Längen in Betracht (Bild 62).

Falls dann die Federwege bei der Zusammendrückung nicht ausreichen, lassen sich mehrere Elemente hintereinanderschalten. Um ein Ausknicken einer solchen Reihe zu verhindern, können beispielsweise zwischen den einzelnen Elementen Stahlbleche mit geeigneter Führung angeordnet werden.

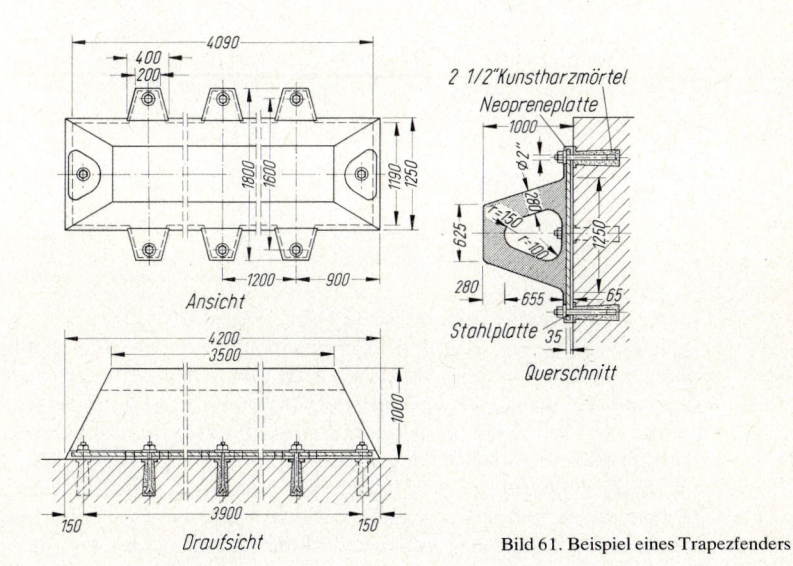

Bild 61. Beispiel eines Trapezfenders

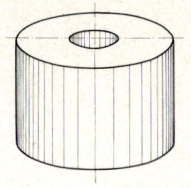

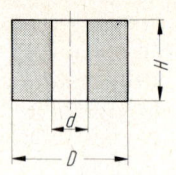

D in mm	d in mm	H in mm	F in cm²	f in mm
60	17	80	25	40
80	16	60	50	30
100	30	140	70	70
120	26	121	110	60
140	40	150	140	75
200	50	140	300	70
220	100	200	300	100
250	70	275	450	140
320	140	220	650	110

a) Abmessungen
F = Fläche
f = Zusammendrückung

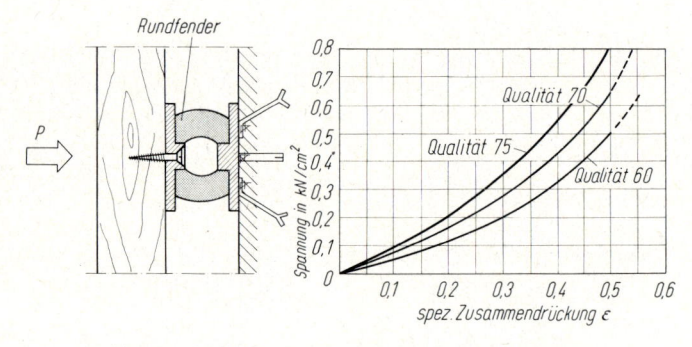

b) Ausführungsbeispiel in belastetem Zustand

c) Charakteristische Spannungs-Zusammendrückungs-Diagramme

Bild 62. Generelle Angaben für in Längsrichtung belastete Rundfender aus Elastomerqualitäten mit 60, 70 und 75 (ShA) nach DIN 53 505

6.17.3.3 Durch Hintereinanderschalten von Fendern nach Abschn. 6.17.2.6 mit Arbeitsdiagrammen nach Bild 63 ist es möglich, bei gleicher Stoßkraft die Zusammendrückung und damit auch das Arbeitsvermögen zu verdoppeln. Auf diese Weise können besonders weiche Anlagen hergestellt werden, was vor allem bei Fenderungen für Großschiffe erforderlich ist. Dort würde sonst durch Nebeneinanderschalten zu vieler Fenderelemente die Stoßkraft zu groß. Auch hier muß aber ein Ausknicken der Doppelfender verhindert werden. Hierzu wird zwischen den beiden Fendern am besten eine geführte Stahlplatte angeordnet, die sich nur

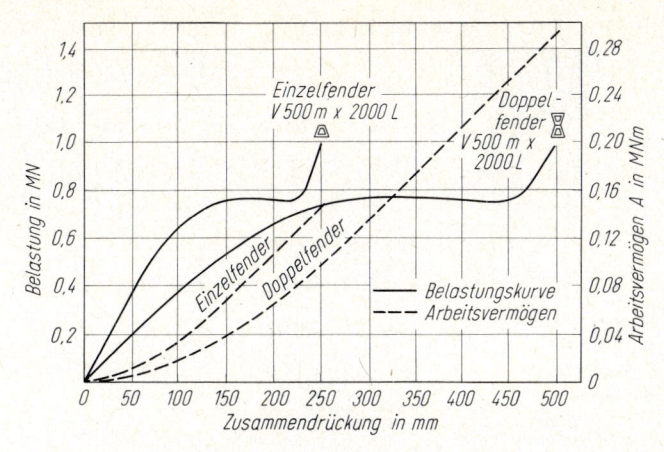

Bild 63. Beispiel für die Abhängigkeiten zwischen Zusammendrückung und Belastung sowie dem Arbeitsvermögen A bei einzelnen und doppelten Trapezfendern

auf der Mittelachse der Fender verschieben, aber weder zur Seite drükken noch verdrehen kann.

6.17.3.4 Es werden auch Fenderelemente angewendet, die in der Belastungsrichtung unsymmetrisch gestaltet sind und an beiden Enden einvulkanisierte Stahlplatten oder einfassende Stahlrahmen aufweisen (Bild 64a)). Über diese können sie an die Kaimauer und an den abzufendernden Bauteil geschraubt werden. Durch die Unsymmetrie knicken die Scheiben bei Belastung aus, wodurch sich eine günstige Arbeitskennlinie ergibt. Auch solche Elemente können hintereinandergeschaltet werden, wenn ein seitliches Wegknicken und Verdrehen der Zwischenpunkte durch entsprechende Konstruktionen verhindert wird.

6.17.3.5 Auch bei den Spezialfendern nach Bild 64b) knicken die Seitenwände bei Beanspruchung aus. Sie sind in besonders großen Abmessungen – bis zu einer maximalen Höhe von 2 m und einer Länge von 4 m – lieferbar. Bei diesen Abmessungen haben Fender nach Bild 64b) ein Arbeitsvermögen A von rd. 3 MNm mit einer Stoßkraft P von rd. 3,3 MN.

6.17.3.6 Nach einem ganz anderen Prinzip arbeitet der Fender nach Bild 65. Hier wird anstelle der Biegeverformung die Schubverformung der Elastomer-Formstücke ausgenutzt.
Bei diesen Fendern ist besonders darauf zu achten, daß die anvulkanisierten Stahlplatten nicht korrodieren und sich dann vom Elastomer-Material lösen. Letzteres kann aber auch durch den Strom einer kathodischen Korrosionsschutzanlage ausgelöst werden. Deshalb müssen die Stahlplatten insgesamt durch eine ausreichend dicke anvulkanisierte Elastomer-Schutzschicht gegen Stromeinwirkung isoliert werden.

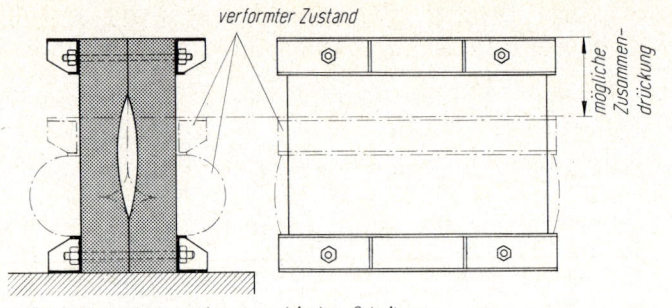

a) *Fenderelement aus zwei unsymmetrischen Scheiben*

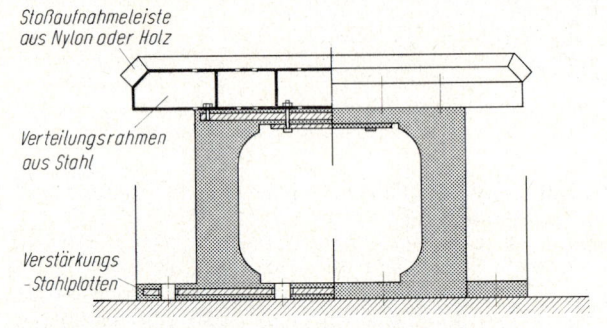

b) *Spezialfenderelemente bzw. Fender für große Arbeitsvermögen*

Bild 64. Weitere Beispiele von Fenderelementen bzw. Fendern

6.17.3.7 Auf weitere einschlägige Entwicklungen, die aber in der Ausführung noch nicht erprobt sind, wird generell hingewiesen.

6.17.4 **Statische Folgerungen**

Bei allen Elastomer-Konstruktionen, die sich gegen ein starres Hafenbauwerk abstützen, ist die Kraft-Weg-Charakteristik der Elastomer-

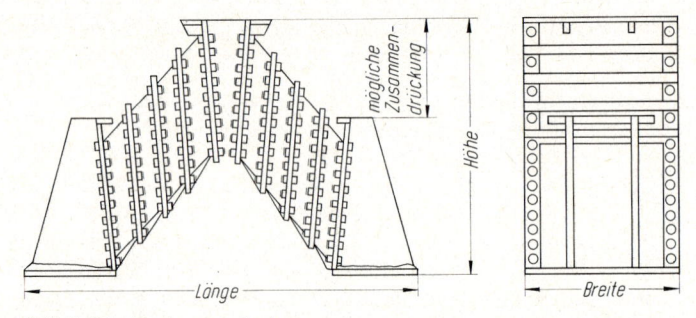

Bild 65. Schubverformungsfender

Elemente besonders zu beachten. Steigt die aufzunehmende Energie über das der Bemessung zugrunde gelegte Arbeitsvermögen A an, geht die dann auftretende Stoßkraft P progressiv gegen unendlich. Ein starres Bauwerk ist daher unter Einhaltung der erforderlichen Sicherheit gegen die Fenderreaktionskräfte zu bemessen. Sie ergibt sich nach der Lage des Bauwerks sowie aus den örtlichen Gegebenheiten der Zweckbestimmung. Eine Bemessung des Bauwerks für die gegenüber der Fenderdimensionierung verdoppelten Anfahrenergie des Schiffes mag hierbei als grober Anhalt dienen. Für elastisch konstruierte Pieranlagen bzw. Anfahrdalben, die zusätzlich mit einer Elastomer-Fenderung versehen sind, kann diese Forderung weitgehend ermäßigt werden.

6.17.5 Schlußbemerkung

Die in den Bildern 58 bis 65 dargestellten Elastomer-Fender und Elastomer-Fenderelemente zeigen wichtige, im Handel erhältliche Formen ohne Anspruch auf Vollständigkeit.

6.18 Abnahmebedingungen für Fender-Elastomere (Fendergummi) (E 62)

6.18.1 Einwirkungen

Das Elastomer von Fendern wird nicht nur mechanisch beansprucht, sondern auch durch Witterungseinflüsse, Meer- und Schmutzwasser, gegebenenfalls in Verbindung mit Ölen und Fetten. Diese zweite Gruppe von Einflüssen wirkt auf die Elastomeroberfläche, abhängig von der Wirkungsdauer und den Umweltbedingungen.

6.18.2 Forderungen an die Eigenschaften des Fender-Elastomers

Folgende Eigenschaften werden gefordert:
Wasserdichtigkeit, ausgewiesen durch Poren- und Rißfreiheit (visuelle Prüfung),

Zugfestigkeit nach DIN 53504	$\geq 15\ N/mm^2$,
Bruchdehnung nach DIN 53504	$\geq 300\%$,
Härte nach DIN 53505	je nach Anforderung zwischen 60 und 75 Shore A bei einer Liefertoleranz von ± 5, aber innerhalb der Sollwerte,
Grenz-Temperaturbereich des Einsatzes für Mitteleuropa	$-30/+70°C$,

Weiterreißfestigkeit nach
DIN 53507 $\geqq$ 80 N/cm,

Meerwasserbeständigkeit nach
DIN 86076 (Vornorm), Ziff. 7.7:
Härteänderung max $\pm$ 10 Shore A,

Volumenänderung max $^{+\ 10}_{-\ \ 5}$ %

Geprüft wird nach Ziff. 8.8
über 28 Tage in künstlichem
Meerwasser bei 95 $\pm$ 2°C

Abrieb nach DIN 53516 $\leqq$ 100 mm^3,

Ozonbeständigkeit nach
DIN 53509, 24 Std., 50 pphm Rißbildstufe 0,

Nach Ofenalterung gemäß
DIN 53508, 70°C, 7 Tage:
Relative Änderung
der Zugfestigkeit $< -15\%$ } bezogen auf den Wert im
Relative Änderung
der Bruchdehnung $< -40\%$ } Anlieferungszustand.

Wenn die obigen Bedingungen erfüllt sind, ist auch eine ausreichende Lichtbeständigkeit gewährleistet.

6.18.3 **Hinweise auf die Verarbeitung**

Die Lagenbindung soll der Materialfestigkeit entsprechen.
Die Produktion ist durch eine laufende Eigenüberwachung und eine ausreichend häufige Fremdüberwachung zu kontrollieren.
Abweichungen von den unter Abschn. 6.18.2 festgelegten Forderungen sind fallweise erforderlich, aber nur nach vorhergehender Vereinbarung mit den für den Entwurf und die Bauüberwachung maßgebenden Stellen zulässig.

6.18.4 **Hinweise auf Fälle mit Dauerlasten**

Werden bei Sonderkonstruktionen Fender-Elastomere marktüblicher Form und Qualität verwendet, die Dauerbeanspruchungen auf Druck, Zug und/oder Schub – z.B. durch eine Vorspannung oder nur langsam wechselnde Belastungen – ausgesetzt sind, ist das Kriechverhalten des Materials zu berücksichtigen. In solchen Fällen muß rechtzeitig mit qualifizierten Lieferanten bzw. Herstellern Verbindung aufgenommen und dafür gesorgt werden, daß geeignete Spezialformen und Sonderqualitäten angewendet werden.

6.19 Elastomerlager für Hafenbrücken und -stege (E 63)

6.19.1 Allgemeines

Neuzeitliche Hafenanlagen für Massengutumschlag werden heute häufig in aufgelöster Bauweise, bestehend aus Pfeilern und eingelegten Brücken, weit in die See vorgestreckt. Hierbei werden vor allem für die Brücken in großem Umfang Fertigteile verwendet, die entweder später zu einer durchlaufenden Brücke verbunden werden oder als Balken auf zwei Stützen auf den Pfeilern ruhen. Die Pfeiler werden auch bei neuzeitlichen Fenderungen häufig durch große waagerechte Kräfte aus den Anlegestößen und aus den Trossenzügen beansprucht und führen dann – insbesondere bei Pfahlgründungen – größere elastische Bewegungen durch. Hinzu kommen die Bewegungen aus dem Seegang, aus Kriechen, Schwinden und Temperaturänderungen, so daß eine begrenzt bewegliche Auflagerung der Brückenfelder erforderlich ist.

Wirtschaftlich sind Elastomerlager, die bei jeweils richtiger Auswahl von Material und System lotrechte und waagerechte Lasten aufnehmen können und gleichzeitig verhindern, daß hohe Spannungen auftreten, die zu einer Überbelastung der Bauteile führen können. Die lotrechten Bewegungen bleiben dabei so gering, daß auch das Befahren mit schweren Kranen ohne Schwierigkeiten möglich ist.

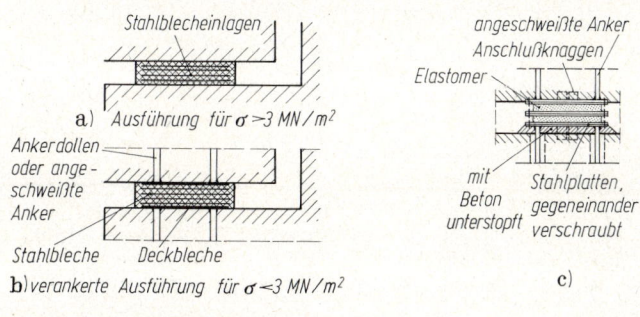

Bild 66. Beispiele von Elastomerlagern

6.19.2 Ausführungsarten (Bild 66)

Zwei Grenzfälle der Beanspruchung sind in Bild 66 dargestellt. Sie bestimmen die Art der Ausbildung:

a) Hohe lotrechte Lasten, geringe waagerechte Verschiebungen,

b) geringe lotrechte Lasten, große waagerechte Verschiebungen.

Unter Umständen sind auch Verkippungen zu berücksichtigen.

6.19.3 Bemessung

Die Lager werden für folgende auftretende Lastfälle und Verformungen bemessen:

6.19.3.1 Maximale mittlere Lagerpressungen σ aus der Summe aller gleichzeitig senkrecht zur Auflagerfläche wirkenden Kräfte.

6.19.3.2 Verdrehungen β der Auflagerfläche (z. B. aus Durchbiegungen der Träger) abhängig von den Lasteinwirkungen und der Lagerbreite.

6.19.3.3 Waagerechte Verschiebungen $\delta_H = h \cdot \tan \gamma$ abhängig von den Lasteinwirkungen. Hierin bedeuten h = Gesamthöhe des Elastomerlagers und γ = Gleitwinkel.

6.19.3.4 Aufnahme der äußeren waagerechten Lasten entsprechend den zugehörigen senkrechten Auflagerkräften und dem von der Lasteinwirkung und der mittleren Lagerpressung abhängigen Reibungswert μ zwischen Elastomer und Beton.

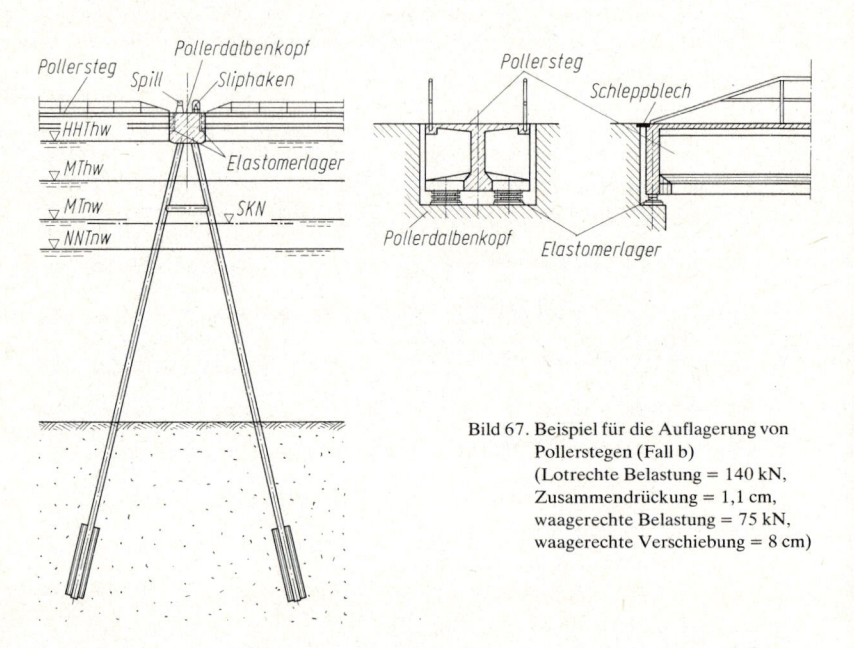

Bild 67. Beispiel für die Auflagerung von Pollerstegen (Fall b)
(Lotrechte Belastung = 140 kN,
Zusammendrückung = 1,1 cm,
waagerechte Belastung = 75 kN,
waagerechte Verschiebung = 8 cm)

6.19.3.5 Der verwendete Werkstoff sollte möglichst die in E 62, Abschn. 6.18 geforderten Eigenschaften aufweisen. Es wird jedoch darauf hingewiesen, daß marktübliche Elastomerlager nicht immer diese Forderungen erfüllen (z. B. hinsichtlich Abrieb, Ozon- und Ölbeständigkeit). Es sollte daher in jedem Einzelfalle überprüft werden, ob die vorgesehenen Lager unter den jeweils vorhandenen örtlichen Bedingungen für ihren Einsatzzweck geeignet sind. Unter Umständen sind dabei die Forderungen der E 62, Abschn. 6.18 einzuschränken oder zusätzliche Maßnahmen mit dem Lieferanten zu vereinbaren, z. B. Spezialoberflächenbeschichtung, Beigabe von Lichtschutzmitteln bei der Lagerherstellung und dergleichen.

6.19.4 Einbau der Lager

Die Auflagerflächen müssen sauber, eben, planparallel und im allgemeinen waagerecht sein.

Die Lager müssen nach dem Einbau so zwischen den Bauteilen liegen, daß sie sich frei verformen können.

Die Lager sind so anzuordnen, daß sie ohne Schwierigkeiten ausgewechselt werden können.

Ein Beispiel für die Ausführung einer Auflagerung von Pollerstegen ist in Bild 67 dargestellt.

6.20 Gründung von Kranbahnen bei Ufereinfassungen (E 120)

6.20.1 Allgemeines

Die Wahl der Gründungsart einer Kranbahn im Bereich einer Ufereinfassung hängt vor allem von den jeweils örtlich vorhandenen Baugrundverhältnissen ab. Diese sind bei großer Spurweite auch in der Achse der landseitigen Kranbahn zu erkunden (vgl. E 1, Abschn. 1.2). In vielen Fällen – insbesondere bei schweren Bauwerken in Seehäfen – ist es aus konstruktiven Gründen zweckmäßig, die wasserseitige Kranbahn gemeinsam mit der Uferwand tief zu gründen, während die landseitige Kranbahn – abgesehen von überbauten Böschungen, Pierplatten und dergleichen – im allgemeinen unabhängig von der Ufereinfassung gegründet wird.

Im Gegensatz hierzu wird in Binnenhäfen auch die wasserseitige Kranbahn häufig unabhängig von der Ufereinfassung gegründet. Hierdurch werden spätere Umbaumaßnahmen erleichtert, die beispielsweise bei veränderten Betriebsverhältnissen durch neue Krane oder Umbauten an der Ufereinfassung eintreten können.

Auch die fallweise unterschiedlichen Eigentumsverhältnisse bei Uferwand, Kranbahn und Kran können eine Trennung der Bauwerke erforderlich machen. Dabei ist eine optimale Gesamtlösung in technischer und wirtschaftlicher Hinsicht anzustreben.

6.20.2 Ausbildung der Gründung

Je nach den örtlichen Baugrundverhältnissen, der Setzungsempfindlichkeit der jeweiligen Krane, den auftretenden Kranlasten usw. können die Kranbahnen flach oder müssen tief gegründet werden.

6.20.2.1 Flach gegründete Kranbahnen

(1) Streifenfundamente aus Stahlbeton

Bei setzungsunempfindlichen Böden können die Kranbahnbalken als flach gegründete Streifenfundamente aus Stahlbeton hergestellt werden. Der Kranbahnbalken wird dann als elastischer Balken auf elastischer Bettung berechnet. Hierbei sind die maximal zulässigen Bodenpressungen nach DIN 1054 für setzungsempfindliche Bauwerke zu beachten. Außerdem ist in einer Setzungsberechnung nachzuweisen, daß die für den jeweiligen Kran maximal zulässigen ungleichmäßigen Setzungen – die von der Kranbaufirma anzugeben sind – nicht überschritten werden.

Für die Bemessung des Balkenquerschnittes gilt DIN 1045. Es sind die Beanspruchungen aus lotrechten und waagerechten Radlasten – in Kranbahnachse auch aus Bremsen – nachzuweisen. Der Beton soll den Anforderungen der Betongruppe B II entsprechen. In ausreichenden Abständen sind die Balken durch lotrecht und waagerecht verzahnte Fugen (Betongelenke) zu unterteilen. Die Balkenlänge richtet sich nach dem jeweils vorhandenen Baugrund. Die Regellänge beträgt 30 m. Arbeitsfugen sind möglichst zu vermeiden.

Bei Kranbahnen mit geringen Spurweiten – z.B. für Vollportalkrane, die nur ein Gleis überspannen – sind Zerrbalken oder Verbindungsstangen als Spursicherungsriegel etwa in einem Abstand gleich der Spurweite einzubauen. Bei großen Spurweiten werden beide Kranbahnen unabhängig voneinander ausgebildet und gegründet, wobei die Krane einseitig mit Pendelstützen ausgerüstet werden müssen.

Für die Ausbildung der Schienenbefestigung wird auf E 85, Abschn. 6.21 und E 108, Abschn. 6.22 hingewiesen.

Setzungsbeträge bis zu 3 cm können im allgemeinen noch durch den Einbau von Schienen-Unterlagsplatten oder durch Spezial-Schienenstühle aufgenommen werden. Bei größeren Setzungsbeträgen ist in der Regel eine Tiefgründung wirtschaftlicher, da nachträgliche Regulierungen und dadurch bedingter Stillstand des Umschlagbetriebes oft viel Zeit und aufwendige Kosten erfordern.

Das durch ungleichmäßige Setzungen eingetretene Längsgefälle einer Kranbahn ist – wenn größer als 3‰ – für die Krane meist bedenklich. Die durch Bautoleranzen oder unterschiedliche Setzungen noch zulässige Querneigung zwischen wasser- und landseitiger Kranschiene hängt von der Bauart des Kranes ab. Sie liegt aber ebenfalls im Bereich von etwa 3‰ (vgl. hierzu [34], Abschn. 3.3.5).

(2) Schwellengründungen
Kranschienen auf Schwellen in Schotterbett werden wegen ihrer verhältnismäßig einfachen Nachrichtemöglichkeiten vor allem in Bergsenkungsgebieten angewendet. Auch starke Bewegungen im Baugrund können durch Regulieren nach Höhe, Seitenlage und Spurweite kurzfristig ausgeglichen werden, so daß größere Schäden an Kranbahn und Kranen vermieden werden. Schwellen, Schwellenabstand und Kranschiene werden nach der Theorie des elastischen Balkens auf elastischer Bettung und nach den Vorschriften für den Eisenbahnoberbau berech-

net. Es können Holz-, Stahl-, Stahlbeton- und Spannbetonschwellen verwendet werden. Bei Anlagen für das Verladen von Stückerz, Schrott und dergleichen werden – wegen der geringeren Gefahr von Beschädigungen durch herabfallende Stücke – Holzschwellen bevorzugt.

6.20.2.2 Tief gegründete Kranbahnen

Bei setzungsempfindlichen Böden oder Hinterfüllungen größerer Mächtigkeit ist, sofern keine Bodenverbesserung durch Bodenaustausch, Einrüttelung und dergleichen vorgenommen wird, eine Tiefgründung zweckmäßig. Letztere führt bei ausreichend tiefer Gründung auch zu einer Entlastung der Ufereinfassung.

Bei der Tiefgründung von Kranbahnen können grundsätzlich alle üblichen Pfahlarten angewendet werden. Es muß jedoch insbesondere im Bereich der wasserseitigen Kranbahn die waagerechte Verbiegung der Pfähle beachtet werden, die durch die Durchbiegung der Ufereinfassung hervorgerufen wird. Außerdem können in nicht konsolidierten Böden infolge einseitiger größerer Nutzlasten erhebliche waagerechte Belastungen der Pfähle auftreten.

Alle auf die Kranbahn wirkenden waagerechten Kräfte sind entweder durch einen teilweise mobilisierten Erdwiderstand vor dem Kranbahnbalken, durch Schrägpfähle oder durch eine wirksame Verankerung aufzunehmen.

Bei Tiefgründung auf Pfählen ist der Kranbahnbalken als elastischer Balken auf elastischer Stützung zu berechnen.

6.21 Kranschienen und ihre Befestigung auf Beton (E 85)

Für eine einwandfreie Lagerung von Kranschienen auf Beton gibt es folgende Möglichkeiten:

6.21.1 Lagerung der Kranschiene auf einer durchgehenden Stahlplatte über einer durchlaufenden Betonbettung

Bei der durchlaufenden Lagerung wird die Unterlagsplatte in geeigneter Weise untergossen oder auf einem erdfeuchten, verdichtet eingebrachten Splittbeton, etwa der Festigkeitsklasse B 55, gelagert. Die Laufschiene wird auf der Unterlagsplatte in Längsrichtung nur geführt, in lotrechter Richtung aber so verankert, daß auch die negativen Auflagerspannungen, die sich aus der Wechselwirkung von Bettung und Schiene ergeben, einwandfrei aufgenommen werden können. Für die Berechnung von Größtmoment und Verankerungskraft sowie der größten Betondruckspannung kann das Bettungszahlverfahren angewendet werden.

Als wirksame Breite wird diejenige Strecke angesetzt, die sich ergibt, wenn am Übergang des Schienenschaftes in die Fußplatte beidseitig eine Gerade unter 45° angetragen und bis zur Oberkante der Bettung verlängert wird. Als Bettungsmodul kann in der Regel $k_s = 200\,000$ MN/m^3 angesetzt werden.

Bild 68 zeigt ein kennzeichnendes Ausführungsbeispiel. Darin wird der Bettungsbeton zwischen Winkelstählen eingestampft, abgezogen und oben mit einem dünnen Bitumenanstrich versehen.

Wird zwischen Beton und Unterlagsplatte eine elastische Zwischenschicht angeordnet, sind Schiene und Verankerung für diese weichere Bettung zu berechnen, was zu größeren Abmessungen führen kann. Die Schienen sind zu verschweißen, um Schienenstöße weitgehend zu vermeiden. An Bewegungsfugen von Ufermauerblöcken sind kurze Schienenbrücken anzuwenden.

6.21.2 Brückenartige Ausführung der Laufbahn mit zentrierter Lagerung auf örtlichen Unterlagsplatten

Hierbei werden Unterlagsplatten besonderer Ausführung angewendet, die in Längsrichtung eine mittige Einleitung der lotrechten Kräfte gewährleisten. Außerdem führen sie die in Längsrichtung verschieblich gelagerte Schiene. Weiter müssen sie ein Kippen der bei dieser Ausführung als Tragbalken möglichst hoch gewählten Laufschiene verhindern. Sie müssen sowohl die aus negativen Auflagerkräften als auch die aus angreifenden waagerechten Kräften herrührenden abhebenden Kräfte aufnehmen.

Laufbahnen dieser Art in leichter Ausführung werden bei den normalen Stückgut-Kranbahnen und in Binnenhäfen bevorzugt auch bei Massengut-Kranbahnen angewendet. In schwerer Ausführung sind sie vor allem bei den Bahnen für Schwerlastkrane, überschwere Uferentlader, Entnahmebrücken und dgl. zu empfehlen. Als Laufschienen werden bei leichten Anlagen die Profile S 49 und S 64, bei mittelschweren Anlagen die Weichenschienen für S 49 und S 64 und bei schweren Anlagen Blockschienen oder überschwere Spezialschienen, alle aus St 60, angewendet.

Ein kennzeichnendes Ausführungsbeispiel für eine leichte Anlage zeigt Bild 69. Hier wird die Schiene S 49 bzw. S 64 nach Art des K-Oberbaues der Deutschen Bundesbahn mit waagerechten Unterlagsplatten gelagert. Schiene, Unterlagsplatten, Anker und Spezialdübel werden fertig zusammengebaut auf die Schalung oder eine besondere Stützkonstruktion aus Stahl mit Justiermöglichkeiten gesetzt und unverschieblich befestigt. Der Beton wird dann unter Rüttelhilfe so eingebracht, daß die Unterlagsplatten ein einwandfrei sattes Auflager erhalten. Gelegentlich wird zwischen Lagerplatte und Unterkante Schiene eine imprägnierte, vakuumverpreßte, rd. 4 mm dicke Pappelholz-Zwischenlage angeordnet (Bild 68).

Bild 70 zeigt eine schwere Kranbahn, bei der die für das Auflagern der Schiene nach oben gewölbt ausgebildeten Unterlagsplatten mit erdfeuchtem Splittbeton etwa in der Festigkeitsklasse B 55 unterstopft sind.

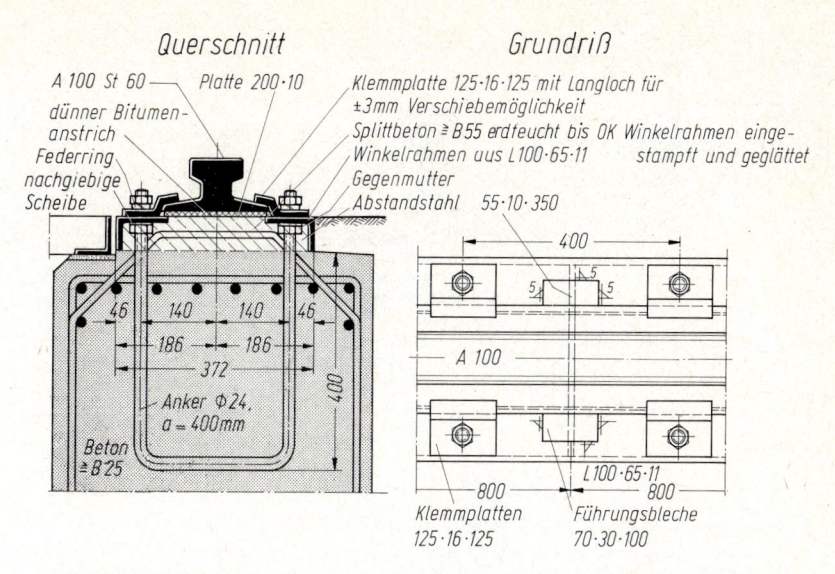

Bild 68. Schwere Kranbahn auf durchgehender, eingestampfter Betonbettung

Die Unterlagsplatten können auch mit Langlöchern in Querrichtung versehen werden, damit gegebenenfalls auftretende Spurveränderungen ausgeglichen werden können.

6.21.3 **Brückenartige Ausführung der Laufbahn mit Auflagerung auf Schienentragkörpern**

Bei Verwendung von Schienentragkörpern – auch Schienenstühle genannt – liegt ein Durchlaufträger auf unendlich vielen Stützen vor. Um die Elastizität der Schiene mit auszunutzen, wird am Schienenstuhl eine

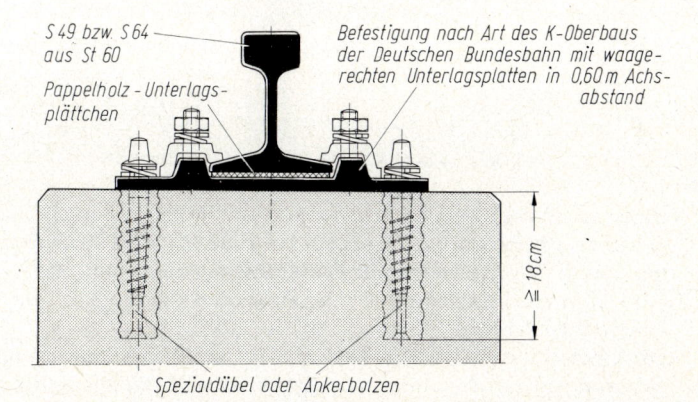

Bild 69. Leichte Kranbahn auf Einzelstützen, bevorzugt in Binnenhäfen angewendet

155

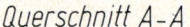

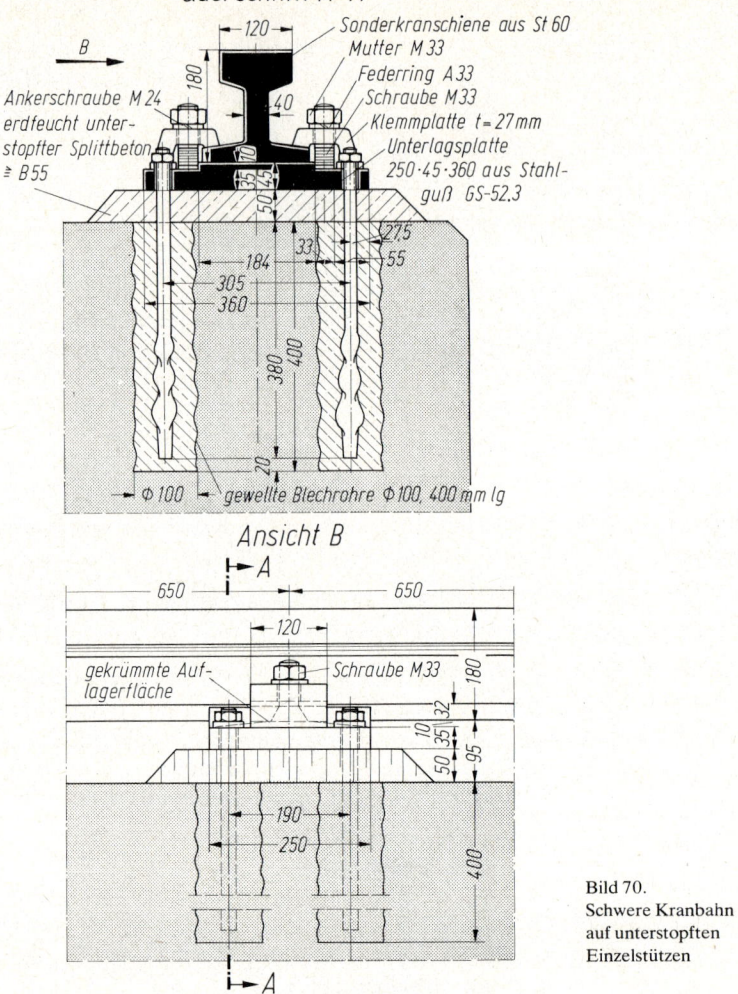

Bild 70. Schwere Kranbahn auf unterstopften Einzelstützen

elastische Platte zwischen Schienenfuß und Auflager angeordnet (beispielsweise Kunststoff aus Lupolen bis 1200 N/cm² Auflagerpressung, für höhere Werte Kautschuk-Gewebeplatten bis 8 mm dick). Diese führt auch zur Verminderung von Stößen und Schlägen auf Räder und Fahrgestelle der Krane.

Die Oberseite der Schienentragkörper ist gewölbt und bewirkt dadurch eine mittige Krafteinleitung in den Beton. Dieses „Wölblager", das über der Oberkante des Betons liegt, und ein gewisses Nachgeben der Federringe des Befestigungs-Kleineisenzeugs ermöglichen der Schiene ein freies Arbeiten in Längsrichtung. Dadurch können Längsbewegungen infolge Temperaturänderungen sowie Pendelbewegungen aufgenommen werden (Bild 71).

Die Schienentragkörper werden gemeinsam mit der Schiene montiert, wobei nach dem Ausrichten und Fixieren eine zusätzliche Längsbewehrung durch besondere Öffnungen der Tragkörper gezogen und mit der aufgehenden Anschlußbewehrung der Unterkonstruktion verbunden wird (Bild 71). Die Betongüte richtet sich nach statischen Erfordernissen. Es ist jedoch mindestens B 25 erforderlich.

6.21.4 Hinweis zur Berücksichtigung der Schienenabnutzung

Bei allen Kranlaufschienen muß bereits im Entwurf die für das vorgesehene Lebensalter zu erwartende Abnutzung berücksichtigt werden. In der Regel genügt bei guter Schienenauflagerung ein Höhenabzug von 5 mm. Außerdem ist im Betrieb zur Erhöhung der Lebensdauer – je nach Ausführung – eine mehr oder weniger häufige Wartung und Kontrolle der Befestigungen zu empfehlen.

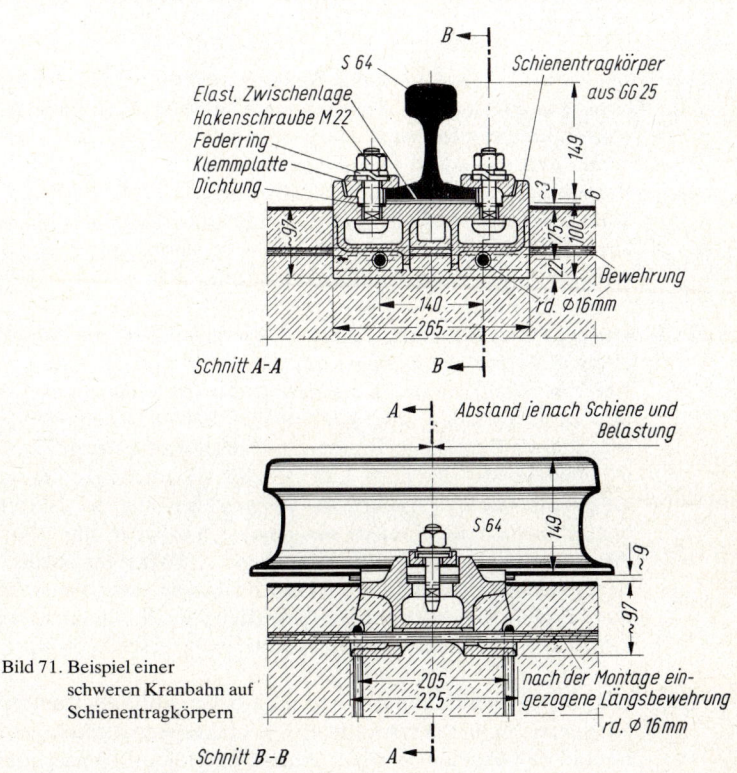

Bild 71. Beispiel einer schweren Kranbahn auf Schienentragkörpern

6.22 Auf Beton geklebte Laufschienen für Fahrzeuge und Krane (E 108)

6.22.1 Vorbemerkungen

Wie sich an Versuchsstrecken und auch bereits an ausgebauten Betriebsgleisen gezeigt hat, können Laufschienen mittels Epoxidharzmörtel dauernd haltbar auf Beton geklebt werden. Hierbei sind aber besondere Regeln zu beachten.

6.22.2 Allgemeines zu Material und Ausführung

6.22.2.1 Der Beton muß mindestens der Festigkeitsklasse B 25 entsprechen.

6.22.2.2 Zur Aufnahme des Mörtelbettes erhält die Betonoberfläche im allgemeinen eine von der Fußplattenbreite abhängige, mindestens 20 mm tiefe Rinne, die wegen der Ausführungstoleranzen beidseitig etwa 40 mm über den Schienen- bzw. Unterlagsplattenfuß hinausragen muß. Bei Kranbahnen haben sich aber auch Lösungen ohne Rinne bewährt, wenn das Mörtelbett bei der Herstellung durch Schalleisten seitlich begrenzt wurde.

6.22.2.3 Bei einem Neubau muß die Betonoberfläche bis zur Schienenverklebung ausreichend erhärtet und – wie auch in allen anderen Fällen – einwandfrei trocken sein. Die Beton-Kontaktflächen für den Epoxidharzmörtel müssen so intensiv gesandstrahlt werden, daß das tragfähige Beton-Kiesgefüge an jeder Stelle freigelegt wird. Unmittelbar nach dem Sandstrahlen sind die Betonporen durch eine Grundierung mit Epoxidharz und Härter zu schließen. In das noch flüssige Harz wird getrockneter Sand der Körnung 0–1 mm eingestreut.

6.22.2.4 Die gesamte Anschlußfläche des Schienenfußes bzw. der Unterlagsplatte muß metallisch blank gesandstrahlt werden. Unmittelbar nach dem Sandstrahlen werden die Kontaktflächen – um schädlichen Rostansatz zu vermeiden – wie in Abschn. 6.22.2.3 beschrieben präpariert. Werden die Bauteile nicht satt mit Sand bestreut, sollen sie nicht später als etwa 24 Stunden nach dem Grundieren erneut grundiert oder aber eingebaut werden. Andernfalls können sich aus der Härter-Komponente Bestandteile absetzen und an der Oberfläche eine Schicht bilden, die später eine gute Haftung verhindert. Sollte ein solcher Vorgang bereits eingetreten sein, ist vor dem Auftragen einer neuen Schicht bzw. dem Einbau die vorhandene Oberfläche leicht zu sandstrahlen. Alle Anschlußflächen müssen beim Einbau staubfrei sein.

6.22.2.5 Die Verlegearbeiten dürfen nur bei trockenem Wetter und bei Außentemperaturen von mindestens +10 °C ausgeführt werden, was auch noch für die Erhärtungsdauer gilt. Auch Temperaturunterschiede zwischen

Schiene und Beton – z. B. durch Sonnenbestrahlung – müssen sowohl während der Verlegearbeiten als auch während der Erhärtungszeit des Mörtels vermieden werden. Notfalls muß mit einem Schutzzelt und Warmlüftern oder geeigneten Heizstrahlern gearbeitet werden.

6.22.2.6 Der Epoxidharzmörtel wird aus einem flüssigen „Stammlack" und einem „Härter" unter Beimischung von getrocknetem Quarzmehl, Quarzsand und -kies im allgemeinen im Körnungsbereich 0–3 mm hergestellt. Wasser, Öle und Fette sind unter allen Umständen fernzuhalten. Das Mischungsverhältnis ist abhängig von den jeweiligen technischen Gegebenheiten, vom Mörtelbett und von den Außentemperaturen. Die Viskosität des Mörtels wird entsprechend der Vergußdicke eingestellt. Zusätze mit einer Körnung über 1 mm dürfen erst ab 15 mm Vergußdicke beigegeben werden. Um eine homogene Vergußstruktur zu erhalten, ist in jedem Fall ausreichend Quarzmehl beizugeben. Fallweise wird das Quarzmehl bereits in der Fabrik dem Stammlack beigemischt. Dieser Weg ist zu bevorzugen, da eine sachgemäße Zugabe des Quarzmehles und ein einwandfreies Vermischen auf der Baustelle nicht in jedem Fall gewährleistet ist. Der Quarzsand und fallweise auch -kies wird aber stets erst auf der Baustelle zugegeben. Die Zusammensetzung des Mörtels wird von der Kunstharzlieferfirma im einzelnen bestimmt, und zwar so, daß der Mörtel einige Stunden in breiigem bzw. flüssigem Zustand einbaufähig bleibt.

Es muß mit größter Sorgfalt unter Vermeidung von Lufteinschlüssen – am besten mit einem Vakuum-Zwangsmischer – gemischt werden. Luftblasen können die Druck-, Haft- und Scherfestigkeit der Klebeverbindung bzw. des Mörtelbettes um mehr als 50% herabsetzen.

6.22.2.7 Die anschließende Erhärtungsdauer richtet sich nach der Außentemperatur beim Einbau und beim Erhärten. Sie ist mit der Kunstharz-Lieferfirma abzustimmen und beträgt im allgemeinen weniger als 20 Stunden. Der Zusatz eines Erhärtungsbeschleunigers ist möglich, aber nur mit besonderer Vorsicht zu handhaben, zumal gegebenenfalls auch die Tragfähigkeitseigenschaften des Mörtels darunter leiden können.

6.22.2.8 Die Schiene wird vor dem Einbau in solcher Länge zusammengeschweißt, wie es das Ausführen der Klebung zuläßt. An den Stößen dieser Schienenstränge wird das Mörtelbett zunächst beidseitig 15 cm bis 30 cm weit ausgespart. Nach dem Verschweißen der Schiene wird der ausgesparte Bereich sorgfältig gesäubert und erst dann vergossen. Größere Schweißarbeiten an bereits aufgeklebten Schienen oder Platten sollen vermieden werden, weil dabei im erhitzten Bereich der Epoxidharzmörtel verbrennen kann.

6.22.2.9 Die Schiene darf erst befahren werden, wenn der Mörtel voll erhärtet ist.

6.22.3 Justieren und Fixieren der Schiene, ihrer Unterlagsplatte oder ihres Bettes

6.22.3.1 Ein einwandfreies Ausrichten und Fixieren der Schiene bzw. ihrer Unterlagsplatte oder ihres Bettes ist beim vorliegenden Verfahren besonders wichtig, weil spätere Korrekturen nur mit einem ungewöhnlichen Aufwand möglich sind. Sorgfältig ausgearbeitete Montagezeichnungen sind daher unerläßlich und als Teil des Entwurfes zu betrachten.

6.22.3.2 Bei der Ausführung nach Abschn. 6.22.2 mit Rinne wird die Schiene bzw. deren Unterlagsplatte entsprechend ausgerichtet und fixiert so in ein bereits eingefülltes breiiges Epoxidharz-Mörtelbett gelegt, daß in der Anschlußzone keine Luftblasen verbleiben. In Fällen ohne Rinne wird die ausgerichtete und fixierte Schiene mit oder ohne Unterlagsplatte bzw. Schienenbett mit flüssigem Epoxidharzmörtel von einer Seite her untergossen, wobei durch ausreichend hohe seitliche Sicherungen eine satte Unterfüllung des Einbauteiles gewährleistet werden muß.

6.22.4 Berechnungsgrundlagen

6.22.4.1 Die Mörtelmischung muß nach den Vorschriften der Kunstharz-Lieferfirma so hergestellt werden, daß der Mörtel nach dem Erhärten eine Druckfestigkeit von mindestens 100 MN/m^2 und eine Zug-, Haft- und Schubfestigkeit von mindestens 20 MN/m^2 aufweist.

6.22.4.2 Je nach den verwendeten Materialien und dem Mischungsverhältnis liegt der E-Modul des Mörtels zwischen E = 3000 und 10000 MN/m^2 und damit weit unter dem des Betons.

6.22.4.3 Die Wärmedehnzahl des Mörtels liegt mit $\alpha_t = 2{,}6 \cdot 10^{-5}$ wesentlich über der des Betons mit $\alpha_t = 1 \cdot 10^{-5}$ und der des Stahls mit $\alpha_t = 1{,}2 \cdot 10^{-5}$, was in den Berechnungen besonders zu berücksichtigen ist [35].

6.22.4.4 Die konstruktive Ausbildung der Fahrschiene und ihre Lagerung im Bereich von Blockfugen bzw. die Fugenüberbrückung sind besonders zu beachten. Die hier auftretenden großen Beanspruchungen im Beton, in den Klebefugen und in der Schiene sind rechnerisch nachzuweisen, wenn größere vertikale Verschiebungen zu erwarten sind und nicht durch Schienenbrücken oder dergleichen unschädlich gemacht werden.

6.22.5 Ausführungbeispiele

Bild 72 zeigt ein kennzeichnendes, ausgeführtes Beispiel mit unmittelbar aufgeklebter Schiene S 49. Bei dieser Lösung kann die Schiene nicht nachgerichtet und nur mit Gewalt unter Zerstörung des Betons ausgewechselt werden.

Ein Auswechseln und auch ein Querverschieben wird ermöglicht, wenn nach Bild 73 nicht die Laufschiene selbst, sondern nur eine durchlau-

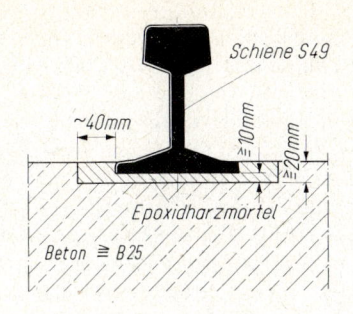

Bild 72. Mit Epoxidharzmörtel unmittelbar auf Beton geklebte Laufschiene

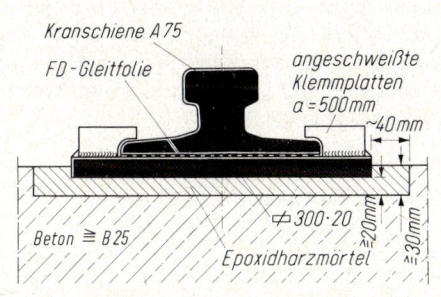

Bild 73. Mit Epoxidharzmörtel auf Beton geklebte durchlaufende Unterlagsplatte mit abnehmbar aufgesetzter, längsverschieblicher, schwerer Kranschiene

fende Unterlagsplatte angeklebt wird, an der die Schiene mit angeschweißten Klemmplatten längsverschieblich befestigt wird. Wegen der großen Breite der Platte muß hier die Mörteldicke darunter mindestens 20 mm betragen.

Bild 74 zeigt ein kennzeichnendes Ausführungsbeispiel sinngemäß nach [35] mit allen Einzelheiten auch des Montage- und Bauvorganges. Bei

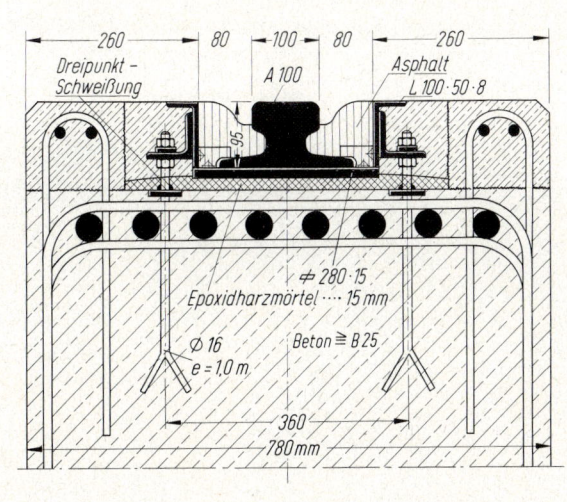

Bild 74. Lösung ähnlich wie in Bild 73, jedoch mit Darstellung der Einrichte- und Fixierungskonstruktionen

dieser Lösung wird nicht die Laufschiene selbst, sondern ein Schienenbett, bestehend aus einer Unterlagsplatte und zwei Begrenzungswinkeln, aufgeklebt. Dieses Schienenbett wird nur auf Blocklänge der Stahlbetonkranbahn durchlaufend ausgebildet. Der Einbauvorgang und die Höhen- und Seitenjustiermöglichkeiten des Schienenbettes sind aus Bild 74 ersichtlich. Der Epoxidharzmörtel kann nach dem Verlegen und Ausrichten des Schienenbettes einseitig flüssig eingefüllt werden. Nach dem Einjustieren kann das Schienenbett aber auch zunächst wieder entfernt werden, damit ein breiiger Epoxidharzmörtel auf die entsprechend vorbereitete Betonfläche in voller oder mehrfacher Blocklänge aufgebracht werden kann. In diesen frischen Mörtel wird dann das Schienenbett wieder in die Justierstifte eingelegt und in den Mörtel eingepreßt. Die Kranschiene selbst kann in beliebiger Länge verschweißt in das fest verlegte Schienenbett eingelegt und längsbeweglich mit Klemmplatten seitlich justiert und festgehalten werden.

6.22.6 Schlußbemerkungen

Schienenlagerungen und Befestigungen mit Kunstharzmörtel können bald nach dem Einbau befahren werden. Sie können daher auch bei der Reparatur konventioneller Ausführungen gut angewendet werden. Bei entsprechender Mörtelzusammensetzung und günstigen Einbau- und Erhärtungstemperaturen kann eine neu verlegte Schiene bereits nach einem Tag in Betrieb genommen werden.

Das Aufkleben von Schienen, die einem starken Verschleiß ausgesetzt sind, ist allerdings nicht zu empfehlen. Ebenso ist bei setzungsempfindlichen Kranbahnen wegen der besonderen Schwierigkeiten beim Nachrichten Zurückhaltung geboten.

7 Erdarbeiten in Häfen

7.1 Baggerarbeiten vor lotrechten Ufereinfassungen in Seehäfen (E 80)

Während in E 37, Abschn. 6.8 die Baggertoleranzen vor allem in ihren Auswirkungen auf die Berechnung und Bemessung von Ufermauern erfaßt sind, werden im folgenden die technischen Möglichkeiten und Bedingungen behandelt, die in der Planung und Ausführung von Hafenbaggerungen vor lotrechten Ufereinfassungen berücksichtigt werden müssen.
Bezüglich der Toleranzen bei großräumigen Hafenbaggerungen wird auf E 139, Abschn. 7.3 verwiesen.
Bei Neubaggerungen vor Ufermauern werden im allgemeinen Eimerketten- oder Schneidkopfsaugbagger eingesetzt. Für die letzteren ist in einem Abstand von max 3 km ein Aufspülraum erforderlich. Mit zwischengeschalteten Pumpeinrichtungen kann aber auch auf weitere Entfernungen gespült werden.
Die Baggerung der letzten 1 bis 2 m bis zu der planmäßigen Baggertiefe nach E 37 sollte bei anstehendem nichtbindigem Baugrund nur mit Greif- oder Eimerkettenbaggern ausgeführt werden. Beim Einsatz von Schneidkopfsaugbaggern besteht sonst die Gefahr des Herstellens von Übertiefen. Das Freibaggern mittels Saugbaggern ohne Schneidkopf muß in jedem Fall abgelehnt werden.
Für das Baggern der letzten Meter ist auch von Bedeutung, daß sowohl der Eimerkettenbagger als auch der Schneidkopfsaugbagger – selbst bei günstiger Stellung der Grabeinrichtung – die theoretische Solltiefe unmittelbar vor einer lotrechten Ufereinfassung kaum herstellen kann. Es verbleibt, wenn der Boden nicht nachrutschen kann, ein etwa 3 bis 5 m breiter Keil. Ob dieser Restkeil beseitigt werden muß, hängt von der Fenderung der Ufereinfassung und vom Völligkeitsgrad der anlegenden Schiffe ab. Ein stehengebliebener Restkeil kann nur mit Greifbaggern abgetragen werden. Unter Umständen müssen bei bindigen Böden die Spundwandtäler noch freigespült werden.
Bei einer Hafenbaggerung mit schwimmendem Gerät muß im ersten Schnitt auf Mindestschwimmtiefe gebaggert werden, die bei den gebräuchlichen Geräten zwischen 2 und 5 m unter dem niedrigsten Arbeitswasserstand liegt. Anschließend wird in der Regel in Schnitten gearbeitet, die abhängig vom Typ und der Größe der Baggergeräte zwischen 2 und 4 m liegen.
Es wird dringend empfohlen, nach jedem Baggerschnitt die Vorderkante der Ufermauer genau einzumessen, um den Beginn einer eventuell zu großen Bewegung des Bauwerks nach der Wasserseite hin rechtzeitig feststellen zu können.

Bezüglich der Kontrollen der durch das Ausbaggern freigelegten Flächen der Ufereinfassung durch Taucher auf Schloßschäden von Spundwänden und dergleichen wird auf E 73, Abschn. 7.5.4 verwiesen.

7.2 Spielraum für Baggerungen vor Ufermauern (E 37)

Im Abschn. 6.8 behandelt.

7.3 Bagger- und Aufspültoleranzen (E 139)

7.3.1 Allgemeines

Die geforderten Baggertiefen und Aufspülhöhen müssen möglichst gut erreicht werden. Die beschränkte Genauigkeit, mit der aber nur noch sinnvoll gearbeitet werden kann, erfordert die Angabe der größten erlaubten Abweichungen (Toleranzen). Wenn die Höhendifferenz zwischen einzelnen Stellen der Baggergrubensohle oder des aufgespülten Geländes und der vorgeschriebenen Tiefe bzw. Höhe die genehmigte Toleranz überschreitet, müssen ergänzende Maßnahmen durchgeführt werden. Zu kleine Toleranzen können dabei zu unverhältnismäßig hohen Mehrkosten führen. Der Auftraggeber muß daher sorgfältig überlegen, wieviel ihm jeweils daran gelegen ist, eine bestimmte Genauigkeit zu erreichen. Das Festlegen der Toleranzen für Bagger- und Aufspülarbeiten ist dabei in erster Linie eine Kostenfrage.

Neben den genannten vertikalen Toleranzen bestehen für zu baggernde Rinnen – beispielsweise für Bodenaustausch, Düker und Tunnel – auch waagerechte Toleranzen. Auch hier muß fast immer ein Optimum gefunden werden zwischen den Mehrkosten für vergrößerte Baggerarbeiten und Auffüllmengen, die mit einer größeren Toleranz verbunden sind, und den Mehrkosten infolge von Leistungsverlusten der Geräte durch genauere Arbeiten und den Kosten für eventuelle Zusatzarbeiten.

Die Tiefentoleranz kann bei Binnenwasserstraßen im allgemeinen enger gehalten werden als bei Wasserwegen für die Seeschiffahrt, bei denen Tide, Versandungen und/oder Schlickablagerungen oft gleichzeitig eine große Rolle spielen.

Von der nautischen Seite werden bei Wasserstraßen normalerweise Mindesttiefen gefordert.

7.3.2 Baggertoleranzen

Die Hauptfaktoren, die beim Festlegen der Baggertoleranzen in Betracht kommen, sind:

(1) Die Bodenart(en) und die Mengen, die gebaggert werden müssen,

(2) der Typ und die Größe der Baggergeräte,

(3) die Baggertiefe im Zusammenhang mit dem optimalen Stand der Eimerleiter oder der Saugleiter,

(4) Strömung und Wind,

(5) die etwaige Tide mit ihren lotrechten und waagerechten Auswirkungen,

(6) die auftretende Dünung und ganz allgemein die Wellen mit Höhe, Länge, Frequenz, Wirkungsdauer und Häufigkeit,

(7) die Tiefe unter der projektierten Hafensohle, bis zu der der Baugrund gestört werden darf,

(8) die Instrumentierung an Bord des Baggers (Ortung, Tiefenmessung, Leistungsmessung usw.),

(9) die Dicke der Bodenrückfallschicht,

(10) die Standsicherheit der nahe gelegenen Unterwasserböschungen, Molen, Kaimauern und dergleichen,

(11) etwaige Schlick- und/oder Sandablagerungen oder Erosionen, die schon während der Baggerarbeiten auftreten,

(12) die Größe des Leistungsverlustes der Baggergeräte aufgrund einzuhaltender Toleranzen und

(13) das Schwellen des Bodens infolge der Entlastung.

Danach stellt das Festlegen einer optimalen Baggertoleranz ein vielschichtiges Problem dar. Bei so vielen Einflußfaktoren ist bei Anwendung von in der Praxis üblichen Toleranzen besondere Vorsicht am Platze. Sowohl zu weite als auch zu knappe Toleranzen haben finanzielle Auswirkungen. Bei großen Baggerarbeiten ist es daher unerläßlich, die Einflüsse der verschiedenen Faktoren sorgfältig gegeneinander abzuwägen. Da zum Zeitpunkt der Ausschreibung oft noch nicht genau bekannt ist, welches Baggergerät eingesetzt wird, ist es vorteilhaft, von den Bietern nicht nur die Preisangabe für die in der Ausschreibung geforderte Toleranz zu verlangen, sondern ihnen zu gestatten, auch den Preis für eine jeweils von ihnen selbst vorgeschlagene und gewährleistete Toleranz zu benennen (Sondervorschlag und Sonderangebot für die Baggerarbeiten). Der Auftraggeber kann dann aufgrund der Submissionsergebnisse die insgesamt optimale Wahl treffen.

Hinsichtlich des Baggertyps ist zu berücksichtigen, daß Eimerketten- und Schneidkopfsaugbagger in waagerechten Schnitten arbeiten, ein Grundsaugbagger aber erst zu einer guten Leistung kommen kann, wenn das Saugrohr genügend tief in den Boden gesteckt wird. Dabei muß untersucht werden, bis zu welcher Tiefe unter der abzuliefernden Hafensohle noch gesaugt werden darf. Es versteht sich, daß für Grundsaugbagger große Toleranzen zugelassen werden müssen, um nicht zu unverantwortlichen Leistungsverlusten zu kommen. Zur allgemeinen

Orientierung werden im folgenden für verschiedene Baggertypen einhaltbare Baggertoleranzen in cm, T_v in lotrechter und T_h in waagerechter Richtung angegeben, die vor allem niederländischen Erfahrungen entsprechen [36]. Die Lotungen sind mit Geräten auszuführen, mit denen die wirkliche Bodenoberfläche und nicht etwa die Oberfläche einer darüber befindlichen Schwebschicht gemessen wird.

7.3.3 Aufspültoleranzen

7.3.3.1 Allgemeine Hinweise

Die Toleranzen für Aufspülarbeiten sind weitgehend von der Genauigkeit abhängig, mit welcher die Setzungen des Untergrunds und die Setzungen und Sackungen des Aufspülmaterials vorausgesagt werden können. Einwandfreie Bodenaufschlüsse und bodenmechanische Untersuchungen sind auch aus diesem Grund von großer Bedeutung. Ausgleicharbeiten sind aber immer nötig, wozu meistens Planierraupen eingesetzt werden. Es ist darauf zu achten, daß nicht durch eine zu knappe Toleranz der Vorteil der Sandeinsparung durch Mehrkosten für zusätzliche Planierarbeiten sowie zusätzliche Verlegearbeiten bei den Spülleitungen wieder verlorengeht. Hierbei spielen auch die Korngröße des Sands, die Aufspülhöhe, die Leistung des Baggers und das Mengenverhältnis der Wasser-Sandmischung, mit der aufgespült wird, eine Rolle.

Beim Aufspülen einer dünnen Sandlage über einem weichen Untergrund muß für das Festlegen der Aufspültoleranzen auch bekannt sein, ob über den gerade aufgespülten Sand mit Baugeräten gefahren werden soll. Erst bei einer Aufspülhöhe, bei der Baustellenverkehr einigermaßen möglich ist, kann über eine Toleranz gesprochen werden. Im anderen Fall geht der Zweck einer Toleranz durch praktische Schwierigkeiten verloren.

Im Kostenvergleich zwischen einer Anzahl möglicher Toleranzen spielt auch der Preis je m^3 aufgespültem Sand eine große Rolle. In Gebieten, in denen Sand direkt aus dem Hafen in umliegendes Gelände gespült wird, ist eine größere Toleranz zulässig als für Aufspülungen, bei denen der Sand über große Entfernungen – beispielsweise in Schuten – herangebracht werden muß.

Die großen Kosten, welche die Aufspülungen meistens erfordern, machen vergleichende Kostenberechnungen für verschiedene Toleranzen dringend erforderlich. Dazu können bei der Ausschreibung auch Preise für verschiedene Toleranzen gefordert werden.

7.3.3.2 Toleranzen unter Berücksichtigung der Setzungen

Wenn nur geringe Setzungen des Untergrunds und des Aufspülmaterials zu erwarten sind, wird im allgemeinen eine + Toleranz, bezogen auf eine bestimmte Einbauhöhe, gefordert.

Zusammenstellung von positiven bzw. negativen Baggertoleranzen in cm für normale Verhältnisse [36]

Baggergerät	Größe des Geräts	Nichtbindige Böden Sand		Bindige Böden Torf		Schlick		weicher Ton		harter Ton		Zuschlag je m Tidehub	Zuschlag für Querstrom je 1,5 m/s	Zuschlag für schwere Wellen	
		T_h	T_v	T_h	T_v	T_h	T_v	T_h	T_v	T_h	T_v	T_v	T_h	T_h	T_v
Greifbagger	Greiferinhalt in m³ 0,5–2 2 –4 4 –7	100 200 300	50 75 100	75 150 250	40 75 125	– – –	– – –	50 150 250	30 75 100	– – –	– – –	5 5 5	25 50 75	25 50 75	15 25 35
Eimerketten-bagger	Eimerinhalt in l 50–200 200–500 500–800	100 150 200	30 50 60	75 100 125	25 35 45	75 125 150	15 25 30	75 125 150	15 25 30	50 75 100	10 15 20	5 5 5	50 75 100	25 50 75	15 25 35
Schneidkopf-saugbagger	Cutter-Ø in m 0,75–1,50 1,50–2,50 2,50–3,50	200 250 300	40 50 60	100 125 175	30 40 60	150 200 250	30 40 50	100 150 200	25 40 50	75 100 150	15 20 30	5 5 5	50 75 100	50 50 75	25 25 35

Wird Sand mit einem Saugbagger oder mit einem Schneidkopfsaugbagger gewonnen und direkt in das zu erhöhende Gelände gespült, ist eine Toleranz von +20 cm ausreichend.

Bei großen zu erwartenden Setzungen ist der geschätzte Setzungsbetrag von vornherein in der Ausschreibung zu benennen und in den Höhenmarken der Grundpegel zu berücksichtigen.

7.4 Aufspülen von Hafengelände für geplante Ufereinfassungen (E 81)

7.4.1 Allgemeines

Soweit es sich um das unmittelbare Hinterfüllen von Ufereinfassungen handelt, ist E 73, Abschn. 7.5 maßgebend.

Um gut brauchbare Hafengelände hinter geplanten Ufereinfassungen zu erhalten, soll nichtbindiges Material, wenn möglich mit einem breiten Körnungsbereich, eingebracht werden. Hierbei können über dem Hafenwasserspiegel ohne zusätzliche Maßnahmen Lagerungsdichten $D \sim 0{,}5$ (E 71, Abschn. 1.7) erreicht werden, vor allem, wenn sich das Spülgut aus dem Spülstrom als „Geschiebe" und nicht als „Sinkstoff" ablagert.

Bei Aufspülungen unter Wasser ist eine Lagerungsdichte von $D \sim 0{,}5$ kaum zu erreichen, so daß dann im allgemeinen mit lockerer Lagerung gerechnet werden muß.

Bei allen Aufspülarbeiten, insbesondere aber in Tidegebieten, ist für einen ausreichend guten Abfluß des Spülwassers und des während der Tide zugeflossenen Wassers zu sorgen.

Der Spülsand soll möglichst wenig Schluff- und Tonanteile enthalten. Wieviel zulässig ist, hängt nicht nur von der vorgesehenen Ufereinfassung und von der geforderten Qualität des geplanten Hafengeländes ab, sondern auch vom Zeitpunkt, in dem das Gelände sich für weitere Erd- und Bauarbeiten eignen soll. In dieser Hinsicht ist das Gewinnungs- und Spülverfahren von wesentlicher Bedeutung.

Wenn das Hafengelände für hochwertige und setzungsempfindliche Anlagen bestimmt ist, sind Schluff- und Toneinlagerungen zu vermeiden, und es soll für den Spülsand ein Gehalt an Feinteilen < 0,06 mm von höchstens 10% zugelassen werden. Häufig ist es wirtschaftlich, in der unmittelbaren Nähe, beispielsweise bei Baggerarbeiten im Hafen, gewonnenes Material zu verwenden. Dabei wird das Baggergut oft mittels Schneidkopfsaugbagger oder Grundsaugbagger gelöst und unmittelbar auf das geplante Hafengelände gespült. In diesem Fall sind vorher einwandfreie Bodenuntersuchungen an der Entnahmestelle unerläßlich. Mittels Schlauchkernbohrungen sind im Gewinnungsgebiet durchlaufende Bodenprofile zu entnehmen, wobei auch das Vorkommen dünner bindiger Schluff- oder Tonschichten festzustellen ist. In Verbindung mit Drucksondierungen kann dabei ohne großen Aufwand ein sehr guter

Überblick über die Variationen im Schluff- und Tongehalt erreicht werden (E 1, Abschn. 1.2).

Enthält der zur Verfügung stehende Spülsand größere Schluff- und Tonanteile, muß das Spülverfahren darauf abgestimmt werden, und es ist dafür zu sorgen, daß diese Feinkornanteile so gut wie möglich mit dem Spülwasser abfließen können. Von Bedeutung ist dabei, ob der Spülsand unmittelbar von der Entnahmestelle in das zukünftige Hafengelände gespült oder mit einem Grundsaugbagger gewonnen und zuerst in Schuten geladen wird. Dabei kann ein Reinigen des Sandes erreicht werden. Es soll vermieden werden, ein Hafengelände aufzuspülen, wenn gleichzeitig in unmittelbarer Nähe gebaggert wird. Wenn sich örtlich eine Schicht aus Feinmaterial auf dem Boden eines Spülraums abgesetzt hat, ist diese zu beseitigen. Bei Einlagerungen von Schluff- oder Tonschichten kann es sonst lange dauern, bis das überschüssige Porenwasser abgeflossen ist und solche bindigen Schichten konsolidiert sind. Beispielsweise durch lotrechte Sanddränagen (E 93, Abschn. 7.8) kann die Konsolidierung beschleunigt werden. Es empfiehlt sich, nach dem Aufspülen baldmöglichst Abzuggräben zu ziehen.

Ohne besondere Hilfsmaßnahme können im Spülverfahren bestimmte Böschungen unter dem Wasserspiegel nicht hergestellt oder Flächen unter Wasser auch nur annähernd waagerecht ausgeführt werden. Als natürliche Böschungsneigung stellt sich bei Mittelsand im stehenden Wasser 1:3 bis 1:4 ein. Bei Strömung sind die Böschungen noch flacher.

7.4.2 **Aufspülen von Hafengelände auf einem vorhandenen Untergrund über dem Arbeitswasserspiegel**

Hierzu wird auf Bild 75 hingewiesen. Die Spülfeldanordnung ist vor allem bei mit Schluff oder Ton verunreinigtem Sand von großer Bedeutung (Spülfeldbreite und -länge, Stellen des Auslaufs, sogenannte Mönche). Dabei müssen Breite, Länge und Ausläufe so festgelegt werden, daß das feinkornreiche Spülwasser so stark wie möglich in Bewegung bleibt. Um dieses zu erreichen, muß auch ununterbrochen gespült werden. Nach jeder Unterbrechung (beispielsweise Wochenende) ist zu prüfen, ob sich irgendwo eine Feinkornschicht abgelagert hat. Wenn ja, ist sie vor dem weiteren Spülen zu beseitigen.

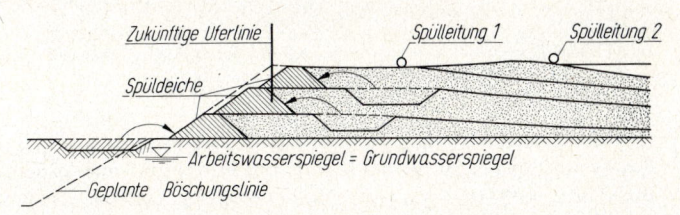

Bild 75. Aufspülen von Hafengelände auf einen Untergrund über dem Arbeitswasserspiegel

Um in der unmittelbaren Nähe der Uferlinie den am wenigsten verunreinigten Sand zu erhalten, wird empfohlen, jeweils eine Spülleitung auf dem oder in unmittelbarer Nähe des jeweiligen wasserseitigen Spüldeichs anzuordnen und so die Aufspülung entlang dem Spüldeich vorauslaufen zu lassen (Bild 75).

7.4.3 Aufspülen von Hafengelände auf einem Untergrund unter dem Arbeitswasserspiegel

Hierzu gibt es folgende Möglichkeiten:

7.4.3.1 Grobkörniger Spülsand (Bild 76)

In diesem Fall kann ohne weitere Maßnahmen gespült werden. Die Neigung der natürlichen Spülböschung ist abhängig von der Grobkörnigkeit des Spülsandes und den herrschenden Wasserströmungen. Das Spülmaterial außerhalb der theoretischen Unterwasserböschungslinie wird später weggebaggert (E 138, Abschn. 7.6).

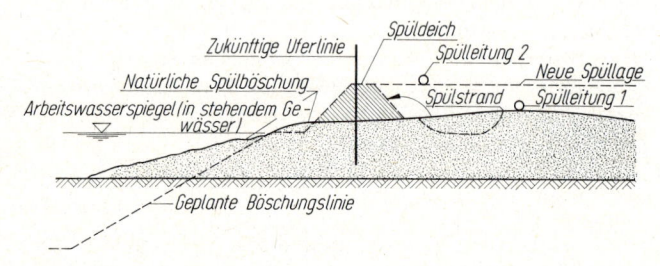

Bild 76. Aufspülen von Hafengelände auf einen Untergrund unter dem Arbeitswasserspiegel

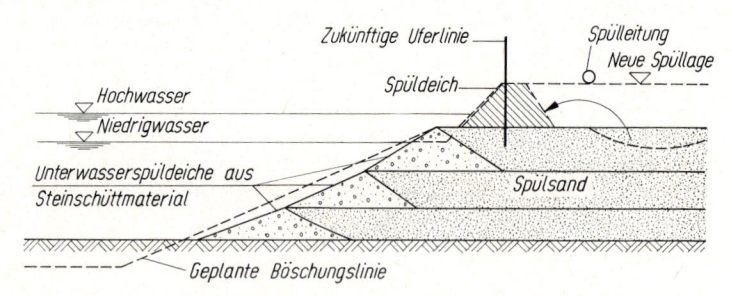

Bild 77. Unterwasserspüldeiche aus Steinschüttmaterial. Der feinkörnige Auffüllsand wird eingespült oder verklappt

Der im ersten Arbeitsgang aufgespülte nichtbindige Boden soll bei Grobsand etwa 0,50 m, bei Grob- bis Mittelsand mindestens 1,00 m über den maßgebenden Arbeitswasserspiegel reichen. Darüber wird zwischen Spüldeichen weiter gearbeitet.

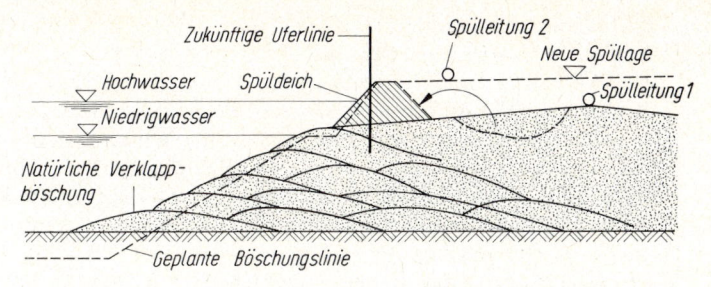

Bild 78. Unterwasserauffüllung von Deichen aus Grobsand durch Verklappen

7.4.3.2 Feinkörniger Spülsand (Bild 77)

Bei dieser Lösung wird der Feinsand durch Einspülen oder Verklappen zwischen Unterwasserdeichen aus Steinschüttmaterial eingebracht. Diese Ausführungsweise ist auch zu empfehlen, wenn beispielsweise wegen der Schiffahrt nicht genügend Raum für eine natürliche Spülböschung zur Verfügung steht.

Auch ist es möglich, das Ufer vorauslaufend mit verklapptem Sand aufzubauen (Bild 78), der hinterspült wird. Bei diesem Verklappen soll der gröbste Sand für das Verklappen benutzt werden.

Der verklappte Sand außerhalb der theoretischen Unterwasserböschungslinie wird später weggebaggert (E 138, Abschn. 7.6).

7.5 Hinterfüllen von Ufereinfassungen (E 73)

7.5.1 Allgemeines

Während E 81, Abschn. 7.4 ganz allgemein das Aufspülen von Hafengelände erfaßt, wird im folgenden das Hinterfüllen von neu angelegten Ufereinfassungen behandelt.

Um spätere starke Setzungen der Hinterfüllung und hohe Belastungen der Bauwerke zu vermeiden, kann es vorteilhaft sein, vor dem Rammen von Wänden und Pfählen und der Ausführung sonstiger wichtiger Bauarbeiten, eventuell im Einflußbereich des Bauwerks vorhandene, nicht tragfähige, bindige Bodenschichten soweit wie möglich zu entfernen, so daß der später einzubringende Füllboden auf tragfähigem Baugrund ruht. Geschieht dies nicht, sind die Auswirkungen der schlechten Schichten auf Hinterfüllung und Bauwerk – bei dickeren Störschichten auch für ihren nichtkonsolidierten Zustand – zu berücksichtigen (E 109, Abschn. 7.9).

7.5.2 Hinterfüllen im Trocknen

Im Trocknen hergestellte Uferbauwerke sollen, soweit möglich, auch im Trocknen hinterfüllt werden.

Die Hinterfüllung soll in waagerechten, dem verwendeten Verdichtungsgerät angepaßten Schichten eingebracht und gut verdichtet werden. Als Füllboden wird, wenn möglich, Sand oder Kies verwendet. Nichtbindige Hinterfüllungen müssen eine Lagerungsdichte D ~ 0,5 aufweisen. Sonst sind erhöhte Unterhaltungsarbeiten an Straßen, Gleisen und dergleichen zu erwarten. D ist nach E 71, Abschn. 1.7 zu ermitteln. Wird für das Hinterfüllen ungleichförmiger Sand verwendet, bei dem der Gewichtsanteil < 0,06 mm kleiner als 10% ist, soll nach der vorgesehenen Verdichtung, ab einer Tiefe von 0,6 m, bei Drucksondierungen ein Spitzenwiderstand von mindestens 6 MN/m^2 festgestellt werden. Bei einwandfreier Hinterfüllung und Verdichtung ergeben sich ab 0,6 m Tiefe im allgemeinen aber mindestens 10 MN/m^2. Die Druckwiderstandsmessungen sollten, wenn möglich, während der Hinterfüllungsarbeiten laufend durchgeführt werden.

Bei Hinterfüllen im Trocknen kommen aber auch bindige Bodenarten, wie Geschiebemergel, sandiger Lehm, lehmiger Sand und in Ausnahmefällen auch steifer Ton oder Klei in Frage. Bindige Hinterfüllungsböden müssen möglichst gleichartig sein, in dünnen Lagen eingebracht und besonders gut verdichtet werden, damit sie eine gleichmäßig dichte Masse ohne Hohlräume bilden. Mit geeigneten neuzeitlichen Verdichtungsgeräten kann dies ohne Schwierigkeiten erreicht werden, jedoch ist bei der Ausführung Vorsicht geboten, weil dabei beachtliche zusätzliche Erddrücke auftreten können.

Eine eventuell eintretende Erddruckerhöhung ist bei der Berechnung und Bemessung des hinterfüllten Bauwerks zu berücksichtigen, wenn es Entlastungsbewegungen nicht ausführen kann. In Zweifelsfällen sind besondere Untersuchungen erforderlich.

7.5.3 Hinterfüllen unter Wasser

Unter Wasser darf als Füllboden nur Sand oder Kies oder sonstiger geeigneter, nichtbindiger Boden verwendet werden. Eine mitteldichte Lagerung kann erreicht werden, wenn sehr ungleichförmiges Material so eingespült wird, daß es sich als Geschiebe ablagert. Höhere Lagerungsdichten sind aber im allgemeinen nur durch besondere Baumaßnahmen, beispielsweise durch Tiefenrüttlung, zu erzielen. Bei gleichförmigem Material kann durch Einspülen allein im allgemeinen nur eine lockere Lagerung erreicht werden.

Für die Qualität und Gewinnung des Einfüllsands wird auf E 81, Abschn. 7.4.1 und auf E 109, Abschn. 7.9.3 hingewiesen.

Das Spülwasser muß schnell und einwandfrei abgeführt werden. Sonst würde ein stark erhöhter Wasserüberdruck auftreten, der größere Bauwerksbelastungen und -bewegungen verursachen kann, als vertretbar sind.

Vor allem, wenn mit verunreinigtem Material oder Schlickfall zu rechnen ist, muß so hinterfüllt werden, daß keine Gleitflächen vorgebildet werden, die zu einer Verminderung des Erdwiderstands bzw. zu einer Erhöhung des Erddrucks führen. Auf E 109, Abschn. 7.9.5 wird besonders hingewiesen.

Die Entwässerung einer Ufereinfassung darf beim Hinterspülen nicht zum Abziehen des Spülwassers benutzt werden, damit sie nicht verschmutzt oder beschädigt werden kann.

Damit die Hinterfüllung sich gleichmäßig setzen und der vorhandene Untergrund sich der vermehrten Auflast anpassen kann, sollte eine möglichst große Zeitspanne zwischen der Beendigung des Hinterfüllens und dem Beginn des wasserseitigen Ausbaggerns gelegt werden.

7.5.4 Ergänzende Hinweise

Die Erfahrung zeigt, daß Spundwände gelegentlich Rammschäden an Schlössern aufweisen, die bei Wasserüberdruck stark durchströmt werden. Hierbei wird Hinterfüllungsmaterial ausgespült und Boden vor der Spundwand auf- oder abgetragen, so daß Hohlräume hinter und Aufhöhungen oder Kolke vor der Wand entstehen können. Der Umfang solcher Schäden kann durch Hinterspülen erheblich vergrößert werden. Solche Mängel sind aber am Nachsacken des Bodens hinter der Wand im allgemeinen leicht zu erkennen. Bei bindigen Böden können aber im Laufe der Zeit größere Hohlräume entstehen, die auch bei sorgfältiger Überwachung nicht rechtzeitig erkannt werden. Solche Hohlräume brechen oft erst nach jahrelangem Betrieb ein und haben schon verschiedentlich größere Sach- und Personenschäden verursacht.

Mit Rücksicht auf sonstige Einflüsse, wie Erddruckumlagerung, Konsolidierung der Hinterfüllung und dergleichen, empfiehlt es sich, die Ufermauern zuerst zu hinterfüllen und erst anschließend – mit ausreichendem Zeitabstand – in Stufen freizubaggern (E 80, Abschn. 7.1).

Nach Abschluß der wasserseitigen Baggerung soll das Bauwerk zwischen Wasserspiegel und Hafensohle durch Taucher auf Mängel in der Wand untersucht werden.

7.6   Baggern von Unterwasserböschungen (E 138)

7.6.1 Allgemeines

Böschungen von Ufereinfassungen werden in vielen Fällen so steil ausgeführt, wie es aus Standsicherheitserwägungen verantwortet werden kann. Dabei wird die Böschungsneigung vor allem aufgrund von Gleichgewichtsuntersuchungen festgelegt. Hierbei sind Wellenschlag und Strömung sowie die dynamischen Einflüsse aus dem Baggervorgang selbst zu beachten. Sonst kann während und kurz nach dem Baggern die Sicherheit der Böschung stark beeinträchtigt werden. Die Erfahrung zeigt, daß gerade in diesem Stadium häufig Böschungsbrüche eintreten. Die hohen Kosten, die dann für das Wiederherstellen der planmäßigen Böschung aufzuwenden sind, rechtfertigen von vornherein umfangreiche Bodenaufschlüsse und bodenmechanische Untersuchungen als Grundlage für das Vorbereiten und die Ausführung derartiger Baggerarbeiten.

7.6.2   Auswirkungen der Bodenverhältnisse

Beim Festlegen von Art und Umfang der Bodenuntersuchungen müssen auch die Bodenkennwerte, die den Baggerprozeß beeinflussen, berücksichtigt werden. Die genaue Kenntnis dieser Parameter wird benötigt für:

– die richtige Wahl des Baggertyps,
– das Festlegen der besten Arbeitsmethode mit dem gewählten Gerät,
– das Schätzen der erzielbaren Baggerleistung.

Dafür sind folgende Parameter von besonderer Bedeutung:

bei nichtbindigen Böden:	bei bindigen Böden:
Sieblinie,	Kornaufbau,
Wichte,	Wichte,
Porenvolumen,	Kohäsion,
kritische Lagerungsdichte,	innerer Reibungswinkel,
Durchlässigkeit,	undränierte Scherfestigkeit,
innerer Reibungswinkel,	Konsistenzzahl,
Spitzenwiderstände von	Spitzenwiderstände von
Drucksondierungen oder	Drucksondierungen oder
SPT-Werte.	SPT-Werte.

Eine ausreichende Kenntnis über den Schichtenaufbau des Bodens kann mit Schlauchkernbohrungen gewonnen werden. Mit Farbfotos unmittelbar nach der Entnahme bzw. nach dem Öffnen der Schläuche sollten die so gewonnenen Bodenaufschlüsse zusätzlich festgehalten werden.

Besondere Probleme können beim Baggern in lockerem Sand eintreten, wenn seine Lagerungsdichte kleiner als die kritische Dichte ist. Durch kleine Ursachen – wie beispielsweise Schwingungen, kleine lokale Eingriffe und Spannungsänderungen im Boden während des Baggerns – können große Mengen von Sand in Bewegung geraten (fließen). Eine Fließempfindlichkeit des Bodens muß rechtzeitig erkannt werden, um Gegenmaßnahmen zu treffen, wie ein Verdichten des Bodens im Einflußbereich der zu baggernden Unterwasserböschung oder mindestens die Anordnung entsprechend flacherer Böschungsneigungen. Letzteres allein ist allerdings häufig noch nicht ausreichend.

Bereits eine verhältnismäßig dünne Schicht locker gelagerten Sandes in der zu baggernden Bodenmasse kann zu einem Fließbruch während des Baggerns führen.

7.6.3   Baggergeräte

Unterwasserböschungen werden mit Baggergeräten ausgeführt, deren Typ und Kapazität abhängig sind von:

- Art, Menge und Schichtdicke des zu baggernden Bodens sowie
- Baggertiefe und Abtransport des Baggergutes.

Entlang den herzustellenden Böschungen muß so gebaggert werden, daß Böschungsbrüche in engen Grenzen und unter Kontrolle gehalten werden. Deshalb ist es nicht möglich, in Böschungsnähe zu Baggerleistungen zu kommen, die sonst bei ähnlichen Bodenverhältnissen erreicht werden könnten.

Für das Böschungsbaggern kommen folgende Baggertypen in Betracht:
- Eimerkettenbagger,
- Schneidkopfsaugbagger,
- Löffelbagger und
- Greifbagger.

Grundsaugbagger führen durch ihre Arbeitsweise sehr leicht zu unkontrollierbaren Böschungsbrüchen. Sie kommen daher für das gezielte Baggern planmäßiger Unterwasserböschungen im allgemeinen nicht in Frage.

Mit großen Schneidkopfsaugbaggern können Böschungen bis zu einer Tiefe von rd. 30 m erfolgreich hergestellt werden, mit großen Eimerkettenbaggern solche bis zu rd. 23 m.

Mit dem Löffelbagger wird vor allem bei schweren Böden gearbeitet.

Sind nur kleine Mengen zu baggern oder sind Baggerungen nach E 80, Abschn. 7.1 auszuführen, eignen sich vor allem Greifbagger.

7.6.4 Ausführung der Baggerarbeiten

7.6.4.1 Grobe Baggerarbeiten

Vor dem Baggern einer Unterwasserböschung wird in einem solchen Abstand von der Böschung gebaggert, daß das Baggergerät mit möglichst hoher Leistung arbeiten kann, ohne daß die Gefahr eines Böschungsbruchs im zukünftigen Ufer auftritt. Abhängig von der Bodenbeschaffenheit werden dafür heute häufig Schneidkopfsaugbagger, aber auch Grundsaugbagger eingesetzt.

Aus den während des Baggerns durchgeführten Beobachtungen über das Gleiten des Bodens und die hierdurch entstehenden Böschungsneigungen ergeben sich Hinweise über den einzuhaltenden Sicherheitsabstand zwischen Baggergerät und geplanter Böschung.

Nach Abschluß der groben Baggerarbeiten bleibt ein Bodenstreifen über der Unterwasserböschung übrig, der nach einem im einzelnen festzulegenden Verfahren entfernt werden muß (vgl. Bilder 79 und 80).

7.6.4.2 Böschungsbaggerarbeiten

(1) Eimerkettenbaggerung

Bis vor wenigen Jahren wurden für das Baggern der Böschungen in vielen Ländern ausschließlich Eimerketten- und Greifbagger eingesetzt.

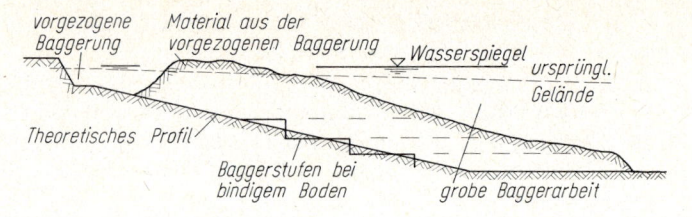

Bild 79. Herstellen einer Unterwasserböschung mit Eimerkettenbaggern

Mit kleinen Eimerkettenbaggern kann schon ab einer Tiefe von rd. 3 m unter der Wasseroberfläche gebaggert werden.
Der Eimerkettenbagger arbeitet zweckmäßig parallel zur Böschung, wobei in der Regel schichtweise abgetragen wird.
Die Böschung wird stufenweise gebaggert. Die Bodenart ist maßgebend dafür, wieweit die Stufen die theoretische Böschungslinie anschneiden dürfen (Bild 79).
In bindigen Böden werden die Stufen im allgemeinen symmetrisch zur theoretischen Böschungslinie gebaggert. In nichtbindigen Böden darf die Böschungslinie aber nicht angeschnitten werden.
Die Höhe der Stufen ist mit abhängig von der Bodenbeschaffenheit und liegt im allgemeinen zwischen 1 und 2,5 m.
Die Genauigkeit, mit der Böschungen auf diese Weise hergestellt werden können, ist unter anderem abhängig von der geplanten Böschungsneigung, der Bodenart und außerdem von den Fähigkeiten und Erfahrungen der Mannschaft, die das Baggergerät bedient.
Bei Böschungsneigungen 1 : 3 bis 1 : 4 und bindigen Böden kann mit einer senkrecht zur theoretischen Böschungslinie gemessenen Toleranz von ± 50 cm gearbeitet werden. Bei nichtbindigem Boden soll die Toleranz, abhängig von der Baggertiefe, + 25 bis + 75 cm betragen.

(2) Schneidkopfsaugbaggerung
In den letzten Jahren wurde festgestellt, daß neben dem Eimerkettenbagger auch der Schneidkopfsaugbagger geeignet ist, Unterwasserböschungen herzustellen, und das oft sogar besser, billiger und sicherer.
Ist in günstiger Entfernung kein Spülfeld vorhanden, kann gebaggerter Sand beispielsweise mit Hilfe eines Sprühpontons in Schuten verladen werden. Dabei lagert sich auch Mittelsand in den Schuten ab. Noch feineres Material fließt aber selbst bei dieser Art der Beladung aus den Schuten.
Beim Baggern bewegt sich der Schneidkopfsaugbagger vorzugsweise an der Böschung entlang. So wie beim Eimerkettenbagger wird auch hier schichtweise gearbeitet. Empfehlenswert ist eine automatische oder halbautomatische Steuerung der Bewegungen der Baggerleiter.
In Bild 80 ist angedeutet, wie der Schneidkopf, nachdem er einen waa-

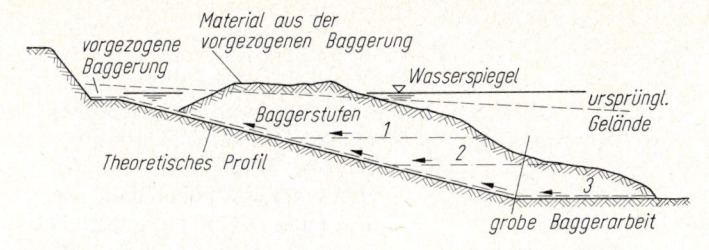

Bild 80. Herstellen einer Unterwasserböschung mit Schneidkopfsaugbaggern

gerechten Baggerschnitt ausgeführt hat, parallel zur theoretischen Böschungslinie nach oben arbeitet. Auf diese Weise können Unterwasserböschungen mit großer Genauigkeit hergestellt werden. Wenn die Baggerleiter automatisch oder halbautomatisch gesteuert wird, sind Toleranzen quer zur Böschung von + 25 cm bei kleinen und von + 50 cm bei großen Schneidkopfsaugbaggern ausreichend. Wird ohne besondere Steuerung gearbeitet, gelten die gleichen Toleranzen wie bei der Eimerkettenbaggerung. In beiden Fällen darf der Boden nicht zum Fließen neigen.

7.7 Kolkbildung und Kolksicherung vor Ufereinfassungen (E 83)

7.7.1 Kolkbildung

Kolke können vor allem durch die natürliche Strömung des Wassers oder örtlich durch Schiffsschraubeneinwirkungen entstehen.

Durch geeignete Hafenbetriebsanweisungen können Kolkschäden in Ausmaß und Häufigkeit verringert, erfahrungsgemäß aber nicht voll verhütet werden. Eine besondere Kolkgefährdung ergibt sich an Liege- und an Koppelplätzen von Schubverbänden und in Seehäfen mit Ro-Ro-Schiffsverkehr dadurch, daß diese praktisch immer an der gleichen Stelle an- und ablegen. Beim Ablegen von Doppelschraubenschiffen kann vor allem der volle Einsatz der landseitigen Schraube zu starken Auskolkungen führen. Bei Containerschiffen können vor allem Querstrahlruder tiefe und ausgedehnte Kolke verursachen.

In jedem Fall hängt die Möglichkeit der Kolkbildung vom Untergrund ab, wobei nichtbindige Böden mit feinem Korn besonders gefährdet sind.

Kolke treten vor allem an der Außenseite von Flußkrümmungen auf, also dort, wo wegen der größeren Wassertiefe auch die Ufereinfassungen bevorzugt angelegt werden. Die natürliche Querströmung an der Flußsohle, verstärkt durch davorliegende Schiffe und die dabei entstehenden Wirbel, fördern die Kolkbildung in diesem Bereich noch zusätzlich.

7.7.2   Kolksicherung

Wenn Kolkgefahr besteht, muß versucht werden, durch Abdecken mit einer Schüttung aus Steinen, grober, schwerer Schlacke oder dergleichen die Sohle zu sichern. Diese Abdeckung muß ausreichend breit bemessen werden; sonst kann vom Rande her leicht ein neuer Kolk entstehen und die Sicherung fortschreitend zerstört werden. Kann der anstehende Boden durch die vorgesehene Grobschüttung hindurch ausgewaschen werden, muß unter dieser eine mindestens 0,50 m dicke Mischkiesschüttung als Filterschicht eingebracht werden. Eine solche Mischkiesschüttung kann unter Umständen auch durch eine Sinkstücklage, gegebenenfalls auch durch eine Holzmatratze, einen Kunststoffilter oder – falls eine undurchlässige Ausbildung in Betracht kommt – durch eine mit Grobkies überdeckte Folie ersetzt werden.

Eine Vertiefung der Sohle vor einer Ufermauer im Fluß, die wegen der Schiffahrt notwendig wird, kann die Kolkgefahr erhöhen. Wenn sich vor bestehenden Ufermauern im Laufe der Zeit eine „Panzerschicht" gebildet hat und diese bei einer Vertiefung durch Baggern beseitigt wird, kann etwa vorhandenes feineres Material freigelegt werden, das besonders leicht ausgekolkt wird.

Zur Beurteilung der Gefahr einer Kolkbildung müssen neben Messungen der Strömung und des Geschiebetriebes bei verschiedenen Wasserständen mit und ohne Schiffsbelegung der Uferstrecke vor allem auch sorgfältige Bodenaufschlüsse und -untersuchungen vorgenommen werden.

Ist eine Kolkgefahr infolge ungünstiger Bodenverhältnisse und aus der Art des Schiffsbetriebes von vornherein vorhanden, muß die Hafensohle in ausreichend kurzen Zeitabständen sorgfältig abgelotet werden. Hierdurch können sich bildende Kolke frühzeitig erkannt und saniert werden.

In Bereichen mit besonderer Kolkgefahr muß diese bereits beim Entwurf der Ufereinfassung berücksichtigt bzw. müssen Schutzmaßnahmen für die Hafensohle von vornherein durchgeführt werden.

7.8   Senkrechte Dränagen zur Beschleunigung der Konsolidierung weicher bindiger Böden (E 93)

7.8.1   Allgemeines

Durch senkrechte Dränagen können die Konsolidierungssetzungen (primäre Setzungen) mächtiger bindiger, wenig wasserdurchlässiger Schichten stark beschleunigt werden; nicht aber die bei einigen Böden auftretenden sekundären Setzungen, die ohne Änderung des Porenwasserdruckes vor allem auf ein Kriechen des Bodens zurückzuführen sind.

Senkrechte Dränagen sind vor allem in weichen bindigen Böden mit gutem Erfolg angewendet worden. Weil die waagerechte Wasserdurchlässigkeit des Bodens größer ist als die lotrechte, ist die Wirkung der lotrechten Dränagen im allgemeinen groß. In Böden mit Schichten wechselnder Wasserdurchlässigkeit wird das Porenwasser in wenig wasserdurchlässigen Schichten nicht nur direkt, sondern auch über angrenzende Schichten höherer Durchlässigkeit nach den Dränagen abgeführt. Hierdurch wird die Konsolidierung zusätzlich beschleunigt. Wenn – wie bei Torf und bestimmten anderen Böden – die sekundären Setzungen einen wesentlichen Teil der den Belastungszuständen entsprechenden Gesamtsetzungen ausmachen, sind die Ergebnisse in der Regel entsprechend schlechter.

Die Setzungen dränierter Flächen können nach der Theorie der Konsolidierungssetzungen berechnet werden. Wegen der in den Berechnungsverfahren enthaltenen Vereinfachungen und wegen der Inhomogenität des Baugrundes sind die Ergebnisse der Berechnungen aber nur zur Abschätzung der Größenordnung verwendbar. Aus dem tatsächlichen Verlauf der Konsolidierung, der durch Setzungsmessungen und Messungen des Porenwasserdruckes im konsolidierenden Boden überprüft werden kann, ist es möglich, das Ende der Setzungszeit und die Zunahme der Scherfestigkeit genauer abzuleiten. Der optimale Abstand der Dränagen hängt vor allem ab von:

– Eintrittwiderstand und innere Wasserdurchlässigkeit der Dränagen (Abmessung und Qualität),
– Dicke und Wasserdurchlässigkeit (waagerechte und senkrechte) der zu entwässernden bindigen Bodenschichten,
– Wasserdurchlässigkeit angrenzender Bodenschichten,
– Gewünschte Beschleunigung der Konsolidierungszeit,
– Kostenaufwand.

Hierbei ist die jeweils zur Verfügung stehende Konsolidierungszeit von besonderer Bedeutung.

Durch frühzeitige systematische Voruntersuchungen in Probefeldern mit verschiedenen Dränabständen kann mit Hilfe von Setzungs-, Wasserstands- und Porenwasserdruckmessungen die zweckmäßigste und wirtschaftlichste Art, Anordnung und Ausführung der Dränagen gefunden werden. Dabei muß von den Bedingungen der späteren Bauausführung ausgegangen werden, denn ausführungsmäßig verursachte Verschmutzungen der Dränwandungen können den Wasserabfluß entscheidend behindern. Dieses gilt auch für den Wasserabfluß nach unten in eine wasserführende Schicht oder für den seitlichen Abfluß in einer oben aufgebrachten Sand- oder Kiesschicht. Im allgemeinen können Sanddränagen $\varnothing$ 25 cm in 2,5 bis 4,0 m Achsabstand angeordnet werden.

Pappdränagen (Normalbreite 10 cm) werden nur noch wenig benutzt. Das Papiermaterial hat, wenn es gegen Verwitterung nicht besonders geschützt ist – vor allem im Grundwasser mit hohem Säuregehalt – eine

Lebensdauer von nur 2 bis 3 Monaten. Deshalb müssen die Achsabstände der Pappdränagen sehr klein gewählt werden (0,50 bis 0,80 m), um eine größtmögliche Beschleunigung der Konsolidierung zu erreichen.

Kunststoffdränagen werden in Breiten von 10 bis 30 cm geliefert. Es werden Achsabstände von 1,5 bis 2,5 m angewendet.

In jedem Fall sollen gleich nach dem Herstellen der ersten Dränagen Porenwasserdruck- und Setzungsmessungen durchgeführt werden, um die Wirkung der Dränagen prüfen und – wenn nötig – den Abstand anpassen zu können.

Die Dränagen sind aber nur wirksam, wenn das dränierte Gelände belastet wird. Die dränierten Flächen sind jedoch so aufzuschütten, daß im Untergrund keine Bodenbewegungen auftreten, die die Dränagen zerstören und den Wasserablauf behindern oder unterbinden.

Zu beachten ist, daß bei manchen senkrecht dränierten Böden größere primäre Gesamtsetzungen beobachtet worden sind als unter gleichartigen Verhältnissen in nicht dränierten Böden.

7.8.2 Anwendung

Senkrechte Dränagen werden bei Schüttungen von Massengütern, Dämmen oder Geländeaufhöhungen auf weichen bindigen Böden angewendet, um die Setzungszeit zu verkürzen und die Tragfähigkeit des vorhandenen Baugrundes möglichst rasch zu erhöhen. Sie werden auch verwendet, um ein Abrutschen von Böschungen oder Geländesprüngen zu verhindern, seitliche Fließbewegungen zu vermindern, den Erddruck hinter Kaimauern zu verringern usw.

7.8.3 Ausführung

Senkrechte Dränagen werden meist als gebohrte, gespülte oder gerammte Sanddränagen ausgeführt. Es können aber auch andere durchlässige Materialien, wie beispielsweise gegen Verwitterung geschützte Pappstreifen oder Kunststoffdränagen, eingebracht werden.

Die rechtzeitige Planung der Dränagearbeiten und der Geländeaufhöhungen ist dabei besonders wichtig. Für die Ermittlung eines optimalen Abstands der Dränagen ist es zu empfehlen, Schlauchkernbohrungen auszuführen, um die genaue Lage und Dicke der Bodenschichten feststellen und repräsentative Proben zur Ermittlung der Wasserdurchlässigkeiten gewinnen zu können.

Wenn in einer Sandschicht unter zu konsolidierenden bindigen Schichten ein Porenwasserüberdruck vorhanden ist, soll die Unterkante der Dränagen mindestens 1 m oberhalb dieser Schicht enden.

Um den Geräteeinsatz und die Sandanfuhr auf dem meist weichen Gelände zu erleichtern und zu verhindern, daß das Bohrgut die Geländeoberfläche verschmutzt, wird, bevor die Bohrarbeiten anlaufen, auf das Gelände eine mindestens 0,50 m dicke, gut durchlässige Sandschicht gebracht, die bei Entwässerung nach oben auch als Dränschicht wirkt.

Wäßriges Bohrgut wird durch Rinnen nach Stellen abgeführt, an denen Ablagerungen unschädlich sind.

Um für die Nutzung dränierten Geländes Zeit zu gewinnen, ist es sinnvoll, die Dränagen frühzeitig einzubringen und durch Bodenauffüllung auf dem Gelände den Untergrund bereits vorzukonsolidieren.

7.8.3.1 Gebohrte Sanddränagen

Bei den gebohrten Sanddränagen werden je nach Bodenart verrohrte oder unverrohrte Bohrlöcher mit Durchmessern von etwa 15 bis 30 cm niedergebracht und mit Sand verfüllt.

Gebohrte Sanddränagen haben den Vorzug, daß sie den Untergrund am wenigsten stören und die für den Erfolg entscheidend maßgebende Durchlässigkeit des Bodens in waagerechter Richtung am wenigsten vermindern. Sie sind unter Wasserüberdruck zügig zu bohren. Bei fehlender Verrohrung sind sie einwandfrei klar zu spülen und unter Wasserüberdruck ununterbrochen zu verfüllen, damit die Lochwand nicht abbröckelt und die Füllung nicht verunreinigt wird. Es ist auch sorgfältig darauf zu achten, daß sie nicht durch seitlich eindringenden Boden unterbrochen werden.

Das Verfüllmaterial muß so gewählt werden, daß das Porenwasser unbehindert ein- und abfließen kann. Der Anteil an Feinsand ($\leqq$ 0,2 mm) sollte nicht höher als 20% sein.

7.8.3.2 Gespülte Sanddränagen

Für gespülte Sanddränagen gilt Abschn. 7.8.3.1 sinngemäß. Sie sind billig herzustellen, haben aber den Nachteil, daß durch Feinkornablagerungen an der Sohle und an den Dränwandungen leicht Verstopfungen eintreten können. Hierauf ist bei der Ausführung besonders zu achten. Nach dem Klarspülen und dem Ausbau des Gerätes ist mit der Sandverfüllung unverzüglich zu beginnen. Sie ist ohne Unterbrechung zügig zu vollenden.

7.8.3.3 Gerammte Sanddränagen

Wirkt sich die Bodenverdrängung auf die Tragfähigkeit des Untergrundes und seine Durchlässigkeit in waagerechter Richtung nicht nachteilig aus, können gerammte Sanddränagen angewendet werden. Hierbei wird beispielsweise ein Rohr von 30 bis 40 cm Durchmesser an seinem unteren Ende mit einem Pfropfen aus Kies und Sand versehen und mit einem Innenbär bis zur gewünschten Tiefe in den weichen Untergrund getrieben. Nach Herausschlagen des unteren Abschlusses wird Sand geeigneter Kornverteilung (wie bei den gebohrten Dräns) in das Rohr eingefüllt und unter gleichzeitigem Hochziehen des Rohres in den Untergrund geschlagen. Hierdurch entsteht eine Sanddränage, deren Volumen ungefähr zwei- bis dreimal dem theoretischen Volumen des Rohres entspricht. Verschmierte Zonen, die beim Einrammen des Rohres entstanden sein können, werden durch das Einrammen des Sandes und die damit verbundene Oberflächenvergrößerung des Dräns mindestens teilweise wieder aufgerissen.

Der Abfluß in eine untere wasserführende Schicht und in die aufgebrachte Sandschicht ist bei dieser Ausführungsart einwandfrei möglich.

7.8.3.4 Hinweise zu Pappdränagen und Kunststoffdränagen

Pappdränagen werden durch ein Nadelgerät in den weichen Boden eingeführt. Bei der Ausführung soll die Unterkante der Dränagen so genau wie möglich festgestellt werden. Dies gilt auch für Kunststoffdränagen, die zunehmend angewendet werden. Letztere können ohne Wasser in den weichen Boden eingebracht werden, wobei eine Verschmutzung der Dränagen weitgehend vermieden wird. Einen Vorteil bietet diese trockene Ausführung auch beim Durchfahren von Sandauffüllungen, weil dort beim Herstellen von Sanddränagen viel Spülwasser durch die Bohrlochwandungen abfließen würde.

7.8.4 Ausführungskontrollen

Der Erfolg einer lotrechten Dränierung hängt weitgehend von der Sorgfalt der Ausführung ab. Um Fehlschläge zu vermeiden, ist die jeweils eingebrachte Sandmenge zu kontrollieren und die Wirkung der Dränagen rechtzeitig durch Füllversuche mit Wasser, Wasserstandsmessungen in einzelnen Dränagen, Porenwasserdruckmessungen zwischen den Dränagen und Beobachtung der Setzungen der Geländeoberfläche zu überprüfen.

7.9 Ausführung von Bodenersatz für Ufereinfassungen (E 109)

7.9.1 Allgemeines

Bei Ufereinfassungen in Gebieten mit dicken, weichen bindigen Bodenschichten ist – vor allem abhängig von der Höhe des Geländesprunges, von der Größe der Geländeaufhöhung, der Geländenutzlast und den Wasserstandsschwankungen – ein Bodenaustausch für Kaianlagen, Böschungen usw. fallweise wirtschaftlich, wenn der zum Bodenersatz erforderliche Auffüllsand in genügender Qualität und Menge kostengünstig zur Verfügung steht. Die Tiefe der Baggergrube muß dabei so festgelegt werden, daß die Standsicherheit der Ufereinfassung gewährleistet ist. Dazu kann es nötig sein, alle weichen bindigen Schichten hinunter bis zum tragfähigen Baugrund abzutragen. In diesem Fall verlangt die zu erwartende Störschicht auf der Baggergrubensohle infolge der Bodenverluste beim Baggern, eventueller Störungen der Oberfläche des tragfähigen Baugrundes und laufendem Schlickfall besondere Maßnahmen. Wenn die Ufereinfassung nur geringe Setzungen vertragen kann, ist ebenfalls ein vollständiger Aushub der weichen bindigen Schichten erforderlich.

Schon für einen ausreichend zutreffenden Kostenvergleich im Vorentwurfstadium für eine Lösung mit oder ohne Bodenersatz und nicht erst für den Entwurf sind zur Erfassung der Bagger- und der Einfüllkosten ausreichende Bodenaufschlüsse und bodenmechanische Untersuchungen erforderlich. Nur dann können für eine Lösung mit Bodenersatz genügend zutreffend festgestellt werden:

– Die Abmessungen und die Sohlentiefe der Baggergrube,
– die Art der einzusetzenden Bagger,
– die zu fordernden und zu erwartenden Baggerleistungen und
– eine möglichst richtige Schätzung der Dicke der zu erwartenden Störschicht auf der Baggergrubensohle infolge des Bodenverlustes beim Baggern und eventueller Störungen der Oberfläche der Baggergrubensohle.

Darüber hinaus ist die Geschiebe- und Sinkstofführung so zutreffend wie irgend möglich zu erkunden, und dies sowohl hinsichtlich des Materials, seines Anteils und der Absetzmenge je nach den Fließgeschwindigkeiten im Verlauf der verschiedenen Tiden, als auch abhängig von den Jahreszeiten. Nur dann kann das Sandeinfüllen so systematisch geplant und ausgeführt werden, daß in der Einfüllung Schlickzwischenlagen auf ein Mindestmaß begrenzt bleiben.

Bei Großbauwerken sollte im Bauwerksgebiet rechtzeitig vor der Entscheidung eine ausreichend große Probegrube gebaggert und laufend beobachtet werden.

Hingewiesen sei auch auf die besondere Kolkgefahr im eingebrachten Auffüllsand. Darauf errichtete Baugerüste und dergleichen müssen tief einbinden, wenn nicht schützende Abdeckungen aufgebracht werden. Damit die Standsicherheit der Ufereinfassung nicht nachteilig beeinflußt wird, ist ein sachgemäßes Arbeiten erforderlich und dabei vor allem Nachstehendes zu beachten.

7.9.2 Bodenaushub

7.9.2.1 Wahl des einzusetzenden Baggers

Für den Abtrag von bindigem Boden werden im allgemeinen Eimerkettenbagger oder Schneidkopf-Saugbagger eingesetzt. Bei beiden Baggerarten sind gewisse Bodenverluste, die zur Bildung einer Störschicht auf der Baggergrubensohle führen, selbst unter besonderen Vorsichtsmaßnahmen, nicht zu vermeiden.

Die Verluste beim Eimerkettenbagger sind nach bisheriger Erfahrung im allgemeinen geringer als beim Schneidkopf-Saugbagger. Die mit dem Eimerkettenbagger hergestellte Baggergrubensohle läßt sich darüber hinaus ebener ausführen und dadurch leichter säubern. Beim Aushub mit Eimerkettenbaggern (Bild 81) bildet sich durch den Baggervorgang selbst, durch übervolle Eimer, unvollständiges Entleeren der Eimer in

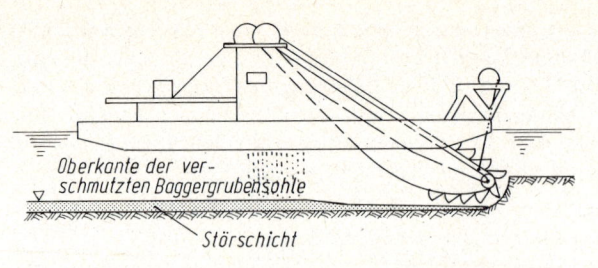

Bild 81. Störschichtbildung beim Aushub mittels Eimerkettenbagger

der Ausschüttanlage und durch Überfließen der Baggerschuten auf der Baggergrubensohle im allgemeinen eine 20 bis 50 cm dicke Störschicht, unmittelbar nach dem Baggern gemessen.

Um diese Störschichtdicke zu verringern, muß bei Erreichen der Baggergrubensohle mit geringerer Schnitthöhe gearbeitet werden. Ferner sollte stets mindestens ein Sauberkeitsschnitt geführt werden, um sicherzustellen, daß verlorengegangenes Baggergut weitestgehend entfernt wird. Dabei muß mit schlaffer Unterbucht sowie mit geringer Eimer- und Schergeschwindigkeit gefahren werden. Ferner sollten die Schuten nur teilweise beladen werden, um so ein Überfließen mit Bodenverlusten zu vermeiden. Hierdurch kann die Störschichtdicke auf etwa die Hälfte reduziert werden.

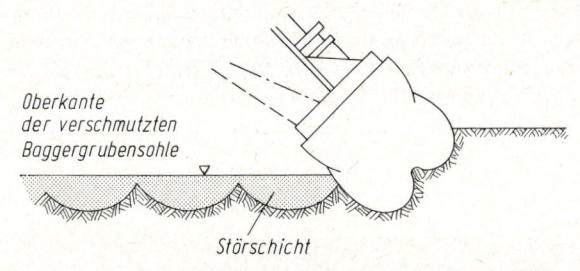

Bild 82. Störschichtbildung beim Aushub mittels Schneidkopf-Saugbagger

Beim Einsatz von Schneidkopf-Saugbaggern entsteht eine gewellte Baggergrubensohle nach Bild 82, deren Störschicht dicker ist als beim Eimerkettenbagger.

Durch eine besondere Schneidkopfform, eine niedrige Schneidkopfdrehzahl, kurze Vorschübe sowie eine langsame Schergeschwindigkeit kann die Störschichtdicke auf 20 bis 40 cm verringert werden.

Durch weitere Sauberkeitsschnitte ist auch hier ein noch besseres Ergebnis erreichbar.

7.9.2.2 Ausführung und Kontrolle der Baggerarbeiten

Um ein zeichnungsgemäßes Baggern gewährleisten zu können, muß die Baggergrube – den Abmessungen des gewählten Baggers angepaßt – großzügig angelegt und entsprechend gekennzeichnet werden. Dabei müssen die Pegel und die Vermessungseinrichtungen vom Baggerpersonal sowohl am Tage als auch bei Nacht deutlich und unverwechselbar erkannt werden können.

Die Markierung der Baggerschnittbreite an den Seitendrähten des Baggers allein ist nicht ausreichend.

Der Aushub wird in Stufen durchgeführt, die am Baggergrubenrand der mittleren Profilneigung entsprechen. Die Höhe dieser Stufen ist von Art und Größe der Geräte und von der Bodenart abhängig. Auf ein strenges Einhalten der Schnittbreiten ist zu achten, da zu breit ausgeführte Schnitte örtlich zu übersteilen Böschungen und damit zu Böschungsrutschungen führen können.

Die ordnungsgemäße Ausführung der Baggerung kann durch die Aufnahme von Querprofilen verhältnismäßig gut überwacht werden. Um eventuelle Profiländerungen, die unter Umständen auf Rutschungen in der Unterwasserböschung zurückzuführen sind, rechtzeitig erkennen und die dann notwendigen Gegenmaßnahmen ergreifen zu können, müssen die einzelnen Profile laufend durch Lotungen überprüft werden. Die letzte Lotung ist unmittelbar vor Beginn des Sandeinbringens durchzuführen.

Um Aussagen über die Beschaffenheit der Baggergrubensohle machen zu können, sind aus ihr Bodenproben zu entnehmen. Hierfür hat sich ein aufklappbares Sondierrohr mit einem Mindestdurchmesser von 100 mm und einer Fangvorrichtung (Federverschluß) bewährt. Dieses Rohr wird je nach den Erfordernissen 50 bis 100 cm oder auch tiefer in die Baggergrubensohle getrieben. Nach dem Ziehen und Öffnen des Rohres gibt der im Rohr enthaltene Kern einen guten Überblick über die in der Baggergrubensohle anstehenden Bodenschichten.

7.9.3 Qualität und Gewinnung des Einfüllsandes

Der Einfüllsand soll nur geringe Schluff- und Tonanteile sowie keine größeren Steinansammlungen enthalten.

Ist der zur Verfügung stehende Einfüllsand stark verunreinigt und/oder steinig, aber noch brauchbar, darf er, um Anhäufungen von Feinmaterial und Steinen in bestimmten Bereichen zu vermeiden, nicht eingespült, sondern nur verklappt werden.

Damit kontinuierlich, rasch und wirtschaftlich verfüllt werden kann, müssen ausreichend große Vorkommen von geeignetem Sand in vertretbarer Entfernung vorhanden sein. Bei der Ermittlung der erforderlichen Einfüllmassen ist der Bodenabtrieb mit zu berücksichtigen. Er wird um so größer, je feiner der Sand, je größer die Fließgeschwindigkeit über

sowie in der Baggergrube, je kleiner die Einbaumengen je Zeiteinheit sind und je tiefer die Baggergrubensohle liegt.
Für die Sandgewinnung sind leistungsfähige Saugbagger zu empfehlen, damit neben hohen Fördermengen gleichzeitig ein Reinigen des Sandes erreicht wird. Der Reinigungseffekt kann durch richtige Beschickung der Schuten und längere Überlaufzeiten verstärkt werden. Vom Einfüllsand sind laufend Proben aus den Schuten zu entnehmen und auf die im Entwurf technisch geforderte Beschaffenheit, insbesondere auf den maximal zugelassenen Schlickgehalt hin, zu untersuchen.

7.9.4 Säubern der Baggergrubensohle vor dem Sandeinfüllen

Unmittelbar vor Beginn des Einfüllens muß – insbesondere bei Schlickfall – die Baggergrubensohle im betreffenden Bereich im erforderlichen Umfang gesäubert werden. Hierfür können – wenn die Ablagerungen nicht zu fest sind – eventuell Schlicksauger eingesetzt werden. Wenn jedoch eine längere Zeit zwischen dem Ende der Baggerarbeiten und dem Beginn des Schlicksaugens liegt, kann der Schlick bereits so verklebt sein, daß ein nochmaliger Sauberkeitsschnitt ausgeführt werden muß.
Die Sauberkeit der Baggergrubensohle ist laufend zu überprüfen. Hierfür kann das unter Abschn. 7.9.2.2 beschriebene Sondierrohr verwendet werden. Wenn nur mit weichen Ablagerungen zu rechnen ist, kann für die Entnahme der Proben auch ein entsprechend ausgebildeter Greifer – auch ein Handgreifer kommt in Frage – eingesetzt werden.
Wenn eine ausreichend saubere Sohle nicht gewährleistet werden kann, ist durch andere geeignete Maßnahmen die Verzahnung zwischen dem anstehenden tragfähigen Boden und dem Einfüllsand im erforderlichen Umfange herzustellen. Dies kann bei bindigem, tragfähigem Baugrund am besten durch eine ausreichend dicke, sehr rasch einzubauende Grobschotterschicht erreicht werden.
Auf der Erdwiderstandsseite kann eine solche Sicherung besonders wichtig werden. Da dort im allgemeinen nicht gerammt wird, kann an Stelle von Schotter noch besser Bruchsteinmaterial verwendet werden.
Bei anstehenden rolligen Böden kann eine Verzahnung zwischen dem Einfüllboden und dem Untergrund auch durch Vernähen mit Mehrfach-Rüttelkernen (Tiefenrüttelung mit einer Einheit von 2 bis 4 Rüttlern) erreicht werden.

7.9.5 Einfüllen des Sandes

Die Baggergrube kann durch Verklappen oder Verspülen des Sandes bzw. durch beides gleichzeitig, verfüllt werden. Vor allem bei stark sinkstoffführendem Wasser ist hierfür von vornherein ein ununterbrochen Tag und Nacht laufender Einsatz von sorgfältig aufeinander abgestimmten Großgeräten bis in alle Einzelheiten zu planen und später auch

durchzuführen. Winterarbeiten mit Ausfalltagen durch zu tiefe Temperaturen, Eisgang, Sturm und Nebel sollten vermieden werden.
Das Einfüllen des Sandes soll dem Ausbaggern des schlechten Bodens zeitlich und räumlich so schnell wie möglich folgen, damit zwischenzeitlich eintretende unvermeidbare Ablagerungen von Sinkstoffen (Schlick) auf ein Mindestmaß beschränkt werden. Andererseits darf aber auch kein Vermischen zwischen dem auszuhebenden und dem einzubringenden Boden infolge eines zu geringen Abstandes zwischen Bagger- und Verfüllbetrieb eintreten. Diese Gefahr ist vor allem in Gewässern mit stark wechselnder Strömung (Tidegebiet) vorhanden und dort besonders zu beachten.
Eine gewisse Verunreinigung des einzubringenden Sandes durch laufenden Schlickfall ist nicht zu vermeiden. Sie kann jedoch durch hohe Einfülleistungen auf ein Minimum begrenzt werden. Der Einfluß des zu erwartenden Verschmutzungsgrades auf die bodenmechanischen Kennzahlen des Einfüllsandes ist entsprechend zu berücksichtigen. Im übrigen muß der Sand so eingefüllt werden, daß möglichst keine durchgehenden Schlickschichten entstehen. Bei starkem Schlickfall kann dies nur durch einen kontinuierlichen, leistungsfähigen Betrieb, der auch an Wochenenden nicht unterbrochen wird, erreicht werden, wenn gleichzeitig eine Einbaufolge gewählt wird, bei der:

– die sich laufend verändernde Sandeinfüllfläche in der Baggergrube auf eine Mindestgröße begrenzt wird,
– der einzufüllende Sand weitgehend gleichmäßig auf die jeweils vorhandene Oberfläche verteilt wird, so daß keine Teilflächen über längere Zeit allein der Schlickablagerung ausgesetzt sind, und
– die Sandeinfüllfläche sich von der Baggergrubensohle bis zur Sollhöhe bzw. bis zum Tide-Hochwasserstand über die Zeit gleichmäßig aufhöht.

Sollten trotz aller Anstrengungen Unterbrechungen und damit größere Schlickablagerungen eintreten, ist der Schlick vor dem weiteren Sandeinfüllen zu beseitigen oder später durch geeignete Maßnahmen unschädlich zu machen. Während etwaiger Unterbrechungen ist zu prüfen, ob und wo sich die Oberflächenhöhe der Einfüllung verändert hat.
Um einen gegenüber den Entwurfsgrundlagen erhöhten Erddruck auf die Ufereinfassung zu vermeiden, muß die Baggergrube so verfüllt werden, daß während des Einfüllens entstehende, verschlickte Böschungsflächen entgegengesetzt geneigt sind zu den später auftretenden Gleitflächen des auf die Ufereinfassung wirkenden Erddruckgleitkörpers. Gleiches gilt sinngemäß für die Erdwiderstandsseite.

7.9.6 Kontrolle der Sandeinfüllung

Während des Sandeinfüllens sind ständig Lotungen durchzuführen und deren Ergebnisse aufzutragen. Hierdurch können die Veränderungen der Einfülloberfläche aus dem Einfüllvorgang selbst und infolge wechselnder Strömungseinwirkungen in einem gewissen Umfang festgestellt werden. Gleichzeitig lassen diese Aufzeichnungen erkennen, wie lang eine Oberfläche etwa unverändert vorhanden und daher der Sinkstoffablagerung besonders wirksam ausgesetzt war, so daß rechtzeitig Maßnahmen zur Beseitigung gebildeter Störschichten eingeleitet werden können.

Nur bei zügigem, ununterbrochenem Verspülen und/oder Verklappen kann auf die Entnahme von Proben aus dem jeweiligen unmittelbaren Einfüllbereich verzichtet werden.

Nach Abschluß der Einfüllarbeiten – gegebenenfalls aber auch zwischenzeitlich – muß die Einfüllung durch Schlauchkernbohrungen oder gleichwertige andere Verfahren aufgeschlossen und überprüft werden. Diese Bohrungen sind bis in den unter der Baggergrubensohle anstehenden Boden abzuteufen.

Ein Abnahmeprotokoll bildet die verbindliche Grundlage für die endgültige Berechnung und Bemessung der Ufereinfassung und eventuell erforderlich werdender Anpassungsmaßnahmen.

7.10 Ansatz von Erddruck und Wasserüberdruck und Ausbildungshinweise für Ufereinfassungen mit Bodenersatz und verunreinigter oder gestörter Baggergrubensohle (E 110)

Im Abschn. 2.7 behandelt.

7.11 Berechnung und Bemessung geschütteter Molen und Wellenbrecher (E 137)

7.11.1 Allgemeines

Molen unterscheiden sich von Wellenbrechern vor allem durch eine andere Art der Nutzung. Erstere sind befahr- oder mindestens begehbar. Ihre Krone liegt daher im allgemeinen höher als die eines Wellenbrechers, welche auch unter dem Ruhewasserspiegel enden kann. Auch haben Wellenbrecher nicht immer einen Landanschluß.

Bei einer Ausführung von Molen und Wellenbrechern in geschütteter Bauweise sind neben einer sorgfältigen Ermittlung der Wind- und Wellenverhältnisse, der Strömungen und eines eventuellen Sandtriebs zutreffende Aufschlüsse des Baugrunds unerläßlich.

Vor allem bei schwierigen Seebedingungen kann die Frage der Bauausführung und des Geräteeinsatzes von ausschlaggebender Bedeutung sein. Diese Fragen, bei denen auch die Kronenhöhe und -breite eine wesentliche Rolle spielen, werden in einer besonderen Empfehlung behandelt.

Die Querschnittsausbildung wird durch das zum Bau zur Verfügung stehende oder wirtschaftlich beschaffbare Material wesentlich mit bestimmt.

Der Einfachheit halber werden in den weiteren Ausführungen nur die geschütteten Wellenbrecher genannt, wobei für die geschütteten Molen sinngemäß das gleiche gilt.

7.11.2 **Sicherheit gegen Grundbruch, Geländebruch und Gleiten sowie Berücksichtigung der Setzungen und Sackungen sowie bauliche Hinweise**

Bei der Berechnung und Bemessung von geschütteten Wellenbrechern sind zunächst die Grund- und Geländebruch- sowie die Gleitsicherheit nach DIN 1054, 4017 und 4084 nachzuweisen, wobei die Welleneinwirkungen ausreichend genau nach E 135, Abschn. 5.6 angesetzt werden können. Auch die Möglichkeiten von Fließerscheinungen in locker gelagerten Sandschichten des Untergrunds (Setzungsfließen) sind zu berücksichtigen.

Je nach dem anstehenden Untergrund ist mit Setzungen und Sackungen fallweise bis zu mehreren Metern zu rechnen. Während sich die Setzungen aus den Zusammendrückungen und den Ausweichbewegungen des Untergrunds ergeben und sich zum Teil mindestens angenähert nach DIN 4019 errechnen lassen, treten die Sackungen infolge von Einrüttelungen des Steingerüsts aus den Wellenstößen und durch das Eindringen von Boden aus dem Untergrund in das Steingerüst auf. Letzteres erfolgt um so weniger, je besser durch Filtermatten oder durch geeigneten Aufbau der Kernschüttung über dem anstehenden Boden ein den Filterregeln genügender Übergang sichergestellt wird.

In Gebieten mit Erdbeben sind auch die daraus resultierenden Einwirkungen zu berücksichtigen (vgl. E 124, Abschn. 2.9).

Örtlich durchzuführende Bohrungen und Sondierungen und die Ergebnisse bodenmechanischer Untersuchungen sind eine wichtige Grundlage für die genannten Berechnungen und die daraus zu ziehenden Folgerungen.

Sind die Berechnungsergebnisse nicht zufriedenstellend, kann beispielsweise durch das Auskoffern schlechter anstehender Schichten und ihren Ersatz durch geeigneten Sand oder Kies für die angestrebte Verbesserung gesorgt werden. Fallweise genügt auch bereits ein Abflachen der Böschungen und das Vorschütten von Banketten, um die Sicherheit ausreichend zu erhöhen sowie das seitliche Ausquetschen weicher Schichten zu erschweren und damit die Setzungen im erforderlichen Maße zu vermindern.

Durch eine geeignete Wahl des im Vergleich zu den Deckschichten feineren Kernmaterials wird die Durchlässigkeit des Bauwerks in Grenzen gehalten. Im übrigen ist auch die Durchlässigkeit des Untergrunds zu beachten.

7.11.3 **Bemessen der Deckschicht**

Die Standsicherheit der Deckschicht hängt bei gegebenen Wellenverhältnissen von der Größe, dem Gewicht und der Form der Konstruktionselemente sowie von der Neigung der Deckschicht ab. In langjährigen Versuchsreihen hat HUDSON die nachfolgende Gleichung für die erforderlichen Blockgewichte entwickelt [14], [18], [21] und [36]. Sie hat sich in der Praxis bewährt und lautet:

$$W = \frac{\gamma_s \cdot H_{Bem}^3}{K_D \cdot \left(\frac{\gamma_s}{\gamma_w} - 1\right)^3 \cdot \cot\alpha}$$

Darin bedeuten:

- W = Blockgewicht [kN],
- γ_s = Wichte des Blockmaterials [kN/m³],
- γ_w = Wichte des Wassers [kN/m³],
- H_{Bem} = Höhe der Bemessungswelle [m],
- α = Böschungswinkel der Deckschicht [°],
- K_D = Form- und Standsicherheitsbeiwert.

Die vorgenannte Gleichung gilt für eine aus Steinen mit etwa einheitlichem Gewicht aufgebaute Deckschicht. Die gebräuchlichsten Form- und Standsicherheitsbeiwerte K_D von Bruch- und Formsteinen für geneigte Wellenbrecher-Deckschichten nach [14] sind in der folgenden Tabelle zusammengefaßt (Seite 192).

Für die Bemessung einer aus abgestuften Natursteingrößen bestehenden Deckschicht wird nach [14] für Bemessungswellenhöhen bis zu rd. 1,5 m folgende abgeänderte Gleichung empfohlen:

$$W_{50} = \frac{\gamma_s \cdot H_{Bem}^3}{K_{RR} \cdot \left(\frac{\gamma_s}{\gamma_w} - 1\right)^3 \cdot \cot\alpha}$$

Darin bedeuten:

- W_{50} = Gewicht eines Steines mittlerer Größe [kN],
- K_{RR} = Form- und Standsicherheitsbeiwert,
  - K_{RR} = 2,2 für brechende Wellen,
  - K_{RR} = 2,5 für nichtbrechende Wellen.

Das Gewicht der größten Steine soll dabei 3,6 W_{50} und das der kleinsten mindestens 0,22 W_{50} betragen. Wegen der komplexen Vorgänge sollten nach [14] im Fall eines schrägen Wellenangriffs auf das Bauwerk die Blockgewichte im allgemeinen nicht abgemindert werden.

Die Bemessungswelle kann nach den in E 136, Abschn. 5.7 beschriebenen Verfahren ermittelt werden. Soweit möglich, sollten aber zusätzlich Wellenmeßstationen eingerichtet und – abhängig von den örtlichen Seegangverhältnissen – ausreichend lang betrieben werden.

Die Bedeutung der Bemessungswelle für das Bauwerk ist daran zu erkennen, daß das erforderliche Gewicht der Einzelblöcke W proportional mit der 3. Potenz der Wellenhöhe ansteigt.

7.11.4 Ausbildung der Deckschicht

In der Praxis haben sich nach den Empfehlungen von [14] Wellenbrecher in 3-Schichten-Abstufungen nach Bild 83 bewährt. Darin sind:

W = Gewicht der Einzelblöcke [kN],
H_{Bem} = Höhe der Bemessungswelle [m].

Eine einlagige Schicht aus Bruchsteinen sollte nicht angewendet werden. Ganz allgemein wird empfohlen, die Deckschicht an der Seeseite nicht steiler als 1 : 1,5 auszubilden.

Über die Steigerung der Bemessungswellenhöhe H_{Bem} für bestimmte Prozentzahlen an Zerstörung siehe [14]. Hierbei sind aber auch Dauer und Frequenz des Seegangs entsprechend zu berücksichtigen.

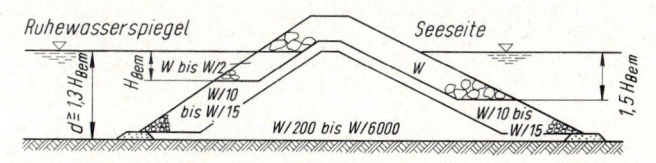

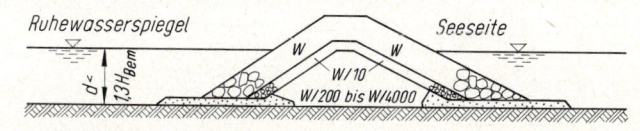

Bild 83. Filterförmiger Wellenbrecheraufbau in drei Abstufungen

Wirtschaftliche Überlegungen können dazu führen, bei der Planung eines geschütteten Wellenbrechers von den Kriterien für eine weitestgehende Zerstörungsfreiheit der Deckschicht abzugehen, wenn eine extreme Belastung durch Seegang sehr selten auftritt, oder im Landanschlußbereich, wenn seeseitig alsbald Verlandungen in einem solchen Umfang eintreten, daß die Deckschicht nicht mehr nötig ist. Der sparsamere Weg sollte dann gegangen werden, wenn die kapitalisierten Reparaturkosten und die zu erwartenden Kosten für das Beseitigen eintretender sonstiger Schäden im Hafenbereich niedriger sind als der erhöhte Kapitalaufwand bei einer Auslegung der Blockgewichte für eine selten eintretende, besonders hoch festgelegte Bemessungswelle. Dabei sind aber auch die generellen Reparaturmöglichkeiten am Ort mit der zu erwartenden Ausführungsdauer jeweils besonders zu berücksichtigen.

Empfohlene K_D-Werte für die Bemessung der Deckschicht bei einer zugelassenen Zerstörung bis zu 5% und nur geringfügigem Wellenüberlauf, Auszug aus [14]

Art der Deckschichtelemente	Anzahl der Lagen	Art der Anordnung	Wellenbrecherflanke K_D[1])		Wellenbrecherkopf K_D		Neigung
			brechende Wellen	nichtbrechende Wellen	brechende Wellen	nichtbrechende Wellen	
glatte, abgerundete Natursteine	2	zufällig	2,1	2,4	1,7	1,9	1:1,5 bis 1:3
	≧3	zufällig	2,8	3,2	2,1	2,3	1:1,5 bis 1:3
scharfkantige Bruchsteine	2	zufällig	3,5	4,0	2,9	3,2	1:1,5
					2,5	2,8	1:2
					2,0	2,3	1:3
	≧3	zufällig	3,9	4,5	3,7	4,2	1:1,5 bis 1:3
	2	speziell gesetzt[2])	4,8	5,5	3,5	4,5	1:1,5 bis 1:3
Tetrapode	2	zufällig	7,2	8,3	5,9	6,6	1:1,5
					5,5	6,1	1:2
					4,0	4,4	1:3
Tribar	2	zufällig	9,0	10,4	8,3	9,0	1:1,5
					7,8	8,5	1:2
					7,0	7,7	1:3
Dolos	2	zufällig	22,0[3])	25,0[3])	15,0	16,5	1:2[4])
					13,5	15,0	1:3
Tribar	1	gleichmäßig gesetzt	12,0	15,0	7,5	9,5	1:1,5 bis 1:3

[1]) Für Neigung von 1:1,5 bis 1:5
[2]) Längsachse der Steine senkrecht zur Oberfläche
[3]) K_D-Werte nur für Neigung 1:2 experimentell bestätigt
[4]) Steilere Neigungen als 1:2 werden nicht empfohlen

8 Spundwandbauwerke

8.1 Baustoff und Ausführung

8.1.1 Ausbildung und Einbringen von Holzspundwänden (E 22)[1])

8.1.1.1 Anwendungsbereich

Holzspundwände sind nur angebracht, wenn rammgünstiger Untergrund vorhanden ist, die erforderlichen Widerstandsmomente nicht zu groß sind, bei Dauerbauwerken die Bohlen unterhalb der Fäulnisgrenze enden und die Gefahr des Befalls durch Holzbohrtiere nicht besteht oder der Befall verhindert werden kann.

8.1.1.2 Abmessungen

Holzspundbohlen werden vorwiegend aus harzreichem Kiefernholz, jedoch auch aus Fichten- und Tannenholz hergestellt. Sie haben Bohlendicken von 6 bis 30 cm. Die normale Bohlenbreite beträgt 25 cm, die größte Länge etwa 15,00 m (Bild 84). Nach einer Faustregel kann bei größeren Bohlenlängen und einem Untergrund, der frei von Rammhindernissen ist, die Wanddicke in Zentimetern etwa gleich der doppelten Bohlenlänge in Metern gewählt werden (z.B. l = 14,00 m, d = 2 · 14 = 28 cm), sofern nicht statisch eine größere Dicke erforderlich ist.

8.1.1.3 Spundung

Bohlen unter 8 cm Dicke erhalten nur Gratspundung. Dickere Bohlen erhalten eine Rechteck- oder auch eine Keilspundung (Bild 84a). Im allgemeinen wird die Feder einige Millimeter länger ausgeführt als die Nut, damit sie sich beim Rammen gut einpreßt. Bei Bohlen über 25 cm Dicke wird oft auf die Spundung verzichtet. Bei diesen „Pfahlwänden" müssen Rammführung und Rammung besonders sorgfältig sein.
An den Ecken werden dicke Vierkanthölzer, sogenannte „Bundpfähle", angeordnet. In diese werden die Nuten für die anschließenden Bohlen dem Eckwinkel entsprechend eingeschnitten (Bild 84a).

8.1.1.4 Rammen

Gerammt wird meist mit der Federseite voraus. Hierzu wird der Fuß jeder Bohle an der Federseite abgeschrägt, damit die Bohle beim Rammen an die bereits stehende Wand angepreßt wird. Die Schneide wird um so stumpfer ausgeführt, je schwerer der Boden ist (Bild 84b).
Bei schwer rammbarem Untergrund kann die Schneide einen Schuh aus 3 mm dickem Stahlblech erhalten. Die Holzspundbohlen sind stets staffelförmig bzw. fachweise (vgl. E 118, Abschn. 8.1.14.4, fünfter Absatz)

---

[1]) Vgl. hierzu Verdingungsordnung für Bauleistungen (VOB), Teil C: Allgemeine Technische Vorschriften, DIN 18304 – Rammarbeiten.

zu rammen, da die Bohlen dann mehr geschont werden und die Dichtigkeit der Wand erhöht wird.

Zur Beschleunigung des Rammfortschrittes werden häufig Doppelbohlen gerammt, die durch eingelassene Spitzklammern zusammengehalten werden (Bild 84c).

Der Bohlenkopf wird durch einen konischen, etwa 8 bis 10 cm hohen, aus 20 mm dickem Flachstahl geschmiedeten Ring gegen Bürstenbildung und Aufspalten geschützt. Beim Rammen von Doppelbohlen faßt der Ring beide Bohlenköpfe. Rammneigungen von 4:1 lassen sich erfahrungsgemäß bei leichtem Boden noch einwandfrei ausführen. Nach dem Rammen werden die Bohlen in gleicher Höhe abgeschnitten und ihre Köpfe durch Doppelzangen verbunden.

8.1.1.5 Dichtung

Holzspundwände dichten sich in gewissem Grade durch Quellen des Holzes. Bei Baugrubenumschließungen im freien Wasser kann mit Hilfe von Asche, feiner Schlacke, Sägespänen und ähnlichen Stoffen, die während des Auspumpens der Baugrube an der Außenseite der Bohlen in das Wasser gestreut werden, nachgedichtet werden. Größere Undichtigkeiten können vorübergehend durch Vorbringen von Segeltuch beseitigt, auf die Dauer jedoch nur durch Taucher mittels Holzleisten und Kalfatern geschlossen werden.

8.1.1.6 Fäulnisgrenze

Da einheimisches Holz im allgemeinen nur unter Wasser ausreichend gegen Fäulnis geschützt ist, müssen Holzspundwände, die dauernd eine tragende Aufgabe im Bauwerk erfüllen, unter dem Grundwasserspiegel und im freien Wasser unter Niedrigwasser liegen. Im Tidegebiet dürfen sie bis zum Tidehalbwasser, also bis zur Mitte zwischen MThw und MTnw reichen. Im anderen Fall müssen tropische Spezialhölzer wie Bongossi, Basralocus und dergleichen oder mit Steinkohlenteeröl vollgetränktes Holz verwendet werden.

8.1.1.7 Angriff durch die Bohrmuschel

In Gebieten, in denen die Bohrmuschel leben kann, das ist ganz allgemein in Wasser mit einem Salzgehalt $\geqq$ 9‰, dürfen nur Kiefernbohlen, die mit Steinkohlenteeröl vollgetränkt sind, oder geeignete tropische Hölzer (Abschn. 8.1.1.6) ohne Tränkung verwendet werden. Fichte und Tanne lassen sich wegen ihres anderen Holzaufbaues mit Steinkohlenteeröl nicht tränken.

8.1.1.8 Chemische Angriffe

Holzspundwände eignen sich im allgemeinen auch für Uferbauwerke, an denen chemische, stahl- bzw. betonangreifende Stoffe umgeschlagen werden.

Bild 84. Holzspundbohlen

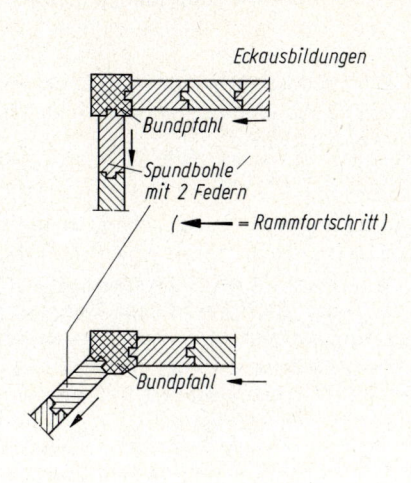

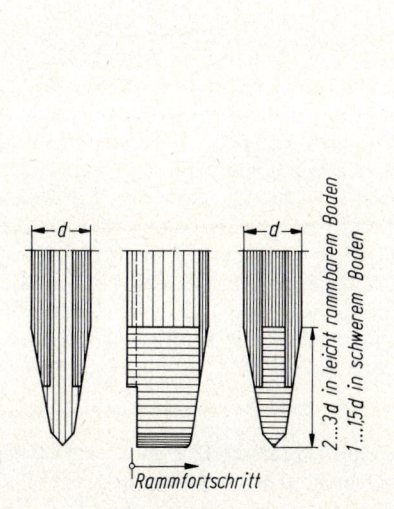

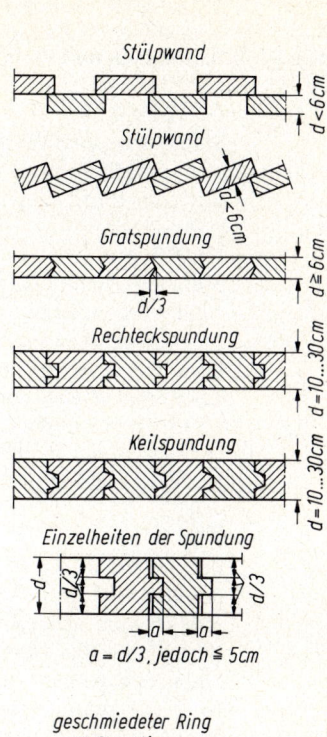

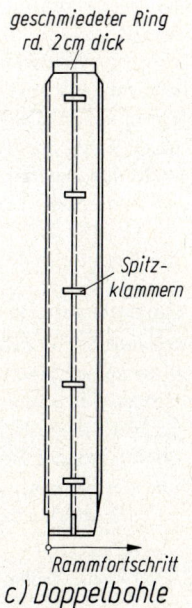

8.1.2 Ausbildung und Einbringen von Stahlbetonspundwänden (E 21)[1])

8.1.2.1 Anwendungsbereich

Stahlbetonspundwände dürfen grundsätzlich nur angewendet werden, wenn die Sicherheit besteht, daß die Bohlen ohne Beschädigung und dichtschließend eingebracht werden können.

8.1.2.2 Beton

Stahlbetonspundbohlen müssen aus festem und dichtem Beton hergestellt werden, wobei mindestens ein B 35 zu gewährleisten ist. Der Kornaufbau muß im günstigen Bereich zwischen den Sieblinien A und B (Bereich 3) nach DIN 1045 liegen. Das Korngerüst kann durch Zusatz von hochwertigem Splitt besonders vergütet werden. Es wird Zement der Festigkeitsklasse Z 45 mit etwa 375 kg für 1 m^3 fertigen Beton verwendet. Der Wasserzementwert soll zwischen 0,45 und 0,48 liegen. DIN 4030 ist zu beachten.

8.1.2.3 Bewehrung

Die Überdeckung der tragenden Bewehrungsstähle soll im Süßwasser mindestens 3 cm, im Seewasser mindestens 4 cm betragen. Die Bewehrung richtet sich nach den Beanspruchungen beim Anheben aus der Form, beim Befördern, beim Einbau und im Betrieb. Die Bohlen erhalten im allgemeinen eine tragende Längsbewehrung aus BSt 220/340 Gu. Bei Verwendung von gerippten Bewehrungsstählen der Sorte BSt 220/340 Ru empfiehlt es sich, nicht die höchstzulässigen Spannungen auszunutzen. Außerdem erhalten die Bohlen eine als Wendel ausgebildete Querbewehrung aus BSt 220/340 Gu oder aus Walzdraht ⌀ 5 mm. Diese erhält am Kopf- und Fußende eine Ganghöhe von 5 cm, die sich auf 15 cm im Schaftbereich vergrößert. Zum Halten des Geflechtes werden außerdem Schrägbügel angeordnet (Bild 85). Die Stahlbetonspundbohlen werden im übrigen nach DIN 1045 bemessen, wobei für die Lastfälle: Anheben der Bohle beim Entformen bzw. Hochheben vor der Ramme DIN 4026 zu beachten ist.

8.1.2.4 Abmessungen

Rammbohlen erhalten eine Mindestdicke von 12 cm, sollen aber aus Gewichtsgründen im allgemeinen nicht dicker als 40 cm sein. Die Dicke richtet sich neben den Rammbedingungen vor allem nach den statischen und baulichen Erfordernissen. Die normale Bohlenbreite beträgt 50 cm, doch wird die Bohle am Kopf möglichst auf 34 cm Breite eingezogen, um sie der normalen Rammhaube anzupassen. Die Bohlen werden bis zu 15 m, in Ausnahmefällen bis zu 20 m lang ausgeführt.

---

[1]) Vgl. hierzu Verdingungsordnung für Bauleistungen (VOB), Teil C: Allgemeine Technische Vorschriften, DIN 18304 – Rammarbeiten.

Bild 85. Spundbohlen aus Stahlbeton

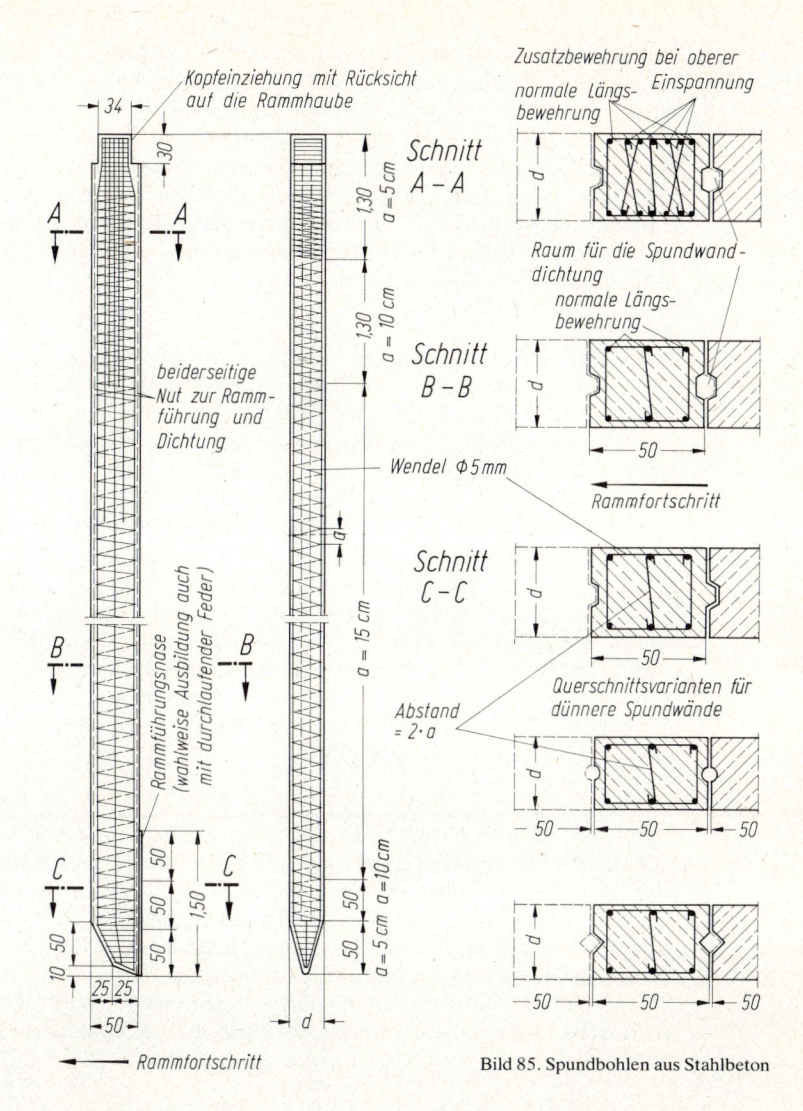

8.1.2.5 Spundung

Die Bohlen erhalten trapez-, dreieck- oder halbkreisförmige Nuten (Bild 85). Die Breite der Nuten wird bis zu $^1/_3$ der Spundbohlendicke, jedoch nicht größer als 10 cm gewählt. Mit Rücksicht auf die Bewehrung dürfen die Nuten höchstens 5 cm tief sein. Halbkreisförmige Nuten werden im allgemeinen bei schwächeren Wänden angewendet. Auf der Seite des Rammfortschrittes wird die Nut durchlaufend bis zum unteren

Bohlenende geführt. Auf der gegenüberliegenden Seite erhält der Fuß eine zur Nut passende, etwa 1,50 m lange Feder. An diese schließt sich nach oben wieder eine Nut an (Bild 85). Die Feder muß den Bohlenfuß beim Einbringen führen. Sie kann vom Fuß bis zum oberen Bohlenende durchgeführt werden und trägt dann zur Dichtung bei. Sie darf in nichtbindigem Boden aber in dieser Form nur angeordnet werden, wenn der Baugrund so beschaffen ist, daß sich hinter jeder Fuge nach geringfügigen Auswaschungen selbsttätig ein Filter aufbaut, die Wand sich also selbst gegen Auslaufen von Boden dichtet.

8.1.2.6 Rammen

Der Bohlenfuß wird auf der Seite des Rammfortschrittes etwa unter 2:1 abgeschrägt, wodurch sich die Bohle an die bereits gerammte Wand andrückt. Diese Ausbildung wird auch bei Bohlen, die eingespült werden, beibehalten. Das Einbringen wird erleichtert, wenn die Bohlen auch in der Querrichtung schneidenartig auslaufen. Die Bohlen werden stets als Einzelbohlen gerammt, und zwar bei Ausbildung mit Nut und Feder mit der Nutseite voraus. Wird mit Fallbären (Freifallbär, Dampf-Zylinderbär, Dieselbär) gerammt, ist eine Rammhaube zu verwenden. Die Rammhaube muß den Bohlenkopf gut passend und möglichst eng umschließen. Zu seiner besonderen Schonung wird zweckmäßig in der Haube noch zusätzlich ein Polster aus Stroh, Holzwolle oder aus Sägespänen angeordnet. Es soll mit möglichst schweren Bären bei geringer Fallhöhe (0,50 bis 1,00 m) gerammt werden; Rammhämmer sind weniger geeignet. Bei feinsandigen und schluffigen Böden wird die Rammung durch Spülhilfe erleichtert.

8.1.2.7 Dichtung

Erhält die Spundbohle nur eine kurze Feder, wird ein ausreichender Querschnitt zur Aufnahme der Fugendichtung gewonnen. Bevor diese eingebracht wird, sind die Nuten stets mit einer Spüllanze zu säubern. Der Nutenraum wird dann mit einer guten Betonmischung nach dem Kontraktorverfahren verfüllt. Bei großen Nuten kann auch ein Jutesack heruntergelassen werden, der mit plastischem Beton gefüllt ist. Weiter kommt eine Dichtung mit bituminiertem Sand und Steingrus in Frage. **In jedem Fall ist die Dichtung so einzubringen, daß sie ohne Fehlstellen den gesamten Nutenraum auffüllt.**

8.1.3 Gemischte (kombinierte) Stahlspundwände (E 7)

8.1.3.1 Allgemeines

Gemischte Stahlspundwände werden durch wechselweise Anordnung verschiedenartiger Profile oder Rammelemente gebildet. Es wechseln lange und schwere als Tragbohlen bezeichnete Profile mit kürzeren und leichteren als Zwischenbohlen bezeichnete miteinander ab. Die gebräuchlichsten Wandformen und Wandelemente sind in E 104, Abschn. 8.1.15 eingehend beschrieben. In statischer Hinsicht wird zwischen aufgelösten Wänden (unverdübelte Balken) und Verbundwänden (verdübelte Balken) unterschieden.

8.1.3.2 Aufgelöste Wände

Zur Aufnahme der senkrechten Belastungen können gewöhnlich nur die Tragbohlen herangezogen werden.

Die unmittelbar auf die Zwischenbohlen wirkenden waagerechten Lasten müssen in die Tragbohlen übergeleitet werden. Ein Spannungsnachweis ist nur bei großer Wasserüberdruckbelastung erforderlich.

8.1.3.3 Verbundwände

Es werden alle Bohlen in Rechnung gesetzt. Der Anteil, den sie zum Verbundquerschnitt beitragen, hängt von dem Grad der Schubkraftaufnahme in den Schlössern ab. Der Verbundquerschnitt kann als einheitlicher Querschnitt gerechnet werden, wenn die volle Schubkraftaufnahme nach E 103, Abschn. 8.1.4 nachgewiesen wird.

8.1.3.4 Ausführung und Gestaltung

Eine gemischte Spundwand muß besonders sorgfältig ausgeführt werden. Dabei werden die Tragbohlen im allgemeinen eingerammt, können aber bei geeigneten Bodenverhältnissen auch mit Tiefenrüttlern eingebracht werden. Beim Rammen ist E 104, Abschn. 8.1.15 und beim Einrütteln E 105, Abschn. 8.1.16 sorgfältigst zu beachten. Nur dann wird erreicht, daß die Tragbohlen mit den erforderlichen geringen Toleranzen im planmäßigen Abstand parallel zueinander stehen, so daß die Zwischenbohlen ohne Gefahr von Schloßschäden eingebracht werden können.

Verankerung, Gurtung und sonstige Konstruktionsteile sind der Wandausbildung anzupassen.

8.1.4 Schubfeste Schloßverschweißung bei Stahlverbundwänden (E 103)

8.1.4.1 Allgemeines

Bei der Ermittlung der Querschnittswerte von Verbundwänden werden gemäß E 7, Abschn. 8.1.3.3 alle Bohlen in Rechnung gesetzt. Der Verbundquerschnitt darf aber nur als einheitlicher Querschnitt gerechnet werden, wenn die volle Schubkraftaufnahme nachgewiesen wird.

Bei Verbundwänden in Wellenform, deren Halbwelle aus mehr als einer Einzelbohle besteht und bei denen Schlösser in oder nahe der neutralen Achse des Verbundprofils liegen, reicht die aus verschiedenen Ursachen in den Schlössern entstehende Reibung bzw. aufgebrachte Verpressung nicht aus, um einen vollen Verbund zu erzielen. Die auf Schub beanspruchten Schlösser sind in diesem Fall vor dem Rammen entsprechend den aufzunehmenden Kräften zu verschweißen.

8.1.4.2 Berechnungsgrundlagen

Die in den Schloßverschweißungen aus dem Haupttragsystem und den darauf wirkenden belastenden und stützenden Einflüssen herrührenden Schubspannungen werden nach der Formel:

$$\tau = \frac{Q \cdot S}{I \cdot \Sigma a} \; [MN/m^2]$$

ermittelt. Darin bedeuten:

- Q = Querkraft. Für Spundwände, bei denen gemäß E 77, Abschn. 8.2.1 der Momentenanteil aus Erddruck abgemindert werden darf, kann vereinfacht mit der Querkraftfläche gerechnet werden, die sich ohne Erddruckumlagerung ergibt. Bei einem der Umlagerung entsprechenden Ansatz des Erddruckes wird mit der daraus sich ergebenden Querkraftfläche gerechnet [MN],
- S = Statisches Moment des anzuschließenden Querschnittsteiles, bezogen auf die Schwerachse der Verbundwand [m^3],
- I = Trägheitsmoment der Verbundwand [m^4],
- Σa = Summe der jeweils anzusetzenden Schweißnahtdicken an der betrachteten Stelle des Schlosses. Darin können alle in Abschn. 8.1.4.3 aufgeführten Nähte anteilig erfaßt werden, soweit sie nicht besondere zusätzliche Aufgaben zu erfüllen haben [m].

Für die zulässigen Spannungen in den Schloßverschweißungen gilt DIN 4100 sinngemäß.

8.1.4.3 Anordnung und Ausführung der Schweißnähte

Die Schloßverschweißungen sollen so angeordnet und ausgeführt werden, daß eine möglichst kontinuierliche Aufnahme der Schubkräfte erreicht wird. Dazu bietet sich eine durchlaufende Naht an. Wird eine unterbrochene Naht gewählt, soll – wenn nicht bereits nach Abschn. 8.1.4.2 statisch eine längere Verschweißung erforderlich ist – die Mindestlänge 200 mm betragen. Um die Nebenspannungen in Grenzen zu halten, sollten die Unterbrechungen der Naht ≤ 800 mm sein.

In Bereichen mit stärkerer Auslastung der Spundwand, und dabei vor allem im Bereich von Ankeranschlüssen und auch dem der Einleitung der Ersatzkraft C am Fuß der Wand, sind stets durchlaufende Nähte anzuwenden (Bild 86).

Über die statischen Belange hinaus müssen die Einflüsse aus Rammbeanspruchungen und Korrosion beachtet werden. Um den Rammbeanspruchungen gewachsen zu sein, sind folgende Maßnahmen erforderlich:

(1) Am Kopf- und Fußende sind die Schlösser beidseitig zu verschweißen.

(2) Die Länge der Verschweißung ist abhängig von der Bohlenlänge und von der Schwierigkeit der Rammung.

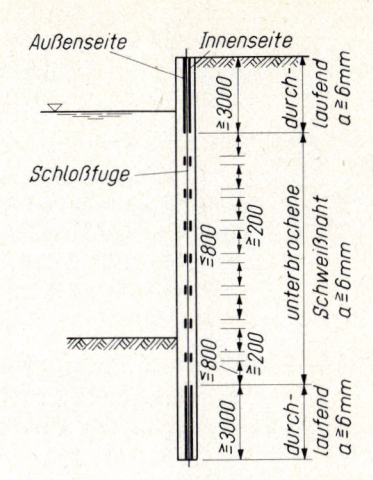

Bild 86. Prinzipskizze für die Schloßverschweißung bei Wänden aus beruhigtem, sprödbruchunempfindlichem Stahl, leichter Rammung und nur geringer Korrosion im Hafen- und Grundwasser

(3) Bei Wänden für Ufereinfassungen sollen diese Nahtlängen ≥ 3000 mm sein.

(4) Außerdem sind bei leichter Rammung weitere Nähte nach Bild 86 und bei schwerer Rammung solche nach Bild 87 erforderlich.

In Gebieten mit stärkerer Korrosion von außen im Hafenwasserbereich wird auf der Außenseite bis zum Spundwandfußpunkt eine durchlaufende Schweißnaht mit einer Dicke von $a \geq 6$ mm angeordnet (Bild 87).

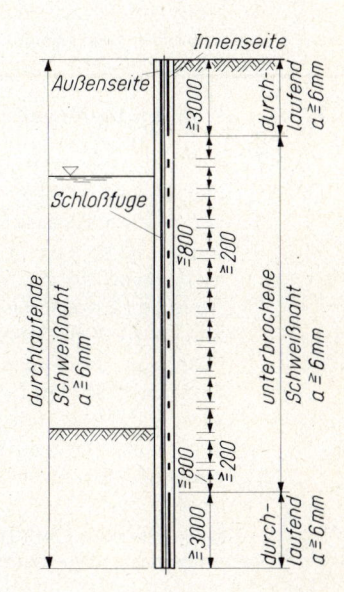

Bild 87. Prinzipskizze für die Schloßverschweißung bei Wänden aus beruhigtem, sprödbruchunempfindlichem Stahl, schwerer Rammung oder stärkerer Korrosion von außen im Hafenwasserbereich

201

Tritt eine stärkere Korrosion sowohl im Hafenwasser als auch im Grundwasser auf, muß auch auf der Wandinnenseite eine durchlaufende Naht mit a $\geqq$ 6 mm ausgeführt werden.

8.1.4.4 Wahl der Stahlsorte

Da der Umfang der Schweißarbeiten bei den Verbundwänden verhältnismäßig groß ist, sind die Bohlen aus Stahlsorten herzustellen, die eine volle Eignung zum Schmelzschweißen besitzen. Im Hinblick auf die Ansatzstellen nicht nur bei den teilweise unterbrochenen Nähten sind beruhigte, sprödbruchunempfindliche Stähle nach E 99, Abschn. 8.1.20.2 zu verwenden.

8.1.4.5 Anschweißen von Verstärkungslamellen

Verstärkungslamellen müssen – um ein Unterrosten zu vermeiden – stets auf ihrem vollen Umfang mit der Tragbohle verschweißt werden. Die Schweißnahtdicke a soll in Fällen ohne Korrosion mindestens 5 mm und bei stärkerer Korrosion mindestens 6 mm betragen.

Führt eine Lamelle über ein im Bohlenrücken befindliches Schloß hinweg, muß dieses im Bereich der Lamelle mit mindestens 500 mm Vorlage durchlaufend verschweißt werden, und zwar auf der der Lamelle gegenüberliegenden Seite mit a $\geqq$ 6 mm und unter der Lamelle in sonst gleicher Weise so dick, wie es das ebene Anlegen der Lamelle ohne Nacharbeiten gestattet. Sonst können die Lamellenanschlußnähte beim Rammen ernsthaft gefährdet werden.

Will man auf das Verschweißen des Schlosses verzichten, ist die Verstärkungslamelle zu teilen und jedes Teilstück für sich auf dem Bohlenflansch anzuschweißen.

8.1.5 Wahl des Profils und des Baustoffs der Spundwand (E 34)

8.1.5.1 Stahlspundwand

Die Stahlspundwand erfüllt die zu stellenden Bedingungen am besten und wirtschaftlichsten. Sie wird daher am häufigsten angewendet, besonders da sie auch örtliche Überbelastungen gut aufnehmen kann.

Maßgebend für die Wahl der Bauart und des Profils sind neben den statischen Erfordernissen und den wirtschaftlichen Gesichtspunkten außerdem noch die Rammbarkeit der Wand unter den vorliegenden Verhältnissen, die Beanspruchungen beim Einbau und im Betriebszustand, die vertretbare Durchbiegung, die Dichtigkeit der Schloßverbindung sowie die zu fordernde, zulässige geringste Wanddicke, wobei insbesondere auch mögliche mechanische Angriffe auf die Spundwand durch Anlegemanöver von Schiffen und Schiffsverbänden zu berücksichtigen sind.

Einwandfreies Einbringen der Wand und bei Dauerbauwerken ihre ausreichende Lebensdauer müssen gewährleistet sein.

Bei großen erforderlichen Widerstandsmomenten sind gemischte (kombinierte) Stahlspundwände (E 7, Abschn. 8.1.3) häufig wirtschaftlich. Auch Profilverstärkungen durch aufgeschweißte Lamellen oder angeschweißte Schloßstähle können dann zweckmäßig sein.

8.1.5.2 Holzspundwand

Unter den Voraussetzungen der E 22, Abschn. 8.1.1 können Holzspundwände auch bei solchen Uferwänden angewendet werden, bei denen die Gefahr besteht, daß Beton und Stahl stark angegriffen werden.

8.1.5.3 Stahlbetonspundwand

Unter den Voraussetzungen der E 21, Abschn. 8.1.2 sind Stahlbeton- und Spannbetonspundwände dort zweckmäßig, wo erhöhte Rost- oder Sandschliffgefahr bestehen, wie beispielsweise bei Seebuhnen.

8.1.6 Gütevorschriften für Stähle von Stahlspundbohlen (E 67)

Diese Empfehlung gilt für Stahlspundbohlen, Kanaldielen und Stahlrammpfähle, im folgenden kurz Stahlspundbohlen genannt.

8.1.6.1 Bezeichnung der Stahlsorten

Für Stahlspundbohlen werden Stahlsorten mit den Bezeichnungen St Sp 37, St Sp 45 sowie Sonderstahl St Sp S gemäß Abschn. 8.1.6.2 bis 8.1.6.4 verwendet.

In Sonderfällen, z.B. bei schwierigen Schweißarbeiten, räumlichen Spannungszuständen und bei dynamischen Beanspruchungen gemäß E 20, Abschn. 8.2.4.1 (2), sind beruhigte Stähle nach DIN 17 100, wie R St 37-2, St 37-3 oder St 52-3, zu verwenden.

8.1.6.2 Mechanische Eigenschaften

Spundwand Stahlsorte	Zugfestigkeit MN/m^2 σ	Streckgrenze MN/m^2 β mindestens	Bruchdehnung $\%^{1)}$ mindestens	Dorndurchmesser beim Faltversuch mit 180° Biegewinkel bei der Probendicke a
St Sp 37	360 bis 440	235	25	1 · a
St Sp 45	440 bis 530	265	22	2 · a
St Sp S	490 bis 590	355	22	2 · a

Abweichungen von den Tabellenwerten sind sinngemäß DIN 17 100 zulässig

---

[1]) Der Zugversuch ist nach DIN 50 145 am kurzen Proportionalstab durchzuführen.

8.1.6.3 Chemische Zusammensetzung

Für den Nachweis der chemischen Zusammensetzung ist die Schmelzenanalyse verbindlich. Die Stückanalyse dient zur nachträglichen Kontrolle in Zweifelsfällen.

Analysenwerte: Höchstwerte in Gewichtsprozenten

Stahlsorte	Schmelzenanalyse	Stückanalyse
St Sp 37 und St Sp 45	P 0,08 S 0,05	0,10 0,06
St Sp S	P 0,06 S 0,05 C 0,22 Si 0,60 Mn 1,50	0,07 0,06 0,24 0,70 1,65

8.1.6.4 Schweißeignung

Die Eignung zum Schmelzschweißen kann bei den Stählen St Sp 37, St Sp S – und eingeschränkt bei St Sp 45 – unter Beachtung der allgemeinen Schweißvorschriften vorausgesetzt werden.
In Sonderfällen, beim Zusammentreffen verschiedener ungünstiger Bedingungen für die Schweißung infolge äußerer Einflüsse (z.B. schwere Rammung, Frost) oder Eigenart der Konstruktion, räumlicher Spannungszustände und bei dynamischen Beanspruchungen gemäß E 20, Abschn. 8.2.4.1 (2) sind im Hinblick auf die dann zu fordernde Sprödbruchunempfindlichkeit beruhigte Stähle nach DIN 17100, wie R St 37-2, St 37-3 oder St 52-3, zu verwenden. Bei Dicken über 16 mm sind besonders beruhigte Stähle vorzuziehen (E 99, Abschn. 8.1.20.2).
Die Schweißelektrode ist in Anlehnung an DIN 1913 bzw. nach den Angaben des Lieferwerkes auszuwählen (E 99, Abschn. 8.1.20.2). Eine allgemeine Eignung der Spundwandstähle für die verschiedenen Schweißverfahren kann nicht in allen Fällen ohne weiteres vorausgesetzt werden, da das Verhalten eines Stahles beim und nach dem Schweißen nicht nur vom Werkstoff, sondern auch von den Fertigungs- und Betriebsbedingungen des Bauteiles abhängt.
Bei niedrigen Temperaturen darf nur unter besonderen Sicherheitsvorkehrungen geschweißt werden. Bezüglich der Ausführung von Rammarbeiten bei niedrigen Temperaturen siehe E 90, Abschn. 8.1.18.

8.1.7 Toleranzen für Schloßabmessungen bei Stahlspundbohlen (E 97)

8.1.7.1 Forderungen an Schloßverbindungen

An die Schloßverbindungen von Stahlspundbohlen sind folgende Forderungen zu stellen:

(1) Die Spundbohlen müssen mit ihren Schlössern mit ausreichendem Spielraum so ineinanderpassen, daß sich die Bohlen gut ineinanderschieben lassen.

(2) Die Schlösser müssen so ausgebildet werden, daß trotz des Spielraumes noch eine ausreichende Verhakung vorhanden ist und der Zusammenhalt der Bohlen auch bei unvermeidlichen Verdrehungen nicht gefährdet ist.

(3) Die Schlösser müssen so ineinandergreifen, daß die für den rechnungsmäßigen Verbund erforderlichen Druck-, Zug- oder Scherkräfte übertragen werden können. Ist dies nicht gewährleistet, sind Zusatzmaßnahmen erforderlich.

8.1.7.2 Bewährte Schloßformen

In Bild 88 sind Beispiele bewährter Schloßformen dargestellt.
Die darin angegebenen Nennmaße a und b werden senkrecht zur ungünstigsten Verschiebungsrichtung gemessen. Sie können bei den Lieferfirmen erfragt werden.

8.1.7.3 Zulässige Maßabweichungen der Schlösser

Beim Walzen der Spundbohlen bzw. der Schloßstähle treten Abweichungen von den Nennmaßen ein. Die zulässigen Abweichungen, die Schloßtoleranzen, müssen so festgelegt sein, daß die unter den Abschn. 8.1.7.1 (1) und (2) genannten Forderungen erfüllt bleiben.
Dies trifft erfahrungsgemäß zu, wenn folgende Toleranzen der Nennmaße a und b eingehalten werden:

Form	Nennmaße (nach Profilzeichnungen)	Toleranzen der Nennmaße		
		Bezeichnung	plus mm	minus mm
1	Hakenbreite a Schloßöffnung b	Δ a Δ b	2,5 2	2,5 2
2	Knopfbreite a Schloßöffnung b	Δ a Δ b	1 3	3 1
3	Knopfbreite a Schloßöffnung b	Δ a Δ b	1,5–2,5[1]) 4	0,5 0,5
4	Keulenhöhe a Schloßöffnung b	Δ a Δ b	1 2	3 1
5	Krafthakenbreite a Schloßöffnung b	Δ a Δ b	1,5 3	3,5 1,5
6	Daumenbreite a Schloßöffnung b	Δ a Δ b	2 3	3 2

[1]) abhängig vom Profil

Form 1
a = Hakenbreite
b = Schloßöffnung

Form 2
a = Knopfbreite
b = Schloßöffnung

Form 3
a = Knopfbreite
b = Schloßöffnung

Form 4
a = Keulenhöhe
b = Schloßöffnung

Form 5
a = Krafthakenbreite
b = Schloßöffnung

Form 6
a = Daumenbreite
b = Schloßöffnung

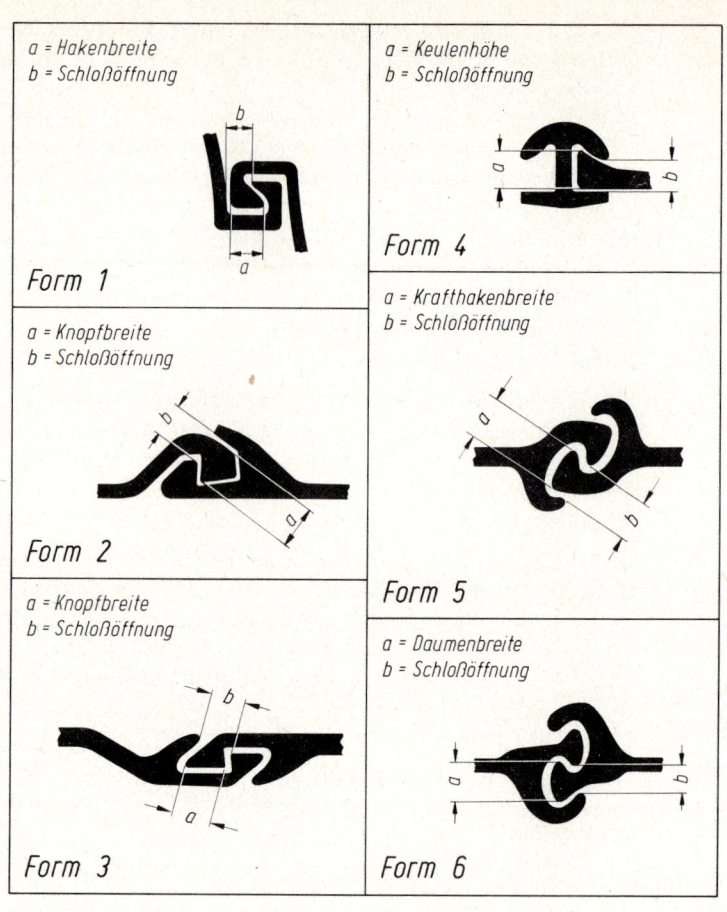

Bild 88. Beispiele bewährter Schloßformen von Stahlspundbohlen

Diese Toleranzen unterliegen der eigenen Werkskontrolle der Spundwandlieferfirmen.

Maßgebend für die Forderung nach Abschn. 8.1.7.1 (1) sind die Schloßtoleranzen $+ \Delta a$ und $- \Delta b$, für die Forderung nach Abschn. 8.1.7.1 (2) $- \Delta a$ und $+ \Delta b$.

Unter Berücksichtigung der Nennmaße a und b und der Toleranzen nach vorstehender Tabelle ergibt sich die Mindest-Verhakung V aus der Formel:

$$V = (a - |\Delta a|) - (b + |\Delta b|).$$

Bei den Formen 1, 3, 5 und 6 muß die geforderte Verhakung auf beiden Schloßseiten vorhanden sein.

Bei einer Baustellenkontrolle können an den ineinanderzuschiebenden Schlössern die Istmaße a' und b' festgestellt werden, aus deren Differenz sich die Verhakung V ergibt. Die Verhakung sollte im allgemeinen folgende Mindestwerte aufweisen: 4 mm bei den Formen 1 bis 4, 6 mm bei Form 5 und 7 mm bei Form 6. In kurzen Teilabschnitten sollten diese Werte um nicht mehr als 1 mm unterschritten werden. Je größer die Rammbeanspruchung der Spundbohlen und je größer Bohlenprofil, Bohlenlänge und Rammtiefe sind, um so wichtiger ist eine gute Verhakung.

8.1.8 Übernahmebedingungen für Stahlspundbohlen und Stahlpfähle auf der Baustelle (E 98)

Werden bei Bauwerken Stahlspundwände oder Stahlpfähle angewendet, kommt es neben einer sorgfältigen und fachgerechten Bauausführung vor allem auch auf eine einwandfreie Lieferung des verwendeten Materials bis an den Einbauort an. Um dies sicherzustellen, ist eine besondere Übernahme des Materials auf der Baustelle erforderlich. Neben der internen Werkskontrolle der Lieferfirma kann fallweise eine Werksabnahme vereinbart werden. Bei Versand nach Übersee wird häufig eine Inspektion vor der Verschiffung durchgeführt.

Bei der Übernahme auf der Baustelle muß jede ungeeignete Bohle zurückgewiesen werden, bis sie in einen verwendbaren Zustand nachgearbeitet worden ist, sofern sie nicht ganz ausgeschieden wird. Basis der Übernahme auf der Baustelle sind die:

Technischen Lieferbedingungen für Stahlspundbohlen,

eingeführt beim Bundesverkehrsministerium in der Abteilung Wasserstraßen durch Runderlaß W 6 – 6064 VA 67 vom 28. März 1967 sowie in der Abteilung Straßenbau durch Allgemeines Rundschreiben Straßenbau Nr. 4/1967 vom 28. März 1967 – StB 3 – Irz – 4041 Vm 67 in jeweils neuester gültiger Fassung.

In den vorgenannten Technischen Lieferbedingungen ist E 67, Abschn. 8.1.6 voll berücksichtigt.

Bezüglich der Schloßtoleranzen gilt zusätzlich E 97, Abschn. 8.1.7.

8.1.9 Korrosion bei Stahlspundwänden und Gegenmaßnahmen (E 35)

8.1.9.1 Korrosion im Süßwasser

Stahlspundwände haben sich im Süßwasser seit Jahrzehnten bewährt, sofern sie weder Sandschliff noch chemischen Angriffen ausgesetzt sind. Ein besonderer Schutz ist dann im Süßwasser nicht nötig, da z.B. in Deutschland nur eine mittlere Schwächung um 0,012 mm im Jahr auf der Wasserseite festgestellt worden ist. Die Korrosion verteilt sich im Süßwasser fast gleichmäßig über die gesamte freie Spundwandhöhe. Zur Frage der Schwächung auf der Erdseite wird auf den dritten Absatz von Abschn. 8.1.9.2 verwiesen.

8.1.9.2 Korrosion im verschmutzten Wasser und im Seewasser

Stärkere Korrosion tritt im allgemeinen nur im fauligen, aggressiven Wasser und im Seewasser und dort vor allem unter Bewuchsdecken z. B. von Miesmuscheln und Seepocken auf. Außerdem fördert die Walzhaut, als Kathode wirkend, elektrolytische Vorgänge, bei denen die von der Walzhaut freien Oberflächen als Anode wirken und damit der Ausgangspunkt zu Anfressungen werden (Lochfraß).

Bei starker Korrosion in Seewasser kann in wärmeren Gebieten auf der Wasserseite mit einer jährlichen Schwächung in der Hauptangriffszone um im Mittel 0,14 mm, in deutschen Seehäfen um 0,12 mm gerechnet werden. Ungünstige Verhältnisse können die Korrosion mehr als verdoppeln, ein Ölfilm auf dem Wasser kann sie stark herabsetzen. Bei Spundwänden, die beidseitig dem Zutritt freien Wassers ausgesetzt sind, muß daher mit den doppelten Schwächungswerten gerechnet werden.

Die Schwächung auf der Erdseite ist dabei im allgemeinen so gering, daß sie vernachlässigt werden kann.

8.1.9.3 Hauptangriffszonen

Die Hauptangriffszonen liegen im Bereich des Mittelwassers (MW) bzw. etwas unterhalb des mittleren Tideniedrigwassers (MTnw). Bei starkem Wellenschlag ist auch die Spritzwasserzone gefährdet, außerdem kann bei Schlammablagerungen auch im Sohlenbereich eine größere Korrosion auftreten.

Bei Verankerung mit üblicher Ankerlage beträgt im Bereich des größten Momentes der Spundwand die Korrosion nur 30 bis 40% der obigen Werte.

8.1.9.4 Schutzanstriche

Schutzanstriche und dergleichen können den Korrosionsbeginn um fünf bis zehn Jahre verzögern und die Korrosion im ganzen herabsetzen. Sie müssen dann jedoch auf eine metallisch reine Oberfläche aufgebracht werden, wie sie sich z.B. durch Sandstrahlen unter völliger Beseitigung der Walzhaut erzielen läßt. Hierdurch wird der Korrosionsschutz teuer. Häufig ist es dann zweckmäßiger, Profile mit größerer statischer Reserve zu verwenden.

8.1.9.5 Kathodischer Korrosionsschutz

Die Korrosion unter der Wasserlinie kann auf elektrolytischem Wege durch Einbau einer kathodischen Schutzanlage mit Fremdstrom oder mit Opferanoden weitgehend ausgeschaltet werden.

8.1.9.6 Legierungszusätze

Aufgrund vorliegender Erfahrungen bringt ein Kupferzusatz beim Stahl für den Bereich unter Wasser keine Erhöhung der Lebensdauer. Allerdings führt ein Zusatz von Kupfer in Verbindung mit Nickel und Chrom sowie Phosphor und Silizium zu einer Verlängerung der Lebensdauer in der Spritzwasserzone und darüber, insbesondere in tropischen Gebieten mit salzreicher bewegter Luft.

Bei den verschiedenen Spundwandstählen und den Stahlsorten nach DIN 17100 konnten im Verhalten gegen Korrosion keine Unterschiede festgestellt werden.

8.1.9.7 Konstruktive Maßnahmen

Die Spundwand ist möglichst so zu gestalten, daß sie im Bereich der größten Korrosion nur wenig ausgelastet ist. Eine in dieser Höhe frei drehbar gelagerte Wand ist daher einer eingespannten Wand vorzuziehen. Hinsichtlich des Korrosionsangriffes sind ferner Konstruktionen ungünstig, bei denen die Spundwand auf ihrer Rückseite nicht oder nur teilweise hinterfüllt ist. Freistehende offene Pfähle sind der Korrosion mehr ausgesetzt als geschlossene Pfähle [37].

8.1.10 Sandschliffgefahr bei Spundwänden (E 23)

Bei starkem Sandschliff werden Stahlspundwände zweckmäßig nicht angewendet. Allenfalls kommen Wände aus Stahlbetonbohlen oder auch Spannbetonbohlen in Betracht.

8.1.11 Kostenanteile eines Stahlspundwandbauwerks (E 8)

Durch Nachrechnung der Kosten verschiedener ausgeführter Spundwandbauwerke ist festgestellt worden, daß sich die Baukosten einer verankerten Stahlspundwand aus Wellprofilen, ohne die Kosten für die Ausbaggerung vor dem Bauwerk, für die Entwässerung, Hinterfüllung, Befestigung der Oberfläche des Bauwerkes sowie die einer eventuellen Kranbahn bei den Gründungsverhältnissen in Deutschland etwa wie folgt verteilen:

(1) Liefern der Spundwand   etwa 45 % ⎫
(2) Liefern der Verankerung einschl. der   ⎬ etwa 70 %
    Ankerwand, der Gurte sowie der Holme
    und der sonstigen Ausrüstung   etwa 25 % ⎭
(3) Bauausführung der Spundwand, Verankerung, Verholmung und Ausrüstung   etwa 30 %

Diese Verhältniswerte sind je nach Ausführungsform und Örtlichkeit gewissen Schwankungen unterworfen und können sich mit der Marktlage ändern. Sie zeigen jedoch, daß der Lieferanteil der Uferspundwand mit etwa 70% verhältnismäßig hoch liegt. Hinzu kommt, daß auch die Bauausführung Lieferanteile enthält. Es ist daher wirtschaftlich geboten, die Spundwandbauwerke nach neuzeitlichen Gesichtspunkten unter Zugrundelegung möglichst zutreffender Lastansätze zu berechnen und zu gestalten.

8.1.12 Zweckmäßige Neigung der Uferspundwände bei Hafenanlagen (E 25)

Bei Neubauten in Häfen werden die Uferspundwände zweckmäßig lotrecht angeordnet. Die lotrechte Anordnung führt zu den einfachsten Lösungen an den Ecken und Abzweigungen.

Spundwände, die vor vorhandenen Bauwerken zur Verstärkung gerammt werden, müssen jedoch in manchen Fällen in ihrer Neigung den Bauwerken angepaßt werden, wobei dann stärkere Schrägneigungen in Kauf genommen werden müssen.

8.1.13 Rammneigung für Spundwände (E 15)

Da beim Anspannen der Verankerung und bei der Belastung die Anker, ihre Anschlüsse und die Gelenke nachgeben und die Ankerwand sich durchbiegt und da überdies bei Erzeugung des Ankerwiderstandes ein gewisser Verschiebungsweg eintritt, wird empfohlen, Spundwände, die endgültig etwa lotrecht stehen sollen, nach dem Lande zu etwa mit der Neigung 100:1 bzw. nötigenfalls noch etwas flacher zu rammen. Letzteres kommt vor allem bei Spundwandbauwerken in Binnenhäfen in Frage. Im Hinblick auf die häufig unbemannt am Spundwandufer liegenden Binnenschiffe muß durch eine geringe landseitige Neigung bis etwa 50:1 dafür gesorgt werden, daß das Schiff die Spundwand nur unten berührt und so bei steigendem Wasser oben nicht unterhaken kann.

Bei unverankerten Spundwänden empfiehlt es sich, in der Rückwärtsneigung auch noch die rechnerische Durchbiegung zusätzlich zu berücksichtigen.

Im Gegensatz hierzu sind hohe Uferspundwände mit Seeschiffsverkehr vor allem durch den Wulstbug der Schiffe gefährdet. Hier sollen die Spundwände von vornherein lotrecht eingebracht werden, wobei der erforderliche Abstand zwischen Seeschiff und Spundwand durch ausreichend breite Fender sicherzustellen ist.

8.1.14 Einrammen wellenförmiger Stahlspundbohlen (E 118)

8.1.14.1 Allgemeines

Wellenförmige Stahlspundbohlen sollen so in den Boden eingebracht werden, daß der Verwendungszweck der Wand nicht beeinträchtigt und mit einem Höchstmaß an Sicherheit eine geschlossene Spundwand erreicht wird.

An die Bauausführung sind um so höhere Anforderungen zu stellen, je schwieriger die Bodenverhältnisse, je größer die Bohlenlänge und die Einrammtiefe und je tiefer die spätere Abbaggerung vor der Wand sind. Sehr ungünstig kann es sich auswirken, wenn lange Rammelemente nacheinander auf ihre ganze Länge in den Boden gerammt werden, da dann die Einfädelhöhe sehr gering und daher die Schloßführung zu Beginn des Rammens nicht ausreichend ist.

Für die rammtechnische Beurteilung des Bodens geben Bohrungen und bodenmechanische Untersuchungen sowie Druck- und Rammsondierungen einen gewissen Anhalt. In kritischen Fällen sind Proberammungen erforderlich, bei denen an einzelnen Stellen mit Hilfe geeigneter Meßeinrichtungen auch die auftretenden Gesamtabweichungen von der Soll-Lage der Bohlen festgestellt werden sollten, wenn es auf möglichst geringe Abweichungen ankommt.

Erfolg und Güte des Einbringens der Rammelemente hängen wesentlich davon ab, wie gerammt wird. Dies setzt voraus, daß der beauftragte Unternehmer neben geeignetem, zuverlässig arbeitendem Gerät auch selbst über ausreichende Erfahrung verfügt und daher qualifizierte Fach- und Aufsichtskräfte richtig einsetzen kann.

Das staffelförmige Rammen nach Abschn. 8.1.14.4 führt zu den besten Ergebnissen. Die Möglichkeiten hierfür haben sich heute durch den Einsatz geeigneter Baukrane erheblich vermehrt.

8.1.14.2 Rammelemente

Bei den wellenförmigen Spundwänden, gebildet aus U- oder Z-Profilen, werden im allgemeinen Doppelbohlen gerammt. Auch Dreifach- oder Vierfach-Bohlen können fallweise technisch und wirtschaftlich vorteilhaft angewendet werden.

Die derart zusammengezogenen Bohlen sollen möglichst durch Pressen oder Verschweißen der mittleren Schlösser zu einem einheitlichen Element verbunden werden. Das Aufnehmen und Aufstellen der Rammelemente sowie das Rammen werden dadurch erleichtert und ein Mitziehen bereits gerammter Elemente weitgehend ausgeschaltet. Das Rammen von Einzelbohlen sollte möglichst vermieden werden.

Aus rammtechnischen Gründen kann es bei schwierigem Untergrund und/oder großer Einrammtiefe notwendig werden, von vornherein Spundbohlen mit einer größeren Wanddicke oder einer höheren Stahlsorte als statisch erforderlich zu wählen. Auch sind der Bohlenfuß und gegebenenfalls auch der Bohlenkopf zuweilen zu verstärken.

Für die Übernahme von Stahlspundbohlen auf der Baustelle wird auf E 98, Abschn. 8.1.8 verwiesen.

8.1.14.3 Rammgeräte

Größe und Leistungsfähigkeit der Rammgeräte sind von den Rammelementen, deren Stahlsorte, Abmessungen und Gewichten, von der Einrammtiefe, den Untergrundverhältnissen und dem gewählten Rammverfahren abhängig. Die Geräte müssen so beschaffen sein, daß die Rammelemente mit der nötigen Sicherheit und Schonung gerammt und dabei ausreichend geführt werden, worauf vor allem bei langen Bohlen und bei großer Einrammtiefe zu achten ist.

Als Rammbäre kommen langsam schlagende, frei fallende Bäre, Explosionsbäre sowie Schnellschlaghämmer in Betracht. Der Wirkungsgrad einer Rammung wird ganz allgemein besser, wenn das Verhältnis des Bärgewichtes zum Gewicht des Rammelementes einschließlich Rammhaube größer wird. Bei frei fallenden Bären (Freifall-Bär, Dampf-Zylinder-Bär) ist das Verhältnis Bärgewicht zum Gewicht aus Rammelement und Haube von 1 : 1 bis 2 : 1 besonders günstig.

Im übrigen wird auf Abschn. 6.1 der DIN 4026 und auf das zugehörige Beiblatt verwiesen.

Bezüglich des Rammens in Fels wird auf E 57, Abschn. 8.2.12 hingewiesen.

Schnellschlaghämmer beanspruchen das Rammelement schonend und sind bei nichtbindigen Böden besonders gut geeignet. Bei bindigen Böden sind im allgemeinen langsam schlagende, schwere Rammbäre sowie Explosionsbäre vorzuziehen.

Auch Vibrationsbäre können die Rammelemente sehr schonend einbringen. Die Rammerfolge sind jedoch, abhängig von den anstehenden Böden, verschieden. Das Vorhandensein von Grundwasser begünstigt den Einsatz der Vibrationsbäre. Bei fehlendem Grundwasser ist im allgemeinen die Zugabe von Wasser während des Vibrierens hilfreich. Bereits leichtere Rammhindernisse können das Einbringen verhindern. Auch muß beachtet werden, daß beim Einrammen ein Verdichten rolliger Böden vor sich geht. Beim Rammen mit Fallbären sind Rammhauben unbedingt erforderlich. Sie müssen gut passen, um ein Springen der Haube mit verstärkten Stauchwirkungen an den Spundwandköpfen zu vermeiden.

Rammerschütterungen werden oft übertrieben empfunden und in ihren Auswirkungen auf benachbarte Gebäude überschätzt (siehe [9]).

Rammarbeiten sind aber unvermeidlich mit gewissen Lärmentwicklungen verbunden. Deshalb sollte bei Rammarbeiten in der Nähe von Wohngebieten ein Rammverfahren gewählt werden, bei dem die Lärmentwicklung auf ein erreichbares Maß reduziert wird.

Auf E 149, Abschn. 8.1.17 wird besonders hingewiesen.

8.1.14.4 Rammen der Bohlen

Beim Rammen ist folgendes zu beachten:
Der Rammschlag soll im allgemeinen mittig in Achsrichtung des Rammelementes eingeleitet werden. Der einseitig wirkenden Schloßreibung kann erforderlichenfalls durch eine gewisse Korrektur des Aufschlagpunktes begegnet werden.

Die Rammelemente müssen entsprechend ihrer Steifigkeit und Rammbeanspruchung so geführt werden, daß ihre Sollstellung im Endzustand erreicht wird. Hierzu muß die Ramme selbst ausreichend stabil sein, einen festen Stand haben, und der Mäkler muß stets gleichlaufend zur Neigung des Rammelementes stehen. Die Rammelemente sollten mindestens an zwei Punkten mit möglichst großem Abstand geführt werden. Dabei ist eine starke untere Führung sowie das Ausfuttern der Rammelemente in dieser Führung besonders wichtig. Auch das vorauseilende Schloß muß gut geführt werden. Beim Freirammen ohne Mäkler ist darüber hinaus für einen einwandfreien Sitz des Hammers auf dem Rammelement durch gut passende Freireiter-Führungen zu sorgen. Bei schwimmendem Rammen müssen die Bewegungen des Rammschiffes weitgehend eingeschränkt werden.

Die Schloßreibung kann fallweise durch Ausfüllen der Rammschlösser mit einer geeigneten plastischen Masse herabgesetzt werden. Wenn hierdurch die Verbundwirkung der Bohlen stärker vermindert wird, muß diese Maßnahme aber beim Bemessen der Spundwand berücksichtigt werden.

Das erste Rammelement muß besonders sorgfältig in die Fallinie der Wandebene gestellt werden. Beim Rammen der weiteren Rammelemente im tiefen Wasser ist eine gute Schloßführung von vornherein gegeben. In anderen Fällen kann der Schloßeingriff dadurch vergrößert werden, daß vor dem Rammen ein möglichst tiefer Schlitz gebaggert wird. Hierdurch verringert sich außerdem die Einrammtiefe. Es muß dabei aber eine eventuelle Verschlechterung der Bodenverhältnisse – insbesondere wenn unter Wasser verfüllt werden muß – berücksichtigt werden.

Bei schwierigen Untergrundverhältnissen und bei großer Einrammtiefe ist ein Rammverfahren mit zweiseitiger Schloßführung der Rammelemente zu empfehlen, wenn nicht ohnehin erforderlich. Letzteres ist der Fall, wenn ein normales fortlaufendes Rammen durch zunehmenden Rammwiderstand und Abweichen der Rammelemente von der Soll-Lage nicht zum Erfolg führt. In solchen Fällen sollte **staffelweise** gerammt werden (z.B. Vorrammen mit einem leichteren und Nachrammen mit einem schwereren Gerät) oder **fachweise**, wobei mehrere Rammelemente aufgestellt und dann in nachstehender Reihenfolge eingerammt werden: 1–3–5–2–4. Diese Art des Einrammens ist vor allem bei langen, tief einzubringenden Bohlen bereits in der Ausschreibung zu fordern und stets einzuhalten, wobei die Staffelung den Ergebnissen der Probrammung anzupassen ist und im unteren Bereich 5,00 m nicht überschreiten soll.

Auch beim Herstellen geschlossener Spundwandkästen ist fachweise zu rammen.

Spundbohlen in U-Form neigen zum Voreilen des Bohlenkopfes, solche in Z-Form zum Voreilen des Bohlenfußes.

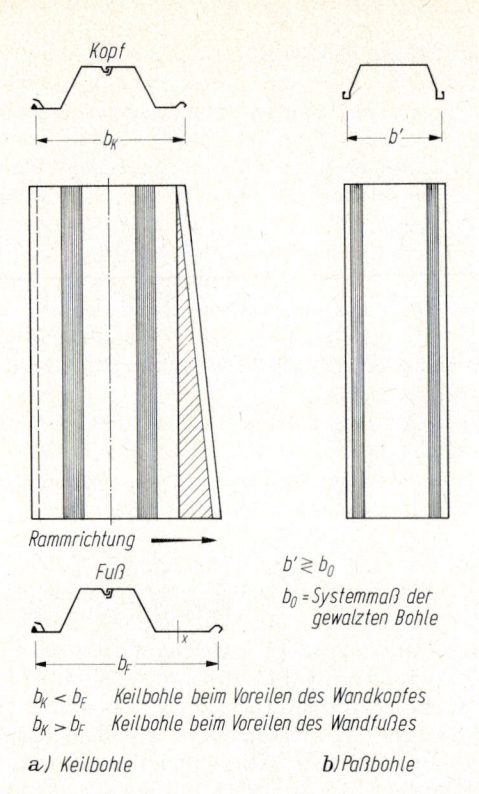

Bild 89. Prinzipskizzen für Keil- und Paßbohlen

$b_K < b_F$ Keilbohle beim Voreilen des Wandkopfes
$b_K > b_F$ Keilbohle beim Voreilen des Wandfußes

a) Keilbohle   b) Paßbohle

$b' \gtreqless b_0$
b_0 = Systemmaß der gewalzten Bohle

Durch staffelweises bzw. fachweises Rammen kann dies verhindert werden. Beim normalen fortlaufenden Rammen kann bei U-Bohlen auch der in Rammrichtung vorauseilende Schenkel um wenige Millimeter aufgebogen werden, so daß sich das Systemmaß etwas vergrößert. Bei Z-Bohlen kann der in Rammrichtung vorauseilende Steg zum Wellental hin geringfügig eingedrückt werden. Kann das Voreilen durch diese Maßnahmen nicht verhindert werden, müssen **Keilbohlen** eingeschaltet werden. Bei diesen ist auf eine rammtechnisch günstige Konstruktion zu achten, bei der das Pflügen der Stege im Boden vermieden wird. Hierzu muß der wellenförmige Teil des Rammelementes an Kopf und Fuß die gleiche Form haben und der anschließende mit einem eingeschweißten Keil versehene Flansch in Rammrichtung liegen (Bild 89a).
Sowohl bei U- als auch bei Z-Bohlen kann das Anschrägen der Bohlenfüße zu Schloßschäden führen und ist deshalb zu unterlassen.
Müssen die Achsmaße bestimmter Wandstrecken möglichst genau eingehalten werden, ist die Breitentoleranz der Bohlen zu beachten. Erforderlichenfalls sind **Paßbohlen** (Bild 89b) einzuschalten.

Rammerleichterungen können bei spülfähigen Böden durch Spülen oder sonst durch Bodenersatz mittels Bohrungen in der Spundwandachse erreicht werden. Etwa 1 m vor dem Erreichen der Solltiefe ist das Spülen jedoch einzustellen und nur noch zu rammen, um eventuelle Auflockerungen im Boden durch Rüttelwirkung rückgängig zu machen und um so die ursprünglichen Bodeneigenschaften wieder herzustellen, die der statischen Berechnung zugrunde gelegt waren.

Wird die Spundwand in axialer Richtung hochgradig belastet, ist das Spülen schon früher einzustellen.

Stehen Geröll oder sonst schwer durchrammbare Bodenschichten an, können diese auch durch Baggerschlitze – soweit erforderlich mit anschließender geeigneter Bodenauffüllung – beseitigt werden.

Der Energieaufwand für das Rammen ist um so geringer und der Rammfortschritt um so größer, je sorgfältiger die Rammelemente gestellt und geführt werden, und je besser Rammbär und Rammverfahren auf die örtlichen Verhältnisse abgestimmt sind.

8.1.14.5 Beobachtungen beim Rammen

Beim Rammen sind Lage, Stellung und Zustand der Rammelemente sowie ihr Eindringen unter der Rammeinwirkung laufend zu beobachten.

Dadurch sollen auch geringfügige Abweichungen von der Soll-Lage (Neigung, Ausweichen, Verdrehen) oder Verformungen des Kopfes sofort erkannt und schon frühzeitig Korrekturen angebracht und – wenn erforderlich – geeignete Gegenmaßnahmen eingeleitet werden. Keilbohlen werden dann im allgemeinen nicht benötigt.

Die Eindringungen sind laufend zu beobachten, was besonders wichtig ist, wenn schwerer Baugrund mit Hindernissen ansteht. Zieht ein Rammelement nicht mehr, soll das Rammen sofort abgebrochen und das nächstfolgende gerammt werden. Auch Rammelemente, die kurz vor Erreichen der rechnerischen Rammtiefe nur noch sehr schwer ziehen, so daß die Gefahr von Beschädigungen im Spundwandfußbereich besteht, sollten nicht weitergerammt werden. Dabei ist zu bedenken, daß das Herauslaufen eines Rammelementes aus dem Schloß durch die Rammbeobachtungen im allgemeinen nicht festgestellt werden kann.

Einzelne, etwas kürzere, aber unversehrte Rammelemente sind einer zeichnungsgemäß gerammten, aber möglicherweise beschädigten Wand vorzuziehen.

Für das Aufzeichnen der Rammbeobachtungen sind kleine Rammberichte – entsprechend Mustervordruck 1 der DIN 4026, Abschn. 6.5, nebst Beiblatt – zu führen.

Bei schwierigen Rammungen sollte außerdem für die ersten drei Rammelemente sowie für jedes 20. Rammelement die Rammkurve über den gesamten Rammverlauf – entsprechend Mustervordruck 2 und 3 der DIN 4026 – aufgezeichnet werden.

Da Schloßschäden auch bei sorgfältigem Rammen nicht ganz auszuschließen sind, müssen in jedem Falle während und nach dem Freibaggern der Hafensohle Untersuchungen nach E 73, Abschn. 7.5.4 vorgenommen werden. Dabei sollen auch stärkere Deformationen der Wand erfaßt und zeichnerisch festgehalten werden. An Hand dieser Aufzeichnungen kann dann entschieden werden, ob dort zusätzliche Sicherungen erforderlich sind und/oder eine Gefahr für den Hafenbetrieb besteht.

Auch wenn es auf eine bestimmte Lage der Bohlen quer zur Wandebene besonders ankommt, sollten

– bei normalen Bodenverhältnissen ± 1% der Einrammtiefe und
– bei schwierigem Baugrund ± 1,5% der Einrammtiefe

als Toleranz zugelassen und daher bereits bei der Planung einkalkuliert werden.

8.1.15 Einrammen von gemischten (kombinierten) Stahlspundwänden (E 104)

8.1.15.1 Allgemeines

Bei den meist erheblichen Längen, vor allem der Tragbohlen, ist mit größtmöglicher Sorgfalt zu rammen. Nur dann kann mit einem befriedigenden Erfolg, mit planmäßiger Tiefenlage und unversehrten Schloßverbindungen gerechnet werden.

8.1.15.2 Wandformen

Gemischte Stahlspundwände (E 7, Abschn. 8.1.3) bestehen aus Tragbohlen und Zwischenbohlen.

Als Tragbohlen eignen sich vor allem gewalzte oder geschweißte I-Träger oder I-förmige Stahlspundbohlen. Zur Erhöhung des Widerstandsmoments können zusätzlich Lamellen auf- bzw. Schloßstähle angeschweißt werden. Auch können zu einem Kastenpfahl zusammengeschweißte I-Träger oder Doppelbohlen verwendet werden. Weiter kommen Sonderkonstruktionen in Frage.

Als Zwischenbohlen werden im allgemeinen wellenförmige Stahlspundbohlen als Doppel- oder als Dreifachbohlen verwendet. Konstruktive und statische Gründe können eine Teilaussteifung der Dreifachbohlen erfordern. Auch andere geeignete Konstruktionen kommen in Frage, wenn sie die einwirkenden Kräfte ordnungsgemäß in die Tragbohlen überleiten und unversehrt eingebracht werden können.

Trag- und Zwischenbohlen werden durch Spundwandschlösser miteinander verbunden, deren Formen in E 97, Abschn. 8.1.7 dargestellt sind.

8.1.15.3 Formen der Wandelemente

Wenn Zwischenbohlen mit den Schloßformen 1, 2, 3, 5 oder 6 nach E 97 verwendet werden, sind an die Tragbohlen entsprechende Schloßstähle oder Bohlenabschnitte schubfest anzuschweißen, wobei die äußeren und die inneren Nähte mindestens 6 mm dick sein sollten. Die einzelnen

Zwischenbohlenteile sind durch Verschweißen oder Pressen ihrer Schlösser gegen Verschieben zu sichern.

Werden Zwischenbohlen mit der Schloßform 4 verwendet, sind auch dieser Schloßform entsprechende Tragbohlen zu wählen. Schloßstähle der Form 4 werden in der Regel auf die Zwischenbohlen oder fallweise auch auf die Tragbohlen gezogen.

Bei Zwischenbohlen mit seitlich aufgezogenen Schloßstählen werden diese bei größerer Einrammtiefe **nur** am oberen Ende verschweißt, so daß die Drehbeweglichkeit weitgehend erhalten bleibt und die Schloßreibung beim Rammvorgang verringert wird. Die Länge der Schweißnaht muß auf die Bohlenlänge, die Einrammtiefe, die Bodenverhältnisse und auf etwa zu erwartende Rammschwierigkeiten abgestellt werden. Sie liegt im allgemeinen zwischen 200 und 500 mm. Bei besonders langen Bohlen und/oder schwerer Rammung empfiehlt sich zusätzlich eine Sicherungsschweißung am Fuß. Ist die Einrammtiefe nur gering, genügt im allgemeinen eine kürzere Transportsicherung am Kopf der Bohlen. Es ist darauf zu achten, daß die Rammhaube die äußeren Schloßstähle überdeckt, aber nur teilweise, damit sie noch ausreichend Spiel zwischen den Tragbohlen hat, wenn die Zwischenbohlen mit ihrer Oberkante noch unter die der Tragbohlen eingerammt werden müssen.

Werden die Schloßstähle auf die Tragbohlen gezogen, sind sie mit diesen schubfest zu verschweißen ($a \geqq 6$ mm), wenn unter Verzicht auf die größere Drehbeweglichkeit ein höheres Trägheits- und Widerstandsmoment erreicht werden soll.

Bei großen Rammtiefen und besonders großen Längen der Tragbohlen sind für diese Kastenpfähle oder Doppelbohlen aus Breitflansch- oder Kastenspundwandprofilen zu wählen, da sie eine erwünschte größere Steifigkeit über die z-Achse und eine größere Torsionssteifigkeit aufweisen. Der auftretende erhöhte Rammaufwand muß dabei in Kauf genommen werden.

8.1.15.4 Allgemeine Anforderung an die Wandelemente

Die Tragbohlen müssen über die sonst üblichen Forderungen nach E 98, Abschn. 8.1.8 hinaus gerade sein, wobei das Stichmaß in der Regel $\leqq 1$‰ der Bohlenlänge sein soll. Sie dürfen außerdem keine Verdrehung aufweisen und müssen bei großer Länge und gleichzeitig großer Rammtiefe ausreichend biege- und torsionssteif sein.

Der Kopf der Tragbohle muß eben und winkelrecht bearbeitet und so ausgebildet werden, daß der Rammschlag mit Hilfe einer kräftigen, gut angepaßten Rammhaube eingeleitet und über den gesamten Bohlenquerschnitt abgetragen wird. Werden am Fuß der Bohle Verstärkungen, z.B. Flügel, zur Erhöhung der Tragfähigkeit in axialer Richtung angebracht, ist auf ihre symmetrische Anordnung zu achten, damit die Resultierende des Rammwiderstandes in der Schwerachse der Tragbohle liegt und die Tragbohle nicht verläuft. Dabei sollen die Flügel so hoch über dem Bohlenfuß enden, daß beim Rammen eine gewisse Führung der Tragbohle erreicht wird.

Die Zwischenbohlen sollen so ausgebildet werden, daß sie sich Lageveränderungen möglichst gut anpassen und damit Abweichungen der Tragbohlen von der Soll-Lage im erforderlichen Maße folgen können. Sie müssen im übrigen gleichzeitig so gestaltet sein, daß später auch der waagerechte Durchhang unter der Belastung in erträglichen Grenzen bleibt.

Die Schloßverbindungen müssen gut gängig und ausreichend tragfähig sein (vgl. E 97, Abschn. 8.1.7). Es ist besonders darauf zu achten, daß zusammengehörende Schlösser richtig zueinander liegen und nicht verdreht sind.

8.1.15.5 Ausführen der Rammung

Es muß so gerammt werden, daß die Tragbohlen gerade, senkrecht bzw. in der vorgeschriebenen Neigung, parallel zueinander und in den planmäßigen Abständen eingebracht werden. Voraussetzung hierfür ist eine gute Führung der Bohlen für das Einstellen und Rammen sowie das Einhalten einer richtigen Rammfolge. Außerdem ist ein geeignetes, der Länge und dem Gewicht der Bohlen angepaßtes schweres, ausreichend steifes und gerades Führungs- und Rammgerät, das einen festen Stand und ausreichende Stabilität besitzt, erforderlich. Schwimmrammen sind nur unter besonders günstigen Bedingungen geeignet.

Weiter wird ein befriedigendes Ergebnis durch eine unverschiebliche Führungszange in möglichst tiefer Lage gefördert, wobei auf der Zange die Abstände der Tragbohlen – unter Berücksichtigung etwaiger Breitentoleranzen – durch aufgeschweißte Rahmen festgelegt sind. Außerdem soll der Bohlenkopf über die Rammhaube am Mäkler geführt werden, so daß dadurch die Bohle oben stets in Soll-Lage gehalten wird. Dabei ist zu beachten, daß das Spiel zwischen Bohle und Haube sowie zwischen Haube und Mäkler so gering wie möglich ist und bleibt.

Die Rammfolge der Tragbohlen ist so festzulegen, daß der Bohlenfuß an seinem Umfang gleichmäßig und niemals nur einseitig verdichteten Boden antrifft. Dies wird erreicht, wenn in nachstehender Reihenfolge gerammt wird:

1–7–5–3–2–4–6 (Großer Pilgerschritt).

Mindestens sollte aber als Reihenfolge eingehalten werden:

1–3–2–5–4–7–6 (Kleiner Pilgerschritt).

Im allgemeinen werden die Tragbohlen in einem Zuge auf volle Tiefe gerammt. Die Zwischenbohlen können anschließend der Reihe nach eingesetzt und gerammt werden.

Bei größeren Wassertiefen oder größeren freien Höhen kann auch unter Einsatz von lotrechten Führungen gerammt werden. Hierzu können z.B. Führungsgestelle aus Stahlkonstruktionen verwendet werden, die im Bedarfsfall in der Höhe und in der Breite den jeweiligen Verhältnissen angepaßt werden können. Sie sind seitlich mit Schloßteilen versehen, die zu den Tragbohlen passen. Um eine fluchtgerechte Wand zu erreichen, muß zusätzlich eine waagerechte Führung über dem Wasserspiegel vorgesehen werden.

Das Einrammen wird dann zweckmäßig wie folgt durchgeführt: In die erste, auf volle Tiefe eingerammte Tragbohle wird in Rammrichtung ein Führungsgestell eingefädelt und bis auf die Sohle herabgelassen oder fallweise an die Tragbohle gehängt. In dieses Führungsgestell wird dann die nächste Tragbohle eingefädelt, aber nur bis auf Staffeltiefe eingerammt. Anschließend wird ein zweites Führungsgestell eingebracht, in welches eine weitere Tragbohle eingefädelt und auf volle Tiefe gerammt wird. Dann erst wird die vorletzte Tragbohle auch auf Solltiefe nachgerammt. Nachdem die Führungsgestelle gezogen sind, können an deren Stelle die Zwischenbohlen eingebracht werden.

Bei spülfähigem, steinfreiem Boden können die Trag- und gegebenenfalls auch die Zwischenbohlen mit Spülhilfe gerammt werden. Hierbei sind die Spüleinrichtungen symmetrisch anzuordnen und seitlich gut zu führen. Durch sorgfältiges Handhaben ist einem Abweichen der Bohlen aus der Soll-Lage zu begegnen.

Die Sicherheit, eine fehlerfreie, geschlossene Wand zu erhalten, wird verbessert, wenn vor dem Rammen ein Graben so tief wie möglich hergestellt und damit die geführte Höhe der Wand vergrößert und ihre Einrammtiefe verkleinert wird.

Bei Geröllschichten sind – wenn sie nicht ausgekoffert werden können – Sondermaßnahmen erforderlich.

8.1.15.6 Beobachtungen während des Einbringens

Beim Aufstellen und Einbringen der Tragbohlen ist das Erreichen der Soll-Stellung durch geeignete Messungen laufend zu kontrollieren. Die richtige Ausgangsstellung und auch Zwischenstadien können z.B. mittels zweier Theodoliten einwandfrei nachgeprüft werden, von denen je einer zur Kontrolle der Stellung in der y- bzw. der z-Richtung dient.

Wird ausnahmsweise nur mit Wasserwaagen gearbeitet, sind ausreichend lange Waagen, gegebenenfalls mit Richtscheit, einzusetzen. Die Kontrolle ist an verschiedenen Stellen zu wiederholen, um örtliche Unregelmäßigkeiten auszugleichen.

Nach Abschluß des Rammens und Ausbau der Führungen ist jede Bohle in ihrer eingebrachten Lage genau zu vermessen, um daraus die notwendigen Folgerungen ziehen zu können. Bei größeren Abweichungen müssen die Füllbohlen entsprechend angepaßt werden, sofern nicht ein Ziehen und erneutes Einbringen der betreffenden Tragbohle unter besonderen Vorkehrungen erforderlich wird.

Über das Rammen jeder Tragbohle ist der „Kleine Rammbericht" gemäß Abschn. 6.5 der DIN 4026 und nach Mustervordruck 1 zu führen.

8.1.16 Einbringen von gemischten (kombinierten) Stahlspundwänden durch Tiefenrüttler (E 105)

8.1.16.1 Allgemeines

Das in E 104 unter Abschn. 8.1.15.1 Gesagte gilt sinngemäß.

In Sanden jeden Kornaufbaus und jeder Lagerungsdichte – soweit sie nicht verkittet sind – können Spundbohlen mit Tiefenrüttlern abgesenkt werden. Eingelagerte weiche Torf- oder sandige Kleischichten begrenzter Dicke stören nicht nennenswert. In Sanden mit steinigen Einlagerungen ist Vorsicht geboten. In Kiesen ist ein Absenken nur mit besonders kräftiger Spülhilfe möglich.

Das Rüttelverfahren soll aber nur angewendet werden, wenn die Wandelemente lotrecht eingebracht werden dürfen, was bei praktisch allen sehr hohen Ufereinfassungen sowohl betrieblich als auch konstruktiv zulässig und empfehlenswert ist.

Die Absenktiefe ist theoretisch unbegrenzt, in Wirklichkeit aber von der Höhe und der Tragfähigkeit des Tragegerüstes für die Geräte abhängig.

Die Abmessungen der Profile können unabhängig von sonst gegebenenfalls maßgebenden Rammbeanspruchungen gewählt werden.

Ein eventuell aufgebrachter Korrosionsschutz wird beim Einbringen schonend behandelt.

8.1.16.2 Wandformen

Das in E 104, Abschn. 8.1.15.2 Gesagte gilt sinngemäß.

8.1.16.3 Formen der Wandelemente

Das in E 104, Abschn. 8.1.15.3 Gesagte gilt sinngemäß.

8.1.16.4 Allgemeine Anforderungen an die Wandelemente

Abgesehen vom ersten Satz des zweiten Absatzes gilt E 104, Abschn. 8.1.15.4 sinngemäß. Darüber hinaus sollen eventuell erforderliche Fußflügel so angeordnet werden, daß sie den Einsatz der Tiefenrüttler und ein möglichst gleichmäßiges Lösen des Bodens im Bereich des Absenkelementes nicht stören.

8.1.16.5 Ausführen des Einrüttelns

Die Tragbohlen müssen so eingerüttelt werden, daß sie im endgültig eingebrachten Zustand gerade und senkrecht und damit parallel zueinander fluchtgerecht in den planmäßigen Abständen stehen.

Voraussetzung hierfür ist, daß die Tragbohlen in genauer Ausgangsposition – oben durch eine Zange geführt – zentrisch an einem Tragegerät aufgehängt werden, damit das lotrechte Absenken frei hängend ohne weitere Zwangsfestlegung vor sich gehen kann. Dabei müssen die Rüttler (in der Regel 2, in besonderen Fällen aber auch 4) möglichst symmetrisch zum Profil angeordnet werden. Insbesondere ist auch auf die Symmetrie der Spülströme und ihrer Intensität zu achten, wobei unter Umständen zusätzliche Spüldüsen erforderlich werden, deren Lage dann einwandfrei gesichert werden muß.

In offenen Gewässern muß die Strömung berücksichtigt werden. Wenn auch außerhalb der Stauwasserzeiten abgesenkt werden soll, muß für die Rüttler und die abzusenkende Tragbohle eine geeignete zusätzliche Führung vorgesehen werden.

Der Vorlauf der Rüttlerspitze vor der Unterkante der Tragbohle hängt vom Boden ab und schwankt zwischen 0 und etwa 1,50 m.

Über Wasser muß stets von einem festen Gerüst oder einer festen Plattform aus gearbeitet werden, weil sonst die erforderliche Genauigkeit nicht erreicht werden kann.

Es wird so gearbeitet, daß die jeweils vorletzte Zwischenbohle vor der letzten Tragbohle eingebracht wird. Die jeweils letzte Zwischenbohle wird in die benachbarten Tragbohlen eingefädelt und so weit abgelassen, bis sie infolge der Schloßreibung nicht mehr tiefer rutscht. Dann wird sie auf volle Tiefe eingerammt.

Sollte eine mehrstündige Arbeitsunterbrechung notwendig werden, muß die letzte Tragbohle festgerüttelt werden, weil sie sich sonst im aufgelockerten Boden bewegen würde.

Beim genannten Arbeitsverfahren kann im allgemeinen eine hohe Maßgenauigkeit erreicht werden, wenn die Bedingungen der freien Aufhängung und der Symmetrie erfüllt werden. Wenn fallweise eine Tragbohle schräg abläuft, wird sie durch mehrmaliges Anheben und Wiederablassen in ihrer Lage so lange verbessert, bis sie sich schließlich in maßgerechter Position befindet.

Im allgemeinen muß nach dem Absenken einer Tragbohle ihr Fußbereich 1 bis 2 m hoch gut verdichtet werden. Die übrigen Verdichtungsarbeiten zum Wiederherstellen oder Schaffen einer guten Lagerungsdichte werden anschließend in einem gesonderten Arbeitsgang ausgeführt.

Der Durchmesser des Absenktrichters an der Geländeoberfläche ist von Aufbau und Lagerungsdichte des Bodens abhängig und kann bis zu etwa 3 m betragen. Die Pfähle der Gerüste für die Tragegeräte sollten daher einen Achsabstand $\geqq 4{,}50$ m von der Spundwand aufweisen, damit Nachgiebigkeiten der Gerüstpfähle möglichst vermieden werden. Außerdem empfiehlt es sich, die Gerüstpfähle tiefer als üblich einzubringen und den Überbau stärker als normal auszuführen. Weiter sollte das Gerüst häufig in seiner Höhen- und Seitenlage nachgemessen werden.

Wird von einer Baugrubensohle aus abgesenkt, fährt das Gerät auf dieser Sohle. Der Abstand der Wand vom Böschungsfuß der Baugrube muß so groß gewählt werden, daß kein schädlicher einseitiger Erddruck wirksam werden kann.

8.1.16.6 Beobachtungen während des Einrüttelns

Die beiden ersten Absätze von E 104, Abschn. 8.1.15.6 gelten hier sinngemäß.

An Stelle des im dritten Absatz von E 104, Abschn. 8.1.15.6 Gesagten gelten die hierzu unter Abschn. 8.1.16.5 gemachten Aussagen und gestellten Forderungen.
Der vierte Absatz von E 104, Abschn. 8.1.15.6 wird nur angewendet, wenn die Tragbohlen wegen bindiger Schichten im tieferen Untergrund oder zur Aufnahme besonders hoher Axiallasten nachgerammt werden.

8.1.17 Schallarmes Einrammen von Spundbohlen und Fertigpfählen (E 149)

8.1.17.1 Allgemeines über Schallpegel und Schallausbreitung

Der Schallpegel aus dem Rammvorgang setzt sich aus verschiedenen Einzelpegeln zusammen, die sowohl vom Rammgerät und der Aufschlagfläche als auch vom Rammelement ausgehen.

Beim Einwirken verschiedener Schallpegel ist zu beachten, daß gleich laute Pegel den Gesamtschallpegel um 3 bis 10 dB (A) – (A) = Dezibel nach der A-Kurve – erhöhen, je nachdem, ob 2 bis 10 gleich laute Einzelpegel vorhanden sind. Bei unterschiedlich lauten Einzelpegeln wird demnach der Pegel der lautesten Einzelquelle nur unwesentlich erhöht.

Hieraus folgt, daß Maßnahmen gegen den Lärm nur dann wirkungsvoll sein können, wenn zunächst die lautstärksten Einzelpegel gemindert werden. Das Beseitigen schwächerer Einzelpegel bringt nur einen geringen Effekt für die Lärmminderung.

Bei idealer Feldausbreitung verringert sich der Schalldruck infolge Luftabsorption bei einer Verdoppelung der Entfernung um je 6 dB (A). Das beim Rammen auftretende Impulsgeräusch kann bei Entfernungen größer als 100 m über gewachsenem unebenem Gelände zusätzlich zum Ausbreitungsgesetz um rd. 5 dB (A) abnehmen. Hierbei wirkt sich die Minderung des Schalls durch Bodenabsorption infolge Geländeform, Bewuchs usw. aus. Umgekehrt muß beachtet werden, daß Schallreflexionen an Bauwerken oder dergleichen zu einer Erhöhung des Schallpegels führen können. Auch über Wasserflächen treten durch Überlagerungen infolge Reflexion Verstärkungen auf, die maximal 3 dB (A) erreichen können. Windströmungen können – je nach Richtung – die genannten Werte vergrößern oder verkleinern.

8.1.17.2 Vorschriften und Richtlinien

Besonders zu beachten sind folgende Vorschriften:
– Allgemeine Verwaltungsvorschrift zum Schutze gegen Baulärm – Geräuschimmissionen –. Die Bundes- und Landesvorschriften zum Schutze gegen Baulärm 1971, Carl Heymanns Verlag KG, Köln.
– Allgemeine Verwaltungsvorschrift zum Schutze gegen Baulärm – Emissionsmeßverfahren –. Die Bundes- und Landesvorschriften zum Schutze gegen Baulärm 1971, Carl Heymanns Verlag KG, Köln.

Die zulässigen Geräuschimmissionen sind nach Immissionsrichtwerten festgelegt, so beispielsweise 70 dB (A) für Gebiete, in denen nur gewerbliche oder industrielle Anlagen und nur Wohnungen von notwendigen Aufsichts- und Bereitschaftspersonen untergebracht sind. In Wohngegenden sind die zugelassenen Werte entsprechend geringer.

Der von der Baumaschine am Immissionsort erzeugte Schallpegel kann – je nach der durchschnittlichen täglichen Betriebsdauer – geringer als nach den sonstigen Richtwerten in Rechnung gestellt werden, so beispielsweise um 10 dB (A) bei bis zu $2^1/_2$ stündiger Betriebsdauer. Aus dieser Korrektur ergibt sich dann der Beurteilungspegel, der dem Immissionsrichtwert gegenübergestellt wird.

Überschreitet der Beurteilungspegel den Immissionsrichtwert um mehr als 5 dB (A), sollen Maßnahmen zur Minderung der Geräusche angeordnet werden. Davon kann aber abgesehen werden, wenn durch den Betrieb von Baumaschinen infolge sonst ohnehin einwirkender Fremdgeräusche, die nicht nur gelegentlich auftreten, keine nennenswerten zusätzlichen Gefahren, Nachteile oder Belästigungen eintreten.

Das Emissionsmeßverfahren dient dazu, Geräusche von Baumaschinen erfassen und vergleichen zu können. Die Emission wird an mindestens vier gleichmäßig verteilten Punkten gemessen. Nach bestimmten Regeln wird der Emissionspegel ermittelt, der auf einen Bezugskreis von 10 m Radius bezogen wird.

Für verschiedene Baugeräte sind Emissionsrichtwerte bestimmt, deren Überschreitung nach dem Stand der Technik vermeidbar ist. Für Rammgeräte sind aber noch keine verbindlichen Richtwerte festgelegt.

8.1.17.3 Passive Lärmschutzmaßnahmen

Bei diesen wird der Lärm durch geeignete Maßnahmen daran gehindert, sich allseitig oder in bestimmten Richtungen auszubreiten. Dies wird durch Reflexion und/oder Absorption der Schallwellen erreicht.

Schallschirme verhindern die Schallausbreitung in bestimmten Richtungen. Schallmäntel umgeben die lautstarken Schallpegel vollständig und bringen Minderungen des Schallpegels um rd. 10 dB (A) in allen Richtungen.

Steif ausgebildete Schallmäntel werden als Schallkamine bezeichnet. Diese umhüllen Mäkler, Rammbär und Rammelemente und können den Emissionspegel bis zu 30 dB (A) senken.

8.1.17.4 Aktive Lärmschutzmaßnahmen

Bei diesen wird versucht, den Lärm erst gar nicht entstehen zu lassen oder ihn bei den Geräten so gering wie möglich zu halten. Vibrationsbäre usw. sind Beispiele hierfür.

Das hydraulische Einpressen von Spundbohlen kann in jedem Fall als geräuscharm eingestuft werden.

Zu den aktiven Maßnahmen zählen auch die Bauverfahren, die das Einbringen von Spundwänden oder Pfählen in den Untergrund erleichtern und somit den Energieaufwand beim Rammen verringern. Hierzu zählen Lockerungsbohrungen oder Lockerungssprengungen sowie Spülhilfen oder begrenzter Bodenaustausch im Bereich der zu rammenden Elemente.

8.1.17.5 **Planung einer Rammbaustelle**

Bei der Bauplanung sollte auch angestrebt werden, die Umweltbelästigung auf ein mögliches Mindestmaß zu verringern.

Die Zusage und das Einhalten nur kurzer Bauzeiten mit stärkeren Störungen und ausreichend langen lärmarmen oder lärmfreien Zeiten am Tag sollten angestrebt werden. Ein gewisser Leistungsabfall muß dafür in Kauf genommen und daher von vornherein einkalkuliert werden, wenn in der Ausschreibung darauf hingewisen ist.

8.1.18 Rammen von Stahlspundbohlen und Stahlpfählen bei tiefen Temperaturen (E 90)

Muß bei tiefen Temperaturen gerammt werden, ist allgemeine Vorsicht nicht nur beim Rammen selbst, sondern auch bei Umschlag, Lagerung und Transport der Rammelemente geboten.

Das Verhalten der Stähle bei tiefen Temperaturen ist nicht nur vom Werkstoff, sondern auch von der Ausbildung der Rammelemente und von den Rammbedingungen abhängig.

Bei Temperaturen über 0°C und normalen Rammbedingungen können Stahlspundbohlen aller Güten unbedenklich gerammt werden.

Unverstärkte Bohlen können auch bis $-10\,°C$ gerammt werden, insbesondere, wenn St Sp S verwendet wird.

Bei schwieriger Rammung mit hohem Energieaufwand, dickwandigen Profilen, geschweißten Rammelementen und dergleichen sind vor allem bei Temperaturen unter 0°C die beruhigten Stähle R St 37-2, St 37-3 und St 52-3 nach DIN 17 100 anzuwenden.

Wenn die Temperaturen unter $-10\,°C$ sinken, soll möglichst nicht gerammt werden.

Bezüglich der Ausführung von Schweißarbeiten bei niedrigen Temperaturen siehe E 67, Abschn. 8.1.6.4.

8.1.19 Ausbildung und Bemessung von Rammgerüsten (E 140)

8.1.19.1 **Allgemeines**

Der Bau von Ufereinfassungen erfordert häufig Rammarbeiten. Sofern diese nicht von vorhandenem oder aufgespültem Gelände aus durchgeführt werden können, kommen folgende Möglichkeiten in Frage:

(1) Rammen von einem Rammgerüst aus,

(2) Rammen von einer Hubinsel aus und

(3) Rammen mit Schwimmramme.

Ein genaues Einbringen der Rammelemente ist von einem Rammgerüst und auch von einer Hubinsel aus möglich. Hubinseln sind technisch gut und gleichzeitig vielseitig einsetzbar. Wegen der hohen Kosten für den An- und Abtransport sowie für das Vorhalten – insbesondere bei längeren Wartezeiten – sind sie aber nicht immer wirtschaftlich. Ihr Einsatz kann allerdings zwingend werden, wenn bei geforderter großer Rammgenauigkeit ein Rammgerüst nicht angewendet werden kann. Im Normalfall ist der Einsatz eines geeigneten Rammgerüsts zweckmäßig. Durch die standfeste Fläche sind sowohl bei einem Rammgerüst als auch bei einer Hubinsel die gleichen Vorteile wie beim Rammen vom Land aus gegeben.

Rammen mit Schwimmramme setzt ruhiges Wasser voraus. Werden größere Rammgenauigkeiten gefordert, wirken sich Seegang, Strömung, Tidewechsel und Wind erschwerend aus.

8.1.19.2 Ausbildung des Rammgerüsts

Das Rammgerüst kann sowohl mit Stahl-, Holz- oder Stahlbetonpfählen hergestellt werden. Bei seiner Ausbildung ist – besonders aus wirtschaftlichen Gründen – folgendes zu beachten:

(1) Das Rammgerüst kann schwimmend gerammt werden. Die dabei zu erwartenden Ungenauigkeiten sind in der Konstruktion zu berücksichtigen. Gelegentlich ist eine Vorbaurammung – von einem vorhandenen Planum oder einem Rammgerüst aus – angebracht.

(2) Die Länge des Rammgerüsts ist auf den Rammfortschritt und auf Nachfolgearbeiten, für die das Rammgerüst von Nutzen sein kann, abzustimmen. Es wird mit dem nicht mehr benötigten und wiedergewonnenen Konstruktionsmaterial laufend weiter vorgestreckt. Die nicht mehr benötigten Gerüstpfähle werden gezogen. Falls dies auch bei Einsatz von Spüllanzen und Vibrationsgeräten nicht möglich ist, werden sie unterhalb der vorhandenen und der später geplanten Hafensohle gekappt. Hierbei sind die Baggertoleranzen und eventuell geplante spätere Hafenvertiefungen zu berücksichtigen.

(3) Für das Rammgerüst sollten statisch einfache Systeme und Konstruktionen gewählt werden, so daß ein mehrfaches Wiederverwenden der Bauteile ohne größeren Abfall möglich ist.

(4) Bei an der Hafensohle anstehendem gleichförmigem Feinsand ist die Kolkgefahr besonders zu beachten. Daher sollten hier die Rammtiefen von vornherein reichlich gewählt werden. Darüber hinaus ist die Sohle im Bereich der Gerüstpfähle während der Bauarbeiten laufend zu beobachten. Dies gilt vor allem bei stärkerer Strömung und eingefülltem Sand, beispielsweise bei Gründungen mit Bodenersatz. Entstehende Kolke sind dann umgehend mit Mischkies zu verfüllen.

(5) Die Pfähle des Rammgerüsts sind – je nach vorhandener Bodenart – in ausreichendem Abstand von den Bauwerkpfählen einzubringen,

um zu vermeiden, daß sie beim Rammen der Bauwerkpfähle mitziehen. Bei bindigen Bodenschichten sind die durch das spätere Ziehen der Gerüstpfähle entstehenden Hohlräume im Boden – falls erforderlich – mit geeignetem Material zu verfüllen.

(6) In Landnähe liegende Rammgerüste können aus einer Pfahlreihe und einem an Land liegenden Auflager für die Fahrträger bestehen. Ohne Landverbindung werden die Rammgerüste mit zwei oder mehreren Pfahlreihen abgestützt. Dabei können auch Bauwerkpfähle mit benutzt werden.

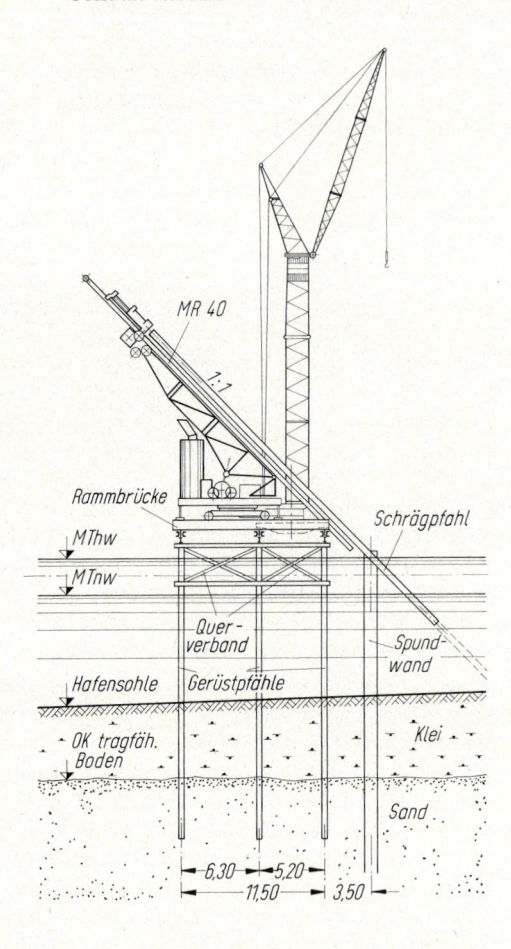

Bild 90. Typisches Rammgerüst für Senkrecht- und Schrägrammung mit Kranhilfe im Tidebereich

Bild 90 zeigt die kennzeichnende Ausführung eines Rammgerüsts für Senkrecht- und Schrägrammung mit Kranhilfe im Tidebereich.

8.1.19.3 Lastansätze und Bemessung

(1) Lasten aus der Ramme einschließlich der Rammbrücke

(1.1) Betriebszustände

Für die Ramme sind folgende Betriebszustände zu berücksichtigen:

a) Aufnehmen und Ansetzen des Rammelements.
   Hierbei arbeitet die Ramme als Kran, so daß DIN 15018 maßgebend ist.
b) Einbringen des Rammelements.

Die größten Raddrücke treten beim Betriebszustand a) auf. Die größten Spindeldrücke sind beim Betriebszustand b) vorhanden. Die beim Einbringen des Rammelements auftretenden waagerechten Kräfte sind im allgemeinen durch die Lastansätze als Kran nach DIN 15018 abgedeckt. Die lotrechten und waagerechten Lasten aus der Ramme werden an die Rammbrücke abgegeben.

(1.2) Lotrechte Lasten und Kräfte

Die Rad- und Spindeldrücke der Rammen setzen sich aus dem Eigengewicht der Ramme, der Rammhaube, dem Rammbären und dem Pfahlgewicht zusammen. Für die in Deutschland bei Seebauten gebräuchlichen Menck-Rammen sind in Bild 91 und in der folgenden Tabelle die größten Rad- und Spindeldrücke für verschiedene Rammstellungen und Pfahlneigungen der Kranrammen MR 40 und MR 60 angegeben. Diese Werte können für das Vorberechnen von Rammgerüsten verwendet werden. Für die Ausführungsberechnungen werden die Rad- und Spin-

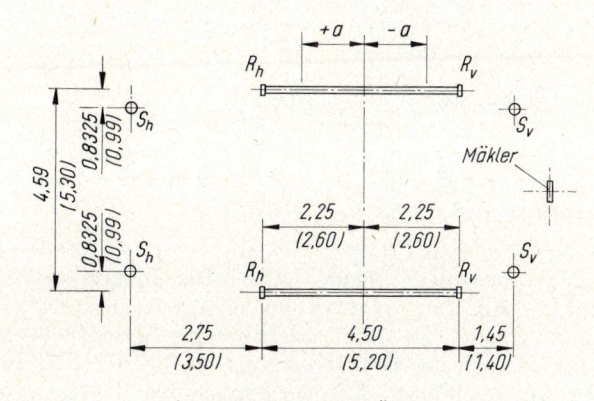

$\pm a$ = Schwerpunktabstände
R_v, R_h = Räder vorne bzw. hinten
S_v, S_h = Stützspindeln vorne bzw. hinten

Bild 91. Lage der Räder und der Stützspindeln bei den Rammen MR 40 und MR 60
(Klammerwerte für MR 60)

deldrücke unter Berücksichtigung der Lasten der zu rammenden Elemente am besten vom Hersteller der Rammen erfragt.
Der Eigenlastwert ist nach DIN 15018 mit $\varphi = 1{,}1$ und der Hublastbeiwert mit $\psi = 1{,}2$ anzusetzen. Als Hublast gilt das Gewicht des aufzunehmenden Rammelements bei abgestecktem Bär.

(1.3) Waagerechte Lasten und Kräfte
Massenkräfte aus Beschleunigungen und aus Verzögerungen sowie Kräfte aus Schräglauf sind nach DIN 15018 zu bestimmen.
Die Windlasten können DIN 1055, Teil 4 entnommen werden. In Seenähe ist wegen der dort auftretenden größeren Winddrücke, abweichend von DIN 15018, Abschn. 4.2.1, der Staudruck im Betriebszustand fallweise höher als $q = 500 \, N/m^2$ anzusetzen.

(2) Verkehrslasten aus der Rammbrücke

(2.1) Lotrechte Lasten und Kräfte
Neben dem Eigengewicht der Rammbrücke und den lotrechten Lasten aus der Ramme sind außerhalb des Bereichs der Ramme für den Aufenthalt von Personen und für leichte Arbeitsgeräte $1 \, kN/m^2$ anzusetzen. Für das Bemessen des Laufstegs selbst gilt DIN 15018. Sofern größere Lasten auf der Rammbrücke gelagert werden sollen, sind diese bei der Bemessung besonders zu berücksichtigen.
Der Eigenlastbeiwert nach DIN 15018 ist mit $\varphi = 1{,}1$ anzusetzen.

(2.2) Waagerechte Lasten und Kräfte
Die waagerechten Lasten und Kräfte werden nach DIN 15018 ermittelt. Dabei ist anzunehmen, daß gleichzeitig mit der Rammbrücke auch die Ramme in Querrichtung auf der Brücke verfahren wird.
Zum Ansatz der Winddrücke wird auf Abschn. 8.1.19.3 (1.3) verwiesen.

(2.3) Lasten aus dem Turmdrehkran
Hierfür gelten die Ausführungen nach Abschn. 8.1.19.3 (1) bzw. 8.1.19.3 (2) sinngemäß. Ramme und Turmdrehkran können unmittelbar nebeneinander arbeiten. Auch der Turmdrehkran kann auf einer fahrbaren Kranbrücke angeordnet werden.

(2.4) Belastungen des Rammgerüsts
Neben den Lasten aus der Ramme und der Rammbrücke sowie – wenn vorhanden – dem Turmdrehkran sind für das Rammgerüst (Gerüstpfähle und Verbände) die Winddrücke sowie gegebenenfalls Strömungsdruck, Wellenschlag und Eisdruck anzusetzen. Sofern das Rammgerüst nicht vor Schiffberührung – z.B. von Pontons oder ähnlichen Geräten, mit denen die Rammelemente herangebracht werden – durch zusätzliche Maßnahmen (Schutzdalben) gesichert ist, sind Schiffstöße und gegebenenfalls auch Pollerzüge von jeweils 100 kN in der Bemessung des Rammgerüsts und seiner Pfähle auch in ungünstigst möglicher Lage zu berücksichtigen.

Größte Rad- und Stützspindeldrücke der Rammen MR 40 und MR 60 mit 1:1 Einrichtung (Bild 91)[1]

Stellung der Ramme		lotrecht	6:1 nach hinten	2,5:1 nach hinten	1:1 nach hinten	10:1 nach vorn
Ramme MR 40						
Bärtyp MRB / Fallgewicht in t		600 / 6,75	600 / 6,75	500 / 5,0	500 / 5,0	600 / 6,75
Pfahlgewicht, max	[t]	12	12	8	3	12
Pfahllänge, max	[m]	23	23	19,2	19,2	23
Gegengewicht G	[t]	78	–	–	–	–
Arbeitsgewicht Q	[t]	78	55	57	60	78
Raddruck, vorn R_v	[kN]	280	85	55	20	20
Raddruck, hinten R_h	[kN]	110	20	20	20	130
Raddruck, über Eck	[kN]	330	–	–	–	–
Stützspindeldruck, vorn S_v	[kN]	–	–	–	–	240
Stützspindeldruck, hinten S_h	[kN]	–	170	210	260	–
Schwerpunktabstand a	[m]	−0,98	2,59	3,40	4,30	−1,66
Ramme MR 60						
Bärtyp MRB / Fallgewicht in t		1000 / 10,0	1000 / 10,0	600 / 6,75	600 / 6,75	1000 / 10,0
Pfahlgewicht, max	[t]	20	20	12,5	4,5	20
Pfahllänge, max	[m]	28	28	22,4	22,4	28
Gegengewicht G	[t]	10	10	–	–	10
Arbeitsgewicht Q	[t]	134	98	99	104	134
Raddruck, vorn R_v	[kN]	440	145	110	65	45
Raddruck, hinten R_h	[kN]	230	45	45	45	240
Raddruck, über Eck	[kN]	500	–	–	–	–
Stützspindeldruck, vorn S_v	[kN]	–	–	–	–	385
Stützspindeldruck, hinten S_h	[kN]	–	300	340	410	–
Schwerpunktabstand a	[m]	−0,81	3,20	3,87	4,75	−1,53

[1] Stellung der Ramme ∞:1 und 10:1 nach vorn: Bär oben am Mäkler abgesteckt, Pfahl abgesteckt, Pfahl hängt im Pfahlseil; übrige Rammstellungen: Pfahl auf Boden, Bär auf Pfahl, Winddruck 500 N/m²

8.1.19.4 Sicherheiten

Für die Berechnung der Rammbrücke ist DIN 15018 maßgebend. Da sie nur im Bauzustand benutzt wird, kann für den Lastfall HZ – bei Berücksichtigung der ungünstigsten Lastansätze – ein Überschreiten der zulässigen Spannungen um 10% und ein Unterschreiten der geforderten Sicherheiten der Stabilitätsfälle um 6% anerkannt werden. Größere Spannungsüberschreitungen dürfen nur im Einvernehmen mit der Bauaufsichtsbehörde zugelassen werden.

Beim Rammgerüst können für die ungünstigst möglichen Lastkombinationen die zulässigen Spannungen nach E 20, Abschn. 8.2.4 bei Lastfall 2 angewendet werden.

Für den Nachweis des sicheren Abtragens der Lasten in den Baugrund sind die Kennwerte des anstehenden Bodens in gleicher Weise zu berücksichtigen wie bei der zu erstellenden Ufereinfassung.

Die Sicherheiten der Pfähle gegen Erreichen der nach den jeweiligen Gegebenheiten und Erfahrungen festgelegten Grenzlast sollen betragen:

- für Druckpfähle $\quad \eta \geqq 1,5,$
- für Zugpfähle $\quad \eta \geqq 1,75.$

Bei diesen Sicherheiten muß jedoch das Verhalten der Gerüstpfähle beim Rammen genauestens überprüft werden, damit gewährleistet ist, daß die Pfähle auch einwandfrei fest im Boden stehen. Außerdem sollen die Pfähle auch im Baubetrieb ausreichend häufig beobachtet werden.

8.1.20 Ausbildung geschweißter Stöße an Stahlspundbohlen und Stahlrammpfählen (E 99)

Diese Empfehlung gilt für Schweißstöße an Stahlspundbohlen und Stahlrammpfählen jeder Bauart.

8.1.20.1 Allgemeine Angaben

(1) Grundsätzliche Anforderungen

Alle Schweißstöße müssen in Berechnung, konstruktiver Durchbildung und Ausführung den Bestimmungen der DIN 4100 entsprechen, soweit im folgenden nicht zusätzliche Forderungen gestellt werden. Andere Vorschriften, wie die DS 804, können bei gewissen Beanspruchungen (vgl. E 20, Abschn. 8.2.4.1) verbindlich werden.

(2) Technische Unterlagen

Mit der Ausführung von Schweißstößen darf erst begonnen werden, wenn folgende technische Unterlagen vorliegen:

Geprüfte Festigkeitsberechnung mit Angabe der auftretenden und zulässigen Schweißnahtspannungen unter besonderer Berücksichtigung der Arbeitsbedingungen beim Herstellen des Stoßes (Werkstattstoß, Stoß unter der Ramme),

Ausführungszeichnungen mit Angaben über Grundwerkstoffe, Materialdicken, Schweißzusatzwerkstoffe, Nahtformen und Nahtabmessungen einschließlich etwa erforderlicher Korrosionszuschläge, Nahtausführung sowie, falls erforderlich, Schweißplan und Angaben über die Schweißnahtprüfung.

(3) **Nachweis der Befähigung zum Schweißen**
Dieser Nachweis ist gemäß DIN 4100 Bbl 1 (Großer Nachweis) oder Bbl 2 (Kleiner Nachweis) in Verbindung mit DIN 8563 zu erbringen.

8.1.20.2 **Werkstoffe**

(1) **Grundwerkstoffe**
Schweißstöße können an beruhigten und besonders beruhigten, aber auch an schweißbaren unberuhigten Stählen ausgeführt werden.
Stahlsorte, Gütegruppe, Materialdicke und Profilform sind u. a. an Hand folgender Unterlagen zu wählen, wobei der Einfluß des Schweißens auf die Sprödbruchsicherheit der Konstruktion zu beachten ist:
Festigkeitsberechnung nach Abschn. 8.1.20.1 (2),
Einstufung der Schweißstöße nach Abschn. 8.1.20.3,
Empfehlungen E 20, Abschn. 8.2.4 und E 67, Abschn. 8.1.6,
DIN 4100, Tabelle 2 und Abschn. 5,
Einflüsse des Rammens nach E 90, Abschn. 8.1.18,
Empfehlungen zur Wahl der Stahlgütegruppen für geschweißte Stahlbauten, DASt-Richtlinie 009, Ausgabe April 1973[1]).
Bei **Stahlspundbohlen** und **Stahlrammpfählen** dürfen die folgenden Stahlsorten verwendet werden (vgl. auch E 67, Abschn. 8.1.6):

Stahlsorte	Gütegruppe	Desoxydationsart	Schweißeignung
n. d. Techn. Lieferbed. (E 98, Abschn. 8.1.8)			
St Sp 37	1	U	im allgemeinen vorhanden
St Sp 45	1	U	eingeschränkt vorhanden
	2	R	vorhanden
St Sp S	2	R	vorhanden
nach DIN 17100			
St 37-1	1	U od. R	im allgemeinen vorhanden
St 37-2	2	U od. R	vorhanden
St 37-3	3	RR	vorhanden
St 52-3	3	RR	vorhanden

U = unberuhigt; R = beruhigt; RR = besonders beruhigt.

[1]) Diese Empfehlungen wurden aufgestellt von der Arbeitsgruppe 17 „Schweißen im Stahlbau" im Deutschen Verband für Schweißtechnik (DVS) und dem Unterausschuß „Werkstoffe" im Deutschen Ausschuß für Stahlbau (DASt). Zu beziehen durch die Stahlbau-Verlags-GmbH, Ebertplatz 1, 5000 Köln 1.

Die verwendeten Stahlsorten müssen durch Bescheinigungen nach DIN 50049, mindestens aber durch Werksbescheinigungen, belegt sein. Werkstoffe ohne diese Bescheinigungen oder andere Stahlsorten dürfen nur dann geschweißt werden, wenn ihre mechanischen Gütewerte, ihre chemische Analyse sowie ihre einwandfreie Schweißeignung durch entsprechende Prüfungen nachgewiesen sind.

(2) Schweißzusatzwerkstoffe
Die Stabelektrode ist an Hand von DIN 1913 auf Vorschlag des Lieferwerkes der Bohlen und Pfähle nach der Entscheidung des Schweißfachingenieurs der ausführenden Firma zu wählen. Sie muß von der Deutschen Bundesbahn oder einer Klassifikationsgesellschaft für den betreffenden Grundwerkstoff zugelassen sein.

Bei unberuhigt vergossenen Stählen sind im allgemeinen kalkbasische Elektroden zu verwenden. Diese haben bessere Zähigkeitswerte im Schweißgut als alle anderen Typen. Sie können die beim Schweißen entstehenden Spannungen am besten auffangen und tragen dazu bei, die Sprödbruchgefahr zu verringern.

8.1.20.3 Einstufung der Schweißstöße

(1) Zulässige Spannungen
Für die zulässigen Spannungen in den Schweißnähten gilt die Tabelle 2 der DIN 4100. Unter Beachtung der Nahtgüten sollten die zulässigen Spannungen in den Schweißnähten nur voll ausgenutzt werden, wenn beruhigter Stahl der Gütegruppen 2 und 3 verwendet wird oder bei unberuhigtem Stahl die Wanddicke der Profile in Steg und Flansch 11 mm oder weniger beträgt.

Werden dagegen Profile aus unberuhigtem Stahl mit Wanddicken größer als 11 mm stumpfgestoßen, dürfen bei Beanspruchungen aus Zug und Biegezug nur die halben Werte der zulässigen Spannungen nach DIN 4100 ausgenutzt werden. Hierbei kann eine Verstärkung durch aufgeschweißte Laschen notwendig werden (siehe Abschn. 8.1.20.5 (4)).

(2) Stoßdeckung bei Werkstattstößen

a) Stahlrammpfähle aus Rohren gestatten bei endkalibrierten Stoßenden eine Stoßdeckung von 100% ohne Laschen (Wurzel mit Einlegering).

b) Bei Stahlrammpfählen aus I-förmigen Profilen ist unter Berücksichtigung der Ausnehmungen in den Kehlen eine volle Stoßdeckung des Restquerschnittes möglich. Die Stoßdeckung beträgt je nach Profil 80–90% des Gesamtquerschnittes.

c) Bei Stahlspundbohlen aus U- oder Z-Profilen ist eine volle Stoßdeckung bestenfalls an Einzelbohlen möglich. Bei Doppelbohlen kann im Schloßbereich im allgemeinen nur einseitig geschweißt werden. Stoßdeckung 70–80% des Gesamtquerschnittes.

d) Bei Stahlrammpfählen, die aus mehreren Profilen zu Hohlpfählen zusammengesetzt sind, werden zunächst die Einzelprofile stumpf gestoßen. Anschließend wird der Pfahl durch Längsnähte zusammengeschweißt. Stoßdeckung 100% bei Einzelprofilen ohne Schloß, sonst 90%.

(3) Stoßdeckung bei Stößen unter der Ramme

a) Stahlrammpfähle aus Rohren
Wie Abschn. 8.1.20.3 (2) a).

b) Stahlrammpfähle aus I-förmigen Profilen
Wie Abschn. 8.1.20.3 (2) b).

c) Bei Stahlspundwänden aus U- oder Z-Profilen, die zumeist vor dem Schweißen einseitig oder beidseitig eingefädelt werden, kann der Querschnitt der nur einseitig zugänglichen Fädelschlösser höchstens mit 50% in Rechnung gestellt werden. Stoßdeckung 65–75%.

d) Bei Stahlrammpfählen aus zusammengesetzten Hohlprofilen bleibt die Verschweißung im Wurzelbereich und an den Kreuzungen mit den Längsnähten unvollkommen. Wenn aus einem vollen Stab hervorgegangene Verarbeitungslängen verwendet werden, kann mit einer Stoßdeckung von 60–70%, sonst mit 50–60% gerechnet werden.

8.1.20.4 Ausbildung der Schweißstöße

(1) Vorbereitung der Stoßenden
Der Zuschnitt des zu verschweißenden Profiles ist winkelrecht zur Stabachse in eine Ebene zu legen, eine Versetzung im Stoß ist zu vermeiden. Auf eine Kongruenz der Querschnitte und bei Spundbohlen auch auf gute Gängigkeit der Schlösser ist besonders zu achten. Breiten- und Höhenunterschiede sollen innerhalb ± 2 mm liegen, so daß ein max Schweißkantenversatz von 4 mm nicht überschritten wird.
Bei Hohlpfählen, die aus mehreren Profilen zusammengeschweißt werden, empfiehlt es sich, die benötigte Pfahllänge zunächst in voller Länge herzustellen und mit entsprechender Kennzeichnung dann in Verarbeitungslängen (z.B. für den Transport, für das Rammen usw.) zu trennen.

(2) Schweißnahtvorbereitung
In der Werkstatt werden Stumpfnähte im allgemeinen als V- oder als Y-Naht ausgebildet. Die Naht ist an beiden Teilen des Stumpfstoßes entsprechend vorzubereiten.
Muß an gerammten Stahlspundbohlen oder Stahlrammpfählen ein Stumpfstoß ausgeführt werden, ist zunächst ein Trennschnitt unter dem Kopfende des gerammten Elementes gemäß E 91, Abschn. 8.1.21 auszuführen. Das Aufsatzstück wird für eine Stumpfnaht mit oder ohne Kapplage vorbereitet.

(3) Ausführung der Schweißung

Alle zugänglichen Seiten des gestoßenen Profils werden voll angeschlossen. Soweit möglich werden die Wurzeln ausgeräumt und mit Kapplagen gegengeschweißt.

Wurzellagen, die nicht mehr zugänglich sind, erfordern eine hohe Paßgenauigkeit der zu stoßenden Profile und eine sorgfältige Nahtvorbereitung.

Die Schweißnahtfolge ist von verschiedenen Faktoren abhängig. Es ist besonders darauf zu achten, daß Überlagerungen von Zugeigenspannungen aus dem Schweißvorgang mit Zugspannungen aus dem Betriebszustand vermieden werden.

8.1.20.5 Besondere Einzelheiten

(1) Stöße sind möglichst in einen niedrig beanspruchten Querschnitt zu legen. Betragen die Schweißnahtspannungen benachbarter Bohlen mehr als 0,5 der zulässigen Spannungen, sind die Stöße um mindestens 1000 mm zu versetzen.

(2) Beim Stoßen von I-förmigen Profilen sind die Kehlbereiche des Steges auszunehmen. Die Ausnehmung soll in der Form einem zum Flansch offenen Halbkreis mit einem Durchmesser von 35–40 mm entsprechen und ausreichen, den Flansch mit Kapplage voll durchzuschweißen. Die Wandungen der Ausnehmungen müssen nach Fertigstellung der Schweißung kerbfrei bearbeitet werden.

(3) Ist ein Verschweißen im Schloßbereich von Stahlspundbohlen nicht oder nur bedingt möglich, muß die Stumpfnaht vom Schloßbereich durch eine Bohrung von etwa 10 mm $\varnothing$ getrennt werden.

(4) Sind Überlaschungen von Stumpfnähten nicht zu vermeiden, sollen folgende Regeln eingehalten werden:

    a) Die Laschendicke soll nicht mehr als die 1,2fache des überlaschten Profilteiles betragen.

    b) Die Enden der Laschen sollen vogelzungenförmig auslaufen, wobei das Ende unter einer Neigung von 1 : 3 auf $^1/_3$b verjüngt wird.

    c) Vor dem Auflegen der Lasche ist die Stumpfnaht blecheben abzuschleifen.

    d) Die Kehlnähte können im Bereich der Stumpfnaht auf einer Länge entsprechend der dreifachen Nahtbreite unterbrochen werden. Diese Unterbrechung empfiehlt sich bei Stößen unter der Ramme und bei Stößen mit Kantenversatz.
Bei Gefahr der Unterrostung sind geeignete Schutzmaßnahmen zu treffen.

(5) Werden Stumpfstöße im Betrieb entsprechend E 20, Abschn. 8.2.4 dynamisch beansprucht, sind Überlaschungen tunlichst zu vermeiden.

(6) Sind Stumpfstöße planmäßig vorgesehen, z. B. aus Gründen des Transportes oder der Rammtechnik, sollten nur beruhigt vergossene Stähle verwendet werden.

(7) Stumpfstöße unter der Ramme sind aus wirtschaftlichen Gründen und wegen etwaiger Witterungseinflüsse, die sich auf die Schweißung nachteilig auswirken können, soweit wie möglich zu beschränken.

(8) Sind bei Spundwandbauwerken schweißtechnisch bedingte Undichtigkeiten vorhanden, durch die der dahinter liegende Boden ausfließen kann, ist für eine werkstoffgerechte Abdichtung solcher Stellen zu sorgen (vgl. E 117, Abschn. 8.1.22).

8.1.21 Abbrennen der Kopfenden gerammter Stahlprofile für tragende Schweißanschlüsse (E 91)

Erhalten gerammte Stahlspundbohlen oder Stahlpfähle an ihrem Kopfende tragende Schweißanschlüsse (z. B. Schweißstöße, tragende Kopfausrüstungen und dergleichen), dürfen diese nicht in Bereichen mit Rammverformungen angebracht werden, wenn die Stahlspundbohlen aus unberuhigten oder halbberuhigten Stahlgüten bestehen. In solchen Fällen sind die Kopfenden unterhalb der Verformungsgrenze abzutrennen oder die Schweißnähte außerhalb des Verformungsbereichs anzuordnen.

Durch diese Maßnahme soll verhindert werden, daß sich etwaige Versprödungen auf die tragenden Schweißanschlüsse nachteilig auswirken.

8.1.22 Wasserdichtigkeit von Stahlspundwänden (E 117)

8.1.22.1 Allgemeines

Wände aus Stahlspundbohlen sind wegen des erforderlichen Spielraumes in den Schloßverbindungen nicht absolut wasserdicht, was im allgemeinen aber auch nicht erforderlich ist. Der Grad der Dichtigkeit ist bei den werksseitig eingezogenen Schlössern meistens geringer als bei den Rammschlössern, die sich im Einrammbereich zum Teil mit Boden zusetzen. Eine fortschreitende Selbstdichtung (natürliche Dichtung) infolge Korrosion mit Verkrustung sowie bei sinkstoffführendem Wasser durch das Ablagern von Feinteilen kann im allgemeinen im Laufe der Zeit erwartet werden.

8.1.22.2 Natürlicher Dichtungsvorgang

Der natürliche Dichtungsvorgang kann – wenn nötig – bei einseitigem Wasserüberdruck und frei im Wasser stehenden Wänden, z. B. bei einer Baugrubenumspundung, durch Einschütten geeigneter Dichtungsstoffe, wie Kesselasche, Sägemehl, Reisgrieß usw. unterstützt werden, soweit die Schloßfugen ständig unter Wasser stehen.

Beim Leerpumpen von Baugruben sind anfangs besonders hohe Pumpleistungen erforderlich, damit eine möglichst hohe Spiegeldifferenz zwischen Außen- und Innenwasser eintritt. Dabei legen sich die Schlösser gut ineinander. Außerdem wird dadurch ein genügend starker Wasserzufluß nach dem Baugrubeninnern und damit ein wirksames Einspülen der Dichtungsstoffe in die Schloßfugen erreicht. Die Kosten für das Dichten bzw. das Pumpen sind dabei aufeinander optimal abzustimmen. Bei von den Seiten wechselndem Wasserüberdruck und bei Bewegungen der Spundwand im freien Wasser durch Wellenschlag oder Dünung usw. führt das Einspülverfahren jedoch zu keinem Erfolg.

8.1.22.3 Künstliche Dichtungen

Spundwandschlösser lassen sich sowohl vor als auch nach dem Rammen künstlich dichten. Vor dem Rammen sind zwei Dichtungsverfahren üblich:

(1) Die Schlösser werden während des Zusammenziehens im Werk und die Fädelschlösser auf der Baustelle vor dem Rammen mit einer dauerhaften, ausreichend plastischen Masse verfüllt.

(2) Die Schlösser werden im Werk mit einer dauerhaften, elastischen, profilierten Dichtung versehen, die fest in der Schloßkammer haftet, so daß sie beim Einfädelvorgang im Werk bzw. auf der Baustelle nicht herausgequetscht werden kann.

Eine absolute Dichtigkeit wird mit beiden Verfahren nicht erreicht. Liegen die Schlösser in der neutralen Zone, ist dann auch bei Doppelbohlen mit verpreßten Schlössern der verminderte Verbund zu berücksichtigen. Nach dem Rammen sind künstliche Dichtungen von der Luftseite der Spundwand her möglich, aber stark abhängig vom Wasserandrang. Häufig angewandt wird dabei das Verstemmen der undichten Schloßfugen mit Holzkeilen oder dgl. Das Einstemmen von Gummi- oder Kunststoffschnüren in die gesäuberten Schloßfugen ist auch gegen Wasserüberdruck möglich. Ein Ausspachteln der Fugen ist aber nur wirksam, wenn sie gesäubert und trocken sind. Werksseitig gepreßte Schlösser sind von der Luftseite her mittels Gummischnüren und dgl. nur sehr schwer zu dichten, da die Schloßfugen im Bereich der Preßstellen zusammengedrückt sind.

Ein völliges Dichten der Schlösser wird nur durch Verschweißen erreicht, und zwar entweder durch unmittelbares Dichtschweißen der Schloßfuge oder durch Abdecken der Schloßfuge mit Flach- oder Profilstahl, der dann beidseitig mit der Spundwand verschweißt wird. Dieses Verschweißen kann aber in den Fädelschlössern erst nach dem Rammen und daher nur bis zum Wasserspiegel bzw. bis zu einer trockengelegten Baugrubensohle ausgeführt werden. Mögliche Undichtigkeiten unterhalb der Verschweißung sind zu beachten. Aus wirtschaftlichen Gründen sollten die zusammengezogenen Schlösser der Doppelbohlen bereits im Werk verschweißt werden. Wenn erforderlich, können die Fugen bis zum Bohlenfuß dicht geschweißt werden. Beim Einbau der Doppelbohlen ist darauf zu achten, daß die Dichtnaht auf der jeweils richtigen Seite liegt, z.B. bei Trockendocks und Schleusen auf der Seite, auf der auch die Betonsohle anschließt.

Ein neueres Verfahren erlaubt auch ein Nachdichten der zugänglichen Schlösser unter Wasser durch Einspritzen von Spezialkunststoffen unter sehr hohem Druck von außen.

Bei Kastenspundbohlen mit Doppelschlössern kann die Wand auch durch Auffüllen der geleerten Zellen mit einem geeigneten abdichtenden Material, z.B. mit Unterwasserbeton, gedichtet werden.

Besonders erwähnt sei auch, daß in wenig wasserdurchlässigen Schichten nicht mit Spezialmasse verfüllte Schlösser wie senkrechte Dräns wirken.

Bei größeren Wasserspiegelunterschieden und vor allem bei möglichen Welleneinwirkungen sind die Schlösser besonders sorgfältig zu dichten, wenn hinter der Spundwand Feinsand oder Grobschluff anstehen, die mangels Bindigkeit durch die Spielräume der Schlösser leicht ausgewaschen werden können. Das Problem kann hier aber fallweise auch durch den Einbau eines geeigneten Filters hinter der Spundwand gelöst werden.

8.1.22.4 Abdichten von Durchdringungsstellen

Abgesehen von der Dichtigkeit der Schlösser ist auf ein ausreichendes Abdichten der Durchdringungsstellen von Ankern, Gurtbolzen und dergleichen, z.B. mittels Blei- oder Gummischeiben, besonders zu achten.

8.1.23   Ufereinfassungen in Bergsenkungsgebieten (E 121)

8.1.23.1 Allgemeines

Bei der Planung sind die zu erwartenden Bodenbewegungen und ihre Veränderungen im Laufe der Zeit zu berücksichtigen. Hier sind zu unterscheiden:

a) Bewegungen in senkrechter Richtung, Senkungen und
b) Bewegungen in waagerechten Richtungen.

Da die Bewegungen benachbarter Bereiche in der Regel unterschiedlich sind, können sich Senkungen, Schiefstellungen, Verdrehungen, Zerrungen oder Pressungen auch in wechselnder Folge ergeben.

Bei örtlichen Senkungen bleibt der Grundwasserspiegel in seiner Höhenlage im allgemeinen unverändert. Dies gilt auch für den Wasserspiegel an Schiffahrtsstraßen.

Vor einer Bauabsicht ist – sofern der geplante oder laufende Abbau bekannt ist – das den Bergbau führende Unternehmen möglichst frühzeitig zu unterrichten. Es ist ihm die Planung vorzulegen und ihm anheimzustellen, Sicherungsmaßnahmen vorzuschlagen und einbauen zu lassen oder Kosten zur Beseitigung von eventuellen Schäden aus dem Abbau zu übernehmen.

Schadensstellen und -umfang sind aber im allgemeinen nicht eindeutig voraussehbar. Wenn das zuständige Bergbauunternehmen nicht bereit ist, Maßnahmen gegen etwaige Bergschäden von vornherein zu übernehmen oder sie nicht für nötig hält, kann dem Bauherrn nicht empfohlen werden, irgendeinen Mehraufwand für Sicherungen vorweg zu tätigen. Es wäre aber falsch, besonders bergschädenanfällige oder schwer instandsetzbare Ausführungsarten zu wählen, wenn in späterer Zeit Bergbaueinwirkungen zu erwarten sind. Hierzu sei erwähnt, daß massive Ufereinfassungen durch Zerrungen und Pressungen sowie durch Verdrehungen häufig stark beschädigt wurden. Dagegen wurden nennenswerte Schäden an Bauwerken aus wellenförmigen Stahlspundbohlen bisher nicht festgestellt. Solche Bauwerke können daher für Ufereinfassungen in Bergsenkungsgebieten generell empfohlen werden. Hierbei sind für Planung, Entwurf, Berechnung und Bauausführung vor allem die folgenden Hinweise zu berücksichtigen.

8.1.23.2 Hinweise für die Planung

Die Größe der zu erwartenden Bodenbewegungen ist vom zuständigen Bergbauunternehmen zu erfragen. Hieraus folgt die Festlegung der Höhenkoten und der Lastannahmen.

Die Bewegungen in senkrechter Richtung können es notwendig machen, die Oberkante der Ufereinfassung um das voraussichtliche Senkungsmaß höher anzuordnen oder aber nach der Senkung die Wand aufzuhöhen. Wenn über die Länge der Uferwand unterschiedliche Bergsenkungen zu erwarten sind – worüber die Markscheider recht zuverlässige Voraussagen geben können – ist bei nicht vorgesehenem späteren Aufhöhen die Oberkante der Uferwand unterschiedlich hoch – entsprechend dem voraussichtlichen örtlichen Senkungsmaß – also mit Gefälle auszuführen. Dabei ergibt sich im Endzustand eine weitgehend waagerechte Oberkante. Häufig ist es aber zweckmäßiger, die Ufereinfassung erst in späteren Jahren aufzuständern. Hier sollten jedoch schon beim Entwurf die damit verbundenen Lasterhöhungen für Spundwand und Verankerung berücksichtigt werden, um nachträgliche, meist sehr aufwendige Verstärkungen zu vermeiden. Auch der Ansatz des Wasserüberdruckes ist für alle Stadien der Aufständerung genau zu erfassen und zu berücksichtigen.

Zerrungen und Pressungen in Richtung der Ufereinfassung wirken sich bei wellenförmigen Spundwänden im allgemeinen nicht schädlich aus, da der Ziehharmonika-Effekt ein Anpassen des Bauwerkes an die Bodenbewegungen ermöglicht.

Pressungen quer zur Ufereinfassung bewirken eine vernachlässigbar geringe Verschiebung der Wand zur Wasserseite. Zerrungen quer zur Ufereinfassung führen nur dann zu größeren Überbeanspruchungen der Anker, wenn sich durch überlange Anker eine unnötig große Standsicherheit in der tiefen Gleitfuge ergibt. Dies kann auch bei überlangen, sehr festsitzenden Ankerpfählen der Fall sein. Die Hafensohle vor der Uferwand soll nicht tiefer als vorübergehend unbedingt nötig ausgebaggert werden, damit die freie Höhe der Uferwand jeweils so klein wie möglich bleibt.

8.1.23.3 Hinweise für Entwurf, Berechnung und Bauausführung

Die Uferspundwand erfordert über die Berücksichtigung der Zwischenzustände und des Endzustands hinaus im allgemeinen keine Überbemessung, es sei denn, eine solche würde vom Bergbauunternehmen gefordert und bezahlt. Letzteres gilt auch für den Stahlbetonholm und seine Bewehrung, sofern er nach der Bergsenkung noch über Wasser bleibt. Etwaige Schadensstellen können dann leichter abgebrochen und ausgebessert werden.

Um eine möglichst geringe Empfindlichkeit der Konstruktion gegen Bergbaueinwirkungen zu erhalten, soll der Überankerteil der Spundwand klein und damit Verankerung und Gurt möglichst knapp unter Oberkante Spundwand angeordnet werden.

Für die Uferspundwand können die Stahlsorten nach E 67, Abschn. 8.1.6 gewählt werden, für Gurt und Holm die Stahlsorten RSt 37-2, St 37-3 oder St 52-3 nach DIN 17100. Letzteres gilt auch für die Verankerung. Wird sie als Rundstahlverankerung ausgeführt, sollten Aufstauchungen vermieden werden.

Beim Liefern der Spundbohlen ist auf das Einhalten der Schloßtoleranzen nach E 97, Abschn. 8.1.7 besonders zu achten.

Um die Bewegungsmöglichkeiten der Spundwand zu verbessern, sollen die Spundwandschlösser nicht verschweißt werden. Auch sonst sind Schweißkonstruktionen möglichst zu vermeiden.

Obige Überlegungen gelten sinngemäß auch für das Zusammenspiel von Bauteilen aus Stahlbeton mit der Spundwand. Insbesondere darf durch massive Bauteile die Verformungsmöglichkeit der Spundwand nicht eingeschränkt werden. Uferwand und Kranbahn sind getrennt voneinander auszubilden und zu gründen, damit unabhängige Setzungs- und Regulierungsmöglichkeiten gegeben sind. Gleiches gilt für einen Stahlbetonholm, dessen Bewegungsfugen je nach Größe der zu erwartenden unterschiedlichen Senkungen in etwa 8 bis 12 m Abstand angeordnet werden. Wird die Kranbahn nicht mittels Schwellenrost gemäß E 120, Abschn. 6.20.2.1 (2) gegründet, sondern aus Stahlbeton hergestellt, sind die Stahlbetonbalken zur Spurhaltung durch kräftige Zerrbalken miteinander zu verbinden.

Auf Schleifleitungskanäle wird zweckmäßig verzichtet und besser mit Schleppkabeln gearbeitet.

Gurte aus 2 [-Stählen sind anderen Ausführungen vorzuziehen, da die Gurtbolzen bei dieser Ausbildung Verformungen leichter mitmachen können. Sie sind reichlich zu bemessen und derart herzustellen, daß später keine Gurtverstärkungen erforderlich werden.

Für die Beweglichkeit in Längsrichtung der Wand sollen in den Stößen der Gurte und Stahlholme Langlöcher angeordnet werden. Ersatzweise sind vergrößerte Löcher auszuführen und diese sorgfältig mittels Zirkelbrenner herzustellen. Sie sind, soweit erforderlich, nachzuarbeiten, um Kerben, die Anrisse im Stahl auslösen können, zu vermeiden bzw. zu beseitigen.

Muß eine Wand nachträglich aufgeständert werden, sollte dies bereits beim Entwurf der Holmkonstruktion berücksichtigt werden (einfache Demontage).

Ankeranschlüsse in einem Holmgurt sind zu vermeiden.

Zu empfehlen sind waagerechte oder flachgeneigte Verankerungen, damit unterschiedliche Setzungen von Verankerungen und Wand im Zuge der Bergsenkungen möglichst geringe Zusatzspannungen auslösen. Die Ankeranschlüsse sind einwandfrei gelenkig auszubilden. Die Endgelenke sind möglichst im wasserseitigen Tal des Spundwandprofiles anzuordnen, damit sie zugänglich sind und leicht beobachtet werden können.

8.1.23.4 Bauwerksbeobachtungen

Uferbauwerke in Bergsenkungsgebieten bedürfen regelmäßiger Beobachtungen und Kontrollmessungen. Wenn auch der Bergbau für etwaige Schäden aufzukommen hat, bleibt doch der Eigentümer der Anlage für die Betriebssicherheit verantwortlich.

8.2 Berechnung und Bemessung der Spundwand

8.2.1 Berechnung einfach verankerter Spundwandbauwerke (E 77)

Für die Praxis hat sich das Spundwandberechnungsverfahren von BLUM [9] und [38] mit klassischer Erddruckverteilung bewährt, wenn hierbei eine Abminderung des Momentenanteils aus dem Erddruck berücksichtigt wird. In der Regel genügt es, wenn – wegen der Erddruckumlagerung – beim Feldmoment der aus dem klassischen Erddruck (also nicht aus dem Wasserüberdruck) herrührende Momentenanteil der Spundwand um $^1/_3$ abgemindert wird. Der abzumindernde Momentenanteil wird aus dem Gesamtmoment durch Abzug des aus dem Wasserüberdruck herrührenden Momentenanteils errechnet. Letzterer wird am Ersatzbalken für die Gesamtbelastung ermittelt. Der untere Auflagerpunkt des Ersatzbalkens liegt bei Einspannung im Boden in Höhe des oberen Nullpunktes der unverminderten Momentenfläche aus Erd- und Wasserüberdruck und bei freier Auflagerung in Höhe des Schwerpunktes der von der Gesamtbelastung in Anspruch genommenen Erdwiderstandsfläche.

Auch das nach BLUM errechnete Einspannmoment im Boden wird durch die Erddruckumlagerung abgemindert, allerdings weniger als das Feldmoment. Mit im allgemeinen hinreichender Genauigkeit darf das nach BLUM errechnete maximale Einspannmoment M_E mit dem halben Reduktionswert α der Gesamtabminderung des maximalen Feldmomentes M_{Feld} reduziert werden. Mit $\alpha = M_{Feld\ red}/M_{Feld}$ ergibt sich das reduzierte Einspannmoment zu: $M_{Ered} = M_E \cdot (1 + \alpha)/2$.

Die Momentenabminderung ist jedoch nicht zulässig,

(1) wenn die Spundwand stark nachgiebig verankert ist,

(2) wenn die Spundwand zwischen Gewässersohle und Verankerung größtenteils hinterfüllt und anschließend vor ihr nicht so tief gebaggert wird, daß eine ausreichende zusätzliche Durchbiegung entsteht,

(3) wenn hinter der Spundwand bindiger Boden ansteht, der noch nicht ausreichend konsolidiert ist,

(4) wenn die Bodenoberfläche hinter der Spundwand nicht annähernd die Ankerhöhe erreicht und

(5) bei steifen Spundwänden, z. B. bei dicken Stahlbeton-Schlitzwänden.

Der Abminderungsgrad kann genauer abhängig von der Steifigkeit der Wand und des Bodens sowie von den Erddruckumlagerungen nach einschlägigen Verfahren ermittelt werden [38], [39], [40], [41] und [43].

Wenn statt dessen eine Spundwand mit Hilfe des Bruchzustandes berechnet wird (Traglastverfahren), muß auch der Erddruck entsprechend den Wandbewegungen für den statisch und kinematisch angenommenen und möglichen Bruchzustand (mit und ohne Fließgelenke) angesetzt werden. Für diese Art der Berechnung kann beispielsweise das Verfahren von BRINCH HANSEN [6] und [44] angewendet werden.

Spundwände können auch unter Verwendung waagerechter Bettungsmoduln elektronisch berechnet werden [45], [46], [47], [48] und [49].

Da einmal eingetretene Durchbiegungen von Spundwänden wegen des Nachrutschens des Bodens sich nur teilweise rückbilden können, sind die Einflüsse der Bauzustände auf die Beanspruchungen im Endzustand zu berücksichtigen, wenn sie ausschlaggebend sind oder wenn sie den Verformungszustand maßgebend beeinflussen.

Die infolge von Erddruckumlagerung hervorgerufene Abminderung des Feld- und Einspannmoments führt im allgemeinen zu einer Erhöhung der Ankerkraft, die aber bei der Spundwandberechnung gemäß den Lastfällen nach E 18, Abschn. 5.4 und den Wasserüberdrücken nach E 19, Abschn. 4.2 von geringem Einfluß ist und daher vernachlässigt werden kann. Ist der Anteil aus Wasserüberdruck jedoch verhältnismäßig gering und sind die Voraussetzungen für eine Erddruckumlagerung gegeben, ist vergleichsweise auch eine Berechnung nur mit Erddruck durchzuführen. Die dabei nach BLUM [38] ermittelte Ankerkraft ist dann um 15% zu erhöhen und – falls sie dabei größer ist als die Ankerkraft nach den erwähnten Lastfällen – lediglich in der Bemessung des Ankers selbst und beim Nachweis der Sicherheit gegen Aufbruch des Verankerungsbodens zu berücksichtigen, nicht aber beim Nachweis der Standsicherheit in der tiefen Gleitfuge.

Bei hoher Vorspannung von Ankern aus hochfesten Stählen gibt E 151 Auskunft über die dann anzusetzende Momentenabminderung und Ankerkrafterhöhung (s. Kap. IV, Abschn. 13 des Technischen Jahresberichts 1979).

8.2.2 Berechnung doppelt verankerter Spundwandbauwerke (E 134)

Zum Unterschied von E 133, Abschn. 8.4.9, in der die mit Hilfsverankerungen zusammenhängenden Fragen erfaßt sind, werden hier echt doppelt verankerte Spundwandbauwerke behandelt (Bilder 92 und 93). Bei diesen sind beide Anker vollwertige Bestandteile der Gesamtkonstruktion und üben daher eine ständig wirksame tragende Funktion aus. Die Gesamtbelastung der Spundwand durch Erddruck und Wasserüberdruck wird – abgesehen vom Erdauflager – gleichzeitig von beiden Ankern abgetragen. Aus der Verschiedenheit der Belastung und aus dem statischen System heraus wird der überwiegende Teil der zu verankernden Belastung vom unteren Anker B aufgenommen.

Beide Anker werden zweckmäßig zu einer gemeinsamen Ankerwand geführt und in gleicher Höhe angeschlossen (Bilder 92 und 93). In diesem Fall wird die Standsicherheit der Verankerung sowohl für die tiefe Gleitfuge als auch gegen Aufbruch des Verankerungsbodens nach E 10, Abschn. 8.4.9 und 8.4.10 berechnet, wobei als Ankerrichtung die der Resultierenden aus den Ankerkräften A und B angesetzt wird.

Bei getrennter Verankerung (z.B. mit Verpreßankern nach DIN 4125), wird ihre Standsicherheit in der tiefen Gleitfuge unter Benutzung von E 10 mit den Erweiterungen nach RANKE/OSTERMAYER [50] berechnet.
Die Berechnung doppelt verankerter Spundwände kann nach LACKNER [51] graphisch oder analytisch durchgeführt werden, wobei die Wand im Boden frei aufgelagert, teilweise oder voll eingespannt sein kann. Auch Verschiebungen der Ankerpunkte A und B und des Erdauflagers am Spundwandfuß können dabei ohne Schwierigkeiten berücksichtigt werden.
Verschieden ansetzbar ist in dieser Berechnung die resultierende Belastungsfläche aus Erddruck und Wasserüberdruck. Es empfiehlt sich im ersten Arbeitsgang, den Erddruck und den Erdwiderstand nach der klassischen Theorie unter Berücksichtigung von E 4, Abschn. 8.2.3 anzusetzen und den Wasserüberdruck nach E 19, E 113 und E 114, Abschn. 4.2, 4.8 und 2.8 zu berücksichtigen (Bild 92). Für die Ermittlung der Bemessungsmomente unterhalb der Stütze B gilt E 77, Abschn. 8.2.1 sinngemäß. Hierbei ergeben sich die maßgebenden Beanspruchun-

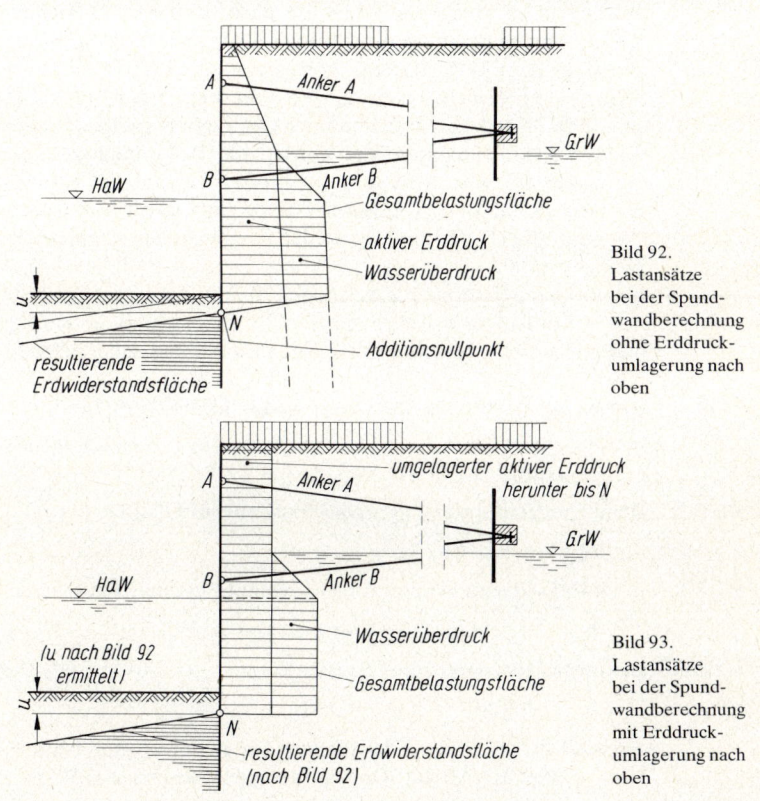

Bild 92. Lastansätze bei der Spundwandberechnung ohne Erddruckumlagerung nach oben

Bild 93. Lastansätze bei der Spundwandberechnung mit Erddruckumlagerung nach oben

gen für die Auflagerung im Boden, die Ankerkraft B und die Uferspundwand.

Häufig liegen aber Verhältnisse vor, bei denen eine maßgebliche Umlagerung des Erddruckes nach oben stattfindet. Dieses ist bei Ufereinfassungen vor allem dann der Fall, wenn das Spundwandbauwerk in hoch anstehendem Erdreich errichtet wird und die Anker als vorgespannte Verpreßanker eingebracht werden. Wenn eine solche Umlagerung zu erwarten ist, wird eine zusätzliche Berechnung mit einem Belastungsansatz nach Bild 93 vorgenommen. Hier wird der oberhalb des Additionsnullpunktes N angreifende Erddruck nach Bild 92 in Form eines flächengleichen Rechteckes angesetzt und die Berechnung nach LACKNER [51] auch für die Verhältnisse nach Bild 93 durchgeführt.

Der Bemessung werden dann die jeweils ungünstigeren Ergebnisse zugrunde gelegt.

Die Berechnung kann auch unter Verwendung waagerechter Bettungsmoduln elektronisch durchgeführt werden [45], [46], [47], [48] und [49].

Nur für die Gestaltung des Wandkopfes und die Bemessung des Ankers A allein muß aber vergleichsweise auch noch eine Berechnung nach E 133, Abschn. 8.4.9 vorgenommen und das Ergebnis fallweise der Bemessung dieser Teile zugrunde gelegt werden.

Je nach der Nachgiebigkeit der Verankerung, den Kontaktverformungen in den Gelenken usw. und nach den Bauzuständen sowie nach dem Grad der Ankervorspannung werden die Ankerpunktverschiebungen berücksichtigt oder nicht. Um das große Stützmoment bei B und auch die Ankerkraft B zu verkleinern, kann am Anschlußpunkt B ein bestimmtes Spiel in den Ankeranschluß eingebaut und rechnerisch berücksichtigt werden.

Im übrigen gelten für die zulässigen Spannungen und die Berechnung und Ausbildung der Anker, Gurte, Holme usw. und die sonstigen Ausbildungseinzelheiten die einschlägigen Empfehlungen der EAU.

8.2.3 Ansatz der Wandreibungswinkel bei Spundwandbauwerken (E 4)

In die statische Berechnung von Spundwänden können folgende Wandreibungswinkel eingesetzt werden:

8.2.3.1 Beim Erddruck unter Zugrundelegung ebener Gleitflächen

$$\delta_a = + {}^2/_3 \, \text{cal} \, \varphi'.$$

8.2.3.2 Beim Erdwiderstand unter Zugrundelegung ebener Gleitflächen

$$\delta_p = - {}^2/_3 \, \text{cal} \, \varphi', \text{ jedoch nur bis cal} \, \varphi' \leqq 35°.$$

8.2.3.3 Beim Erdwiderstand unter Zugrundelegung gekrümmter Gleitflächen

$$\delta_p = - \text{cal} \, \varphi'.$$

An sich treten ebene Erdwiderstandsgleitflächen nur beim Wandreibungswinkel $\delta_p = 0$ auf. Der Ansatz nach Abschn. 8.2.3.2 ist aber zur

Vereinfachung der Berechnung zulässig, weil die in die Spundwandberechnung eingehenden Erdwiderstandsansätze nach Abschn. 8.2.3.2 und Abschn. 8.2.3.3 sich nicht wesentlich unterscheiden.

Wird die Spundwand vorwiegend durch Wasserüberdruck, durch schräge, nach oben gerichtete Ankerzüge oder Auflagerreaktionen eines Überbaus oder dergleichen belastet, ist die Gleichgewichtsbedingung $\Sigma V = 0$ zu überprüfen. Der negative Wandreibungswinkel des Erdwiderstandes darf nur bis zu einer Größe berücksichtigt werden, bei der ein Nachobenschieben der Spundwand mit Sicherheit vermieden wird. Die Festlegung des Wandreibungswinkels für den Erdwiderstand bei abfallenden Böschungen bleibt einer späteren Regelung vorbehalten.

Auf DIN 1055, Teil 2, Abschn. 8 wird hingewiesen.

8.2.4 Zulässige Spannungen bei Spundwandbauwerken (E 20)

Da die ungünstigsten Lasteinflüsse selten zusammentreffen und der Erddruck sich infolge der Durchbiegung der Spundwand umlagert, andererseits aber Ungleichmäßigkeiten im Boden und auch in den Baustoffen nachteiligen Einfluß haben können, können für die in E 18, Abschn. 5.4 genannten Lastfälle die nachfolgenden Spannungen zugelassen werden. Dafür sind sorgfältige statische Bearbeitung und bauliche Gestaltung, einwandfreie Lieferung und ordnungsgemäße Bauausführung die Voraussetzung.

8.2.4.1 Uferwand

(1) Statische Beanspruchungen

Bei Spundwandberechnungen, auch wenn sie eine mögliche Erddruckumlagerung infolge der Spundwanddurchbiegung berücksichtigen, sind die nachstehenden Spannungen zulässig, wenn die genannten Stähle den Anforderungen von E 67, Abschn. 8.1.6 entsprechen:

	Zulässige Spannungen in MN/m^2				
	Stahlsorte			Stahlbeton	Holz
Spundwandstähle	St Sp 37	St Sp 45	St Sp S		
Stähle nach DIN 17100	R St 37-2 u. St 37-3	–	St 52-3		
Lastfall 1	140	160	210	DIN 1045	DIN 1052
Lastfall 2	Zuschlag: + 15% zu den Spannungen nach Lastfall 1[1])				
Lastfall 3	Zuschlag: + 30% zu den Spannungen nach Lastfall 1				

[1]) Bei vorübergehenden ungünstigen Bauzuständen können im Einvernehmen mit der Bauaufsichtsbehörde höhere Spannungen zugelassen werden.

**(2) Dynamische Beanspruchungen
(Wechselbeanspruchungen)**
Wird in Sonderfällen die Spundwand nicht hinterfüllt, also nicht durch Erddruck statisch, sondern beispielsweise durch Wellenschlag dynamisch beansprucht, wobei im Laufe der Zeit eine große Zahl von Lastwechseln eintritt, sind unabhängig von der Stahlsorte bei allen Lastfällen nur Spannungen bis zu 140 MN/m^2 zulässig. An Kerbstellen in Form von Löchern, einspringenden Ecken und dergleichen darf die maximale Spannung in der Spundwand 120 MN/m^2 nicht überschreiten. Bei Schweißverbindungen ist die zulässige Spannung je nach Art der Verbindung und Güte der Ausführung aus den Vorschriften für Eisenbahnbrücken DS 804 bzw. aus DIN 15018 zu entnehmen.

Um nachteilige Einflüsse aus der Kerbwirkung, zum Beispiel von konstruktiven Schweißnähten, Heftnähten, unvermeidlichen Unregelmäßigkeiten in der Oberfläche aus dem Walzvorgang, Lochkorrosion und dergleichen, zu vermeiden, sind beruhigte Stähle nach DIN 17100, wie R St 37-2, St 37-3 oder St 52-3, zu verwenden.

8.2.4.2 Ankerwand, Gurte, Holme und Unterlagsplatten

(1) Statische Beanspruchungen
Zulässig sind die unter Abschn. 8.2.4.1 (1) für die einzelnen Lastfälle angegebenen Spannungen. Eine Verminderung der errechneten Momente ist hierbei jedoch nicht statthaft.

**(2) Dynamische Beanspruchungen
(Wechselbeanspruchungen)**
Wechselbeanspruchungen können bei Gurten und Holmen auftreten. In Ergänzung zu Abschn. 8.2.4.2 (1) gilt hier Abschn. 8.2.4.1 (2). Für geschraubte Gurt- und Holmstöße sind Paßschrauben mindestens der Festigkeitsklasse 4.6 zu verwenden. Hierbei ist, unabhängig von Lastfall und Stahlsorte, zul τ_{aD} = 105 MN/m^2 und σ_{lD} = 210 MN/m^2; für Bauteile ist zul σ_D = 105 MN/m^2.

8.2.4.3 Anker und Gurtbolzen

(1) Statische Beanspruchungen
Der Bemessung sind die Ankerkräfte, die sich aus den Belastungen nach Lastfall 2 (E 18, Abschn. 5.4.2) ergeben, zugrunde zu legen. Dabei sind folgende Spannungen zulässig:

Im Kern:	bei St 37	112 MN/m^2
	bei St 52-3	150 MN/m^2
Im Schaft:	bei St 37	140 MN/m^2
	bei St 52-3	210 MN/m^2.

Voraussetzung hierfür sind das ordnungsgemäße Ausrüsten der Anker mit Gelenken und ihr einwandfreier Einbau, bei dem etwaige Setzungen oder Sackungen durch Überhöhen so gut wie möglich berücksichtigt werden. Ankerstauchungen im Gewindebereich und Ankerstangen

mit Ankeraugen sind nur bei den Stahlsorten St 37-3 und St 52-3 zulässig. Es muß aber beim Herstellen eine Fertigungstechnik angewendet werden, bei der schädliche Gefügestörungen sicher vermieden werden.
Für den Lastfall 3 können die zulässigen Ankerspannungen um 15% erhöht werden.

(2) Dynamische Beanspruchungen
    (Schwellbeanspruchungen)

Anker werden im allgemeinen vorwiegend ruhend beansprucht. Starke Schwellbeanspruchungen treten bei Ankern nur in Sonderfällen (vgl. Abschn. 8.2.4.1 (2)), bei Gurtbolzen jedoch häufiger auf.
Bei Schwellbeanspruchung dürfen nur besonders beruhigte Stähle wie St 37-3 oder St 52-3 nach DIN 17100 verwendet werden. Gewindeaufstauchungen sind zu vermeiden.
Unabhängig von Lastfall und Stahlsorte darf die Spannungsamplitude (Spannungsausschlag) im Kern den Wert $+/- 30$ MN/m^2 nicht überschreiten. Ist eine statische Grundlast (Mittelspannung) vorhanden, darf die Summe aus statischer Grundlast und Spannungsamplitude im Kern die Werte nach Abschn. 8.2.4.3 (1) nicht überschreiten.
Ist die statische Grundlast gleich oder kleiner als die Spannungsamplitude, wird empfohlen, die Anker bzw. Gurtbolzen bis über den Wert der Spannungsamplitude kontrolliert und bleibend vorzuspannen. Dadurch wird vermieden, daß die Anker oder Gurtbolzen spannungslos werden und beim Wiederansteigen der Schwellbeanspruchung durch die schlagartige Belastung zu Bruch gehen.
Eine gewisse, wenn auch nicht genau erfaßte Vorspannung wird allen Ankern und Gurtbolzen aber schon aus Einbaugründen aufgebracht. In solchen Fällen ohne kontrollierte Vorspannung ist im Kern der Anker bzw. Gurtbolzen, unabhängig von Lastfall und Stahlsorte, unter Außerachtlassung der Vorspannung zul $\sigma = 60$ MN/m^2.
In jedem Fall ist dafür zu sorgen, daß sich die Schraubenmuttern der Gurtbolzen bei den Spannungsänderungen nicht lockern können.

8.2.4.4 Stahlkabelanker

Stahlkabelanker werden nur bei statischer Beanspruchung der Anker angewendet. Sie sind so zu bemessen, daß sie bei Lastfall 2 nur bis zur Hälfte der rechnungsmäßigen Bruchlast beansprucht werden. Für den Lastfall 3 können die zulässigen Spannungen um 15% erhöht werden.
Der mittlere Elastizitätsmodul patentverschlossener Stahlkabelanker soll nicht unter 150 000 MN/m^2 liegen und muß vom Lieferwerk mit einem Spiel von ± 5% gewährleistet werden.

8.2.5 **Spannungsnachweis bei Spundwänden (E 44)**

Spundwände werden im allgemeinen vorwiegend auf Biegung beansprucht. Wirkt zusätzlich eine Druckkraft in Wandachse, wird entweder

DIN 4114 angewendet, oder es kann bei vorwiegender Biegebelastung der Spannungsnachweis nach folgender Formel geführt werden:

$$\text{vorh}\,\sigma = \frac{P}{A} + \frac{\max M}{W} + \frac{P \cdot f}{W} \leqq \text{zul}\,\sigma.$$

Hierin bedeuten:

vorh σ = vorhandene größte Spannung [MN/m²],
zul σ = zulässige Spundwandspannung nach E 20, Abschn. 8.2.4.1 [MN/m²],
P   = Auflast in der Spundwandachse [MN],
max M = Größtmoment der Spundwand infolge waagerechter Belastung [MNm],
f   = größte Durchbiegung der Spundwand infolge waagerechter Belastung [m],
A   = Querschnitt der Spundwand [m²],
W   = Widerstandsmoment der Spundwand [m³].

Bei Stahlbetonwänden sind für A und W die entsprechenden ideellen Werte zu setzen.

Wird maxM nach dem Verfahren von BLUM [38] mit anschließender Momentenabminderung berechnet (entsprechend E 77, Abschn. 8.2.1), kann auch f im Verhältnis der Momente verkleinert werden.

Das Zusatzmoment P · f kann durch eine ausmittige Einleitung von P verringert werden.

Bei Bemessung nach DIN 4114 kann als Knicklänge im allgemeinen mit hinreichender Genauigkeit der Abstand der das Feldmoment infolge waagerechter Belastung begrenzenden Momentennullpunkte angesetzt werden. Bei größeren waagerechten Verschiebungen des Spundwandkopfes sind verfeinerte Knickuntersuchungen erforderlich.

Ist im Bereich des Größtmomentes mit starker Korrosion zu rechnen, sind verminderte Querschnittswerte anzusetzen.

8.2.6 Wahl der Rammtiefe von Spundwänden (E 55)

Für die Wahl der Spundwandrammtiefe sind neben statischen auch konstruktive, bauausführungsmäßige, betriebliche und wirtschaftliche Belange maßgeblich. Voraussehbare spätere Vertiefungen der Hafensohle und die Gefahr von Kolkbildungen müssen berücksichtigt werden, desgleichen lotrechte Spundwandauflasten. Mitbestimmend für die Rammtiefe ist außerdem die erforderliche Sicherheit gegen Geländebruch, Grundbruch, hydraulischen Grundbruch und Erosionsgrundbruch (DIN 19702, Abschn. 3.8). Bei Baugrubenumschließungen mit großem Wasserüberdruck oder in stark durchlässigem Boden richtet sich die Rammtiefe auch nach der notwendigen Abminderung des Wasserandranges zur Baugrube.

Durch diese Belange ist im allgemeinen eine so große Mindestrammtiefe gegeben, daß, abgesehen von Gründungen in Fels, bei Dauerbauwerken eine volle oder teilweise Einspannung vorhanden ist, wenn beim Erdwiderstand mit einfacher Sicherheit gerechnet wird. Wenn ausnahmsweise bei nicht felsigem Untergrund eine freie Auflagerung an sich ausreichen sollte, empfiehlt es sich, die Rammtiefe in jedem Falle vorsorglich zu vergrößern. Da man zudem versuchen wird, das in Frage kommende Profil voll auszunutzen, ist die teilweise Einspannung im Boden der häufigste und zweckmäßigste Ausführungsfall. Seine Berechnung bereitet nach dem Ersatzkraftverfahren von BLUM [38] keine Schwierigkeiten.

Erhält die Spundwand auch große axiale Auflasten, werden Rammeinheiten in ausreichender Zahl als Tragpfähle so tief geführt, daß die Lasten sicher in den tragfähigen Baugrund abgeleitet werden können.

8.2.7 Rammtiefenermittlung bei teilweiser oder voller Einspannung des Spundwandfußes (E 56)

8.2.7.1 Wird eine Spundwand nach dem Ersatzkraftverfahren von BLUM [38] für teilweise oder volle Einspannung im Boden berechnet, kann der für die Aufnahme der Ersatzkraft C erforderliche Längenzuschlag Δx angenähert mit $\Delta x = 0{,}2 \, x$ angesetzt werden. Dieser Zuschlag kann bei Wänden, die vorwiegend durch Wasserüberdruck belastet werden, und bei unverankerten Wänden aber bis $\Delta x = 0{,}5 \, x$ ansteigen (Bild 94 und Zeichenerklärung).

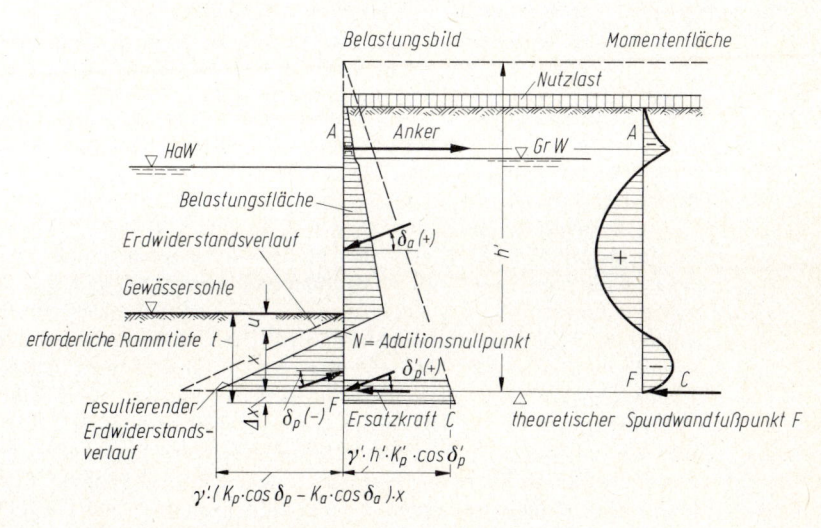

Bild 94. Ersatzbelastung bei voller Einspannung im Boden

Besser kann der Längenzuschlag für nichtbindige Böden in Weiterentwicklung des Ansatzes von LACKNER [51] ausreichend genau mit folgender Gleichung errechnet werden:

$$\Delta x = \frac{C}{2 \cdot \gamma' \cdot h' \cdot K'_p \cdot \cos \delta'_p}.$$

Nach Bild 94 bedeuten:

- t = $u + x + \Delta x$ = erforderliche Rammtiefe [m],
- u = Tiefe des Additionsnullpunktes N unter der Gewässersohle [m],
- x = Tiefe des theoretischen Spundwandfußpunktes F unter N [m],
- Δx = Längenzuschlag für die Aufnahme der Ersatzkraft C [m],
- γ' = Wichte des Bodens im Bereich von F [kN/m³],
- h' = Auflasthöhe in F bezogen auf γ' [m],
- K_p = Erdwiderstandsbeiwert für den Boden vor dem Spundwandfuß beim Wandreibungswinkel δ_p,
- δ_p = Wandreibungswinkel des Erdwiderstandes vor dem Spundwandfuß gemäß E 4, Abschn. 8.2.3 [Grad],
- K'_p = K_p-Wert für den Boden hinter der Spundwand im Bereich von F beim Wandreibungswinkel δ'_p,
- δ'_p = Wandreibungswinkel im Bereich des Fußpunktes F hinter der Spundwand [Grad],
- K_a = Erddruckbeiwert für den Boden vor der Spundwand im Bereich von F beim Wandreibungswinkel δ_a,
- δ_a = Wandreibungswinkel des Erddruckes bei F gemäß E 4, Abschn. 8.2.3 [Grad],
- C = Ersatzkraft nach BLUM [38] [kN/m].

δ'_p wird abweichend von E 4, Abschn. 8.2.3 im allgemeinen = $+\,^1/_3\,\varphi'$ gesetzt, es sei denn, daß die Bedingung $\Sigma V = 0$ ein $\delta'_p > +\,^1/_3\,\varphi'$ erfordert, oder umgekehrt eine große axiale Spundwandauflast ein $\delta'_p < +\,^1/_3\,\varphi'$ bedingt. δ'_p kann dabei bis $-\,^2/_3\,\varphi'$ angesetzt werden. Bei größeren negativen Winkeln δ_p muß aber berücksichtigt werden, daß bei der Berechnung nach BLUM [38] die resultierende Erdwiderstandsfläche bis zum theoretischen Spundwandfußpunkt F voll wirksam angesetzt wird. Um diesen Fehler auszugleichen, muß auf der C-Kraft-Seite eine entsprechende Zusatzfläche angesetzt werden (Anbringung eines Gleichgewichtssystems). C tritt daher in Wirklichkeit nur in etwa halber rechnerisch ermittelter Größe auf. In der Gleichgewichtsbedingung $\Sigma V = 0$ muß deshalb beim vollen Erdwiderstandsansatz bis F die von unten stützend wirkende Vertikalkraftsumme um die Vertikalkomponente von $2 \cdot C/2 = C$ vermindert werden. Andererseits kann aber auch ein gewisser Spitzenwiderstand am Spundwandfuß berücksichtigt werden.

Die sonst zulässige Spannung des Spitzenwiderstandes soll aber nur in halber Größe angesetzt werden. Nur wenn die Rammtiefe etwa 1,50 m größer als rechnerisch erforderlich gewählt wird, darf mit den vollen zulässigen Spitzendruckspannungen gearbeitet werden. In diesem Zusammenhang wird auf die Beachtung von E 33, Abschn. 8.2.9 besonders hingewiesen.

Die Ersatzkraft C kann entweder analytisch ermittelt oder bei graphischer Berechnung im Krafteck zur Momentenfläche zwischen der Schlußlinie und dem Momentenseilstrahl in F abgegriffen werden. C wächst mit zunehmender Rammtiefe und Einspannung vom Wert 0 bei freier Auflagerung über die Werte bei teilweiser Einspannung auf den Höchstwert bei voller Einspannung an.

8.2.7.2 Bei bindigen Böden wird unter Berücksichtigung des jeweiligen Konsolidierungszustandes (c_u bzw. φ' und c') sinngemäß verfahren.

8.2.8 Gestaffelte Einbindetiefe bei Stahlspundwänden (E 41)

8.2.8.1 Anwendung

Aus rammtechnischen und wirtschaftlichen Gründen werden die Rammeinheiten (im allgemeinen Doppelbohlen) einer Spundwand häufig abwechselnd verschieden tief eingerammt. Das Maß dieser Staffelung (Unterschied der Einbindelänge) hängt von der Beanspruchung im Fußbereich der längeren Bohlen und von baulichen Gesichtspunkten ab. Aus rammtechnischen Gründen ist bei wellenförmigen Spundbohlenprofilen eine Staffelung innerhalb einer Rammeinheit nicht zu empfehlen.

Vor dem Fuß einer gestaffelten Spundwand bildet sich, ähnlich wie vor eng liegenden Ankerplatten, ein einheitlicher durchlaufender Erdwiderstandsgleitkörper aus. Der Erdwiderstand kann daher bis zum Fuß der tieferen Bohlen voll angesetzt werden. Am Ende der kürzeren Bohlen muß dann aber das an dieser Stelle vorhandene Moment von den längeren Bohlen allein aufgenommen werden können. Bei wellenförmigen Stahlspundwänden wird man deshalb immer nur in benachbarten Rammeinheiten (mindestens Doppelbohlen) staffeln (Bilder 95 und 96). Üblich ist ein Maß von 1 m, für das sich erfahrungsgemäß ein statischer Nachweis erübrigt. Bei größerer Staffelung ist die Spannungsaufnahme aus Moment, Querkraft und Normalkraft nachzuweisen.

8.2.8.2 Eingespannte Wand

Bei im Boden eingespannten Wänden (Berechnung nach BLUM) kann die Staffelung voll zur Stahleinsparung ausgenutzt werden. Es müssen nur die langen Bohlen bis zur rechnerischen Wandunterkante geführt werden (Bild 95). Bei der üblichen Staffelung von 1,00 m werden 0,5 m² Spundwandfläche für 1,00 m Uferwand eingespart.

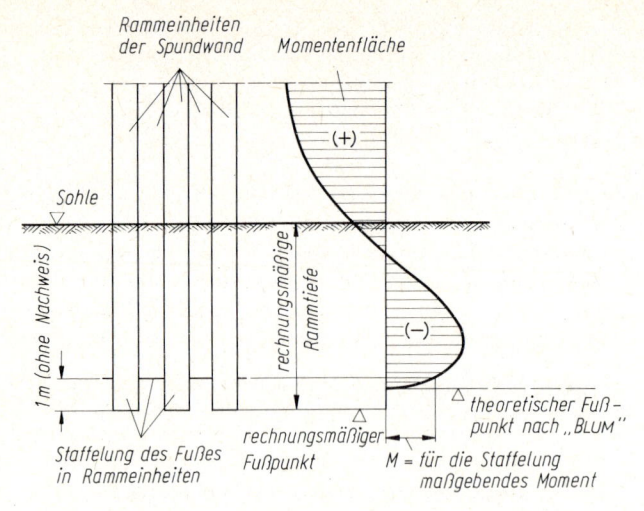

Bild 95. Staffelung des Spundwandfußes bei eingespannter Wand

8.2.8.3 Frei aufgelagerte Wand

Bei freier Auflagerung der Spundwand im Boden darf die Staffelung nur zur Erhöhung der Sicherheit des Erdauflagers benutzt werden (Bild 96). Um dasjenige Maß, um welches die kürzeren Bohlen über dem rechnungsmäßigen Fußpunkt enden, müssen hier die längeren Bohlen tiefer geführt werden. Wird die Staffelung größer als 1,00 m ausgeführt, müssen die Spannungen bei Ausführungen nach Bild 96 nachgewiesen werden.

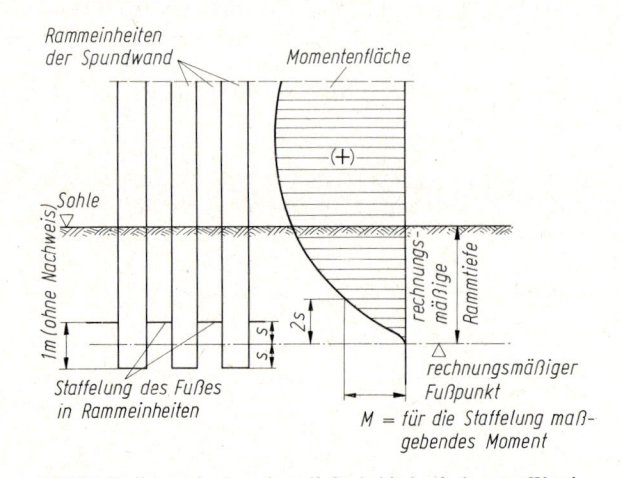

Bild 96. Staffelung des Spundwandfußes bei frei aufgelagerter Wand

Bei Spundwänden aus Stahlbeton oder aus Holz gilt das gleiche, wenn die Spundung ausreichend tragfähig ist, um das Zusammenwirken der kürzeren und der längeren Bohlen zu gewährleisten.

8.2.8.4 Gemischte Spundwand

Anders liegen die Verhältnisse bei Spundwänden, die aus Trag- und Zwischenbohlen zusammengesetzt sind (vgl. E 7, Abschn. 8.1.3). Einen Anhalt für die Unterkante der Zwischenbohlen gibt der Nullpunkt der Belastungsfläche, wobei Wasserüberdruck und Kolkgefahr zu berücksichtigen sind. Die Einbindetiefe der Zwischenbohlen sollte bei hohen Hafenwänden in tragfähigem Boden 2,50 m, bei niedrigen Wänden mit geringem Wasserüberdruck mindestens 1,50 m betragen. Besteht Kolkgefahr, zum Beispiel bei Umschlagstellen in Binnenhäfen infolge Schraubenwirkung, sollte die Einbindetiefe jedoch mindestens um 1,00 m und bei Verkehr von Schubeinheiten um mindestens 2,50 m vergrößert werden. Beim Verkehr von Schiffen mit Querstrahlrudern soll die Vergrößerung ebenfalls mindestens 2,50 m betragen. Gleiches gilt für Ro-Ro-Schiffe mit Doppelschraubenantrieb.

Stehen im Sohlenbereich weiche oder breiige Bodenschichten (DIN 1054, Abschn. 4.2.2) an, ist die Einbindetiefe der Zwischenbohlen durch besondere Untersuchungen zu ermitteln.

8.2.9 Lotrechte Belastbarkeit von Spundwänden (E 33)

8.2.9.1 Allgemeines

Spundwände können durch lotrechte Auflasten in ihrer Achsrichtung ähnlich wie Pfähle belastet werden, wenn sie genügend in den tragfähigen Untergrund einbinden und beim Einrammen ausreichend fest werden. Steht der Spundwandfuß im Sandboden, erhöht sich bei Stahlspundwänden die lotrechte Belastbarkeit im Laufe der Zeit infolge fortschreitender Verkrustung der Stahloberflächen.

8.2.9.2 Druckbelastung

Bei Beurteilung der zulässigen Druckbelastung müssen die gleichzeitig wirkenden ungünstigen Einflüsse – wie der lotrechte Anteil des Erddruckes, die stärkere Lastüberschneidung infolge der Linienbelastung des Untergrundes usw. – berücksichtigt werden. Umgekehrt wirkt aber der schräg nach oben gerichtete Erdwiderstand vor dem Spundwandfuß zusätzlich stützend. Bei großer Druckbelastung und Einspannung der Spundwand im Boden kann auch der Wandreibungswinkel der Ersatzkraft C (bei Berechnung nach BLUM [38]) negativ werden. Im Ansatz der V-Kräfte müssen aber die Ausführungen über die Größe von C nach E 56, Abschn. 8.2.7.1, Absatz nach der Zeichenerklärung, besonders berücksichtigt werden.

8.2.9.3 Druckgrenzlast

Zur überschlägigen Ermittlung der Druckgrenzlast kann in diluvialen, mitteldicht gelagerten Sand- und Kiesböden oder halbfesten bindigen Böden bei mindestens 5 m Einbindetiefe mit einem Grenzlastspitzenwiderstand von 5000 kN/m^2 gerechnet werden, wenn die Pfropfenbildung einwandfrei gewährleistet ist. Sonst ist der Spitzenwiderstand zu ermäßigen, die Rammtiefe zu vergrößern, oder es sind Flach- oder Profilstähle, die für die erforderliche Pfropfenbildung sorgen, so in den Fuß einzuschweißen, daß sie den Rammvorgang möglichst wenig stören, aber heil überstehen und die auftretenden Pfahllasten mit ausreichender Sicherheit übertragen werden können. Auf E 56, Abschn. 8.2.7 wird besonders hingewiesen. Bei gedrungenen wellen- oder kastenförmigen Profilen kann der Spitzenwiderstand auf die von der Umhüllenden des Wandquerschnittes begrenzte Fläche angesetzt werden.

Bei gemischten Spundwänden mit I-förmigen Tragbohlen sollen zur Förderung der Pfropfenbildung im Bedarfsfall die erwähnten Flach- oder Profilstähle in den Fuß eingeschweißt werden, wenn die lichte Weite zwischen den Flanschen der Tragbohlen 400 mm übersteigt. Gleiches gilt für Spundwände mit wellenförmigen Profilen, wenn der mittlere Abstand der Stege größer als 400 mm ist. Eine Mantelreibung von höchstens 50 kN/m^2 an der Spundwandfläche darf nur im tragfähigen Boden und dort auch nur an Flächen angesetzt werden, an denen sie tatsächlich auftreten kann. Sie muß mit den Annahmen der Erddruckberechnung verträglich sein.

8.2.9.4 Zuggrenzlast

Hier gelten sinngemäß die gleichen Voraussetzungen wie bei der Druckbelastung. Infolge ungünstiger Auswirkung nach Abschn. 8.2.9.5 sollten Zugbelastungen bei Uferspundwänden möglichst vermieden werden.

8.2.9.5 Einfluß auf die Spundwandberechnung

Bei der Spundwandberechnung wirkt sich eine axiale Druckbelastung für den Erdwiderstand günstig aus. Eine Vergrößerung des Erddruckes kann eintreten, wenn die lotrechte Verschiebung der Spundwand gleich oder größer ist als die des Erddruckgleitkeiles.

Bei axialer Zugbelastung kann sich der Erddruck vermindern. Wesentlich stärker vermindert sich aber der stützende Erdwiderstand. Deshalb muß bei Zugbelastung in der Spundwandberechnung die Bedingung $\Sigma V = 0$ in jedem Fall nachgewiesen werden.

8.2.10 Waagerechte Belastbarkeit von Stahlspundwänden in Längsrichtung des Ufers (E 132)

8.2.10.1 Allgemeines

Gemischte und wellenförmige Stahlspundwände sind gegen waagerechte Beanspruchungen in der Längsrichtung des Ufers verhältnismäßig nachgiebig. Treten solche Lasten auf, ist zu prüfen, wie die Längskräfte von der Spundwand aufgenommen werden und ob zusätzliche Maßnahmen erforderlich sind.

In vielen Fällen lassen sich aus Erddruck und aus Wasserüberdruck herrührende Längsbeanspruchungen von Spundwandbauwerken vermeiden, wenn die Konstruktion entsprechend gewählt wird, so z.B. durch die kreuzweise Verankerung von Kaimauerecken nach E 31, Abschn. 8.4.12 oder bei kreisrunden Hafen- oder Molenköpfen durch eine Radialverankerung nach einer im Kreismittelpunkt angeordneten Herzstückplatte. Diese wird ihrerseits in Richtung der Halbierenden des Zentriwinkels durch weitere Anker an einer weiter hinten quer dazu liegenden Ankerwand gehalten.

8.2.10.2 Übertragung waagerechter Längskräfte in die Spundwand

Die Übertragung kann mit Hilfe der vorhandenen Konstruktionselemente, wie Holm und Gurt, stattfinden, wenn diese entsprechend ausgebildet sind, oder durch zusätzliche Maßnahmen, wie den Einbau von Diagonalverbänden hinter der Wand. Unter Umständen genügt auch ein Verschweißen der Schlösser im oberen Bereich.

Die Längskräfte aus Trossenzügen treten jeweils an den Festmacheeinrichtungen auf, die größten Längskräfte aus Wind an den Verriegelungsstellen der Krane und die aus der Schiffsreibung an den Fenderungen. Außerdem können Reibungskräfte an jeder beliebigen Stelle der Wand wirken, was auch für die Längskräfte aus der Kranbremsung für den Wandkopf zutrifft. Je nach Ausbildung der verteilenden Konstruktionsglieder können die Längskräfte über eine größere Strecke in die Uferwand eingeleitet werden.

Hierzu sind bei Stahlgurten die Flansche der Gurte mit dem Spundwandrücken zu verschrauben oder zu verschweißen (Bild 97). Die Längskraftübertragung kann auch durch Knaggen erreicht werden, die

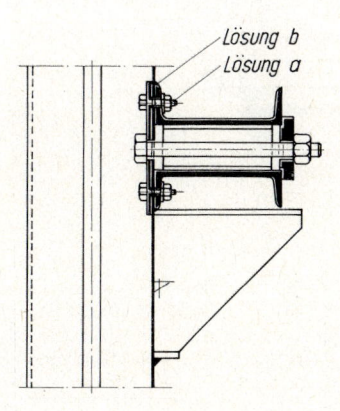

Bild 97. Übertragung von Längskräften mittels Paßschrauben in den Gurtflanschen (Lösung a) oder mittels Schweißnähten (Lösung b)

Schnitt a-a   Schnitt b-b

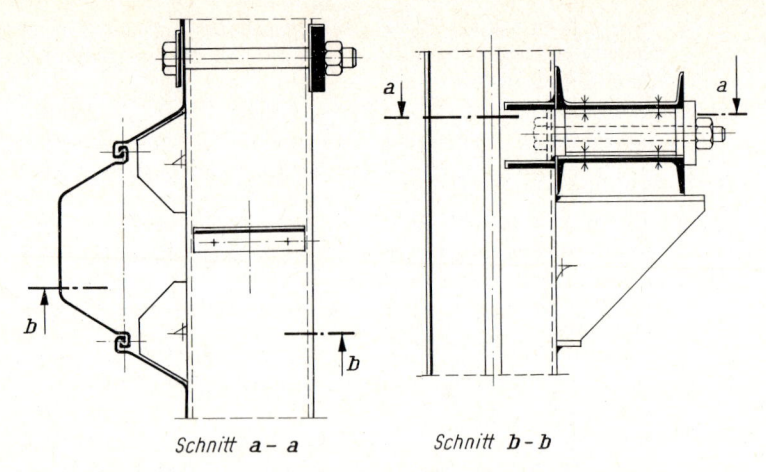

Bild 98. Übertragung von Längskräften mit an den Gurt geschweißten Knaggen

an den Gurt geschweißt werden und sich gegen die Stege der Spundwand stützen (Bild 98).

Bei einem Gurt aus 2 [-Stählen kann der Gurtbolzen nur dann zur Übertragung von Längskräften herangezogen werden, wenn am Bohlenrücken die beiden Gurtstähle durch eine senkrecht eingeschweißte, gebohrte Platte verbunden werden, die die Kraft aus den Gurtbolzen durch Lochleibungsdruck übernimmt, wobei der Bolzen auf Abscheren beansprucht wird (Bild 99).

Beim Auftreten von Längskräften sind Holm und Gurt einschließlich ihrer Stöße auf Biegung mit Normalkraft und Querkraft zu bemessen.

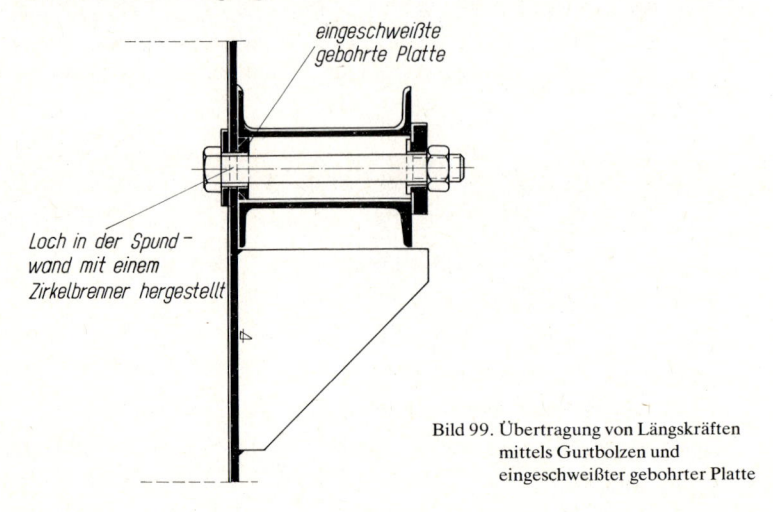

Bild 99. Übertragung von Längskräften mittels Gurtbolzen und eingeschweißter gebohrter Platte

Zur Übertragung der Längskräfte aus einem Stahlbetonholm muß die Spundwand ausreichend in den Holm einbinden. Zur Kraftübertragung muß der Beton in diesem Einbindebereich entsprechend bewehrt werden.

8.2.10.3 Übertragung der waagerechten Längskräfte durch die Spundwand in den Boden

Die waagerechten Längskräfte werden durch Reibung an den landseitigen Spundwandflanschen und durch Widerstand vor den Spundwandstegen in den Boden übertragen. Letzterer kann aber nicht größer sein als die Reibung im Boden auf die Länge des Spundwandtales.

Die Kraftaufnahme kann daher bei nichtbindigen Böden insgesamt über Reibung berechnet werden, wobei als Reibungsfaktor ein angemessener Mittelwert des Reibungsfaktors zwischen Boden und Stahl sowie zwischen Boden und Boden angesetzt wird. Diese Kraftüberleitung ist bei nichtbindigen Böden um so günstiger, je größer der Reibungswinkel und je dichter die Lagerung des Hinterfüllungsbodens sind oder bei bindigen Böden je höher ihre Scherfestigkeit und ihre Konsistenz sind.

Die zusätzlichen Biegemomente einer Spundwand aus Längskräften, die über den Holm oder den Gurt eingeleitet und in der geschilderten Art in den Boden übertragen werden, können wie die Biegemomente einer eingespannten oder frei aufgelagerten Ankerwand berechnet werden. An die Stelle des Erdwiderstandes tritt in diesem Fall jedoch die oben angegebene ausgemittelte Wandreibung bzw. ein entsprechender Scherwiderstand.

Als Tragelemente zur Aufnahme dieser Zusatzbeanspruchungen sind in der Regel nur schubfest verschweißte Doppelbohlen anzusetzen. Unverschweißte Bohlen können nur als Einzelbohlen berücksichtigt werden.

Bei der Aufnahme von waagerechten Kräften in Längsrichtung des Ufers werden die Spundbohlen durch Biegung in zwei Ebenen beansprucht. Hierbei darf die größte Randspannung wegen ihres nur örtlichen Auftretens an einer Ecke des Profiles das 1,1-fache der jeweils zulässigen Spannung erreichen.

Durch die Inanspruchnahme der Wandreibung auch in waagerechter Richtung darf in der Erddruckberechnung für die Spundwand nur noch eine verminderte Wandreibung angesetzt werden. Dabei darf die vektorielle Zusammensetzung beider Komponenten die maximal mögliche Wandreibung nicht überschreiten.

8.2.11 Gestaffelte Ausbildung von Ankerwänden (E 42)

In gleicher Weise wie die Uferspundwände können auch Ankerwände gestaffelt ausgeführt werden. Hier kann die Staffelung sowohl am unteren als auch am oberen Ende und auch an beiden Enden vorgenommen werden. Sie sollte im allgemeinen nicht mehr als 0,50 m betragen. Bei Staffelung an beiden Enden können alle Doppelbohlen um 0,50 m kürzer als die Höhe der Ankerwand ausgeführt werden. Sie werden dann abwechselnd so gerammt, daß jede zweite Doppelbohle mit ihrem höheren oberen bzw. tieferen unteren Ende in Sollhöhe von Ober- bzw. Unterkante Ankerwand liegt. Hierbei werden für 1,00 m Ankerwand 0,5 m^2 Spundwandfläche eingespart. Eine größere Staffelung als 0,50 m ist nur bei tiefliegenden Ankerwänden statthaft und nur, wenn sowohl die Erdverspannung als auch die Spannungen in der Doppelbohle nachgewiesen werden. Ein Spannungsnachweis ist auch bei einer Staffelung von 0,50 m erforderlich, wenn die Ankerwandhöhe kleiner als 2,50 m ist. Hierbei ist auch nachzuweisen, daß das obere und das untere Ankerwandmoment zwischen den Bohlen übergeleitet wird.

Bei Stahlbeton- und bei Holzbohlen kann sinngemäß verfahren werden, wenn die Spundung ausreichend tragfähig ist, um das Zusammenwirken aller Bohlen zu gewährleisten.

8.2.12 Gründung von Stahlspundwänden in Fels (E 57)

8.2.12.1 Wenn Fels eine dickere verwitterte Übergangszone mit nach der Tiefe zunehmender Festigkeit aufweist, oder wenn weiches Gestein ansteht, lassen sich Stahlspundbohlen erfahrungsgemäß so tief in den Fels einrammen, daß eine Fußstützung erzielt wird, die mindestens für freie Auflagerung ausreicht.

8.2.12.2 Um das Einrammen der Spundbohlen in den Fels zu ermöglichen, müssen diese je nach Profilart und Gestein am Fuß und gegebenenfalls auch am Kopf zugerichtet bzw. verstärkt werden. Mit Rücksicht auf die erforderliche hohe Rammenergie empfiehlt es sich, die Spundwand aus Sonderstahl St Sp S (E 67, Abschn. 8.1.6) auszuführen. Es wird zweckmäßig mit schweren Rammbären und entsprechend kleiner Fallhöhe gearbeitet.

Steht gesunder, harter Fels bis zur Oberfläche an, sind Proberammungen und Felsuntersuchungen unerläßlich. Gegebenenfalls müssen für die Fußsicherung und die Bohlenführung besondere Maßnahmen getroffen werden.

8.2.13 Uferspundwände in nicht konsolidierten, weichen bindigen Böden (E 43)

Aus verschiedenen Gründen müssen heute Häfen und Industrieanlagen mit Ufereinfassungen auch in Gebieten mit schlechtem Baugrund errichtet werden. Vorhandene alluviale bindige Böden, gegebenenfalls mit Moorzwischenlagen, werden hierbei durch Geländeaufhöhungen zusätzlich belastet und dadurch in einen nicht konsolidierten Zustand versetzt. Die dann auftretenden Setzungen und waagerechten Verschiebungen erfordern besondere bauliche Maßnahmen und eine möglichst zutreffende statische Behandlung.

In nicht konsolidierten, weichen bindigen Böden dürfen Spundwandbauwerke nur dann „schwimmend" ausgeführt werden, wenn sowohl die Nutzung als auch die Standsicherheit des Gesamtbauwerkes und seiner Teile die dabei auftretenden Setzungen und waagerechten Verschiebungen gestatten. Um dies beurteilen und die erforderlichen Maßnahmen treffen zu können, müssen die zu erwartenden Setzungen und Verschiebungen errechnet werden.

Wird eine Uferwand in nicht konsolidierten, weichen bindigen Böden im Zusammenhang mit einem praktisch unverschieblich gegründeten Bauwerk, beispielsweise mit einem stehend gegründeten Pfahlrostbauwerk, ausgeführt, sind folgende Lösungen anwendbar:

8.2.13.1 Die Spundwand wird in lotrechter Richtung frei verschieblich verankert oder abgestützt, so daß der Anschluß an das Bauwerk auch bei den größten rechnungsmäßig auftretenden Verschiebungen noch tragfähig und voll wirksam bleibt.

8.2.13.2 Die Spundwand wird durch Tieferführen einer ausreichenden Anzahl von Rammeinheiten in den tragfähigen, tiefliegenden Baugrund gegen lotrechte Bewegungen abgestützt. Hierbei müssen alle lotrechten Belastungen der Spundwand von den tiefer geführten Rammeinheiten sicher aufgenommen werden, nämlich:

(1) das Eigengewicht der Wand,

(2) die Aufhängung des Bodens an der Spundwand infolge negativer Wandreibung und Haftfestigkeit und

(3) eine etwaige axiale Auflast der Wand.

8.2.13.3 Die Spundwand wird, abgesehen von der Verankerung oder Abstützung gegen waagerechte Kräfte, an dem Bauwerk so aufgehängt, daß die unter Abschn. 8.2.13.2 genannten Belastungen in das Bauwerk und von dort in den tragfähigen Baugrund übertragen werden.

Die Lösung nach Abschn. 8.2.13.1 bereitet, abgesehen von der Setzungs- und Verschiebungsberechnung, keine Schwierigkeiten. Sie kann jedoch bei Pfahlrostbauten aus betrieblichen Gründen im allgemeinen nur bei einer hinten liegenden Spundwand angewendet werden. Die an der Abstützung auftretende lotrechte Reibungskraft muß in der Pfahlrostberechnung berücksichtigt werden. Bei den Ankeranschlüssen einer vorderen Spundwand genügen Langlöcher nicht, vielmehr muß dann eine frei verschiebliche Verankerung ausgeführt werden.

Die Lösung nach Abschn. 8.2.13.2 ist technisch und betrieblich zweckmäßig. Da der in Setzung befindliche bindige Boden sich an der Spundwand aufhängt, wird der Erddruck kleiner. Setzt sich auch der stützende Boden vor dem Spundwandfuß, vermindert sich infolge negativer Mantelreibung allerdings auch der mögliche Erdwiderstand. Dies muß in der Spundwandberechnung berücksichtigt werden.

Bei der Berechnung der aus der Bodensetzung herrührenden lotrechten Belastung der Spundwand wird die negative Wandreibung und Haftfestigkeit für den Anfangs- und Endzustand berücksichtigt.

8.2.13.4 Bei Lösungen nach Abschn. 8.2.13.3 werden die Spundwand und ihre obere Aufhängung nach den Angaben zu Abschn. 8.2.13.2 berechnet.
Liegt der tragfähige Baugrund in gut erreichbarer Tiefe, wird die gesamte Wand bis in den tragfähigen Boden geführt. Der Erdwiderstand im festen Boden wird mit den üblichen Wandreibungsansätzen berechnet und voll berücksichtigt. Beim Erdwiderstand im darüberliegenden nachgiebigen Boden muß untersucht werden, ob die in Frage kommenden Verschiebungen den vollen Ansatz des Erdwiderstandes rechtfertigen. Im Zweifelsfall ist der rechnungsmäßige Erdwiderstand zu verkleinern.

8.2.14 Auswirkungen von Erdbeben auf die Ausbildung und Bemessung von Ufereinfassungen (E 124)

Im Abschn. 2.9 behandelt.

8.2.15 Ausbildung und Bemessung einfach verankerter Spundwandbauwerke in Erdbebengebieten (E 125)

8.2.15.1 Allgemeines

Anhand der Baugrundaufschlüsse und der bodenmechanischen Untersuchungen muß zunächst sorgfältig geprüft werden, welche Auswirkungen die während des maßgebenden Erdbebens auftretenden Erschütterungen auf die Scherfestigkeit des Baugrundes haben können.
Das Ergebnis dieser Untersuchungen kann für die Gestaltung des Bauwerkes maßgebend sein. Beispielsweise darf bei Baugrundverhältnissen, bei denen mit Bodenverflüssigung (Liquefaction) nach E 124, Abschn. 2.9 gerechnet werden muß, keine Verankerung durch eine hochliegende Ankerwand bzw. Ankerplatten gewählt werden, es sei denn, der stützende Verankerungs-Erdkörper wird im Zuge der Baumaßnahmen ausreichend verdichtet und damit die Gefahr der Verflüssigung beseitigt. Bezüglich der Größe der anzusetzenden Erschütterungszahl k_h und sonstiger Auswirkungen sowie der zulässigen Spannungen und der geforderten Sicherheiten wird auf E 124 verwiesen.

8.2.15.2 Spundwandberechnung

Unter Berücksichtigung der nach E 124, Abschn. 2.9.3, 2.9.4 und 2.9.5 ermittelten Spundwandbelastungen und -stützungen kann die Berechnung nach E 77, Abschn. 8.2.1 durchgeführt werden.
Der mit den fiktiven Neigungswinkeln ermittelte Erddruck bzw. Erdwiderstand wird den Berechnungen allgemein zugrundegelegt, obwohl Versuche gezeigt haben, daß die Erddruckvergrößerung aus einem Be-

ben nicht linear mit der Tiefe zunimmt, sondern in Oberflächennähe verhältnismäßig größer ist. Deshalb ist die Verankerung mit gewissen Reserven zu bemessen.

8.2.15.3 Spundwandverankerung

Der Nachweis der Standsicherheit der Verankerung ist nach E 10, Abschn. 8.4.9 bzw. E 66, Abschn. 9.4 zu führen. Hierbei sind die zusätzlichen waagerechten Kräfte, die durch die Beschleunigung des verankernden Erdkörpers und des darin enthaltenen Porenwassers bei verminderter Verkehrslast auftreten, mit zu berücksichtigen.

8.3 Berechnung und Bemessung von Fangedämmen

8.3.1 Zellenfangedämme als Baugrubenumschließungen und als Ufereinfassungen (E 100)

8.3.1.1 Allgemeines

Zellenfangedämme werden aus Flachprofilen mit hoher Schloßzugfestigkeit hergestellt. Sie bieten den Vorteil, daß sie ohne Gurt und Verankerung allein durch eine geeignete Zellenfüllung standsicher ausgebildet werden können, selbst wenn bei Felsuntergrund ein Einbinden der Wände nicht möglich ist.

Zellenfangedämme sind erst bei größerer Wassertiefe, hohen Geländesprüngen und größerer Bauwerkslänge wirtschaftlich. Sie bieten sich vor allem an, wenn eine Aussteifung oder Verankerung nicht möglich oder mit wirtschaftlich vertretbarem Aufwand nicht ausführbar ist. Der Mehrbedarf an Spundwandfläche wird dann durch Gewichtsersparnis gegenüber einem sonst erforderlichen schwereren und längeren Spundwandprofil und durch den Wegfall der Gurte und Anker aufgewogen.

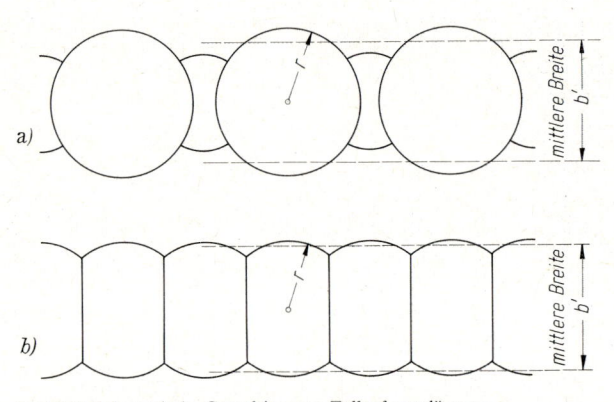

Bild 100. Schematische Grundrisse von Zellenfangedämmen
a) Kreiszellenfangedamm   b) Flachzellenfangedamm

8.3.1.2 Konstruktion der Fangedämme

Man unterscheidet Fangedämme mit Kreiszellen (Bild 100a) und mit Flachzellen (Bild 100b).

(1) **Kreiszellen**, die durch schmale, bogenförmige Zwickelwände verbunden werden, haben den Vorteil, daß jede Zelle für sich aufgestellt und verfüllt werden kann und daher für sich allein standsicher ist. Die zum Abdichten erforderlichen Zwickelwände können nachträglich eingebaut werden.

Um die unvermeidbaren Zusatzbeanspruchungen an den Abzweigungen gering zu halten, sollen die Abstände der Kreiszellen und die Breite sowie der Radius der Zwickelwände möglichst klein gehalten werden.

(2) Flachzellen mit ebenen Quer-Trennwänden, die fortlaufend aneinandergereiht werden, müssen angewendet werden, wenn mit wachsendem Kreisdurchmesser die Ringzugspannungen im Schloß bzw. im Steg der Bohlen nicht mehr aufgenommen werden können. Wegen fehlender Stabilität der Einzelzelle müssen die Zellen stufenweise verfüllt werden, wenn nicht andere Stabilisierungsmaßnahmen getroffen werden. Aus diesem Grund sind auch die Fangedammenden in sich standsicher auszubilden. Bei langen Bauwerken empfehlen sich Zwischenfestpunkte, insbesondere wenn Havariegefahr besteht, weil sonst im Schadensfall weitreichende Zerstörungen auftreten können.

Flachzellenfangedämme haben unter sonst gleichen Voraussetzungen je lfd. m einen größeren Bedarf an Stahl als Kreiszellenfangedämme.

8.3.1.3 Berechnung

(1) Berechnung der Standsicherheit
Die Berechnung der Standsicherheit von Zellenfangedämmen für Baugrubenumschließungen ist auf den Bildern 101, 102 und 103 dargestellt. Als rechnerische Breite des Fangedammes ist die mittlere Breite b' nach Bild 100 einzusetzen. Sie ergibt sich durch Umwandlung des tatsächlichen Grundrisses in ein flächengleiches Rechteck.
Steht ein Fangedamm frei auf Fels (Bild 101), tritt beim Bruch zwischen den Wandfüßen des Fangedammes eine nach oben gekrümmte Bruchfläche auf. Diese Gleitlinie wird zweckmäßig durch eine logarithmische Spirale für den Winkel cal φ' (E 96, Abschn. 1.6.1.2) angenähert ersetzt. Die Standsicherheit wird dann durch Vergleich der um den Pol der ungünstigsten Gleitlinie drehenden, angreifenden und widerstehenden Momente berechnet. Sie muß mindestens $\eta = 1,5$ betragen (E 96, Abschn. 1.6.2.7).
Steht der Fangedamm auf Fels und wird dieser von anderen Bodenschichten überlagert (Bild 102) oder bindet der Fangedamm in tragfähiges Lockergestein ein (Bild 103), kommen zu den angreifenden Kräften auf der Lastseite der Erddruck und gegenüberliegend stützend der Erdwiderstand hinzu. Letzterer ist mit Rücksicht auf die geringen Formänderungen nur in verminderter Größe, in der Regel mit $K = 1$ und bei tieferer Einbindung in das Lockergestein mit K_p für $\delta_p = 0$, anzusetzen.
Als angreifende Last ist vor allem der Wasserüberdruck $W_ü$ zu berücksichtigen. Er ergibt sich als Differenz der Wasserdrücke W, die von außen auf die Fangedammwände bis zu deren Unterkante wirken, jedoch kann der ungünstige Wasserstand in der Baugrube auch über deren Sohle liegen.
Die erforderliche Standsicherheit kann bei der Gründung in Lockergestein nicht nur durch Verbreitern des Fangedammes, sondern auch

durch Tieferführen der Wände erreicht werden. In diesem Fall ist der Standsicherheitsnachweis auch mit nach unten gekrümmter Bruchfläche zu führen (Bild 103 b). Die Spirale ist dabei so zu legen, daß ihr Mittelpunkt keinesfalls über der Wirkungslinie von E_p für $\delta_p = 0$ liegt (Bild 103). Mit dieser Standsicherheitsberechnung ist sowohl die Kipp- als auch die Gleitsicherheit nachgewiesen.

(2) Berechnung der Spundwand
Beim Nachweis der Aufnahme der Ringzugkräfte kann angenommen werden, daß die von der Lastseite wirkenden Wasser- und gegebenenfalls Erddrücke durch die Fangedammfüllung unmittelbar aufgenommen werden. In der Regel genügt dann die Untersuchung des Querschnitts in Höhe der Baugruben- oder Gewässersohle, da dort im allgemeinen die maßgebende Ringzugkraft auftritt. Sie wird nach der Kesselformel $Z = p_i \cdot r$ ermittelt. Als Innendruck p_i ist der Erdruhedruck, mit $K_0 = 1 - \sin \varphi'$ errechnet, und, soweit vorhanden, der auf die luftseitige Wand wirkende Wasserüberdruck anzusetzen. Im übrigen wird auf Abschn. 8.3.1.3 (4) verwiesen.

(3) Grundbruchsicherheit
Für Fangedämme, die nicht auf Fels stehen, ist auch der Nachweis der Grundbruchsicherheit nach DIN 4017, Teil 2 zu führen, wobei die mittlere Breite b' als Fangedammbreite einzusetzen ist. Auch hierzu wird auf Abschn. 8.3.1.3 (4) hingewiesen.

(4) Wirkung einer Wasserströmung
Bei den oben angeführten Berechnungen ist Strömungsdruck – soweit vorhanden – zu berücksichtigen. Außerdem ist die Sicherheit gegen hydraulischen Grundbruch und gegen Erosionsgrundbruch zu überprüfen.

8.3.1.4 Bauliche Maßnahmen

Zellenfangedämme dürfen nur auf gut tragfähigem Baugrund errichtet werden. Da weiche Schichten, insbesondere im unteren Bereich des Fangedammes, seine Standsicherheit entscheidend herabsetzen, sind sie – wenn vorhanden – aus dem Inneren des Fangedammes zu entfernen. Für die Füllung darf feinkörniger Boden nach DIN 18 196 nicht verwendet werden. Bei Baugrubenumschließungen soll der Füllboden besonders gut wasserdurchlässig sein.
Die Stabilität des Fangedammes ist unter anderem von der Wichte (unter Berücksichtigung des Auftriebs) und vom inneren Reibungswinkel φ' der Füllung abhängig. Zur Füllung ist daher ein Boden mit großer Wichte und mit großem inneren Reibungswinkel zu verwenden. Beide können durch Einrütteln des Bodens im Fangedamm erhöht werden.

(1) Baugrubenumschließungen
Bei Baugrubenumschließungen mit Gründung auf Fels soll der Auftrieb im Fangedamm – soweit irgend möglich – durch eine wirksame und ständig durch Beobachtungsbrunnen kontrollierbare Entwässerung aus-

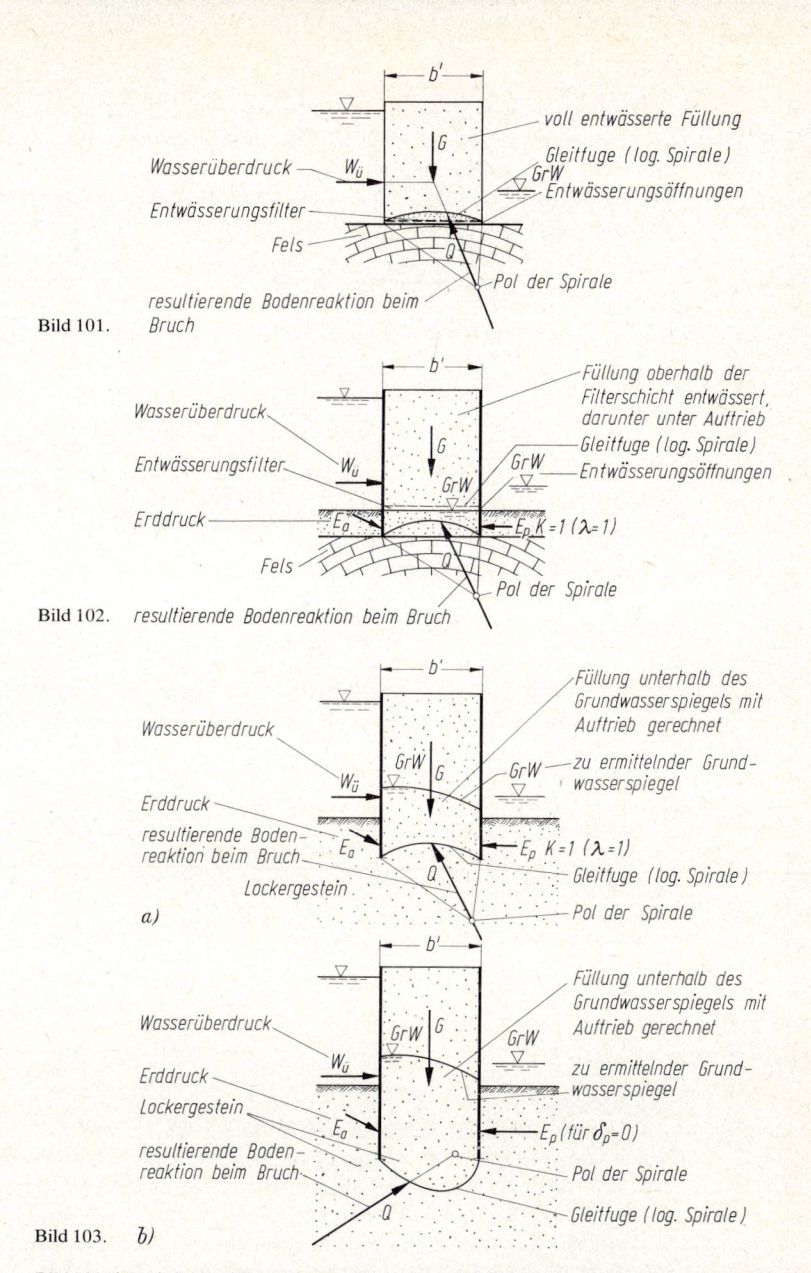

Bild 101. (oben). Frei auf Fels stehender Fangedamm mit Entwässerung

Bild 102. (mitte). Auf überlagertem Fels stehender Fangedamm mit Entwässerung

Bild 103. (unten). In tragfähiges Lockergestein einbindender Fangedamm ohne Entwässerung
   a) bei flacher Einbindung   b) Zusatzuntersuchung bei tiefer Einbindung

geschaltet werden. Entwässerungsöffnungen im luftseitigen Sohlenbereich, Filteranordnung in Höhe der Baugrubensohle und gute Durchlässigkeit der Gesamtfüllung sind unerläßlich.

Die Durchlässigkeit der unter Zugspannung stehenden Spundwandschlösser ist erfahrungsgemäß gering.

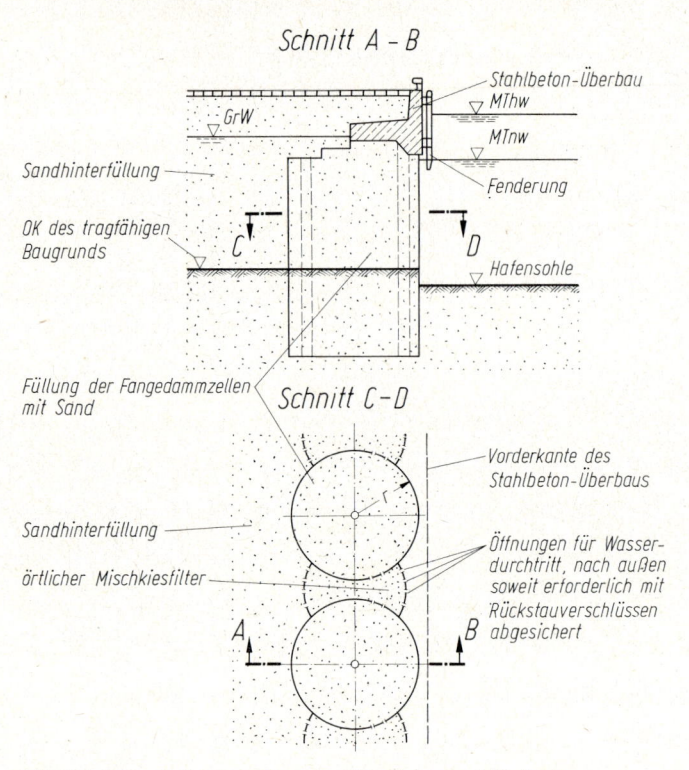

Bild 104. Schematische Darstellung einer Ufereinfassung in Kreiszellenfangedammbauweise mit Entwässerung

(2) Ufereinfassungen

Bei Ufereinfassungen, insbesondere in tiefem Wasser, steht die Zellenfüllung weitgehend unter Wasser. Eine tiefliegende Entwässerung erübrigt sich daher. Bei stärkeren und schnell wechselnden Wasserspiegelschwankungen kann zur Vermeidung eines größeren Wasserüberdruckes jedoch die Anordnung einer Entwässerung der Zellenfüllung und der Bauwerkshinterfüllung von Vorteil sein (Bild 104).

Der Überbau – soweit erforderlich mit Fenderungen – ist so zu gestalten und zu bemessen, daß gefährdende Schiffsstöße von den Fangedammzellen ferngehalten werden (Bild 104).

8.3.2 Kastenfangedämme als Baugrubenumschließungen und als Ufereinfassungen (E 101)

8.3.2.1 Allgemeines

Bei Kastenfangedämmen sind die beiden parallel angeordneten Stahlspundwände entsprechend den Baugrundverhältnissen sowie den hydraulischen und statischen Forderungen in den Untergrund einzurammen bzw. einzustellen und gegenseitig zu verankern. Steht der Kastenfangedamm auf Fels, sind mindestens zwei Ankerlagen vorzusehen. Querwände bzw. Festpunktblöcke nach Bild 105 können im Hinblick auf die Bauausführung zweckmäßig sein. Bei langen Dauerbauwerken sind sie auch zur Begrenzung von Havarieschäden zu fordern. Aus dem Abstand der Querwände bzw. Festpunktblöcke ergeben sich die einzelnen Bauabschnitte, in denen der Fangedamm einschließlich der Verankerung und Füllung fertiggestellt wird.

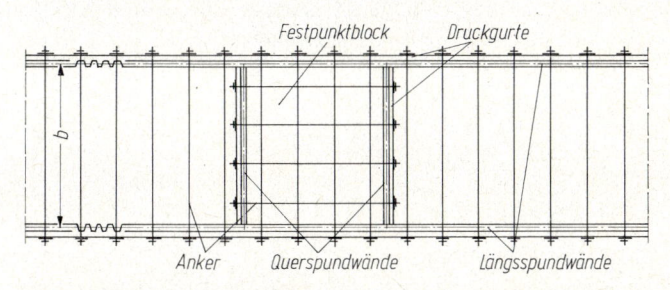

Bild 105. Grundriß eines Kastenfangedamms mit in sich verankerten Festpunktblöcken

Bezüglich der Füllung gilt auch hier das in E 100, Abschn. 8.3.1.4 Gesagte.
Für die Standsicherheit eines Fangedammes, der einer hohen Wasserdruckbelastung ausgesetzt ist (Baugrubenumschließung), ist die bleibend wirksame Entwässerung seiner Füllung von entscheidender Bedeutung. Auch bei Ufereinfassungen kann eine Entwässerung zweckmäßig sein. Die Füllung wird nach der Baugrubenseite und bei Ufereinfassungen nach der Hafenseite hin entwässert. Im ersteren Fall reichen Durchlaufentwässerungen nach E 51, Abschn. 4.4 aus, während bei Entwässerungen nach dem Hafen hin bei Verschmutzungsgefahr stets Rückstauentwässerungen nach E 32, Abschn. 4.5 oder E 75, Abschn. 4.6 anzuwenden sind.

8.3.2.2 Berechnung

(1) Berechnung der Standsicherheit
Als rechnerische Breite des Kastenfangedammes wird der Achsabstand b zwischen den beiden Spundwänden angesetzt. Für die Berechnung der Standsicherheit von Kastenfangedämmen gelten im wesentlichen die

gleichen Grundsätze wie bei den Standsicherheitsuntersuchungen von Zellenfangedämmen – vgl. E 100, Abschn. 8.3.1.3 (1). Im Gegensatz zu Bild 103 a) und b) wird der Erdwiderstand E_p vor der luftseitigen Spundwand wegen ihrer großen Durchbiegungsmöglichkeit entsprechend einer normalen verankerten Spundwand aber nach E 4, Abschn. 8.2.3 schräg angesetzt und für diese Neigung voll in Anspruch genommen.

Bei im Boden frei aufgelagerter luftseitiger Wand wird die logarithmische Spirale zum Fußpunkt dieser Wand und bei Einspannung zum Querkraftnullpunkt geführt. Jeweils auf gleicher Höhe liegt der Ansatzpunkt der Spirale an der lastseitigen Wand.

Die Standsicherheit der Verankerung in der tiefen Gleitfuge ist nach E 10, Abschn. 8.4.9 nachzuweisen. Hierbei kann bei einfacher Verankerung die tiefe Gleitfuge oben näherungsweise zum Fußpunkt einer frei aufgelagert angenommenen Ersatzankerwand (Bild 106) geführt werden. Unten führt sie bei freier Auflagerung der luftseitigen Spundwand im Boden zu deren Fußpunkt und bei Einspannung der Wand zum Querkraftnullpunkt im Einspannbereich.

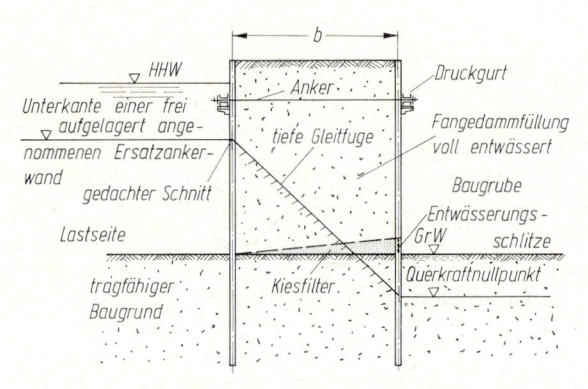

Bild 106. Untersuchung der Standsicherheit der Verankerung für die tiefe Gleitfuge nach E 10, Abschn. 8.4.9

Der obere Ansatzpunkt für die tiefe Gleitfuge kann auch näherungsweise der Querkraftnullpunkt einer eingespannten Ankerwand sein (E 10, Abschn. 8.4.9.6), wenn die zu mobilisierenden Erdwiderstandskräfte auf beiden Seiten der Ankerwand im Rahmen des Gesamtsystems erzeugt und von der Spundwand übertragen werden können. Diese Voraussetzung ist im allgemeinen gegeben, wenn eine Kaimauer als Kastenfangedamm ausgebildet wird.

Bei mehrfacher Verankerung kann ebenfalls mit einer Ersatzankerwand gerechnet werden, wobei aber der gedachte Trennschnitt unterhalb des untersten Ankers so angeordnet wird, daß die zulässigen Spannungen am untersten Ankerpunkt nicht überschritten werden.

Ist die innere Standsicherheit zu gering, kann die geforderte Sicherheit η ≧ 1,5 durch ein Verbreitern des Fangedammes, durch zusätzliche Ankerlagen, Verdichten der Fangedammfüllung einschließlich Untergrund und fallweise auch durch ein Tieferführen der Fangedammspundwände erreicht werden.

(2) Berechnung der Spundwände
Es wird vorausgesetzt, daß die Fangedammfüllung so gut entwässert wird, daß die von der Lastseite wirkenden Wasser- und eventuellen zusätzlichen Erddrücke unmittelbar über die Fangedammfüllung in den tragfähigen Untergrund abgeleitet werden. Auf die luftseitige bzw. hafenseitige Spundwand wirkt wegen der ungleichmäßigen Verteilung der lotrechten Spannungen im Fangedamm (Momentenwirkung aus dem Wasserüberdruck) ein höherer als der aktive Erddruck. Die Erddruckerhöhung kann im allgemeinen ausreichend genau durch ein Vergrößern des für $\delta_a = +^2/_3\, \varphi'$ errechneten aktiven Erddruckes um ein Viertel berücksichtigt werden. Dazu kommt – soweit noch vorhanden – ein auf diese Wand wirkender restlicher Wasserüberdruck.
Bindet die luft- bzw. hafenseitige Spundwand in tragfähiges Lockergestein ein, kann der stützende Erdwiderstand wie üblich mit den Wandreibungswinkeln nach E 4, Abschn. 8.2.3 errechnet werden. Die Berechnung dieser Spundwand kann bei einfacher Verankerung nach E 77, Abschn. 8.2.1 und bei doppelter Verankerung nach E 134, Abschn. 8.2.2 vorgenommen werden.
Die lastseitige Spundwand wird im allgemeinen im gleichen Profil und gleich lang wie die luftseitige bzw. hafenseitige ausgeführt, sofern nicht aus Gründen der Wasserabdichtung oder dergleichen eine tiefer reichende Wand erforderlich wird.

(3) Grundbruchsicherheit
Siehe E 100, Abschn. 8.3.1.3 (3).

(4) Wirkung einer Wasserströmung
Siehe E 100, Abschn. 8.3.1.3 (4).

8.3.2.3   Bauliche Maßnahmen

Siehe die allgemeinen Ausführungen in E 100, Abschn. 8.3.1.4.
Außerdem wird für die einzelnen Bauteile auf die einschlägigen Empfehlungen der EAU besonders hingewiesen. Dies gilt vor allem auch für die Verankerung und ihren ordnungsgemäßen Einbau.

(1) Baugrubenumschließung
Hier gelten bis auf den letzten Absatz die Ausführungen nach E 100, Abschn. 8.3.1.4 (1).
Die Entwässerungsschlitze im Sohlenbereich der luft- bzw. hafenseitigen Spundwand werden zweckmäßig in die Stege der Spundwandprofile gebrannt.
Die Gurte zum Übertragen der Ankerkräfte werden – soweit schiff-

fahrtsbetriebliche Gründe nicht dagegen sprechen – auf den Außenseiten der Spundwände als Druckgurte angeordnet. Bei dieser Lösung entfallen die Gurtbolzen, und es ergeben sich Vorteile beim Einbau der Anker.

(2) Ufereinfassungen, Wellenbrecher und Molen
Die Ausführungen in E 100, Abschn. 8.3.1.4 (2) gelten hier sinngemäß (Bild 107).

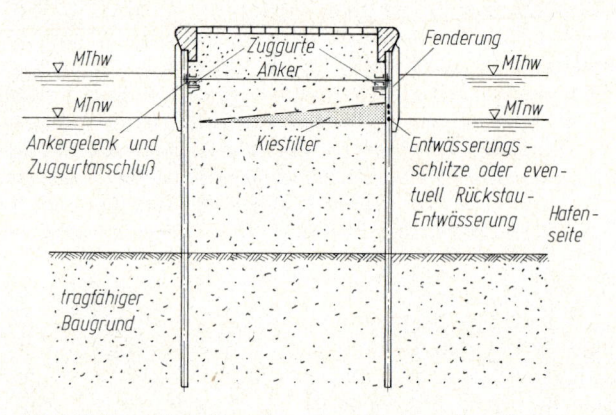

Bild 107. Schematische Darstellung eines Molenbauwerks in Kastenfangedammbauweise

8.4 Gurte, Holme, Anker

8.4.1 Ausbildung von Spundwandgurten aus Stahl (E 29)

8.4.1.1 Anordnung

Die Gurte haben die Ankerkräfte aus der Spundwand und bei den Ankerwänden deren Widerstandskräfte in die Anker zu übertragen. Außerdem sollen sie die Spundwand aussteifen und das Ausrichten der Wand erleichtern.
Die Gurte werden auf der Außenseite (Druckgurte) oder der Innenseite (Zuggurte) der Spundwand angeordnet. Bei Ankerwänden werden sie im allgemeinen als Druckgurte hinter der Wand angebracht.

8.4.1.2 Ausbildung

Gurte sollen kräftig ausgeführt und reichlich bemessen werden. Schwerere Gurte aus St 37-2 sind leichteren aus St 52-3 vorzuziehen. Die Stöße, Aussteifungen, Bolzen und Anschlüsse müssen stahlbau- und schweißtechnisch einwandfrei gestaltet werden. Tragende Schweißnähte müssen wegen der Rostgefahr mindestens 2 mm dicker als statisch erforderlich ausgeführt werden. Die Gurte werden zweckmäßig aus zwei gespreizt angeordneten [-Stählen hergestellt, deren Stege senkrecht zur Spundwand stehen (siehe E 132, Abschn. 8.2.10.2, Bilder 97, 98 und 99). Die [-Stähle werden – soweit möglich – symmetrisch zum Anschlußpunkt der Anker so angeordnet, daß sich die Anker frei bewegen können. Das Maß der Spreizung der beiden [-Stähle wird durch Aussteifungen aus [-Stählen oder aus Stegblechen gesichert. Bei schweren Verankerungen und bei unmittelbarem Anschluß der Anker an den Gurt sind im Bereich der Anker verstärkende Aussteifungen der [-Stähle des Gurts nötig.
Stöße werden an Stellen mit möglichst geringer Beanspruchung angeordnet. Ein voller Querschnittsstoß ist nicht erforderlich, doch müssen die rechnerischen Schnittkräfte gedeckt werden.

8.4.1.3 Befestigung

Die Gurte werden entweder auf angeschweißten Stützkonsolen gelagert oder – besonders bei beschränktem Arbeitsraum unter den Gurten – an der Spundwand aufgehängt. Die Ausbildung und Befestigung muß so sein, daß auch die lotrechten Gurtbelastungen einwandfrei in die Spundwand abgeleitet werden. Konsolen erleichtern den Einbau der Gurte. Aufhängungen dürfen den Gurt nicht schwächen und werden deshalb an den Gurt geschweißt oder an die Unterlagsplatten der Gurtbolzen angeschlossen. Wird die Ankerkraft (über Gelenke) unmittelbar in den innen angeordneten Zuggurt eingeleitet, muß dieser besonders sorgfältig an die Wand angeschlossen werden.

Die Ankerkraft wird durch kräftige Gurtbolzen aus der Spundwand in den Gurt eingeleitet. Sie liegen in der Mitte zwischen den beiden [-Stählen des Gurtes und geben ihre Last über Unterlagsplatten ab, die zweckmäßig an den Gurt geheftet werden. Die Gurtbolzen erhalten Überlängen, damit sie zum Ausrichten der Spundwand gegen den Gurt mitbenutzt werden können.

8.4.1.4 Schräganker

Der Anschluß von Schrägankern muß auch in lotrechter Richtung gesichert werden.

8.4.1.5 Zusatzgurt

Eine besonders stark verrammte Spundwand wird mit einem zusätzlichen Gurt ausgerichtet, der im Bauwerk bleibt.

8.4.2 Berechnung und Bemessung von Spundwandgurten aus Stahl (E 30)

Spundwandgurte müssen so berechnet und bemessen werden, daß sämtliche angreifenden waagerechten und lotrechten Belastungen aufgenommen und in die Anker oder in die Spundwand (Ankerwand) abgeleitet werden. Zu berücksichtigen sind:

8.4.2.1 Waagerechte Belastungen

(1) Die waagerechte Teilkraft des Ankerzuges, dessen Größe der Spundwandberechnung entnommen werden kann. Mit Rücksicht auf etwaige spätere Vertiefungen vor der Uferwand empfiehlt es sich, die Gurte etwas stärker, und zwar für den bei dem gewählten Ankerdurchmesser zulässigen Ankerzug zu bemessen.

(2) Unmittelbar angreifende Trossenzüge aus Haltekreuzen usw.

(3) Der Schiffsstoß in Abhängigkeit von der Schiffsgröße, dem Anlegemanöver, den Strömungs- und Windverhältnissen. Eisstoß kann vernachlässigt werden.

(4) Zwangskräfte, die infolge des Ausrichtens der Spundwand entstehen.

8.4.2.2 Lotrechte Belastungen

(1) Das Eigengewicht der Gurtstähle und ihrer Aussteifungen, Gurtbolzen und Unterlagsplatten.

(2) Die anteilige Bodenauflast, gerechnet ab Rückseite der Spundwand bis zur Lotrechten durch Hinterkante Gurt.

(3) Die anteilige Nutzlast der Uferwand zwischen Hinterkante Spundwandholm und der Lotrechten durch Hinterkante Gurt.

(4) Die lotrechte Teilkraft des Erddruckes, der von der Unterkante Gurt bis Oberkante Gelände auf die lotrechte Fläche durch Hinterkante Gurt wirkt. Der Erddruck wird hierbei mit ebenen Gleitflächen für $\delta_a = +\varphi'$ errechnet.

(5) Bei Zug- und Druckgurten die lotrechte Teilkraft eines schrägen Ankerzuges nach Abschn. 8.4.2.1 (1).

8.4.2.3 Ansatz der Belastungen

In der statischen Berechnung der Gurte werden im allgemeinen von den waagerechten Belastungen nur die Teilkraft des Ankerzuges nach Abschn. 8.4.2.1(1) und die Trossenzüge nach Abschn. 8.4.2.1(2) zahlenmäßig erfaßt, die lotrechten Belastungen nach Abschn. 8.4.2.2 dagegen sämtlich. Um die Beanspruchungen aus Schiffsstoß und dem Ausrichten der Wand wenigstens indirekt zu berücksichtigen, empfiehlt es sich, als zulässige Spannungen der Gurte nur 75% der in E 20, Abschn. 8.2.4 für Lastfall 2 zugelassenen Werte anzusetzen, also bei St 37-2 zul $\sigma = 120$ MN/m^2 und bei St 52-3 zul $\sigma = 180$ MN/m^2. Bei mehreren übereinanderliegenden Gurten werden die lotrechten Lasten anteilig auf die Gurte verteilt. Um den sicheren Anschluß der Gurtkonsolen zu gewährleisten, werden die Belastungen dafür in Hinterkante Gurt angesetzt.

8.4.2.4 Berechnungsweise

Die zahlenmäßig erfaßten Belastungen werden in Teilkräfte senkrecht und parallel zur Spundwandebene (Hauptträgheitsachsen der Gurte) zerlegt. In der Berechnung ist anzunehmen, daß die Gurte für die Aufnahme der senkrecht zur Spundwandebene wirkenden Kräfte an den Ankern, und für die parallel dazu wirkenden Kräfte an den Stützkonsolen oder den Aufhängungen aufgelagert sind. Wenn der Anker an die Spundwand angeschlossen sind, wirkt im Anschlußbereich der Anker die Pressung der Wand an den Gurt ausreichend stützend, so daß es hier wie auch allgemein bei Druckgurten ausreicht, die Gurte an der Rückseite aufzuhängen. Das Stütz- und Feldmoment aus dem Spundwand-Ankerzug wird mit Rücksicht auf die Endfelder im allgemeinen nach der Formel $q \cdot l^2/10$ errechnet.

8.4.2.5 Gurtbolzen

Die Gurtbolzen werden für die Ankerkraft der Spundwand bemessen, jedoch mit Rücksicht auf die Rostgefahr und die Beanspruchungen beim Ausrichten der Wand reichlich. Bei doppelter Verankerung sollen mit Rücksicht auf den Schiffsstoß die Bolzen des oberen, statisch nur gering belasteten Gurtes mindestens 32 mm ($1^1/_4''$), besser aber 38 mm ($1^1/_2''$) dick ausgeführt werden. Die Unterlagsplatten der Gurtbolzen sind nach der zulässigen Bolzenbelastung zu berechnen und zu bemessen.

8.4.3 Spundwandgurte aus Stahlbeton bei Verankerung durch Stahlrammpfähle (E 59)

8.4.3.1 Allgemeines

Bei Uferwänden sind häufig Verankerungen mit 1:1 geneigten Stahlrammpfählen zweckmäßig und besonders wirtschaftlich.

Dies gilt in verstärktem Maße bei hochliegenden Störschichten, die andere Verankerungen erschweren oder unmöglich machen, und bei sonst etwa erforderlichen umfangreichen Bodenbewegungen.

Wenn die Stahlpfähle früher als die Spundwand gerammt werden und die Spundbohlen beim Rammen vor- oder nacheilen, befinden sich die Pfähle nicht immer in planmäßiger Lage zur Spundwand.

Ungenauigkeiten dieser Art stören jedoch kaum, wenn die Spundwandgurte aus Stahlbeton hergestellt werden und in den Bewehrungsplänen die örtlichen Baumaße bereits berücksichtigt sind (Bild 108).

8.4.3.2 Ausführung der Spundwandgurte

Stahlbetongurte werden mit Hilfe von Rund- oder Vierkantstählen, die an die Spundwandstege geschweißt werden (Bild 108, Pos. 4 und 5), im allgemeinen gleichmäßig und nur an den Dehnungsfugen verstärkt, an die Spundwand angeschlossen. In gleicher Weise wird die Ankerkraft in die Stahlpfähle übergeleitet (Bild 108, Pos. 1 bis 3).

Für die an die Spundwand und die Stahlpfähle geschweißten Anschlußstähle wird im allgemeinen St 37-3 verwendet. Sie werden an den Anschlußstellen flachgeschmiedet. Die Schweißarbeiten dürfen nur von geprüften Schweißern unter der Aufsicht eines Schweißfachingenieurs ausgeführt werden. Es dürfen nur Werkstoffe verwendet werden, deren Schweißeignung bekannt und gleichmäßig gut ist und die miteinander verträglich sind (vgl. auch E 99, Abschn. 8.1.20).

Der Beton soll mindestens die Festigkeitsklasse B 25 aufweisen, mit einem Kornaufbau im günstigen Bereich zwischen den Sieblinien A und B. Für die Bewehrung ist im allgemeinen B St 220/340 zu wählen.

8.4.3.3 Ausführung der Pfahlanschlüsse

Stehen stark setzungsempfindliche Bodenarten in größerer Dicke an oder sind höhere nicht verdichtete Hinterfüllungen auszuführen, ist zwischen dem Pfahlanschluß im Gurt und dem Stahlpfahl zweckmäßig ein Laschengelenk oder dergleichen einzuschalten.

Bei günstigeren Bodenverhältnissen ohne größere zu erwartende Setzungen bzw. Sackungen werden die Stahlpfähle zweckmäßig in den Stahlbetongurt eingespannt. Auch bei setzungsempfindlichen Böden geringerer Mächtigkeit oder gut verdichteten Hinterfüllungen mit nichtbindigem Boden kann ein derartiger Anschluß zu einer wirtschaftlichen Lösung führen. Zur Berücksichtigung verbleibender Bodensetzungen oder -sackungen und von Einspannwirkungen auch aus der Durchbie-

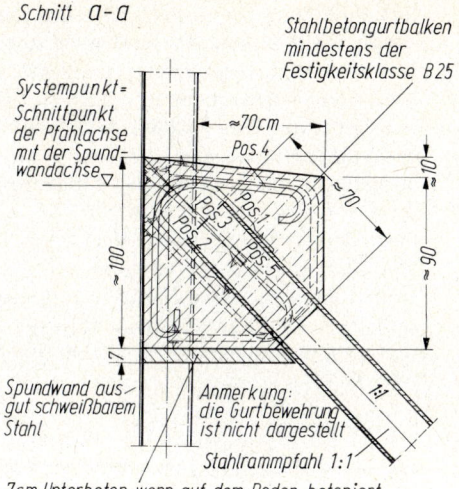

Bild 108.
Stahlbetongurt einer Stahlspundwand

gung der Spundwand ist in diesen Fällen, gleichzeitig mit den sonstigen waagerechten und lotrechten Gurtbelastungen, auch das Einspannmoment des Stahlpfahles – bei stark nachgiebigem Untergrund fallweise ein Moment gemäß der Spannung im Pfahl an der Streckgrenze (d.h. $\beta_S \geqq \sigma_N + \sigma_M$) – ungünstig wirkend anzusetzen.

Führen die Pfähle nur auf kürzeren Strecken durch setzungsempfindliche Böden bzw. sind nur geringe Aufschütthöhen vorhanden, kann das zusätzliche Anschlußmoment entsprechend kleiner angesetzt werden.

Die Einleitung der Schnittkräfte des Stahlpfahles an seiner Anschlußstelle in den Stahlbetongurt ist in letzterem nachzuweisen. Dabei ist die kombinierte Beanspruchung des Pfahlkopfes durch Normalkraft, Querkraft und Biegemoment zu beachten. Im Bedarfsfall können zur besseren Aufnahme dieser Kräfte seitlich an den Stahlpfahl Verstärkungsbleche geschweißt werden. An diese können dann die sonst als Schlaufen auszubildenden Verankerungsstähle angeschlossen werden. Die bei dieser Lösung neben dem Stahlpfahlsteg entstehenden Kammern müssen besonders sorgfältig ausbetoniert werden.

Bei allen Uferwänden mit Pfahlverankerungen, die größeren, unkontrollierbaren Biegebeanspruchungen ausgesetzt sind und bei deren Anschluß an das Uferbauwerk dürfen für die Pfähle und ihre Anschlüsse nur sprödbruchunempfindliche, besonders beruhigte Stähle, wie St 37-3 oder St 52-3, verwendet werden.

8.4.3.4 Berechnung

Die Gurtbelastungen sind sinngemäß nach E 30, Abschn. 8.4.2 anzusetzen. Als waagerechte Belastung wird die Ankerkraft der Spundwandberechnung, im Systempunkt = Schnittpunkt der Spundwandachse mit der Pfahlachse wirkend, berücksichtigt. Der Gurt einschließlich seiner Anschlüsse an die Spundwand wird gleichmäßig gestützt berechnet. Eigengewicht, lotrechte Auflasten, Pfahlkräfte, Biegemoment und Querkraft der Stahlrammpfähle werden als angreifende Lasten betrachtet.

Die Schnittkräfte am Pfahlanschluß aus den Bodenauflasten des Pfahles im Bereich der Hinterfüllung oder der setzungsempfindlichen Schichten werden an einem im Gurt und im tragfähigen Boden eingespannt angenommenen Ersatzbalken errechnet. Das am Pfahlanschluß wirkende Einspannmoment und die dort auftretende Querkraft brauchen aber nur beim Anschluß des Gurtes an die Spundwand berücksichtigt, in der Spundwand selbst aber nicht weiter verfolgt zu werden, wenn eine Abschirmung der Spundwandbelastung durch die Stahlpfähle nicht berücksichtigt worden ist.

Eine Schwächung des Pfahlquerschnittes an der Einspannstelle in den Gurt zur Verminderung des Anschlußmomentes und der damit zusammenhängenden Querkraft ist nicht zulässig, weil solche Schwächungen – vor allem bei unsauberer Ausführung – leicht zu Pfahlbrüchen führen können.

Wird statt des starren Anschlusses der Pfähle eine Gelenkausbildung gewählt, müssen auch in dieser die durch Sackungen oder Setzungen des Bodens im Pfahlanschluß auftretenden zusätzlichen Schnittkräfte nachgewiesen und sicher aufgenommen werden.

Die zulässigen Spannungen richten sich nach den Lastfällen. Auch im Gurt können bei Lastfall 2 bzw. 3 die zulässigen Spannungen um 15 bzw. 30% gegenüber Lastfall 1 erhöht werden.

Bei Berücksichtigung eines Anschlußmomentes und der zugehörigen

Querkraft mit Spannungen im Stahlpfahl an der Streckgrenze dürfen auch in den Anschlüssen Spannungen an der Streckgrenze zugelassen werden.
Der Stahlbetongurt erhält aus konstruktiven Gründen Mindestabmessungen nach Bild 108. Um Ungleichmäßigkeiten in den angreifenden Kräften und in den Pfahlverankerungen zu berücksichtigen, werden die Bewehrungsstahlquerschnitte um mindestens 20% größer als errechnet eingelegt.

8.4.3.5 Abstand der Bewegungsfugen
Stahlbetongurte erhalten im allgemeinen Bewegungsfugen mit waagerecht wirkender Verzahnung in etwa 15 m Abstand (Bild 109). Ein größerer Fugenabstand, auch entsprechend einer normalen Baublocklänge von rd. 30 m, ist nur zulässig, wenn der Gurt so hoch über dem anstehenden Gelände hergestellt wird, daß er ohne nennenswerte Behinderung durch die Spundwand schwinden kann und außerdem eine angemessene Zusatzbewehrung zur Aufnahme der erhöhten Zugkräfte in Längsrichtung des Gurts eingelegt wird.

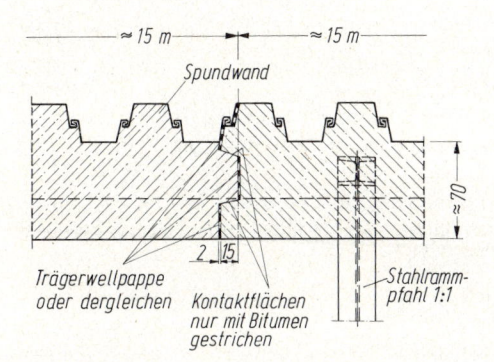

Bild 109. Fugenverzahnung eines Stahlbetongurts

8.4.4 Stahlholme für Ufereinfassungen (E 95)

8.4.4.1 Allgemeines
Stahlholme werden nach konstruktiven, statischen, betrieblichen und einbautechnischen Gesichtspunkten ausgebildet. Im übrigen gilt E 94, Abschn. 8.4.6.1 sinngemäß.

8.4.4.2 Konstruktive und statische Forderungen
Der Holm dient zur Abdeckung der Spundwand (Bild 110). Bei entsprechender Biegesteifigkeit (Bild 111) kann er auch zur Übernahme von Kräften beim Ausrichten des Spundwandkopfes und zu Aufgaben im Betriebszustand herangezogen werden.
Der Spundwandkopf kann nur ausgerichtet werden, wenn die Spund-

wand während des Ausrichtens genügend freisteht, um sich verformen zu können.
Bei geringerem Abstand zwischen Holm und Gurt wird die Spundwand vorwiegend mit Hilfe des Gurtes ausgerichtet.
Im Betriebszustand wirkt der Holm bei ungleichmäßigen Belastungen am Spundwandkopf lastverteilend, und er verhindert ungleichmäßige wasserseitige Auslenkungen.

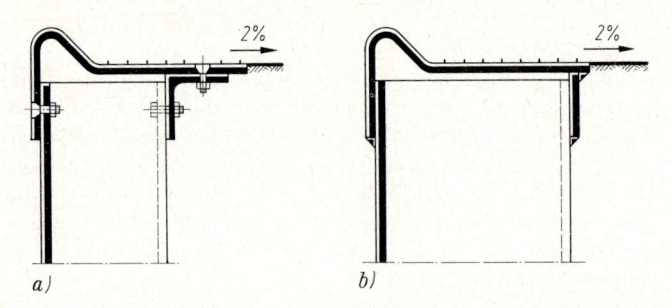

a)   b)

Bild 110. Gewalzte oder gepreßte Stahlholme mit Wulst, an die Spundwand geschraubt oder geschweißt

Regelausbildungen von Holmen zeigen die Bilder 110a) und b). Bei hohen Spundwandprofilen wird der Winkelstahl in Bild 110a) gewendet eingebaut.
Je größer der Abstand zum Gurt ist, um so wichtiger ist ein ausreichend hohes Trägheitsmoment des Holms. Einen verstärkten Holm bzw. Holmgurt zeigt Bild 111.

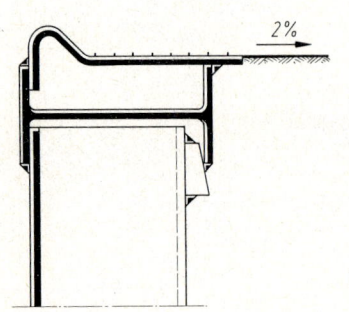

Bild 111. Verschweißter Holmgurt mit hohem Widerstandsmoment, sonst wie Bild 110

Schiffsstöße sind beim Bemessen des Holms zu beachten. Damit sie sich nicht durchbiegen oder ausbeulen, werden die Holme nach Bild 110a) und b) bei breiten Wellentälern mit Aussteifungen versehen, die an Holm und Spundwand geschweißt werden.

Dient der Holm auch noch als Gurt, ist dieser Holmgurt gemäß E 29, Abschn. 8.4.1 und E 30, Abschn. 8.4.2 auszubilden und zu bemessen.

8.4.4.3 Betriebliche Forderungen

Die Oberkante des Holms muß so beschaffen sein, daß darüber geführte Trossen nicht beschädigt werden. Zum Schutz gegen Abgleiten des Personals sollte ein Teil des Holms etwas über die Kaioberfläche hinausragen. Waagerecht liegende Holmbleche sind möglichst mit Warzen, Riffeln oder dergleichen zu versehen (Bilder 110 und 111).

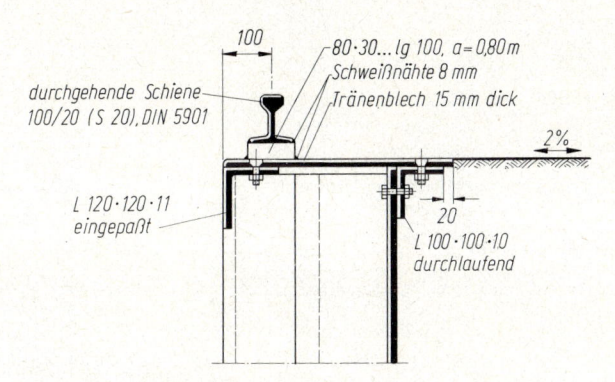

Bild 112. Geschraubter Stahlholm mit aufgeschweißter Schiene als Kantenschutz

Bei starkem Fahrzeugverkehr empfiehlt sich eine Ausbildung nach Bild 112 mit aufgeschweißter Schiene als Kantenschutz.
Ist gemäß E 74, Abschn. 6.3.3, Bild 50 eine wasserseitige Kranschiene vorhanden, wird diese in den Kantenschutz mit einbezogen.
Die Anfahrseite des Holms muß glatt sein. Unvermeidbare Kanten sind möglichst abzufasen. Die Konstruktion ist außerdem so zu gestalten, daß Schiffe nicht unterhaken und Holmteile durch Kranhaken möglichst nicht abgerissen werden können (Bild 113).

8.4.4.4 Lieferung und Einbau

Die Stahlholmteile sind unverzogen und maßgerecht zu liefern. Bei der werkstattmäßigen Bearbeitung sind die Toleranzen für die Profilbreite und -höhe der Spundwandprofile und die Abweichungen beim Rammen zu beachten. Soweit erforderlich, sind die Holme auf der Baustelle anzupassen und auszurichten. Holmstöße sind als Vollstöße geschraubt oder geschweißt auszubilden.
Nach dem Einbau des Holms ist im Bereich des Spundwandkopfes Sand in dichter Lagerung einzubringen.

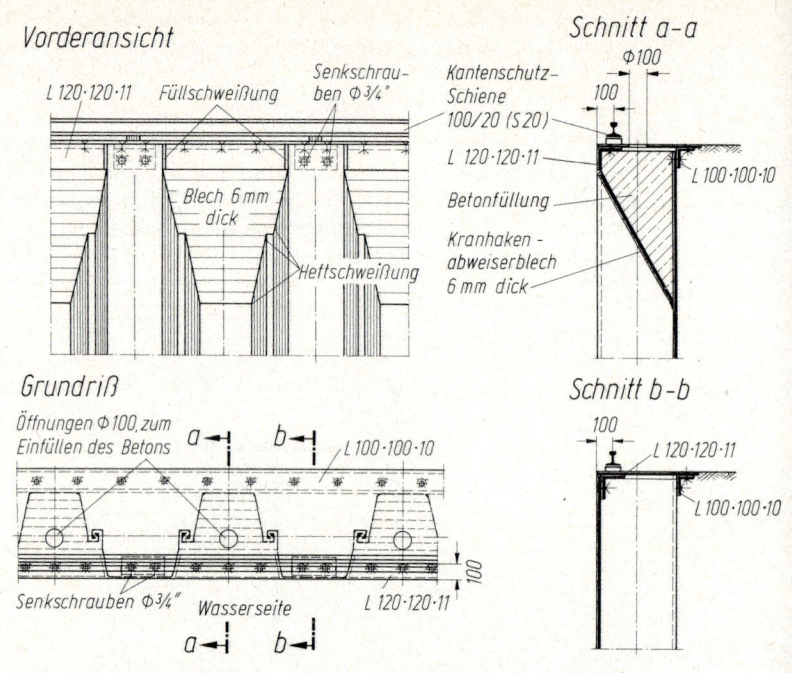

Bild 113. Sonderausführung eines Stahlspundwandholms mit Kranhakenabweiser

8.4.5 Stahlbetonholme für Ufereinfassungen (E 129)

8.4.5.1 Allgemeines

Stahlbetonholme können als oberer Abschluß von Ufereinfassungen gewählt werden. Für ihre Ausbildung sind statische, konstruktive, betriebliche sowie einbautechnische Gesichtspunkte maßgebend.

8.4.5.2 Statische Forderungen

Der Holm dient in vielen Fällen nicht nur zur Abdeckung der Spundwand, sondern gleichzeitig als Aussteifung und damit auch zur Übernahme von waagerechten und lotrechten Belastungen. Dient er als Holmgurt auch zur Übertragung der Ankerkräfte, muß er entsprechend kräftig ausgebildet werden, zumal, wenn er zusätzlich noch eine unmittelbar aufgesetzte Kranbahn zu tragen hat.
Bezüglich des Ansatzes der waagerechten und lotrechten Belastungen gilt E 30, Abschn. 8.4.2 sinngemäß. Hinzu kommen in Bereichen mit Pollern oder sonstigen Festmacheeinrichtungen, die auf diese wirkenden Lasten (E 12, Abschn. 5.8, E 13, Abschn. 6.11 und E 102, Abschn. 5.10), sofern letztere nicht durch Sonderkonstruktionen aufgenommen werden. Darüber hinaus sind, wenn ein Stahlbetonholm mit einer unmit-

telbar aufgesetzten Kranbahn ausgerüstet wird (Bild 115), auch noch die lotrechten und die waagerechten Kranraddrücke aufzunehmen (E 84, Abschn. 5.11).

In der statischen Berechnung wird der Stahlbetonholm sowohl in waagerechter als auch in lotrechter Richtung zweckmäßig als auf der Spundwand elastisch gebetteter biegsamer Balken betrachtet. Dabei kann bei schweren Holmen für Seeschiffskaimauern für die waagerechte Richtung im allgemeinen $k_{s,bh} = 25$ MN/m^3 als Anhalt dienen. $k_{s,bv}$ hängt weitgehend vom Profil und von der Länge der Spundwand sowie von der Holmbreite ab. $k_{s,bv}$ muß daher für jedes Bauwerk besonders ermittelt werden, wobei bei überschläglichen Berechnungen mit $k_{s,bv} = 250$ MN/m^3 gerechnet werden kann. Angeschlossene Verankerungen des Spundwandbauwerks oder der Pollerfundamente sind gesondert zu berücksichtigen. Ein besonderes Augenmerk ist der Aufnahme der Beanspruchungen aus Schwinden und Temperatur zu widmen, da die Längenänderungen des Holms durch die angeschlossene Spundwand und durch die Bodenhinterfüllung stark behindert werden können.

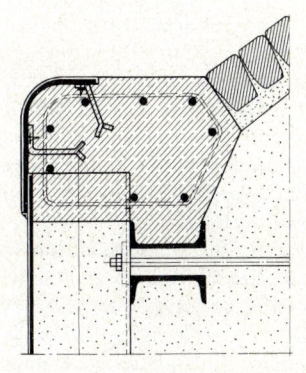

Bild 114. Stahlbetonholm für eine Wellenspundwand ohne wasserseitige Betonüberdeckung bei einem teilgeböschten Ufer für Binnenschiffe

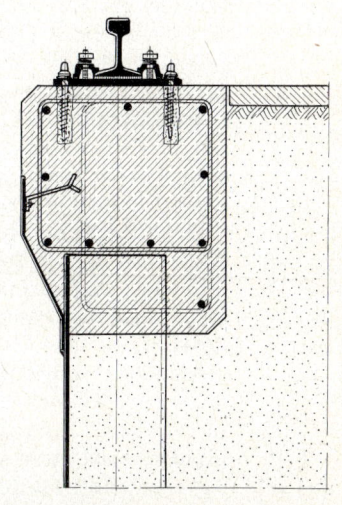

Bild 115. Stahlbetonholm für eine Wellenspundwand mit beidseitiger Betonüberdeckung und unmittelbar aufgesetzter Kranbahn

Um Ungleichmäßigkeiten in der Abstützung durch die Spundwand und etwaige Verankerungen zu berücksichtigen, werden die Bewehrungsstahlquerschnitte – entsprechend E 59, Abschn. 8.4.3 – um mindestens 20% größer als errechnet eingelegt.

Bezüglich Betongruppe, Bewehrung und Gestaltung wird auf E 72, Abschn. 10.2 verwiesen.

Die in der Spundwandebene aufzunehmenden lotrechten Kräfte werden im allgemeinen mittig in den Spundwandkopf eingeleitet. Hierzu wird im Stahlbetonholm unmittelbar über der Spundwand eine ausreichende Spaltzugbewehrung eingelegt. Bei großen Einzelkräften, z.B. aus einer Kranbahn, sollte eine Scheibenwirkung der Spundwand durch entsprechende Schloßverschweißungen sichergestellt werden.

8.4.5.3 Konstruktive und betriebliche Forderungen

Der Spundwandkopf ist vor dem Betonieren, soweit erforderlich, auszurichten. Hierzu kann der planmäßig vorgesehene Stahlgurt dienen oder ein Hilfsgurt aus Stahl. Das Ausrichten des Spundwandkopfes mit diesen Elementen ist allerdings nur möglich, wenn die Wand im Bauzustand ausreichend weit aus dem mehr oder weniger nachgiebigen Boden herausragt. Mit Hilfe des Stahlbetonholms ist es dann möglich, dem Spundwandbauwerk am Kopf eine gute Flucht zu geben. Um im Bedarfsfall auch vor dem Spundwandkopf eine ausreichende Betonüberdeckung zu erhalten, sind die waagerechten Abmessungen des Stahlbetonholms entsprechend groß zu wählen. Im allgemeinen soll der planmäßige Überstand des Betons über die Spundwand je nach Ausbildung sowohl zur Boden- als auch zur Wasserseite hin rd. 15 cm und die Höhe des Betonholms mindestens 50 cm betragen (Bilder 114 und 115). Die Spundwand soll dabei rd. 10 bis 15 cm in den Betonholm einbinden.

Um ein Unterhaken des Schiffskörpers zu vermeiden, wird bei Ausbildungen ähnlich Bild 115 der Holm an der Wasserseite unten mit einem unter 2:1 oder steiler abgeknickten Breitflachstahl versehen, dessen untere Kante an die Spundwand geschweißt wird.

Wenn man auf die Betonüberdeckung zur Wasserseite hin verzichtet, wird im allgemeinen auf der Wasserseite der Spundwand ein Breitflachstahl angeordnet (Bild 114). Er wird an den Spundwandrücken geschweißt, da diese Lösung im allgemeinen wirtschaftlicher ist als eine geschraubte Verbindung. Über den Spundwandtälern sind dann Ankerpratzen anzubringen, um den Breitflachstahl mit dem Beton einwandfrei zu verbinden. Entsprechend den betrieblichen Forderungen wird der Breitflachstahl im oberen Bereich abgebogen (Bild 114). Unregelmäßigkeiten in der Flucht des Spundwandkopfes bis zu etwa 3 cm können durch Unterfuttern noch ausgeglichen werden.

Der Holm wird – mindestens bei Anlagen mit Seeschiffsverkehr – mit einem Kanten- und Gleitschutz nach E 95, Abschn. 8.4.4 versehen. Auch die dort gebrachten Hinweise sind sinngemäß zu beachten.

Bei der Ausbildung der Bügelbewehrung ist dafür zu sorgen, daß eine einwandfreie Verbindung der durch die Spundwand getrennten Betonquerschnitte erreicht wird. Zu diesem Zweck sollen die Bügel entweder an die Spundwandstege geschweißt oder durch in die Spundwand gebrannte Löcher gesteckt bzw. in Schlitze gelegt werden. Wird über der Spundwandoberkante zum Abtragen der lotrechten Lasten eine Spaltzugbewehrung angeordnet, deren Bügel unmittelbar über der Stirnfläche der Spundwand liegen, soll durch zusätzliche Bügel, die beispielsweise beiderseits der Spundwand in den Wellentälern angeordnet werden, für einen einwandfreien Zusammenhalt des Holms auch auf der Unterseite gesorgt werden.

Auch Stahlbetonholme für Kastenspundwände können ohne vordere Betonüberdeckung ausgeführt werden (Bild 116). Die Bewehrung wird dabei in die Zellen der Spundwand eingeführt. Hierzu werden die Stege und Flansche entsprechend ausgeschnitten und soweit erforderlich mit Brennlöchern versehen.

Bei gemischten Spundwänden kann sinngemäß verfahren werden.

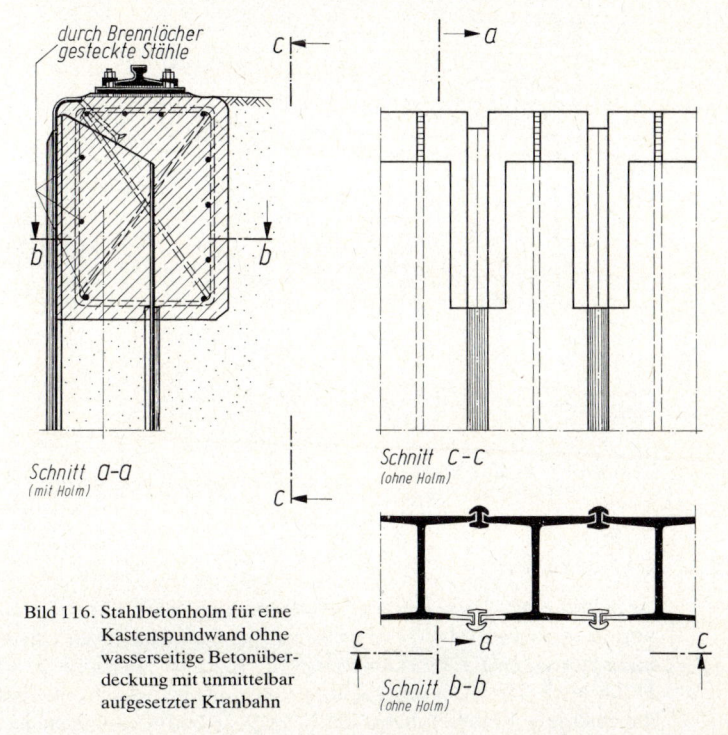

Bild 116. Stahlbetonholm für eine Kastenspundwand ohne wasserseitige Betonüberdeckung mit unmittelbar aufgesetzter Kranbahn

Stahlbetonholme können – wenn erforderlich örtlich verstärkt – auch zur Gründung von Pollern herangezogen werden. Bild 117 zeigt hierzu ein Beispiel für eine schwere Seeschiffskaimauer. Große Trossenzugkräfte werden, um die Ankerdehnung und damit die Biegemomente im Holm klein zu halten, in solchen Fällen am besten mit schweren Rundstahlankern aufgenommen.

Vorgespannte Stahlkabelanker sind wegen möglicher späterer Aushubarbeiten hinter dem Holm weniger günstig.

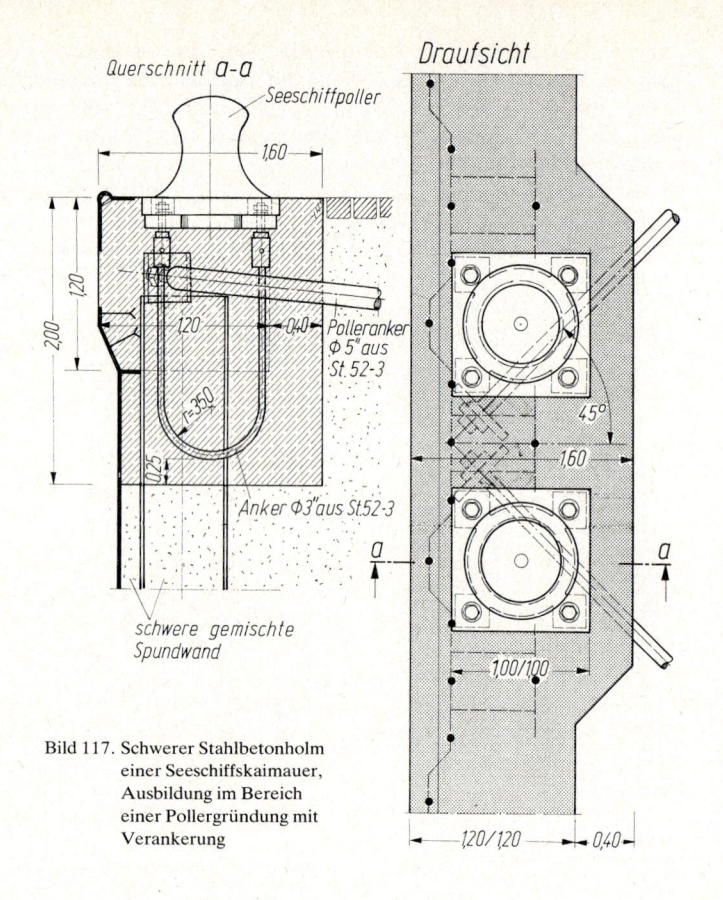

Bild 117. Schwerer Stahlbetonholm einer Seeschiffskaimauer, Ausbildung im Bereich einer Pollergründung mit Verankerung

8.4.5.4 Dehnungsfugen

In Stahlbetonholmen werden im allgemeinen in rd. 15 m Abstand Dehnungsfugen angeordnet. Ein größerer Fugenabstand, auch entsprechend einer normalen Baublocklänge von rd. 30 m, ist nur zulässig, wenn der Holm hoch über dem anstehenden Gelände bzw. gleichzeitig mit einem gleichlangen Stahlbetongurt nach E 59, Abschn. 8.4.3 so hergestellt wird, daß er ohne nennenswerte Behinderung durch die Spundwand oder den Stahlbetongurt schwinden kann. Außerdem muß dann eine angemessene Zusatzbewehrung zur Aufnahme der erhöhten Zugkräfte in Längsrichtung des Holms eingelegt werden. Auch die Fugen selbst müssen örtlich so ausgebildet werden, daß die Längenänderungen des Stahlbetonholms an dieser Stelle nicht durch die Spundwand beeinträchtigt werden. Hierzu bieten sich, beispielsweise bei Wellenspundwänden, folgende Lösungen an:

(1) Die Dehnungsfuge wird unmittelbar über dem Steg der Spundwand angeordnet, der mit elastischen Stoffen umkleidet wird, damit die erforderlichen Bewegungen möglich sind.

(2) Die Dehnungsfuge wird über einem Wellental der Spundwand angeordnet. Die Bohle bzw. die Bohlen dieses Wellentales dürfen dann nur geringfügig in den Stahlbetonholm einbinden und müssen zur Sicherung der Bewegungsmöglichkeit mit einer kräftigen plastischen Schicht umgeben werden, die gleichzeitig auch die Dichtigkeit im Bereich der Fuge sicherstellt.

Kräftige Stahlbetonholme erhalten an den Dehnungsfugen eine Verzahnung zur Übertragung waagerechter Kräfte. Eine gewisse Verdübelung bei schwächeren Holmen kann mit Hilfe eines Stahldorns erreicht werden.

8.4.6 Oberer Stahlkantenschutz für Stahlbetonwände und -holme bei Ufereinfassungen, insbesondere mit Güterumschlag (E 94)

8.4.6.1 Allgemeines

Die Kanten von Ufereinfassungen aus Stahlbeton, insbesondere mit Güterumschlag, erhalten wasserseitig zweckmäßig einen sorgfältig ausgebildeten Schutz aus Stahl. Dieser soll sowohl die Kante als auch die darübergeführten Trossen gegen Beschädigungen aus dem Schiffs- und Umschlagsbetrieb schützen und den Leinenverholern und sonstigem Personal ein sicheres Arbeiten auf dem Hafengelände ohne Abgleitgefahr gestatten. Der Kantenschutz muß so ausgeführt werden, daß Schiffe nicht unterhaken können. Gleiches gilt für Kranhaken (E 17, Abschn. 10.1.3).

Werden in Binnenhäfen Ufereinfassungen bei Hochwasser überflutet und besteht die Gefahr, daß sich dann Schiffe aufsetzen, darf der Kantenschutz keine Wülste oder Leisten aufweisen.

8.4.6.2 Regelausführung

Bild 118 zeigt eine bei Ufereinfassungen in Häfen, aber auch bei Binnenschiffschleusen häufig angewandte Ausführung.

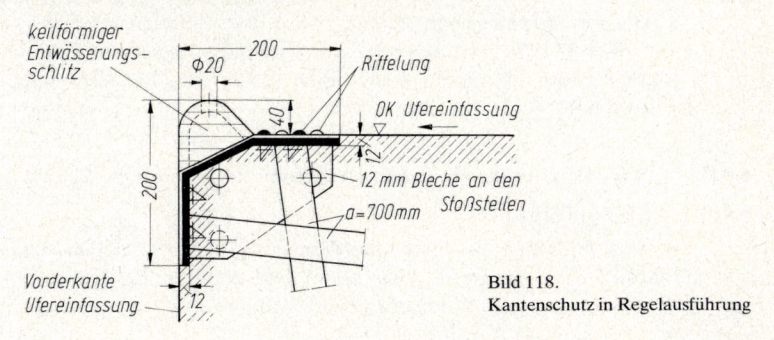

Bild 118. Kantenschutz in Regelausführung

Bei Ufereinfassungen, insbesondere solchen mit Güterumschlag, kann das Niederschlagswasser aber ohne Schwierigkeiten auch nach der Landseite hin abgeführt werden, wobei dann die Entwässerungsschlitze nach Bild 118 entfallen.

Der Stahlkantenschutz nach Bild 118 kann auch mit Öffnungswinkeln ≠ 90° geliefert werden, so daß er einer schrägen Ober- oder Vorderfläche der Ufereinfassung angepaßt werden kann. Er wird in Längen von etwa 2500 mm geliefert. Die Teilstücke werden vor dem Einbau verschraubt oder verschweißt.

8.4.6.3 Weitere Beispiele erprobter Ausführungen

Die Ausführung nach Bild 119 zeigt ein in den Niederlanden entwickeltes und dort häufig mit Erfolg angewendetes Sonderprofil. Es weist eine vermehrte Blechdicke und verstärkte Stahlpratzen auf, so daß der beim Betonieren auftretende obere Hohlraum nicht verpreßt zu werden braucht. Die oberen Entlüftungsöffnungen müssen nach dem Einbetonieren aber verschlossen werden, um Korrosionsangriffe auf der Innenseite möglichst klein zu halten.

Die Ausführungen nach den Bildern 120 und 121 haben sich bei zahlreichen deutschen Ufereinfassungen bewährt.

Alle Ausführungen nach den Bildern 118 bis 121 müssen sorgfältig ausgerichtet in der Schalung versetzt und befestigt werden. Die Ausführungen nach den Bildern 120 und 121 müssen im Zuge des Betonierens der Kaimauer satt einbetoniert werden. Die Innenfläche des Kantenschutzes ist hier vorher mit der Stahlbürste von anhaftendem Rost zu säubern.

8.4.6.4 Sonstige Ausführungen

Neben den Ausführungsbeispielen nach den Bildern 118 bis 121 gibt es auch andere erprobte Lösungen, welche die eingangs erwähnten Grundforderungen ausreichend gut erfüllen.

8.4.7 Höhe des Ankeranschlusses an eine frei aufgelagerte Ankerplatte oder Ankerwand (E 11)

Bei frei aufgelagerten Ankerplatten und -wänden wird der Ankeranschluß im allgemeinen in der Mitte der Höhe der Platte oder der Wand angeordnet. Weiteres siehe auch E 42, Abschn. 8.2.11 und E 50, Abschn. 8.4.11.

8.4.8 Hilfsverankerung am Kopf von Spundwandbauwerken (E 133)

8.4.8.1 Allgemeines

Aus statischen und wirtschaftlichen Gründen wird die Verankerung einer Uferspundwand, vor allem bei Wänden mit hohem Geländesprung, nicht am Kopf der Wand, sondern in einem gewissen Abstand

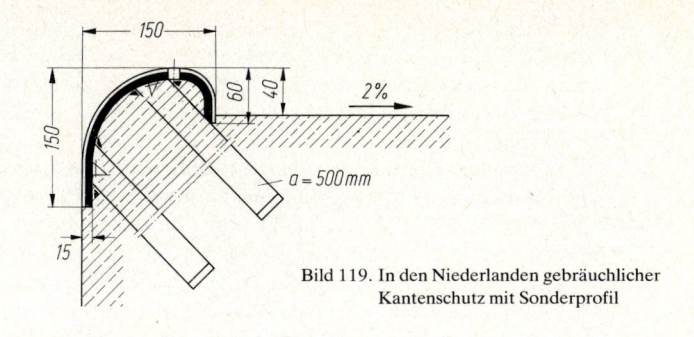

Bild 119. In den Niederlanden gebräuchlicher Kantenschutz mit Sonderprofil

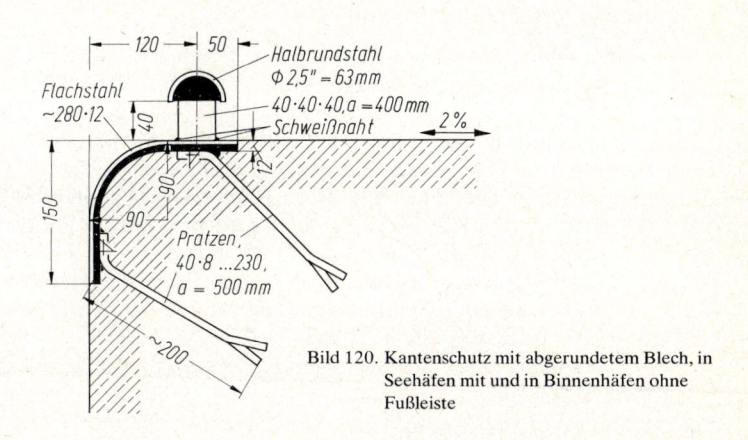

Bild 120. Kantenschutz mit abgerundetem Blech, in Seehäfen mit und in Binnenhäfen ohne Fußleiste

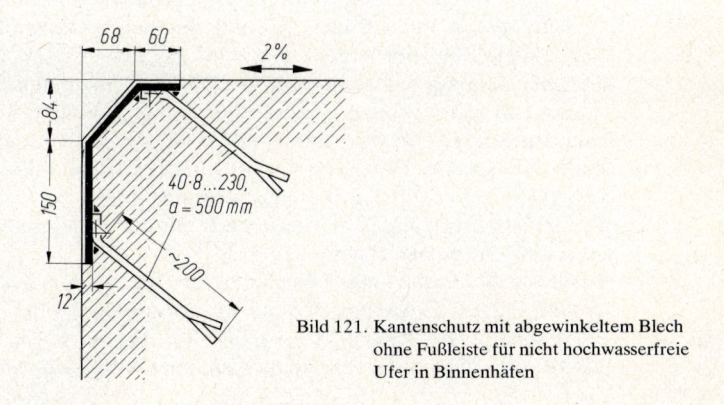

Bild 121. Kantenschutz mit abgewinkeltem Blech ohne Fußleiste für nicht hochwasserfreie Ufer in Binnenhäfen

unterhalb des Kopfes angeschlossen. Dadurch verringert sich die Spannweite und damit auch das Feldmoment und das Einspannmoment im Boden. Außerdem werden beide Momente durch das aus dem Überankerteil kommende Kragmoment entlastet, und es tritt eine erhöhte Erddruckumlagerung ein.

Der Überankerteil erhält in solchen Fällen häufig am Kopf eine zusätzliche Hilfsverankerung, auch wenn diese nach der üblichen Spundwandstatik (E 77, Abschn. 8.2.1) ohne Belastung bleibt. Sie hat die Aufgabe, die Lage des biegsamen oberen Spundwandendes im Endstadium der Bauausführung und bei örtlich großen Zusatzbelastungen im Betriebszustand zu sichern. Die Hilfsverankerung wird jedoch im statischen Hauptsystem des Spundwandbauwerkes nicht berücksichtigt.

8.4.8.2 Gesichtspunkte für die Anordnung der Hilfsverankerung

Die Höhe des Überankerteils, von der ab zweckmäßig ein Hilfsanker angeordnet wird, ist von verschiedenen Faktoren abhängig, wie z. B. von der Biegesteifigkeit der Spundwand, von der Größe der Nutzlasten in waagerechter und lotrechter Richtung, von betrieblichen Anforderungen an die Flucht des Spundwandkopfes und dergleichen.

Wird eine Ufereinfassung durch Krane belastet, sollte möglichst nahe am Kopf eine Hilfsverankerung angeordnet werden, sofern nicht besser der Anschluß des Hauptankers entsprechend hoch gelegt wird. Auch Belastungen des Überankerteiles durch Haltekreuze erfordern in der Regel eine Hilfsverankerung. Die Verankerung für große Pollerzugkräfte wird zwar ebenfalls hoch angeschlossen, aber im allgemeinen zur Hauptankerwand geführt und in das System der Hauptverankerung einbezogen.

8.4.8.3 Ausbildung, Berechnung und Bemessung der Hilfsverankerung

Für die Hilfsverankerung werden im allgemeinen Rundstahlanker verwendet, die an ihren Enden gelenkig angeschlossen werden. Für die Berechnung der Hilfsverankerung wird ein Ersatzsystem zugrundegelegt, bei dem der Überankerteil in Höhe des Hauptankers als eingespannt betrachtet wird. Auf dieses System wirkt die Belastung entsprechend der Statik für das Hauptsystem. Dabei muß die auf den Überankerteil wirkende Belastung sowohl von der Hilfsverankerung als auch vom Hauptanker voll aufgenommen werden.

Die Hilfsverankerung ist fallweise auch mit den Lastansätzen nach E 5, Abschn. 5.5.5 zu berechnen.

Auch für die Ausbildung, Berechnung und Bemessung des Hilfsankergurtes gelten E 5, Abschn. 5.5 und vor allem auch 5.5.5, E 20, Abschn. 8.2.4 sowie E 29, Abschn. 8.4.1 und E 30, Abschn. 8.4.2. Im Hinblick auf das Ausrichten des Uferspundwandkopfes und zur Aufnahme von

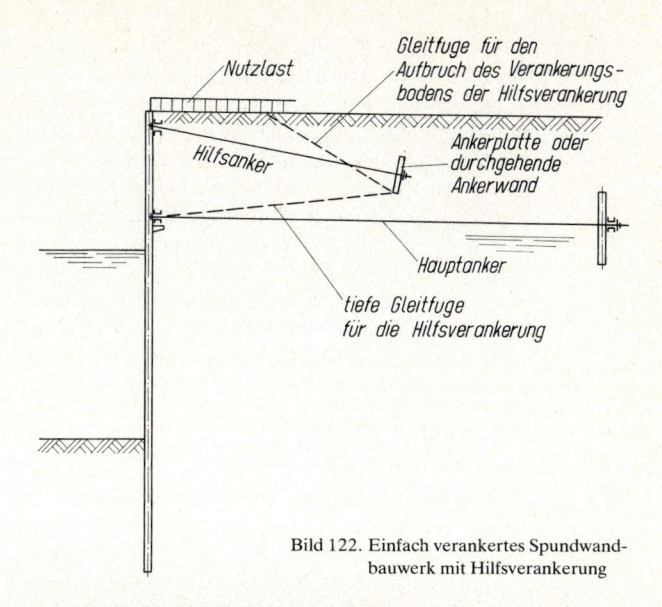

Bild 122. Einfach verankertes Spundwandbauwerk mit Hilfsverankerung

leichteren Havariestößen wird der Hilfsankergurt stärker als rechnerisch erforderlich im allgemeinen wie der Hauptankergurt ausgebildet.
Wird zum Anschluß der Hilfsverankerung der Spundwandholm mit herangezogen, sind E 95, Abschn. 8.4.4 bzw. E 129, Abschn. 8.4.5 mit zu beachten.
Die Standsicherheit der Hilfsverankerung ist sowohl gegen Aufbruch des Verankerungsbodens als auch für die tiefe Gleitfuge, die zum Ansatzpunkt des Hauptankers führt (Bild 122), nachzuweisen. Im übrigen gelten hierzu E 10, Abschn. 8.4.9 und 8.4.10 sinngemäß.

8.4.8.4 Bauausführung

Die Hafensohle vor der Uferspundwand wird zweckmäßig erst nach dem Einbau der Hilfsverankerung freigebaggert. Wird zeitlich in umgekehrter Folge verfahren, kann sich der Spundwandkopf unkontrollierbar bewegen, so daß ein späteres Ausrichten nur mit der Hilfsverankerung allein nicht immer zu dem gewünschten Erfolg führt.

8.4.9 **Nachweis der Standsicherheit von Verankerungen für die tiefe Gleitfuge (E 10)**

8.4.9.1 Standsicherheit für die tiefe Gleitfuge bei nichtbindigen Böden

Die Berechnung kann nach den Vorschlägen von KRANZ [52] vorgenommen werden. Sie gilt bei einheitlichem Boden für eine im Boden frei aufgelagerte, einfach verankerte Spundwand und eine ebenso aufgelagerte Ankerwand (Bild 123). Der die Spundwand belastende, auf der Gleitebene BF abrutschende Erdkeil BFH mit dem Eigengewicht G_a stützt sich auf den Verankerungskörper BCDF mit der Kraft Q_a. Der Verankerungskörper BCDF liegt auf der von Unterkante Ankerwand zur Unterkante Spundwand fallenden „tiefen Gleitfuge" DF, in der er durch die Kraft Q_1 gehalten wird, die unter dem Reibungswinkel φ' gegen die Lotrechte zur Gleitfuge DF geneigt ist. Er wird belastet durch den Ankerzug, der über die Ankerplatte oder Ankerwand eingeleitet wird, weiter durch sein Eigengewicht G_1 und durch den Erddruck E_1, den der Gleitkeil CDJ auf die hintere Begrenzung der Ankerplatte oder Ankerwand ausübt. Die Verankerung ist standsicher, wenn die Mittelkraft der auf den Verankerungskörper BCDF in Richtung des Ankers wirkenden Kräfte größer ist als die sich aus der Berechnung der Spund-

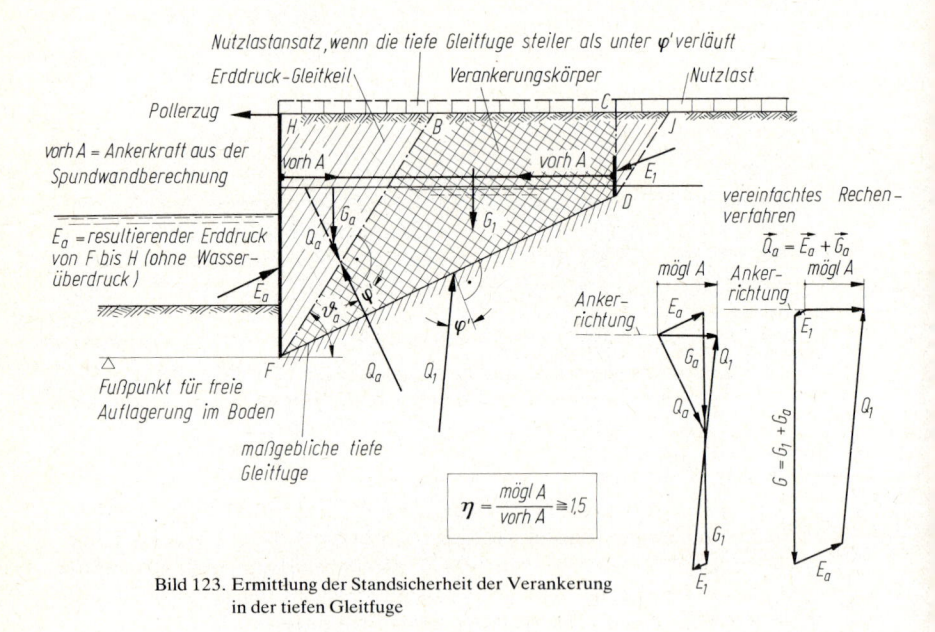

Bild 123. Ermittlung der Standsicherheit der Verankerung in der tiefen Gleitfuge

wand ergebende vorhandene Ankerkraft, d.h. wenn die mögliche Ankerkraft größer ist als die vorhandene. Der Sicherheitsgrad (Verhältnis der möglichen zur vorhandenen Ankerkraft) soll $\eta \geqq 1{,}5$ sein (E 96, Abschn. 1.6.2.5). Andernfalls ist der Anker zu verlängern oder die Ankerplatte oder Ankerwand tiefer anzuordnen.

Die Untersuchung der Standsicherheit wird durch Zeichnen eines Kraftecks wie folgt ausgeführt (Bild 123). Man bildet ein Krafteck aus den bekannten Größen Q_a, G_1 und E_1, der Richtung von Q_1 und der Ankerrichtung. Damit erhält man die mögliche Ankerkraft mögl A. Wie bei allen sonstigen Erddruckansätzen wird die Gleichgewichtsbedingung für die angreifenden Momente nicht berücksichtigt, also über die Art der Kraftverteilung nichts ausgesagt. Daß die Verbindungsgerade DF mit ausreichender Genauigkeit als maßgebende Gleitfuge angesetzt werden kann, ist von KRANZ durch Vergleichsrechnungen festgestellt worden. Eine verfeinerte Berechnung mit gekrümmten Gleitfugen (beispielsweise Kreis oder logarithmischer Spirale) ist im allgemeinen nicht erforderlich.

Die Berechnung wird vereinfacht, wenn man die den Gleitkeil BFH stützende Kraft Q_a durch die mit ihm im Gleichgewicht stehenden beiden Kräfte, das Gewicht G_a des Gleitkeiles und die ihn stützende Gegenkraft des auf die Spundwand von F bis H wirkenden Erddruckes E_a ersetzt. Die Kraft Q_a fällt damit aus der Berechnung heraus, und die Gleitlinie BF des Erdkeiles BFH braucht nicht ermittelt zu werden. Die Berechnung geht nunmehr vom gesamten Erdkörper CDFH aus, der vorn durch den Erddruck E_a und in der Gleitfuge DF durch die Kraft Q_1 gestützt sowie hinten durch den Erddruck E_1 belastet wird. Wird sein Gewicht $G = G_a + G_1$ mit E_a und E_1 zusammengesetzt, ergibt sich mit Hilfe der Richtung von Q_1, die unter dem Winkel φ' von der Lotrechten zur tiefen Gleitfuge DF abweicht, im Krafteck die mögliche Ankerkraft (Bild 123, rechts).

Besonders hervorzuheben ist, daß bei **waagerechtem Grundwasserspiegel** (Bild 123) E_a nur die Erddruckbelastung der Spundwand von F bis H bedeutet, nicht aber den Wasserüberdruck enthält. Da das Grundwasser wohl einen Wasserüberdruck auf die Spundwand ausübt, den Erdkörper hinter der Spundwand aber weder stützt noch belastet, geht der Wasserüberdruck nur in die die Spundwand haltende Ankerkraft vorh A ein.

Bei zur Spundwand **abfallendem Grundwasserspiegel** wird der Wasserüberdruck auf die für die Spundwandberechnung maßgebende Erddruckgleitfuge bezogen (vgl. E 65, Abschn. 4.3 und E 114, Abschn. 2.8). Er ist daher in Höhe des Schnittpunktes dieser Erddruckgleitfuge mit dem abfallenden Grundwasserspiegel beginnend anzusetzen. In diesem Fall ist aber auch noch der auf den Verankerungskörper FDCB (vgl. Bild 123) wirkende Druck des strömenden Grundwassers zu beachten. Sein waagerechter, im Krafteck (Bild 123, rechts) zu berücksichtigender Anteil entspricht mit ausreichender Genauigkeit dem Inhalt eines Wasserüberdruckdreieckes, das über der Lotrechten in der Ankerwandebene DC aufgetragen wird. Es beginnt in Höhe des Schnittpunktes dieser Lotrechten mit dem Grundwasserspiegel mit Null, nimmt bis zur Höhe des Schnittpunktes der maßgebenden Erddruckgleitfuge mit dem Grundwasserspiegel unter 45° zu und fällt von diesem Maximalwert bis zur Höhe des Ansatzpunktes F der tiefen Gleitfuge an der Spundwand geradlinig auf Null ab. Im Krafteck muß neben E_1 auch noch der auf die

Ankerwand, herunter bis D, wirkende Wasserüberdruck berücksichtigt werden.

Will man bei zur **Spundwand abfallendem Grundwasserspiegel** den Einfluß des strömenden Grundwassers auf die Standsicherheit in der tiefen Gleitfuge noch genauer berücksichtigen, benötigt man ein Strömungsnetz nach E 113, Abschn. 4.8. Mit dessen Hilfe kann sowohl die Wasserdruckfläche in der tiefen Gleitfuge FD als auch für die Ankerwandebene DC bezogen auf die aktive Gleitfuge DJ ermittelt werden. Ihre Inhalte gehen dann mit den auf ihren Angriffsebenen senkrecht stehenden Richtungen in das Krafteck (Bild 123, rechts) ein. Gleichzeitig muß dort aber das Bodengewicht $G = G_1 + G_a$ ohne Auftrieb und vermehrt um das Gewicht des Porenwassers angesetzt werden, und es muß neben E_a auch der auf die Spundwand herunter bis F wirkende, für die maßgebende Erddruckgleitfuge aus dem Strömungsnetz ermittelte Wasserdruck stützend angesetzt werden. Dieses verfeinerte Verfahren kommt vor allem bei Anwendung dieser Empfehlung zur Ermittlung der Pfahllänge nach E 66, Abschn. 9.4.2 fallweise in Frage.

Obige Überlegungen können auch für die im folgenden behandelten Fälle sinngemäß übernommen werden.

Der resultierende Erddruck E_a von F bis H wird in jedem Fall in der gleichen Größe wie bei der Berechnung von vorh A berücksichtigt. Wird die Spundwand für erhöhten Erddruck, beispielsweise bei entsprechend vorgespannten Ankern, berechnet, ist der Nachweis der Standsicherheit für die tiefe Gleitfuge für den aktiven Erddruckansatz und die zugehörige Ankerkraft vorzunehmen.

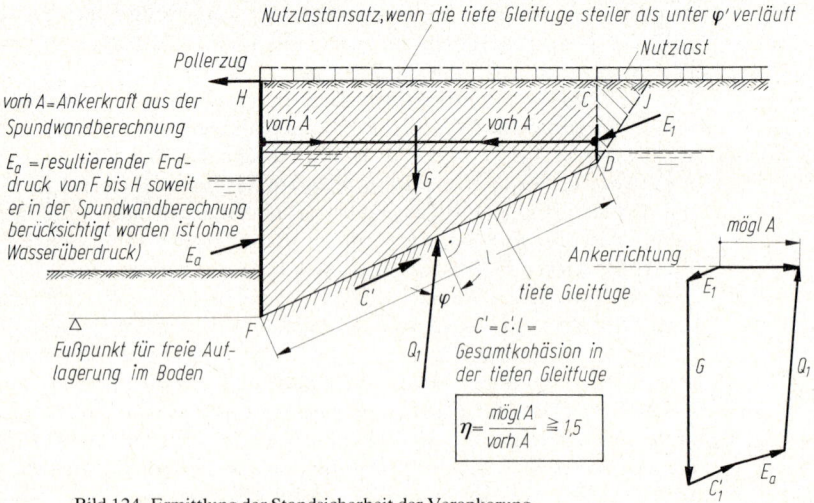

Bild 124. Ermittlung der Standsicherheit der Verankerung in der tiefen Gleitfuge bei bindigen Böden

8.4.9.2 Standsicherheit bei bindigen Böden

Die Untersuchung wird wie bei nichtbindigen Böden (8.4.9.1) vorgenommen, nur wirkt in der tiefen Gleitfuge auch C' bzw. C_u. Der innere Reibungswinkel ist bei nicht konsolidierten, wassergesättigten, erstbelasteten, bindigen Böden mit $\text{cal}\,\varphi'_u = 0$ anzusetzen. Die Auftragung des Kraftecks zeigt Bild 124. Der Einfluß der Kohäsion vermindert in der Spundwandberechnung die vorhandene Ankerkraft, verändert aber ebenfalls in der Berechnung der Standsicherheit der Verankerung auch die mögliche Ankerkraft. Da es auf Verhältniswerte ankommt, darf der Kohäsionseinfluß in der tiefen Gleitfuge nur berücksichtigt werden, wenn er auch im Erddruckansatz und in der Berechnung der Ankerkraft in Rechnung gestellt worden ist.

Wenn E_a und vorh A ohne Kohäsionseinfluß errechnet werden, wird bei Ansatz von Kohäsion in der tiefen Gleitfuge ein zu großer Sicherheitsgrad vorgetäuscht.

8.4.9.3 Standsicherheit bei wechselnden Bodenschichten

Die Berechnung wird durchgeführt (Bild 125), indem der Bodenkörper zwischen Spundwand und Ankerwand durch gedachte lotrechte Trennfugen, die durch die Schnittpunkte der tiefen Gleitfuge mit den Trennlinien der Schichten gelegt werden, in so viele Teilkörper zerlegt wird, wie Schichten von der tiefen Gleitfuge geschnitten werden. Nun wird das Verfahren nacheinander auf alle Teilkörper angewendet, wobei das Gewicht des neuen Teilkörpers an den Schnittpunkt der Stützkraft Q des vorhergehenden Teilkörpers mit der Ankerrichtung angeschlossen wird. Die Strecke zwischen dem Anfangspunkt der ersten Kraft und dem Schnittpunkt der letzten Stützkraft Q mit der Ankerrichtung ergibt dann

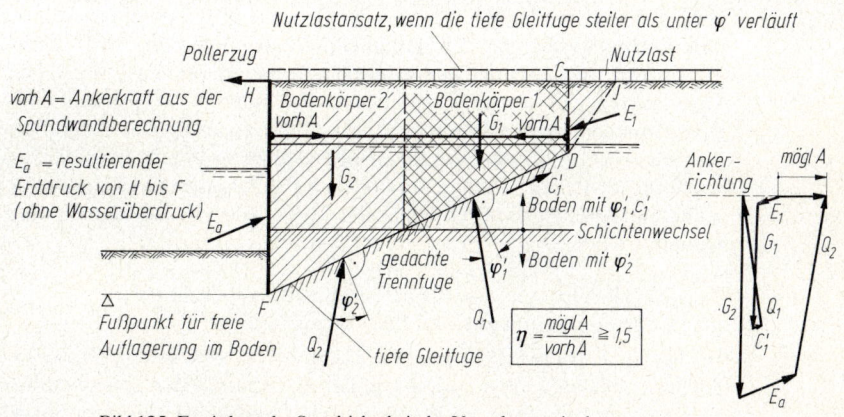

Bild 125. Ermittlung der Standsicherheit der Verankerung in der tiefen Gleitfuge bei wechselnden Bodenschichten

die mögliche Ankerkraft. Ist in einzelnen Schichten Kohäsion vorhanden, wird sie bei den entsprechenden Teilkörpern nach Bild 124 berücksichtigt.

Die Berechnung kann noch verfeinert werden, indem die Momenteneinflüsse der angreifenden Kräfte einschließlich des vorhandenen Ankerzuges auf die Druckverteilung in der tiefen Gleitfuge berücksichtigt werden. Diese kann näherungsweise nach dem Spannungstrapez angesetzt werden. Das Gesamtgewicht wird dann im Verhältnis der errechneten Druckflächen den einzelnen Teilkörpern zugeordnet.

Bei dieser Berechnungsart vergrößert sich die rechnungsmäßige Standsicherheit, wenn unmittelbar hinter dem Spundwandfuß Bodenschichten mit einem höheren Reibungswinkel anstehen; sie verringert sich im umgekehrten Fall, was zu beachten ist.

8.4.9.4 Standsicherheit bei unterer Einspannung der Spundwand

Ist der Fuß der Spundwand im Boden eingespannt, muß das Erdauflager vor dem Spundwandfuß außer dem unteren Auflagerdruck, wie er bei freier Auflagerung im Boden auftritt, auch die Zusatzbelastung aus dem Einspannmoment aufnehmen. Der Schnittpunkt der verformten Spundwandachse mit der Ausgangslage, der als Drehpunkt des Spundwandfußes bezeichnet wird und zu dem die tiefe Gleitfuge führen muß, liegt dabei tiefer als bei freier Auflagerung im Boden. Infolge des steileren Verlaufes der tiefen Gleitfuge ergibt sich trotz vergrößerter Stützung durch den Erddruck eine Verkleinerung der möglichen Ankerkraft. In noch stärkerem Maße sinkt jedoch bei unterer Einspannung die vorhandene Ankerkraft, so daß sich die Standsicherheit η = mögl A / vorh A vergrößert.

Das Verfahren kann mit hinreichender Genauigkeit auch auf den Fall der unteren Einspannung angewendet werden, wenn als rechnungsmäßiger Spundwandfußpunkt, zu dem die tiefe Gleitfuge geführt wird, der Querkraftnullpunkt im Einspannbereich angenommen wird. Dieser Punkt liegt an der Stelle des größten Einspannmomentes. Seine Lage kann daher der Spundwandberechnung entnommen werden. Das Schnittmoment in der Spundwand ist rechnungsmäßig ohne Einfluß auf die Standsicherheit der Verankerung, solange in der tiefen Gleitfuge einheitlicher Boden ansteht. Im anderen Fall kann eine verfeinerte Berechnung unter Berücksichtigung der Momentenwirkung durchgeführt werden.

8.4.9.5 Standsicherheit für den Fall, daß die Spundwand mit Erddruckumlagerung berechnet wurde

In diesem Fall darf der stützende Erddruck E_a nur in der Größe und Richtung berücksichtigt werden, in der er vorher in der Spundwandberechnung als Belastung der Wand angesetzt worden ist. Bei einer Spundwandberechnung nach E 77, Abschn. 8.2.1 ist daher die klassische Erddruckverteilung (entsprechend der Berechnung nach BLUM [9] und [38]) zugrunde zu legen.

8.4.9.6 Standsicherheit bei eingespannter Ankerwand

Ist die Ankerwand unten eingespannt, ist sinngemäß nach Abschn. 8.4.9.4 die tiefe Gleitfuge zu dem rechnungsmäßigen Fußpunkt in Höhe des Querkraftnullpunktes im Einspannbereich der Ankerwand zu führen.

8.4.9.7 Schlußbemerkung

Die Standsicherheit der Verankerung kann nach dem Vorstehenden mit Hilfe der tiefen Gleitfuge auch bei schwierigen Verhältnissen ohne besonderen Arbeitsaufwand ermittelt werden. Da die Praxis gezeigt hat, daß die Standsicherheit in der tiefen Gleitfuge unter Umständen größere Ankerlängen erfordert als das Verfahren mit dem Gleitlinienzug des Erddruckes und des Erdwiderstandes (hochliegender Gleitlinienzug), muß bei jedem Entwurf eines Spundwandbauwerkes die Standsicherheit für die tiefe Gleitfuge nachgewiesen werden. Zur Beschleunigung der Untersuchung kann von der Faustregel ausgegangen werden, daß bei freier Auflagerung der Uferspundwand die erforderliche Ankerlänge etwa der Länge der Spundbohlen gleich ist.
Bei der Untersuchung muß beachtet werden, daß hohe Grundwasserstände häufig zu einer Verminderung der Standsicherheit führen.
Bei der Wichtigkeit einer ausreichenden Verankerungsstandsicherheit und dem verhältnismäßig raschen Abfall der Sicherheit, der eintritt, sobald η den Wert 1,5 unterschreitet, muß auch für den Lastfall 3 in der Regel eine Sicherheit $\eta \geqq 1{,}5$ gefordert werden.

8.4.10 Sicherheit gegen Aufbruch des Verankerungsbodens (zu E 10)

Wenn die Standsicherheit für die tiefe Gleitfuge nachgewiesen ist, kann die Ermittlung der Ankerlänge nach dem Verfahren mit dem hochliegenden Gleitlinienzug entfallen.
Um den Aufbruch des Verankerungsbodens und damit das nach oben gerichtete Nachgeben der Ankerplatte oder Ankerwand zu vermeiden, muß jedoch nachgewiesen werden, daß die Summe der widerstehenden waagerechten Kräfte von Unterkante Ankerplatte oder Ankerwand bis Oberkante Gelände mindestens 1,5mal so groß ist wie die Summe aus dem waagerechten Anteil der Ankerkraft, dem waagerechten Anteil des Erddruckes auf die Ankerwand und einem etwaigen Wasserüberdruck auf diese.
Die Erddruck- und Erdwiderstandsflächen an der Ankerwand können beispielsweise nach den Tafeln von KREY, JUMIKIS oder CAQUOT-KÉRISEL/ABSI [5] ermittelt werden. Eine Nutzlast darf nur ungünstig hinter der Ankerwand oder Ankerplatte angesetzt werden. Desgleichen sind in

Frage kommende, ungünstig hohe Grundwasserstände zu berücksichtigen. Der Erdwiderstand vor der Ankerwand darf nur mit einem Wandreibungswinkel errechnet werden, der der Summe aller angreifenden lotrechten Kräfte einschließlich Eigengewicht und Erdauflast entspricht (Bedingung $\Sigma V = 0$ an der Ankerwand). Bei schräg nach oben gerichteten Ankerzügen ist ihr lotrechter Anteil ungünstig mit dem 1,5fachen Betrag in Rechnung zu stellen.

Diese Untersuchung sowie die Untersuchungen unter Abschn. 8.4.9 ersetzen nicht die allgemein zu fordernde Geländebruchuntersuchung nach DIN 4084, Teil 1.

8.4.11 Spundwandverankerungen in nicht konsolidierten, weichen bindigen Böden (E 50)

8.4.11.1 Allgemeines

Liegen Untergrundverhältnisse vor, deren Auswirkungen auf die Ausbildung und Berechnung von Uferspundwänden in E 43, Abschn. 8.2.13 behandelt worden sind, so sind auch bei den Verankerungen dieser Wände besondere Maßnahmen erforderlich, um nachteilige Auswirkungen der Setzungsunterschiede zu vermeiden.

Auch eine Uferspundwand, die schwimmend ausgebildet wird, steht mit ihrem Fuß im allgemeinen in einer Bodenschicht, die bereits steifer ist als die oberen Schichten. Es ist daher auch in solchen Fällen mit einer Bewegung des den Anker umgebenden Erdreiches gegenüber der Uferspundwand zu rechnen. Sie wirkt sich um so stärker aus, je mehr der Boden sich setzt und je weniger die Spundwand sich nach unten verschiebt. So kann eine starke Schrägstellung des Ankeranschlusses an der Uferspundwand eintreten. Schrägneigungen von 1:3 ursprünglich waagerecht eingebauter Anker sind bereits an Kaimauern mittlerer Höhe gemessen worden.

Wird der Anker landseitig an ein stehend gegründetes Bauwerk angeschlossen, gilt sinngemäß das gleiche.

Bei schwimmend gegründeten Ankerwänden sind die Setzungsunterschiede zu den Ankern im allgemeinen gering.

Wie die Beobachtungen an ausgeführten Bauwerken gezeigt haben, wird der Ankerschaft selbst bei weichem Boden bei der Setzung nach unten mitgenommen. Er schneidet kaum in den Boden ein, so daß er sich im Anschlußbereich an ein stehend gegründetes Bauwerk auch erheblich krümmen muß.

Bei den vorliegenden Verhältnissen wechseln im allgemeinen die Setzungen des Untergrundes im gesamten Verankerungsbereich, so daß auch über die Ankerlänge größere Setzungsunterschiede auftreten können. Daher muß sich der Ankerschaft biegen können, ohne dabei gefährdet zu werden.

8.4.11.2 Stahlkabelanker

Diese Forderung wird beispielsweise durch Stahlkabelanker erfüllt. Sie sind für alle praktischen Fälle ausreichend biegsam, ohne daß die zulässige Spannung herabgesetzt werden muß. Mit Rücksicht auf die Korrosion sollen aber nur patentverschlossene Stahlkabelanker, bei denen die Drähte profiliert sind und einen Bleimennige-Schutzfilm besitzen, angewendet werden. Als zusätzlichen Schutz erhalten die Anker außen noch einen Bitumenüberzug und eine doppelte Stahlbandumwicklung oder dergleichen. Bei außergewöhnlicher Korrosionsgefahr werden weitere Schutzüberzüge, die den besonderen Verhältnissen anzupassen sind, empfohlen. Wichtig ist, auch die Stahlkabelenden am Übergang in den Seilkopf oder in ein Betontragglied oder dergleichen einwandfrei zu isolieren.

Stahlkabelanker werden im allgemeinen aus den Stahlgüten St 140 oder St 150 ausgeführt mit einem mittleren Elastizitätsmodul von mindestens 150 000 MN/m^2 (E 20, Abschn. 8.2.4.4). Sie müssen wegen der großen Ankerdehnung vorspannbar und bei Verankerung an schwimmenden Ankerwänden an einem Ende auch nachspannbar ausgebildet werden. Dieses Ende liegt zweckmäßig auf der Wasserseite. Dort endet der Stahlkabelankerschaft in einem Seilkopf, in dem der Kabeldrahtbesen mit Weißmetall vergossen wird. An den Seilkopf schließt sich ein mit durchlaufendem Gewinde versehener kurzer Rundstahlanker an, der durch die Spundwand gesteckt wird und wasserseitig über ein Kippgelenk an die Spundwand angeschlossen wird. An dem überstehenden Gewindeende wird die Spannvorrichtung angesetzt. Nach dem Vor- bzw. Nachspannen wird das überschüssige Gewindeende abgebrannt. Gelenkiger Ankeranschluß s. E 20, Abschn. 8.2.4.3. Um dem Ankerende eine ausreichende Bewegungsfreiheit für die zu erwartende große Drehbewegung um den Gelenkpunkt zu geben, müssen die [-Stähle des Gurtes weit gespreizt werden. Häufig übersteigt aber die erforderliche Spreizung das baulich tragbare Maß, so daß der Anker unterhalb des Gurtes angeschlossen werden muß. Durch Verstärkungen an der Spundwand oder durch Zusatzkonstruktionen am Gurt muß dann für einen einwandfreien Kraftfluß in die Anker gesorgt werden.

8.4.11.3 Schwimmende Ankerwand

Bei einer schwimmenden Ankerwand genügt im allgemeinen der übliche Abstand der beiden [-Stähle, wobei der Anker zwischen diesen hindurchgeführt und hinter der Ankerwand mittels Kippgelenk an den Druckgurt angeschlossen wird (Bild 126).
Endet der Stahlkabelanker landseitig im Stahlbetongurt einer schwimmend ausgeführten Ankerwand oder dergleichen, wird er dort, zu einem Kabeldrahtbesen aufgeflochten, einbetoniert. Wird an einem stehend gegründeten Bauteil verankert, muß auch hier gelenkig angeschlossen

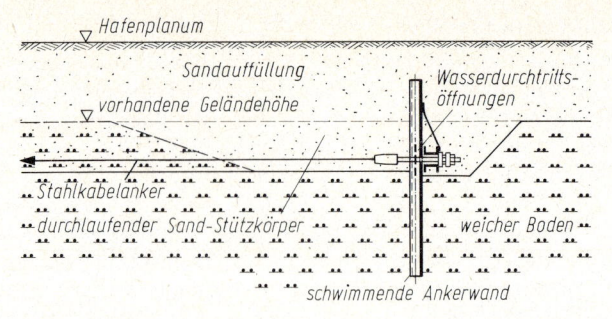

Bild 126. Schwimmende Ankerwand mit ausmittigem Ankeranschluß

werden, denn auch ein Stahlkabelanker darf nicht stärker als unter 5° abgelenkt werden.

8.4.11.4 Gurt

In den vorliegenden Fällen muß mit besonders weichen und wenig tragfähigen Zonen im Untergrund gerechnet werden, auch wenn sie nicht erbohrt sein sollten. Um diese Störschichten zu überbrücken, müssen die Gurte der Uferspundwand und der Ankerwand stark überbemessen werden. Im allgemeinen sollen, auch wenn statisch nicht erforderlich, als Gurt [-400 aus St 37-2, bei größeren Bauwerken aus St 52-3 angewendet werden. Stahlbetongurte müssen mindestens das gleiche Tragvermögen aufweisen. Sie werden in Blöcke von 6,00 bis 8,00 m Länge unterteilt. Ihre Fugen werden gegen waagerechte Bewegungen verzahnt (E 59, Abschn. 8.4.3).

8.4.11.5 Pfahlböcke

Die Ausbildung der hinteren Verankerung hängt davon ab, ob eine größere Verschiebung des Uferwandkopfes in Kauf genommen werden kann oder nicht. Ist eine Verschiebung nicht zulässig, muß an Pfahlböcken oder dergleichen verankert werden. Erscheint eine Verschiebung ungefährlich, ist die Verankerung an einer schwimmend gegründeten Ankerwand möglich. Hierbei müssen vor der Ankerwand die waagerechten Pressungen so gering bleiben, daß unzulässige Verschiebungen vermieden werden. Liegen örtliche Erfahrungen nicht vor, sind bodenmechanische Untersuchungen und Berechnungen – gegebenenfalls in Verbindung mit Probebelastungen – erforderlich.

8.4.11.6 Ausbildung

Wird das Gelände bis zum Hafenplanum mit Sand aufgefüllt, wird die in Bild 126 dargestellte Ausbildung empfohlen. Der weiche Boden vor der Ankerwand wird dabei bis knapp unter den Ankeranschluß ausgekoffert und durch ein verdichtetes Sandpolster von ausreichender Breite ersetzt. Die Anker können in Gräben verlegt werden, die entweder mit Sand verfüllt oder mit geeignetem Aushubboden sorgfältig ausgestampft werden. Die Ankerwand wird dann ausmittig angeschlossen, so daß sowohl in der Sandauffüllung als auch im Bereich des weichen Bodens die zulässigen waagerechten Bodenpressungen nicht überschritten werden. Hierbei kann in beiden Bereichen ausreichend genau mit gleichmäßig verteilten Pressungen gerechnet werden. Die Größe der Pressung ergibt sich aus den Gleichgewichtsbedingungen, bezogen auf den Ankeranschluß.

Bei dieser Lösung werden auch Ungleichmäßigkeiten in der Ankerwandbettung ausgeglichen.

Um Wasserüberdruck zu vermeiden, müssen in der Ankerwand Wasserdurchtrittsöffnungen angeordnet werden.

8.4.11.7 Standsicherheit

Die Standsicherheit für die tiefe Gleitfuge muß hier besonders sorgfältig überprüft werden. Die üblichen Untersuchungen nach E 10, Abschn. 8.4.9 für den Endzustand reichen in diesem Fall nicht aus. Die Scherfestigkeit muß für den nicht konsolidierten Zustand ermittelt und der Berechnung zugrunde gelegt werden (Anfangsfestigkeit), wobei die Sicherheit $\eta = 1{,}5$ nachzuweisen ist.

8.4.12 Ausbildung, Verankerung und Berechnung vorspringender Kaimauerecken in verankerter Spundwandkonstruktion in Seehäfen (E 31)

8.4.12.1 Frühere Ausbildung und ihre Nachteile

An Kaimauerecken wurden früher die Stahlspundwände vielfach durch schräge Anker in sich verankert. Dadurch sind Schäden entstanden, weil die Schräganker hohe zusätzliche Zugbeanspruchungen in den Gurten erzeugen, deren Höchstwert am letzten Schrägankeranschluß auftritt. Da wellenförmige Spundbohlen gegen waagerechte Beanspruchungen in der Längsrichtung des Ufers verhältnismäßig nachgiebig sind, ist für die Übertragung der Zugkräfte aus den Gurten über die Spundbohlen in den Baugrund eine beträchtliche Länge der Uferwände erforderlich. Besonders gefährdet sind dabei die Gurtstöße. Auf E 132, Abschn. 8.2.10 wird hierzu besonders hingewiesen.

8.4.12.2 Empfohlene kreuzweise Verankerung

Die unter Abschn. 8.4.12.1 genannten Zugkräfte treten in den Gurten nicht auf, wenn eine kreuzweise Verankerung nach Bild 127 angewendet wird. Damit die Anker sich nicht gegenseitig stören, müssen Ankerlagen und Gurte um die Ankerdicke am Spannschloß, vermehrt um ein zusätzliches Spiel, in der Höhe versetzt angeordnet werden. Kantenpoller erhalten eine unabhängige Zusatzverankerung.

8.4.12.3 Gurte

Die Gurte an der Uferspundwand werden als Zuggurte in Stahl ausgebildet und der Form der Uferwand angepaßt. Die Gurte an den Ankerwänden werden aus Stahl oder aus Stahlbeton als Druckgurte hergestellt. Die Übergänge von den Gurten des Eckblockes zu den Gurten der Uferwände und der Ankerwände sowie die Kreuzung der Ankerwandgurte werden so gestaltet, daß die Gurte sich unabhängig bewegen können. Vor den Ankerwänden erhalten Gurte und Holme einen Laschenstoß mit Langlöchern.

8.4.12.4 Ankerwände

Die Lage der Ankerwände und ihre Ausbildung im Eckblock richten sich nach der der Uferwände. Die Ankerwände werden an der Ecke bis zur Uferwand durchgeführt (Bild 127), werden aber zweckmäßig in der Endstrecke gestaffelt bis zur Hafensohle gerammt, damit in Havariefällen der Hinterfüllungsboden an der besonders gefährdeten Ecke nur bis zu den Ankerwänden auslaufen kann. Auch wenn anstelle von Ankerwänden einzelne Ankerplatten, z.B. aus Stahlbeton, angewendet werden, empfiehlt sich diese Maßnahme.

8.4.12.5 Holzauskleidung

Schiff und Kaimauerecke werden geschont, wenn die Spundwandtäler an der Ecke mit geeigneten Wasserbauhölzern ausgefuttert werden. Diese Futter sollen etwa 5 cm vor die äußere Spundwandkante vorragen (Bild 127).

8.4.12.6 Ausrundung und Stahlbetonverstärkung der Mauerecke

Da vorspringende Kaimauerecken durch den Schiffverkehr besonders gefährdet sind, sollen sie möglichst ausgerundet und gegebenenfalls auch durch eine kräftige Stahlbetonwand verstärkt werden.

8.4.12.7 Sicherung durch einen vorgesetzten Dalben

Wenn der Schiffsverkehr es erlaubt, soll jede Kaimauerecke durch einen vorgesetzten elastischen Dalben geschützt werden.

8.4.12.8 Standsicherheitsnachweis

Der Standsicherheitsnachweis für die Verankerung wird für jede Uferwand getrennt nach E 10, Abschn. 8.4.9 geführt. Ein besonderer Nachweis für den Eckblock ist nicht nötig, wenn entsprechend Bild 127 die

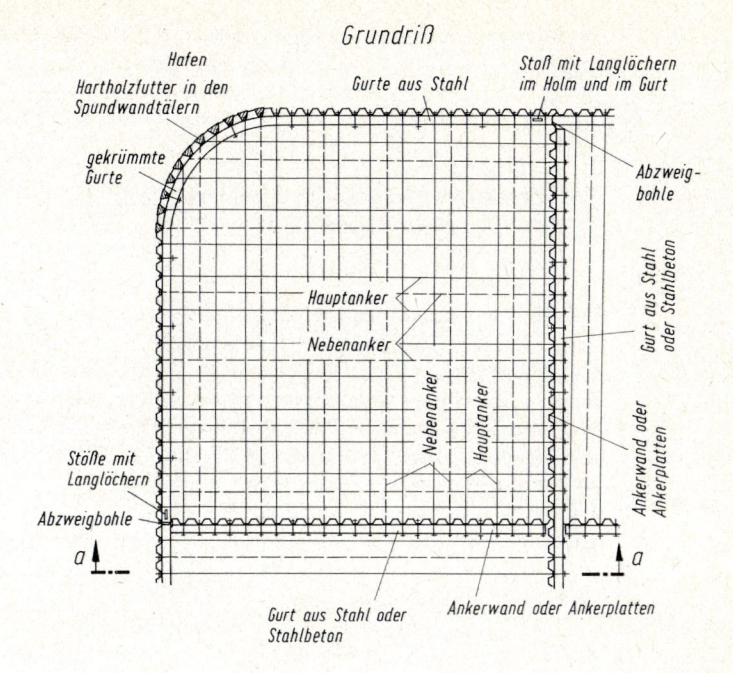

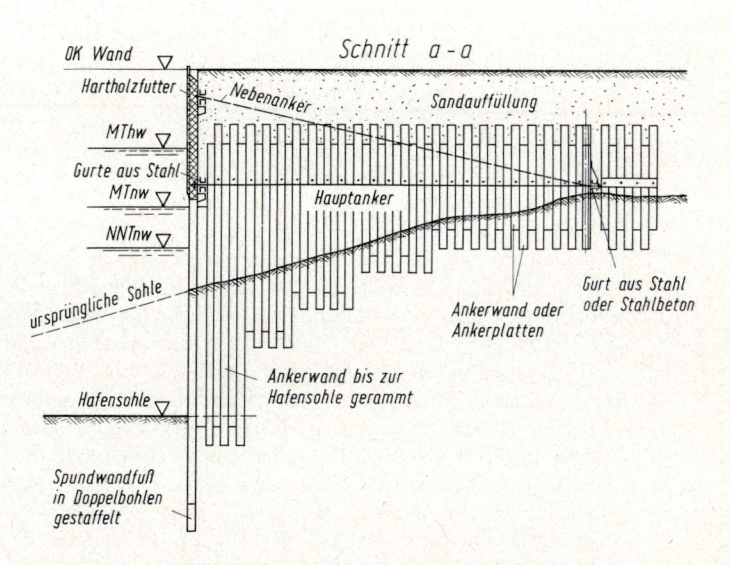

Bild 127. Verankerung vorspringender Kaimauerecken in Spundwandkonstruktion in Seehäfen

Verankerungen der Uferwände bis zur anderen Spundwand durchgeführt werden.
In sich geschlossene Molenköpfe werden nach anderen Grundsätzen gestaltet und berechnet.

8.4.13 Ausbildung vorspringender Kaimauerecken mit Schrägpfahlverankerung (E 146)

8.4.13.1 Allgemeines

Die Ecken von Kaimauern sind durch den Schiffsverkehr besonders gefährdet. Sie haben nach E 12, Abschn. 5.8.2 als Endpunkt von Großschiffsliegeplätzen in vielen Fällen auch hochbelastete Poller aufzunehmen. In Seehäfen werden sie im jeweils erforderlichen Umfang auch mit Fenderungen – die ein höheres Arbeitsvermögen als in den angrenzenden Kaimauerabschnitten aufweisen – ausgerüstet. Insgesamt sollen sie robust und möglichst steif ausgeführt werden.

Da solche Kaimauerecken vorteilhaft auch mit Schrägpfahlverankerung ausgeführt werden können, wird in Ergänzung zur Lösung mit Rundstahlverankerung nach E 31, Abschn. 8.4.12 hier die Lösung mit Pfahlverankerung behandelt.

8.4.13.2 Ausbildung des Eckbauwerks

Die zweckmäßigste Ausbildung von Kaimauerecken mit Schrägpfahlverankerung kann aufgrund der örtlichen Gegebenheiten und der späteren hafentechnischen Nutzung sehr unterschiedlich sein. Sie ist weitgehend abhängig von der konstruktiven Gestaltung der anschließenden Kaimauern, dem zu überbrückenden Geländesprung und dem eingeschlossenen Winkel. Ausführungstechnisch wird die zu wählende Konstruktion durch die vorhandene Wassertiefe und den anstehenden Baugrund entscheidend beeinflußt.

Um ein ordnungsgemäßes Einbringen der an den Ecken sich überschneidenden Schrägpfähle zu gewährleisten, müssen bestimmte Forderungen bezüglich des gegenseitigen Abstands der Pfähle an allen Überschneidungsstellen eingehalten werden. Während die lichten Abstände sich kreuzender Pfähle oberhalb der anstehenden Sohle noch verhältnismäßig klein gehalten werden können (etwa 25 bis 50 cm), sollten bei langen Pfählen – vor allem bei festgelagerten, schwer rammbaren Böden – die lichten Abstände unter der Sohle an allen Kreuzungspunkten mindestens 1,0 m, besser aber 1,5 m betragen. Bei steinhaltigen, aber noch rammfähigen Böden, bei denen ein stärkeres Verlaufen langer Pfähle wahrscheinlich ist, sollte der Abstand in größerer Tiefe jedoch mindestens 2,5 m betragen. Bei der Errechnung der lichten Abstände der Pfähle sind vorhandene Stahlflügel stets mit zu berücksichtigen.

Um diese Forderungen erfüllen zu können, müssen die Abstände und

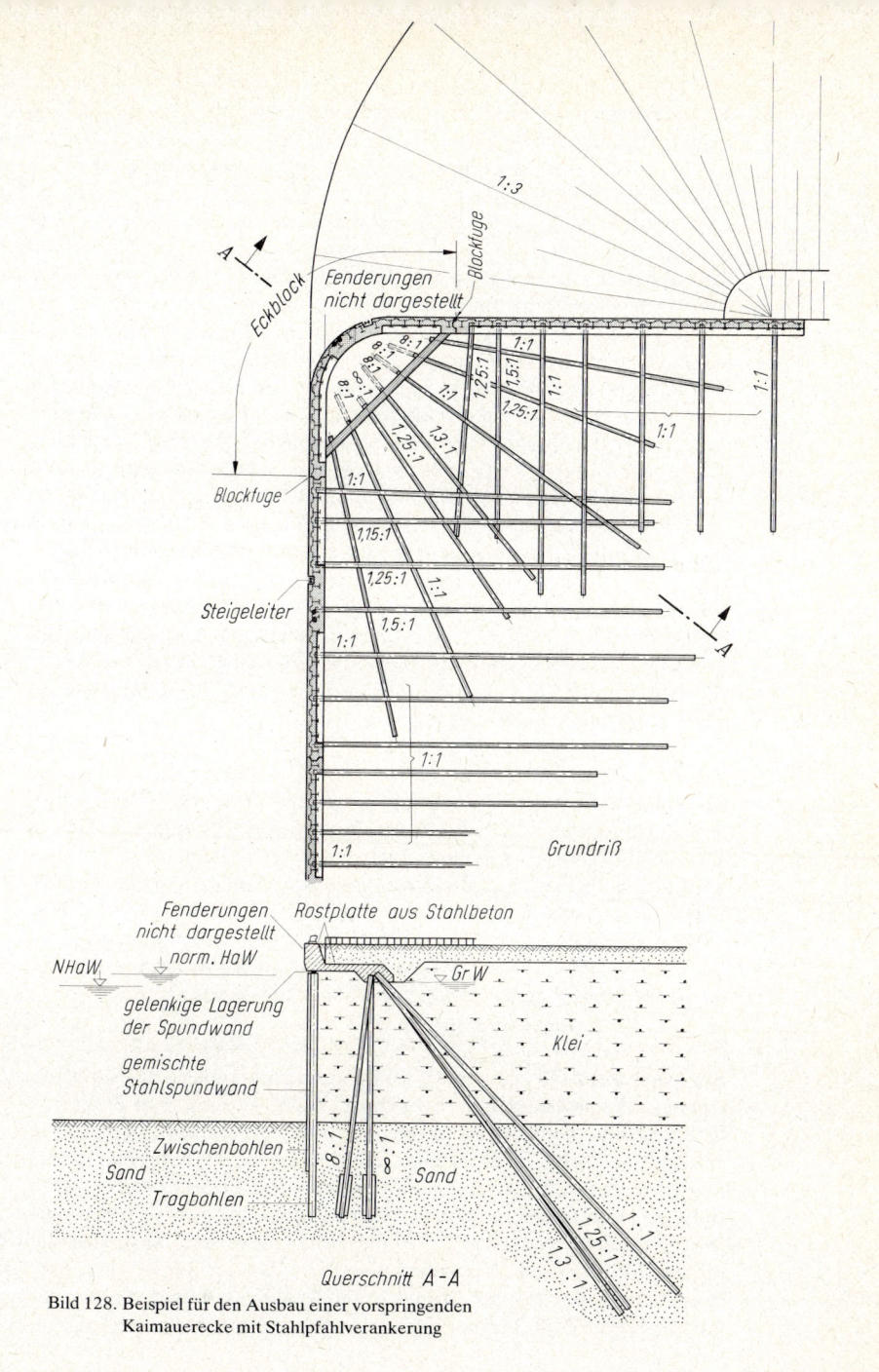

Bild 128. Beispiel für den Ausbau einer vorspringenden Kaimauerecke mit Stahlpfahlverankerung

die Neigungen der Pfähle entsprechend variiert werden. Letztere sollten wegen des unterschiedlichen Tragverhaltens verschieden geneigter Pfähle einer zusammengehörenden Pfahlgruppe aber nicht zu sehr voneinander abweichen.

Sollten im Bereich der Kaimauerecke auch hoch belastete Poller oder sonstige Ausrüstungsteile, wie Abspannkonstruktionen von Förderbändern und dergleichen, tief zu gründen sein, empfiehlt sich in den meisten Fällen die Ausbildung eines besonderen Eckblocks aus Stahlbeton mit tief gegründeter Rostplatte. Letztere wird dann auf der Spundwand gelenkig gelagert. Dies gilt auch allgemein für Kaimauerecken, bei denen eine ordnungsgemäße Lage der Pfähle durch veränderte Pfahlneigungen und -abstände sonst nicht erreicht werden kann. Bei solchen Eckausbildungen werden die im Eckbereich erforderlichen Zugpfähle zweckmäßig im rückwärtigen Teil der Rostplatte angeordnet. Sie liegen dadurch in einer anderen Ebene als die Zugpfähle der angrenzenden Kaimauerabschnitte, wodurch störende Überschneidungen der Pfähle wesentlich leichter vermieden werden können. Infolge der dabei benötigten zusätzlichen Druckpfähle am hinteren Plattenrand und der erforderlichen Rostplatte sind solche Ausführungen aber kostenaufwendiger. Sie bieten jedoch die Gewähr einer ordnungsgemäßen Bauausführung. Bild 128 zeigt hierfür ein kennzeichnendes ausgeführtes Beispiel.

Die Abschn. 8.4.12.5 und 8.4.12.7 in E 31 sind auch für Kaimauerecken mit Schrägpfahlverankerung gültig.

8.4.13.3 Verwendung maßstabgetreuer Modelle

Um spätere Rammschwierigkeiten auszuschließen, sollte bereits während der Projektbearbeitung schwieriger Eckausbildungen ein kleines, aber noch ausreichend genaues maßstabgetreues Modell zur Überprüfung angefertigt werden. Mit einem größeren Modell — etwa im Maßstab 1:10 — sollte später auch auf der Baustelle gearbeitet werden. Dabei müssen alle Pfähle nach der tatsächlichen eingebrachten Lage angeordnet werden, um bei den weiteren Pfählen etwa erforderliche Korrekturen in Lage und Neigung richtig vornehmen zu können.

8.4.13.4 Nachweis der Standsicherheit der Eckblöcke

Bei den Eckausbildungen mit Schrägpfahlverankerung ist nachzuweisen, daß alle Pfähle im gesamten Eckbereich die auftretenden Kräfte aus Erd- und Wasserüberdruck mit den nach E 26, Abschn. 9.1 geforderten Sicherheiten aufnehmen können. Hierbei ist jede Wand der Ecke für sich zu betrachten. Bei Ecken mit zusätzlichen Belastungen, beispielsweise aus Eckstationen, Pollern, Fendern und sonstigen Ausrüstungsteilen, ist nachzuweisen, daß die Pfähle in der Lage sind, zusätzlich auch diese Kräfte einwandfrei aufzunehmen.

Wenn sich in der Bauausführung größere Pfahländerungen ergeben sollten, sind deren Einflüsse in einer Zusatzberechnung nachzuweisen.

8.4.14 Gelenkige Auflagerung von Ufermauerüberbauten auf Stahlspundwänden (E 64)[1])

8.4.14.1 Allgemeines

Ufermauerüberbauten können auf Stahlspundwänden gelenkig oder eingespannt gelagert werden. Die gelenkige Lagerung ist bei voll hinterfüllter hoher Spundwand günstiger. Bei oberer Einspannung der Spundwand ergibt sich sonst ein großes Einspannmoment, das häufig Lamellenverstärkungen am Spundwandkopf erfordert. Das Einspannmoment führt zu einer schwereren Verankerung, einer erhöhten Belastung der Pfahlgründung und zu einer starken zusätzlichen Biegebeanspruchung des Überbaus, der das Einspannmoment der Spundwand aufnehmen muß. Bauwerksbewegungen und etwaige spätere Vertiefungen der Hafensohle wirken sich im gesamten Bauwerk ungünstig aus.

8.4.14.2 Vorteile der gelenkigen Auflagerung

Beim gelenkigen Anschluß ist die in ihrem Verhalten und in ihren Verformungsgrößen anders geartete Spundwand vom stets wesentlich steiferen Überbau weitgehend getrennt. Die Gelenkkraft wird an einer für den Überbau günstigen Stelle übertragen.

Unvermeidliche Bauwerksbewegungen und spätere Hafenvertiefungen wirken sich auf den Überbau nur unwesentlich aus. Der Gelenkanschluß führt zudem zur geringstmöglichen Ankerkraft und damit zu einer besonders wirtschaftlichen Gründung des Überbaus.

Das größte Spundwandmoment liegt im Feld unterhalb der Zone des stärksten Korrosionsangriffs. Es ist bei hinterfüllten Spundwänden kleiner als das Kopfmoment bei oberer Einspannung.

Diese Vorteile der gelenkigen Auflagerung können aber nur voll ausgenutzt werden, wenn der Gelenkanschluß nach den Regeln des Stahlbaus einwandfrei ausgeführt wird. Bei unklarer Ausbildung können – insbesondere bei hohen Bauwerken mit großen waagerechten Spundwandbelastungen – Schäden im Auflagerbereich eintreten.

8.4.14.3 Bauliche Ausbildung

Die Auflagerung muß dem Spundwandsystem und dem Überbau angepaßt werden.

(1) Wellenprofilwand

Bild 129 zeigt kennzeichnende Ausführungsbeispiele für eine Wellenprofilwand mit geschweißtem oder geschraubtem Ankeranschluß und Einzellagern beziehungsweise durchlaufender, exzentrisch angeschweißter Lagerleiste. Letztere gewährleistet einen dichten Abschluß am Gelenk und ist daher vor allem bei Schleusenwänden und dergleichen zu empfehlen.

---

[1]) Eine Empfehlung über die Ausbildung bei eingespannter Auflagerung wird noch herausgebracht.

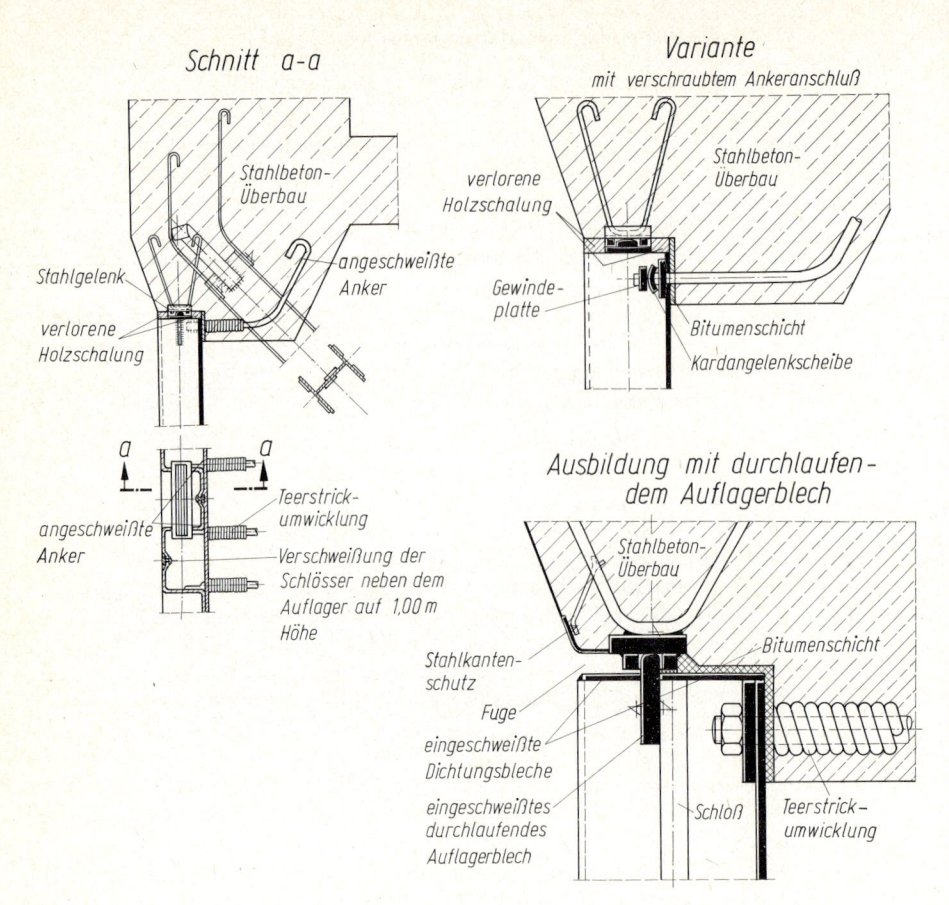

Bild 129. Gelenkige Auflagerung des Überbaus auf einer wellenförmigen Stahlspundwand mittels angeschweißter Stahllager

Bild 130 zeigt eine Ausführung, bei welcher der vordere Flansch einer Spundwand in Form eines Fließgelenkes in den Überbau einbindet. Hier wird eine besonders große Ausmittigkeit der Axialkrafteinleitung erzielt. Zur einwandfreien Krafteinleitung muß der Überbau etwa 30 cm vor die Spundwandvorderkante reichen. Um ein Unterhaken der Schiffe zu vermeiden, wird in Tidegebieten an jeder zweiten Doppelbohle ein Stahlabweiser angebracht. In Häfen ohne Tide sind Abstände bis zu fünf Doppelbohlenbreiten zulässig.

Die bei der Ausführung nach den Bildern 129 und 130 vorhandene geringe Ausmittigkeit der waagerechten Verankerung gegenüber dem lotrechten Lager spielt keine Rolle, da die Weichheit der Spundbohlen

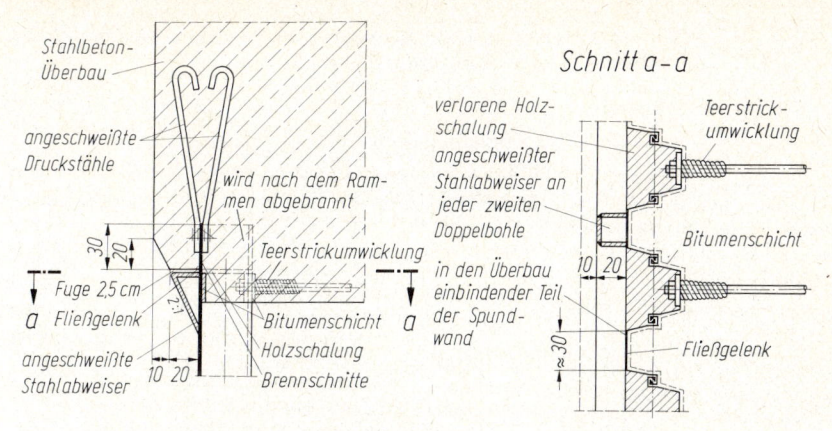

Bild 130. Gelenkige Auflagerung des Überbaus auf einer wellenförmigen Stahlspundwand unter Verwendung eines Fließgelenks

im Querschnitt und die Dehnung der Anker eine ausreichende Nachgiebigkeit gewährleisten.

(2) Gemischte Spundwand
Die Bilder 131 und 132 zeigen ausgeführte Beispiele für gemischte (kombinierte) Stahlspundwände.
In Fällen mit reinem Gelenkanschluß nach den Bildern 131 und 132 müssen die Überbauten, auch in Achsrichtung der Spundwand, gut an-

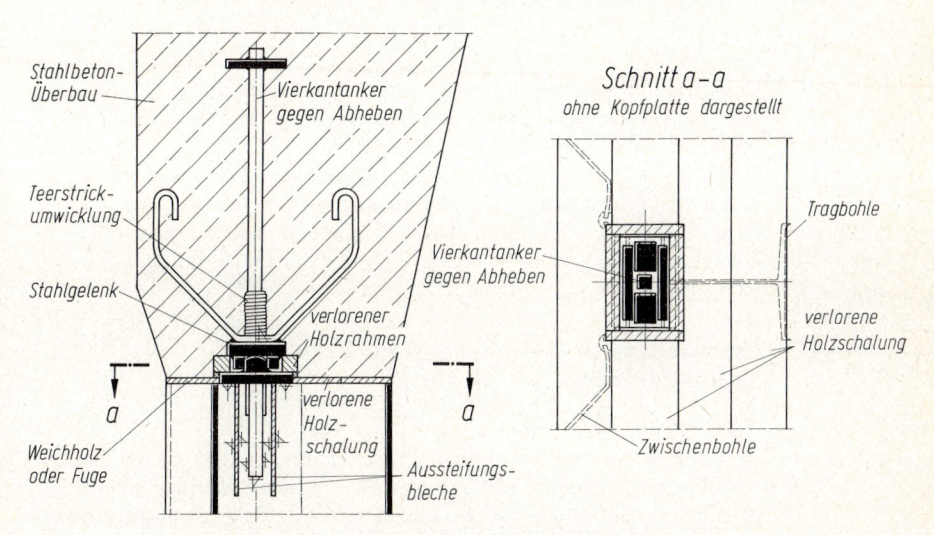

Bild 131. Gelenkige Auflagerung des Überbaus auf einer gemischten Stahlspundwand mittels angeschweißter Einzelgelenke

geschlossen werden, damit ein Abheben vom Lager auch bei schweren Stößen und Druckwellen vermieden wird.

8.4.14.4 Baustoffe

Die Bauteile des Kopfgelenkes werden im allgemeinen aus St 37-2 ausgeführt und im Hinblick auf Korrosion überbemessen.
Auch andere einwandfreie Lagerausbildungen sind technisch möglich und anwendbar.

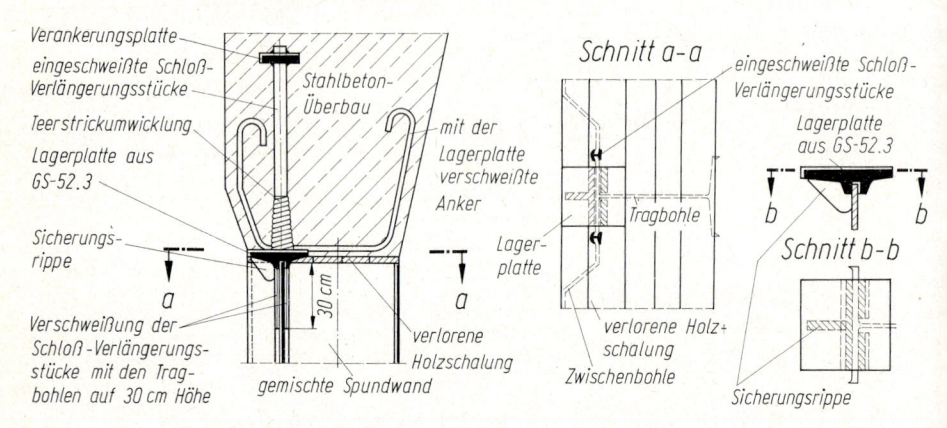

Bild 132. Gelenkige Auflagerung des Überbaus auf einer gemischten Stahlspundwand mittels Gelenkteilen aus Stahlguß

8.4.14.5 Dichtung der Gelenkfuge

Reicht der Boden hinter der Spundwand bis an oder über die Gelenkfuge, so daß bei Wellenschlag oder Wasserüberdruck Auswaschungen zu befürchten sind, muß die Gelenkfuge dagegen einwandfrei abgedichtet werden. Hierfür ist fallweise auch die Sicherung durch einen richtig gestalteten kräftigen Mischkiesfilter geeignet.

Eine einwandfreie Dichtung der Gelenkfuge ist auch erforderlich, wenn ein größerer Hohlraum hinter der Spundwand sonst im Laufe der Zeit aufschlicken würde.

8.4.15 Gelenkiger Anschluß gerammter Stahlankerpfähle an Stahlspundwandbauwerke (E 145)

8.4.15.1 Allgemeines

Der gelenkige Anschluß gerammter Stahlankerpfähle an ein Spundwandbauwerk ermöglicht die erwünschte, weitgehend unabhängige gegenseitige Verdrehung der Bauteile und führt dadurch zu klaren und einfachen statischen Verhältnissen und zu wirtschaftlich günstigen Anschlußkonstruktionen.

Verdrehungen im Anschlußbereich der Spundwand entstehen zwangsläufig infolge Durchbiegung derselben. Sie können aber auch am Kopf des Stahlankerpfahls auftreten, besonders dann, wenn außer einer gewissen Abwärtsbewegung des aktiven Erddruckgleitkeils auch noch starke Setzungen und/oder Sackungen im gewachsenen oder aufgefüllten Erddreich hinter der Spundwand stattfinden. In solchen Fällen ist der gelenkige Anschluß dem in E 59, Abschn. 8.4.3 beschriebenen eingespannten vorzuziehen.

Die Anschlußteile müssen nach den Grundsätzen des Stahlbaus einwandfrei sicher und wirksam ausgebildet werden.

8.4.15.2 **Hinweise zur Ausbildung der Gelenkanschlußteile**

Die Gelenkigkeit kann durch einfach oder doppelt angeordnete Gelenkbolzen bzw. durch plastische Verformung eines dafür geeigneten Bauteils (Fließgelenk) erreicht werden. Auch eine Kombination von Bolzen und Fließgelenk ist möglich.

(1) Planmäßige Fließgelenke sind so anzuordnen, daß sie einen ausreichenden Abstand von Stumpf- und Kehlnähten haben und somit ein Fließen von Schweißnahtverbindungen soweit irgend möglich ausgeschlossen wird.

Flankenkehlnähte sollen in der Kraftebene bzw. in der Ebene des Zugelements liegen, damit ein Abschälen sicher vermieden wird. Andernfalls ist durch sonstige Maßnahmen ein Abschälen zu verhindern.

(2) Jede quer zur planmäßigen Zugkraft des Ankerpfahls angeordnete Schweißnaht kann als metallurgische Kerbe wirksam werden.

(3) Nicht beanspruchungs- und schweißgerecht angebrachte Montagenähte in schwierigen Zwangslagen erhöhen die Versagenswahrscheinlichkeit.

(4) Bei schwierigen Anschlußkonstruktionen auch mit gelenkigem Anschluß empfiehlt es sich, den wahrscheinlichen Fließgelenkquerschnitt bei Einwirkung der planmäßigen Normalkräfte im Zusammenwirken mit möglichen Zusatzbeanspruchungen, beispielsweise aus Erdauflasten, aus bewegten Verkehrslasten und dergleichen, zu untersuchen (vgl. E 59, Abschn. 8.4.3). Für die Bemessung von Fließgelenken werden die „Richtlinien zur Anwendung des Traglastverfahrens im Stahlbau" – DASt Richtlinie 008 – vom März 1973 empfohlen.

(5) Kerben aus plötzlichen Steifigkeitssprüngen, beispielsweise bei Brennkerben im Pfahl und/oder metallurgischen Kerben aus Quernähten, sowie sprunghafte Vergrößerungen von Stahlquerschnitten, beispielsweise durch aufgeschweißte, sehr dicke Laschen, sollen – vor allem in möglichen Fließbereichen der auf Zug beanspruchten Ankerpfähle – vermieden werden, da sie verformungslose Brüche auslösen können.

Einige kennzeichnende Ausführungsbeispiele gelenkiger Anschlüsse von Stahlankerpfählen sind in den Bildern 133 bis 137 dargestellt.

8.4.15.3 Bauausführung

Die Stahlankerpfähle können abhängig von den örtlichen Verhältnissen und von der Konstruktion zeitlich an sich sowohl vor als auch nach der Spundwand gerammt werden. Ist die Lage des Anschlusses abhängig vom Rhythmus des Spundwandsystems, wie beispielsweise beim Anschluß im Tal einer wellenförmigen oder an der Tragbohle einer ge-

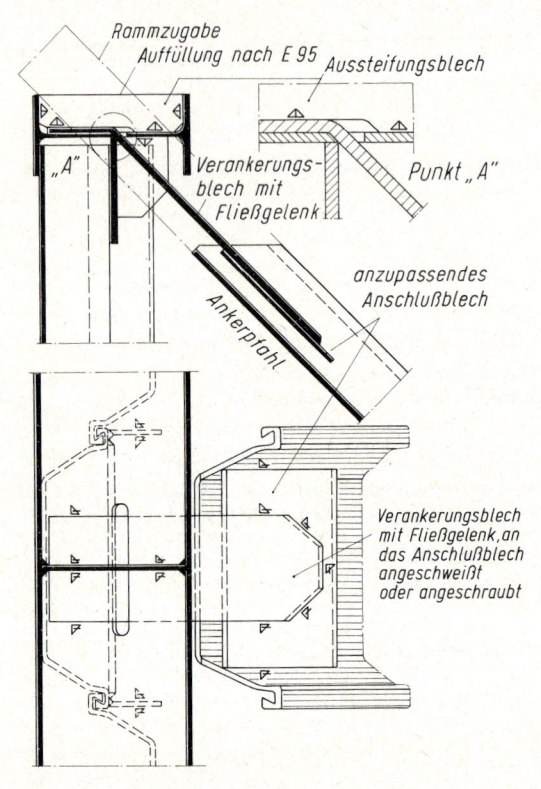

Bild 133. Gelenkiger Anschluß eines leichten Stahlankerpfahls an eine leichte Stahlspundwand durch Lasche und Fließgelenk

mischten Stahlspundwand, ist darauf zu achten, daß die Abweichung des oberen Pfahlendes von seiner planmäßigen Lage möglichst gering ist. Dieses wird am besten erreicht, wenn die Ankerpfähle nach der Spundwand gerammt werden. Die Anschlußkonstruktion muß aber stets so gestaltet werden, daß gewisse Abweichungen und Verdrehungen ausgeglichen und aufgenommen werden können.

Wird der Stahlpfahl unmittelbar über dem oberen Ende der Spundwand bzw. durch ein Fenster in der Spundwand gerammt, ermöglicht die

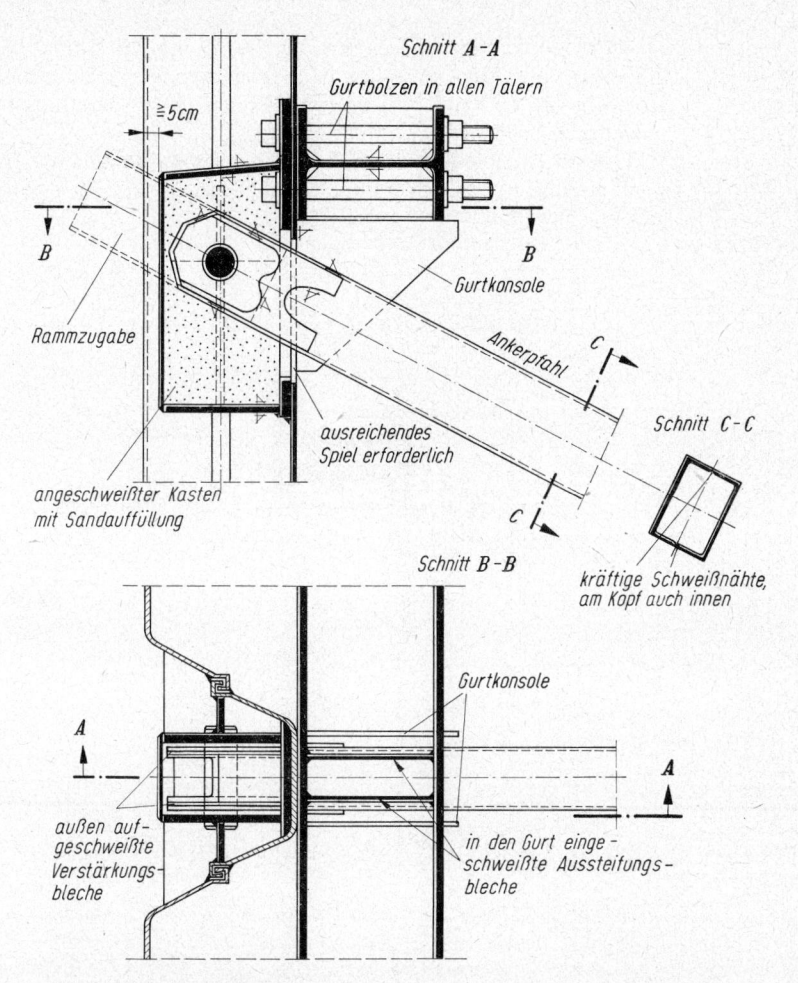

Bild 134. Gelenkiger Anschluß eines Stahlankerpfahls an eine schwere Stahlspundwand durch Gelenkbolzen

Spundwand eine wirksame Führung bei seinem Einbauvorgang. Ein Rammfenster kann auch in der Weise erreicht werden, daß das obere Ende der zu verankernden Doppelbohle zunächst durchgebrannt und angehoben und später wieder abgesenkt und verschweißt wird.

Die geringste Fensteröffnung ergibt sich bei gerammten, verpreßten Ankerpfählen mit Rundstahlanker und aufschraubbarem Pfahlschuh. Stahlpfähle, die nicht bis zu ihrem oberen Ende in den Boden einbinden, erlauben ein gewisses Ausrichten des Pfahlkopfs für den Anschluß.

Je nach der Ausführung des Anschlusses ist bei der Ermittlung der Pfahllänge eine Zugabe für das Abbrennen des obersten eventuell im Gefüge gestörten Pfahlendes nach dem Rammen bzw. für das Rammen selbst vorzusehen.

Schlitze für Anschlußlaschen sollen sowohl bei den Bohlen der Spundwand als auch bei den Ankerpfählen möglichst erst nach dem Rammen angebracht werden.

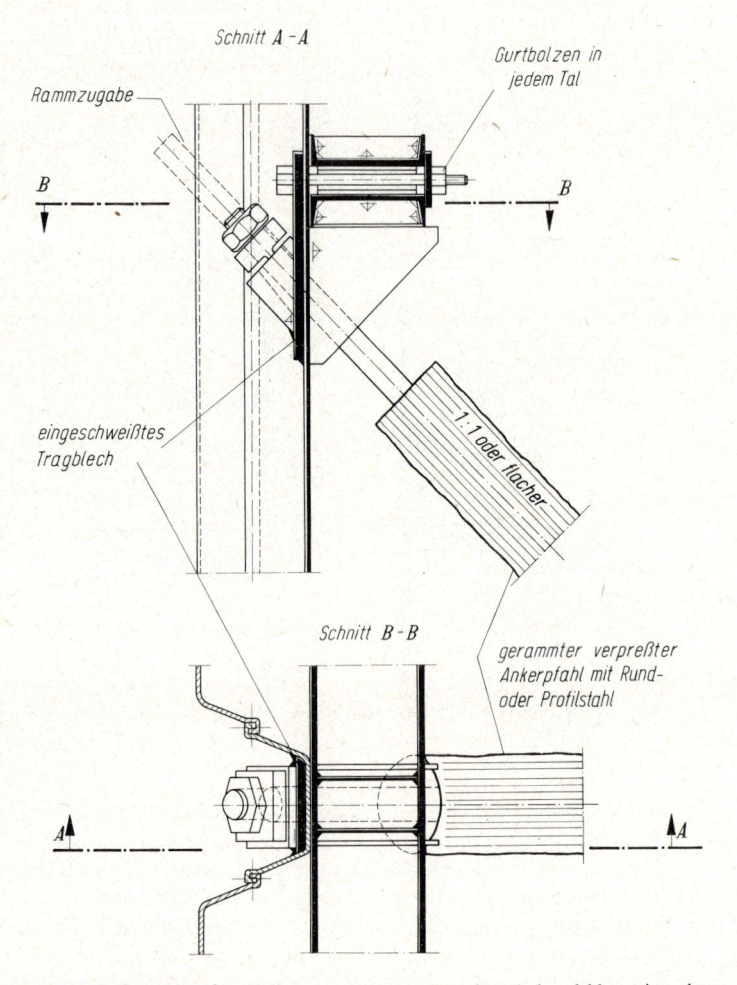

Bild 135. Gelenkiger Anschluß eines gerammten verpreßten Ankerpfahls an eine schwere Stahlspundwand

8.4.15.4 Konstruktive Ausbildung des Anschlusses

Der gelenkige Anschluß wird bei wellenförmigen Spundwänden – vor allem bei solchen mit der Schloßverbindung in der Schwerachse (Larssen) – im allgemeinen im Wellental oder bei gemischten Spundwänden am Steg der Tragbohlen angeordnet.

Bei kleineren Zugkräften – insbesondere in einer freien Kanalstrecke – kann der Stahlpfahl auch am Holmgurt, der am Kopf der Spundwand befestigt wird (Bild 133), oder an einem Gurt hinter der Spundwand mittels Lasche und Fließgelenk angeschlossen werden. Auf die Gefährdung durch Korrosion ist dabei besonders zu achten. Auf E 95, Abschn. 8.4.4 wird bei Ufereinfassungen mit Güterumschlag und an Liegestellen besonders hingewiesen.

Zwischen dem Anschluß im Wellental bzw. am Steg und dem oberen Pfahlende werden häufig Zugelemente aus Rundstahl bzw. Flach- oder Breitflachstahl (Zuglaschen) angeordnet (Bilder 136 und 137). Beim Rundstahlanschluß mit eingeschnittenem Gewinde sowie mit Unterlagplatte, Gelenkscheibe und Mutter kann die Anschlußkonstruktion auch angespannt werden (Bild 135).

Neben dem gelenkigen Anschluß im Wellental der Spundwand, im Holmgurt oder im Steg der Tragbohle kann in besonderen Fällen ein weiteres Gelenk im Anschlußbereich des Ankerpfahlendes angeordnet werden. Diese Lösung – in Bild 137 für den Fall mit doppelten Tragbohlen dargestellt – kann, etwas variiert, auch bei Einfachtragbohlen angewendet werden.

Der Ankerpfahl kann aber auch durch eine Öffnung im Wellental einer Spundwand gerammt und dort über eine eingeschweißte Stützkonstruktion gelenkig angeschlossen werden (Bild 134).

Liegt der Anschluß im wasserseitigen Wellental einer Spundwand, müssen alle Konstruktionsteile mindestens 5 cm hinter der Spundwandflucht enden. Außerdem ist die Durchdringungsstelle zwischen Pfahl und Spundwand sorgfältig gegen Auslaufen und/oder Ausspülen von Boden zu sichern (z.B. mit einem zusätzlichen äußeren Schutzkasten nach Bild 134).

Je nach der gewählten Konstruktion sollten Anschlußlösungen bevorzugt werden, die weitgehend in der Werkstatt vorbereitet werden können und ausreichende Toleranzen aufweisen. Umfangreiche Einpaßarbeiten auf der Baustelle erfordern hohe Kosten und sind daher möglichst zu vermeiden.

8.4.15.5 Statischer Nachweis für den Anschluß

Maßgebend für den Anschluß ist zunächst die aus der Spundwandberechnung sich ergebende Ankerkraft. Es empfiehlt sich aber, alle Ankeranschlußteile für die beim gewählten Ankersystem zulässige Ankerkraft zu bemessen. Belastungen von der Wasserseite, wie Schiffstoß, Eisdruck bzw. durch Bergsenkungen usw., können die im Stahlpfahl

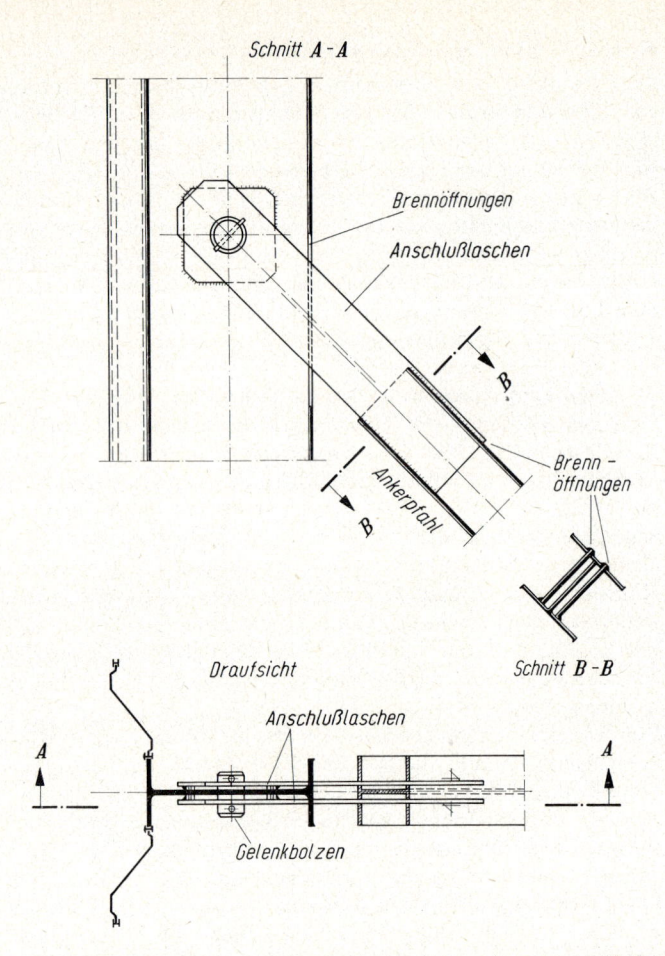

Bild 136. Gelenkiger Anschluß eines Stahlankerpfahls an eine gemischte Stahlspundwand mit Einzeltragbohlen durch Gelenkbolzen

vorhandene Zugkraft zeitweise abbauen bzw. sogar in eine Druckkraft umwandeln. Wenn erforderlich, sind entsprechende Nachweise für den Anschluß und für die Knickbeanspruchung eines am Kopf freistehenden Pfahls oder des Pfahlanschlusses zu führen. Fallweise ist auch Eisstoß zu berücksichtigen.

Wenn möglich, soll der Anschluß im Schnittpunkt von Spundwand- und Pfahlachse angeordnet werden (Bilder 133, 134, 136 und 137). Bei größeren Abweichungen sind Zusatzmomente in der Spundwand anzusetzen.

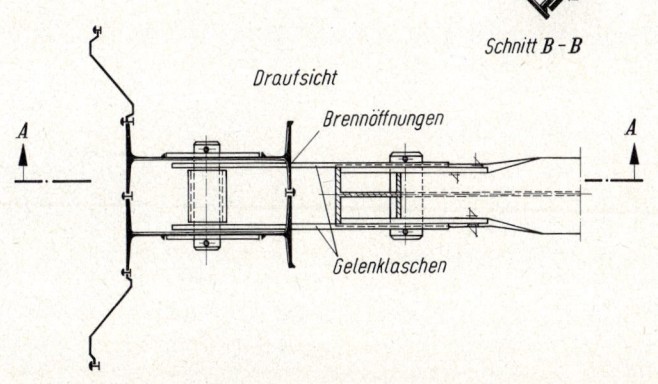

Bild 137. Gelenkiger Anschluß eines Stahlankerpfahls an eine gemischte Stahlspundwand mit Doppeltragbohlen durch Laschengelenk

Die der Pfahlkraft entsprechenden lot- und waagerechten Teilkräfte sind auch in den Anschlußkonstruktionen an die Spundwand und – wenn nicht jedes tragende Wandelement verankert wird – im Gurt und seinen Anschlüssen zu berücksichtigen. Muß mit einer lotrechten Belastung durch Bodeneinflüsse gerechnet werden, ist auch sie in den Auflagerkräften und Anschlüssen zu erfassen.

Bei Anschlüssen im Wellental ist durch eine ausreichend breite Unterlagsplatte die waagerechte Teilkraft in die Bohlenstege einzuleiten

315

(Bild 135). Die Schwächung des Spundwandquerschnitts ist zu beachten. Fallweise können dabei Spundwandverstärkungen im Anschlußbereich erforderlich werden.

Bei den Anschlußkonstruktionen, insbesondere im Bereich des oberen Ankerpfahlendes, ist auf einen stetigen Kraftfluß zu achten. Wenn bei schwierigen, hochbelasteten Anschlußkonstruktionen der Kraftfluß nicht einwandfrei überblickt werden kann, sollten die rechnerisch ermittelten Abmessungen und Beanspruchungen stets durch mindestens zwei bis zum Bruch geführte Probebelastungen an Werkstücken im Maßstab 1 : 1 überprüft werden.

9 Ankerpfähle

9.1 Sicherheit der Verankerung (E 26)

9.1.1 In Pfahlrosten und Pfahlböcken erhalten die Zugpfähle neben der Zugbeanspruchung aus den waagerechten Lasten und den Momenten auch Druckbeanspruchungen aus den lotrechten Lasten und den Momenten, während die maßgebenden Druckpfähle im allgemeinen nur Druckkraftanteile aufzunehmen haben. Infolgedessen ändert sich die Beanspruchung der Zugpfähle mit Änderungen der Lasten und Momente stärker als die der Druckpfähle. Auch wird die Beanspruchung der als Zugpfähle dienenden Schrägpfähle unverhältnismäßig erhöht, wenn die Schrägpfähle steiler als in Soll-Lage ausgeführt werden. In Übereinstimmung mit der so erklärten größeren Empfindlichkeit der Zugpfähle ist in DIN 1054 die zulässige Belastung der Zugpfähle für den Lastfall 1 auch bei zwei und mehr Probebelastungen mit 50% der Grenzzuglast, also mit zweifacher Sicherheit festgelegt, während bei Druckpfählen unter den gleichen Voraussetzungen nur eine Sicherheit $\eta = 1{,}75$ gefordert wird.

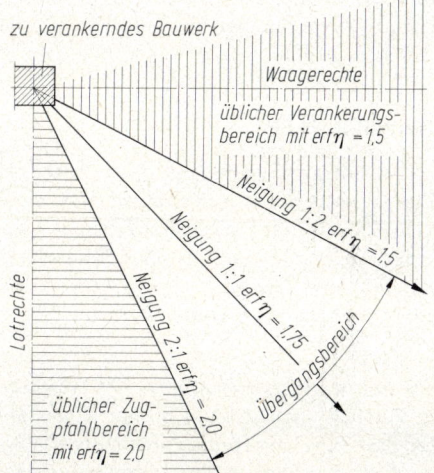

Bild 138. Erforderliche Sicherheit der Verankerung bei Ankerpfählen für Lastfall 1 bei mindestens zwei Probebelastungen

9.1.2 Bei den waagerechten oder flach geneigten Ankern von Spundwänden reichen geringere Sicherheiten aus. So ist in E 10, Abschn. 8.4.9 und 8.4.10 nur die 1,5fache Sicherheit gefordert, und auch in DIN 1054 wird für Lastfall 1 diese Sicherheit gegen Gleiten des Bauwerkes verlangt.

9.1.3 Die Ankerpfähle bilden in ihrer statischen Wirkung den Übergang zwischen den in Pfahlrosten und Pfahlböcken bisher üblichen steileren Zugpfählen und den üblichen Verankerungen. Deshalb wird empfohlen, die Sicherheit von Ankerpfählen mittlerer Neigung gegenüber der Grenzlast, nach Bild 138 für Lastfall 1, durch gradliniges Einschalten zwischen erf η = 2,0 für 2:1 geneigte Pfähle und erf η = 1,5 für 1:2 geneigte Anker bzw. Pfähle zu bestimmen. Für den 1:1 geneigten Ankerpfahl ist dann die erforderliche Sicherheit η = 1,75 (E 96, Abschn. 1.6.2.8). Voraussetzung ist, daß die Grenzzuglast nach E 27, Abschn. 9.2 anhand von mindestens zwei Probebelastungen ermittelt und eine ausreichende Einheitlichkeit des Baugrunds durch Bohrungen und Drucksondierungen festgestellt worden ist. Wenn der Baugrund im Verankerungsbereich nicht einheitlich ist, müssen jeweils 2 Probebelastungen für die maßgeblichen Baugrundbereiche vorgenommen werden.

In Übereinstimmung mit DIN 1054 wird für Lastfall 2 und mindestens zwei Probebelastungen für die Neigungen 2:1 bis 1:1 jetzt eine Sicherheit η = 1,75 gefordert. Für Neigungen zwischen 1:1 und 1:2 kann η zwischen 1,75 und 1,5 gradlinig eingeschaltet werden.

Unter sonst gleichen Voraussetzungen wird für Lastfall 3 einheitlich die Mindestsicherheit η = 1,5 gefordert.

9.1.4 Für Verpreßanker für vorübergehende Zwecke im Lockergestein gilt DIN 4125, Teil 1 und für Verpreßanker für dauernde Verankerungen im Lockergestein DIN 4125, Teil 2.

9.2 Grenzzuglast der Ankerpfähle (E 27)

9.2.1 Entsprechend DIN 1054 gilt als Grenzzuglast jene Last, bei der das Herausziehen des Pfahles beginnt. Zeichnet sie sich in der Last-Hebungslinie nicht deutlich ab, wird diejenige Last als Grenzzuglast zugrunde gelegt, bei der die Pfahlhebung (in der Pfahlachse) den Bestand und die Verwendung des Bauwerks noch nicht gefährdet. Bei Ufereinfassungen kann die bleibende Hebung dabei im allgemeinen rd. 2 cm betragen.

9.2.2 Wird die Grenzzuglast bei der Probebelastung nicht erreicht, gilt nach DIN 1054 die beim Versuch angewendete größte Zugkraft als rechnungsmäßige Grenzzuglast. Die zutreffende rechnungsmäßige Grenzzuglast kann in diesem Fall – im übrigen aber auch bei sonstigen Grenzlastbestimmungen – mit Hilfe des sogenannten „Hyperbelverfahrens" [53] und [54] festgestellt werden, das aber auch nur dann angewendet werden sollte, wenn Meßwerte der Probebelastung bereits nennenswerte bleibende Verschiebungsanteile enthalten.

Die zutreffende Grenzzuglast kann mit dem Hyperbelverfahren nur nach Darstellung der Last-Senkungs-Linie ermittelt werden.

9.2.3 Außer nach DIN 1054 kann eine Probebelastung auch in der Weise durchgeführt werden, daß bei jeder Laststufe der Pfahl in kurzer Zeit fünfmal be- und entlastet wird. Dadurch kann die zulässige Zugkraft besser festgelegt werden [55]; das sollte aber auch nur dann angewendet werden, wenn die zu berücksichtigenden Meßwerte der Probebelastung bereits nennenswerte bleibende Verschiebungsanteile enthalten.

9.2.4 Für Vorentwürfe kann die Grenzzuglast näherungsweise auch mit Hilfe von Drucksondierungen ermittelt werden, wenn sowohl der Spitzendruck als auch die örtliche Mantelreibung mit geeigneten Sonden gemessen werden. Dabei müssen auch die in der Nähe ausgeführten Bohrungen berücksichtigt werden, um festzustellen, auf welche Bodenart sich die Sondierergebnisse jeweils beziehen.

9.2.5 Bei Pfahlgruppen muß beim Festlegen der rechnungsmäßigen Grenzzuglast des Einzelpfahles auch die Gruppenwirkung berücksichtigt werden.

9.2.6 Die Grenzzuglast für Verpreßanker – sowohl für vorübergehende Zwecke als auch für dauernde Verankerungen – wird nach DIN 4125 festgelegt.

9.3 Ausbildung und Einbringen flach geneigter, gerammter Ankerpfähle aus Stahl (E 16)

9.3.1 Baugrund
Der Baugrund muß so beschaffen sein, daß die aus Setzungen des Bodens in den Pfählen entstehenden Biegespannungen das jeweils zulässige Maß nicht überschreiten. In Zweifelsfällen, vor allem auch bei Schweißarbeiten, sollen beruhigt vergossene Stähle verwendet werden. Flügelpfähle dürfen nur in hindernisfreien Böden angewendet werden und müssen ausreichend tief in den nichtbindigen Boden hineinreichen.

9.3.2 Ausbildung
Bei der Auswahl der Pfähle muß der Energieverlust berücksichtigt werden, der beim Einrammen infolge der Schräglage entsteht. Bei schwerem Untergrund oder großer Pfahllänge sind daher rammgünstige, gegen Biegebeanspruchung unempfindliche Pfahlquerschnitte zu verwenden. In nichtbindigem Boden sollen die Flügel von Flügelpfählen mindestens 2 m lang sein, damit die erforderliche Bodenverspannung (Pfropfenbildung) in den Zellen erzielt wird. Sie sollen aber auch nicht länger als 3 m sein, um größere Rammschwierigkeiten zu vermeiden (normale Flügellänge 2,50 m).
Die Flügel werden symmetrisch zur Pfahlachse und im allgemeinen knapp über dem Pfahlfußende beginnend angeordnet, so daß am Fußende noch eine mindestens 8 mm dicke Schweißnaht zwischen Flügel und Pfahl angebracht werden kann. Auch das obere Flügelende muß eine entsprechend kräftige Quernaht aufweisen. Die Nähte werden an-

schließend auch auf beiden Seiten des Flügels in Pfahllängsrichtung auf rund 500 mm Länge ausgeführt. Dazwischen genügen einzelne Schweißraupen.

Die Anschlußfläche der Flügel muß mit Rücksicht auf Zwangskräfte ausreichend breit sein (im allgemeinen mindestens 100 mm). Querschnitt und Stellung der Flügel sollen die Zellenbildung begünstigen.

Ist der tragfähige Baugrund bindig, müssen die Flügel bis zu seiner Oberfläche reichen, um ein Aufweichen des Bodens über den Flügelenden wegen der Wasserzufuhr durch die Rammkanäle zu verhindern.

Je nach den Bodenverhältnissen können die Flügel auch höher am Pfahlschaft liegend angeordnet werden.

9.3.3 Einrammen

Beim Einrammen flach geneigter Pfähle muß eine sichere Führung gewährleistet sein. Abweichungen von der Rammrichtung, die unter dem Eigengewicht des Pfahles entstehen können, sind von vornherein zu berücksichtigen. Schnell schlagende Rammen bzw. Rammhämmer sind langsam schlagenden vorzuziehen, weil sie bei nichtbindigen Böden infolge ihrer Rüttelwirkung zu einer Erhöhung der Tragfähigkeit führen. Bei der Bemessung des Bärgewichtes ist der Energieverlust infolge der starken Schräglage zu berücksichtigen.

Das freie, unter die Rammführung reichende Pfahlende darf nur so lang sein, daß die zulässigen Biegespannungen des Pfahles während des Einbaues nicht überschritten werden. Flach geneigte Ankerpfähle dürfen nicht mit Spülhilfe gerammt werden. Weiteres in [56].

9.3.4 Einbindelänge

Die erforderliche Einbindelänge eines flach geneigten Ankerpfahls kann, wenn er mindestens 5 m in nichtbindigem, mitteldicht gelagertem Boden steht und keinen nennenswerten Erschütterungen ausgesetzt ist, zunächst unter der Annahme einer Grenzlastmantelreibung von 50 kN/m^2 abgewickelter, äußerer Mantelfläche geschätzt werden. Bei einem überkonsolidierten, halbfesten bindigen Boden (beispielsweise Lauenburger Ton) können etwa 30 kN/m^2 als Richtwert gelten. Die zulässigen Mantelreibungswerte sind dann abhängig vom Lastfall und von der Pfahlneigung anzusetzen. Die üblichen Einbindetiefen in den tragfähigen Baugrund betragen 7 m bis 15 m. Die endgültige Grenzzuglast (E 27, Abschn. 9.2) und die zulässige Pfahllast (E 26, Abschn. 9.1) müssen aber in jedem Fall anhand einer ausreichenden Anzahl von Probebelastungen festgelegt werden.

9.3.5 Anwendung von Flügeln bei Druckpfählen

In der praktischen Anwendung von Stahlflügelpfählen hat sich gezeigt, daß diese auch zur Aufnahme von Druckkräften besonders geeignet sind. Dies gilt vor allem, wenn gute Gründungsschichten in geeigneter Tiefe nur in begrenzter Mächtigkeit anstehen.

9.4 Ausbildung und Belastung gerammter, verpreßter Ankerpfähle (E 66)

9.4.1 Allgemeines

Gerammte, verpreßte Ankerpfähle unterscheiden sich hinsichtlich Herstellung und Tragverhalten grundsätzlich von Verpreßankern im Sinne der DIN 4125.

Anwendung und Ausführung setzen genaue Kenntnis der Bodenverhältnisse und -werte, vor allem im Verankerungsbereich, voraus. Die Eignung des Untergrundes ist im Hinblick auf die Mantelreibung und die Bewegung der Ankerpfähle unter Dauerlast, vor allem bei bindigen Böden, sorgfältig nachzuweisen.

Verpreßte Ankerpfähle können oberhalb und unterhalb des Grundwasserspiegels hergestellt werden.

Die Verpreßmasse muß zeit- und raumbeständig sein und unempfindlich gegen aggressive Wässer und Böden.

Räumliche und zeitliche Folge der Ankerpfahlherstellung sind so aufeinander abzustimmen, daß das Abbinden benachbarter Ankerpfähle nicht gestört wird.

Werden als Zugglied Vorspannstähle verwendet, sind sie besonders sorgfältig gegen Korrosion zu schützen. Sie müssen im Bereich ihrer Lastabtragung über Haftung eine dauerhafte, schubfeste, die Korrosion verhindernde Beschichtung erhalten oder aber entsprechend den Zulassungen für Daueranker nach DIN 4125, Teil 2 ausgebildet werden.

Die Tragfähigkeit verpreßter Ankerpfähle hängt entscheidend von einer einwandfreien Bauausführung ab. Der Einbau darf daher nur Firmen übertragen werden, die neben Erfahrung auch die Gewähr für eine sorgfältige Ausführung bieten.

Für den Zugwiderstand des Ankerpfahles sind neben den Bodenverhältnissen der Umfang des gerammten Ankerpfahlfußes bzw. -schaftes und damit des Verpreßraumes sowie die statisch wirksame Verpreßlänge maßgebend.

9.4.2 Ermittlung der Länge des Ankerpfahles

Die erforderliche Länge des Ankerpfahles wird gemäß Bild 139 ermittelt.

Darin bedeuten [in m]:

- l_a = Länge des Ankerpfahles,
- l_s = Länge des Ankerpfahlfußes,
- l_r = die aus Ankerkraft, Mantelfläche, Mantelreibung und Sicherheitsgrad ermittelte erforderliche Mindestverankerungslänge,
- l_k = die obere Ankerpfahllänge, die statisch nicht wirksam ist. Sie beginnt am Ankerpfahlkopf und endet beim Erreichen der Erddruckgleitfuge oder in Oberkante des tragfähigen Bodens, sofern diese tiefer liegt,

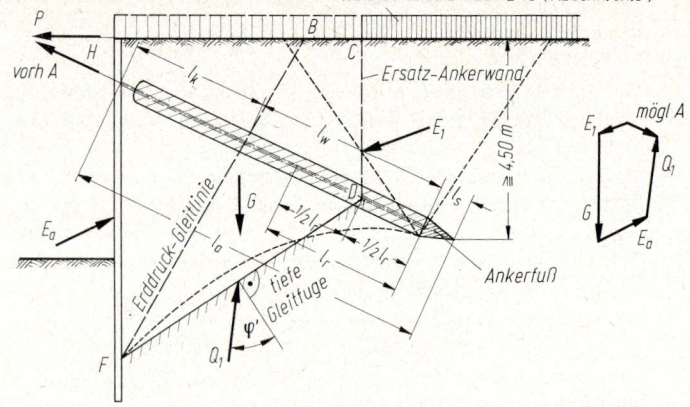

Bild 139. Standsicherheit in der tiefen Gleitfuge bei gerammten Ankerpfählen

l_w = die statisch wirksame Verankerungslänge. Sie beginnt an der Erddruckgleitfuge beziehungsweise tiefer in Oberkante des tragfähigen Bodens und endet in einer Tiefe, in welcher folgende drei Bedingungen erfüllt sind:
(1) $l_w \gtreqless l_r$,
(2) Standsicherheit in der tiefen Gleitfuge nach E 10, Abschn. 8.4.9,
(3) Einbindetiefe l_w in den tragfähigen Boden mindestens 5,00 m.

Die Länge des Ankerpfahls beträgt somit: $l_a = l_k + l_w + l_s$.

Beim Überprüfen der Standsicherheit der Verankerung nach E 10, Abschn. 8.4.9 kann, falls nicht mit den genaueren punktierten Gleitfugen nach Bild 139 gearbeitet wird, mit einer Ersatzankerwand im Abstand $^1/_2 \cdot l_r$ vor dem Ankerfuß gerechnet werden, wenn der Ankerpfahlabstand nicht größer als $^1/_2 \cdot l_r$ ist. Bei größerem Abstand darf der Bodenkörper CDFH einschließlich der Erddrücke E_a und E_1 nur mit einer Breite senkrecht zur Bildebene von $^1/_2 \cdot l_r$ angesetzt werden. Alternativ darf die Mindestverankerungslänge l_r bei herabgesetzter Mantelreibung mit größerer Länge (aber nicht mehr als l_w) angenommen werden. Dabei verschiebt sich die Ersatzankerwand DC nach der Luftseite hin, und die Breite des berücksichtigten Bodenkörpers wird entsprechend vergrößert. Die tiefe Gleitfuge verbindet den Querkraftnullpunkt der Spundwand mit dem rechnungsmäßigen Fußpunkt D der Ersatzankerwand auf der Ankerpfahlachse (Bild 139). Bei anderen Ankerpfählen und auch bei Verpreßankern nach DIN 4125 kann sinngemäß verfahren werden.

Unabhängig von der Standsicherheit in der tiefen Gleitfuge ist die Sicherheit gegen Geländebruch nach DIN 4084, Teil 1 nachzuweisen.

Die einem Projekt zugrunde gelegte Grenzzuglast nach E 27, Abschn. 9.2 und die zulässige Belastung nach E 26, Abschn. 9.1 müssen in jedem Fall durch ausreichende Probebelastungen überprüft werden.
Die Grenzzuglast für Verpreßanker im Lockergestein sowohl für vorübergehende als auch für dauernde Verankerungen wird nach DIN 4125 festgelegt.

9.4.3 **Während des Rammens verpreßter Ankerpfahl**
Der Ankerpfahl hat am unteren Ende seines Schaftes einen überstehenden, geschlossenen, keilförmigen Fuß von der Länge l_s (Bild 139). Dieser erzeugt beim Einrammen in den Boden einen Hohlraum, der laufend unter Druck mit Verpreßmasse aufgefüllt wird. Unterbrechungen dürfen nicht eintreten, damit ein Abbinden der Verpreßmasse vor dem Beenden der Ankerpfahlherstellung sicher vermieden wird.
Der Abstand der Ankerpfähle soll mindestens 1,60 m betragen.
Vorbehaltlich der Ergebnisse der Probebelastungen kann für den Entwurf bei nichtbindigen, mitteldicht gelagerten Böden in der Regel mit einer Grenzlastmantelreibung von 0,1 MN/m^2, unter besonders günstigen Voraussetzungen mit einer solchen bis zu 0,2 MN/m^2 gerechnet werden.

9.4.4 **Sonstige Ankerpfahlarten**
Eine Empfehlung für die Ausführung und die beim Entwurf sonstiger Ankerpfahlarten zu wählende Grenzlastmantelreibung soll herausgebracht werden, wenn hierfür umfassende Erfahrungen und Ergebnisse von Probebelastungen vorliegen.

9.5 Ausbildung und Belastung waagerechter oder geneigter, gebohrter Ankerpfähle mit verdicktem Fuß (E 28)

9.5.1 Baugrund
Anwendung und Ausführung setzen genaue Kenntnis der Bodenverhältnisse und Bodenwerte, vor allem auch im Verankerungsbereich selbst, voraus. Da vor dem als Ankerplatte wirkenden verdickten Fuß hohe Bodenpressungen auftreten, muß der Boden fest gelagert sein. **Er muß aber auch bohrfähig und für das Einschneiden des Ankerfußes geeignet sein.** Bei angeschüttetem Boden ist besondere Vorsicht geboten und **mindestens** ein Versuch vor der Ausführung notwendig.

9.5.2 Grundwasser
Bei waagerecht oder sehr flach gebohrten Ankerpfählen muß der Ankerfuß oberhalb des Grundwasserspiegels hergestellt werden. Steilere Pfähle dürfen auch unter den Grundwasserspiegel reichen. Bei nichtbindigen Böden muß die Höhlung für den Fuß dann zuverlässig durch Wasserüberdruck gestützt und eine Bodenauflockerung im Schaftbereich vermieden werden.

9.5.3 **Länge und Tiefenlage**
Die Ankerpfähle sollen mindestens 10 m lang sein. Die Bodenüberdeckung bis zur Fußmitte soll mindestens 4,50 m betragen. Bei waagerechten und flachgeneigten Ankerpfählen werden die statisch erforderliche Ankerlänge und die Mindesttiefe des Fußes ermittelt, indem bei üblichen Ausführungen eine rechnerische Ersatz-Ankerwand nach E 10, Abschn. 8.4.9 und 8.4.10, in 2,00 m Abstand vor dem Ankerfuß liegend, angenommen wird. Die rechnungsmäßige Unterkante dieser Ersatz-Ankerwand wird auf der von Unterkante Ankerfuß ausgehenden tiefen Gleitfuge angenommen (Bild 140).

9.5.4 **Abstand**
Der Ankerabstand muß so groß sein, daß der Boden durch das Herstellen der Füße nebeneinanderliegender Ankerpfähle nicht gestört wird. Bei geringerem Abstand als 3,00 m ist eine leichte Staffelung der Ankerfüße entweder in der Höhenlage durch einen geringfügigen Wechsel der Ankerpfahlneigung oder in der Länge angebracht.

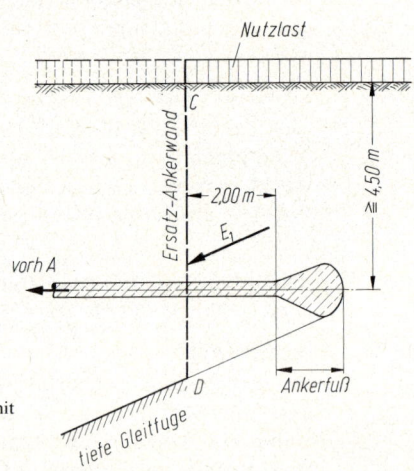

Bild 140. Lage der Ersatz-Ankerwand bei gebohrten Ankerpfählen mit verdicktem Fuß

9.5.5 **Abmessungen, Bewehrung**
Der Durchmesser des Ankerfußes soll etwa das Dreifache des Schaftdurchmessers, mindestens aber 0,90 m und bei hohen Ankerpfahllasten bis 1,20 m betragen. Die Ankerkraft soll in den Ankerfuß durch Rundstahlbewehrung oder Ankerstangen übertragen werden. Der Ankerfuß erhält eine gespreizte Rundstahlbewehrung.

9.5.6 **Betonieren**
Das Betonierverfahren muß sicherstellen, daß Ankerfuß und Ankerpfahlschaft vollkommen und unter Überdruck mit Beton mindestens der Festigkeitsklasse B 25 gefüllt, der eingebrachte Beton fest gegen seine

Begrenzung gepreßt und die gesamte Bewehrung einwandfrei in den Beton eingebettet wird. Liegt bei steileren Ankerpfählen der Ankerfuß unter Wasser, muß unter Druckluft oder nach dem Kontraktorverfahren betoniert werden, und zwar so, daß die Betonmenge für den gesamten Fuß einschließlich 2,00 m Schaft vorgehalten und in einem Zuge eingebracht wird. Die eingebrachte Gesamtmenge des Betons ist bei jedem Ankerpfahl genau zu überprüfen.

9.5.7 Vergabe

Gebohrte Ankerpfähle mit verdicktem Fuß dürfen nur durch Bauunternehmen ausgeführt werden, die in der Herstellung von Bohrpfählen große Erfahrung haben und dafür bekannt sind, daß sie dabei vorsichtig, genau und zuverlässig arbeiten. Die Ausführung muß bis ins einzelne sorgfältig überwacht werden. Ankerpfähle dürfen nicht in der Nachtschicht hergestellt werden. Weiter wird auf DIN 4014 verwiesen.

9.5.8 Zulässige Belastung

Die zulässige Belastung gebohrter Ankerpfähle muß in jedem Fall durch ausreichende Probebelastungen überprüft werden. Vorbehaltlich des Ergebnisses der Probebelastungen kann für den Entwurf in der Regel mit einer Ankerlast bis zu 600 kN, unter besonders günstigen Verhältnissen auch mit einer etwas höheren Last gerechnet werden.

10 Uferwände, Ufermauern und Überbauten aus Beton und Stahlbeton

10.1 Ausbildung von Ufermauern und Überbauten (E 17)

10.1.1 Beton

Bei großen Mauerquerschnitten ist zu beachten, daß im Inneren des Betons die Abbindewärme Spannungen hervorruft, die besonders bei gleichzeitiger Abkühlung der Außenzonen zu Haarrissen und damit vor allem im Seewasser zu einer Beeinträchtigung der Lebensdauer führen können. Alle notwendigen Angaben über Maßnahmen, die bei Beton im Seewasser zu unternehmen und zu berücksichtigen sind, finden sich in DIN 4030 und in DIN 1045. Die wichtigste Maßnahme ist danach das Herstellen dichten Betons.

Freie Oberflächen von Balken und Platten sind gegen schädliche Einwirkungen von Tausalzen zu sichern.

10.1.2 Angriffe durch betonschädliche Wässer und Böden

Die DIN 4030 behandelt Wirkung, Vorkommen, Beurteilung und Untersuchung betonangreifender Stoffe und ist sorgfältig zu beachten. Die zu ergreifenden betontechnischen Maßnahmen finden sich in DIN 1045, Abschn. 6.5.7.4. Die Verwendung plastifizierender Zusatzmittel zur Verringerung des Wasser-Zement-Wertes ist allgemein besser als eine Erhöhung der Zementmenge über 375 kg/m^3. Der Frischbeton ist gegen Auslaugen besonders anfällig und darf daher während des Erhärtens und einige Zeit danach nicht mit aggressivem Wasser in Berührung kommen. Dies erfordert dichte Schalungen.

Die Beton-Zusammensetzung ist darauf abzustellen, ob es sich um Bauteile in Süß- oder Salzwasser handelt, wobei zu beachten ist, daß auch Grundwasser häufig aggressiv ist. Je nach der Zusammensetzung von Wasser und Boden werden besondere normengemäße Portland- oder Hochofenzemente verwendet, zum Beispiel Portlandzemente mit wenig Tricalziumaluminat, klinkerarme Hochofenzemente oder gleichwertige Zemente.

10.1.3 Vorderseite der Mauer, Kantenschutz

Betonmauern brauchen oben nicht eingezogen zu werden. Sie werden lotrecht hochgeführt und in Maueroberkante mit 5/5 cm gebrochen oder entsprechend abgerundet, sofern nicht ein besonderer Kantenschutz angebracht wird (E 94, Abschn. 8.4.6). Ein zum Schutz der Mauer und als Sicherung gegen Abgleiten der Verholmannschaften angebrachter, besonderer Kantenschutz muß so gestaltet werden, daß das Wasser leicht abfließen kann. Bei Ufermauern mit vorderer Stahlspundwand und Stahlbetonüberbau wird der Stahlbetonquerschnitt etwa 15 cm vor die

Vorderflucht der Spundwand vorgezogen. Der Übergang wird etwa unter 2:1 ausgeführt, damit die Schiffe nicht unterhaken können. Der Übergang erhält zweckmäßig einen abgekanteten Stahlblechschutz, der sich sowohl an die Spundwand als auch an die aufgehende Betonwand fluchtgerecht anschließt. Bei dieser Lösung können auch die lotrechten Lasten leicht in die Spundwand übertragen werden.

10.1.4 Verblendung

Bei guter baulicher Gestaltung der Ufermauer und einwandfreiem Beton kann heute im allgemeinen auf eine Verblendung des Betons verzichtet werden. Wenn eine Verblendung als Schutz gegen besondere mechanische oder chemische Beanspruchung zweckmäßig ist, empfiehlt sich die Verwendung von Basalt, Granit oder Klinkern. Quadersteine oder Platten als vorderer oberer Abschluß der Mauer müssen auf ihrer Rückseite durch eine ausreichend dicke Stahlbetonleiste oder durch gleichwertige Maßnahmen gegen Verschieben und außerdem gegen Abheben gesichert werden. Hartbetonüberzüge von etwa 5 cm Dicke sind bei guter Ausführung als Verschleißschicht auf dem Leinpfad empfehlenswert, aber nur bei sehr schwerem Verkehr und bei der Vertäuung der Schiffe mit Stahltrossen erforderlich.

10.1.5 Bewegungsfugen

Alle Ufermauern erhalten Bewegungsfugen, damit sie die aus Schwinden, Temperatur und einem gewissen Nachgeben der Gründung entstehenden Bewegungen aufnehmen können.

Die normale Länge der Baublöcke zwischen den Bewegungsfugen beträgt in der Regel rd. 30 m. Die Blocklänge muß aber wesentlich verringert werden (ggf. bis rd. 10 m), wenn das Schwinden beispielsweise durch Einbinden in festen Untergrund (Felsboden) oder durch Anschluß an bereits früher betonierte Sohlen behindert wird.

In der Vorderwand von Beton-Winkelmauern sind Arbeitsfugen so anzuordnen, daß möglichst nur feine Schwindrisse entstehen. Die Bewehrung ist so zu gestalten, daß sie gleichzeitig ein Sicherungsnetz gegen Schwind- und Temperaturrisse bildet und besondere Rißsicherungsmatten entbehrlich werden.

Zur gegenseitigen Stützung in waagerechter Richtung werden die Bewegungsfugen der Baublöcke verzahnt. Die Verzahnungen sind so auszubilden, daß Längenänderungen der Blöcke nicht behindert werden.

Die Anordnung lotrechter Verzahnungen hängt von den Bodenverhältnissen, von der Gestaltung der Ufermauer und von der Art ihrer Belastung ab. Wenn eine lotrechte Verzahnung überhaupt angewendet wird, ist sie in der aufgehenden Vorderwand unterzubringen.

Die Bewegungsfugen sind abzudecken, um das Auslaufen der Hinterfüllung zu vermeiden.

Bezüglich der Arbeitsfugen wird auf E 72, Abschn. 10.2.4 verwiesen. Hinsichtlich der Ausbildung von Pfahlrostmauern wird auf E 17, Abschn. 11.1 hingewiesen.

10.2 Ausführung von Stahlbetonbauten bei Ufereinfassungen (E 72)

10.2.1 Vorbemerkungen

Im allgemeinen sind folgende DIN, jeweils in der gültigen Fassung, zu berücksichtigen:
DIN 488, DIN 1045, DIN 1048, DIN 1084, DIN 1164, DIN 1913, DIN 4030, DIN 4099, DIN 4226 und DIN 4227.

Beim Entwurf von Stahlbetonbauteilen an Ufermauern soll das spätere Verhalten des Bauwerkes und seine Lebensdauer im Vergleich zu vermeintlichen Ersparnissen durch besondere statisch-konstruktive Maßnahmen beachtet werden. Aufgabe der Empfehlung ist es daher, unter grundsätzlicher Berücksichtigung der genannten DIN, Bauwerke zu erstellen, die technisch hochwertig und wirtschaftlich vertretbar sind, jedoch die Mängel und Gefahren vermeiden, die bei Wasserbauten auftreten können, wenn die sonst gültigen Vorschriften voll ausgenutzt werden.

10.2.2 Bewertung verschiedener Bauteile aus Stahlbeton

Im Sinne der Vorbemerkungen sind, je nach Lage der Bauteile, auf der Wasserseite folgende Zonen zu unterscheiden:

- Zone A
  über dem HW bzw. über dem mittleren Springtidehochwasser MSpThw,
- Zone B
  Wasserwechselzone bzw. Bereich des Springtidehubs,
- Zone C
  unter dem NW bzw. unter dem mittleren Springtideniedrigwasser MSpTnw = SKN.

Für diese drei Zonen sind verschiedene Anforderungen an die Betonqualität, die Größe und Anordnung der Bewehrung im Hinblick auf die Möglichkeit des Auftretens von Rissen, die Überdeckung der Bewehrung, die Ausbildung der Arbeitsfugen usw. zu stellen, wobei auch örtliche Verhältnisse zu beachten sind.

10.2.3 Allgemeine Grundsätze

Im Gegensatz zu Hochbauten, die durch Dächer, Wände, Isolierungen, Fußbodenbeläge usw. gegen Angriffe von außen weitgehend geschützt werden, sind Ufereinfassungen Angriffen verschiedenster Art ausgesetzt. Erwähnt seien Angriffe durch wechselnde Wasserstände, betonschädliche Wässer und Böden, Eisangriff, Schiffsstoß, chemische Einflüsse aus Umschlags- und Lagergütern usw. Es genügt daher nicht, die

Stahlbetonteile von Ufereinfassungen allein nach statischen Grundsätzen zu bemessen. Sie müssen vielmehr so ausgebildet werden, daß die genannten äußeren Einflüsse beim Festlegen von Festigkeit und Konsistenz des Betons und seiner Herstellung voll berücksichtigt werden. Wichtig sind ein möglichst dichter Beton und ausreichende Betonüberdeckungen der Stahleinlagen. Sie sind größer zu wählen als nach DIN 1045, Tab. 10 und sollten in den drei genannten Zonen im allgemeinen mindestens 4 cm betragen. Hinsichtlich der Beschränkung der Rißbreite unter Gebrauchslast ist DIN 1045, Abschn. 17.6 zu beachten.

Schon beim Entwurf ist auch darauf zu achten, daß die Bauteile einfach hergestellt werden können und mögliche Angriffspunkte vermieden werden.

Die Festigkeitsklasse des Betons soll mindestens B 25 sein. Dies gilt vor allem für die Zone B. Da in dieser Zone die Frostbeständigkeit besonders zu fordern ist, spielt die Dichtigkeit des Betons eine ausschlaggebende Rolle. Im Hinblick auf die Gefahr des Auslaugens sollte die Zementmenge von 325 kg/m^3 nicht unterschritten werden, wobei der Anteil an Feinstbestandteilen ($\leqq$ 0,2 mm) einschließlich Zement etwa bei 400 kg/m^3 liegen soll.

Der Wasser-Zement-Wert soll 0,5 nicht übersteigen. Wenn Feinstbestandteile (Mehlkorn) in den Zuschlagstoffen fehlen, können – um die Verarbeitbarkeit und Dichtigkeit des Betons zu verbessern – Traß, geeignetes Steinmehl oder dergleichen zugesetzt werden.

10.2.4 Arbeitsfugen

Für die Ausbildung von Arbeitsfugen in Zone A gelten die üblichen Vorschriften. In den Zonen B und C sind Arbeitsfugen tunlichst zu vermeiden, wenn die sonstigen Belange es gestatten und ihre Sauberhaltung vor Beginn des neuen Betonierabschnittes nicht einwandfrei gewährleistet werden kann. Dies gilt vor allem für Hafenbauten an verschmutzten, verschlickten beziehungsweise ölhaltigen Gewässern. Die Wahl geeigneter Betonierabschnitte ist daher besonders zu beachten. Im übrigen ist die Ausführung so vorzunehmen, daß schädliche Temperatur- und Schwindrisse vermieden werden.

10.2.5 Fertigteile

Sie können mit Erfolg angewendet werden. Es ist jedoch erforderlich, sie mit dem Ortbeton einwandfrei zu verbinden und für eine gute Kraftübertragung zu sorgen. Sie sind geeignet, Herstellungsschwierigkeiten bei Bauteilen in den Zonen B und C bzw. Qualitätsverminderungen in diesen Bereichen zu verhindern. Die in diesem Fall unvermeidlichen Arbeitsfugen sind, vor allem wenn sie an statisch hoch beanspruchten Stellen liegen, besonders sorgfältig auszubilden und in der Ausführung laufend zu überwachen.

Vorgespannte Fertigteile bringen im allgemeinen keine zusätzlichen Schwierigkeiten. Die in DIN 1045 angegebenen Mindestabmessungen dürfen aber nicht in Anspruch genommen werden. Im Hinblick auf die besonderen Anforderungen an nachträglich vorzuspannende Bauglieder werden Fertigteile in der Regel auf die Zone A beschränkt bleiben. Diese Einschränkung gilt jedoch nicht für vorgefertigte Druckluftsenkkästen, Schwimmkästen, offene Senkkästen oder sonstige Gründungskörper oder Großbauteile, die erst nach ihrem Erhärten eingebaut werden.

10.2.6 Schweißbarkeit der Betonstähle

Hierfür gilt DIN 488, Teil 1. In ihrem Sinne sei hier zur Schweißbarkeit von Betonrippenstählen folgendes ausgeführt:
Der Betonstahl BSt 420/500 RU (III U) ist warmgewalzt, bleibt unbehandelt und besitzt seine Festigkeitseigenschaften aufgrund seiner chemischen Zusammensetzung. Er ist nur für das Widerstands-Abbrennstumpfschweißen (RA), nicht aber für das Metall-Lichtbogenschweißen (E) geeignet.
Der Betonstahl BSt 420/500 RK (III K) ist warmgewalzt und anschließend kalt verformt. Die Festigkeitseigenschaften werden durch die Kaltverformung erreicht. Er eignet sich sowohl für das Widerstands-Abbrennstumpfschweißen (RA) als auch – wegen seines niedrigen Kohlenstoffgehaltes von höchstens 0,20% – für das Metall-Lichtbogenschweißen (E).
Für das Lichtbogenschweißen dürfen nur bestimmte Stabelektroden nach DIN 1913 verwendet werden. Der Durchmesser der Elektroden ist abhängig vom Stabnenndurchmesser. Entsprechende Angaben sind in DIN 4099, Teil 1, Abschn. 7.3, Tabelle 1 zu finden.

10.2.7 Haarrisse und ihre zulässige Breite

Wegen der erhöhten Korrosionsgefahr sollen Ufereinfassungen – vor allem in den Zonen B und C und an der Unterseite von Pierkonstruktionen und dergleichen auch in der Zone A – so ausgeführt werden, daß nennenswerte Risse nicht auftreten. Im Hinblick auf die nicht in Rechnung gestellte, ziemlich hohe Zugfestigkeit guter Betone kann aber auch dabei noch nach Zustand II bemessen werden. Wichtig ist eine sinnvolle Betonierfolge, bei der das Schwinden weiterer Bauteile nicht durch bereits früher hergestellte und weitgehend geschwundene Bauglieder zu stark behindert wird. Dies kann bei größeren Bauteilen – z.B. bei einer Pierkonstruktion – erreicht werden, wenn Balken und Platten in einem Guß betoniert werden. Will man die dann erhöhten Schalungskosten vermeiden und die Balken zur Auflagerung der Plattenschalung vorweg betonieren, können zur wirksamen Verminderung der Haarrißbildung beispielsweise die Platten nur nach einer Richtung gespannt und durch Arbeitsfugen, die gedichtet werden, in schmale, bis zu etwa 5 m breite Streifen ohne durchlaufende Querbewehrung unterteilt werden.
Sieht man von solchen Maßnahmen ab, sind bei größeren Bauteilen

häufige Haarrisse auch durch eine vermehrte Bewehrung nicht zu vermeiden. Sie sind im allgemeinen aber harmlos und setzen sich wieder zu, wenn eine mittlere Rißbreite von 0,1 mm (etwa entsprechend sehr geringer Rißbreite nach DIN 1045, Abschn. 17.6) nicht überschritten wird. Bei erhöhter Korrosionsgefahr – besonders in den Tropen – müssen aber alle sich nicht von alleine zusetzenden Haarrisse in geeigneter Weise, mit Kunstharz oder dergleichen, dauerhaft nachgedichtet werden.

10.2.8 **Besondere Hinweise zur Neufassung der DIN 1045, Beton- und Stahlbetonbau; Bemessung und Ausführung**

Durch die Neufassung der DIN 1045 wird dem Fortschritt auf dem Gebiet des Stahlbetonbaus in den letzten Jahrzehnten Rechnung getragen. Wie in allen solchen Fällen führt aber eine weitgehende Neufassung einer grundlegenden Norm auf verschiedenen Teilgebieten zu gewissen Schwierigkeiten, die erst in der praktischen Anwendung in ihrer vollen Tragweite erkannt werden können. Aus diesem Grunde wird zweifellos auch die derzeit eingeführte Neufassung von DIN 1045 nach einigen Jahren in bestimmten Teilgebieten größeren Revisionen unterzogen werden müssen.

Da die DIN 1045 vor allem auf die Konstruktionen und Abmessungen des Hochbaus abgestellt ist, ergeben sich bei ihrer wörtlichen Anwendung auf Konstruktionen des Grund- und Wasserbaus fallweise Schwierigkeiten. Die Abmessungen dieser Bauwerke richten sich ja weniger nach statischen Belangen mit Ausnutzung der zulässigen Spannungen von Beton und Stahl. Maßgebend sind im allgemeinen die Forderungen nach einfacher Bauausführung ohne schwierige Schalungen, nach einem günstigen Einbinden von Spundwänden, Pfählen und dergleichen sowie diejenigen nach ausreichender Sicherheit gegen Aufschwimmen, Gleiten und Schiffstoß. Auch die erforderlichen Betongüten werden meist von der Widerstandsfähigkeit gegen örtliche Beanspruchungen unter ungünstigen Umweltbedingungen bestimmt und seltener von der auftretenden statischen Beanspruchung.

Deshalb sollten Forderungen der DIN 1045, soweit sie nicht grundlegender Art sind, aber in ihrer derzeitigen Formulierung einer zweckmäßigen Gestaltung und wirtschaftlichen Bemessung von Tiefbauwerken im Wege stehen (insbesondere Vorschriften der Abschn. 18.5, 22.5 und 23.3), unter Abstimmung zwischen Entwurfsbearbeiter, Prüfingenieur für Baustatik und zuständiger Bauaufsichtsbehörde so modifiziert werden, daß bei ausreichender Sicherheit eine konstruktiv befriedigende und wirtschaftliche Gestaltung und Bemessung möglich wird. Dies gilt vor allem für „Soll-Vorschriften", bei denen aber bereits die gegenseitige Abstimmung zwischen Entwurfsbearbeiter und Prüfingenieur genügen sollte.

Der Nachweis der Beschränkung der Rißbreiten wird vor allem bei großen Querschnittsabmessungen – abweichend von DIN 1045 – zweckmäßig nach Verfahren auf der Grundlage neuerer Erkenntnisse durchgeführt, beispielsweise nach LEONHARDT [57].

10.3 Berechnung und Bemessung befahrener Stahlbetonplatten von Pieranlagen (E 76)

Die Berechung und Bemessung von Platten mit Fahrverkehr richtet sich grundsätzlich nach Art, Häufigkeit und Geschwindigkeit der Befahrung.

10.3.1 Regelmäßig befahrene Platten

Werden Platten regelmäßig befahren oder sind sie Bestandteil befahrener öffentlicher Verkehrsanlagen, sind folgende Normen maßgebend: DIN 1072 und DIN 1075 sowie die Vorausgabe DS 804 der Deutschen Bundesbahn, Teil 2.

Die Brückenklasse ist entsprechend dem in Frage kommenden größten Fahrzeug bzw. Lastenzug festzulegen. Die Lasten für Kettenfahrzeuge, straßengebundene Krane und dergleichen sind, soweit gefordert, zu berücksichtigen.

10.3.2 Gelegentlich befahrene Platten

Bei Platten, die nur gelegentlich durch Einzelfahrzeuge bis zu 12 t befahren werden, kann im Einvernehmen mit der zuständigen Bauaufsichtsbehörde auf DIN 1055, Teil 3 unter besonderer Berücksichtigung von Abschn. 6.3.2 und auf DIN 1045, Abschn. 20 zurückgegangen werden.

Im Gegensatz zu DIN 1045, Abschn. 20.1.3 wird bei Pierplatten jedoch eine Mindestdicke von 20 cm empfohlen.

10.3.3 Sonderfälle

Ist damit zu rechnen, daß auf Pierplatten auch Umschlaggüter gestapelt werden, wird empfohlen, eine gleichmäßig verteilte Verkehrslast von $20\,kN/m^2$ in der ungünstigsten Stellung zu berücksichtigen.

Werden Pierplatten von der Eisenbahn befahren, kann langsame Fahrt vorausgesetzt werden, so daß ein Schwingbeiwert von 1,1 gemäß Vorausgabe DS 804 angesetzt werden kann.

10.4 Schwimmkästen als Ufereinfassungen von Seehäfen (E 79)

10.4.1 Allgemeines

Für das Einfassen schwer belasteter hoher senkrechter Ufer in Bereichen mit tragfähigen Böden und dabei vor allem bei Vorbau ins freie Hafenwasser können Schwimmkästen wirtschaftliche Lösungen ergeben. Wegen der hohen Kosten der Baustelleneinrichtung (Baudock, Ablaufbahn, Gleitschalung) trifft dies allerdings nur bei einer entsprechenden Bauwerkslänge zu.

Schwimmkästen bestehen aus aneinandergereihten, nach oben offenen Stahlbetonkörpern und werden schwimmstabil ausgebildet. Sie werden nach dem Einschwimmen und Absetzen auf tragfähigen Boden mit Sand, Steinen oder anderem geeigneten Material gefüllt und hinterfüllt. Im eingebauten Zustand ragen sie nur wenig über den niedrigsten Arbeitswasserstand hinaus. Darüber werden sie mit einer aufgesetzten Stahlbetonkonstruktion versehen, die das Bauwerk zusätzlich aussteift und den Vorderwandkopf bildet. Durch eine geeignete Formgebung des Stahlbetonaufsatzes können die beim Absetzen und Hinterfüllen entstehenden ungleichmäßigen Setzungen und waagerechten Verschiebungen ausgeglichen werden.

Die Vorderwand der Kästen muß gegen mechanische und chemische Angriffe widerstandsfähig sein. Deshalb werden die hafenseitigen Zellen der Kästen gelegentlich mit Magerbeton gefüllt. Auch mit Sand gefüllte Kästen haben sich bei sachgemäßer Ausführung der Außenwand bewährt. Im Bedarfsfall kann das Füllmaterial durch Einrütteln verdichtet werden.

10.4.2 Berechnung

Abgesehen von den Spannungsnachweisen für den Endzustand sind neben der Schwimmstabilität die Beanspruchungen der Kästen und des Baugrundes während des Bauens, beim Zuwasserbringen, Einschwimmen, Absetzen und Hinterfüllen zu untersuchen. Für den Endzustand sind über die Forderungen nach DIN 1054 hinaus nachzuweisen:

– Sicherheit gegen Überschreiten vertretbarer Setzungen und Verdrehungen,
– Sicherheit gegen Sohlenerosion.

Im Gegensatz zu DIN 1054, Abschn. 4.1.3.1 darf die Bodenfuge nicht klaffen.

Der Spannungsnachweis für einen Schwimmkasten muß auch für die Längsrichtung vorgenommen werden. Hierbei muß sowohl ein Reiten des Kastens auf dem Mittelteil als auch umgekehrt auf den Randstreifen berücksichtigt werden. Bei diesen Grenzfalluntersuchungen darf der im normalen Belastungsfall für Stahlbeton maßgebende Sicherheitsbeiwert γ durch 1,3 dividiert werden.

10.4.3 Gleitgefahr und Gleitsicherung

Besonders aufmerksam muß untersucht werden, ob sich im Zeitraum zwischen dem Fertigstellen der Bettung und dem Absetzen der Schwimmkästen Schlamm auf der Gründungsfläche ablagern kann. Ist dies möglich, muß nachgewiesen werden, daß auch unter den vorliegenden Umständen noch eine ausreichende Sicherheit gegen Gleiten der Kästen auf der verunreinigten Gründungssohle vorhanden ist. Gleiches gilt sinngemäß für die Fuge zwischen dem vorhandenen Untergrund und der Verfüllung einer Ausbaggerung.

Die Gleitgefahr kann durch eine gezackte oder rauhe Unterseite der Bodenplatte auf billige Weise verringert werden. Dabei muß der Grad der Rauhigkeit auf die durchschnittliche Korngröße des Materials der Gründungsfuge abgestimmt werden. Bei rauher Ausführung der Betonunterseite ist der Reibungswinkel zwischen dem Beton und der Gründungsfläche gleich dem inneren Reibungswinkel φ'_r des Gründungsmaterials anzunehmen, bei einer glatten Unterseite der Bodenplatte aber nur mit $^2/_3\,\varphi'_r$ des Gründungsmaterials. Die Gleitgefahr kann auch durch eine vergrößerte Gründungstiefe verringert werden, vor allem, wenn gleichzeitig der vorgelagerte Boden durch Steine ersetzt wird. Schließlich kann die Gleitgefahr auch durch Verpressen unmittelbar unter der Kastensohle vermindert werden, wobei gleichzeitig der Vorteil einer durchlaufenden Unterstützung des Kastens auch in Längsrichtung erreicht werden kann.

In der Gleituntersuchung empfiehlt es sich, Erdruhedruck in Rechnung zu stellen, dessen Beiwert für nichtbindige Böden nach der Formel

$$K_0 = 1 - \sin \varphi'$$

errechnet wird. Für $\varphi' = 30°$ ist $K_0 = 0{,}5$. Im übrigen wird auf DIN 1055, Teil 2 verwiesen.

Außerdem ist Wasserüberdruck hinter und Sohlenwasserdruck unter den Kästen anzusetzen. Diese können vom Einspülen der Hinterfüllung oder aus Tidewechsel, Niederschlägen usw. herrühren. Weiter ist Pollerzug zu berücksichtigen. Bei diesen Ansätzen muß, wenn über die Größe der angreifenden Lasten und des Scherwiderstandes in der Gründungsfuge volle Klarheit besteht, die Sicherheit gegen Gleiten noch mindestens 1,0 sein. Außerdem muß nachgewiesen werden, daß die Gleitsicherheit nicht kleiner als nach DIN 1054, Abschn. 4.1.3.3 wird, wenn unter sonst gleichen Ansätzen anstelle von Erdruhedruck mit aktivem Erddruck unter $\delta_a = +\,^2/_3\varphi'$ gearbeitet wird (E 96, Abschn. 1.6.2.5).

10.4.4 Bauliche Ausbildung

Um zu hohe Beanspruchungen in Längsrichtung zu vermeiden, sollen die Schwimmkästen im allgemeinen rd. 30 m lang, aber auch bei hohen Bauwerken nicht länger als rd. 45 m ausgeführt werden.

Die Fuge zwischen zwei nebeneinanderstehenden Schwimmkästen muß so ausgebildet werden, daß die zu erwartenden ungleichen Setzungen der Kästen beim Aufsetzen, Füllen und Hinterfüllen ohne Gefahr einer Beschädigung aufgenommen werden können. Andererseits muß sie im endgültigen Zustand eine zuverlässige Dichtung gegen ein Ausspülen der Hinterfüllung gestatten. Die Fugen werden nur in waagerechter Richtung in der Platte unter dem Vorderwandkopf gegeneinander verzahnt. Ist diese Platte ein Teil des Schwimmkastens, wird die Verzahnung durch eine nachträglich eingebrachte Plombe hergestellt. Eine über die ganze Höhe durchlaufende Ausführung mit Nut und Fe-

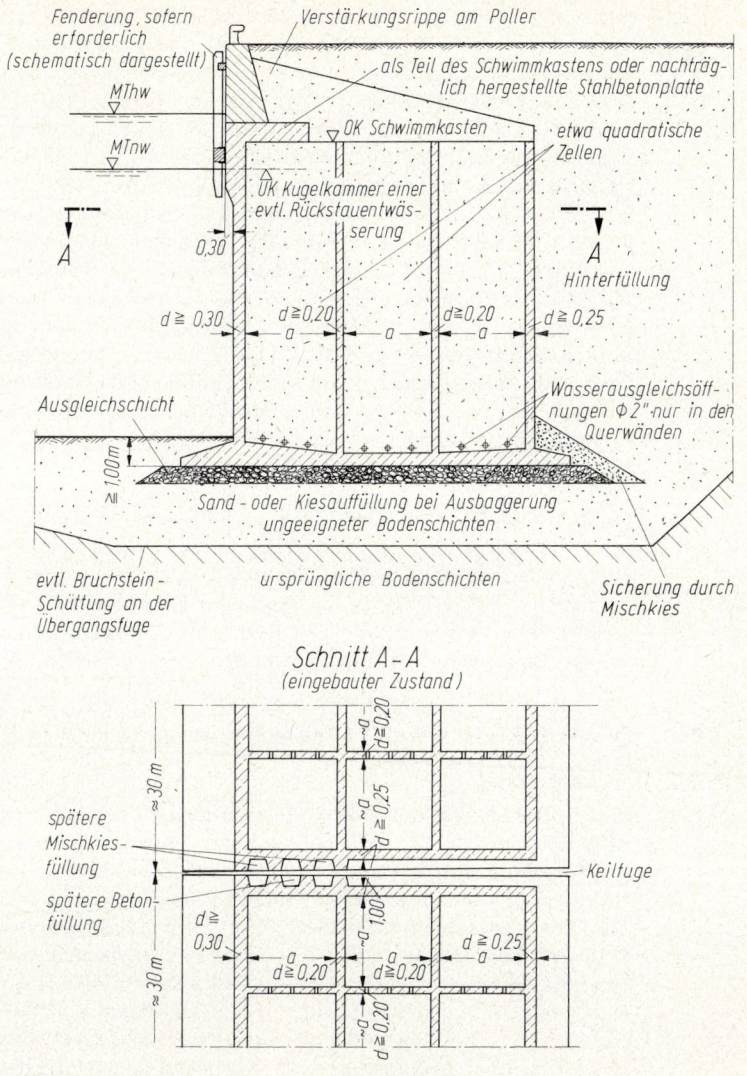

Bild 141. Ausbildung einer Ufermauer aus Schwimmkästen

der darf auch bei einwandfreier Lösung der Dichtungsfrage nur angewandt werden, wenn zu erwarten ist, daß die Bewegungen benachbarter Kästen gegeneinander gering bleiben.
Als zweckmäßig hat sich eine Lösung nach Bild 141 erwiesen. Hier sind auf den Seitenwänden der Kästen je vier senkrechte Stahlbetonleisten

derart angeordnet, daß sie beiderseits der Fuge einander gegenüberstehen und nach dem Einbau der Kästen drei Kammern bilden. Sobald der Nachbarkasten eingebaut ist, werden die beiden äußeren Kammern zur Abdichtung mit Mischkies von geeignetem Kornaufbau gefüllt. Die mittlere Kammer wird nach Hinterfüllen der Kästen, wenn die Setzungen größtenteils abgeklungen sind, leergespült und sorgfältig mit Unterwasserbeton oder Beton in Säcken aufgefüllt.

Bei hohen Wasserstandsunterschieden zwischen Vorder- und Hinterseite der Kästen besteht die Gefahr des Ausspülens von Boden unter der Gründungsplatte. In solchen Fällen müssen Filterschüttungen aus Mischkies in Verbindung mit einer fachgerecht eingebrachten Steinschüttung unter dem wasserseitigen Teil der Bodenplatte angeordnet werden. Eine solche Steinschüttung kann auch von Nutzen sein, um die senkrechte Kantenpressung, die hier am größten ist, aufzunehmen. Zum Abbau hoher Wasserüberdrücke können Rückstauentwässerungen nach E 75, Abschn. 4.6 mit Erfolg angewendet werden.

10.4.5 Bauausführung

Die Schwimmkästen müssen auf eine gut geebnete tragfähige Schicht aus Steinen, Kies oder Sand abgesetzt werden. Wenn im Gründungsbereich wenig tragfähige Bodenschichten vorhanden sind, müssen diese vorher ausgebaggert und durch Sand oder Kies ersetzt werden (E 109, Abschn. 7.9). Nur so kann die Belastung im Untergrund aufgenommen werden, ohne unzuträgliche Verformungen zu verursachen.

10.5 Druckluft-Senkkästen als Ufereinfassungen von Seehäfen (E 87)

10.5.1 Allgemeines

Für die Einfassung hoher Ufer können Druckluft-Senkkästen vorteilhafte Lösungen ergeben, wenn ihr Einbau vom Land her vorgenommen werden kann. Dann werden zunächst die Druckluft-Senkkästen der Ufermauern vom vorhandenen Gelände aus eingebracht und anschließend die Baggerarbeiten, auf die Hafenbecken beschränkt, ausgeführt. Druckluft-Senkkästen werden auch als Schwimmkästen ausgebildet. Sie kommen anstelle der normalen Absetz-Schwimmkästen in Frage, wenn eine genügend tragfähige Bettung in der Absetzfläche nicht vorhanden und nicht zu schaffen ist, oder wenn die Einebnung der Gründungssohle besondere Schwierigkeiten bereitet, wie bei felsigem Untergrund. Die in E 79, Abschn. 10.4.1 angegebenen Konstruktionsgrundsätze sind dann in gleicher Weise auch für Druckluft-Senkkästen gültig.

10.5.2 Berechnung

Gültig bleibt E 79, Abschn. 10.4.2. Hinzu kommt für die Absenkzustände im Boden noch die übliche Berechnung auf Biegung und Querkraft in lotrechter Richtung infolge ungleicher Auflagerung der Senk-

kastenschneiden und die Beanspruchung auf Biegung und Querkraft in waagerechter Richtung aus ungleichen Erddrücken.
Da Druckluft-Senkkästen hinsichtlich Lage und Ausbildung der Gründungssohle und wegen der guten Verzahnung der Senkkastenschneiden und des Arbeitskammerbetons mit dem Untergrund als normale Flächengründungen zu gelten haben, darf hier im Gegensatz zu E 79, Abschn. 10.4.2, Abs. 2 die Bodenfuge klaffen, jedoch soll der Mindestabstand der Resultierenden von der Kastenvorderkante nicht kleiner als b/4 sein.
Bei hohem Wasserüberdruck ist die Gefahr des Ausspülens von Boden vor und unter der Gründungssohle zu untersuchen. Notfalls sind besondere Sicherungen gegen Unterspülen vorzunehmen, wie Bodenverfestigungen von der Arbeitskammer aus oder ähnliches, sofern nicht vorgezogen wird, die Gründungssohle tiefer zu legen oder zu verbreitern.
Im Endzustand braucht beim Druckluft-Senkkasten ein besonderer Spannungsnachweis aus ungleichmäßiger Auflagerung für die Längsrichtung nicht berücksichtigt zu werden. Bei besonders großen Abmessungen empfiehlt es sich aber, auch die Beanspruchungen des Bauwerkes für eine Sohldruckverteilung nach BOUSSINESQ nachzuweisen.

10.5.3   Gleitgefahr und Gleitsicherung

Die Gleitsicherheit, das ist das Verhältnis der Summe der rückhaltenden zu der der angreifenden Horizontalkräfte, muß mindestens 1,5 betragen (E 96, Abschn. 1.6.2.6).
Günstig wirkende Verkehrslasten dürfen nicht berücksichtigt werden. Ein Erdwiderstand darf nur in Rechnung gestellt werden, wenn das Bauwerk ohne Gefahr eine Verschiebung erfahren darf, die hinreicht, um ihn in der angesetzten Größe wachzurufen, und wenn gewährleistet ist, daß der den Erdwiderstand erzeugende Boden weder dauernd noch vorübergehend entfernt wird.
Im übrigen gilt unverändert E 79, Abschn. 10.4.3, Abs. 3 und 4.

10.5.4   Bauliche Ausbildung

Gültig bleibt E 79, Abschn. 10.4.4, Abs. 1–3 und 6. Bei Druckluft-Senkkästen sind gute Erfahrungen mit einer Fugenlösung nach Bild 142 gemacht worden. Nach dem Absenken der Kästen werden in der 40 bis 50 cm breiten Fuge federnde Paßbohlen zwischen einbetonierte Spundwandschlösser getrieben. Anschließend wird der Zwischenraum innerhalb der Bohlen ausgeräumt und bei festem Baugrund mit Unterwasserbeton bzw. bei nachgiebigem Baugrund mit einem Steingerüst verfüllt, das später ausgepreßt werden kann. Der Rücken der vorderen Paßbohle kann bündig mit der Vorderkante der Kästen liegen. Er kann aber auch etwas zurückgesetzt werden, um eine flache Nische zur Aufnahme einer Steigeleiter oder dergleichen zu bilden.
Treten hohe Wasserstandsdifferenzen auf, ist die Höhenlage der Boden-

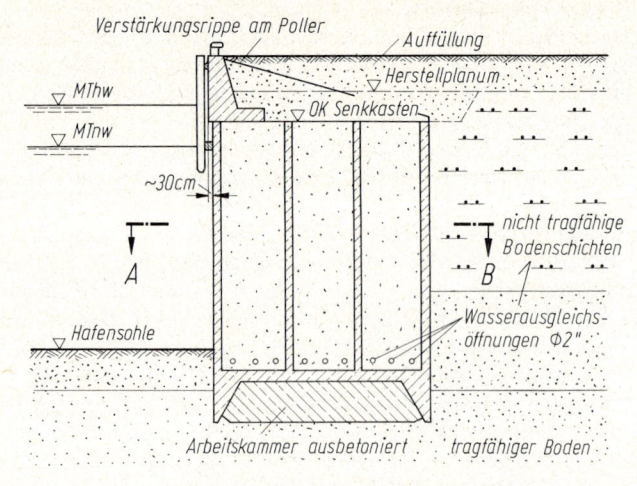

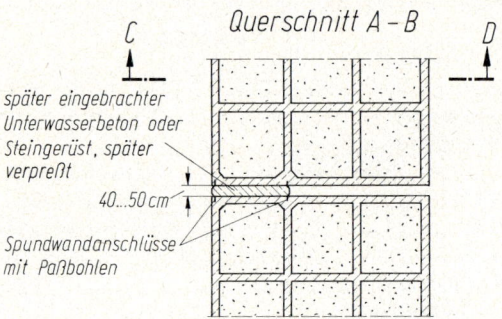

Bild 142. Ausbildung einer Kaimauer aus Druckluft-Senkkästen bei nachträglicher Hafenbaggerung

fuge so zu wählen, daß eine ausreichende Sicherheit gegen Unterspülen vorhanden ist.

10.5.5 Bauausführung

Die von Land eingebrachten Druckluft-Senkkästen werden vom Planum aus abgesenkt, auf dem sie vorher hergestellt worden sind. Der Boden in der Arbeitskammer wird in der Regel fast ausschließlich unter Druckluft ausgehoben, da das Arbeitsplanum so knapp wie möglich über dem Wasserspiegel angeordnet wird. Erweist sich der Boden in der vorgesehenen Gründungstiefe als noch nicht genügend tragfähig, wird der Kasten entsprechend tiefer abgesenkt.

Ist die erforderliche Gründungstiefe erreicht, wird die Sohle hinreichend eingeebnet und die Arbeitskammer unter Druckluft ausbetoniert.
Eingeschwommene Druckluft-Senkkästen müssen zunächst auf die vorhandene oder vertiefte Sohle abgesetzt werden. Im allgemeinen genügt ein gröberes Planieren dieser Sohle, da die Schneiden wegen ihrer geringen Aufstandsbreite leicht in den Boden eindringen, wobei kleinere Unebenheiten der Aufsetzfläche belanglos sind. Anschließend werden die Kästen in der beschriebenen Weise abgesenkt und ausbetoniert.

10.5.6 Reibungswiderstand beim Absenken

Der Reibungswiderstand ist von verschiedenen Eigenschaften des Untergrundes und von der Konstruktion abhängig.

Er wird beeinflußt von:

(1) Bodenart, Dichte und Festigkeit der anstehenden Schichten (nichtbindige und bindige Böden),

(2) Grundwasserstand,

(3) Tiefenlage des Senkkastens,

(4) Grundrißform und Größe des Senkkastens,

(5) Anlauf der äußeren Wandflächen,

(6) Verwendung von Schmiermitteln.

Die Festlegung des notwendigen Absenk-Übergewichts für den jeweiligen Absenkzustand ist weniger eine Sache der genauen Berechnung als der Erfahrung. Im allgemeinen genügt es, wenn das Übergewicht (Summe aller Vertikalkräfte ohne Berücksichtigung der Reibung) ausreicht, um eine Reibungskraft von 20 kN/m^2 am einbindenden Senkkastenmantel zu überwinden. Bei kleinerem Übergewicht (moderne Stahlbetonsenkkästen) empfiehlt sich eine besondere Untersuchung unter Anwendung zusätzlicher Maßnahmen, wie Schmierung und dergleichen.

10.6 Ausbildung und Bemessung von Kaimauern in Blockbauweise (E 123)

10.6.1 Grundsätzliches zur Konstruktion und zur Bauausführung

10.6.1.1 Ufereinfassungen in Blockbauweise können mit Erfolg nur ausgeführt werden, wenn unterhalb der Gründungssohle tragfähiger Baugrund ansteht, seine Tragfähigkeit verbessert werden kann (beispielsweise durch Verdichten) oder der schlechte Boden ausgetauscht wird.

10.6.1.2 Die Abmessungen und das Gewicht der einzelnen Blöcke muß bestimmt werden nach den zur Verfügung stehenden Baustoffen, den Anfertigungs- und Transportmöglichkeiten, der Leistung der Geräte für das Versetzen, den zu erwartenden Verhältnissen bezüglich Baustellenlage, Wind, Wetter und Wellenangriffen im Bau- sowie im Betriebszustand.

Bei der Beförderung zur Einbaustelle kann der Auftrieb zur Entlastung mit herangezogen werden, soweit es möglich ist, die Blöcke in eingetauchtem Zustand zu transportieren.

Häufig wird der Auftrieb aber benutzt, um beim Einbau durch Verminderung des wirksamen Gewichtes eine entsprechend größere Ausladung des Absetzkranes zu erreichen. Die Blöcke müssen aber in jedem Fall so groß bzw. schwer sein, daß sie dem Wellenangriff standhalten können, was sich umgekehrt auf den erforderlichen Geräteeinsatz auswirken kann. Blöcke, deren Gewicht für die zu erwartenden Beanspruchungen zu knapp erscheint, können fallweise auch mit ausreichend großen Löchern versehen und untereinander mit darin einbetonierten kräftigen Ankern verbunden werden. Hierbei ist aber wegen der häufigen starken Spannungswechsel auf eine ausreichend große Lebensdauer – auch im Hinblick auf die Korrosion – besonders zu achten.

Vor allem bei Einbau mit einem Schwimmkran werden häufig Blöcke von 60–80 t wirksamem Einbaugewicht gewählt.

10.6.1.3 Der Beton der Blöcke muß möglichst wasserdicht sein und mit gut seewasserbeständigem Zement, z. B. Hochofenzement, hergestellt werden. Die Festigkeitsklasse des Betons muß mindestens B 25 entsprechen. Gleiches gilt auch für den am Ort hergestellten Wandkopf aus Stahlbeton.

10.6.1.4 Die Blöcke sollen so geformt und verlegt werden, daß sie beim Einbau nicht beschädigt werden und sich eine gute Verzahnung im Bauwerk ergibt. Sie sollen möglichst über die gesamte Mauerbreite reichen. In der Lotrechten sollen glatt durchlaufende Fugen tunlichst vermieden werden. Dies wird z. B. erreicht, wenn die Blöcke nicht lotrecht übereinander, sondern 10 bis 20° gegen die Lotrechte geneigt verlegt werden. Hierfür muß aber zuerst ein Auflager, z. B. aus waagerecht verlegten Blöcken, einem abgesenkten Schwimmkasten oder dergleichen, geschaffen werden. Den Übergang bilden keilförmige Blöcke. Letztere können auch sonst angewendet werden, wenn eine Neigungskorrektur erforderlich wird. Durch die Schräglage der Blöcke wird die Verlegearbeit erleichtert und eine möglichst geringe Fugenbreite zwischen den einzelnen Blöcken erreicht, jedoch die Anzahl der Blocktypen vergrößert. Alle Blöcke erhalten bei dieser Ausführung in den Seitenflächen nut- und federartige Verzahnungen. Der Federvorsprung liegt an der Außenseite der bereits verlegten Blöcke, so daß die weiteren Blöcke beim Einbau mit ihrer Nut über dieser Feder geführt nach unten rutschen.

Wenn die Blöcke nur lotrecht übereinander gestapelt werden, lassen sich größere Fugenbreiten nur mit großem Aufwand vermeiden. Sie können bei geeignetem Hinterfüllungsmaterial aber auch in Kauf genommen werden. Ganz allgemein sollte bezüglich der zugelassenen Fugenbreite und der Hinterfüllung ein Kostenoptimum angestrebt werden. Es sind auch schon Mauern mit I-förmigen lotrecht stehenden Blöcken errichtet worden, bei denen die groß angelegten Zwischenräume neben den Stegen mit Steinen aufgefüllt worden sind.

10.6.1.5 Zwischen dem tragfähigen Baugrund und der Blockmauer wird ein mindestens 1,00 m dickes Gründungsbett aus hartem Schotter angeordnet. Es muß – in der Regel mit Spezialgerät und Taucherhilfe – sorgfältig einplaniert und abgeglichen werden. In sinkstoffführendem Wasser muß es vor dem Versetzen der Blöcke auch noch besonders gesäubert werden, damit die Gründungsfuge nicht zu einer Gleitfuge wird. Bei senkrecht übereinander gestapelten Blöcken ist dies besonders wichtig.

10.6.1.6 Um vor allem bei feinkörnigem, nichtbindigem Baugrund ein Versinken des Schotterbettes unter der Auflast zu vermeiden, müssen seine Hohlräume mit geeignet gekörntem Mischkies aufgefüllt werden. Andernfalls ist zwischen Gründungsbett und tragfähigem Baugrund eine Filterlage aus Mischkies anzuordnen. Wenn der Gründungsboden sehr feinkörnig, aber nicht bindig ist, sollte unter dem Mischkiesfilter auch noch Kunststoffgewebe als Sicherung eingebracht werden.

10.6.1.7 Die Blockbauweise kann – abhängig vom eingesetzten Gerät – vor allem auch in Gebieten mit stärkerer Wellenbewegung und in Entwicklungsländern, in denen zu wenig Facharbeiter und wenig Devisen zur Verfügung stehen, mit Erfolg angewendet werden. Sie erfordert neben dem Einsatz geeigneter schwerer Geräte aber vor allem auch einen ungewöhnlich hohen Tauchereinsatz, um die erforderliche sorgfältige Ausführung sowohl des Gründungsbettes als auch der Verlege- und Hinterfüllarbeiten zu gewährleisten und überprüfen zu können.

10.6.2 **Ansatz der angreifenden Kräfte**

10.6.2.1 **Erddruck und Erdwiderstand**
Wenn Unklarheit darüber besteht, ob die Bewegungen des Erddruckgleitkörpers ausreichen, um den aktiven Erddruck entstehen zu lassen, ist vor allem beim Nachweis der Gleitsicherheit der Erdruhedruck anzusetzen. Auf E 79, Abschn. 10.4.3 wird in diesem Zusammenhang besonders hingewiesen.
Erdwiderstand vor dem Wandfuß darf nur angesetzt werden, wenn sichergestellt ist, daß der stützende Boden ständig vorhanden ist, also keine Kolkgefahr besteht, die bei Blocksteinmauern, im übrigen auch sonst, weitestgehend vermieden werden sollte.

10.6.2.2 **Wasserüberdruck**
Wenn die Fugen zwischen den einzelnen Blöcken gut durchlässig sind und wenn durch die Wahl des Hinterfüllungsmaterials (Bild 143) ein schneller Wasserspiegelausgleich gewährleistet ist, braucht der Wasserüberdruck auf die Ufermauer nur in halber Höhe der im Hafenbecken zu erwartenden größten Wellen – in ungünstigster Höhenlage nach E 19,

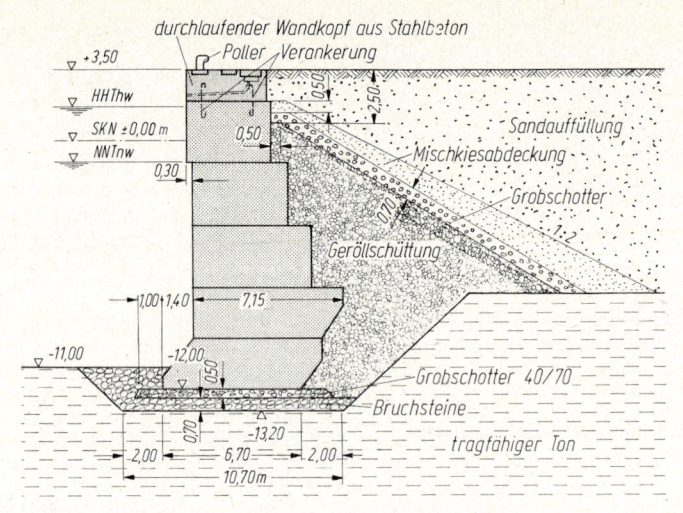

Bild 143. Querschnitt durch eine Ufermauer in Blockbauweise

Abschn. 4.2 – angesetzt zu werden. Andernfalls ist zur halben Wellenhöhe noch der Wasserüberdruck nach E 19, Abschn. 4.2 bzw. E 65, Abschn. 4.3 hinzuzufügen. In Zweifelsfällen können auch bei Wellenschlag verläßlich arbeitende Rückstauentwässerungen angeordnet werden. Umgekehrt ist ein einwandfreies Abdichten der Blockfugen erfahrungsgemäß nicht möglich.

Zwischen der Ufermauer bzw. zwischen einer Hinterfüllung mit Grobmaterial und einer anschließenden Auffüllung aus Sand und dergleichen ist eine kräftige Filterschicht anzuordnen, die Ausspülungen mit Sicherheit verhindert (Bilder 143 und 144).

10.6.2.3 Beanspruchung durch Wellen

Wenn Ufereinfassungen in Blockbauweise in Gebieten gebaut werden müssen, in denen mit hohen Wellen zu rechnen ist, sind besondere Untersuchungen hinsichtlich der Standsicherheit erforderlich. Insbesondere ist – im Zweifelsfall durch Modellversuche – festzustellen, ob brechende Wellen auftreten können. Ist dies der Fall, liegen bezüglich der Standsicherheit und der Lebensdauer einer Blockmauer so große Risiken vor, daß diese Bauweise nicht mehr empfohlen werden kann. Als Anhaltspunkt zur Beurteilung, ob brechende oder nur reflektierte Wellen auftreten, kann das Verhältnis zwischen der Wassertiefe t vor der Mauer zur Wellenhöhe h benutzt werden. Wenn $t \geq 1{,}5\,h$ ist, kann man im allgemeinen davon ausgehen, daß nur reflektierte Wellen auftreten.

Die Wellendrücke greifen nicht nur an der Vorderseite der Blockmauer an, sie pflanzen sich auch in den Fugen zwischen den einzelnen Blöcken

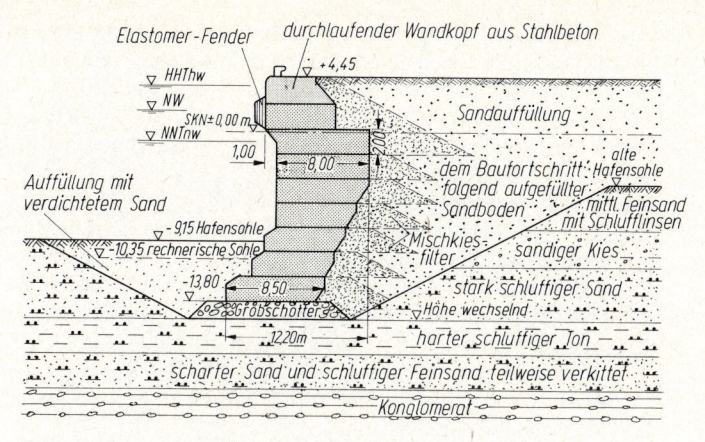

Bild 144. Entwurf einer Ufermauer in Blockbauweise in einem Erdbebengebiet

fort. Sie vermindern durch den dabei auftretenden erhöhten Fugenwasserdruck vorübergehend das wirksame Blockgewicht stärker als der Auftrieb, wodurch die Reibung zwischen den einzelnen Blöcken so verkleinert werden kann, daß die Standsicherheit gefährdet ist. Zum Zeitpunkt des Rücklaufes der Welle findet der Druckabfall in den engen Fugen, der auch vom Grundwasser her mit beeinflußt wird, langsamer statt als entlang der Außenfläche der Ufermauer, so daß in den Fugen ein größerer Wasserdruck als dem Wasserstand vor der Mauer entsprechend auftritt. Gleichzeitig bleiben jedoch Erddruck und Wasserüberdruck von hinten voll wirksam.

10.6.2.4 Trossenzug, Schiffsstoß und Kranlasten

Hierfür gelten die einschlägigen Empfehlungen, wie E 12, Abschn. 5.8, E 38, Abschn. 5.2, E 84, Abschn. 5.11 und E 128, Abschn. 13.3.

10.6.3 Berechnung, Bemessung und Weiteres zur Gestaltung

10.6.3.1 Wandfuß, Bodenpressungen, Standsicherheit

Der Blockmauerquerschnitt ist so auszubilden, daß bei der Beanspruchung durch die ständigen Lasten in der Gründungsfuge möglichst gleichmäßig verteilte Bodenpressungen auftreten. Dies ist durch eine geeignete Fußausbildung mit wasserseitig vor die Wandflucht vorkragendem Sporn und durch die Anordnung eines zur Landseite hin auskragenden „Tornisters" in der Regel ohne Schwierigkeiten zu erreichen (Bilder 143 und 144).

Sollen bei Auskragungen an der Rückseite der Wand Hohlräume unter den Kragblöcken vermieden werden, müssen sie hinten unterschnitten werden. Hierbei muß die Schrägneigung steiler sein als der Reibungswinkel der Hinterfüllung (Bilder 143 und 144).

Auch bei Überlagerung aller gleichzeitigen ungünstigen Lasteinflüsse soll die Exzentrizität der Resultierenden und damit die Konzentration der Spannungen an einem Rand der Sohlfuge möglichst klein gehalten werden. Im Gegensatz zu DIN 1054, Abschn. 4.1.3.1 soll ein Klaffen der Sohlfuge nicht zugelassen werden, die Resultierende also im Kern der Gründungsfläche bleiben.

Die Bodenpressungen sind auch für alle wichtigen Phasen des Bauzustandes nachzuweisen. Soweit erforderlich, muß die Ufermauer etwa gleichzeitig mit dem Verlegen der Blöcke hinterfüllt werden, um zum Land hin gerichteten Kippbewegungen bzw. zu hohen Bodenpressungen am landseitigen Ende der Gründungsfuge entgegenzuwirken (Bild 144).

Neben den zulässigen Bodenpressungen sind die Gleitsicherheit, die Grundbruchsicherheit und die Geländebruchsicherheit nachzuweisen.

Bezüglich der Gleitgefahr und der Gleitsicherung wird vor allem auf E 79, Abschn. 10.4.3 verwiesen.

Mögliche Veränderungen der Hafensohle aus Kolken, vor allem aber auch aus absehbaren Vertiefungen sind hierbei zu beachten. Im späteren Hafenbetrieb sind Kontrollen der Sohlenlage vor der Mauer in regelmäßigen Abständen durchzuführen und im Bedarfsfall sofort geeignete Schutzmaßnahmen zu ergreifen.

Um eine gewisse Kippbewegung der Wand nach der Hafenseite hin von vornherein zu berücksichtigen, soll die Ufermauer mit einem geringen Winkel nach der Landseite ausgebildet werden. Eine mögliche spätere Veränderung der Kranspurweite infolge unvermeidlicher Wandbewegungen soll stets eingeplant werden.

10.6.3.2 Waagerechte Fugen der Blockmauer

Die Gleitsicherheit und die Lage der Resultierenden der angreifenden Kräfte müssen auch in den waagerechten Fugen der Blockmauer für alle maßgebenden Baustadien und den Endzustand nachgewiesen werden. Im Gegensatz zur Gründungsfuge darf hier bei gleichzeitigem Ansatz aller ungünstig wirkenden Kräfte ein rechnerisches Klaffen der Fugen bis zur Schwerachse zugelassen werden.

10.6.3.3 Wandkopf aus Stahlbeton

Der am Kopf jeder Blockmauer anzuordnende, am Ort hergestellte Balken aus Stahlbeton dient zum Ausgleich von Verlegungenauigkeiten, zur Verteilung konzentriert angreifender waagerechter und lotrechter Lasten, zum Ausgleich örtlich unterschiedlicher Erddrücke und Stützverhältnisse in der Gründung sowie von weiteren Bauungenauigkeiten. Er darf wegen der in der Blockmauer auftretenden Setzungsunterschiede erst nach dem Abklingen der wesentlichsten Setzungen betoniert werden. Um den Setzungsvorgang zu beschleunigen, ist eine vorübergehende höhere Belastung der Mauer, z.B. durch zusätzliche Schichten von Betonblöcken, zweckmäßig. Das Setzungsverhalten ist dabei laufend zu messen. Da aber auch dann zusätzliche spätere Setzungsunterschiede nicht auszuschließen sind sowie im Hinblick auf die Schwind- und Temperaturbeanspruchungen, sollen die Blöcke des Wandkopfes nicht länger als 15,00 m sein. Sie sollen in Längsrichtung mindestens in 3 Betonierabschnitten mit durchlaufender Bewehrung hergestellt werden.

Bei der Berechnung der Schnittkräfte des Wandkopfes aus Schiffsstoß, Pollerzug und Kranseitenschub kann in der Regel davon ausgegangen werden, daß der Kopfbalken im Vergleich zu der ihn stützenden Blockmauer starr ist. Diese Annahme liegt im allgemeinen auf der sicheren Seite.

Bei der Berechnung des Wandkopfes für die lotrechten Kräfte, vor allem die Kranraddrücke, kann im allgemeinen das Bettungsmodulverfahren angewendet werden. Falls mit größeren ungleichmäßigen Setzungen oder Sackungen der Blockmauer zu rechnen ist, sind die Schnittkräfte des Wandkopfs aber durch Vergleichsuntersuchungen mit verschiedenen Lagerungsbedingungen – Reiten in der Mitte oder in den Endbereichen – einzugrenzen. Hierbei ist auch das Wandkopfeigengewicht zu berücksichtigen. Der Blockfugenabstand ist dann – soweit erforderlich – zu verringern.

Die Kopfbalken werden an den Blockfugen nur zur Übertragung waagerechter Kräfte verzahnt. Eine Verzahnung für lotrechte Kräfte ist wegen des unübersichtlichen Setzungsverhaltens von Blockmauern nicht zu empfehlen.

Schwellerscheinungen, die nach dem Aushub in bindigem Boden auftreten, brauchen in den statischen Berechnungen im allgemeinen nicht berücksichtigt zu werden, weil sie unter der wachsenden Mauerlast bald rückgebildet werden.

An den Blockfugen soll die Schienenlagerung konstruktiv durch zwischengeschaltete kurze Brücken gegen Setzungsstufen gesichert werden, wobei die Kranschienen ungestoßen durchlaufen können. Zur Übertragung waagerechter Kräfte zwischen Wandkopf und Blockmauer sollen beide gegeneinander wirksam verzahnt werden.

10.6.3.4 Zulässige Spannungen und Sicherheiten

Soweit in den einschlägigen Empfehlungen der EAU nichts anderes gefordert ist, sind die Werte der DIN 1045, 1054, 4017 und 4084 einzuhalten.

10.7 Ausbildung und Bemessung von Kaimauern in Blockbauweise in Erdbebengebieten (E 126)

10.7.1 Allgemeines

Neben den allgemeinen Bedingungen nach E 123, Abschn. 10.6 muß auch E 124, Abschn. 2.9 sorgfältig berücksichtigt werden.

Bei der Ermittlung der waagerechten Massenkräfte der Blockwand muß beachtet werden, daß sie aus der Masse der jeweiligen Blöcke und ihrer auflastenden Hinterfüllungen hergeleitet werden müssen bzw. aus ihrem Gewicht über Wasser und nicht aus ihrem Gewicht unter Auftrieb. Hierbei ist das Gewicht der Fugenwassermenge bzw. das Gewicht des Wassers in den auflastenden Hinterfüllungen mit zu berücksichtigen.

10.7.2 Erddruck, Erdwiderstand, Wasserüberdruck, Verkehrslasten

Die Ausführungen in den Abschnitten 2.9.3, 2.9.4 und 2.9.5 von E 124 gelten sinngemäß.

10.7.3 Zulässige Spannungen und geforderte Sicherheiten

Hierzu wird vor allem auf E 124, Abschn. 2.9.6 verwiesen.
Auch bei Berücksichtigung der Erdbebeneinflüsse darf die Ausmittigkeit der Resultierenden in den waagerechten Fugen zwischen den einzelnen Blöcken nur so groß sein, daß kein rechnerisches Klaffen über die Schwerachse hinaus eintritt. Dies gilt auch für die Gründungsfuge, in der im Fall ohne Erdbeben kein Klaffen zugelassen wird (E 123, Abschn. 10.6.3.1, 3. Absatz).

10.7.4 Sonstige massive Ufereinfassungen

Obige Ausführungen gelten sinngemäß auch für sonstige massive Ufereinfassungen, wie Schwimmkästen nach E 79, Abschn. 10.4 oder Druckluft-Senkkästen nach E 87, Abschn. 10.5 usw., solange für diese nicht jeweils eine Zusatzempfehlung zur Berücksichtigung von Erdbebeneinflüssen herausgebracht wird.

10.8 Ausbildung und Bemessung von Kaimauern in offener Senkkastenbauweise (E 147)

10.8.1 Allgemeines

Offene Senkkästen – bisher im allgemeinen offene Brunnen genannt – werden in Seehäfen für Ufereinfassungen und Anlegeköpfe, aber auch als Gründungskörper sonstiger Bauten verwendet. Ähnlich wie die Druckluft-Senkkästen nach E 87, Abschn. 10.5 können sie auf einem im Absenkbereich über dem Wasserspiegel liegenden Gelände bzw. in einem gerammten oder schwimmenden Spindelgerüst hergestellt oder als fertige Kästen mit Hubinseln oder Schwimmkörpern eingeschwommen und anschließend abgesenkt werden. Die offene Absenkung erfordert geringere Lohn- und Baustelleneinrichtungskosten als die unter Druckluft und kann bis zu wesentlich größeren Tiefen ausgeführt werden. Es kann dabei jedoch nicht die gleiche Lagegenauigkeit erreicht werden. Außerdem führt sie nicht zu gleich zuverlässigen Auflagerbedingungen in der Gründungssohle. Beim Absenken angetroffene Hin-

dernisse sind nur unter Schwierigkeiten zu durchfahren oder zu beseitigen. Das Aufsetzen auf schräge Felsoberflächen erfordert stets zusätzliche Maßnahmen.
Die in E 79, Abschn. 10.4.1 für Schwimmkästen angegebenen Konstruktionsgrundsätze für Ufermauern sind sinngemäß auch für offene Senkkästen gültig.
Im übrigen wird auch auf Abschn. 2.10 „Senkkästen" im Grundbau-Taschenbuch [9] besonders hingewiesen.

10.8.2 Berechnung

Die Ausführungen nach E 79, Abschn. 10.4.2 bleiben gültig. Auch hier darf die Bodenfuge nicht klaffen, da das Herrichten der Gründungssohle nicht den Ansprüchen einer Flächengründung in einer frei zugänglichen offenen, trockenen Baugrube entspricht. Aus dem gleichen Grund ist die Gefahr einer Unterspülung besonders zu beachten und im Zweifelsfall eine größere Absenktiefe zu wählen. Auch hier sind Reitzustände zu erwarten und zu berücksichtigen.
Ebenso ist der in E 87, Abschn. 10.5.2 für Druckluft-Senkkästen gegebene Hinweis bezüglich der Berechnung auf Biegung und Querkraft in lotrechter und waagerechter Richtung zu beachten.

10.8.3 Gleitgefahr und Gleitsicherung

Es gelten die Ausführungen nach E 79, Abschn. 10.4.3 dritter und vierter Absatz, jedoch müssen auch die Ausführungen im ersten und zweiten Absatz beachtet werden. Außerdem gilt uneingeschränkt Abschn. 10.5.3 in E 87.

10.8.4 Bauliche Ausbildung

Der Grundriß offener Senkkästen kann rechteckig oder rund sein. Für die Wahl sind betriebliche und auch ausführungstechnische Überlegungen maßgebend.
Offene Senkkästen mit rechteckigem Grundriß stehen infolge des trichterförmigen Aushubs ungleichmäßiger auf als solche mit rundem Grundriß. Daraus folgt ein erhöhtes Risiko für Abweichungen aus der Soll-Lage. Wo eine rechteckige Form nötig ist, soll sie daher gedrungen ausgeführt werden. Da der Aushub- und damit der Absenkvorgang schlecht kontrolliert werden können und der offene Senkkasten nur in geringem Umfang ballastierbar ist, sollten kräftige Wanddicken gewählt werden, so daß das Gewicht des Kastens unter Berücksichtigung des Auftriebs die erwartete Wandreibung mit Sicherheit überschreitet.
Die Füße der Außenwände erhalten eine steife stählerne Vorschneide. Diese eilt dem Aushub voraus und trägt dazu bei, ein seitliches Einbrechen des Bodens in den Innenraum zu verhindern. Im Schneidenkranz unten nach innen austretende Spüllanzen können das Lösen nichtbindigen Aushubbodens unterstützen (Bild 145, Querschnitt C-D wasserseitig dargestellt).

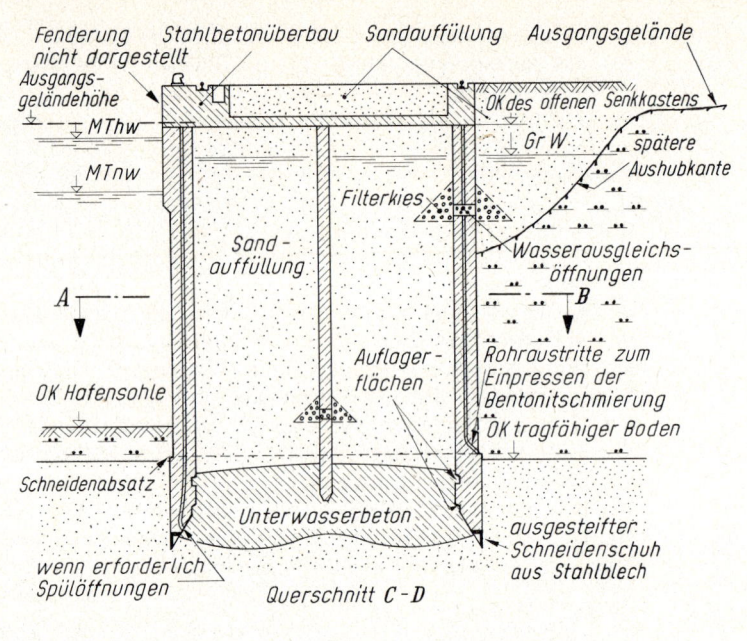

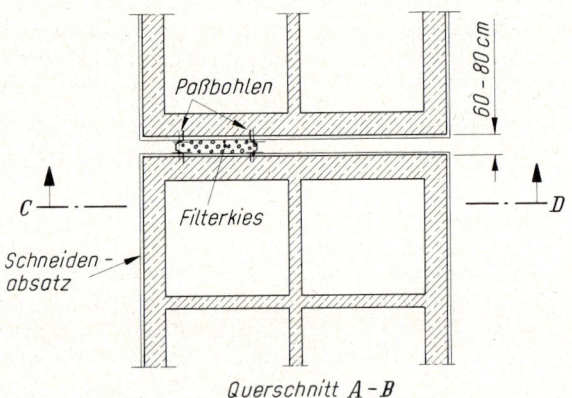

Bild 145. Ausbildung einer Kaimauer aus offenen Senkkästen bei nachträglicher Hafenbaggerung

Die Unterkante von Zwischenwänden muß mindestens 0,5 m über der Unterkante der Senkkastenschneiden enden, damit daraus keine Lasten in den Baugrund abgeleitet werden können.

Außen- und Zwischenwände erhalten zuverlässige, nach dem Absenken leicht zu reinigende Sitzflächen für das Einleiten der Lasten in die Unterwasserbetonsohle.

Die bei Gründungen mit offenen Senkkästen unvermeidliche Auflockerung des Bodens in der Gründungssohle und im Mantelbereich führt zu spürbaren Setzungen und Neigungen im fertigen Bauwerk. Dies muß bei der Bemessung und konstruktiven Ausbildung, aber auch beim Bauablauf berücksichtigt werden. Eine rückwärtige Verankerung schlanker Senkkästen kann aus den gleichen Gründen zweckmäßig sein.

Ein aufgelockerter, nichtbindiger Boden unter der Gründungssohle kann vor dem Einbau der Unterwasserbetonsohle mit Beton-Tauchrüttlern in engem Abstand nachverdichtet werden.

Die Ausführungen nach E 79, Abschn. 10.4.4, zweiter und dritter Absatz, bleiben uneingeschränkt gültig. Für die Fugen ist eine Lösung nach E 87, Abschn. 10.5, Bild 142 zu empfehlen. Dabei ist aber die Füllung des Raums zwischen den Bohlen mit Filterkies einer starren Füllung vorzuziehen, weil sie den eintretenden Setzungen schadlos folgen kann.

Der Abstand von 40 bis 50 cm zwischen den Kästen, den E 87, Abschn. 10.5.4 für Druckluft-Senkkästen angibt, genügt mit Rücksicht auf die Aushubmethode bei offenen Senkkästen nur dann, wenn die eigentliche Absenktiefe gering ist und Hindernisse – auch durch eingelagerte feste bindige Bodenschichten – nicht zu erwarten sind. Bei schwierigen Absenkungen sollte ein Abstand von 60 bis 80 cm gewählt werden. Als Abschlüsse können dann entsprechend breite Paßbohlen oder schlaufenartig angeordnete, stärker verformbare Bohlenketten verwendet werden.

Bei hohen Differenzen in den Wasserständen zwischen Vorder- und Hinterseite des Senkkastens ist auch hier die Bodenfuge so tief zu legen, daß ein Unterspülen nicht auftreten kann.

Die Gefahr eines Grundbruchs kann bei ausreichend durchlässigem Boden durch Verfestigen im wasserseitigen Gründungsbereich verringert werden.

10.8.5 Weiteres zur Bauausführung

Beim Herstellen an Land muß die Tragfähigkeit des Baugrunds unter der Aufstellebene besonders überprüft und beachtet werden, damit der Boden unter der Schneide nicht zu stark bzw. zu ungleich nachgibt. Letzteres kann auch zu einem Bruch der Schneide führen. Der Boden im Kasten wird mit Greifern oder Pumpen ausgehoben, wobei der Wasserstand im Innern des Senkkastens stets mindestens in Höhe des Außenwasserspiegels zu halten ist.

Für das Absenken einer Reihe von Kästen kann die Reihenfolge 1, 3, 5 ... 2, 4, 6 zweckmäßig sein, weil bei ihr an beiden Stirnseiten eines jeden Kastens ausgeglichene Erddrücke wirken.

Das Absenken des Kastens kann durch Schmieren des Mantels oberhalb des Absatzes über dem Fuß mit einer thixotropen Flüssigkeit, beispielsweise mit einer Bentonitsuspension, wesentlich erleichtert werden. Damit das Schmiermittel auch tatsächlich am gesamten Mantel vorhanden ist, sollte es nicht von oben eingegossen, sondern über Rohre, die in den Mantel einbetoniert werden und unmittelbar über dem Fußabsatz – gegebenenfalls im Schutz eines verteilenden Stahlblechs – enden, eingepreßt werden (Bild 145 landseitig dargestellt). Es muß aber so vorsichtig eingepreßt werden, daß die thixotrope Flüssigkeit nicht nach unten in den Aushubraum durchbrechen und abfließen kann. Entsprechend hoch ist der Fußteil des offenen Senkkastens bis zum Absatz am Mantel zu wählen. Besondere Vorsicht ist geboten, wenn infolge einer Einrüttelung des aufgelockerten Sands unter der Aushubsohle deren Oberfläche in größerem Umfang absinkt.

Nach Erreichen der planmäßigen Gründungstiefe wird die Sohle sorgfältig gereinigt. Erst dann wird die Sohlplatte aus Unterwasser- oder Colcretebeton eingebracht.

10.8.6 Reibungswiderstand beim Absenken

Die in E 87, Abschn. 10.5.6 für Druckluft-Senkkästen gegebenen Hinweise gelten auch für offene Senkkästen. Da der offene Senkkasten aber nicht im gleichen Maße wie der Druckluft-Senkkasten ballastiert werden kann, kommt bei größeren Absenktiefen einer thixotropen Schmierung des Mantels eine besondere Bedeutung zu. Sie reduziert die mittlere Mantelreibung erfahrungsgemäß auf weniger als 10 kN/m^2.

10.9 Ausbildung und Bemessung von Kaimauern in offener Senkkastenbauweise in Erdbebengebieten (E 148)

Auch hier gilt Abschn. 8.2.15.1 von E 125. Es ist jedoch besonders darauf zu achten, daß fließempfindlicher, nichtbindiger Gründungsboden bereits vor dem Einbringen der Senkkästen über den eigentlichen Gründungsbereich hinaus verdichtet werden muß. Wegen der mit dem Bodenaushub verbundenen Auflockerung ist aber im Kasten eine nochmalige Verdichtung des Bodens unter der Aushubsohle – beispielsweise mit Hilfe von Betontauchrüttlern in engem Abstand – erforderlich. Erddruck und Erdwiderstand werden nach E 124, Abschn. 2.9.3 angesetzt.

Bei der Verankerung eines offenen Brunnens muß Abschn. 8.2.15.3 nach E 125 berücksichtigt werden.

Im übrigen gilt E 147, Abschn. 10.8.

10.10 Anwendung und Ausbildung von Bohrpfahlwänden (E 86)

10.10.1 Allgemeines

Bohrpfahlwände können bei entsprechender Ausbildung, konstruktiver Gestaltung und Bemessung auch bei Ufereinfassungen angewendet werden. Für ihre Wahl spricht neben wirtschaftlichen und technischen Gründen auch die Forderung nach einer sicheren, weitgehend erschütterungsfreien und/oder wenig lärmenden Bauausführung.

10.10.2 Ausbildung

Durch Aneinanderreihen von Bohrpfählen können im Grundriß gerade oder gekrümmt verlaufende Wände hergestellt werden.

Abhängig vom Pfahlabstand ergeben sich folgende Bohrpfahlwandtypen:

(1) Überschnittene Bohrpfahlwand (Bild 146)

Der Achsabstand der Bohrpfähle ist kleiner als der Pfahldurchmesser. Zuerst werden die Primärpfähle (1, 3, 5, ...) aus unbewehrtem Beton eingebracht. Diese werden beim Herstellen der zwischenliegenden bewehrten Sekundärpfähle (2, 4, 6 ...) angeschnitten. Die Wand ist dabei im allgemeinen so gut wie wasserdicht. Ein statisches Zusammenwirken

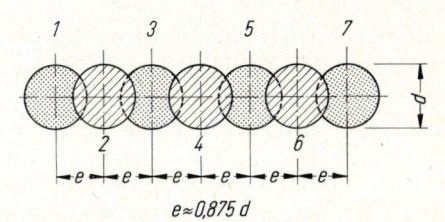

Bild 146. Überschnittene Bohrpfahlwand

$e \approx 0{,}875\, d$

der Pfähle kann bei Belastung senkrecht zur Pfahlwand stets und in der Wandebene, scheibenartig, fallweise vorausgesetzt werden. Lotrechte Belastungen können außer durch lastverteilende Kopfbalken bei ausreichender Rauhigkeit und Sauberkeit der Schnittflächen in einem gewissen Umfang auch durch Scherkräfte zwischen den benachbarten Pfählen verteilt werden. Dabei muß aber durch Einbinden der Pfahlfüße in einem besonders widerstandsfähigen Baugrund ein Ausweichen der Pfahlfüße in der Wandebene nach außen hin ausreichend verhindert werden.

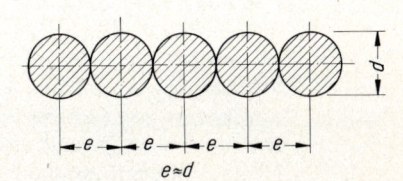

Bild 147. Tangierende Bohrpfahlwand

$e \approx d$

(2) Tangierende Bohrpfahlwand (Bild 147)

Der Achsabstand der Bohrpfähle ist gleich oder aus arbeitstechnischen Gründen etwas größer als der Pfahldurchmesser. In der Regel wird jeder Pfahl bewehrt. Eine Wasserdichtigkeit dieser Wand ist bei wasserführenden Böden nur durch zusätzliche Maßnahmen – beispielsweise durch Injektionen – erreichbar. Ein scheibenartiges Zusammenwirken der Pfähle in der Wandebene kann nicht erwartet werden.

(3) Aufgelöste Bohrpfahlwand (Bild 148)
Der Achsabstand der Bohrpfähle kann bis zum mehrfachen Pfahldurchmesser betragen. Die Zwischenräume werden beispielsweise durch Verbau geschlossen oder durch in Nuten eingeführte Wandelemente, wenn vorgefertigte Pfähle in die Bohrlöcher eingesetzt worden sind.

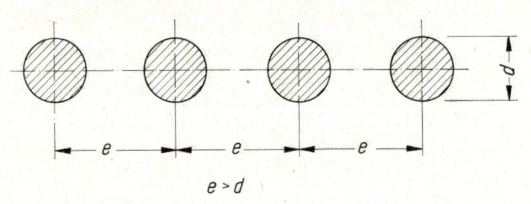

Bild 148. Aufgelöste Bohrpfahlwand

$e > d$

10.10.3 Herstellen der Bohrpfahlwände

Das Herstellen geschlossener Bohrpfahlwände nach den Bildern 146 und 147 setzt eine hohe Bohrgenauigkeit voraus, die im allgemeinen eine doppelte Führung des Bohrrohrs erfordert.

Bohrpfahlwände werden möglichst vom gewachsenen Gelände oder aber von einer Inselschüttung oder einer Hubinsel aus hergestellt. Wird ausnahmsweise von schwimmendem Gerät aus gearbeitet, müssen störende Bewegungen durch seitliche schräge Abstützungen oder dergleichen ausgeschlossen werden.

Der Boden wird mit Seilgreifern (meist in Spezialausführung), Drehbohrgeräten oder nach dem Saugbohr- oder dem Lufthebeverfahren innerhalb eines vorauseilenden Bohrrohres gefördert. Bei standfestem Boden kann aber auch unverrohrt mit Wasserüberdruck gebohrt werden – gegebenenfalls unter Verwendung einer Stützflüssigkeit – sofern die Füllung nicht in angeschnittene Kanäle oder Hohlräume ablaufen kann. Hindernisse werden durch Meißeln gelöst. Bei einem hochliegenden äußeren Wasserspiegel ist auf einen ausreichenden Überdruck der Wasserfüllung bzw. der Stützflüssigkeit im Bohrloch und wegen Einbruchgefahr von unten auch im Bohrrohr besonders zu achten.

Bei verrohrtem Bohren ist die erreichbare Tiefe durch die Bodenverhältnisse, die Ausbildung der Verrohrung und die Leistung des Verrohrungsgeräts begrenzt. Bei entsprechender Führung können verrohrte Bohrungen auch geneigt ausgeführt werden.

Überschnittene Bohrpfahlwände werden meist mit Geräten hergestellt, bei denen das Bohrrohr mit Hilfe einer Verrohrungsmaschine kraftschlüssig (beispielsweise mit Drehen unter Auflast bei Verwendung einer Kompaktbohranlage) in den Boden eingedrückt wird. Dabei wird die untere Schneide der Verrohrung als Bohrkrone benutzt. Die unbewehrten Primärpfähle werden zweckmäßig mit HOZ L betoniert, wobei die Arbeitsfolge so gewählt wird, daß die Betonfestigkeit beim Anschneiden durch die Sekundärpfähle – abhängig von der Leistung des Bohrgeräts – im Normalfall 3 bis 10 MN/m^2 möglichst nicht übersteigt.

Beim Herstellen der Pfähle im freien Wasser sind über der Gewässersohle verlorene Hülsenrohre erforderlich, sofern nicht vorgefertigte Pfähle in die Bohrung gesetzt und durch Verguß mit dem Untergrund oder dem Ortbeton des Pfahlfußes verbunden werden. Hinsichtlich Säubern der Sohlfuge, Einbringen des Betons, Betonüberdeckung und Bewehrungsausbildung gelten DIN 4014, Teil 1 und DIN 4014, Teil 2 sowie DIN 1045.

Wird mit einer Stützflüssigkeit gearbeitet, sind Grundwasser und Boden auf Bestandteile zu überprüfen, welche die kolloid-chemische Stabilität der Stützflüssigkeit ungünstig beeinflussen können, wie beispielsweise ein höherer Salzgehalt oder organische Bestandteile. Die Abminderung des Verbunds zwischen Beton und Bewehrung infolge Anreicherung der Stützflüssigkeit mit Feinstsand ist zu vermeiden (vgl. DIN 4126, in Vorbereitung).

10.10.4 Konstruktive Hinweise

Bei verrohrter Bohrung ist ein unbeabsichtigtes Verdrehen des Bewehrungskorbs nicht auszuschließen. Deshalb darf nur bei sehr sorgfältiger Arbeitsweise und Kontrolle von einer radialsymmetrischen Anordnung der Bewehrung abgegangen werden. Ein unbeabsichtigtes Ziehen des Bewehrungskorbs kann durch Frischbetonauflast auf einer in den Fuß des Korbs eingebauten Platte vermieden werden.

Sofern die Pfähle nicht in eine ausreichend steife Überbaukonstruktion einbinden, sind zur Aufnahme der Ankerkraft in der Regel lastverteilende Gurte erforderlich. Bei rückverankerten überschnittenen bzw. tangierenden Bohrpfahlwänden kann bei mindestens mitteldicht gelagerten nichtbindigen bzw. halbfesten bindigen Böden auf Gurte aber verzichtet werden, wenn mindestens jeder zweite Pfahl bzw. jeder zweite Zwickel zwischen den Pfählen durch einen Anker gehalten wird. Gleichzeitig müssen jedoch die Anfangs- und die Endbereiche der Pfahlwand auf ausreichender Länge mit zugfesten Gurten versehen werden.

Anschlüsse an benachbarte Konstruktionsteile sollten möglichst nur durch die Bewehrung am Pfahlkopf hergestellt werden, im übrigen Wandbereich nur in Sonderfällen und dann über Aussparungen oder besonders eingebaute Anschlußverbindungen.

10.11 Anwendung und Ausbildung von Schlitzwänden (E 144)

10.11.1 Allgemeines

Bezüglich der Anwendung von Schlitzwänden gilt das zu E 86, Abschn. 10.10.1 Gesagte sinngemäß.

Als Schlitzwände werden Ortbetonwände bezeichnet, die nach dem Bodenschlitzverfahren abschnittsweise hergestellt werden. Dabei werden mit einem Spezialgreifer zwischen Leitwänden Schlitze ausgehoben, in

die fortlaufend eine Stützflüssigkeit eingefüllt wird. Nach Säuberungsmaßnahmen und Homogenisieren der Stützflüssigkeit wird eine etwa erforderliche Bewehrung eingehängt und Unterwasserbeton eingebracht, wobei die Stützflüssigkeit von unten nach oben verdrängt wird.
Die Schlitzwände werden in DIN 4126, Teil 1 eingehend beschrieben. Diese Norm behandelt in ihren Abschnitten: Geltungsbereich, Zweck, Begriffe, Formelzeichen, Bautechnische Unterlagen, Bauleitung, Baustoffe, Bauausführung, Bauliche Durchbildung, Standsicherheiten und einen Mustervordruck. Dabei werden vor allem detaillierte Angaben gemacht über:

- das Liefern der Schlitzwandtone mit Herstellen, Mischen, Quellen, Lagern, Einbringen, Homogenisieren und Wiederaufbereiten der Stützflüssigkeit,
- das Betonieren und die Bewehrung in Anordnung und Ausführung und
- die Standsicherheit des offenen Schlitzes auch bei Störschichten im Boden.

Die Ausführungen nach DIN 4126, Teil 1 sind auch bei allen Schlitzwänden für Ufereinfassungen sorgfältig zu beachten. Im übrigen wird zusätzlich auf folgendes Schrifttum hingewiesen [58], [59], [60], [61] und [62].
Die Schlitzwände werden im allgemeinen durchgehend und so gut wie wasserdicht mit üblichen Dicken zwischen 40 und 100 cm hergestellt. Bei hohen Beanspruchungen kann anstelle einer einfachen auch eine aus aneinandergereihten T-förmigen Elementen bestehende Wand angewendet werden.
Im Grundriß werden lange Wände abschnittweise gerade hergestellt. Ein gekrümmter Wandverlauf wird durch den Sehnenzug ersetzt.
Die möglichen Längen der Elemente werden durch die Standsicherheit des Bodens begrenzt. Das in der Praxis übliche Größtmaß von 10 m wird bei hohem Grundwasserstand, fehlender Kohäsion im Boden, benachbarten schwerbelasteten Gründungen, empfindlichen Versorgungsleitungen und dergleichen bis zum Kleinstmaß von etwa 2 m verringert, das vom Aushubgerät bestimmt wird.
Bei geeigneten Bodenverhältnissen und guter Ausführung können Schlitzwände hohe waagerechte und lotrechte Belastungen in den Untergrund abtragen. Anschlüsse an andere lotrecht oder waagerecht angeordnete Konstruktionsteile sind mit besonderen einbetonierten Anschlußelementen – gegebenenfalls verbunden mit Aussparungen – möglich. Gute Betonsichtflächen können mit eingehängten Fertigteilen erzielt werden.

10.11.2 Nachweis der Standsicherheit des offenen Schlitzes

Zur Beurteilung der Standsicherheit des offenen Schlitzes wird das Gleichgewicht an einem Gleitkeil untersucht. Belastend wirken das Bodeneigengewicht und etwaige Auflasten aus benachbarter Bebauung, Baufahrzeugen oder sonstigen Verkehrslasten und der Wasserdruck von außen. Widerstehend wirken der Druck der Stützflüssigkeit, die volle Reibung in der Gleitfläche, die zum aktiven Erddruck führt, und Reibung in den Seitenflächen des Gleitkeils sowie eine etwaige Kohäsion. Zusätzlich kann die Widerstandskraft der ausgesteiften Leitwand berücksichtigt werden. Diese Kraft ist insbesondere für hochliegende Gleitfugen bedeutsam, weil hier die Scherverspannung bei nichtbindigem Boden noch wenig wirksam ist. Bei tiefreichenden Gleitfugen ist der Einfluß der Leitwand vernachlässigbar klein.

Die Sicherheit gegenüber dem Einbruch eines Gleitkörpers muß für alle Tiefenlagen mindestens 1,1, für die Endtiefe mindestens 1,2 betragen. Dabei sind die während der Bauausführung zu erwartenden höchsten Grundwasserstände – in Tidegebieten im allgemeinen MThw – zu berücksichtigen.

Bezüglich der Standsicherheit des offenen Schlitzes und der Sicherung der Aushubwandungen gegen Nachfall wird auch auf DIN 4126, Teil 1 und auf [58] verwiesen.

10.11.3 Zusammensetzung der Stützflüssigkeit

Als Stützflüssigkeit wird eine Ton- oder Bentonitsuspension verwendet. Hinsichtlich ihrer Zusammensetzung, Bearbeitung mit Misch- und Quellzeiten, Entsandung usw. wird vor allem auf DIN 4126, Teil 1 und auf DIN 4127 hingewiesen.

Besonders zu beachten ist, daß bei Bauten im Meerwasser bzw. in stärker salzhaltigem Grundwasser das Ionengleichgewicht der Tonsuspension durch Zutritt von Salzen ungünstig verändert wird. Es entstehen Ausflockungen, die zur Verminderung der Stützfähigkeit der Suspension führen können. Deshalb müssen beim Herstellen von Schlitzwänden in solchen Bereichen besondere Maßnahmen ergriffen werden. In der Praxis haben sich folgende Rezepte bewährt:

(1) Die Suspension wird mit Süßwasser (Leitungswasser), 40 bis 50 kg/m^3 Na-Bentonit und 5 kg/m^3 CMC (Carboxy-Methyl-Cellulose) Schutzkolloid angemacht.

(2) Die Suspension wird aus Meerwasser mit 3–5 kg/m^3 eines Biopolymers und einem Zusatz von 5 kg/m^3 Ton aus salzfesten Mineralien, beispielsweise Attapulgit oder Sepiolith, angemacht. Statt des Biopolymers kann auch ein entsprechend synthetisch hergestelltes Polymer verwendet werden.

Die Variationsbreite der Rezepturen ist groß. In jedem Fall sind vor der Bauausführung Eignungsprüfungen vorzunehmen. Diese müssen die Salzgehalte des Wassers, die Bodenverhältnisse und andere etwaige Besonderheiten (z.B. Durchfahren von Korallen) berücksichtigen. Die Verschmutzung einer Suspension unter Salzwasserbedingungen zeigt

sich am besten durch das Ansteigen der Filtratwasserabgabe (DIN 4126, Teil 1).
Besondere Vorsicht ist auch bei chemischer Bodenverfestigung, bei Bodenbestandteilen aus Torf bzw. Braunkohle und dergleichen geboten. Durch entsprechende chemische Zusätze können ungünstige Einflüsse aber mindestens teilweise ausgeglichen werden.

10.11.4 **Einzelheiten zum Herstellen einer Schlitzwand**

Im allgemeinen wird vom Gelände ab zwischen Leitelementen ausgehoben, die in der Regel 0,7 bis 1,5 m hoch sind und aus leichtbewehrtem Stahlbeton (in Sonderfällen auch aus Holz oder Stahl) bestehen. Sie werden je nach den Bodenverhältnissen und der Belastung durch die Aushubgeräte als durchlaufende, außerhalb der Aushubbereiche gegenseitig abgestützte Wandstreifen oder als Winkelstützwände ausgebildet. Vorhandene Bauwerkteile sind als Leitwände geeignet, wenn sie ausreichend tief reichen und den Druck der Stützflüssigkeit und sonstiger auftretender Lasten aufnehmen können.

Die Stützflüssigkeit reichert sich während der Aushubarbeiten mit Feinstteilen an und ist daher laufend auf Eignung zu überprüfen und im Bedarfsfall auszutauschen bzw. zu regenerieren. Hierdurch ist ein mehrfaches Verwenden möglich. Zur laufenden Kontrolle ist auf wichtigen Baustellen (Gruppe „B" nach DIN 4126, Teil 1) ein besonderes Labor vorzuhalten.

Die lichte Weite zwischen den Leitwänden wird erfahrungsgemäß größer gewählt als die Breite des Aushubwerkzeugs.

Vor allem um ein Entspannen des Bodens zu vermeiden, das sich nachteilig auf die lotrechte Tragfähigkeit einer Schlitzwand auswirkt, soll unter Beachtung von DIN 4126, Teil 1 einem zügigen Bodenaushub unmittelbar das Einsetzen der Bewehrung und das Betonieren folgen.

Einzelheiten der Schlitzwandherstellung können Bild 149 entnommen werden.

10.11.5 **Beton und Bewehrung**

Hierzu wird vor allem auf die detaillierten Ausführungen nach DIN 4126, Teil 1 verwiesen.

Sofern Schlitzwände bewehrt werden, müssen beim Entwurf der Bewehrung strömungstechnisch ungünstige Bewehrungskonzentrationen, aber auch störende Aussparungen vermieden werden. Profilierte Bewehrungsstähle sind wegen der besseren Verbundeigenschaft zu bevorzugen. Um die Betonüberdeckung von mindestens 5 bis 10 cm – je nach Verwendung als Baugrubensicherung oder als Dauerbauwerk – sicherzustellen, sind großflächige Abstandhalter in reichlicher Anzahl anzuwenden.

Bewehrungskörbe sind so zu konstruieren, daß sie über ausreichende Transportfähigkeit und Eigensteifigkeit für den Einbauvorgang verfügen.

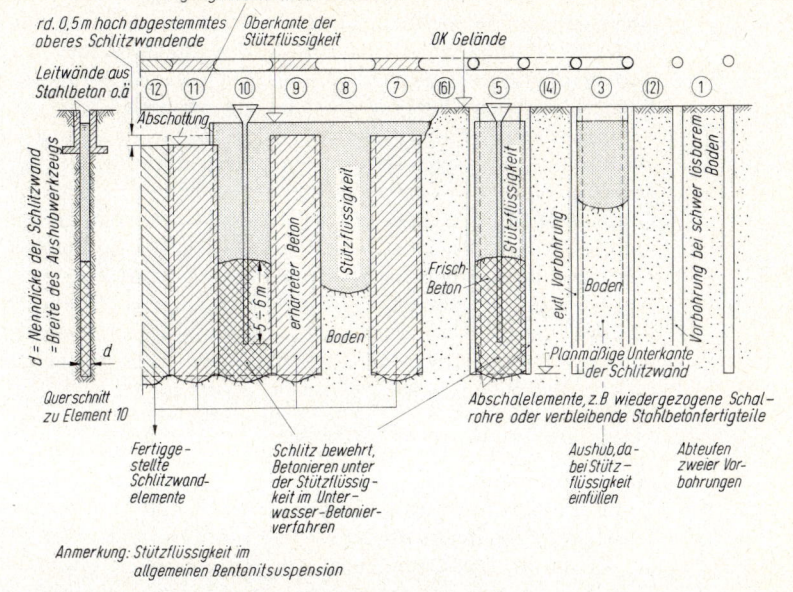

Bild 149. Beispiel für das Herstellen einer Schlitzwand

Als Regel für die Ausbildung der Mindestbewehrung wird empfohlen:
— Auf der Zugseite in lotrechter Richtung:

5 ⌀ 14/m bei Rippenstahl BSt 420/500 oder
10 ⌀ 9,5/m bei Baustahlgewebe BSt 500/550,

— auf der Druckseite in lotrechter und waagerechter Richtung allgemein:

3 ⌀ 14/m bei Rippenstahl BSt 420/500 oder
3 ⌀ 12/m bei Baustahlgewebe BSt 500/550.

10.11.6 Hinweise zur Berechnung und Bemessung von Schlitzwänden

Wegen ihrer hohen Biegesteifigkeit und geringen Verformungen müssen Schlitzwände in der Regel für einen erhöhten aktiven Erddruck bemessen werden. Der Ansatz des aktiven Erddrucks ist nur dann zu vertreten, wenn durch eine ausreichende Nachgiebigkeit des Wandfußes und der Stützungen bzw. bei genügend nachgiebiger Verankerung der erforderliche Verschiebungsweg für ein volles Aktivieren der Scherspannungen in den Gleitfugen vorhanden ist.

Eine volle Einspannung des Wandfußes im Boden ist bei oberer Verankerung oder Abstützung wegen der hohen Biegesteifigkeit der Wand im allgemeinen nicht erreichbar. Es ist deshalb zweckmäßig, bei einer Wandberechnung nach BLUM nur teilweise Einspannung zu berücksichtigen oder aber mit elastischer Fußeinspannung nach dem Bettungs- oder Steifemodulverfahren zu rechnen. Wird statt dessen mit der Finite-Elemente-Methode gearbeitet, sind bei den Eingabedaten vor allem zutreffende Stoffgesetze zu berücksichtigen. Die Aufnahme stützender Bettungskräfte am Wandfuß soll dabei mit mindestens 1,5facher Sicherheit gegen den Erdwiderstand stattfinden. Der Wandreibungswinkel im aktiven und im passiven Bereich hängt im wesentlichen von der Bodenart, dem Arbeitsfortschritt und der Standzeit des freien Schlitzes ab. Grobkörnige Böden ergeben hohe Rauhigkeit der Aushubwand, während feinkörnige Böden zu verhältnismäßig glatten Aushubflächen führen. Langsamer Arbeitsfortschritt und längere Standzeiten begünstigen Ablagerungen aus der Stützflüssigkeit (Bildung von Filterkuchen). Der Wandreibungswinkel kann deshalb – im wesentlichen abhängig von Bodenart, Arbeitsgeschwindigkeit, Standzeit des Schlitzes und Maßnahmen zur Beseitigung von Filterkuchen – zwischen

$$\delta_{a,p} = 0 \text{ und } \delta_{a,p} = \pm 1/2 \cdot \text{cal } \varphi'$$

angesetzt werden.

Gurte für Abstützungen bzw. Verankerungen können durch zusätzliche Querbewehrung innerhalb der Elemente ausgebildet werden. Bei geringer Breite der Elemente genügt eine mittig liegende Abstützung bzw. Verankerung, bei breiteren Elementen werden zwei oder mehrere benötigt, die symmetrisch zum Element angeordnet werden.

Bemessen wird nach DIN 1045, Abschn. 17.6 unter Beachtung nachstehender Ergänzungen hinsichtlich der Beschränkung der Rißbreite unter Gebrauchslast. Bei Anwendung der Tabelle 15 darf zwischen den angegebenen Grenzdurchmessern entsprechend dem Anteil der Dauerlast linear interpoliert werden.

Die Einstufung der Bauteile ist entsprechend DIN 1045, Tabelle 10 nach folgender Tabelle vorzunehmen (vgl. E 72, Abschn. 10.2).

Bauteile	zu erwartende Rißbreite	Nachweis entsprechend der Risseformel
vorübergehende Baugrubenwände aus Stahlbeton	normal	nicht erforderlich
Dauerbauwerke aus Stahlbeton ständig unter Wasser	gering	erforderlich
Dauerbauwerke aus Stahlbeton in der Wasserwechselzone, über dem Wasserspiegel oder in schwach aggressiven Wässern oder Böden	sehr gering	erforderlich

Bei Bauteilen aus wasserdichtem Beton (Sperrbeton) ist zusätzlich für den Gebrauchszustand der Nachweis zu führen, daß die nach Zustand II ermittelte Betondruckzone mindestens 15 cm dick ist.
Bei geringerer Dicke ist die Vergleichsspannung nach DIN 1045, Abschn. 17.6.3 nachzuweisen, wobei

$$\text{zul } \sigma_v = 1{,}0 \cdot \sqrt[3]{0{,}1 \cdot \beta_{wN}^2} \qquad [\beta_{wN} \text{ und } \sigma_v \text{ in MN/m}^2]$$

gesetzt werden darf.
Im Hinblick auf den ungünstigen Einfluß eines möglicherweise verbleibenden Restfilms der Stützflüssigkeit am Stahl oder von Feinsandablagerungen sollen die Verbundspannungen bei waagerechten Bewehrungsstäben DIN 1045, Tabelle 20, Zeile 5, Lage A entsprechen. Bei senkrechten Stäben können sie in der Regel entsprechend Lage B angesetzt werden, jedoch wird empfohlen, im Fuß- und im Kopfbereich der Schlitzwand die Verankerungslängen zu vergrößern.

11 Pfahlrostmauern

11.1 Ausbildung von Pfahlrostmauern (E 17)

11.1.1 Allgemeines

Die im Abschn. 10.1 sowie in E 72, Abschn. 10.2 gebrachten Empfehlungen gelten sinngemäß auch für Pfahlrostmauern.

11.1.2 Bewegungsfugen

Bei Pfahlrostmauern wird die waagerechte Verzahnung in der Rostplatte untergebracht, so daß die Verzahnungskräfte ohne Schwierigkeiten in den Baublock eingeleitet werden und dort ausstrahlen können. Die Verzahnungen können auch großflächig, der Pfahlstellung folgend, ausgebildet werden.

11.2 Erddruck auf Spundwände vor Pfahlrostmauern (E 45)

Immer häufiger müssen Pfahlrostmauern mit hintenliegender Spundwand durch eine vorgerammte Spundwand für größere Wassertiefen verstärkt werden. Die neue Spundwand wird dann von dem Erdauflagerdruck der hinteren Spundwand und oft auch schon knapp unter der vertieften Hafensohle durch Bodenspannungen aus den Pfahlkräften belastet.

Auch bei Pfahlrostneubauten liegt eine vordere Spundwand im allgemeinen im Einflußbereich der Pfahlkräfte.

Die auf die Gleitkörper und auf die vordere Spundwand wirkenden Lasten können nur angenähert ermittelt werden. Die folgenden Ausführungen gelten zunächst für nichtbindigen Boden.

11.2.1 Lasteinflüsse

Der auf die Spundwand wirkende Erddruck wird beeinflußt von:

(1) dem Erddruck aus dem Erdreich hinter der Ufermauer. Er wird im allgemeinen auf die Ebene einer etwa vorhandenen hinteren Spundwand oder auf die lotrechte Ebene durch die Hinterkante des Überbaues bezogen. Er wird mit ebenen Gleitflächen und dem Wandreibungswinkel $\delta_a = + ^2/_3 \varphi'$ für die vorhandene Höhe des Geländes und der Auflast berechnet,

(2) dem unteren Auflagerdruck einer etwa vorhandenen hinteren Spundwand,

(3) dem den Erdkörper hinter der vorderen Spundwand belastenden Strömungsdruck, hervorgerufen durch den Unterschied zwischen Grundwasser- und Hafenwasserspiegel,

(4) dem Gewicht der zwischen vorderer Spundwand und hinterer Bezugsebene liegenden Bodenmassen, im Zusammenwirken mit dem Erddruck nach (1),

(5) den Pfahlkräften, die sich aus den lotrechten und waagerechten Überbaubelastungen ergeben. Beim Berechnen der Pfahlkräfte müssen die oberen Auflagerreaktionen der vorderen Spundwand berücksichtigt werden, sofern nicht eine vom Pfahlrost unabhängige Zusatzverankerung angewendet wird (Bild 150),

(6) dem entlastenden Verschiebewiderstand des Erdbodens zwischen vorderer Spundwand und hinterer Bezugsebene nach (1).

11.2.2 Lastansätze zur Ermittlung des Erddruckes

Die Lastansätze bei einer nachträglich vorgerammten Spundwand sind in Bild 150 dargestellt. Der Einfluß nach Abschn. 11.2.1 (2) wird in der als Belastung angesetzten Erdwiderstandsfläche vor dem Fuß der hinteren Spundwand berücksichtigt. Diese Erdwiderstandsfläche wird für das Fußende mit erzwungenen Gleitfugen nach Bild 150 errechnet, sofern die normalen Erdwiderstands-Gleitfugen die Achse der neuen Spundwand erst unterhalb von A schneiden. Sie wird für freie Auflagerung der hinteren Spundwand im Boden in Anspruch genommen. Reicht das vorhandene Profil hierfür nicht aus, muß mit den erhöhten Lasten für Einspannung gerechnet werden, oder aber der Boden vor der hinteren Spundwand muß entsprechend aufgehöht werden.

Der Höhenunterschied zwischen dem Grundwasserspiegel hinter einer landseitigen Spundwand und dem Hafenwasserspiegel erzeugt unterhalb dieser Wand einen Strömungsdruck nach Abschn. 11.2.1 (3). Dieser Einfluß wird mittelbar erfaßt, wenn in der Bezugsebene nach Abschn. 11.2.1 (1) der auf die hintere Spundwand wirkende Wasserüberdruck auch unterhalb der Spundwand angesetzt und als äußere Belastung berücksichtigt wird.

Der Einfluß nach Abschn. 11.2.1 (4) richtet sich nach Art und Höhe des Erdbodens unter der Rostplatte sowie nach der Überbaubreite. Reicht bei einem Neubau der Boden bis Unterkante Rostplatte (Bild 151), werden die Einflüsse nach Abschn. 11.2.1 (1), (4) und (6) bis knapp unter der Sohle gemeinsam berücksichtigt. Hierbei wird mit dem üblichen Erddruckansatz für Abschirmung gerechnet. Der Erddruck beginnt unmittelbar unter der Rostplatte mit Null. Er steigt dann, voll abgeschirmt, bis zum Schnittpunkt der Spundwandachse mit einer Geraden, die unter φ' durch die hintere Unterkante der Rostplatte gelegt wird, geradlinig an. Am Schnittpunkt der Spundwandachse mit einer unter dem Erddruck-Gleitwinkel ϑ_a durch die hintere Rostplattenunterkante gelegten Geraden ist der volle unabgeschirmte Erddruck vorhanden. Der Übergang zwischen diesen beiden kennzeichnenden Erddruckwerten wird geradlinig angesetzt.

Die so ermittelte Belastungsfläche gilt aber nur bis zu der Tiefe, in der die Einflüsse der Pfahlkräfte nach Abschn. 11.2.1 (5) die Spundwand erreichen. Sie führen zu einer wesentlichen Erhöhung der Erddruckbelastung. Die waagerechten Anteile der Pfahlkräfte wirken sich bereits in

Höhe der Pfahlspitzen auf die Spundwand aus. Die Einflüsse der lotrechten Pfahlkraftkomponenten reichen wesentlich tiefer. Den die Spundwand belastenden waagerechten Erddruckanteilen aus den lotrechten Pfahlkraftkomponenten stehen gleich große, nach hinten wirkende waagerechte Anteile der zugehörigen Bodenreaktionen Q in den Gleitfugen gegenüber. Diese stützenden Bodenreaktionen verlagern die sonstigen Erddruckeinflüsse zum Teil in größere Tiefe.

Die Gesamtauswirkungen der Pfahlkräfte sowie die stützenden Einflüsse aus dem Verschiebewiderstand nach Abschn. 11.2.1 (6) sowie die sonstigen Einflüsse nach Abschn. 11.2.1 werden beim folgenden, in den Bildern 150 und 151 dargestellten Berechnungsgang mittelbar berücksichtigt.

11.2.3 Gang der Erddruckberechnung

Um alle Einflüsse nach Abschn. 11.2.1 zu erfassen, werden in einer ausreichenden Anzahl von Untersuchungshorizonten abgewandelte CULMANN-Untersuchungen vorgenommen. Die hierbei angewendeten ebenen Gleitflächen werden nur durch den Erdkörper gelegt, der vorn durch die Spundwand und hinten durch die Bezugsebene nach Abschn. 11.2.1 (1) begrenzt wird.

Die jeweils untersuchten Gleitkörper werden durch ihr Eigengewicht, die anteilige Belastungsfläche in der hinteren Bezugsebene und die auf sie wirkenden Pfahlkräfte belastet. Letztere können im allgemeinen als Einzelkräfte 1,00 m über dem Pfahlfuß angreifend angesetzt werden. Sie werden nur berücksichtigt, wenn ihr Angriffspunkt im Gleitkörper liegt.

Die Gleitkörper werden durch die Bodenreaktion Q_a und den Erddruck auf die vordere Spundwand E_a gestützt. Letzterer kann dabei aus einem erweiterten COULOMB-Krafteck entnommen werden.

Die Art der Ansätze und der Berechnung ist in den Bildern 150 und 151 am Beispiel des Gleitkörpers ABCD gezeigt.

So kann, von oben nach unten fortschreitend, aus den Gleitkörperbelastungen und der Richtung der Bodenreaktionen Q_a der jeweilige, unter $\delta_a = +\,^2/_3\,\varphi'$ anzusetzende Erddruck E_a ermittelt werden. Der auf einen Untersuchungsabschnitt entfallende Erddruck errechnet sich als Unterschied zwischen dem für den Untersuchungshorizont ermittelten Gesamterddruck und dem Erddruck, der über dem Untersuchungsabschnitt bereits angesetzt worden ist. Diese Abschnittserddrücke können in der Spundwandberechnung ausreichend genau in Rechteckverteilung angesetzt werden.

In Übergangszonen (Bild 150, Sohlenbereich) werden zweckmäßig größere Untersuchungsabschnitte gewählt. Hierdurch werden Unstetigkeitsstellen in der Erddruckfläche ausgeglichen.

Um Fehler und deren Fortpflanzung weitgehend auszuschalten, empfiehlt es sich, in allen Untersuchungshorizonten mit den über der jeweiligen Gleitfuge (CULMANN-Prüflinie) angreifenden Ausgangslasten zu

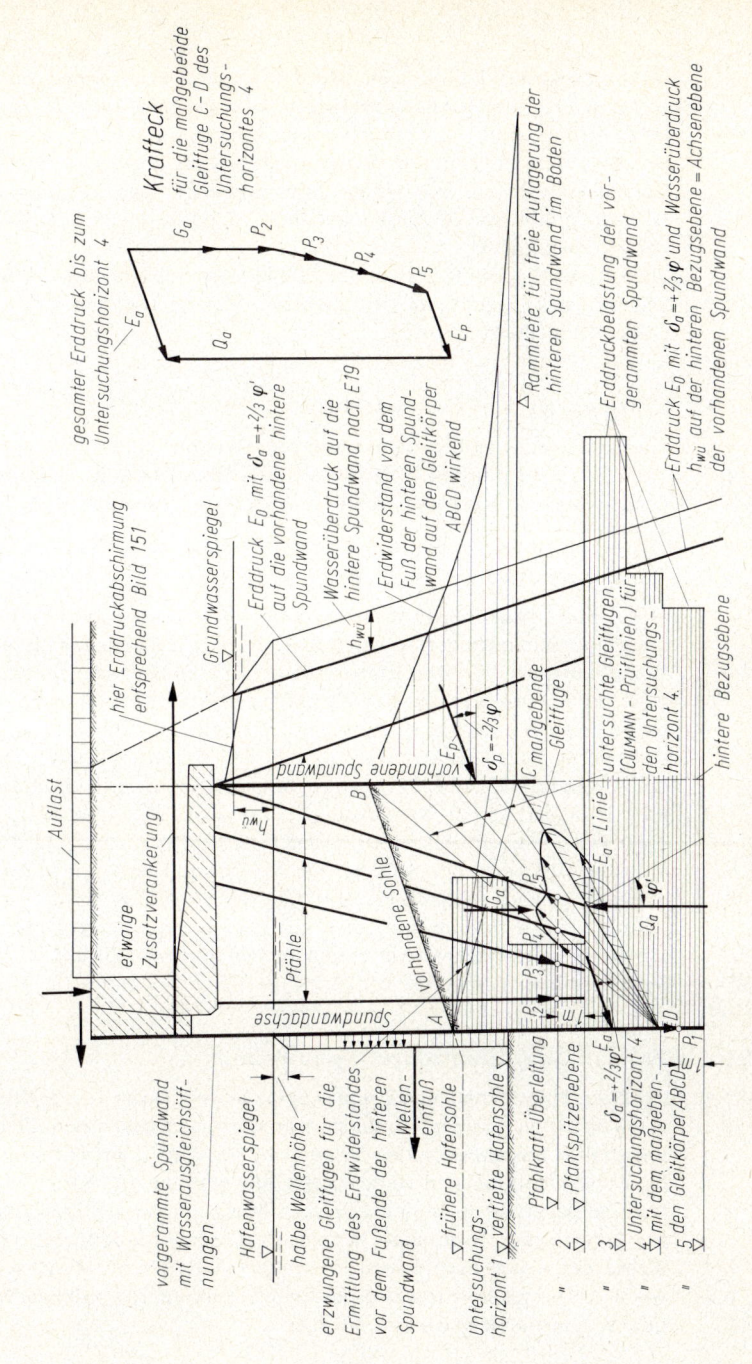

Bild 150. Belastungen einer nachträglich vor eine Ufermauer gerammten Spundwand

rechnen und mit den tatsächlichen Kraftrichtungen zu arbeiten (Bilder 150 und 151). Die für die einzelnen Gleitfugen eines Horizontes ermittelten Erddrücke E_a werden dann vom Schnittpunkt der Gleitfugen aus auf der jeweils zugehörigen Gleitfuge als Strecke abgetragen und die so gewonnenen Punkte durch eine Linie verbunden. Das Maximum dieser E_a-Linie ergibt sowohl die maßgebende Gleitlinie als auch den maßgebenden Erddruck E_a.

Scher- und Biegewiderstände der Pfähle werden zugunsten der Sicherheit vernachlässigt. P_1 in der vorgerammten Spundwand wird nur in halber Größe berücksichtigt.

11.2.4 Berechnung bei bindigen Böden

Hier kann sinngemäß verfahren werden. Bei konsolidierten Böden wird zusätzlich die Kohäsion C' berücksichtigt. Bei nicht konsolidierten Böden tritt anstelle von C' der Wert C_u, wobei $\varphi' = 0$ anzusetzen ist.

11.2.5 Belastung durch Wasserüberdruck

Der auf die vordere Spundwand wirkende Wasserüberdruck richtet sich unter anderem nach den Bodenverhältnissen, der Bodenhöhe hinter der Wand und einer etwaigen Entwässerung. Er wird bei Neubauten mit nur vorderer Spundwand und hochliegendem, bis unter die Rostplatte reichendem Boden nach E 19, Abschn. 4.2 unmittelbar auf die Spundwand wirkend angesetzt (Bild 151). Liegt in Verstärkungsfällen mit hinterer Spundwand die Erdoberfläche unter der Rostplatte verhältnismäßig tief und unter dem freien Wasserspiegel, und besitzt die neue Wand genügend viele Wasserausgleichsöffnungen, gilt E 19, Abschn. 4.2 für den Wasserüberdruckansatz auf die alte Spundwand und den Strömungsdruckansatz nach Abschn. 11.2.1 (3). In solchen Fällen wird unmittelbar auf die vordere Spundwand vorsorglich ein Wasserüberdruck in halber Höhe der im Hafen zu erwartenden Wellen angesetzt (Bild 150). In der Regel genügen hierfür 5 kN/m².

11.2.6 Fall mit zweiter vorderer Spundwand

Wird vor eine vorhandene vordere Spundwand eine weitere Spundwand zur Vertiefung gerammt, kann sinngemäß verfahren werden. Der Zwischenraum zwischen beiden Spundwänden wird dann mindestens so hoch mit nichtbindigem Boden aufgefüllt, daß die alte Spundwand für freie Auflagerung im Boden ausreicht. Hierbei kann der Erdwiderstand für erzwungene, nach dem Schnittpunkt der Erdoberfläche mit der Achse der neuen Spundwand führende Gleitfugen berechnet werden, wenn die normalen Erdwiderstandsgleitfugen unterhalb dieses Schnittpunktes ausmünden (Abschn. 11.2.2).

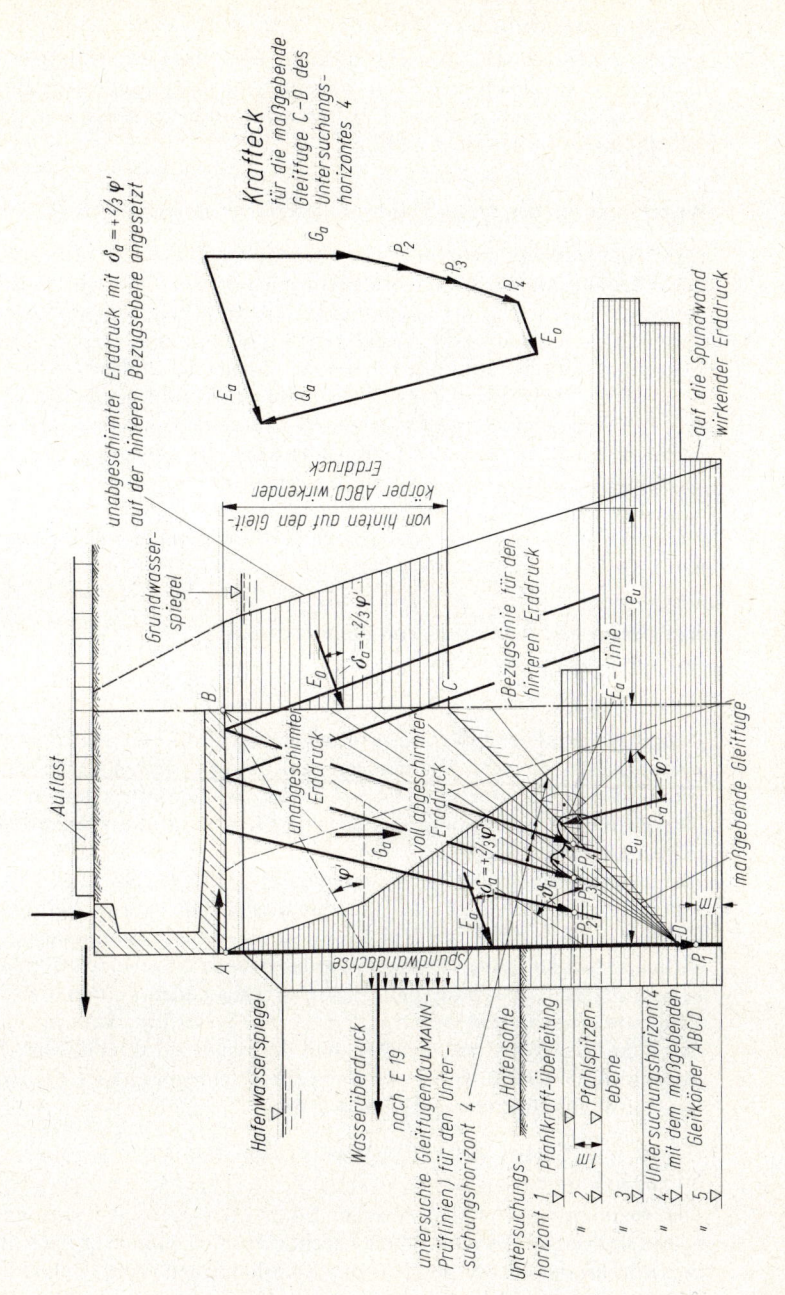

Bild 151. Belastungen der Spundwand vor einem Pfahlrost

11.2.7 Ankervorspannung

Um die Verformungswege klein zu halten, kann die Verankerung einer nachträglich vorgerammten Spundwand unter Zulassung eines den örtlichen Verhältnissen anzupassenden Verschiebungsweges des Ankeranschlußpunktes vorgespannt werden.

11.3 Berechnung ebener, hoher Pfahlroste mit starrer Rostplatte (E 78)

Durch die Verwendung von Pfählen großer Tragfähigkeit ergeben sich heute im allgemeinen Pfahlrostmauern mit geringer Pfahlzahl und mit einfacher Stützung in drei Richtungen. Die vorn liegende Spundwand übernimmt dabei häufig die Aufgabe der Lotpfahlgruppe.

Bei diesen statisch bestimmten Systemen können die Pfahlkräfte in einfacher Weise durch Zerlegung der angreifenden resultierenden Kraft in drei Richtungen nach dem CULMANN-Verfahren berechnet werden. Näherungsweise kann dieses Verfahren auch angewendet werden, wenn die drei Pfahlrichtungen mehr als einfach besetzt sind.

Bei allen anderen Pfahlrosten kann beispielsweise nach der Elastizitätstheorie (NÖKKENTVED [63] oder SCHIEL [64]) oder einem anderen geeigneten Verfahren gerechnet werden.

11.4 Ausbildung und Bemessung von Pfahlrostmauern in Erdbebengebieten (E 127)

11.4.1 Allgemeines

Bezüglich der allgemeinen Auswirkungen von Erdbeben auf Pfahlrostmauern, die zulässigen Spannungen und die geforderten Sicherheiten wird auf E 124, Abschn. 2.9 verwiesen. Bei besonders hohen und schlanken Bauwerken sollte aber auch die Gefahr von Resonanzerscheinungen überprüft werden.

Bei der Ausbildung von Pfahlrostmauern in Erdbebengebieten muß beachtet werden, daß durch den Überbau einschließlich seiner Auffüllung und Aufbauten infolge der Erdbebenwirkungen zusätzliche waagerecht wirkende Massenkräfte entstehen, die das Bauwerk und seine Gründung belasten. Der Querschnitt muß daher so ausgebildet werden, daß ein Optimum erreicht wird zwischen dem Vorteil der Erddruckabschirmung durch die Rostplatte und dem Nachteil der zusätzlich aufzunehmenden waagerechten Kräfte aus der Erdbebenbeschleunigung des Überbaues mit Auffüllung, Aufbauten, Nutzlasten usw.

11.4.2 Erddruck, Erdwiderstand, Wasserüberdruck, Verkehrslasten

Die Ausführungen in den Abschn. 2.9.3, 2.9.4 und 2.9.5 von E 124 gelten sinngemäß. Es muß jedoch beachtet werden, daß im Erdbebenfall der Einfluß der hinter der Rostplatte vorhandenen Verkehrslast einschließlich des zusätzlichen Bodengewichtes – infolge der zusätzlichen waagerechten Kräfte – unter einem flacheren Winkel als sonst angreift und die Abschirmung daher weniger wirksam wird als im Normalfall ohne Erdbeben.

11.4.3 Aufnahme der waagerecht gerichteten Massenkräfte des Überbaus

Die durch Erdbeben entstehenden waagerechten Massenkräfte können in beliebiger Richtung wirken. Quer zur Ufermauer ist ihre Aufnahme im allgemeinen ohne Schwierigkeit durch Schrägpfähle möglich. In Ufermauerlängsrichtung wird das Unterbringen von Pfahlböcken aber fallweise problematisch. Wenn die Bodenhinterfüllung einer vorderen Spundwand bis unmittelbar unter die Rostplatte reicht, können die in Längsrichtung wirkenden waagerechten Kräfte auch vorteilhaft durch Bodenstützung vor den Pfählen, das heißt durch Pfahlbiegung, abgetragen werden. Es muß aber nachgewiesen werden, daß die dabei auftretenden Verschiebungen nicht zu groß werden. Als Richtwert hierfür können etwa 3 cm gelten.

Die **überbaute Böschung** führt zu einer wesentlichen Verminderung der auf das Bauwerk insgesamt wirkenden Erddrücke.

Im Fall einer **überbauten Böschung** sollte die Rostplatte so leicht wie möglich ausgebildet werden, um ein Minimum an waagerechten Massenkräften zu erreichen.

12 Ausbildung von Hafenböschungen

12.1 Böschungen in Binnenhäfen an Flüssen mit starken Wasserspiegelschwankungen (E 49)

Uferstrecken in Binnenhäfen, die dem regelmäßigen Umschlag von Gütern oder als ständige Liegeplätze für Schiffe dienen, werden zweckmäßig in senkrechter oder teilgeböschter Form ausgeführt. Gleiches gilt generell für Ufer in Häfen an Wasserstraßen mit wenig wechselnden oder gleichbleibenden Wasserständen. Da aber bei Flußhäfen mit starken Wasserspiegelschwankungen die Ausbildung der Ufer in dieser Form recht aufwendig ist, werden hier fallweise die in der Herstellung wesentlich billigeren, in ganzer Höhe geböschten Ufer angewendet. Sie erfordern einen höheren Unterhaltungsaufwand, der auf Schäden durch Böschungsrutschungen, die Schiffe selbst und ihre Schraubeneinwirkungen, Einholen ausgeworfener Anker, Fließbewegungen des Wassers mit Auswaschungen des Untergrunds und sonstige Ursachen zurückzuführen ist, können aber für verschiedene Uferstrecken durchaus empfohlen werden. Dies gilt beispielsweise für Zufahrtstrecken zu Hafenbecken, Wendeplätze, Schiffsreparaturplätze, Trennmolen bei Parallelhäfen, Uferstrecken mit schwimmenden Bootshallen oder wenig frequentierte Schiffsliegeplätze.

Aufgrund vorliegender Erfahrungen wird bei nichtbindigem, mitteldicht gelagertem gewachsenen Boden die in Bild 152 dargestellte Uferausbildung empfohlen. Hierbei sind drei Hauptabschnitte der Böschungssicherung zu unterscheiden.

12.1.1 Unterer Abschnitt

Im unteren Abschnitt schließt sich an die Hafensohle bis zur Höhe des NNW, je nach den örtlichen Verhältnissen, eine durch Bruchsteinschüttung befestigte Böschung in der Neigung 1:3 bis 1:4 an. Darüber liegt, je nach den Möglichkeiten der Bauausführung nahe bei NNW beginnend, eine befestigte Böschung in der Neigung 1:2. Ihre Befestigung besteht aus einer rund 0,40 m dicken Packung aus Bruchsteinen, die den Technischen Lieferbedingungen für Wasserbausteine – Ausgabe 1976 – des Bundesministers für Verkehr [65] entsprechen müssen. Wenn unter der Bruchsteinpackung Boden ansteht, der durch die Packung hindurchgespült werden kann, muß dies durch einen rd. 0,30 m dicken Mischkiesfilter mit geeignetem Kornaufbau oder durch den Einbau eines anderen Filters, beispielsweise einer Filtermatte aus Kunststoff oder einer bituminösen Filterschicht, verhindert werden. Dieser Teil der Böschung, der vor allem durch Schiffberührungen und Schraubeneinwirkungen gefährdet ist, wird vom mittleren Teil durch eine mindestens 2,50 m lange Spundwand getrennt. Hierfür reichen leichte Stahl- oder gleichwertige Stahlbetonspundwände aus. Die Spundwand soll verhindern, daß

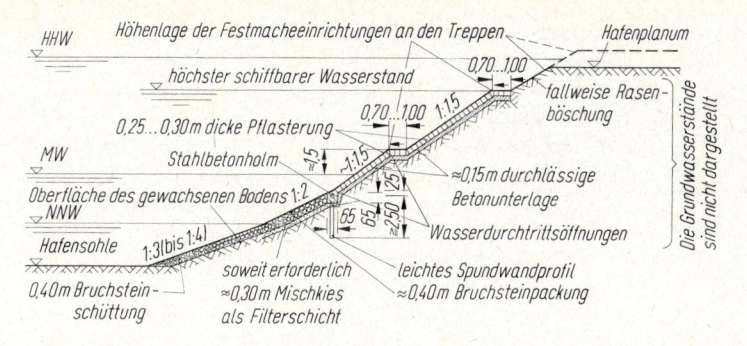

Bild 152. Uferböschung in Binnenhäfen an Flüssen mit starken Wasserspiegelschwankungen

etwaige Schäden vom unteren in den mittleren Böschungsbereich übergreifen. Hierzu muß sie am Kopf durch einen Holm eingefaßt werden, der am besten aus Stahlbeton so hergestellt wird, daß er gefährdete Strecken überbrücken kann.

12.1.2 Mittlerer Abschnitt

Der durch die Spundwand mit Stahlbetonholm am Fuß gesicherte mittlere Böschungsabschnitt reicht etwa bis 1,50 m über MW. Er wird zweckmäßig etwa in der Neigung von 1:1,5 ausgeführt, mit anschließender 0,70 bis 1,00 m breiter Berme als Gehweg. Für diesen Bereich haben sich 0,25 bis 0,30 m dicke Pflasterungen bewährt. Hierfür kommen beispielsweise in Frage: Unbehauene Sandsteine, Basaltbruchsteine, Basaltsäulen und Betonsteine in Rechteck- oder Sechseckform.

Besondere Aufmerksamkeit ist bei der Pflasterung dem Untergrund zu schenken. Neben einer guten Verdichtung ist die unmittelbare Auflagerung der Pflastersteine besonders wichtig.

Bei der Verwendung von Betonsteinen mit glatter Unterseite ist eine ebene Aufstandsfläche erforderlich, die durch eine etwa 0,15 m dicke durchlässige Betonschicht erreicht wird, welche auch verhindert, daß durch den Sog des Schiffsverkehrs oder sonstige Strömungen des Grundwassers Bodenmaterial ausgewaschen wird. Eine geeignete Aufstandsfläche kann auch durch eine 0,20 m dicke Grobkiesschicht erreicht werden. Diese wird auf einem Kunststoffgewebe verlegt, welches ebenfalls verhindert, daß durch Sogeinwirkung und dergleichen Bodenmaterial ausgewaschen wird.

Die Deckwerksteine werden in der Böschungsfläche im Verbund gegenseitig verzahnt, aber so ausgebildet, daß sie normal zur Böschungsfläche jederzeit einzeln aus- und eingebaut werden können.

An die Güteeigenschaften der Betonsteine sind strenge Anforderungen zu stellen, beispielsweise hinsichtlich ihrer Maßhaltigkeit, Bruchfestigkeit, Wasserdichtigkeit und Oberflächengestaltung.

Bei Pflasterungen mit Natursteinen ist für einen guten Verbund und eine ausreichende gegenseitige Stützung der Steine zu sorgen. Unter der Deckschicht wird eine 0,20 m dicke Grobkiesschicht zur Dränung angeordnet. Im Bedarfsfall ist unter dieser Grobkiesschicht ein 0,20 m dicker Kiesstufenfilter anzuordnen. Die Pflasterfugen werden 5 cm tief mit Zementmörtel ausgefugt.

Es ist darauf zu achten, daß durch eine hinreichende Dicke der Pflastersteine (mindestens 0,25 m) die notwendige Auflast gegen Abheben durch Sohlwasserüberdruck erbracht wird. Der Standsicherheitsnachweis hierzu wird nach [66] geführt.

12.1.3 Oberer Abschnitt

An die Berme schließt sich als oberer Abschnitt eine weitere Pflasterböschung unter 1:1,5 an. Sie reicht mindestens bis zum höchsten schiffbaren Wasserstand und hat am oberen Ende eine 0,70 bis 1,00 m breite Berme oder den entsprechenden Abschluß im Hafenplanum. Endet die Pflasterung unter dem Hafenplanum, wird der oberste Teil als Rasenböschung flacher als 1:1,5 ausgeführt [67].

In Häfen mit Umschlag gefährdender flüssiger Stoffe empfiehlt es sich, die Pflasterung bis zum Hafenplanum zu führen.

In Flußhäfen mit einem Hafengelände über HHW muß die Pflasterung mindestens bis HHW reichen.

Um den Verkehr für Personen von und zu den Schiffen zu ermöglichen, werden am Spundwandholm beginnend und bis zum Hafenplanum reichend etwa 1 m breite Treppen in rd. 40 m Achsabstand angelegt. Beidseitig der Treppen werden Festmacheeinrichtungen angeordnet (E 102, Abschn. 5.10).

Bezüglich weiterer allgemeiner Gesichtspunkte und Einzelheiten wird vor allem auf [67] verwiesen.

12.1.4 Böschungen von Binnenhäfen in Tidegebieten

Die Böschungen von Binnenhäfen in Tidegebieten werden im allgemeinen gleich ausgeführt wie die in Seehäfen. Hierfür wird auf E 107, Abschn. 12.2 hingewiesen.

12.2 Böschungen in Seehäfen und in Binnenhäfen mit Tide (E 107)

12.2.1 Allgemeines

In Hafenbereichen mit Massengutumschlag, an Uferliegeplätzen sowie im Bereich der Hafeneinfahrten und Wendebecken können die Ufer – wenn keine länger andauernden starken Schlickablagerungen vorkommen – auch bei großem Tidehub und sonstigen großen Wasserstandsschwankungen dauernd standsicher geböscht ausgeführt werden. Hierbei müssen bestimmte konstruktive Grundsätze beachtet werden, wenn größere Unterhaltungsarbeiten vermieden werden sollen.

Bei der Wahl der Böschungsneigung ist den technischen Vorteilen eines flacheren Ufers der Nachteil der größeren Sicherungslänge und des größeren unproduktiven Geländebedarfs gegenüberzustellen. Daher müssen die Bau- und Unterhaltungskosten im richtigen Verhältnis zum Wert und wirtschaftlichen Nutzen des Geländes stehen.

Da große Seeschiffe in den Häfen in der Regel nicht mit eigener Kraft fahren dürfen, sind es vor allem die großen Schlepper und die Binnenschiffe sowie fallweise die kleinen Seeschiffe und die Küstenmotorschiffe, die durch ihre Schraubeneinwirkungen und ihre Bug- und Heckwelle das Ufer bis auf etwa 4 m unter dem jeweiligen Wasserstand angreifen können. Die Ufersicherung muß daher so tief nach unten geführt werden, daß eine unbefestigte Böschung – je nach den Untergrund- und Strömungsverhältnissen in der Neigung 1:3 bis 1:5 – ausreicht. Hierbei ist auch der Strömungsdruck austretenden Grundwassers entsprechend zu berücksichtigen. Die befestigte Hafenböschung muß dabei am Hafenplanum, mindestens aber 2 m über MThw beginnend, je nach den örtlichen Gegebenheiten und Bodenverhältnissen im allgemeinen mindestens bis zum NNTnw, das ist etwa 2 bis 3,5 m unter das mittlere Tideniedrigwasser (MTnw) reichend, durch ein schweres Deckwerk gegen die Auswirkungen der Wasserstandsschwankungen mit und ohne Tide, von Sog und Schwall aus dem Schiffsverkehr und gegen die Angriffe aus Wellen und Schraubenwasser gesichert werden. Auch chemische Einflüsse müssen bei der Ausbildung des Deckwerkes fallweise berücksichtigt werden.

Je nach der Ausbildung des Deckwerkes unterscheidet man die durchlässige und die undurchlässige Ufersicherung. Die erstere wird bisher vorzugsweise in den deutschen Nordseehäfen angewendet. Die letztere – in Verbindung mit einer asphaltvergossenen Bruchsteinschüttung – wurde in den letzten Jahren vor allem in den Niederlanden entwickelt und mit Erfolg angewendet.

Die Wahl der Ausbildung kann sich nach den zu erwartenden Baukosten richten. Bei einem stärkeren als dem Entwurf zugrunde gelegten Wellenschlag bietet die undurchlässige Ufersicherung den Vorteil geringerer Unterhaltungskosten.

12.2.2 Ausbildung mit durchlässigem Deckwerk

Bild 153 zeigt eine für Bremen kennzeichnende Lösung.

Der Übergang vom ungesicherten zum gesicherten Abschnitt wird durch eine 3,00 m breite, waagerechte, mit Wasserbausteinen abgedeckte Berme hergestellt. Oberhalb dieser Berme wird das Steindeckwerk in der Neigung 1:3 angelegt. Die obere Begrenzung des Deckwerkes bildet ein im Hafenplanum liegender, 0,50 m breiter und 0,60 m hoher Betonbalken aus B 25.

Das Deckwerk wird aus schweren Natursteinen hergestellt, die bis knapp über MTnw in einer rd. 0,7 m dicken Schicht in Schüttbauweise eingebracht werden. Darüber wird die Deckschicht rd. 0,5 m dick als gepacktes rauhes Steindeckwerk hergestellt. Beim Packen der Wasserbausteine ist für einen guten Verband und eine ausreichende gegenseitige Stützung der Steine zu sorgen, damit diese durch die Wellenenergie nicht aus dem Verband gerissen werden können. Das Steinmaterial des Deckwerkes muß fest, hart, von hohem spezifischen Gewicht sowie licht-, frost- und wetterbeständig sein. Das Stückgewicht der gebrochenen Natursteine soll zwischen 30 und 50 kg liegen, wobei die Mindestkantenlänge 20 cm betragen soll.

Unter dem Steindeckwerk wird durchlaufend eine mindestens 0,30 m dicke Filterschicht aus Splitt $\varnothing$ 5–20 mm und Schotter $\varnothing$ 30–80 mm im Mischungsverhältnis 1:2 angeordnet, die den erwünschten rauhen Übergang vom Deckwerk zum Sanduntergrund bildet und das Ausspülen des Sandes aus der Böschung verhindert.

Zur Unterhaltung des Steindeckwerkes und als Zuwegung zu den Schiffsliegeplätzen wird 2,50 m hinter dem erwähnten Betonbalken ein 3,00 m breiter, für schwere Fahrzeuge ausgebauter Uferpflegeweg angeordnet (Bild 153). Im Streifen zwischen dem Betonbalken und dem Uferpflegeweg werden – soweit erforderlich – die Kabel für die Stromversorgung der Hafenanlage sowie die Telefonleitungen usw. verlegt.

Bild 154 zeigt einen kennzeichnenden Böschungs-Querschnitt aus dem Hamburger Hafen. Bei dieser Lösung wird am Deckwerksfuß eine etwa 5 m breite Bongossi-Rollmatte 6 mm mit Kunststoff-Gittergewebe 150 µm und aufgelegten 4 Faschinenrollen $\varnothing$ 20–30 cm und oberer Sicherung durch Bongossi-Pfähle 8/8 cm, 1,00 m lang in 1,00 m Achsabstand angeordnet. Darüber liegt die auf dem größten Teil der Böschungshöhe einheitlich ausgeführte zweistufige Abdeckung.

Abweichend von der unter Abschn. 12.2.1 genannten Regelausführung wird in Hamburg unter Berücksichtigung der vorhandenen Bodenverhältnisse (Bild 154) die Böschungssicherung im allgemeinen nur 0,65 m unter MTnw geführt. Wenn darunter gewisse Ausspülungen entstehen, senkt sich zwar die Bongossi-Rollmatte ab, aber das Steinmaterial wird

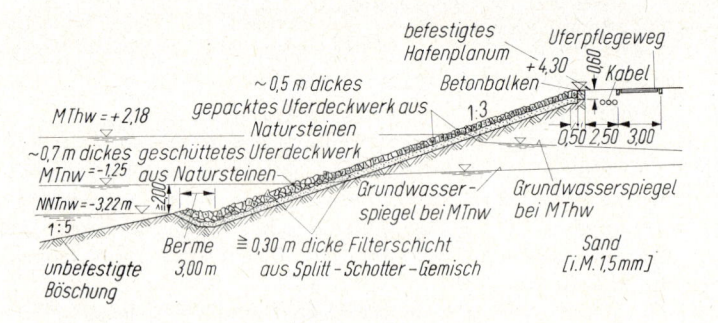

Bild 153. Normalausführung einer Hafenböschung mit durchlässigem Deckwerk in Bremen

durch die auf der Rollmatte befestigten Faschinenrollen gehalten. Bei Eisgang werden zwar Schüttsteine fortgerissen; der Aufwand für das Ergänzen des Bewurfes ist in Hamburg aber verhältnismäßig gering.

Im allgemeinen wird die Böschung hinauf bis zur Berme auf NN + 2,00 m in der Neigung 1:3 und darüber in der Neigung 1:2 ausgeführt. Bei beengten Verhältnissen wird die Böschung oberhalb der Berme auch bis zu einer Neigung von 1:1 mit gepflastertem Deckwerk aus Betonformsteinen hergestellt.

Die Böschung wird mit einem 0,3 m dicken, filterstabil ausgebildeten Unterbau abgedeckt. Bei den Hamburger Bodenverhältnissen genügt hierfür im allgemeinen eine 0,3 m dicke Schicht aus gesiebten Ziegelbrocken. Darüber wird ein 0,5 m dicker Bewurf aus Granit-Bruchsteinen oder 0,4 m Erzschlacken-Bruchsteinen aufgebracht, der bis NN + 4,50 m reicht. Der restliche Böschungsteil wird mit Klei angedeckt und angesät.

Bild 155 zeigt eine für den Hafen Rotterdam kennzeichnende Lösung mit durchlässigem Deckwerk. Sie ähnelt – abgesehen vom Deckwerk selbst – in ihrem Aufbau weitgehend der Rotterdamer Lösung mit undurchlässigem Deckwerk, so daß bezüglich weiterer Einzelheiten auf die Ausführungen unter Abschn. 12.2.3 sinngemäß verwiesen werden kann. Ein dauernd einwandfreies Funktionieren der Filterschichten bzw. der Filtermatten ist bei allen Ausführungen mit durchlässigem Deckwerk die Hauptvoraussetzung für den Bestand der Ufersicherung.

12.2.3 Ausbildung mit undurchlässigem Deckwerk

12.2.3.1 Grundsätzliches und Ermittlung der Standsicherheit

Für den Entwurf gelten vor allem folgende Bedingungen:

(1) Die Böschungssicherung muß der durchlässigen Ausführung technisch und wirtschaftlich gleichwertig sein,

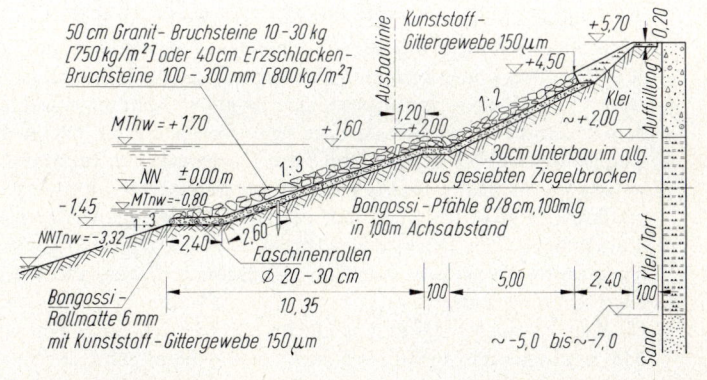

Bild 154. Normalausführung einer Hafenböschung mit durchlässigem Deckwerk in Hamburg

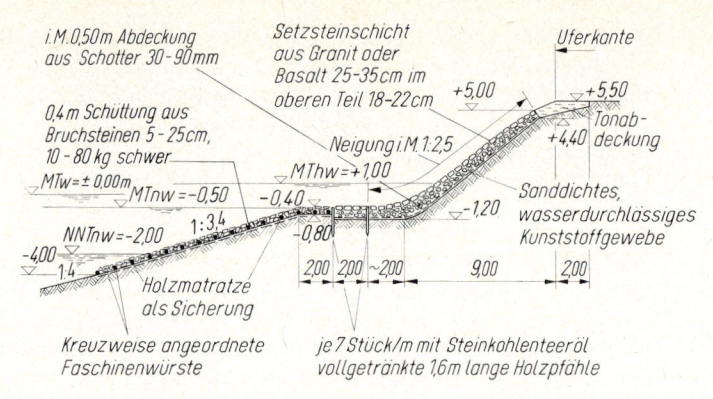

Bild 155. Normalausführung einer Hafenböschung mit durchlässigem Deckwerk in Rotterdam

(2) die Neigung der Sicherungsstrecke sollte so steil sein, wie die Standsicherheit es erlaubt und

(3) die Konstruktion soll – soweit möglich – maschinell ausgeführt werden können.

Als Deckwerk geeignet sind mit Asphalt vergossene Bruchsteinschüttungen, gegebenenfalls in Verbindung mit einer Asphaltbetonauflage. Bild 156 zeigt hierzu ein kennzeichnendes, in Rotterdam entwickeltes und erprobtes Ausführungsbeispiel.

Bei einem dichten Deckwerk werden – im Gegensatz zur voll durchlässigen Lösung – Wasserüberdrücke in begrenztem Umfang in Kauf genommen und in der Ausführung entsprechend berücksichtigt. Die Größe dieser Wasserüberdrücke hängt von der Größe und Geschwindigkeit der Schwankungen des Hafenwasserstandes an der Böschung und den gleichzeitig auftretenden Grundwasserständen hinter dem Deckwerk ab, die ihrerseits wieder von der Durchlässigkeit des Bodens und der unter dem Deckwerk angeordneten Filterschichten stark beeinflußt werden. Diese Überdrücke vermindern die mögliche Reibungskraft zwischen dem Deckwerk und dem darunterliegenden Material. Wenn dabei die Komponente des Eigengewichtes des Deckwerkes in Richtung der Böschung die mögliche Reibungskraft übersteigt, treten im Deckwerk zusätzliche Beanspruchungen auf, die zu Verformungen (Zerrungen und Stauchungen) des Deckwerkes führen können. Diese viskosen Verformungen des Deckwerkes sind unerwünscht, zumal das Deckwerk dabei nach unten kriecht.

Da das viskose Verhalten des Deckwerkes in sich unter den vorliegenden Bedingungen heute noch nicht ausreichend erforscht ist, muß als Sicherung gegen das Kriechen gefordert werden, daß der Reibungswi-

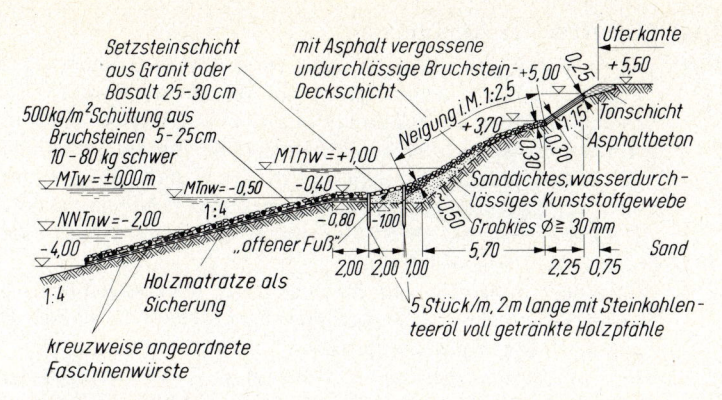

Bild 156. Normalausführung einer Hafenböschung mit undurchlässigem Deckwerk in Rotterdam

derstand nie kleiner sein darf als die Komponente des Eigengewichtes des Deckwerkes in Richtung der Böschung (Kriechkriterium).

Als Kriterium für außergewöhnliche Belastungsfälle wird gefordert, daß die Komponente des Eigengewichtes des Deckwerkes normal zur Böschung stets größer ist als der unmittelbar darunter auftretende größte Wasserdruck, so daß die Deckschicht nie abgehoben werden kann (Abhebekriterium). Diese außergewöhnlichen Belastungsfälle sind aber von so kurzer Dauer und so selten, daß dabei viskose Verformungen nicht zu befürchten und daher auch nicht zu berücksichtigen sind.

Der Wasserdruckverlauf unter der Deckschicht kann für die verschiedensten Fälle mit stationärer oder angenähert stationär vorausgesetzter Strömung mit Hilfe von Strömungsnetzen ermittelt werden (vgl. hierzu auch E 113, Abschn. 4.8). Diese erhält man am schnellsten mittels elektrischer Modelle, die aber so auszuführen sind, daß die Randbedingungen denen der Natur ausreichend genau entsprechen.

Hierbei sind zu berücksichtigen:

(1) Der Verlauf der Außenwasserstände bei mittleren Tideverhältnissen und bei Sturmflut.

(2) Wasserstandsschwankungen aus Sog-, Schwall- und sonstigen Wellen.

(3) Die Grundwasserstände im Uferstreifen, abhängig von den Außenwasserständen.

(4) Die Durchlässigkeitseigenschaften der gewachsenen und der geschütteten Bodenschichten.

(5) Querschnitt und Gestaltung der Uferbefestigung.

12.2.3.2 Hinweise zur Ausführung

Die Ausführung nach Bild 156 zeigt eine Lösung mit einem sogenannten „offenen Fuß" zur Abminderung des Wasserüberdruckes. Dieser Fuß besteht aus einer Grobkiesschüttung $\varnothing \geqq 30$ mm, gesichert durch zwei Reihen dicht an dicht stehender Holzpfähle, die mit Steinkohlenteeröl voll getränkt und 2,00 m lang und rd. 0,2 m dick sind. An das untere Ende der asphaltvergossenen Bruchsteinabdeckung anschließend wird die Grobkiesschicht mit Setzsteinen 25–35 cm aus Granit oder Basalt wasserdurchlässig abgedeckt.

Unter der Grobkiesschicht, die auch unter einen wesentlichen Teil der dichten Deckschicht reicht, befindet sich als Filter ein sanddichtes, wasserdurchlässiges Kunststoffgewebe.

Die Unterwassersicherung – bei Sand in der Neigung 1:4 ausgeführt – die nach einer 2,00 m langen Berme an den „offenen Fuß" anschließt, ist auf eine Tiefe von etwa 3,5 m unter MTnw mit einer Holzmatratze ausgerüstet. Darauf sind waagerecht und in der Böschungsrichtung Faschinenwürste angeordnet. Darüber liegt eine 0,30 bis 0,50 m dicke Schüttung aus Bruchsteinen, da abhängig vom Wellenangriff die Auflast aus der Deckschicht etwa 3 bis 5 kN/m^2 betragen soll.

Das asphaltvergossene Bruchstein-Deckwerk reicht von der landseitigen Holzpfahlreihe bis etwa 3,7 m über MTnw und weist eine mittlere Neigung 1:2,5 auf. Seine Dicke muß sich im Einzelfall nach der Größe der maßgebenden Wasserdrücke an ihrer Unterseite richten. Im Regelfall vermindert sie sich von unten nach oben von rd. 0,5 auf rd. 0,3 m.

Die Bruchsteine haben ein Stückgewicht von 10 bis 80 kg.

An das Deckwerk schließt sich nach oben in der Neigung 1:1,5 auf 1,3 m Höhe eine 0,30 bis 0,25 m dicke Asphaltbetonschicht an und darüber in gleicher Neigung auf 0,50 m Höhe eine Tonabdeckung. Diese soll etwaige spätere Rohr- oder sonstige Leitungsverlegungen erleichtern.

Für den Asphalt haben sich folgende Mischungsverhältnisse in Gewichtsprozenten bewährt:

bei Gußasphalt:
    gemischter Sand   72%
    Füller   13%
    Asphaltbitumen 80/100   15%

bei Asphaltbeton:
    Mischkies 8 bis 16 mm   47%
    gemischter Sand   39,5%
    Füller   7%
    Asphaltbitumen 80/100   6,5%.

Auch bei dieser Art der Böschungssicherung mit undurchlässigem Deckwerk ist das laufende Funktionieren der Entwässerung ohne Auswaschung des Untergrundes die wichtigste Voraussetzung für einen dauerhaften Bestand.

12.2.4 Deckwerke mit Verguß aus Colcretemörtel

Hier muß berücksichtigt werden, daß das Deckwerk nach dem Erhärten der Vergußmasse praktisch starr ist. Dadurch ergeben sich in der Ausbildung, Ausführung und im Verhalten gewisse Unterschiede gegenüber den in Abschn. 12.2.3 behandelten Deckwerken mit Asphaltverguß oder aus Asphaltbeton.

Deckwerke, die mit Colcretemörtel vergossen werden, sollen daher in einer besonderen Empfehlung behandelt werden, die aber voraussichtlich von einem anderen Fachausschuß erarbeitet wird.

12.3 Böschungen unter Ufermauerüberbauten hinter Spundwänden (E 68)

12.3.1 Belastung der Böschungen

Neben den erdstatischen Belastungen können die Böschungen durch strömendes freies Wasser in Ufermauerlängsrichtung und durch strömendes Grundwasser quer zum Bauwerk beansprucht werden. Letzteres ist besonders nachteilig, wenn der Grundwasserspiegel in der Böschung höher liegt als der freie Wasserspiegel, so daß Grundwasser in Form einer Hangquelle austritt (vgl. E 65, Abschn. 4.3). Die Neigung der Böschung und ihre Sicherung müssen daher der Lage der maßgeblichen Wasserspiegel, der Größe und Häufigkeit der Wasserstandsschwankungen, dem seitlichen Grundwasserzustrom, dem Untergrund und dem Gesamtbauwerk angepaßt werden.

12.3.2 Ausführungen bei Sand

Bei Sand mittlerer Lagerungsdichte wird im allgemeinen die Neigung 1:3 angewendet. Eine solche Böschung braucht nicht geschützt zu werden, wenn sie ständig unter Wasser liegt und das Bauwerk hinter der Böschung tief genug in den Untergrund einbindet, zum Beispiel in Form einer zusätzlichen hinteren Spundwand oder eines tiefen Sporns. Bei knappem Einbinden muß zur Vermeidung von Auswaschungen der Übergang vom Bauwerk zum Baugrund durch eine als Filter wirkende Mischkiesschüttung, gegebenenfalls mit örtlicher Grobkies- oder Bruchsteinabdeckung, gesichert werden. Tritt das Grundwasser als Hangquelle in der Böschung aus, muß sie durch einen rd. 0,50 m dicken Mischkiesfilter mit einem Aufbau gemäß E 32, Abschn. 4.5 gesichert werden. Eine zusätzliche rd. 0,50 m dicke Abdeckung mit einer Grobkies- oder Bruchsteinschüttung beziehungsweise einer rd. 0,25 m dicken Bruchsteinpackung wird empfohlen, wenn kurzfristig starke Wasserstandsschwankungen auftreten oder die Böschung steiler als 1:3 etwa bis 1:2,5 ausgeführt wird.

12.3.3 Ausführung bei Kies

Steht Kies an, kann die Böschung 1:2,5 ohne zusätzliche Sicherungen ausgeführt werden.

12.3.4 Ausführung bei bindigem Boden

Bei bindigem Baugrund hängt die zulässige Böschungsneigung stärker von den erdstatischen Verhältnissen ab. Die Standsicherheit ist nachzuweisen. Übergänge zu Sand oder zum Bauwerk sind sinngemäß wie bei Sand zu sichern.

12.4 Teilgeböschter Uferausbau in Binnenhäfen mit großen Wasserstandsschwankungen (E 119)

Im Abschn. 6.6 behandelt.

13 Dalben

13.1 Berechnung elastischer Bündeldalben in nichtbindigen Böden (E 69)[1]

13.1.1 Berechnungsgrundsätze und -methoden

Elastische Dalben werden so berechnet, daß beim gegebenen Untergrund für das geforderte Arbeitsvermögen eine zulässige größte Stoßkraft und eine betrieblich zweckmäßige Durchbiegung, die erforderliche Rammtiefe und die benötigten Querschnittsabmessungen ermittelt werden. Gleichzeitig muß ein gegebenenfalls in Frage kommender Trossenzug aufgenommen werden können. Die Aufgabe ist damit überbestimmt, und es kommt darauf an, sie so zu lösen, daß optimale Ergebnisse sowohl in technischer als auch in betrieblicher und wirtschaftlicher Hinsicht erzielt werden.

Elastische Dalben können zum Beispiel nach dem Verfahren von BLUM [68] unter Berücksichtigung der Dalbenbreite b berechnet werden. Für die Ermittlung der Erdwiderstände werden bei einer verfeinerten Berechnung folgende Ansätze empfohlen:

13.1.2 Wichte

Als wirksame Wichte wird sowohl bei Stoß als auch bei Trossenzugbelastung die Wichte γ' des Bodens unter Auftrieb angesetzt.

13.1.3 Wandreibungswinkel

Bei Benutzung ebener Gleitflächen kann bei allen Dalbenbelastungen mit dem Wandreibungswinkel des Erdwiderstandes bis zu $\delta_p = -{}^2/_3 \varphi'$ gerechnet werden, wenn die Bedingung $\Sigma V = 0$ erfüllt ist (Bild 157). Andernfalls ist der Erdwiderstand flacher anzusetzen.

Als von oben nach unten wirkende V-Belastung kann unter Berücksichtigung des Auftriebes neben dem Gewicht des Dalbens und des durch den Dalbenumriß begrenzten Bodenkörpers auch die lotrechte Grenzlast-Mantelreibung in den Seitenflächen $a \cdot t$ und die lotrechte Komponente der Ersatzkraft C gemäß der Berechnung der Rammtiefe angesetzt werden.

13.1.4 Ersatzkraft C

Die Ersatzkraft C kann nach Bild 157 unter der bei Dalbenberechnungen üblichen Vernachlässigung der Erddruckeinflüsse aus der Bedingung $\Sigma H = 0$ nach der Gleichung:

$$C = \gamma' \cdot K_p \cdot \cos \delta_p \cdot t_0^2 \cdot (3b + t_0)/6 - P$$

errechnet oder aus dem Krafteck zur Momentenfläche entnommen werden.

Sie kann im Rahmen der Bedingung $\Sigma V = 0$ bis zu $\delta'_p = +{}^2/_3 \varphi'$ gegen die Normale zur Dalbenachse geneigt angesetzt werden.

---

[1] An einer allgemein gültigen Empfehlung wird gearbeitet.

13.1.5 Rammtiefe

Der für die Aufnahme der Ersatzkraft C erforderliche Rammtiefenzuschlag Δt (Bild 157) kann unter sinngemäßer Anwendung von E 56, Abschn. 8.2.7 und der dort benutzten Zeichen mit folgender Gleichung errechnet werden:

$$\Delta t = \frac{C}{\gamma' \cdot K'_p \cdot \cos \delta'_p \cdot t_0 \cdot (2b + t_0)}.$$

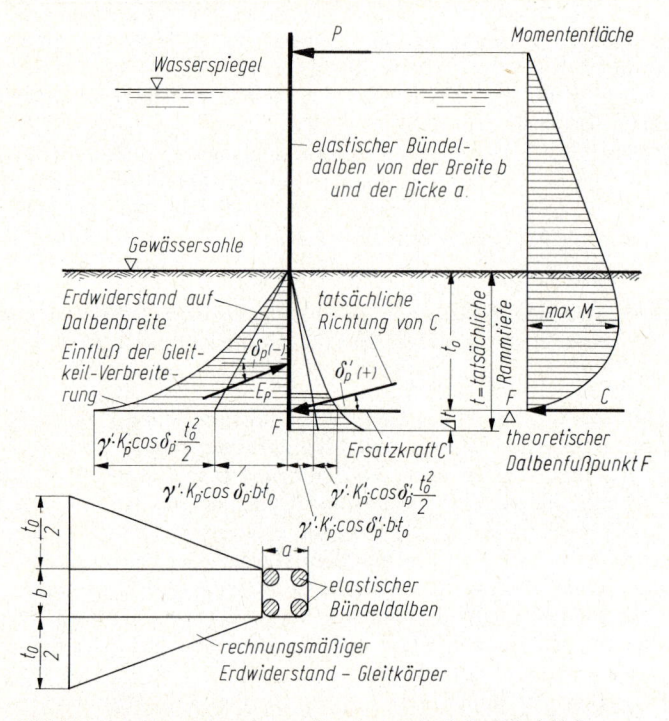

Bild 157. Erdwiderstandsansätze zur Berechnung elastischer Bündeldalben in nichtbindigem Boden

13.2 Federkonstante für die Berechnung und Bemessung von schweren Fenderungen und schweren Anlegedalben (E 111)

13.2.1 Allgemeines

Unter der Federkonstanten c [kN/m] versteht man das Verhältnis der maximal aufnehmbaren Stoßkraft zur gleichzeitig auftretenden größten Durchbiegung: $c = P/f$.

Sie ist für die Berechnung und Bemessung schwerer Fenderungen und elastischer Anlegedalben an Großschiffsliegeplätzen von besonderer

Bedeutung. Sie ergänzt das für die Energieaufnahme der anfahrenden Schiffe generell zu fordernde Arbeitsvermögen nach Erfahrungswerten und Belangen der Praxis. Dabei darf die für die betreffenden Schiffstypen größte zulässige Stoßkraft nicht überschritten werden.

Für die von der Schiffsaußenhaut bzw. den Verbänden noch aufzunehmende zulässige Stoßkraft sind im Einzelfall Angaben von den in Frage kommenden Reedereien bzw. vom Germanischen Lloyd einzuholen. Im allgemeinen sind Punktlasten zu vermeiden. Bei größeren Kräften sind daher druckverteilende Bauelemente (Fenderschürzen) anzuordnen.

Für die Wahl der Federkonstanten c sind neben den statischen und dynamischen Grundwerten vor allem auch nautische und konstruktive Gesichtspunkte von Bedeutung. Selbst unter eindeutig bestimmten Verhältnissen ist für die Federkonstante meist nur eine generelle Begrenzung nach unten und oben möglich, wobei für die endgültige Wahl der erforderliche Spielraum bleiben muß. Ausnahmsweise auftretende Überschreitungen des zulässigen Anlegedruckes werden bei hochwertigen Fendertypen bzw. Stoßdämpfern gelegentlich durch Einschalten von Bruchgliedern, Abscherbolzen und dergleichen unschädlich gemacht, ohne daß schon eine Havarie am Schiff oder Bauwerk auftritt. Bezüglich der zulässigen Stahlspannungen bei den verschiedenen Lastfällen und Beanspruchungen sowie der jeweils zu wählenden Stahlsorte und Stahlgüte wird auf E 112, Abschn. 13.4 verwiesen.

Zu beachten ist, daß eine groß gewählte Federkonstante ein hartes, eine klein bemessene ein weiches, also weniger riskantes Anlegen ermöglicht. Die Federkonstante c stellt somit ein wesentliches Kriterium vor allem für die Steifigkeit der Fenderung oder des Dalbens dar.

13.2.2 Bestimmende Faktoren für die Wahl der Federkonstanten

13.2.2.1 Da die Größe des benötigten Arbeitsvermögens A [kNm] im Hafenbau auf Grund übergeordneter Gesichtspunkte als vorgegeben anzunehmen ist, muß für die jeweils erreichbare geringste Größe min c die Bedingung

$$\min c = \frac{2A}{\max f^2}$$

beachtet werden, sofern man die waagerechte Durchbiegung f bei Erreichen der Streckgrenze aus nautischen, hafenbetrieblichen oder konstruktiven Gründen mit max f festlegen oder begrenzen muß.

13.2.2.2 Ein weiteres Kriterium für die Mindeststeifigkeit eines Anlegedalbens mit oder ohne gleichzeitigem Vertäuaufgaben ergibt sich aus der statischen Belastbarkeit des Bauwerks stat P bei Spannungen nach Lastfall 2. Rechnet man wegen der nur ungenauen Erfassungsmöglichkeit der maximal angreifenden statischen Belastung mit einem Sicherheitsfaktor 1,5, ist:

$$\min c = \frac{1{,}5 \cdot \operatorname{stat} P}{\max f}.$$

13.2.2.3 Der obere Grenzwert der Federkonstanten max c wird durch die maximal zulässige Stoßkraft $P_{Stoß}$ zwischen Schiffskörper und Fender bzw. Dalben beim Anlegevorgang bestimmt:

$$\max c = \frac{P_{Stoß}^2}{2\,A}.$$

Unter Umständen sind aber auch ständige dynamische Einwirkungen – vor allem aus starken Wellen – für die Wahl der Federkonstanten von Bedeutung.

13.2.3 Besondere Bedingungen

Die Gleichungen nach Abschn. 13.2.2 legen zunächst nur die Grenzen fest, innerhalb derer die Federkonstante einzuordnen ist. Die endgültige Festlegung muß folgende Gesichtspunkte mit berücksichtigen:

13.2.3.1 Sofern nicht besondere Umstände – zum Beispiel ein erwünschtes größeres Arbeitsvermögen bei Großschiffsliegeplätzen oder die in Abschn. 13.2.3.2 gegebenen Hinweise – dagegen sprechen, sollte max f im allgemeinen etwa 1,5 m nicht überschreiten, da sonst beim Anlegemanöver der Berührungsstoß zwischen Schiff und Dalben so weich wird, daß der Schiffsführer die Bewegung bzw. Lage des Schiffes in bezug auf den Dalben nicht mehr ausreichend genau beurteilen kann.

13.2.3.2 Beim Ansatz der statischen Belastung stat P des Dalbens muß auch die gegenseitige Abhängigkeit im System Fender–Schiff–Trossen beachtet werden. Dieses gilt vor allem bei Liegeplätzen, die starken Winden und/oder langen Dünungswellen ausgesetzt sind. In solchen Fällen, wie auch bei Liegeplätzen in offener See, sollten stets Modellversuche durchgeführt werden.

Nach bisherigen Erfahrungen ist generell folgendes zu beachten:

(1) Steife Trossen, d.h. kurze Leinen oder Stahltrossen erfordern steife Fender.

(2) Weiche Trossen, d.h. lange Leinen oder Manila-, Nylon-, Polypropylen- und Polyamidseile usw. erfordern weiche Fender.

Dabei ergeben sich im Fall (2) immer kleinere Belastungen sowohl für die Trossen als auch für die Dalben.

13.2.3.3 Die maximal zulässige Stoßkraft $P_{Stoß}$ zwischen Schiff und Anlegedalben wird einerseits vom anlegenden Schiffstyp und zum anderen von der konstruktiven Gestaltung des Dalbens, insbesondere von seiner Ausrüstung mit Fenderschürzen und dergleichen bestimmt. Auch bei Großschiffsliegeplätzen wird gefordert, daß die Anlegepressung zwischen Schiff und Dalben 200 kN/m² – fallweise sogar 100 kN/m² – nicht überschreitet. Eine höhere Anlegepressung kann zugelassen werden, wenn nachgewiesen wird, daß Außenhaut und Aussteifungen der anlegenden Schiffe die gewählte erhöhte Pressung im Rahmen zulässiger Spannungen nach Lastfall 3 aufnehmen können.

13.2.3.4 Wird ein Schiff gleichzeitig an starren Bauwerken und an elastischen Anlegedalben vertäut, muß für die Federkonstante der Dalben der größtmögliche Wert angestrebt werden. Wird dabei das Fenderbauwerk für die maximal zulässige Stoßkraft beim Anlegen des Schiffes zu steif, ist eine völlige Trennung zwischen Fender- und Vertäubauwerk vorzunehmen. In jedem Fall sind gründliche Untersuchungen erforderlich. Ähnliches gilt für die Weichheitsgrade von exponierten Anlege- bzw. Schutzdalben vor Pieranlagen, an Molen, Leitwerken und Schleuseneinfahrten.

13.2.3.5 Wird ein Liegeplatz mit Anlegedalben unterschiedlichen Arbeitsvermögens ausgerüstet, ist für alle Dalben beim Erreichen ihrer Material-Streckgrenze die gleiche waagerechte Durchbiegung anzustreben. Hierdurch wird bei zentrisch auf das Schiff einwirkenden Kräften, vor allem durch Wind und Wellen, eine gleichmäßige Beanspruchung aller Dalben gewährleistet. Außerdem kann dann für den gesamten Liegeplatz in der Regel ein einheitlicher Pfahltyp für die Dalben verwendet werden.

Treten durch Tide, Windstau usw. unterschiedliche Wasserstände auf, sind die Dalben mit einer Fenderschürze auszurüsten, die eine möglichst gleichbleibende Höhenlage der aufzunehmenden Schiffsanlegedrücke gewährleistet. Einheitliche Fenderschürzen bei verschieden schweren Dalben eines Liegeplatzes sollten aber nur angewendet werden, wenn keine nennenswerten dynamischen Beanspruchungen durch Wind- oder Dünungswellen auftreten, durch die sonst die leichteren Dalben gefährdet werden könnten.

13.2.3.6 Ausgehend von der Bemessung der schweren Dalben mit dem Arbeitsvermögen A_s und der Federkonstanten c_s gilt dann für die leichteren mit dem Arbeitsvermögen A_l und der Federkonstanten c_l:

$$c_l = c_s \cdot \frac{A_l}{A_s}.$$

Wird die Steifigkeit der leichten Dalben hierbei zu klein, sind diese den gegebenen Erfordernissen entsprechend zuerst zu bemessen. Dann gilt für die schweren Dalben:

$$c_s = c_l \cdot \frac{A_s}{A_l}.$$

13.2.3.7 In Bild 158 ist für Anlegedalben die Größe der Federkonstanten c sowie die der Durchbiegung f abhängig vom Arbeitsvermögen A und von der Stoßkraft $P_{Stoß}$ aufgetragen. Im Normalfall ist die Federkonstante c so zu wählen, daß sie zwischen den Kurven für c = 500 und 2000 kN/m möglichst nahe an der Kurve für c = 1000 kN/m liegt.

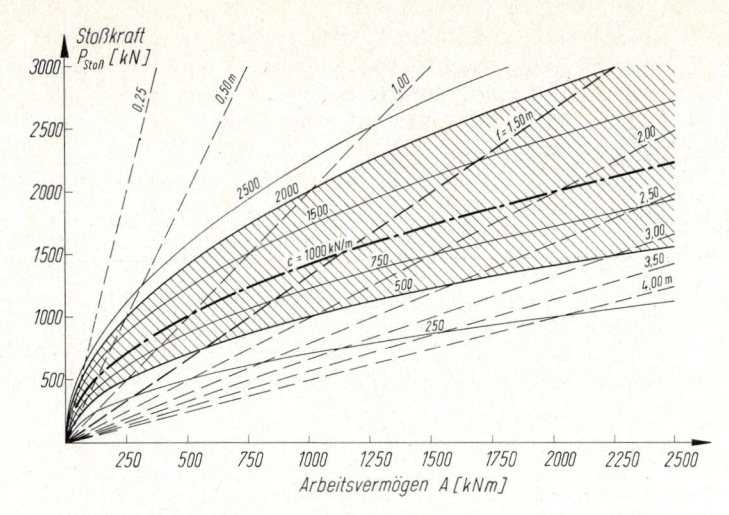

Bild 158. Größe der Federkonstanten c und der Durchbiegung f bei Anlegedalben, abhängig vom Arbeitsvermögen A und der Stoßkraft $P_{Stoß}$.
Für den Normalfall sollte eine nahe der Kurve für c = 1000 kN/m liegende Federkonstante angestrebt werden

13.3 Auftretende Stoßkräfte und erforderliches Arbeitsvermögen von Fenderungen und Dalben in Seehäfen (E 128)

13.3.1 Bestimmung der Stoßkräfte

Nach E 111, Abschn. 13.2.1 und 13.2.3.3 ist die maximal zulässige Stoßkraft $P_{Stoß} = c \cdot f$ [kN] gleich dem Produkt aus der Federkonstanten und der maximal zulässigen Durchbiegung der Anlegedalben bzw. Fender, Stoßdämpfer oder dergleichen am Schiffsberührungspunkt. Sie ist einerseits vom Schiffstyp und zum anderen von der konstruktiven Durchbildung eben dieser hafenbaulich kritischen Elemente abhängig. Die Durchbiegung f wird bei Großschiffsliegeplätzen aus nautischen Gründen im allgemeinen auf max 1,50 m begrenzt.

13.3.2 Bestimmung des erforderlichen Arbeitsvermögens

13.3.2.1 Allgemeines

Beim Anlegen besteht die Bewegung eines Schiffs im allgemeinen aus einer Verschiebung in Quer- und/oder Längsrichtung und einer Drehung um seinen Massenschwerpunkt, wodurch im allgemeinen zunächst nur ein Dalben bzw. Fender getroffen wird (Bild 159). Maßgebend für die Anfahrenergie ist dabei die Auftreffgeschwindigkeit des Schiffs am Fender v_r, deren Größe und Richtung sich aus der vektoriellen Addition der Geschwindigkeitskomponenten v und ω · r ergibt. Bei einem vollen Reibungsschluß zwischen Schiff und Fender wird im Verlauf des Stoßes die Auftreffgeschwindigkeit des Schiffs, die dann identisch mit der Verformungsgeschwindigkeit des Fenders ist, bis auf $v_r = 0$ abgebaut. Der Massenschwerpunkt des Schiffs wird im allgemeinen aber weiter in Bewegung bleiben, wenn auch teilweise in veränderter Größe und Drehrichtung.

Das Schiff behält also auch zum Zeitpunkt der maximalen Fenderverformung einen Teil seiner ursprünglichen Bewegungsenergie bei. Dies kann unter bestimmten Voraussetzungen dazu führen, daß das Schiff nach der Berührung mit dem ersten Fender auf den zweiten zudreht, was dort zu einem noch größeren Anlegestoß führen kann.

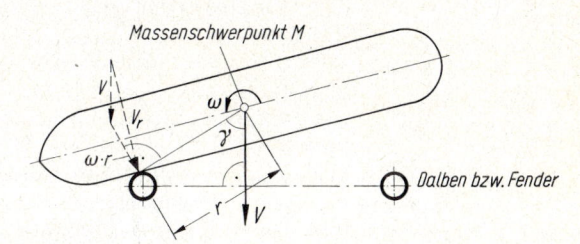

Bild 159. Darstellung eines Anlegemanövers

13.3.2.2 Zahlenmäßige Ermittlung des erforderlichen Arbeitsvermögens [69]

Der von einem Fender im Verlauf des Anlegestoßes nur vorübergehend zu speichernde Anteil der Bewegungsenergie des Schiffs (bei vollkommen elastischem Stoß bzw. Fender) oder der voll aufzuzehrende (bei vollkommen unelastischem Stoß bzw. plastischem Fender) stellt das Arbeitsvermögen dar, das der Fender besitzen muß, um Schäden am Schiff und/oder Fender zu vermeiden. Dieses Arbeitsvermögen ergibt sich für den in Bild 159 dargestellten allgemeinen Fall zu:

$$A = \frac{G \cdot C_M \cdot C_S}{2 \cdot g \cdot (k^2 + r^2)} \cdot [v^2 \cdot (k^2 + r^2 \cdot \cos^2\gamma) + 2 \cdot v \cdot \omega \cdot r \cdot k^2 \cdot \sin\gamma + \omega^2 \cdot k^2 \cdot r^2]$$

Für den Fall $\gamma = 90°$ vereinfacht sich dieser Ansatz zu:

$$A = \frac{1}{2} \cdot \frac{G}{g} \cdot C_M \cdot C_S \cdot \frac{k^2}{k^2 + r^2} \cdot (v + \omega \cdot r)^2 =$$

$$A = \frac{1}{2} \cdot \frac{G}{g} \cdot C_M \cdot C_S \cdot \frac{k^2}{k^2 + r^2} \cdot v_r^2.$$

In den vorstehenden Formeln bedeuten:

    A = Arbeitsvermögen [kNm],
    G = Wasserverdrängung des anlegenden Schiffs nach E 39, Abschn. 5.1 [kN],
    g = Erdbeschleunigung = 9,81 m/s²,

k = Massenträgheitsradius des Schiffs [m],
  Er kann bei großen Schiffen im allgemeinen = 0,2 · l angesetzt werden,
l = Länge des Schiffs zwischen den Loten [m],
r = Abstand des Massenschwerpunkts des Schiffs vom Auftreffpunkt am Fender [m],
v = Translative Bewegungsgeschwindigkeit des Massenschwerpunkts des Schiffs zum Zeitpunkt der ersten Berührung mit dem Fender [m/s],
ω = Drehgeschwindigkeit des Schiffs zum Zeitpunkt der ersten Berührung mit dem Fender [Winkel im Bogenmaß je Sekunde = 1/s],
γ = Winkel zwischen dem Geschwindigkeitsvektor v und der Strecke r [Grad],
v_r = resultierende Auftreffgeschwindigkeit des Schiffs am Fender [m/s],
C_M = Massenfaktor entsprechend der folgenden Erläuterung,
C_S = Steifigkeitsfaktor entsprechend der folgenden Erläuterung.

Der Massenfaktor C_M erfaßt den Einfluß aus Stauwirkung, Sog und Wasserreibung, den das mitbewegte Wasser (Hydrodynamische Masse) mit einsetzendem Stoppen auf das Schiff ausübt.
Nach COSTA [69] kann ausreichend genau gesetzt werden:

$$C_M = 1 + 2 \cdot \frac{t}{b}$$

Darin sind:
t = Tiefgang des Schiffs [m],
b = Schiffsbreite [m].

Der Steifigkeitsfaktor C_S berücksichtigt eine Abminderung der Stoßenergie durch Verformungen am Schiffskörper je nach Beschaffenheit von Schiff und Fenderung in gegenseitiger Wechselwirkung. Er kann in der Größe C_S = 0,90 bis 0,95 angenommen werden. Der obere Grenzwert gilt für weiche Fender und kleinere Schiffe mit steifer Bordwand, der untere für harte Fender und größere Schiffe mit relativ weicher Bordwand. Hierzu wird auch auf E 111, Abschn. 13.2 verwiesen.

13.3.2.3 Hinweise

Wird ein Schiff mit Schlepperhilfe an den Liegeplatz bugsiert, kann vorausgesetzt werden, daß es in Richtung seiner Längsachse kaum noch Fahrt macht und daß die Bordwand während des Anlegens nahezu parallel zur Flucht der Fender liegt. Bei der Bemessung der inneren Fenderpunkte einer Fenderreihe, bei denen sich zwischen Schiffsschwerpunkt und berührtem Fender zwangsläufig ein größerer Abstand einstellt, kann daher der Geschwindigkeitsvektor v senkrecht zur Strecke r (γ = 90°) angenommen und die vereinfachte Formel für die Ermittlung von A benutzt werden. Bei der Berechnung der äußeren Fenderpunkte einer Fenderreihe kann dagegen von dem vereinfachten Rechenansatz kein Gebrauch gemacht werden, weil hier der Schiffsschwerpunkt in Richtung der Fenderflucht auch nahe an den Fenderpunkt heranrücken kann. Im übrigen muß in allen Fällen beachtet werden, daß die Schiffe nicht immer mittig an den Liegeplatz gebracht werden können. Den Berechnungen sollte daher stets ein Abstand zwischen dem Schiffsschwerpunkt und der Mitte des Schiffsliegeplatzes von $e = 0{,}1 \cdot l \leqq 15$ m (parallel zur Fenderflucht) zugrunde gelegt werden.

13.3.3 Nutzanwendung

Hat man das theoretisch erforderliche Arbeitsvermögen A hiernach ermittelt, bedarf es einer Abstimmung zwischen der Größe A, der zulässigen Stoßkraft $P_{Stoß}$ und der sich daraus ergebenden erwünschten kleinsten Federkonstanten min c. Diese kann mit Hilfe der Angaben nach E 111, Abschn. 13.2.2.2 und 13.2.2.3 sowie nach praktischen Gesichtspunkten ausgemittelt werden. Unter Berücksichtigung von E 111, Abschn. 13.2.3.3 ist die maximal zulässige Stoßkraft $P_{Stoß}$ in ihrem Anlegedruck je m² Schiffshaut für Großschiffe bereits eingegrenzt. Auf die dort in Bild 158 dargestellte gegenseitige Abhängigkeit der drei Größen A, $P_{Stoß}$ und f sei besonders hingewiesen.

Wichtig für die günstigste Ausnutzung des errechneten Arbeitsvermögens bleibt nach wie vor die in E 111, Abschn. 13.2.3.5, zweiter Absatz geforderte gleichbleibende Höhenlage des auf den Dalben bzw. die Fenderung zu übertragenden Schiffsanlegedruckes. Im Bedarfsfall kann bei elastisch nachgebenden Federdalben durch eine geeignete Fenderschürze mit punktförmig festgelegter Kraftübertragung das unerwünschte Abwandern des Druckübertragungspunktes nach unten verhindert werden.

13.4 Verwendung hochfester, schweißbarer Baustähle bei elastischen Anlege- und Vertäudalben im Seebau (E 112)

13.4.1 Allgemeines

Ist bei Dalben ein hohes Arbeitsvermögen erforderlich, werden sie zweckmäßig aus hochfesten, schweißbaren Baustählen hergestellt.

Da die Spannung bei Kreisquerschnitten direkt proportional dem Durchmesser ist, können bei Verwendung hochfester Baustähle größere Pfahldurchmesser bei geringerer Pfahlanzahl gewählt werden, ohne daß sich das Arbeitsvermögen und die Federkonstante ändern. Dies gilt sinngemäß auch für andere Querschnittsformen.

13.4.2 Hochfeste, schweißbare Baustähle

Hochfeste, schweißbare Baustähle im Sinne dieser Empfehlung sind Stähle, die feinkörnig und sprödbruchunempfindlich sind und deren garantierte Mindeststreckgrenze β_S im Bereich von 350 bis 690 MN/m² liegt.

Der Kohlenstoffgehalt dieser Stähle darf im allgemeinen in der Schmelzenanalyse nicht über 0,22 % liegen.
Nähere Angaben enthalten die Werkstoffblätter der Hersteller.
Es werden unterschieden:

(1) Hochfeste, schweißbare Stähle im normalgeglühten oder einem durch geregelte Temperaturführung bei und nach dem Walzen gleichwertigen Zustand, mit β_S = 350 bis 500 MN/m^2, vgl. auch Stahl-Eisen-Werkstoffblatt 089-70 [70].

(2) Hochfeste, schweißbare Stähle im luft- oder flüssigkeitsvergüteten Zustand mit β_S = 460 bis 690 MN/m^2.

Besonders hingewiesen wird auf:
Zulassung für die hochfesten Feinkornbaustähle St E 47 und St E 70, die als mitgeltenden Anhang die zugehörigen Richtlinien des DASt enthält [71].
Um Verwechslungen zu vermeiden und zur Vereinheitlichung sollten in der Regel diese zugelassenen Feinkornbaustähle angewendet werden.

13.4.3 Belastungsansätze

Bei Entwurf und Berechnung der Dalben ist zu unterscheiden, ob sie:

(1) vorwiegend ruhend (Schiffsstoß, Trossenzug) oder

(2) vorwiegend dynamisch (Wellengang, Dünung)

beansprucht werden.

Für die Beurteilung kann folgendes Kriterium angesetzt werden:
Dalben sind vorwiegend ruhend beansprucht, wenn der Anteil der Wechselbeanspruchung aus Wellengang bzw. Dünung gering ist im Verhältnis zu den Beanspruchungen aus Schiffsstoß und Pollerzug und wenn bei der Überprüfung der Wechselbeanspruchungen folgende Spannungen an 20 Sturmtagen im Jahr nicht überschritten werden:

– 30 % der jeweiligen Mindeststreckgrenze β_S des Grundwerkstoffes, sofern keine Stumpfnähte quer zur Hauptbeanspruchungsrichtung verlaufen,

– 100 MN/m^2 für den Grundwerkstoff, wenn Stumpfnähte quer und durchlaufende Flankenkehlnähte längs zur Hauptbeanspruchungsrichtung verlaufen,

– 50 MN/m^2 für den Grundwerkstoff, wo Flankenkehlnähte enden oder Kehlnähte quer zur Hauptbeanspruchungsrichtung verlaufen.

Dalben in Gebieten mit starker Dünung sind vorwiegend dynamisch beansprucht, wenn nicht durch besondere Zusatzmaßnahmen – wie beispielsweise durch Vorspannen gegen ein Bauwerk – die Dalben gegen die Dünungseinflüsse gesichert werden.
Liegt vorwiegend dynamische Beanspruchung vor, ist im allgemeinen dieser Belastungsfall für die Bemessung maßgebend.
Auf den Einfluß der Spannungs- und Stabilitätsprobleme bei Pfählen

größerer Querschnittsform und geringerer Wanddicke wird ganz allgemein und besonders bei Lastfällen mit Ausnutzung bis zur Streckgrenze hingewiesen. Bei Großrohren ist hierfür ein statischer Nachweis zu liefern.

13.4.4 **Zulässige Spannungen**

Bei **vorwiegend ruhender Beanspruchung** sind folgende Spannungen zulässig:

Beanspruchung durch Schiffsstoß: Streckgrenze β_S,

Statische Beanspruchung durch Trossenzug und/oder Windlast und Strömungsdruck: Zulässige Spannungen nach E 18, Abschn. 5.4.2 für Lastfall 2, d.h. mit 1,5facher Sicherheit zur Streckgrenze β_S.

Bei **vorwiegend dynamischer Beanspruchung** ist auf den Abfall der Dauerfestigkeit gegenüber der statischen Festigkeit zu achten.

Für die zulässigen Beanspruchungen im Grundwerkstoff bzw. in den Rundnähten oder Stumpfnähten gelten die Angaben von E 20, Abschn. 8.2.4.1 (2).

Bei höherer Spannungsausnutzung aus dynamischer Beanspruchung als nach Vorausgabe DS 804 für St 52-3 sind die zulässigen Nennspannungsamplituden der Dauerschwingfestigkeit im Grundwerkstoff bzw. an den Schweißverbindungen nachzuweisen.

Die Dauerfestigkeit ist stark abhängig von der Beschaffenheit der Stahloberfläche. Bei Korrosionsangriff kann die Dauerfestigkeit bis zu 50% abfallen, was vor allem bei Anlagen in tropischen Seegebieten zu beachten ist.

Da die Dauerfestigkeit von Schweißverbindungen nahezu unabhängig von der Stahlsorte ist, sollen möglichst keine vergüteten Feinkornbaustähle in vorwiegend dynamisch beanspruchten, durch Schweißnähte quer zur Hauptbeanspruchungsrichtung gestoßenen Bereichen verwendet werden.

13.4.5 **Bauliche Gestaltung**

13.4.5.1 Je nach Art der Beanspruchung ergeben sich grundsätzliche Anforderungen für:

(1) Die Wahl der Stahlsorte, der zulässigen Spannungen und gegebenenfalls der Querschnittsform der Einzelpfähle,

(2) die Verarbeitung und die Materialdicken sowie für

(3) die bauliche Durchbildung und schweißtechnische Verarbeitung.

13.4.5.2 Das oberste Teilstück – z.B. der oberste Rohrschuß – eines Dalbens wird zweckmäßig aus schweißbarem Feinkornbaustahl geringerer Festigkeit hergestellt. Dadurch wird das Anschweißen von Verbänden und sonstigen Konstruktionsteilen vereinfacht.

Die Wanddicke ist so zu wählen, daß alle notwendigen Schweißarbeiten auf der Einbaustelle möglichst ohne Vorwärmen ausgeführt werden können. Dieses ist besonders in Tidehäfen und bei starkem Wellengang zu beachten.

13.4.5.3 Schweißnähte zwischen den einzelnen Teilstücken – z.B. den Rohrschüssen – sollen nach Möglichkeit in Bereiche geringerer Beanspruchung gelegt und als Werkstattnähte ausgeführt werden.

13.4.5.4 Bei vorwiegend dynamischer Beanspruchung kommt den geschweißten Stoßstellen quer zur Biege-Zug-Beanspruchung besondere Bedeutung zu. Daher ist bei Rundnähten bzw. Stumpfstößen quer zur Kraftrichtung folgendes zu beachten:

(1) Bei unterschiedlichen Wanddicken am Schweißstoß ist der Übergang des dickeren Bleches zum dünneren im Verhältnis 4:1, wenn irgend möglich aber flacher, spanend zu bearbeiten. Bei Großrohren ist für die Kraftüberleitung mindestens ein überschläglicher statischer Nachweis zu liefern.

(2) Decklagen sind kerbfrei auszubilden. Die Nahtüberhöhung soll möglichst 5% der Materialdicke nicht überschreiten.

(3) Bei nicht begehbaren Pfählen ist die Wurzel einwandfrei durchzuschweißen. Der Übergang zwischen Naht und Blech ist flach zu halten, ohne schädigende Einbrandkerben. Wird mit Einlegeringen gearbeitet, dürfen nur solche aus Keramik verwendet werden.

(4) Bei begehbaren Pfählen sind die Stöße von beiden Seiten zu schweißen. Wurzellagen sind auszukreuzen.

(5) Bei Dalbenpfählen aus hochfesten, schweißbaren Feinkornbaustählen ist ein vom Lieferwerk empfohlener Zusatzwerkstoff zu verwenden, dessen Gütewerte denen des Grundwerkstoffes entsprechen sollen.

(6) Die Schweißdaten sind so zu wählen, daß die vom Lieferwerk angegebenen Werte für das Wärmeeinbringen eingehalten werden.

(7) Die Richtlinien des Stahl-Eisen-Werkstoffblattes 088-69 [70] sind zu beachten.

(8) Nach dem Schweißen ist ein örtlich begrenztes Spannungsarmglühen mit entsprechender Temperaturkontrolle möglich. Ansonsten ist Abschn. 13.4.5.3 zu beachten.

13.4.5.5 Für alle Schweißarbeiten gilt E 99, Abschn. 8.1.20 sinngemäß. Sämtliche Rundnähte und Stumpfstöße müssen zerstörungsfrei geprüft – möglichst geröntgt – werden.

13.4.5.6 Dalbenpfähle aus hochfesten Feinkornbaustählen haben im allgemeinen lange Lieferfristen und sollten daher rechtzeitig bestellt werden. Es empfiehlt sich, für etwaige Havarien eine gewisse Vorratshaltung an Dalbenpfählen einzuplanen.

14 Erfahrungen mit überlasteten, ausgewichenen oder eingestürzten Ufereinfassungen, Lebensdauer

14.1 Mittleres Verkehrsalter von Ufereinfassungen (E 46)

Ufereinfassungen müssen häufig mit Rücksicht auf den Hafenbetrieb oder Hafenverkehr vertieft, verstärkt oder ersetzt werden, lange bevor sie baufällig oder veraltet sind. Ihr Verkehrsalter liegt demnach oft weit unter ihrer baulichen Lebensdauer, vor allem bei Hafenanlagen für Massengutumschlag und für Industriebetriebe. Bei solchen Anlagen wird man nur mit 25 Jahren rechnen können, während bei üblichen Handelshäfen das mittlere Verkehrsalter der Ufereinfassungen mit 50 Jahren angesetzt werden kann. Nutzen-Kosten-Untersuchungen oder dergleichen können bei Entwurf und Bauausführung hilfreich sein.

Die Lebensdauer der Ufereinfassungen sollte dem jeweils zu erwartenden mittleren Verkehrsalter angepaßt werden. In jedem Fall sind Bauweisen zu bevorzugen, die sich später mit erträglichen Kosten und den geringsten betrieblichen Störungen verstärken und vertiefen lassen. Deshalb sollen Uferspundwände vor allem in ihrer Rammtiefe und in ihrer Verankerung reichlich bemessen werden.

Ufereinfassungen, bei denen ein besonders niedriges Verkehrsalter zu erwarten ist, sollen so gebaut werden, daß sie leicht wieder abgebrochen und erneuert werden können.

B Weiteres Arbeitsprogramm

Vorbemerkung

Das weitere Arbeitsprogramm des Arbeitsausschusses „Ufereinfassungen" wurde bewußt weit gefaßt, um den Lesern Anregungen zu geben, zu einzelnen Punkten Stellung zu nehmen, wenn sie an einer Ausarbeitung hierzu interessiert sind, oder wenn sie dazu einen Beitrag leisten können[1]).

1	**Bodenaufschlüsse und Bodenuntersuchungen**
1.1	Böden mit beton- oder mit stahlangreifenden Bestandteilen.
1.2	Beurteilung des Rammverhaltens von Bodenschichten.
1.3	Beurteilung des Baugrunds für das Einbringen von Spundbohlen und Pfählen.
2	**Erddruck und Erdwiderstand**
2.1	Erddruck und Erdwiderstand abhängig von Bodenart, Porenwasserdruck, Verformungen und Bewegungen.
2.2	Ansatz der Wandreibungswinkel
2.2.1	bei Pfahlrostmauern,
2.2.2	bei Ufermauern aus Beton oder Stahlbeton,
2.2.3	bei Dalben.
2.3	Erddruck unter Entlastungsplatten.
2.4	Erddruck und Erdwiderstand bei Gleitkeilen nach Vernähung durch Pfähle oder Spundbohlen.
2.5	Entlastende Wirkung verbleibender alter Uferbauwerke oder sonstiger rückwärtiger Einbauten.
2.6	Kraft-Weg-Gesetz beim Erdwiderstand vor Spundwänden und beim Ankerwiderstand.
2.7	Erddruckansatz bei steil ansteigenden Böschungen.
2.8	Ansatz des Wandreibungswinkels des Erdwiderstands bei abfallenden Böschungen.
2.9	Erdwiderstand bei wassergesättigten, nichtkonsolidierten, weichen bindigen Böden.
3	**Geländebruch, Grundbruch und Gleiten**
3.1	Grundbruchsicherheit unter hohen Pfahlrosten.
3.2	Gleitgefahr bei Ufermauern aus Beton oder Stahlbeton.
3.3	Verhalten weicher bindiger Böden unter hohen Geländeauflasten.

---

[1]) Zuschriften werden an den Arbeitsausschuß „Ufereinfassungen", zu Händen von Prof. Dr.-Ing. em. Erich Lackner, Lesmonastraße 30 B, D-2820 Bremen 77, erbeten.

4 Wasserstände, Wasserüberdruck, Entwässerungen, Welleneinflüsse

4.1 Wasserüberdruckansatz bei Hochwasserschutzwänden.
4.2 Maschinelle Entwässerungen.
4.3 Betriebssicherheit von Entwässerungen.
4.4 Sohlenwasserdruck bei Ufereinfassungen.
4.5 Sohl- und Fugenwasserdruck bei Kaimauern in Blockbauweise.
4.6 Wellendruck auf Pfahlbauwerke.

5 Belastung von Ufereinfassungen

5.1 Vertäuung von Seeschiffen.
5.2 Windansätze für die Vertäuung sowie für Fenderungen und Dalben.
5.3 Welleneinflüsse als Druck und Sog.
5.4 Wellenschlag auf Schalungen.
5.5 Eisdruck und Eisstoß auf Ufereinfassungen, Fenderungen und Dalben.
5.6 Havariestoß.
5.7 Sicherung gegen Kolke.
5.8 Windlasten auf vertäute Schiffe und ihre Einflüsse auf die Bemessung von Vertäu- und Fendereinrichtungen.

6 Querschnittsgestaltung und Ausrüstung von Ufereinfassungen

6.1 Fenderung geschlossener Ufermauern.
6.2 Fenderung von offenen Ufermauern und von Pieranlagen.
6.3 Ausrüstung von Ufereinfassungen mit Versorgungseinrichtungen.
6.4 Gestaltung, Berechnung und Bemessung von elastischen Fendern vor Kaimauern für Großschiffe.
6.5 Wie 6.4, jedoch vor Pierbrücken für Großschiffe.
6.6 Zulässige Spannungen und Elastizitätsmoduln in- und ausländischer Hölzer für Hafenbau.
6.7 Gestaltung von Uferflächen in Binnenhäfen.

7 Erdarbeiten in Häfen

7.1 Bodenverbesserungen im Erdwiderstandsbereich vor Ufereinfassungen.
7.2 Lagerungsdichte von verklappten sowie von eingespülten nichtbindigen Böden.
7.3 Bauausführung und Geräteeinsatz bei geschütteten Molen und Wellenbrechern.
7.4 Sackungen nichtbindiger Böden.

8 Spundwandbauwerke

8.1 Baustoff und Ausführung
8.1.1 Anwendungs- und Wirtschaftlichkeitsgrenzen der verschiedenen Baustoffe für Spundwandbauwerke.

8.2		Berechnung und Bemessung der Spundwand
8.2.1		Verankerung mit Einzelplatten, kritischer Ankerabstand.
8.3		Berechnung und Bemessung von Fangedämmen
8.3.1		Spannungsverhältnisse im Innern von Fangedämmen.
8.3.2		Aussteifung von Zellen- und Kastenfangedämmen im Bauzustand.
8.4		Gurte, Holme, Anker
8.4.1		Gefahrenquellen für Verankerungen.
8.4.2		Ausbildung der Ankeranschlüsse.
8.4.3		Berechnung einer im Boden eingespannten Ankerwand.
8.4.4		Hohes Vorspannen von Ankern aus hochfesten Stählen bei Ufereinfassungen.
8.4.5		Stahlbetonaussteifungen umspundeter Baugruben.

9	**Ankerpfähle**
9.1	Abhängigkeit der Grenzzugbelastung von der Pfahlform.
9.2	Berechnung der Grenzzugbelastung bei bindigen und bei nichtbindigen Böden.
9.3	Erfahrungen mit Ankerpfählen.

10	**Ufermauern, Uferwände und Überbauten aus Beton und Stahlbeton**
10.1	Grundsätze für Entwurf und Bauausführung.
10.2	Anwendung von Vorspannung bei Ufermauern.
10.3	Verwendung von Fertigbetonteilen.
10.4	Herstellung von Dichtungswänden.

11	**Pfahlrostbauwerke**
11.1	Höhenlage der Rostplatte.
11.2	Pfahlrostmauern mit vorderer Spundwand.
11.3	Pfahlrostmauern mit hinterer Spundwand.
11.4	Berechnung und Gestaltung von Mauern mit starrer Rostplatte.
11.5	Ausbildung und Berechnung von Pfahlrostmauern mit elastischer Rostplatte auf elastischen Pfählen.
11.6	Vorgefertigte Hohlpfähle aus Stahlbeton und aus Spannbeton.
11.7	Seitlicher Druck weicher bindiger Böden auf Tragpfähle unter dem Einfluß hoher Geländeauflasten.
11.8	Ausbildung und Berechnung von biegesteifen Großrohrpfählen aus Stahl zur Gründung von Ufereinfassungen und Pierbrücken.

12	**Ausbildung von Hafenböschungen**

13   Dalben, Fenderungen
13.1   Berechnung elastischer Dalben in bindigen bzw. geschichteten Böden.
13.2   Gestaltung, Berechnung und Bemessung elastischer Leitwerke.

14   Erfahrungen mit überlasteten, ausgewichenen und eingestürzten Ufereinfassungen, Lebensdauer, Sicherungen

14.1   Rechnungsmäßig überlastete Bauwerke ohne Schäden.
14.2   Ausgewichene Bauwerke.
14.3   Eingestürzte Bauwerke.
14.4   Lebensdauer von Bauwerken und Bauteilen.
14.5   Verkehrsalter von Ufereinfassungen und Dalben.
14.6   Vorübergehende Sicherung von Ufereinfassungen durch Grundwasserabsenkung.
14.7   Verminderung von Schäden an Uferspundwänden aus dem Schiffsbetrieb.
14.8   Beseitigung von Schäden an Stahlspundwänden.
14.9   Herstellen von Unterwasserbeton vor allem für Reparaturfälle.

15   Messungen an ausgeführten Bauwerken, Modellversuche

15.1   Spannungen und Verformungen ausgeführter Spundwandbauwerke.
15.2   Ankerkräfte und Bewegungen von Ankerwänden.
15.3   Bewegungen von Pfahlrostbauwerken.
15.4   Bewegungen sonstiger Ufereinfassungen aus Beton oder Stahlbeton.
15.5   Messungen an Fendern.
15.6   Messungen an Dalben.

16   Besondere Fragen der Bauausführung

16.1   Neubauten
16.2   Vertiefungen
16.3   Verstärkungen

C Schrifttum

1 Jahresberichte

Grundlage der Sammelveröffentlichung sind die in den Zeitschriften „Die Bautechnik" und „Hansa" veröffentlichten Technischen Jahresberichte des Arbeitsausschusses „Ufereinfassungen", und zwar in

Hansa	87 (1950), Nr. 46/47, S. 1524
Die Bautechnik	28 (1951), Heft 11, Seite 279 − 29 (1952), Heft 12, Seite 345
	30 (1953), Heft 12, Seite 369 − 31 (1954), Heft 12, Seite 406
	32 (1955), Heft 12, Seite 416 − 33 (1956), Heft 12, Seite 429
	34 (1957), Heft 12, Seite 471 − 35 (1958), Heft 12, Seite 482
	36 (1959), Heft 12, Seite 468 − 37 (1960), Heft 12, Seite 472
	38 (1961), Heft 12, Seite 416 − 39 (1962), Heft 12, Seite 426
	40 (1963), Heft 12, Seite 431 − 41 (1964), Heft 12, Seite 426
	42 (1965), Heft 12, Seite 431 − 43 (1966), Heft 12, Seite 425
	44 (1967), Heft 12, Seite 429 − 45 (1968), Heft 12, Seite 416
	46 (1969), Heft 12, Seite 418 − 47 (1970), Heft 12, Seite 403
	48 (1971), Heft 12, Seite 409 − 49 (1972), Heft 12, Seite 405
	50 (1973), Heft 12, Seite 397 − 51 (1974), Heft 12, Seite 420
	52 (1975), Heft 12, Seite 410 − 53 (1976), Heft 12, Seite 397
	54 (1977), Heft 12, Seite 397 − 55 (1978), Heft 12, Seite 406
	56 (1979), Heft 12, Seite 397 − 57 (1980), Heft 12, Seite 397

2 Abhandlungen und Bücher

[1] LANGEJAN, A.: Some aspects of the safety factor in soil mechanics, considered as a problem of probability. Proc. 6. Int. Conf. Soil Mech. Found. Eng. Montreal 1965, Bd. 2, S. 500.

[2] ZLATAREW, K.: Determination of the necessary minimum number of soil samples. Proc. 6. Int. Conf. Soil Mech. Found. Eng. Montreal 1965, Bd. 1, S. 130.

[3] Report of the Sub-Committee on the Penetration Test for Use in Europe, 1977 (Exemplare dieses Berichts sind erhältlich bei: The Secretary General, ISSMFE, Department of Civil Engineering, King's College London Strand, WC 2 R 2 LS, U. K.)

[4] SANGLERAT: The penetrometer and soil exploration. Amsterdam, London, New York − Elsevier Publishing Company 1972.

[5] KREY, H.: Erddruck, Erdwiderstand und Tragfähigkeit des Baugrundes. 5. Aufl., Berlin: Ernst & Sohn 1936 (vergriffen); s. in [9].

JUMIKIS: Active and passive earth pressure coefficient tables. Rutgers, The State University. New Brunswick/New Jersey: Engineering Research Publication (1962) No. 43.

CAQUOT, A., KÉRISEL, J. und ABSI, E: Tables de butée et de poussée. Paris: Gauthier-Villars 1973.

[6] BRINCH HANSEN, J. und LUNDGREN, H.: Hauptprobleme der Bodenmechanik. Berlin: Springer 1960. Zu E 110 siehe Abschn. 5.55, S. 266.

[7] BRINCH HANSEN, J. und HESSNER, J.: Geotekniske Beregninger. Kopenhagen: Teknisk Forlag, 1959, S. 56.
[8] VORLÄUFIGE RICHTLINIEN für das Bauen in Erdbebengebieten des Landes Baden-Württemberg (Nov. 1972). Bekanntmachung des Innenministeriums Nr. V 7115/107 vom 30. 11. 1972.
[9] GRUNDBAU-TASCHENBUCH, 3. Aufl., Teil 2, Berlin/München/Düsseldorf: Ernst & Sohn 1981.
[10] TERZAGHI, K. von und PECK, R.B.: Die Bodenmechanik in der Baupraxis. Berlin/Göttingen/Heidelberg: Springer 1961.
[11] DAVIDENKOFF, R.: Zur Berechnung des hydraulischen Grundbruches. Die Wasserwirtschaft 46 (1956), Heft 9, S. 230.
[12] KASTNER, H.: Über die Standsicherheit von Spundwänden im strömenden Grundwasser. Die Bautechnik 21 (1943), Heft 8 und 9, S. 66.
[13] SAINFLOU, M.: Essai sur les digues maritimes verticales. Annales des Ponts et Chaussées, tome 98 II (1928), übersetzt: Treatise on vertical breakwaters, US Corps of Engineers (1928).
[14] CERC (US Army Coastal Engineering Research Centre). Shore Protection Manual, Washington 1975.
[15] MINIKIN, R.: Wind, Waves and Maritime Structures. London: Charles Griffin & Co. Ltd. 1963.
[16] WALDEN, H. und SCHÄFER, P.J.: Die winderzeugten Meereswellen, Teil II, Flachwasserwellen, H. 1 und 2. Einzelveröffentlichungen des Deutschen Wetterdienstes, Seewetteramt Hamburg, 1969.
[17] SCHÜTTRUMPF, R.: Über die Bestimmung von Bemessungwellen für den Seebau am Beispiel der südlichen Nordsee. Mitteilungen des Franzius-Instituts für Wasserbau und Küsteningenieurwesen der Technischen Universität Hannover, 1973, H. 39.
[18] PARTENSCKY, H.-W.: Auswirkungen der Naturvorgänge im Meer auf die Küsten – Seebauprobleme und Seebautechniken –. Interocean 1970, Band 1.
[19] LONGUET-HIGGINS, M.S.: On the Statistical Distribution of the Heights of Sea Waves. Journal of Marine Research, Vol. XI, No. 3 (1952).
[20] MEHAUTE, B.: An Introduction to Hydrodynamics and Water Waves, Vol. II: Water Waves. US Department of Commerce. ESSA Techn. Report ERL 118 – Pol. 3-2.
[21] WIEGEL, R.L.: Oceanographical Engineering. Prentice Hall Series in Fluid Mechanics, 1964.
[22] SILVESTER, R.: Coastal Engineering. Amsterdam/London/New York. Elsevier Scientific Publishing Company, 1974.
[23] HAGER, M.: Untersuchungen über Mach-Reflexion an senkrechter Wand. Mitteilungen des Franzius-Instituts für Wasserbau und Küsteningenieurwesen der Technischen Universität Hannover, (1975), H. 42.
[24] BERGER, U.: Mach-Reflexion als Diffraktionsproblem. Mitteilungen des Franzius-Instituts für Wasserbau und Küsteningenieurwesen der Technischen Universität Hannover, (1976), H. 44.
[25] BÜSCHING, F.: Über Orbitalgeschwindigkeiten irregulärer Brandungswellen. Mitteilungen des Leichtweiß-Instituts für Wasserbau der Technischen Universität Braunschweig, (1974), H. 41.
[26] SIEFERT, W.: Über den Seegang in Flachwassergebieten. Mitteilungen des Leichtweiß-Instituts für Wasserbau der Technischen Universität Braunschweig, (1974), H. 40.
[27] BATTJES, J.A.: Surf Similarity. Proc. of the 14th International Conference on Coastal Engineering. Copenhagen 1974, Vol. I, 1975.

[28] GALVIN, C.H. Ir.: Wave Breaking in Shallow Water, in Waves on Beaches, New York: Ed. R. E. Meyer, Academic Press. 1972.
[29] FÜHRBÖTER, A.: Einige Ergebnisse aus Naturuntersuchungen in Brandungszonen. Mitteilungen des Leichtweiß-Instituts für Wasserbau der Technischen Universität Braunschweig, (1974), H. 40.
[30] FÜHRBÖTER, A.: Äußere Belastungen von Seedeichen und Deckwerken. Hamburg: Vereinigung der Naßbaggerunternehmungen e.V., 1976.
[31] DANTZIG, D. von: Economic Decision Problems for Flood Prevention. „Econometrica" Vol. 24, Nr. 3, S. 276, New Haven 1956.
[32] REPORT of the DELTA COMMITTEE. Vol. 3 Contribution II. 2, S. 57. The Economic Decision Problems Concerning the Security of the Netherlands against Storm Surges (Dutch Language, Summary in English). Den Haag 1960, Staatsdrukkerij en uitgeversbedrijf.
[33] RICHTLINIEN für die Ausrüstung der Schleusen der Binnenschiffahrtsstraßen. Erlaß des Bundesministers für Verkehr, W 6/52.08.03/129 VA 76 vom 20. Juli 1976, veröffentlicht im Verkehrsblatt des BVM.
[34] EMPFEHLUNGEN für den Bau von Hafenkranen für See- und Binnenhäfen, Ausschuß für Hafenumschlaggeräte (Hebezeuge) der Hafenbautechnischen Gesellschaft e.V. Hansa 108 (1971), Heft 21, S. 2067.
[35] KRANZ, E.: Die Verwendung von Kunststoffmörtel bei der Lagerung von Kranschienen auf Beton. Bauingenieur 46 (1971), Heft 7, S. 251.
[36] DE KONING, J.: Boundary Conditions for the Use of Dredging Equipment. Paper of the Course: Dredging Operation in Coastal Waters and Estuaries, Delft/the Hague, (1968), May.
[37] WOLLIN, G.: Korrosion im Grund- u. Wasserbau. Die Bautechnik 40 (1963), H. 2, S. 37.
[38] BLUM, H.: Einspannungsverhältnisse bei Bohlwerken. Berlin, Ernst & Sohn, 1931.
[39] ROWE, P.W.: Anchored Sheet-Pile Walls. Proc. Inst. Civ. Eng. London 1952, Paper 5788.
[40] ROWE, P.W.: Sheet-Pile Walls at Failure. Proc. Inst. Civ. Eng. London 1956, Paper 6107 und Diskussion hierzu 1957.
[41] ZWECK, H. und DIETRICH, Th.: Die Berechnung verankerter Spundwände in nichtbindigen Böden nach ROWE [39], Mitteilungsblatt der Bundesanstalt für Wasserbau, Karlsruhe 1959, Heft 13.
[42] BRISKE, R.: Erddruckverlagerung bei Spundwandbauwerken. 2. Aufl., Berlin, Ernst & Sohn, 1957.
[43] BRISKE, R.: Anwendung von Erddruckumlagerungen bei Spundwandbauwerken. Die Bautechnik 34 (1957), Heft 7, S. 264, und Heft 10, S. 376.
[44] BRINCH HANSEN, J.: Spundwandberechnungen nach dem Traglastverfahren. Internationaler Baugrundkursus 1961. Mitteilungen aus dem Institut für Verkehrswasserbau, Grundbau und Bodenmechanik der Technischen Hochschule Aachen, Aachen (1962), Heft 25, S. 171.
[45] USERSMANUAL FOR SHEET-PILE/1, Genesys Limited, Lislestreet, Loughborough LE 11 OAY Genesys Nederland, Rijkswaterstaat Dienst Informatieverwerking (1975), Nov., erste Auflage (zweite Auflage in Vorbereitung).
[46] Os, P.J. van: Damwandberekening: computermodel of BLUM. Polytechnisch Tijdschrift, Editie B, 31 (1976), Nr. 6, S. 367–378.
[47] FAGES, R. und BOUYAT, C.: Calcul de rideaux de parois moulées et de palplanches (Modèle mathématique intégrant le comportement irréversible du sol en état élastoplastique. Exemple d'application, Etude de l'influence des paramètres). Travaux (1971), Nr. 439, S. 49–51 und (1971), Nr. 441, S. 38–46.

[48] FAGES, R. und GALLET, M.: Calculations for Sheet Piled or Cast in Situ Diaphragm Walls (Determination of Equilibrium Assuming the Ground to be in an Irreversible Elasto-Plastic State). Civil Engineering and Public Works Review (1973), Dec.
[49] SHERIF, G.: Elastisch eingespannte Bauwerke, Tafeln zur Berechnung nach dem Bettungsmodulverfahren mit variablen Bettungsmoduli. Berlin/München/Düsseldorf: Ernst & Sohn, 1974.
[50] RANKE, A. und OSTERMAYER, H.: Beitrag zur Stabilitätsuntersuchung mehrfach verankerter Baugrubenumschließungen. Die Bautechnik 45 (1968), H. 10, S. 341–350.
[51] LACKNER, E.: Berechnung mehrfach gestützter Spundwände, 3. Aufl. Berlin: Ernst & Sohn, 1950. Siehe auch in [9].
[52] KRANZ, E.: Über die Verankerung von Spundwänden. Berlin: Ernst & Sohn, 1953, 2. Aufl.
[53] ROLLBERG, D.: Bestimmung des Verhaltens von Pfählen aus Sondier- und Rammergebnissen, Forschungsberichte aus Bodenmechanik und Grundbau FBG 4, Techn. Hochschule Aachen, 1976.
[54] ROLLBERG, D.: Bestimmung der Tragfähigkeit und des Rammwiderstands von Pfählen und Sondierungen, Veröffentlichungen des Instituts für Grundbau, Bodenmechanik, Felsmechanik und Verkehrswasserbau der Techn. Hochschule Aachen, 1977, H. 3, S. 43–224.
[55] BEGEMANN, H. K. S. Ph.: The Dutch Static Penetration Test with the Adhesion Jacket Cone (Tension Piles, Positive and Negative Friction, the Electrical Adhesion Jacket Cone), LGM-Mededelingen (1969), Heft 13, No. 1, 4 und 13.
[56] SCHENCK, W.: Verfahren beim Rammen besonders langer, flachgeneigter Schrägpfähle. Bauingenieur 43 (1968), Heft 5.
[57] LEONHARDT, F.: Vorlesungen über Massivbau, 4. Teil, 2. Aufl. Berlin/Heidelberg/New York: Springer 1978.
[58] WEISS, F.: Die Standfestigkeit flüssigkeitsgestützter Erdwände, Bauingenieur-Praxis, Berlin/München/Düsseldorf: Ernst & Sohn, 1967, H. 70.
[59] HAFFEN, M.: „Der Stand der Schlitzwandtechnik", Österreichische Ingenieur-Zeitschrift 16 (1973), H. 10, S. 321.
[60] FEILE, W.: Konstruktion und Bau der Schleuse Regensburg mit Hilfe von Schlitzwänden. Bauingenieur 50 (1975), H. 5, S. 168.
[61] LOERS, G. und PAUSE, H.: Die Schlitzwandbauweise – große und tiefe Baugruben in Städten. Bauingenieur 51 (1976), H. 2, S. 41.
[62] VEDER, Ch.: Beispiele neuzeitlicher Tiefgründungen. Bauingenieur 51 (1976), H. 3, S. 89.
[63] NÖKKENTVED, C.: Berechnung von Pfahlrosten. Berlin: Ernst & Sohn, 1928.
[64] SCHIEL, F.: Statik der Pfahlgründungen. Berlin: Springer 1960.
[65] TECHNISCHE LIEFERBEDINGUNGEN für Wasserbausteine – Ausgabe 1976 – des Bundesministers für Verkehr, Verkehrsblatt, (1976), H. 16, S. 549ff.
[66] UFERSCHUTZWERKE aus Beton, Schriftenreihe der Zementindustrie, Verein deutscher Zementwerke e. V., Düsseldorf, (1971) H. 38.
[67] FINKE, G.: Geböschte Ufer in Binnenhäfen, Zeitschrift für Binnenschiffahrt und Wasserstraßen (1978), Nr. 1, S. 3.
[68] BLUM, H.: Wirtschaftliche Dalbenformen und deren Berechnung. Die Bautechnik 9 (1932), Heft 5, S. 50.
[69] COSTA, F. V.: The Berthing Ship. The Dock and Harbour Authority. Vol. XLV, (1964), Nos 523 to 525.
[70] STAHL-EISEN-WERKSTOFFBLATT 089-70, Schweißbare Feinkornbaustähle, Gütevorschriften. 1. Ausgabe, Juni 1970.

STAHL-EISEN-WERKSTOFFBLATT 088-69, Schweißbare Feinkornbaustähle, Richtlinien für die Verarbeitung. Düsseldorf: Verlag Stahleisen, Oktober 1969, 1. Ausgabe.

[71] ZULÄSSIGKEITSBESCHEID für hochfeste, schweißgeeignete Feinkornbaustähle St E 47 und St E 70. Ausgabe Januar 1974. Institut für Bautechnik, Reichpietschufer 1, D 1000 Berlin 30.

3 Vorschriften

Maßgebend sind die DIN und DS nur in der jeweils gültigen neuesten Fassung.

(T = Teil; Bbl = Beiblatt)

(1) DIN-Normblätter

DIN

120[1])	T 1	Berechnungsgrundlagen für Stahlbauteile von Kranen und Kranbahnen
488	T 1	Betonstahl; Begriffe, Eigenschaften, Werkkennzeichen
1 045		Beton und Stahlbeton; Bemessung und Ausführung
1 048	T 1	Prüfverfahren für Beton; Frischbeton, Festbeton gesondert hergestellter Probekörper
1 052	T 1	Holzbauwerke; Berechnung und Ausführung
1 054		Baugrund; Zulässige Belastung des Baugrunds
	Bbl	–; –, Erläuterungen
1 055	T 1	Lastannahmen für Bauten; Lagerstoffe, Baustoffe und Bauteile, Eigenlasten und Reibungswinkel
	T 2	–; Bodenkenngrößen, Wichte, Reibungswinkel, Kohäsion, Wandreibungswinkel
	T 3	–; Verkehrslasten
1 072		Straßen- und Wegebrücken; Lastannahmen
	Bbl	–; –, Erläuterungen
1 075		Massive Brücken; Berechnungsgrundlagen
1 080	T 1	Begriffe, Formelzeichen und Einheiten im Bauingenieurwesen; Grundlagen
	T 6	–; Bodenmechanik und Grundbau
1 084	T 1	Überwachung (Güteüberwachung) im Beton- und Stahlbetonbau; Beton B II auf Baustellen
1 164	T 1	Portland-, Eisenportland-, Hochofen- und Traßzement; Begriffe, Bestandteile, Anforderungen, Lieferung
1 301	T 1	Einheiten, Einheitennamen, Einheitenzeichen
1 681		Stahlguß für allgemeine Verwendungszwecke; Gütevorschriften
1 913	T 1	Stabelektroden für das Verbindungsschweißen von Stahl, unlegiert und niedriglegiert; Einteilung, Bezeichnung, technische Lieferbedingungen
4 014	T 1	Bohrpfähle, herkömmlicher Bauart; Herstellung, Bemessung und zulässige Belastung
4 015		Bodenmechanik und Grundbau; Fachausdrücke, Formelzeichen

[1]) DIN 120, Teil 1 ist nur noch gültig bis die in Arbeit befindliche DIN 15019 T 1 verabschiedet ist.

DIN		
4016		Baugrund; Berechnung des Erddrucks für Grundbauwerke
4017	T 1	Baugrund; Grundbruchberechnungen von lotrecht mittig belasteten Flachgründungen, Erläuterungen und Berechnungsbeispiele
	Bbl 1	
	T 2	–; Grundbruchberechnungen von schräg und außermittig belasteten Flachgründungen, Erläuterungen und Berechnungsbeispiele
	Bbl 1	
4021	T 1	Baugrund; Erkundung durch Schürfe und Bohrungen sowie Entnahme von Proben, Aufschlüsse im Boden
	T 2	–; –, Aufschlüsse im Fels
	T 3	–; –, Aufschluß der Wasserverhältnisse
4022	T 1	Baugrund und Grundwasser; Benennen und Beschreiben von Bodenarten und Fels, Schichtenverzeichnis für Untersuchungen und Bohrungen ohne durchgehende Gewinnung von gekernten Proben
4023		Baugrund und Wasserbohrungen; Zeichnerische Darstellung der Ergebnisse
4026	T 1	Rammpfähle, Herstellung, Bemessung und zulässige Belastung
	Bbl	–; –, Erläuterungen
4030		Beurteilung betonangreifender Wässer, Böden und Gase
4049	T 1	Gewässerkunde; Fachausdrücke und Begriffsbestimmungen, Teil I: quantitativ
	T 2	–; –, Teil II: qualitativ
4054		Verkehrswasserbau; Begriffe
4084	T 1	Baugrund; Standsicherheitsberechnung bei Stützbauwerken, zur Verhinderung von Geländebruch
	T 2	–; Standsicherheitsberechnung bei Böschungen, zur Verhinderung von Böschungsbruch
4094	T 1	Baugrund; Ramm- und Drucksondiergeräte, Maße und Arbeitsweise der Geräte
	T 2	–; –, Hinweise für die Anwendung
4096		Baugrund; Flügelsondierung, Abmessungen des Gerätes, Arbeitsweise
4099	T 1	Schweißen von Betonstahl; Anforderungen und Prüfungen
4100		Geschweißte Stahlbauten mit vorwiegend ruhender Belastung; Berechnung und bauliche Durchbildung
	Bbl 1	–; Nachweis der Befähigung zum Schweißen von Stahlbauten, Großer Befähigungsnachweis
	Bbl 2	–; Nachweis der Befähigung zum Schweißen von einfachen Stahlbauten mit vorwiegend ruhender Belastung, Kleiner Befähigungsnachweis
4114	T 1	Stahlbau; Stabilitätsfälle (Knickung, Kippung, Beulung), Berechnungsgrundlagen, Vorschriften
4125	T 1	Erd- und Felsanker; Verpreßanker für vorübergehende Zwecke im Lockergestein, Bemessung, Ausführung und Prüfung
	T 2	–; Verpreßanker für dauernde Verankerung (Daueranker) im Lockergestein, Bemessung, Ausführung und Prüfung
4126	T 1	Schlitzwände; Ortbeton-Schlitzwände, Konstruktion und Ausführung
4127		Tone zur Herstellung stützender Flüssigkeiten für Schlitzwände; Anforderung, Prüfverfahren, Güteüberwachung
4132		Kranbahnen; Stahltragwerke, Grundsätze für Berechnung, bauliche Durchbildung und Ausführung
4149	T 1	Bauten in deutschen Erdbebengebieten; Richtlinien für Bemessung und Ausführung üblicher Hochbauten

DIN		
4207		Mischbinder
4226		Zuschlag für Beton; Teil 1–3
4227	T 1	Spannbeton; Bauteile aus Normalbeton mit beschränkter oder voller Vorspannung
	T 5	–; Einpressen von Zementmörtel in Spannkanäle
4301		Hochofenschlacke und Metallhüttenschlacke für Straßenbau; Technische Lieferbedingungen
5901	T 1	Schienen bis 20 kg/m
8563	T 1	Sicherung der Güte von Schweißarbeiten; Allgemeine Grundsätze
	T 2	–; Anforderungen an den Betrieb
	T 3	–; Schmelzschweißverbindungen an Stahl, Anforderungen, Bewertungsgruppen
15018	T 1	Krane; Grundsätze für Stahltragwerke, Berechnung
	T 2	–; Stahltragwerke, Grundsätze für die bauliche Durchbildung und Ausführung
15019	T 1	Krane; Standsicherheit. Alle Krane außer gleislosen Fahrzeugkranen ohne Turm und außer Schwimmkranen (zur Zeit Entwurf)
17100		Allgemeine Baustähle; Gütenorm
18121	T 1	Baugrund; Untersuchung von Bodenproben, Wassergehalt, Bestimmung durch Ofentrocknung
18122	T 1	Baugrund; Untersuchung von Bodenproben, Zustandsgrenzen (Konsistenzgrenzen), Bestimmung der Fließ- und Ausrollgrenze
18123		Baugrund; Untersuchung von Bodenproben, Korngrößenverteilung
18124	T 1	Baugrund; Untersuchung von Bodenproben, Bestimmung der Korndichte mit dem Kapillarpyknometer
18125	T 1	Baugrund; Untersuchung von Bodenproben, Bestimmung der Dichte des Bodens, Labormethoden
	T 2	–; –, –, Feldmethoden
18126		Baugrund; Untersuchung von Bodenproben, Bestimmung der Dichte nichtbindiger Böden bei lockerster und dichtester Lagerung
18127		Baugrund; Untersuchung von Bodenproben, Proctorversuch
18134		Baugrund; Untersuchung von Böden, Plattendruckversuch
18136		Baugrund; Untersuchung von Bodenproben, Bestimmung der einaxialen Druckfestigkeit
18137	T 1	Baugrund; Untersuchung von Bodenproben, Bestimmung der Scherfestigkeit, Begriffe und grundsätzliche Versuchsbedingungen
18196		Erdbau; Bodenklassifikation für bautechnische Zwecke und Methoden zum Erkennen von Bodengruppen
18304		VOB Verdingungsordnung für Bauleistungen, Teil C: Allgemeine Technische Vorschriften für Bauleistungen, Rammarbeiten
19702		Berechnung der Standsicherheit von Wasserbauten; Richtlinien
19703		Binnenschiffsschleusen; Richtlinien für die Ausrüstung
50049	Bbl 1	Bescheinigungen über Werkstoffprüfungen; Vorschläge zur Gestaltung von Bescheinigungen
50114		Prüfung metallischer Werkstoffe; Zugversuch ohne Feindehnungsmessung an Blechen, Bändern oder Streifen mit einer Dicke unter 3 mm
50145		Prüfung metallischer Werkstoffe; Zugversuch
51043		Traß; Anforderungen, Prüfung

DIN		
53 504		Prüfung von Elastomeren; Bestimmung von Reißfestigkeit, Zugfestigkeit, Reißdehnung und Spannungswerten im Zugversuch
53 505		Prüfung von Elastomeren; Härteprüfung nach Shore A und D
53 507		Prüfung von Elastomeren; Bestimmung des Weiterreißwiderstandes, Streifenprobe
53 508		Prüfung von Elastomeren; Künstliche Alterung
53 509	T 1	Prüfung von Kautschuk und Elastomeren; Beschleunigte Alterung von Elastomeren unter Einwirkung von Ozon, Statische Beanspruchung
53 516		Prüfung von Kautschuk und Elastomeren; Bestimmung des Abriebs
55 302	T 1	Statistische Auswertungsverfahren; Häufigkeitsverteilung, Mittelwert und Streuung, Grundbegriffe und allgemeine Rechenverfahren
	T 2	–; –, –, Rechenverfahren in Sonderfällen
86 076		Elastomer-Dichtungsplatten, meerwasserbeständig, ölbeständig; Maße, Anforderungen, Prüfung

(2) DS der DB (Dienstvorschriften der Deutschen Bundesbahn)

DS	
804	(Vorausgabe) Vorschrift für Eisenbahnbrücken und sonstige Ingenieurbauwerke (VEI)

D Zeichenerklärung

Im folgenden sind nur die in den Formeln und Bildern verwendeten Formelzeichen und Abkürzungen aufgeführt, die im Text nicht besonders erläutert worden sind. Sie entsprechen soweit möglich den DIN 1080 und DIN 4015. Die Einheiten sind nach DIN 1301 angegeben. Bisherige Formelzeichen und Fachausdrücke stehen in Klammern hinter den Begriffsbestimmungen. Die Bezeichnungen der Wasserstände entsprechen DIN 4049 und DIN 4054.

Zeichen	Begriffsbestimmung	Einheit	enthalten in Abschnitt
mögl A	mögliche Ankerkraft	MN/m[1])	8.4.9
vorh A	vorhandene Ankerkraft	MN/m	9.5.3
C	Chemisches Zeichen für Kohlenstoff	–	8.1.7.3
C'	Gesamtkohäsion in der tiefen Gleitfuge im konsolidierten Zustand	MN/m	8.4.9.2
C'_1	C' im Bereich 1	MN/m	8.4.9.3
C_u	Gesamtkohäsion in der tiefen Gleitfuge im nicht konsolidierten Zustand	MN/m	8.4.9.2
E_a	aktiver Erddruck	MN/m	8.4.9, 11.2
E_p	passiver Erddruck (Erdwiderstand)	MN/m	11.2
E_1	Erddruck auf die Ankerwand bzw. die Ersatz-Ankerwand	MN/m	8.4.9, 9.5.3
G_a	wirksames Gewicht des Erdkörpers über der Erddruck-Gleitfuge	MN/m	8.4.9
G	wirksames Gewicht des gesamten Bodenkörpers über der tiefen Gleitfuge	MN/m	8.4.9
$G_{1,2}$	wirksame Gewichte der Bodenkörper 1 und 2 über der tiefen Gleitfuge	MN/m	8.4.9
GS-52.3	Stahlguß nach DIN 1681 (Bild 132)	–	8.4.14
K_a	Erddruckbeiwert (λ_a)	–	2.6.2
K_{ah}	waagerechter Erddruckbeiwert (λ_{ah})	–	2.9.3.3
K_o	Erdruhedruckbeiwert (λ_o)	–	10.4.3
K_p	Erdwiderstandsbeiwert (λ_p)	–	8.2.7
Mn	Chemisches Zeichen für Mangan	–	8.1.6.3
N	Newton: $1\,N = \dfrac{kg}{g} = \dfrac{kg}{9,81}$ $= 0,1015\,kg \approx 0,1\,kg$		
kN	Kilonewton $= 10^3\,N \cong 0,1\,t$		
MN	Meganewton $= 10^6\,N \cong 100\,t$		

---

[1]) 1 MN siehe N

Zeichen	Begriffsbestimmung	Einheit	enthalten in Abschnitt
P	Chemisches Zeichen für Phosphor	–	8.1.6.3
$P_{1...n}$	Pfahlkrafteinflüsse zur Berechnung des Erddruckes auf Spundwände vor Pfahlrostmauern	MN/m	11.2
Q	Bodenreaktion	MN/m	11.2
Q_a	Bodenreaktion in der Erddruckgleitfuge	MN/m	8.4.9, 11.2
$Q_{1,2}$	Bodenreaktionen in der tiefen Gleitfuge für die Bodenkörper 1 und 2	MN/m	8.4.9
S	Chemisches Zeichen für Schwefel	–	8.1.6.3
Si	Chemisches Zeichen für Silizium	–	8.1.6.3
a	halber mittlerer Tidehub (Bild 25)	m	4.2
b	halbe Höhendifferenz zwischen NNTnw und MSpTnw	m	4.2
c'	wirksame Kohäsion im konsolidierten Zustand	kN/m^2 [1]	1.4, 1.6, 8.4.9
c'_1	c' im Abschnitt 1	kN/m^2	8.4.9.3
c_u	Scherfestigkeit aus unentwässerten Versuchen an wassergesättigten bindigen Bodenproben	kN/m^2	1.3, 1.6, 8.4.9
cal c'	Rechenwert der Kohäsion entsprechend cal φ	kN/m^2	1.6.1.2, 1.10
cal c_u	Rechenwert der Scherfestigkeit aus unentwässerten Versuchen bei wassergesättigten bindigen Böden	kN/m^2	1.6.1.2, 1.10
cal φ'	Rechenwert des inneren Reibungswinkels bei bindigen und bei nichtbindigen Böden	Grad	siehe φ'
e_u	Ordinate des unabgeschirmten Erddruckes	MN/m^2	11.2
g_n	Normalfallbeschleunigung = 9,80665 m/s²	m/s²	2.9
$h_{wü}$	hydrostatische Überdruckhöhe,	m	2.5, 4.2, 11.2
$h_{wü} \cdot \gamma_w$	artesischer Überdruck	m	2.5, 4.2, 11.2
$h_{wü\,1,2} \cdot \gamma_w$	Wasserüberdruck für die Gleitfuge der Bezugsebene 1 bzw. 2	m	4.3.2
k_h	Erschütterungszahl	–	2.9
l	Länge der tiefen Gleitfuge	m	8.4.9
q	Belastung je lfd. m Gurt	MN/m	8.4.2.4
t_o	rechnerische Rammtiefe bis zur Wirkungslinie der Ersatzkraft C	m	13.1
ΣH	Summe der waagerechten Lasten bzw. Kräfte	MN/m	2.9.1.5, 13.1.4
ΣV	Summe der lotrechten Lasten bzw. Kräfte	MN/m	1.7.2, 8.2.3, 8.2.7, 8.4.10, 13.1.3
γ	Sicherheitsbeiwert für Stahlbeton	–	2.9.6, 10.4.2
γ_w	Wichte des Wassers	kN/m^3	2.5.1, 2.8.2, 2.8.3, 2.9.3, 4.2
δ_a	Wandreibungswinkel des Erddrucks	Grad	8.2.3, 8.2.7.1, 11.2
δ_p	Wandreibungswinkel des Erdwiderstands	Grad	8.2.3, 8.2.7, 11.2
η	Sicherheitsgrad, Sicherheitsbeiwert	–	1.6, 8.4.9

[1]) kN siehe unter N

Zeichen	Begriffsbestimmung	Einheit	enthalten in Abschnitt
erf η	erforderlicher Sicherheitsgrad	–	9.1
ϑ_a	Neigungswinkel der Erddruck-Gleitfuge	Grad	8.4.9, 11.2.2
ϑ_p	Neigungswinkel der Erd-widerstand-Gleitfuge	Grad	2.8.1, 2.8.2, 2.8.3
ϱ_w	Dichte des Wassers	t/m³	5.1.3
φ'	Winkel der inneren Reibung bei bindigen und bei nichtbindigen Böden (ϱ, ϱ')	Grad	1.3, 1.4, 1.5, 1.6, 1.10, 2.6, 2.8.1, 8.2.3,
φ'_1, φ'_2	Innerer Reibungswinkel in Abschnitt 1 und 2 der tiefen Gleitfuge (ϱ_1, ϱ_2)	Grad	8.2.7, 8.4.2, 8.4.9, 10.4.3, 11.2, 13.1.4

Wasserstandszeichen

Zeichen	Begriffsbestimmung
	Wasserstände ohne Tide
GrW	Grundwasserstand
HaW	Normaler Hafenwasserstand
NNHaW	Niedrigster Hafenwasserstand
HHW	Höchster Hochwasserstand
HW	Hochwasserstand
MW	Mittelwasserstand
NW	Niedrigwasserstand
NNW	Niedrigster Niedrigwasserstand
HSW	Höchster Schiffahrtswasserstand
	Wasserstände mit Tide
HHThw	Allerhöchster Tidehochwasserstand
MThw	Mittlerer Tidehochwasserstand
MTnw	Mittlerer Tideniedrigwasserstand
MSpTnw	Mittlerer Springtideniedrigwasserstand = SkN
NNTnw	Allerniedrigster Tideniedrigwasserstand
SKN	Seekartennull

E   Stichwortverzeichnis

Dieses Stichwortverzeichnis enthält nur Stichworte aus dem Kapitel A: „Veröffentlichte Empfehlungen", jedoch nicht aus dem Kapitel B: „Weiteres Arbeitsprogramm".

A

	Abschnitt
Abfall des Kanalwasserspiegels	6.5
Abminderung des Einspann- bzw. des Feldmoments	8.2.1
Abnahmebedingungen für Fenderelastomer (Fendergummi)	6.18
Abreißpoller	5.8
Abschergeschwindigkeit, Abscherzeit	1.4.1.1, 1.4.1.2
Anfangsfestigkeit	1.10
Anfangsporenzahl e_A	1.5
Ankeranschlußhöhe	8.4.7
Ankerflügelpfähle	9.3.1, 9.3.2
Ankerkraft, Erhöhung der	8.2.1
Ankerplatte, Ankerwand	8.4.8
Ankerpfähle, Anschluß an Spundwandbauwerke	8.4.15
Ankerpfähle, flach geneigte, gerammte	8.4.3, 9.3
Ankerpfähle, gerammte verpreßte	9.4
Ankerpfähle, waagerechte oder geneigte, gebohrte	9.5
Ankerpfähle, Grenzzuglast	9.2
Ankerpfähle, Verankerungssicherheit	9.1
Ankerpunktverschiebung	8.2.2
Ankerwand, im Boden eingespannt	8.4.9.4
Ankerwand, im Boden frei aufgelagert	8.4.7
Ankerwand, schwimmend (Bild 126)	8.4.11
Ankerwand, Standsicherheitsnachweis in der tiefen Gleitfuge	8.4.9, 8.4.10
Ankerwand, zul. Spannungen	8.2.4.2
Ankerwände bei Kaimauerecken	8.4.12
Ankerwände, Staffelung	8.2.10
Anker, zul. Spannungen	8.2.4.3
Anlegedalben aus hochfesten, schweißbaren Baustählen	13.4
Anlegedalben, Berechnung von Bündeldalben	13.1
Anlegedalben, Federkonstante bei	13.2
Anlegedruck von Schiffen	5.2
Anlegegeschwindigkeit von Schiffen	5.3
Anschluß von Stahlankerpfählen	8.4.15
Äquipotentiallinien	4.8
Arbeitsfugen	10.2.4
Arbeitsvermögen bei Dalben und Fenderungen	13.2, 13.3
Artesischer Druck, Entlastung	4.7

                                                                    Abschnitt
Artesisches Grundwasser 2.5
Aufbruch des Verankerungsbodens, Sicherheit gegen 8.4.10
Aufgelöste Wände 8.1.3.2
Auflager-Gelenke 8.4.14
Auflasten bei Spundwänden 8.2.9
Auflasten bei Ufermauern 5.5
Auflasten, Verteilungsbreite 5.5.4
Aufspülen von Hafengelände hinter Ufereinfassungen 7.4
Aufspültoleranzen 7.3
Ausführungsentwürfe, Bodenwerte 1.11
Ausrüstung von Großschiffsliegeplätzen 6.10
Ausrüstung von Ufereinfassungen 6

B

Baggerarbeiten in Seehäfen 7.1
Baggergeräte 7.3, 7.6
Baggergrubensohle bei Bodenersatz 7.9
Baggern von Unterwasserböschungen 7.6
Baggertoleranzen 6.7, 6.8, 7.1, 7.3
Baggerung vor Ufermauern 6.8, 7.1
Baublocklänge 5.8, 10.1.5
Baublockverzahnung 10.1.5
Baugrubenumschließungen, Fangedämme als 8.3.1, 8.3.1.4
Baugrunduntersuchungen, Berichte und Gutachten 1.1
Baukosten bei Spundwandbauwerken 8.1.11
Baustoffe der Spundwand 8.1.5, 8.1.6
Beanspruchungen, dynamische, bei Stahlspundwänden 8.2.4
Bedingung $\Sigma V = 0$ 8.2.3.3, 8.2.7.1, 8.2.9.5, 13.1.3
Belastung der Ufereinfassungen 5
Bemessungswelle 5.7
Bemessung von Bauteilen aus Stahlbeton bei Ufereinfassungen 10.2.3
Berechnungen, statische 0.1
Bergsenkungsgebiete, Ufereinfassungen in 8.1.23
Bericht zu Baugrunduntersuchungen 1.1
Beruhigte Stähle bei Stahlspundwänden 8.1.6.1, 8.1.18, 8.1.20.2, 8.2.4
Betonüberdeckung der tragenden Bewehrungsstähle 8.1.2.3, 10.2.3
Betonzusammensetzung bei Stahlbetonspundwänden 8.1.2.2
Betonzusammensetzung bei Ufermauern im Seewasser 10.1.1
Bettungsmodul 6.21.1
Bewegungsfugen 10.1.5
Bildsamkeit 1.4.1.1
Bindiger Boden, Kohäsion (Bodenwerte) 1.10, 2.1
Bindige, nicht- bzw. teilkonsolidierte Böden, Erddruckermittlung 2.6
Bindige, nicht konsolidierte Böden, Spundwandausbildung 8.2.13
Bindige, nicht konsolidierte Böden, Spundwandverankerung 8.4.11
Binnenhäfen, Ausbildung der Umschlagböschungen 12.1
Binnenhäfen, Ausbildung und Belastung von Pollern und Festmacheringen ... 5.10
Binnenhäfen, Ausrüstung und Querschnittsgrundmaße von
   Ufereinfassungen in 6.3

Abschnitt

Binnenhäfen, Fenderungen in	6.16
Binnenhäfen, teilgeböschter Uferausbau	6.6
Binnenkanälen, Ausbildung der Ufer von Umschlaghäfen an	6.4, 6.5
Binnenschiffe, Abmessungen	5.1.2
Blockbauweise bei Kaimauern	10.6, 10.7
Blockbauweise in Erdbebengebieten	10.7
Bodenaufschlüsse, Bodenuntersuchungen	1
Bodenersatz für Ufereinfassungen	2.7, 7.9
Bodenverflüssigung	8.2.15.1
Bodenwerte für Ausführungsentwürfe	1.11
Bodenwerte, mittlere, für Vorentwürfe	1.10
Böschungen an Flußhäfen	12.1
Böschungen in Seehäfen	12.2
Böschungen unter Ufermauerüberbauten hinter Spundwänden	12.3
Bohrlochabstand	1.2.1, 1.2.3
Bohrmuschel	8.1.1.7
Bohrungen und Bohrtiefen, Anordnung	1.2
Bohrpfahl, Bohrpfahlwand	10.10
Bruchscherfestigkeit	1.9
Bruchsteinpackungen auf Böschungen	12.1.1
Brunnen, offene	10.8
Bruttoregistertonnen	5.1, 5.8
Bügelbewehrung bei Stahlbetonspundwänden (Bild 85)	8.1.2
Bündeldalben, Berechnung elastischer	13.1
Bundpfahl bei Holzspundbohlen (Bild 84)	8.1.1.3
Buschhängefender (Bild 57)	6.15

C

CD-Versuch	1.4, 1.4.1.1
Containerkrane	5.11
CULMANN-Prüflinien zur Ermittlung von Erddruck aus Pfahlkräften (Bilder 150, 151)	11.2.2
CU-Versuch	1.4, 1.4.1.2
c_u-Werte, Ermittlung (Bild 3)	1.3.3

D

Dalben	13.1, 13.2, 13.3, 13.4
DARCYsches Gesetz	4.8
Dauerfestigkeit	13.4.4
Dauerschwingfestigkeit	13.4.4
Deadweight-tons	5.1
Deckschicht in Hafenböschungen (Bild 152)	12.1.1
Deckwerk für Böschungen in Seehäfen	12.3
Dehnungsfugen	8.4.5.4, 10.1.5
Dichte des Wassers	5.1.3
Dichtung von Holzspundwänden	8.1.1.5
Dichtung von Stahlbetonspundwänden	8.1.2.7
Dichtung von Stahlspundwänden, bzw. Spundwandschlössern	8.1.22

	Abschnitt
Diffraktion bei Wellen	5.7
Direkter Scherversuch	1.3.2, 1.4.2
Dränagen, senkrechte	7.8
Dreiaxialer Scherversuch	1.3.2, 1.4.1, 1.5.2
Druckbelastung von Spundwänden	8.2.9.2
Druckgrenzlast bei Spundwänden	8.2.9.3
Druckgurt	8.3.2, 8.4.1.1, 8.4.12.3
Druckluft-Senkkästen als Ufereinfassungen	10.5
Druck-Verformungsdiagramm (Bild 5)	1.4
Durchlaufentwässerung bei Spundwandbauwerken	4.4
Dynamische Beanspruchungen	8.2.5, 13.4.4

E

EDV-Berechnungen	0.1, 0.2
Eichenbuschwalzen bei Fenderungen (Bild 57)	6.15.2
Einbindetiefe bei Ankerwänden	8.2.11
Einbindetiefe bei Stahlspundwänden	8.2.8
Einbringen von Holzspundbohlen	8.1.1.4
Einbringen von Stahlbetonspundbohlen	8.1.2.6
Eingespannte Wand	8.2.1, 8.2.8
Einrammen wellenförmiger Stahlspundbohlen	8.1.14
Einrammen, schallarmes	8.1.17
Einrütteln nichtbindiger Böden	1.8
Einrütteln von gemischten Stahlspundwänden	8.1.16
Einspannmoment, Verminderungen des	8.2.1
Einspülen	7.4
Elastomer, Fender und Puffer aus	6.17, 6.18
Elektronische Berechnungen	0.1, 0.2
Endfestigkeit	1.10
Endstandsicherheit	1.4
Entlastung des artesischen Druckes	4.7
Entwässerter Versuch, konsolidierter	1.4, 1.4.1.1
Entwässerung bei Spundwänden	4.2, 4.4, 4.5, 4.6
Erdbeben, Auswirkungen von	2.9, 10.7, 10.9, 11.4
Erddruck auf Spundwände vor Pfahlrostmauern	11.2
Erddruck bei Ufereinfassungen mit Bodenersatz	2.7.2
Erddruck und Erdwiderstand	1.9.3, 2
Erddruckermittlung bei wassergesättigten, nicht- bzw. teilkonsolidierten weichen bindigen Böden	2.6
Erddruckumlagerung bei Standsicherheitsnachweis in der tiefen Gleitfuge	8.4.9.5
Erddruckumlagerung, Berücksichtigung bei Spundwandberechnung	8.2.1, 8.2.2, 8.2.4.1
Erdruhedruck	10.4.3
Erdwiderstandsverlauf, resultierender (Bild 94)	8.2.7
Ermittlung der c_u-Werte (Bild 3)	1.3.3
Erosionsgrundbruch	3.3
Ersatz-Ankerwand (Bild 140)	9.5.3
Ersatzkraft (Bild 94)	8.2.7

Abschnitt

F

Fangedämme	8.3.1, 8.3.2
Fäulnisgrenze bei Holzspundwänden	8.1.1.6
Federkonstante bei Dalben und Fenderungen	13.2
Feinkornbaustähle	13.4.2
Feldmoment, Verringerung des	8.2.1
Feldversuche	1.3.1
Fels, Rammen von Stahlspundbohlen in	8.2.12
Fender-Elastomer (Fendergummi)	6.17, 6.18, 6.19
Fenderkonstruktionen	6.14, 6.15, 6.16, 6.17
Fenderungen, Berechnung von	13.2
Fenderungen für Großschiffsliegeplätze (Buschhängefender)	6.15
Fenderungen in Binnenhäfen	6.16
Festmachering	5.10, 6.11
Festmacheeinrichtungen	6.3.2
Festpunktblöcke bei Kastenfangedämmen	8.3.2
Filter	4.4, 4.5, 4.7
Flachzellen	8.3.1.2
Fließgelenke	8.4.15.2
Flügelpfähle	9.3.1, 9.3.2
Flügelsonden, Flügelsondenversuch	1.3.1.1, 1.3.2.2
Flußhäfen, Ausbildung der Uferböschung	12.1
Fugen bei Ufermauern aus Beton und Stahlbeton	10.1.5
Fugendichtung bei Stahlbetonspundwänden	8.1.2.7

G

Gauss-Verfahren	1.6.1
Gefügewiderstand	1.5.1
Gegenmaßnahmen bei Korrosion	8.1.9
Geländer bei Treppen in Seehäfen	6.13.4
Gelenkige Auflagerung von Ufermauerüberbauten auf Stahlspundwänden	8.4.14
Gelenkkonstruktion für den Ankeranschluß	8.2.4
Gelenkscheibe	8.4.15
Gemischte (kombinierte) Stahlspundwände	8.1.3, 8.2.8
Gemischte Stahlspundwände, Einbringen durch Tiefenrüttler	8.1.16
Gemischte Stahlspundwände, Rammen von	8.1.15
Gerammte, geneigte Ankerpfähle	8.4.3, 9.3
Gerammte, verpreßte Ankerpfähle	9.4
Gestaffelte Ausbildung von Ankerwänden	8.2.11
Gestaffelte Einbindetiefe bei Stahlspundwänden	8.2.8
Gleitfuge, tiefe (Bilder 123, 124, 125)	8.4.9
Gleitscherfestigkeit	1.9
Gleitsicherung bei Druckluft-Senkkästen, offenen Senkkästen und Schwimmkästen	10.4, 10.5, 10.8
Gleitwinkel	1.4.3
Gratspundung bei Holzspundbohlen (Bild 84)	8.1.1
Grenzlastmantelreibung bei gerammten, verpreßten Ankerpfählen und bei Spundwänden	9.4

	Abschnitt
Grenzzuglast der Ankerpfähle	9.2, 9.3, 9.4
Grenzlastspitzenwiderstand bei Spundwänden und Pfählen	8.2.9.3
Grundbruch, hydraulischer	3.2
Grundbruchsicherheit bei Fangedämmen	8.3.1.3, 8.3.2.2
Gründung von Kranbahnen	6.20
Grundwasser, artesisches	2.5
Grundwasserstand, mittlerer, in Tidegebieten	4.1
Grundwasser-Strömungsnetze, Entwurf	2.8, 3.2, 4.8
Grundwerte eines Scherparameters	1.6.1
Gummilager, Elastomerlager, Bemessung	6.19.2
Gurtbolzen	8.2.4.3, 8.4.1.3, 8.4.2.4
Gurte bei vorspringenden Kaimauerecken	8.4.12
Gurte, Spundwand- aus Stahlbeton	8.4.3
Gurte, Stahlspundwand-, Ausbildung und Berechnung	8.4.1, 8.4.2
Gurte, zul Spannungen	8.2.4.2
Gurtstöße	8.4.1.2
Gutachten über Baugrunduntersuchungen	1.1
Gütevorschriften für Stähle von Stahlspundbohlen	8.1.6

H

Hafenkrane, Querschnittsgrundmaße	6.1
Hafensohle, Solltiefe	6.7
Halbportalkrane	5.9.1.3
Haltekreuze	6.11, 6.13.5
Hartbetonüberzug	10.1.4
Hauptbohrungen, Anordnung	1.2.1
Hauptverankerung	8.4.8
Hilfsverankerung	8.4.8
Hinterfüllen von Ufereinfassungen durch Aufspülen	7.4
Hinterfüllen von Ufereinfassungen im Trockenen	7.5.2
Hinterfüllen von Ufereinfassungen unter Wasser	7.5.3
Hochfeste, schweißbare Baustähle bei Dalben	13.4
Höhe des Ankeranschlusses	8.4.7
Holme, zul Spannungen	8.2.4.2
Holmgurt	8.4.4.2
Holzspundwände	8.1.1
Holzspundwände, zul Spannungen	8.2.4.1
Hydraulischer Grundbruch	3.2

I

Inspektion bei Stahlspundbohlen	8.1.8

K

Kaimauerecken	8.4.12, 8.4.13
Kaimauern in Blockbauweise	10.6, 10.7
Kaimauern in offener Senkkastenbauweise	10.8, 10.9
Kantenpoller	6.1
Kantenschutz	8.4.6, 10.1.3

                                                                    Abschnitt
Kapillarspannung 1.5.1
Kastenfangedämme 8.3.2
Kastenschergerät 1.4, 1.5.2
Keilbohlen (Bild 89) 8.1.14.4
Keilspundung bei Holzspundbohlen (Bild 84) 8.1.1
Kiesfilter, Kiesbelagfilter 4.4, 4.5, 4.7
Knicklast bei Spundwänden 8.2.5
Kohäsion bei bindigem Boden 1.10, 2.1
Kohäsion c′, wirksame 1.4.1.1, 1.4.2.2
Kohäsion, scheinbare, im Sand 1.5.1, 2.2
Kohäsion, Standsicherheitsnachweis in der tiefen Gleitfuge bei 8.4.9.2
Kolkbildung und Kolksicherung vor Ufereinfassungen 7.7.1, 7.7.2
Kombinierte (gemischte) Stahlspundwand 8.1.3, 8.1.15, 8.1.16, 8.2.8
Konsolidierung weicher bindiger Böden 7.8
Korngruppen der Filter 4.4, 4.5
Korrosion bei Stahlspundwänden 8.1.9
Kostenanteile eines Stahlspundwandbauwerkes 8.1.11
Kranbahnen, Gründung von 6.20
Kranlasten straßengebundener Krane 5.5.5
Kranlasten von Containerkranen (Bild 45) 5.11.2
Kranlasten von Stückgutkranen (Bild 44) 5.11.1.4
Kranschiene, wasserseitige 6.1
Kranschienen, Auflagerung (Bilder 68–74) 6.21, 6.22
Kupferzusatz bei Stahlspundwänden 8.1.9.6

L

Laborversuch 1.3.2
Lagerpressung, mittlere, bei Elastomerlagern 6.19.3.1
Lagerung von Kranschienen (Bilder 68–74) 6.21, 6.22
Lagerungsdichte, Nachprüfung und Untersuchung der 1.5.1, 1.7, 7.5.2
Längskräfte in der Spundwand, in den Stahlgurten 8.2.10
Lastangaben für Containerkrane (Bild 45) 5.11.2
Lastangaben für Stückgutkrane (Bild 44) 5.11.1.4
Lasten auf Rammgerüste 8.1.19
Lastfall 1, 2 und 3 . . . . 5.4.1, 5.4.2, 5.4.3
Lastfälle bei Ufereinfassungen 5.4, 8.2.4.1
Laufschienen, auf Beton geklebte 6.22
Lebensdauer der Ufereinfassungen 14.1
Leinpfad bei Ufermauern für Seeschiffe 6.1
Leitern 6.11, 6.12
Leitpfähle 6.6
Lieferbedingungen für Stahlspundbohlen, technische 8.1.8

M

Mantelreibung, Grenzlast bei gerammten, verpreßten Ankerpfählen 9.4
Maßangaben für Containerkrane (Bild 45) 5.11.2
Maßangaben für Stückgutkrane (Bild 44) 5.11.1.4
Mischkiesfilter 4.4, 4.5

                                                                          Abschnitt
Mohrscher Spannungskreis (Bilder 6 u. 8) 1.4, 1.4.1.1, 1.5.1
Molen, geschüttete 7.11
Momentenabminderung bei Spundwandberechnung, zulässige 8.2.1, 8.2.4.1
Momenteneinflüsse bei Standsicherheitsuntersuchungen in der tiefen Gleitfuge . 8.4.9.3

N

Negativer Wandreibungswinkel 2.3, 8.2.3
Neigung der Uferspundwände 8.1.12
Nichtbindige Böden, Bodenwerte 1.10
Nichtbindige Böden, Einrütteln 1.8
Nichtentwässerter Versuch, konsolidierter 1.4, 1.4.1.2
Nicht konsolidierte bindige Böden 8.2.13
Nicht konsolidierte weiche bindige Böden, Spundwandverankerung 8.4.11
Nischenpoller 6.11
Nutzlasten, lotrechte, bei Ufermauern, Pfahlrostmauern, Pierbrücken 5.5

O

Oberkante der Ufereinfassungen in Seehäfen 6.2

P

Pappdränagen 7.8.3, 7.8.3.4
Paßbohlen (Bild 89) 8.1.14.4
Patentverschlossene Stahlkabelanker, zul Spannungen 8.2.4.4
Pfahlabstand bei gerammten, verpreßten Ankerpfählen 9.4.3
Pfahlfüße 9.5
Pfahlgruppen, Grenzzuglast bei 9.2.3
Pfahllänge, erforderliche, bei gerammten, verpreßten Ankerpfählen 9.4.2
Pfahlroste, Berechnung ebener, hoher, mit starrer Rostplatte 11.3
Pfahlrostmauern, bauliche Ausbildung 11.1
Pfahlrostmauern in Erdbebengebieten 11.4
Pfahlrostmauern, Nutzlasten 5.5
Pfahlrostmauern, Spundwandbelastung vor 11.2
Pfahlwände 10.10
Pflasterung von Böschungen (Bild 152) 12.1.2
Pfropfenbildung 8.2.9.3
Plattendruckversuch 1.3.1.2
Podeste bei Treppen in Seehäfen 6.13.3
Poller 5.8, 5.10, 6.1
Poller, Kanten- 5.8, 6.1.2
Porenanteil 1.7
Porenwasserüberdruck 1.4.1.1, 1.4.2.2
Porenzahl e 1.5.2
Proctordichte 1.7.1
Profilwahl der Spundwand 8.1.5

Q

Querschnittsgrundmaße von Uferwänden in Binnenhäfen 6.2
Querschnittsgrundmaße von Uferwänden in Seehäfen 6.1

Abschnitt

R

Radlasten von Containerkranen (Bild 45)	5.11.2
Radlasten von Stückgutkranen (Bild 44)	5.11.1.4
Rammbeobachtungen	8.1.14.5, 8.1.15.6, 8.1.16.6
Rammeinheiten der Spundwand	8.2.8
Rammen in Fels	8.2.12
Rammen, Rad- und Spindeldrücke bei	8.1.19
Rammen von Spundbohlen	8.1.1, 8.1.2, 8.1.3, 8.1.14, 8.1.15, 8.1.17
Rammen von Stahlspundbohlen bei tiefen Temperaturen	8.1.18
Rammfolge, Rammverfahren	8.1.14.4, 8.1.15.3
Rammgeräte	8.1.14.3, 9.3.3
Rammgerüste	8.1.19
Rammneigung für Spundwände	8.1.12, 8.1.13
Rammschäden an Spundwänden	7.5.4
Rammtiefe, Ermittlung der	8.2.7, 13.1.5
Rammtiefe, Wahl der	8.2.6
Raumgewichte versch. Böden (Wichte)	1.10
Rechenwerte	1.1.7, 1.10.1
Rechteckspundung bei Holzspundbohlen (Bild 84)	8.1.1.3
Reflexionsbrecher	5.7
Refraktion bei Wellen	5.7
Reibehölzer, Reibepfähle	6.13.6, 6.16
Reibungswert μ zwischen Elastomer und Beton	6.19.3.4
Reibungswinkel φ' versch. Böden	1.10
Reibungswinkel cal φ' bei bindigen und bei nichtbindigen Böden	1.5.1
Rückstauentwässerung bei Ufermauern im Tidegebiet	4.6
Rückstauklappen	4.5
Rückstauverschlüsse	4.5.2
Rundstahlanker	8.2.4.3, 8.4.8.3

S

Sand, scheinbare Kohäsion	1.5.1, 2.2
Sanddränagen, gebohrte, gespülte, gerammte	7.8.3.1, 7.8.3.2, 7.8.3.3
Sandschliffgefahr bei Spundwänden	8.1.12
Schallarmes Einrammen von Spundbohlen und Pfählen	8.1.17
Scheinbare Kohäsion	1.5.1
Scherdiagramme (Bilder 6, 7 und 8)	1.4, 1.5
Scherfestigkeit c_u	1.3
Schergeschwindigkeit	1.4.1.1, 1.4.1.2
Scherparameter	1.4, 1.6.1, 1.9
Scherversuch, direkter und dreiaxialer	1.3.2, 1.4.1, 1.4.2, 1.5.2
Schiffsabmessungen	5.1
Schiffsanlegegeschwindigkeit	5.3
Schiffsdruck	5.2
Schlitzwand	10.11
Schloßabmessungen, Toleranzen der	8.1.7
Schloßformen der Stahlspundbohlen	8.1.7.2
Schloßverschweißung bei Stahlspundbohlen bzw. bei Stahlverbundwänden	8.1.4

	Abschnitt
Schneidkopfsaugbagger	7.3, 7.6
Schräganker	8.4.1.4
Schrägpfahlverankerung bei Kaimauerecken	8.4.13
Schubspannungen	8.1.4.2
Schutzanstriche bei Spundwänden	8.1.9.4
Schwallbrecher	5.7
Schweißbarkeit der Spundwandstähle	8.1.6.4, 8.1.20
Schweißstöße bei Stahlspundbohlen	8.1.20
Schwimmkästen als Ufereinfassungen, Berechnung	10.4
Seehäfen, Böschungen in	12.3
Seehäfen, Dalben und Fenderungen in	13.3, 13.4
Seehäfen, Druckluft-Senkkästen	10.5
Seehäfen, Oberkante der Ufereinfassungen in	6.2
Seehäfen, offene Senkkästen in	10.8
Seehäfen, Poller in	5.7
Seehäfen, Treppen in	6.13
Seehäfen, vorspringende Kaimauerecken	8.4.12
Seeschiffe, Abmessungen	5.1
Senkkästen, Druckluft-, als Ufereinfassungen, Berechnung von	10.5
Senkkästen, offene, für Kaimauern	10.8
Senkrechte (lotrechte) Belastbarkeit von Spundwänden	8.2.9
Senkrechte Dränagen, Setzungen durch	7.8
Shoalingseffekt bei Wellen	5.7
Sicherheit gegen Aufbruch des Verankerungsbodens	8.4.10
Sicherheitsbeiwerte	1.4.3, 1.5.3, 1.6
Sicherheitsbeiwerte bei Erdbebeneinfluß	2.9.6, 10.7.3
Sicherheitsgrad bei Ankerpfählen	9.1
Sicherheitsgrad bei Verankerungen	8.4.9, 8.4.10
Sicherungskern bei Buschhängefendern (Bild 57)	6.15.2
Sliphaken	6.10
Sohlenvertiefung, spätere	6.6.2
Solltiefe der Hafensohle	6.7
Spannbetonspundwand	8.1.5.3
Spannungen, zulässige	5.4, 8.1.4.2, 8.2.4, 13.4.4
Spannungskreis, Mohrscher (Bilder 6 u. 8)	1.4.1.1, 1.5.1
Spannungsnachweis bei Spundwänden mit lotrechter Belastung	8.2.5
Spielraum für Baggerungen	6.7, 6.8, 7.1
Spitzenwiderstand	8.2.7.1, 8.2.9.3
Spundwandbauwerke, doppelt verankerte	8.2.2
Spundwandbauwerke, einfach verankerte, in Erdbebengebieten	8.2.15
Spundwandbelastung durch Wasserüberdruck	4.2, 11.2.5
Spundwandbelastung vor Pfahlrostmauern	11.2
Spundwandberechnung bei Erdbebeneinfluß	8.2.15.2
Spundwandberechnung bei lotrechten Lasten	8.2.5, 8.2.9
Spundwände, Berechnung von	8.2.1
Spundwandentwässerung	4.2, 4.4, 4.5, 4.6
Spundwandfußpunkt, theoretischer (Bild 94)	8.2.7
Spundwandneigung	8.1.12, 8.1.13
Spundwandstähle	8.1.6.2

	Abschnitt
Spundwandufer an Kanälen für Binnenschiffe	6.5
Spundwandverankerung in nicht konsolidierten, weichen bindigen Böden	8.4.11
Staffelung bei Ankerwänden	8.2.11
Staffelung bei Stahlspundwänden	8.2.8
Stahlankerpfähle, gelenkiger Anschluß	8.4.15
Stahlbetonbauten bei Ufereinfassungen	10.2
Stahlbetongurte	8.4.3
Stahlbetonholme für Ufereinfassungen	8.4.5
Stahlbetonplatten, befahrene, bei Pieranlagen, Berechnung	10.3
Stahlbetonspundwände	8.1.2, 8.1.5
Stahlbetonspundwände, zul Spannungen	8.2.4.1
Stahlgurt, Längskräfte im	8.2.10
Stahlholme	8.4.4
Stahlkabelanker, Ausbildung	8.4.11.2
Stahlkabelanker, zul Spannungen	8.2.4.4
Stahlkantenschutz	8.4.6
Stahlsorten nach DIN 17 100 für Stahlspundbohlen	8.1.6.1, 8.1.20, 8.2.4
Stahlsorten von Spundbohlen	8.1.6, 8.2.4
Stahlspundbohlen, Abbrennen der Kopfenden	8.1.21
Stahlspundbohlen, dynamische Beanspruchung	8.2.4
Stahlspundbohlen, Einrammen wellenförmiger	8.1.14
Stahlspundbohlen, Lieferbedingungen, Werksabnahme	8.1.8
Stahlspundbohlen, Rammen bei tiefen Temperaturen	8.1.18
Stahlspundbohlen, Schloßformen	8.1.7.2
Stahlspundbohlen, Schweißstöße	8.1.20
Stahlspundbohlen, Verhakung	8.1.7.3
Stahlspundwände, gemischte	8.1.3, 8.1.15, 8.1.16, 8.2.6
Stahlspundwände, Rammneigung	8.1.12, 8.1.13
Stahlspundwände, Wasserdichtigkeit	8.1.21
Stahlspundwände, zul Spannungen	8.2.4.1
Stahlspundwand-Gurte, Ausbildung	8.4.1
Stahlspundwand-Gurte aus Stahlbeton	8.4.3
Stahlspundwand-Gurte, Berechnung und Bemessung	8.4.2, 8.4.3
Stahlspundwand, Staffelung der Einbindetiefen	8.2.8
Stahlspundwand, waagerechte Belastbarkeit	8.2.10
Stahlverbundwände	8.1.3.3, 8.1.4
Standrohrspiegel (Bild 9)	2.5.2
Standsicherheit bei bindigen Böden	8.4.9.2
Standsicherheit bei eingespannter Ankerwand	8.4.9.6
Standsicherheit bei Erddruckumlagerung	8.4.9.5
Standsicherheit bei nichtbindigen Böden	8.4.9.1
Standsicherheit bei unterer Einspannung der Spundwand	8.4.9.4
Standsicherheit bei wechselnden Bodenschichten	8.4.9.3
Standsicherheit in der tiefen Gleitfuge bei gerammten, verpreßten Ankerpfählen	9.4
Standsicherheitsnachweis von Verankerungen für die tiefe Gleitfuge	8.4.9, 8.4.10
Statische Berechnungen	0.1
Steifemodul	1.10
Steigeleitern	6.12

	Abschnitt
Stoßdeckung	8.1.20.3
Stoßkräfte bei Dalben und Fenderungen	13.2.1, 13.3
Stoßlaschen bei Schweißstößen	8.1.20.5
Stoßzuschlag bei Nutzlasten von Ufereinfassungen, Schwingbeiwert	5.5.2, 10.3.3
Strömendes Grundwasser	2.8
Strömungsdruck	11.2.1, 11.2.2
Strömungsnetz, Stromlinien	2.8, 3.2, 4.8
Stückgutkrane, Maß- und Lastangaben	5.11
Stülpwand bei Holzspundbohlen (Bild 84)	8.1.1
Stumpfstöße	8.1.20.5
Sturzbrecher	5.7
Stützflüssigkeit bei Schlitzwänden	10.11

T

Teilgeböschter Uferausbau in Binnenhäfen	6.6
Toleranzen der Schloßabmessungen	8.1.7
Tragbohlen bei gemischten Stahlspundwänden	8.1.3, 8.1.15, 8.2.8
Trägerwellpappe (Bild 109)	8.4.3.5
Tragfähigkeit der Schiffe (deadweight)	5.1
Tragkraft von Containerkranen	5.11.2
Tragkraft von Stückgutkranen	5.11.1.4
Traglastverfahren	8.2.1
Treppen in Binnenhäfen	6.6.2
Treppen in Seehäfen	6.13
Trossenkräfte bei Pollern für Seeschiffe	5.8

U

Überdruck, artesischer (Bild 11)	2.5.1.2
Überdruck, Wasser- (Bild 25)	4.2
Überlaschung von Schweißstößen	8.1.20.5
Überlaufbrunnen	4.7
Übernahmebedingungen bei Stahlspundbohlen	8.1.8
Uferausbau, teilgeböschter in Binnenhäfen	6.6
Uferböschung bei Binnenhäfen an Flüssen	12.1
Ufereinfassungen, elektronische Berechnung	0.2
Ufereinfassungen, Wellendruck auf	5.6
Ufermauer-Auflasten, Ufermauer-Nutzlasten	5.5
Ufermauerecken in Seehäfen	8.4.12, 8.4.13
Uferwände in Binnenhäfen, Querschnittsgrundmaße	6.3
Uferwände in Seehäfen, Querschnittsgrundmaße	6.1
Umhüllende der Mohrschen Kreise (Bilder 6 u. 8)	1.4.1.1, 1.5.1
Undichtigkeit bei Spundwänden	7.5.4, 8.1.20.5
Unterlagsplatten, zul Spannungen	8.2.4.2
Unterwasserböschungen	7.6

V

Verankerung von Spundwänden in nicht konsolidierten, weichen bindigen Böden	8.4.11

                                                                          Abschnitt
Verankerungen, Standsicherheitsnachweis, Verankerungskörper (Bild 123) . . . 8.4.9
Verankerungssicherheit bei Ankerpfählen 9.1
Verblendung von Betonbauwerken 10.1.4
Verbundwand 8.1.3.3, 8.1.4
Verhakung bei Stahlspundbohlen 8.1.7.3
Verkehrsalter der Ufereinfassungen 14.1
Verminderung des Einspannmomentes 8.2.1
Verminderung des Feldmomentes 8.2.1
Verpreßmasse bei Ankerpfählen 9.4.1
Verpreßmasse bei Spundwandschlössern 8.1.22.3
Verpreßte gerammte Ankerpfähle 9.4
Verschleißschicht auf Ufermauern 10.1.4
Verstärkungslamellen 8.1.4.5
Vertäudalben aus hochfesten, schweißbaren Baustählen 13.4
Verteilungsbreite der Nutzlasten auf Ufermauern 5.5.5
Verzahnung der Baublöcke 10.1.5
Verzicht auf feste Reibehölzer 6.16.3
Vollportalkrane 5.11.1.2
Vorentwürfe, Bodenwerte für 1.10
Vorgespannte Stahlbetonspundwand 8.1.5.3
Vorspannstähle bei Ankerpfählen 9.4.1

W

Walztoleranzen der Schlösser bei Stahlspundbohlen 8.1.7.3
Wandreibungswinkel bei Spundwandbauwerken 8.2.3
Wandreibungswinkel bei Dalben 13.1.3
Wandreibungswinkel, negativer, bei Erdwiderstand 8.2.3.3
Wandreibungswinkel vor einer Ankerwand 8.4.10
Wasserdichtigkeit bei Holzspundbohlen 8.1.1.5
Wasserdichtigkeit bei Stahlbetonspundbohlen 8.1.2.7
Wasserdichtigkeit von Stahlspundwänden 8.1.22
Wasserstandschwankungen 6.6
Wasserüberdruck 1.10.4, 4.2, 5.4.1
Wasserüberdruck auf Spundwände vor überbauten Böschungen 4.3
Wasserüberdruck bei Ufereinfassungen mit Bodenersatz 2.7.3
Wasserüberdruck, Poren- 1.2
Wasserüberdruck, Spundwandbelastung durch 4.2, 11.2.5
Wasserverdrängung von Seeschiffen 5.1
Wasser-Zement-Wert 8.1.2.2, 10.1.2, 10.2.3
Wechselbeanspruchung 8.2.4.1, 8.2.4.2, 13.4.3
Wellen, brechende 5.6, 5.7
Wellenbrecher, geschüttete 7.11
Wellendruck, Wellenhöhe 5.6
Wellen, reflektierende 5.6
Wellentheorie, Bezeichnungen 5.7
Werksabnahme bei Stahlspundbohlen 8.1.8
Wichte des Wassers 2.5.1, 2.8.3, 4.2

Abschnitt

Z

Zellenfangedämme 8.3.1
Zuggrenzlast 8.2.9.4
Zuggurt 8.4.1.1, 8.4.11.4, 8.4.12.3
Zuglast, Grenz-, der Ankerpfähle 9.2
Zugpfähle 9.1
Zulässige Belastung bei Ankerpfählen 9.2
Zulässige Spannungen bei der Berechnung von Dalben und Fenderungen 13.4.4
Zulässige Spannungen bei Erdbebeneinfluß 2.9.6, 10.7.3
Zulässige Spannungen bei Spundwandbauwerken aus Stahl,
   Stahlbeton oder Holz 5.4, 8.2.4.1
Zwischenbohlen bei gemischten Stahlspundwänden . . 8.1.3.2, 8.1.3.4, 8.1.15, 8.2.8.4
Zwischenbohrungen, Anordnung von 1.2.2, 1.2.3
Zylinderdruckfestigkeit q_u (Bild 2), Zylinderdruckversuch 1.3.2.1